AF332507

NOUVEAU COURS

COMPLET

D'AGRICULTURE

THÉORIQUE ET PRATIQUE.

CHE═DIO.

—

TOME QUATRIÈME.

NOMS DES AUTEURS.

Messieurs :

THOUIN, Professeur d'Agriculture au Muséum d'Histoire Naturelle.

PARMENTIER, Inspecteur général du Service de Santé.

TESSIER, Inspecteur des Établissemens ruraux appartenant au Gouvernement.

HUZARD, Inspecteur des Écoles Vétérinaires de France.

SILVESTRE, Chef du Bureau d'Agriculture au Ministère de l'Intérieur.

BOSC, Inspecteur des Pépinières Impériales et de celles du Gouvernement.

Composant la Section d'Agriculture de l'Institut de France.

CHASSIRON, Président de la Société d'Agriculture de Paris.

CHAPTAL, Membre de la Section de Chimie de l'Institut.

LACROIX, Membre de la Section de Géométrie de l'Institut.

DE PERTHUIS, Membre de la Société d'Agriculture de Paris.

YVART, Professeur d'Agriculture et d'Économie rurale à l'École Impériale d'Alfort ; Membre de la Société d'Agriculture ; etc.

DECANDOLLE, Professeur de Botanique et Membre de la Société d'Agriculture.

DU TOUR, Propriétaire-Cultivateur à Saint-Domingue, et l'un des auteurs du Nouveau Dictionnaire d'Histoire Naturelle.

Les articles signés (R.) sont de Rozier.

DE L'IMPRIMERIE DE MAME FRÈRES.

Cet Ouvrage se trouve aussi,

A PARIS, chez Le Normant, libraire, rue des Prêtres Saint-Germain-l'Auxerrois, n° 17.

A BRESLAU, chez G. Théophile Korn, imprimeur-libraire.

A BRUXELLES, chez Lecharlier, libraire. P. J. de Mat, libraire.

A LIÉGE, chez Desoer, imprimeur-libraire.

A LYON, chez Yvernault et Cabin, libraires.

A MANHEIM, chez Fontaine, libraire.

NOUVEAU COURS

COMPLET

D'AGRICULTURE

THÉORIQUE ET PRATIQUE,

Contenant la grande et la petite Culture, l'Économie Rurale
et Domestique, la Médecine vétérinaire, etc.;

ou

DICTIONNAIRE RAISONNÉ

ET UNIVERSEL

D'AGRICULTURE.

Ouvrage rédigé sur le plan de celui de feu l'abbé ROZIER, duquel on a conservé
tous les articles dont la bonté a été prouvée par l'expérience;

PAR LES MEMBRES DE LA SECTION D'AGRICULTURE DE L'INSTITUT DE FRANCE, etc.

AVEC DES FIGURES EN TAILLE-DOUCE.

A PARIS,

CHEZ DETERVILLE, LIBRAIRE ET ÉDITEUR,

RUE HAUTEFEUILLE, N° 8.

M. DCCC. IX.

NOUVEAU
COURS COMPLET
D'AGRICULTURE.

CHEVALET. C'est le GOUET COMMUN. (B.)

CHEVALET. Partie de la charrue qui sert d'appui à l'age. *Voyez* au mot CHARRUE. On donne encore le même nom à la partie inférieure de la BROIE dont on se sert pour retirer la filasse des tiges de chanvre. (B.)

CHEVALON ou CHEVALOT. Dans quelques endroits on donne ce nom au BLUET des blés. (B.)

CHEVAUCHÉES. Nom commun à toutes les plantes nuisibles aux moissons, employé dans quelques cantons. (B.)

CHEVELÉE, CHEVELU. Petites racines des arbres et des plantes, et qui probablement servent exclusivement à leur nourriture. *Voyez* au mot RACINE.

La conservation du chevelu devroit faire le principal objet des soins de ceux qui arrachent des arbres pour les replanter ; et cependant ils négligent généralement d'y faire attention. Il est des arbres et des plantes qui l'ont si délicat qu'il ne peut être exposé à l'air un seul instant sans danger. Les arbres verts sont principalement dans ce cas, ainsi que tous ceux qui sont en état actuel de végétation. Lorsque le dessèchement du chevelu est peu avancé on peut rétablir la circulation de la sève en le faisant tremper quelques heures dans l'eau ; mais lorsqu'il l'est davantage il faut le couper, parcequ'il est dans cet état sujet à chancir dans la terre ; et par suite, à faire chancir les mères racines.

C'est pour conserver le chevelu qu'on recommande d'arracher avec la motte les arbres délicats ou précieux. C'est pour

"

l'empêcher de se dessécher qu'on entoure les racines de mousse,
de paille, qu'on les couvre d'un torchis de bouse de vache et
de terre franche.

Lorsqu'on met en terre, soit un arbre, soit une plante
herbacée, il faut étendre le chevelu de ses racines, lui
donner à peu près la position qu'il avoit auparavant. Le manque de réussite de beaucoup de plantations provient du peu de
valeur que la plupart des jardiniers mettent à cette circonstance. *Voyez* Plantation, Racine, Pivot et Habiller. (B.)

CHEVELURE. On appelle ainsi les touffes de feuilles qui
surmontent l'ananas (B.)

CHEVEUX D'ÉVÊQUE. C'est la raponcule orbiculaire.

CHEVEUX DE VÉNUS. Nom vulgaire de la nigelle de
Damas et de quelques doradilles. (B.)

CHEVILLE. Morceau de bois plus ou moins long, et terminé en pointe d'un côté, qui sert à fixer les assemblages de
menuiserie, de charpente, de tonnellerie, etc.

Ordinairement on fortifie les fonds des tonneaux par une
traverse, et cette traverse est fixée par quatre, six et huit
chevilles à chaque bout. (B.)

CHÈVRE. Femelle du bouc. Quadrupède domestique, qui
a beaucoup de rapports avec la brebis. L'organisation intérieure de ces deux genres d'animaux est presque entièrement
semblable. Ils se nourrissent, croissent et se multiplient de la
même manière. Ils se ressemblent encore par le caractère de la
plupart de leurs maladies. Dans beaucoup d'endroits, la chèvre
s'appelle *bique* ou *bigue*, et le chevreau *biquet*; dans d'autres,
les chèvres sont nommées *cabres*, et leurs petits *cabris*.

Comme le bouc n'est utile que pour la reproduction de l'espèce, et qu'on n'en conserve que le nombre strictement nécessaire à cette reproduction, c'est de la chèvre dont il est
principalement important d'entretenir ici le lecteur.

Ce quadrupède, qui fait partie d'un genre composé de six
espèces, paroît être originaire des montagnes de la haute Asie.
Il se reconnoît à ses cornes carinées et recourbées en arc, et
à la barbe qu'il porte au menton. La forme de sa tête, la
longueur de ses pattes, la petitesse de sa queue, la disposition
de son poil, le distinguent fort bien de la brebis. Nous avons
essayé bien des fois d'allier des chèvres avec des brebis; jamais
il n'est rien résulté de ces alliances.

Quoiqu'on n'ait aucun document sur l'époque où la chèvre a
été réduite en domesticité, les écrits les plus anciens que nous
possédions font supposer qu'elle l'étoit bien avant les temps
historiques. Sa foiblesse, la douceur de son caractère, sa facilité

à s'accoutumer à vivre familièrement avec l'homme, favorisent cette opinion.

La chèvre est d'un naturel vif, même pétulant; elle aime à s'écarter, à grimper les montagnes, à sauter de rochers en rochers; la brebis vit facilement dans les plaines. La chèvre est sensible et capricieuse; la brebis est froide, timide et toujours paisible. La chèvre aime les changemens, au point que lorsqu'elle est en liberté, elle mange rarement au-delà de quelques bouchées de la même espèce d'arbre ou de plante. Non seulement les mâles se battent perpétuellement pour les femelles, mais quelquefois les femelles même entre elles. Elle vit dix à douze ans, terme moyen; donne naissance à un ou deux petits, quelquefois, mais rarement, à trois et même à quatre.

Comme tous les animaux domestiques, les chèvres sont divisées en un certain nombre de races, qui chacune présente beaucoup de variétés. *Voyez* le mot Race.

La chèvre commune est, comparativement aux autres races, de taille moyenne. Son mâle, ou le bouc, est plus gros, plus robuste, plus garni de poil. Il répand, sur-tout quand il est en rut, une odeur extrêmement désagréable, et à laquelle on donne son nom, odeur dont la femelle n'est pas toujours exempte : cette odeur dépend de sa peau, et non de sa chair. Il se fait remarquer par la grandeur de ses cornes, la longueur de sa barbe et sa puissance reproductive.

Les autres races sont,

La chèvre d'Angora, qui a les oreilles pendantes, les cornes en spirale, le poil très long, très fourni et très fin. C'est principalement pour ce poil, qui se file comme la laine, et dont on fait des étoffes, qu'on la multiplie. Elle est la richesse des cultivateurs de l'Asie mineure, comme je le dirai plus bas.

La chèvre de Barbarie, ou de l'Inde, est plus petite et a le poil moins long que celui de la précédente, mais cependant également susceptible d'être filé. Les Anglais et les Hollandais l'ont beaucoup multipliée. On en voit aussi dans les parties méridionales de la France. Elle donne trois fois plus de lait que l'espèce commune. Ces deux circonstances devroient lui faire donner par-tout la préférence.

La chèvre mambique a les oreilles pendantes et très longues; les cornes petites, à peine recourbées en arrière, et le corps un peu plus gros que celui de la race commune. On l'appelle aussi *chèvre de Syrie*, *chèvre du Levant*. C'est mal à propos qu'on l'a regardée comme formant une espèce particulière. On la voit aussi quelquefois dans les parties méridionales de la France.

La chèvre des Pyrénées est plus haute et plus grosse que la commune. Son poil est plus court, et sa couleur presque toujours blanche avec de larges taches fauves, ou fauve avec de larges taches blanches. On la voit fort communément sur les montagnes du nord de l'Espagne. Ses produits en lait sont beaucoup supérieurs à ceux de la commune.

La chèvre cabri est plus petite et plus allongée que la commune. Son poil est ras. Elle donne aussi beaucoup de lait, et ce lait a très peu d'odeur et la saveur ordinaire. C'est elle qu'on préfère dans nos colonies de l'Amérique. Elle est répandue dans toute la France, principalement dans le midi, mais nulle part elle n'est abondante.

Dans chaque race, il y a des chèvres et même des boucs qui n'ont pas de cornes. Cette circonstance se propage pendant plusieurs générations. Y a-t-il des races absolument sans cornes? Cela me paroît possible.

L'odeur du bouc de la race commune a fait croire que cet animal, élevé et tenu dans une écurie ou une étable, en prenoit tout le mauvais air. On sait le peu de cas qu'on doit faire de cette opinion. A un an il peut engendrer; mais il vaut mieux attendre qu'il en ait deux, pour ne pas donner des fruits trop foibles par leur précocité. Le bouc est lascif, et en état de couvrir cent cinquante chèvres en deux ou trois mois; il ne faut pas lui en laisser couvrir autant, pour le conserver plus long-temps. Sa lasciveté l'énerve bientôt, de manière qu'il est déjà vieux à cinq ou six ans. Un bouc est beau dans son espèce, quand il a la taille élevée, le cou court et charnu, la tête légère, les oreilles pendantes, les cuisses grosses, les jambes fermes, le poil épais et doux, la barbe bien garnie.

On estime les chèvres qui n'ont point de cornes, parcequ'on prétend qu'elles ont plus de lait; prétention dont la raison sait apprécier la valeur. Celles qui en ont, les ont, comme le bouc, creuses, resserrées en arrière et noueuses. On assure qu'à sept mois elles pourroient concevoir, ce qui me paroît bien prématuré; mais elles porteroient des chevreaux bien plus gros, si on ne leur donnoit pas le mâle avant l'âge de dix-huit mois. Quelque ardeur que le bouc et la chèvre aient l'un pour l'autre, il arrive fréquemment que celles-ci ne retiennent pas. Il y en a souvent qui sont infécondes. On n'en connoît pas la cause, qui dépend sans doute de leur organisation particulière. Ce qu'on désire dans une chèvre c'est qu'elle ait le corps grand, la croupe large, les cuisses fournies, la démarche leste, le pis gros et pendant, et les mamelons longs. La chèvre se laisse téter facilement; elle est capable d'attachement; car on en a vu venir de plus d'une lieue pour allaiter les enfans de leurs maîtres, se placer sur leur berceau, et présenter le bout de leurs mamelles.

La couleur la plus ordinaire du bouc et de la chèvre commune est le noir et le blanc. Il y en a qui sont pies de blanc et de noir, ou de brun et de fauve. Leur poil n'est pas également long sur toutes les parties du corps ; il est ferme, mais moins dur que du crin.

On connoît l'âge des chèvres et des boucs à leurs dents et aux anneaux de leurs cornes. Elles n'ont point de dents incisives à la mâchoire supérieure ; celles de la mâchoire inférieure tombent et se renouvellent, comme dans les brebis. *Voyez* le mot BREBIS. La chèvre vit de dix à douze ans, et peut aller jusqu'à dix-huit et vingt.

La saison marquée par la nature pour la chaleur des chèvres est l'automne. Si elles sont habituellement avec les boucs, elles peuvent y entrer toute l'année, et faire des petits en toute saison. Elles retiennent plus sûrement quand elles sont couvertes en automne. Les mois les plus favorables sont octobre et novembre, parcequ'elles mettent bas au printemps ; les chèvres, couvertes à cette époque, en ont plus de lait, et les chevreaux trouvent, quand ils sont sevrés, à brouter une herbe tendre qui leur convient. Les chèvres portent cinq mois, et chevrotent au commencement du sixième. On recommande de ne point les laisser souffrir de la soif pendant leur gestation. Si elles ne vont pas au pâturage, on leur donne de bon foin quelques jours avant et après le chevrotage. Il est essentiel de les aider, quand elles mettent bas, parcequ'elles ont toujours beaucoup de peine. Plusieurs même en périssent, si on ne les secourt pas. Dans ces animaux la matrice est très irritable. On leur fait boire de l'eau blanche, on les tient chaudement, et on bassine la vulve avec du beurre ou une décoction d'herbes émollientes.

Elles allaitent pendant un mois ou six semaines, selon l'état de leurs chevreaux. On ne sèvre ces jeunes animaux que par degrés, c'est-à-dire qu'on leur laisse prendre moins de lait, à mesure qu'ils mangent. Dans cette circonstance il faut leur procurer des bourgeons d'arbres, de bonne herbe ou de bon foin. On commence à traire les chèvres quinze jours ou trois semaines après le chevrotage. Il y en a qui ne veulent pas donner leur lait ; d'autres ne le donnent que lorsque leur chevreau tette une de leurs mamelles, ou seulement en présence de leur chevreau. Il faut s'en défaire.

A six ou sept mois les mâles commencent quelquefois à entrer en rut ; on les châtre alors, à moins qu'ils ne soient destinés à la propagation de l'espèce ; on les châtre comme les jeunes beliers. On ne laisse des boucs entiers dans les troupeaux que ce qu'il en faut ; on châtre tous les autres ; étant châtrés, ils grossissent bien davantage. *Voyez* CASTRATION.

Une chèvre n'a ordinairement qu'un chevreau, quelquefois deux, rarement trois, jamais plus de quatre. M. Vaillant

dit avoir vu dans son voyage en Afrique des chèvres qui met-
toient bas deux fois par an. Quand une chèvre a plus d'un chevreau, on ne lui en laisse qu'un et on tue les autres aussitôt qu'ils
peuvent être mangés. La chèvre est féconde jusqu'à sept ans.
Le bouc produiroit jusqu'à cet âge, si on le lui permettoit. A
cinq ans on le réforme pour l'engraisser avec les vieilles chèvres et les chevreaux mâles coupés. Quelque soin que l'on
prenne, leur chair est toujours fade et de mauvais goût.

Les chèvres sont incommodées de la très grande chaleur et
du froid. Les brebis souffrent beaucoup du chaud, et point du
froid ; le tempérament de celles-ci étant lâche et disposé à
l'épanchement, on doit leur éviter toute nourriture aqueuse.
Voilà pourquoi on ne les mène pas paître par la rosée. Au contraire, l'herbe chargée de rosée est très bonne pour les chèvres, qui ont la fibre tendue et sèche. Néanmoins les pays
marécageux ne leur conviennent pas, parcequ'elles aiment à
monter sur des lieux élevés, même les plus escarpés, où se
trouvent les alimens que la nature leur indique, c'est-à-dire
des feuilles ou des herbes fines, qui ne croissent pas dans les
marais.

Elles préfèrent à tout les bourgeons et feuilles des arbres et
des arbustes ; c'est par cette raison qu'elles se plaisent aussi
dans les bruyères, les friches et les terres de peu de rapport,
au milieu des ronces, des épines et des buissons. Il arrive quelquefois que leur grande avidité pour les feuilles est punie par
une forte indigestion, ce qui a lieu quand elles vont dans les
bois, et sur-tout dans les jeunes tailles de chênes, au temps
de la pousse. On a donné à cette indigestion le nom de *mal du
bois*, de *bois chaud*, de *brou*, etc. J'ai vu un troupeau de
chèvres qui en pensa périr. *Voyez* le mot Bois (MALADIE DE).
On doit écarter les chèvres des terres cultivées, des vignes et
des bois, où elles causeroient de grands dommages ; car les arbres qu'elles ont broutés périssent presque tous.

Il y a en France beaucoup de troupeaux de brebis, parmi
lesquelles on mêle des chèvres. Elles sont toujours à la tête,
faisant bande à part. Elles mourroient dans nos climats si on
ne les mettoit pas à l'abri dans l'hiver. Il faut même les laisser à l'étable pendant les neiges et les frimas. Il est nécessaire,
dans cette saison sur-tout, de leur donner de la litière renouvelée souvent, afin qu'elles ne soient pas dans une humidité,
qui leur déplaît. Lorsqu'on a assez de chèvres pour en faire un
petit troupeau, il vaut mieux les mener aux champs, séparées des brebis, à cause de l'inégalité de la marche et du penchant des chèvres à s'écarter toujours.

Le proverbe qui dit que *jamais chèvre ne mourut de faim*
prouve que cet animal n'est pas difficile à nourrir. En été, les

chèvres vivent des herbes et des feuilles qu'elles trouvent aux champs. En hiver, on peut leur donner du foin ou autre fourrage fané à part, et des feuilles cueillies pendant que les arbres étoient encore en sève, et qu'on a fait dessécher. Elles mangent celles de la plupart des arbres. On leur donne aussi des raves, des navets, des pommes de terre, des topinambours, des choux, et autres alimens dont on nourit les brebis. On les fait boire soir et matin.

Au Mont-d'Or, près de Lyon, renommé par ses fromages de chèvres, on nourrit ces animaux toute l'année à l'écurie, avec du marc de raisin et des feuilles de vigne conservées dans des cuves qu'on remplit d'eau, de manière que le marc et les feuilles surnagent. Elles mangent aussi bien volontiers le marc des huiles de noix, de navette, de colsat, d'olives, de pavots, etc. Le son gras mêlé d'un peu d'avoine, ou bouilli avec les épluchures des herbes potagères, la farine de maïs, ou blé de Turquie, sont propres à nourrir les chèvres, et à augmenter l'abondance de leur lait. Quelques personnes prescrivent de jeter un peu de sel dans l'eau dont on les abreuve, ou de leur en faire prendre en nature. Je ne sais jusqu'à quel point le sel peut être utile à ces animaux. En général, cette substance est bienfaisante; mais il faut que la dose en soit foible, et n'excède pas trois gros par semaine pour chaque chèvre.

M. Thorel (Cours complet d'Agriculture) croit devoir évaluer à cinq cents le nombre des plantes que mangent les chèvres. Il n'explique pas d'après quelle base il établit cette opinion. A moins d'avoir eu en sa possession toutes les plantes connues des pays où il y a des chèvres, et d'avoir essayé de leur en donner, il est difficile de décider au juste quelles sont toutes celles qu'elles refusent, et toutes celles qu'elles ne refusent pas. M. Thorel assure encore que la *sabine*, l'*herbe aux puces*, les feuilles et le fruit du *fusain*, et les espèces de *napel* tuent les chèvres; mais il auroit dû dire par qui ces faits, dont je ne nie pas l'existence, ont été vérifiés.

Les chèvres coûtent peu à nourrir, et donnent un produit considérable relativement à leur taille. D'abord elles font du fumier qui est chaud comme celui des moutons. On trait les femelles deux fois par jour, et on en obtient un lait abondant pendant quatre ou cinq mois. Ce lait est plus sain et meilleur que celui de brebis. On l'ordonne en médecine pour rétablir les estomacs délabrés. Il tient le milieu entre le lait d'ânesse et celui de vache. En Languedoc et en Provence on fait beaucoup de fromages avec le lait de chèvre : il n'est pas assez gras pour donner du beurre; ce qu'il en donne est toujours blanc, et a le goût de suif. Le fromage de chèvre sert d'appât pour prendre le poisson. On assure que des chèvres bien nourries

peuvent donner jusqu'à quatre pintes de lait par jour. Beau=
coup de vaches en donnent à peine cette quantité. *Voyez* le
mot Lait.

On mange la chair des jeunes chevreaux comme celle des
agneaux. Aux environs des villes où l'on en a le débit, on fait
couvrir les chèvres de bonne heure, afin que les jeunes chevreaux soient bons à manger peu de temps après Noël. Pour
être bons, il ne faut pas qu'ils aient plus de trois semaines. Si
on veut les vendre plus tard, et quand ils ne tettent plus, il
faut couper les mâles dont la chair prend un mauvais goût. En
général, dans les provinces du nord de la France, la chair du
chevreau ne vaut pas celle de l'agneau ; peut-être en est-il
autrement dans les provinces du midi. Au reste, on soigne et
on nourrit les jeunes chevreaux comme les agneaux. On engraisse les boucs et les chèvres à la manière des moutons et des
brebis. *Voyez* le mot Mouton.

Le *poil* de chèvre, non filé, est employé par les teinturiers
à la composition de ce qu'ils nomment *rouge de bourre* ; il entre
dans la fabrication des chapeaux ; lorsqu'il est filé, on en fait
diverses étoffes, telles que camelot, bouracan, etc. ; couvertures
de boutons, ganses, et autres ouvrages de mercerie. Les Russes,
qui connoissent la valeur du poil, pour lui donner de la qualité,
peignent leurs chèvres tous les mois. Le poil de la chèvre est
plus fin que celui du bouc.

Le *suif* ou *la graisse* du bouc et de la chèvre est employé,
comme celui du mouton et du bœuf, pour faire des chandelles.
Les corroyeurs s'en servent pour l'apprêt des cuirs.

Leur chair est d'un goût médiocre, sur-tout dans les provinces septentrionales ; mais les pauvres gens ou ceux qui ne
sont pas difficiles la mangent comme celle du mouton. La
saveur qui lui est particulière s'affoiblit si on la conserve
salée quelque temps. L'Italie et l'Espagne sont les contrées de
l'Europe où l'on mange le plus de chèvres. Les anciens Grecs
en mangeoient encore davantage.

Avec la peau de chèvre on fait du maroquin, du parchemin,
des souliers, des outres ou vases pour transporter les vins et
les huiles de Provence et du Languedoc. On assure qu'en
Orient on traverse les rivières, et qu'on navigue sur l'Eu-
phrate avec des radeaux portés sur des outres. On imite avec
la peau de chèvre le chamois. Les peaux de chèvre de Corse
égalent en beauté celles du Levant pour former des maroquins.

Je reviens à la chèvre d'Angora, qui seroit la plus importante à multiplier en France, sur-tout dans nos départemens
méridionaux.

Les produits qu'elle donne dans le pays où elle est indigène
sont d'un grand intérêt pour la partie de l'Asie mineure où est

Angora ; aussi l'élève-t-on avec grand soin , aussi son poil est-il la seule matière commerciale pour laquelle les Turcs aient fait des réglemens , qui défendent de la vendre brute aux étrangers. En 1786, temps de la plus grande splendeur de la fabrique d'Amiens , cette ville tiroit chaque année du Levant quatre à cinq mille balles de poil de chèvre filé , ce qui étoit un objet considérable. Leur chair sert de nourriture aux habitans , et leur peau est convertie en maroquin. ,

La tonte de ces chèvres se fait en mars , et la toison est sur-le-champ filée, de manière qu'à la fin de l'été elle est déjà entre les mains des négocians européens, qui tiennent des comptoirs sur les lieux pour l'acheter.

Il y a vingt ans on portoit à Paris beaucoup de manchons faits avec des peaux de chèvres d'Angora. A différentes époques on a importé de ces chèvres en Europe, et elles y ont parfaitement réussi, même en Suède.

M. Ginori , en Toscane ; M. de La Tour-d'Aigues , en Provence, en ont eu des troupeaux. Ils ont prouvé par une expérience de plusieurs années , non seulement qu'elles pouvoient vivre dans nos climats, et y donner des bénéfices égaux à ceux qu'elles produisent dans leur pays natal , mais encore qu'elles étoient moins délicates que la race commune. M. de Meslay en a tenu pendant long-temps dans une terre près Chartres. On en a fait venir pour la ferme de Rambouillet , où elles se sont toujours bien portées ; les bergers ne les aimoient pas et les soignoient mal. Les officiers des eaux et forêts ont forcé l'établissement à s'en défaire. Cependant on en a cédé à différens amateurs. Il n'y a pas de doute pour moi que sans les évènemens de la révolution elles seroient aujourd'hui fort multipliées en France.

Les avantages de cette race sur la race commune sont si considérables , que je me demande toujours pourquoi on ne la recherche pas avec plus d'ardeur. On a prétendu qu'elle donnoit moins de lait ; mais cela n'est pas constaté.

C'est la race pure que je voudrois voir introduire dans nos campagnes , c'est-à-dire la race à poil le plus long et le plus blanc ; tous ces croisemens avec les races communes qui ont été provoqués par quelques écrivains n'ont que des inconvéniens à mes yeux.

Le poil de ces chèvres est composé de trois sortes comme celui des communes, mais ces sortes y sont mieux caractérisées. Le premier est le plus long, c'est celui qu'on met dans le commerce. Le second, de couleur fauve , est court, mais extrêmement fin; c'est un véritable duvet. On prétend que c'est avec lui que se fabriquent ces schalés de cachemire si recherchés de tout temps en Asie, et aujourd'hui en Europe ; mais cela n'est point prouvé. Le troisième est un poil également court, mais gros et roide, un véritable jarre dont on ne peut rien faire.

On trouvera dans les Mémoires de la société d'agriculture de Paris, année 1787, des détails intéressans donnés par M. le président de La Tour-d'Aigues, sur tout ce qui concerne les chèvres d'Angora et les avantages qu'elles peuvent procurer.

Les chèvres d'Angora qui étoient à Rambouillet alloient aux champs avec les beliers ; on les nourrissoit comme eux en hiver ; on avoit soin de leur éviter les grands froids. En été, elles parquoient avec les bêtes à laine dans la même enceinte ; elles étoient la plupart blanches, et quelques unes seulement avoient le poil d'un gris violet. J'ai fait filer de leur toison, qui m'a produit un fil très fin et très soyeux. Des fabricans d'Amiens en ont fait l'essai, et sont convenus que le poil des chèvres d'Angora élevées en France étoit aussi avantageux que celui qui venoit du Levant.

Les chèvres sont sujettes aux mêmes maladies que les bêtes à laine ; et en outre à l'hydropisie, à l'enflure et au mal sec. Les brebis en sont bien aussi attaquées, mais plus rarement. L'hydropisie des chèvres est attribuée à la trop grande quantité d'eau qu'elles boivent. On est dans l'usage de leur faire la ponction, et de fermer la plaie avec un emplâtre de poix de Bourgogne. Les difficultés qu'elles éprouvent pour chevroter, et l'arrière-faix retenu dans la matrice, causent l'enflure de cet organe. On parvient quelquefois à la détruire, c'est-à-dire à provoquer la sortie du délivre, en faisant boire à l'animal un verre de vin. Dans les grandes chaleurs, leurs mamelles se dessèchent tellement, qu'il n'y a pas une goutte de lait. Dans ce cas on les mène paître à la rosée : on leur frotte les mamelles avec du lait, ou de la crème ; ou, ce qui est encore mieux, on les nourrit de bonne herbe et de bonnes feuilles.

Si l'on fait attention aux dégâts que peuvent causer les chèvres, on proscrira ces animaux dans un empire, comme la France, où une grande partie des terres est cultivée, et où le bois devient de plus en plus rare. En effet, pour peu qu'on les laisse échapper, elles ravagent des champs ensemencés, des vignes, des arbres utiles, qui ne repoussent plus, ou repoussent mal. La vache, le mouton, quoiqu'ils soient à craindre pour les bois, n'ont pas la dent si destructive. On est allé jusqu'à dire que l'haleine des chèvres gâtoit les vaisseaux propres à mettre du vin ; assertion qu'on peut regarder comme un préjugé.

Différentes coutumes contiennent des dispositions relatives aux chèvres. Celle du Nivernais défend d'en nourrir dans les villes, ch. 10, art. 18. Celle du Berri, titre des servitudes, art. 18, permet d'en tenir en ville close, pour la nécessité de maladie d'aucuns particuliers. Coquille voudroit qu'on admît cette limitation dans la coutume ; mais il dit aussi qu'il faudroit ajouter que ce seroit à condition de tenir les chèvres toujours attachées ou enfermées dans la ville, et aux champs où l'on doit les tenir attachées à une longue corde. La coutume de Normandie, art. 84, dit que les chèvres sont en tout temps en défens, c'est-à-dire qu'on ne les peut mener paître dans l'héritage d'autrui sans le consentement du propriétaire. Celle d'Orléans, art. 152, défend de les mener dans les vignes, gagnages, clouseaux, vergers, plants d'arbres fruitiers, chenayes, ormoyes, saulsayes, aulnayes, à peine d'amende : celle de Poitou, art. 196, dit que les bois taillis sont défensables, pour le regard des chèvres, jusqu'à ce qu'ils aient cinq ans accomplis.

Je crois que postérieurement à la rédaction des coutumes, il y a eu des lois plus sévères contre les chèvres, et elles ne pouvoient l'être trop. La négligence des propriétaires de bestiaux est souvent telle, que rien ne les détermine à les veiller d'assez près pour qu'ils ne gâtent rien. La chèvre est si vive, si active, si adroite, qu'un moment d'oubli est bientôt suivi d'un dégât irréparable.

Le projet de Code rural, présenté au gouvernement en 1808, condamne à une amende de 3 francs au moins, sans préjudice des dommages, ceux dont les chèvres seront trouvées sur le terrain d'autrui, et leurs gardiens à 24 heures au moins de détention et à trois jours au plus. Si la chèvre ne peut être saisie, ou que le propriétaire en soit inconnu, les gardes communaux et ceux des particuliers sont autorisés à la tuer. Dans les pays où l'usage est de conduire les chèvres en troupeaux, les propriétaires sont solidairement responsables des dégâts qu'elles commettent, et les gardiens punis d'une détention proportionnée aux dégâts. C'est aux préfets à faire, suivant les localités, des règlemens pour les communes auxquelles ils accorderont la permission de faire conduire leurs chèvres en troupeaux. J'observe que ce n'est qu'un projet, soumis à l'examen du gouvernement ; il est le résultat de l'avis le plus général des propriétaires de terres, mais il n'est point encore adopté par le gouvernement.

En avouant le mal que fait la chèvre, et en approuvant les actes de rigueur employés ou conseillés pour les réprimer, on ne peut se dissimuler que cet animal est d'une très grande utilité. Ce n'est pas d'un troupeau de chèvres, appartenant à un propriétaire riche et aisé, que je parlerai ici ; je ne dois point sans doute être indifférent sur les intérêts de qui que ce soit. Mais je considèrerai plus particulièrement la chèvre de la pauvre femme ; cette chèvre qui fait toute sa ressource et tout son avoir ; la nourrice de ses enfans quand elle ne peut les nourrir elle-même ; cet animal doux, familier, attaché, qui fournit de quoi alimenter tout ce qui respire dans la chaumière. Une modique somme en procure la propriété ; elle occupe peu de place pour son logement ; il ne lui faut qu'une petite quantité de vivres. Pour les soins qu'elle exige, elle donne chaque année un ou deux chevreaux, du lait très bon pendant plusieurs mois, et quand l'âge force de la tuer, ou de s'en défaire, on tire parti de sa dépouille. Quel sera l'homme assez cruel pour ne pas pardonner à la chèvre le tort qu'elle fait, en faveur de tant d'avantages ? Qui osera prononcer que la France doit renoncer à la possession d'un si précieux animal ? Qui osera condamner les pauvres, hors d'état de nourrir une vache, faute de propriétés, à ne pas y suppléer par l'usage des chèvres qu'ils peuvent alimenter en les conduisant le long des chemins, dans des terres vagues, et dans les endroits tapissés d'une herbe trop courte pour suffire à la nourriture de la vache ? Si on croyoit nécessaire de bannir les chèvres des pays où tout est cultivé, au moins faudroit-il en excepter ceux où beaucoup de terres ne le sont pas. Je ne suis donc pas d'avis que l'on détruise les chèvres. Un conseiller au parlement d'Aix, dont les terres étoient entre la haute Provence et le haut Dauphiné, touché de la juste menace de faire assommer les chèvres qui iroient dans les bois, a imaginé une espèce de harnois ou bricole, composée de trois pièces.

La première est formée de deux rubans de fil retors, bâtis ou faufilés, à plat, l'un sur l'autre, formant aux deux tiers ; environ de chaque bout, une anse assez large pour laisser passer un ruban semblable aux premiers, servant d'entravon ; elle embrasse le corps de l'animal transversalement, et lui sert de ceinture, au moyen des deux bouts noués ensemble sur le dos.

La seconde et la troisième pièces, absolument semblables, sont formées d'un seul ruban de fil, dont les bouts entourent les membres, soit antérieurs, soit postérieurs, et leur servent d'entravon par le repli de l'extrémité, arrêté par un nœud double.

M. Chabert, directeur de l'école vétérinaire d'Alfort, chargé d'examiner cette bricole, en convenant qu'elle empêchoit les chèvres de grimper aux arbres, sans gêner sensiblement leur marche, lui a trouvé cependant plusieurs inconvéniens qu'il a tâché de corriger ; on peut lire les détails dans les Mémoires de la société d'agriculture de Paris, année 1788.

Avant la révolution, on comptoit environ deux cent mille chèvres dans les départemens de la Côte-d'Or, de la Creuse, du Haut-Rhin, du Cher, de l'Ain, du Mont-Blanc et de la Meuse ; le seul département du Mont-Blanc en avoit quarante-cinq mille. En six ans, le nombre s'est accru, dans ce dernier département, d'environ vingt-deux mille.

Si cet accroissement s'étoit fait seulement par les combinaisons d'une amélioration qui profite aux propriétaires sans nuire à personne, elle seroit un bien, on devroit la proposer pour exemple ; mais elle reconnoît une autre cause : elle n'a été que l'effet des désordres autorisés par la licence et l'impunité ; et c'est à elle que les pays où elle a eu lieu attribuent en partie la dégradation des bois et des arbres fruitiers, tant de ceux qui appartiennent à la nation, que de ceux qui appartiennent à des particuliers. Cette multiplication a donc été regardée comme un mal réel.

Puisque d'une part on peut tirer un grand parti des chèvres, et que de l'autre elles causent de grands dégâts, il me semble que pour les conserver et les multiplier, sans rien en craindre, tout l'art consisteroit à les élever et les entretenir de manière qu'elles ne fissent point de mal, ou que le peu qu'elles en feroient fût infiniment au-dessous des avantages qu'elles procureroient. Je vais essayer de présenter quelques vues à cet égard ; ceux qui en auront de meilleures voudront bien aussi les présenter.

Je pense d'abord que, bien que dans les pays septentrionaux de la France, on ait la facilité d'avoir des vaches pour donner du laitage, il seroit bon cependant d'avoir quelques chèvres. Il y a des circonstances où elles seroient utiles, soit pour procurer à des malades un lait médicamenteux, soit pour allaiter des enfans ou de jeunes animaux privés de leurs mères, etc. ; à plus forte raison les chèvres sont-elles utiles dans les pays méridionaux, qui ont peu de pacages propres à entretenir des vaches. Presque par-tout il y a des troupeaux de brebis. Je suppose qu'il y ait en France cent mille troupeaux de brebis. Dans cette hypothèse, qu'à chaque troupeau de brebis on joigne deux chèvres qui, conduites de la même manière que les brebis, pourroient, sous un bon régime de police rurale, ne commettre aucuns dégâts, et donner de grands produits en chevreaux, lait, poil, etc. Comme les troupeaux de brebis ne doivent jamais aller dans les endroits où il y a des arbres à conserver, on n'auroit pas à craindre que les chèvres les endommageassent, puisqu'elles ne s'écarteroient pas des brebis. La seule attention, lorsqu'on conduiroit un troupeau sous des arbres fruitiers, seroit de mettre à chaque chèvre une bricole analogue à celle qui, en Normandie, empêche les vaches d'atteindre les branches des pommiers, en leur permettant de paître l'herbe qui croît dessous, ou semblable à celle que notre collègue Chabert a décrite.

Je ne parlerai point ici de la facilité que doivent avoir d'entretenir des troupeaux entiers de chèvres les riverains des montagnes. Cette facilité n'est point contestée. Les endroits élevés de ces montagnes leur offrent pour l'été de grandes ressources : on y conduit les chèvres, qui, plus agiles et plus adroites que les brebis, cherchent leur nourriture au milieu des rochers et des précipices où les brebis n'osent se risquer, et dont l'herbe seroit sans cela perdue. Seulement je voudrois que, pour la saison rigoureuse, les propriétaires de ces chèvres se procurassent, par quelques prairies artificielles, des fourrages abondans, qui les mettroient en état de retenir pendant tout ce temps les chèvres à l'étable, sans exposer à leurs dents les plantations du pays.

Mais je m'arrêterai à un moyen qui, combiné avec quelques uns des moyens ordinaires, pourroit faire établir, même loin des montagnes, des troupeaux uniquement composés de chèvres. Il consisteroit à former, pour ces animaux, des pacages d'arbustes comme on en forme de plantes, et pour les bêtes à cornes et pour les bêtes à laine. On choisiroit ceux qui lèvent, croissent et repoussent promptement, tels que le cytise des Alpes, l'acacia, le colutea, etc. Après quelque préparation donnée au sol, on y sèmeroit des graines de ces arbustes ; on respecteroit le jeune plant jusqu'à l'époque où il seroit susceptible d'être recépé : c'est alors, et non auparavant, qu'on y introduiroit les chèvres. Le cultivateur auroit autant de champs d'arbustes qu'il croiroit en avoir besoin, pour que son troupeau de chèvres en eût un chaque année à sa disposition en bon état de végétation.

Le champ brouté en été seroit recépé l'automne suivant, pour ne plus recevoir le troupeau de chèvres que quelques années après. Rien n'empêcheroit que de temps en temps ces plantations ne fussent retournées à la charrue, pour être remplacées par des semis de plantes ; ce qui donneroit une manière d'alterner. Par un aménagement bien conduit, les chèvres auroient toujours dans la belle saison une pâture de leur goût, laquelle, aidée en hiver de fourrages de prairies naturelles ou artificielles, ou de feuilles d'arbres ou de vignes, suffiroit à les entretenir en bon état.

Ce nouveau genre d'économie, sans doute, ne peut entrer dans tous les calculs. Il ne peut convenir à toutes les positions ; aussi n'est-il présenté ici que pour celles auxquelles il conviendroit.

Sur tant de terrains qui ne portent que des bruyères, des ajoncs, des fougères, ne pourroit-on pas en consacrer des portions à des pacages d'arbustes, qui les rendroient plus profitables cent fois par la nourriture de troupeaux de chèvres ?

Jusqu'ici j'ai supposé qu'il s'agissoit des chèvres communes, de celles dont le poil est grossier et n'a pas une grande valeur. Les résultats deviendroient plus avantageux sous le rapport du poil, si, à la place des chèvres du pays, on substituoit les chèvres d'Angora. Ce qui jusqu'ici a retardé parmi nous la multiplication de cette dernière race, qui s'y élève avec autant de facilité que la race indigène, a été la difficulté de filer le poil de sa toison ; mais des expériences, faites à diverses époques à Paris et à Amiens ont prouvé que nos fabricans savent aussi-bien le préparer qu'on le fait dans le Levant, d'où on le tiroit tout filé. Il est donc à désirer qu'on remplace, du moins en partie, les chèvres de France par les chèvres d'Angora, et que, par les moyens que j'ai indiqués, on accroisse le nombre de ces animaux, en prenant des mesures pour les empêcher de nuire. Ces considérations doivent rendre réservé sur la proscription qu'on est toujours tenté de prononcer contre ces animaux, quand on ne considère que leurs dégâts.

Ces dégâts deviendroient rares, 1º si tout dégât commis par une chèvre étoit sévèrement puni d'une forte amende ;

2º Si chaque propriétaire d'un troupeau de bêtes à laine, ayant des chèvres, étoit forcé de ne les envoyer aux champs qu'avec le troupeau de bêtes à laine ;

3º Si les propriétaires de troupeaux de chèvres, voisins des montagnes, ne devoient en avoir qu'un nombre proportionné à ce qu'ils peuvent en nourrir en hiver ;

4º Enfin, si les troupeaux de chèvres, placés loin des montagnes, ne pouvoient jamais paître dans d'autres plantations que dans celles qui seroient faites pour elles, et si les propriétaires avoient des ressources connues pour les faire vivre à l'étable, quand elles ne trouvent rien aux champs.

La société d'agriculture de la Seine, pénétrée des avantages de la multiplication des chèvres, et frappée des inconvéniens qui en résulteroient, a proposé un prix pour celui qui indiqueroit les moyens de favoriser cette multiplication et d'empêcher les inconvéniens. Le concours a déjà donné quelques résultats ; il est à croire qu'étant prolongé, il en donnera de plus complets. (Tᴇs.)

CHEVRE. (BARBE DE) Nom spécifique d'une spirée.

CHEVREAU. Petit de la chèvre.

CHEVRE-FEUILLE, *Lonicera*. Genre de plantes de la pentandrie monogynie et de la famille des caprifoliacées.

Linnæus avoit réuni à ce genre des espèces que tous les anciens botanistes avoient regardées comme devant en être séparées. Jussieu a formé trois autres genres ; savoir, ᴄᴀᴍᴇʀɪsɪᴇʀ, sʏᴍᴘʜᴏʀɪᴄᴀʀᴘᴇ et ᴅɪᴇʀᴠɪʟʟᴇ, avec ces espèces. Je suivrai ici son opinion ; et en conséquence, celles qui vont être mentionnées font partie seulement des véritables chèvre-feuilles, c'est-à-dire sont des arbrisseaux sarmenteux, grimpans, à tiges grêles, à feuilles opposées, plus ou moins connées, et à fleurs disposées en tête à l'extrémité des rameaux.

Le CHÈVRE-FEUILLE DES JARDINS, *Lonicera caprifolium*, Lin., a les rameaux glabres, les feuilles ovales, glabres, glauques en dessous, les supérieures perfeuillées. Les fleurs d'un rouge pâle. Il est originaire des parties méridionales de l'Europe. Ses fleurs sont très odorantes, sur-tout le soir, et présentent trois variétés de couleur, la rouge foncée, la jaune et la blanche. Cette dernière est très hâtive, ou pousse ses feuilles dès que les gelées ont cessé. Après quoi vient la jaune, puis la commune, et enfin la rouge foncée, qui dure le plus long-temps de toutes. C'est cette dernière qu'on appelle aussi, mais mal à propos, CHÈVRE-FEUILLE TOUJOURS VERT, parcequ'il conserve ses feuilles pendant l'hiver.

Cet arbuste est depuis long-temps cultivé dans les jardins, dont il fait l'agrément pendant une partie de l'été. On en forme des palissades, des berceaux, des guirlandes ; on en garnit des murs, on le fait monter sur les arbres et arbustes ; on le taille en buisson, en haie, etc., etc. Qui n'a pas souvent admiré l'élégance qu'il donne à des allées de tilleul, autour du pied desquels il est planté, et dont il lie les intervalles par des festons aussi élégans à la vue que flatteurs à l'odorat ? Certainement c'est la manière la plus avantageuse de l'employer. Il produit aussi de brillans effets lorsqu'on le laisse naturellement monter sur les arbustes des jardins paysagers, et que ses rameaux chargés de fleurs retombent en pampres, en festons, sur leurs branches inférieures. La pire de toutes les manières, c'est sa taille, soit en boule, soit en haie. Il est presque toujours hideux sous cette forme. En effet, il est du nombre des arbustes qu'on doit plutôt guider que contraindre. Une branche relevée et dirigée vers un tel point remplit mieux l'objet de la culture en général qu'une branche amputée ; mais cela ne remplit pas celui des porteurs de serpette qui se croient jardiniers, et qui pensent n'avoir de mérite qu'autant qu'ils vont toujours coupant.

Toute exposition et toute espèce de terre conviennent au chèvre-feuille ; mais il est plus odorant et plus garni de fleurs dans une terre légère et à une exposition chaude qu'à toute autre. En conséquence, on doit le placer de préférence au midi lorsqu'on veut jouir de tous ses avantages.

On multiplie le chèvre-feuille de graines, de marcottes et de boutures. La première de ces manières est lente, la dernière est incertaine. C'est donc la voie des marcottes qu'on emploie le plus généralement. Ses rameaux ont tant de disposition à prendre racines, que ceux qui rampent en offrent toujours. Il suffit de les mettre en terre, à quelque époque de l'été que ce soit, pour qu'on puisse être certain d'avoir des pieds propres à être transplantés en automne. C'est en général cette saison qui convient pour faire les plantations de chèvre-feuille; cependant on peut les entreprendre au printemps, au risque de n'avoir pas de fleurs la première année.

Si on vouloit semer des graines de chèvre-feuille, il faudroit les mettre en terre, dans une situation abritée, aussitôt après qu'elles auroient été cueillies. Le plant levé devroit rester en place au moins deux ans, parcequ'il pousse d'abord lentement, pendant lequel temps on le sarcleroit au besoin. Ensuite on le mettroit en pépinière, à la distance d'un pied, pendant encore deux années.

Le CHÈVRE-FEUILLE DES BOIS, *Lonicera peryclymenum*, Lin., a les rameaux velus; les feuilles ovales, pointues, pubescentes en dessous, les supérieures non perfoliées; les fleurs d'un blanc jaunâtre. Il croît dans les bois, sur-tout dans ceux qui sont marécageux, et est quelquefois si abondant, qu'il empêche le passage. Il s'élève au-dessus des plus grands arbres, et acquiert presque la grosseur du bras. Il se rapproche infiniment du précédent sous tous les rapports. Ses fleurs sont également odorantes, leur odeur est seulement plus foible. Il fournit plusieurs variétés, dont l'une, que quelques botanistes regardent comme une espèce, et qu'ils appellent le *chèvre-feuille d'Allemagne*, a les feuilles et les rameaux glabres, de sorte qu'il ne diffère de celui des jardins que parceque ses feuilles supérieures ne sont pas perfoliées; une autre a les fleurs très tardives, une troisième a les feuilles dentées à peu près comme celles du chêne, d'où son nom de *chèvre-feuille à feuilles de chêne*. L'espèce principale et ses variétés se cultivent dans les jardins, positivement comme la précédente. Cette espèce orne nos forêts pendant presque tout l'été. Il n'y a ordinairement que deux ou trois fleurs d'épanouies à la fois sur chaque tête, et celles dont la fécondation est terminée prennent une odeur désagréable qui nuit à la suavité des autres.

Le CHÈVRE-FEUILLE A PETITES FLEURS, *Lonicera bracteata*, Mich., a les feuilles supérieures perfoliées, glauques en dessous; les fleurs petites, jaunes ou violâtres, renflées à leur base, et accompagnées de bractées. Il est originaire de l'Amérique septentrionale et s'élève peu. Ses fleurs avortent quelquefois. Il porte encore les noms de *lonicera dioica*, *media* et *bracteata*. On le multiplie de graines qui mûrissent fort bien dans nos jardins, et par marcottes. Cette espèce est bien inférieure aux précédentes en agrément.

Le CHÈVRE-FEUILLE DE MINORQUE a les feuilles oblongues, glabres, les supérieures connées et perfoliées; les fleurs accom-

pagnées de bractées. Il croît à Minorque. Ses fleurs sont odorantes. Il est plus petit dans toutes ses parties que le premier,
avec lequel il a cependant plusieurs points de ressemblance.

Le CHÈVRE-FEUILLE DE VIRGINIE, *Lonicera sempervirens*, Lin.,
a les feuilles sessiles, les supérieures perfoliées, d'un vert luisant et persistantes ; les fleurs tubuleuses, jaunes en dedans et
rouges en dehors, à limbe presque régulier, sans bractées. On
le trouve dans les parties méridionales de l'Amérique septentrionale, sur le bord des eaux. Il fleurit pendant une partie de
l'été, et se fait remarquer par l'éclat de ses fleurs : c'est dommage qu'elles n'aient aucune odeur. Les oiseaux-mouches, ainsi
que je l'ai fréquemment remarqué, aiment à sucer le miel
qu'elles distillent. On le multiplie comme les précédens. Il
demande une situation abritée, et une couverture pendant
l'hiver dans le climat de Paris. Il fournit deux variétés, une
à grandes et l'autre à petites feuilles.

Le CHÈVRE-FEUILLE TOUJOURS VERT, *Lonicera grata*, Hort.
Kew., a les feuilles ovales, glauques en dessous, les supérieures
connées, presque perfoliées, luisantes et persistantes ; les fleurs
jaunes en dedans, rouges en dehors, irrégulières. Il est originaire de l'Amérique septentrionale. Je ne l'ai point trouvé
dans ce pays, et je ne le connois pas dans les jardins de Paris :
je ne le cite que sur l'autorité de Dumont Courset. Peut-être
l'aurai-je confondu avec le précédent dont il paroît différer
fort peu. (B.)

CHEVREUIL, *Cervus capreolus*, Lin. Quadrupède du genre
des cerfs, plus petit que ce dernier, et qui s'en distingue de plus
par ses cornes plus droites, moins longues, n'ayant que deux
branches (andouillères), et par son pelage d'un brun fauve.

Cet animal qui n'a guère que deux pieds et demi de hauteur, ne diffère presque pas du cerf par les mœurs. Tout ce
que j'ai dit du tort que ce dernier fait aux forêts et aux moissons s'applique également à lui, mais à un moindre degré. Sa
chasse est moins brillante et plus facile, cependant, malgré cela,
n'est point dans le cas d'être l'objet des désirs d'un cultivateur
qui veut faire prospérer ses affaires. *Voyez* l'article CERF. (B.)

CHEVREUSE. Variété de PÊCHE. (B.)

CHEVRIER. On donne ce nom, dans les pays où on élève
beaucoup de chèvres, à l'homme qui est chargé de les conduire
aux pâturages. *Voyez* aux mots BERGER et CHÈVRE. (B.)

CHEVROTER. Chèvre qui met bas.

CHEVROTIN. Petit de la chèvre dans certains cantons ;
fromages faits avec du lait de chèvre dans d'autres.

CHEVROTTE. On donne ce nom, dans le département
de la Meurthe, aux petits tas de foin qu'on forme dans les
prés. (B.)

CHIBOULE. C'est la CIBOULE. *Voyez* ce mot.

CHICHE , *Cicer.* Plante de la diadelphie décandrie et de la famille des légumineuses , qui a tant de rapport avec les pois qu'elle est généralement appelée *pois chiche* , mais qui possède cependant des caractères suffisans pour former un genre particulier.

Le chiche a des racines pivotantes et annuelles , des tiges flexueuses ou en zigzag et velues ; des feuilles alternes , ailées avec impaire et ordinairement composées de onze folioles ovales, velues , dentées et accompagnées de stipules également dentées. C'est une plante d'environ un pied de haut, qu'on cultive de toute ancienneté , pour son fruit, dans les parties méridionales de l'Europe , en Asie et en Afrique , et qu'on a introduite depuis quelques années dans les parties septentionales de la France , pour sa fane très aimée par les bestiaux , et très propre à servir à l'amélioration des terres dans lesquelles on l'enterre.

Les pois chiches sont un très bon manger , mais les estomacs délicats ne peuvent en faire usage qu'en purée. On en voit rarement sur les tables de Paris. C'est dans les départemens méridionaux, où on les appelle *garvance*, qu'il faut aller pour apprécier toute l'importance dont ils sont pour la nourriture de l'homme.

Il y a un grand nombre de variétés de chiches. Les Espagnols en distinguent principalement deux ; les petits qu'on mange pendant l'été, les gros qu'on réserve pour l'hiver. Ces derniers sont plus durs et plus robustes.

Dans les pays chauds les feuilles et les tiges du chiche laissent transsuder , pendant sa floraison , une liqueur acide assez intense pour corroder les bas et les souliers des personnes qui marchent dans les champs où il s'en trouve. (B.)

Le pois chiche ne craint pas le froid et il supporte même les gelées assez fortes : cette propriété donne la facilité de le semer à la fin d'octobre , en novembre et même en décembre, suivant les saisons et les abris : on doit convenir cependant que les semailles du commencement de novembre sont à préférer ; il en résulte deux avantages : 1° la plante se fortifie beaucoup en racines pendant l'hiver , et par conséquent elle est plus à même de supporter les sécheresses et les premières chaleurs ; sa végétation est ensuite plus régulière et moins hâtée, dès-lors la récolte est plus sûre et plus complète. Il est rare que les pois chiches semés un peu tard en décembre aient le même succès. Si on préfère dans nos provinces du midi cette culture à celle des autres pois , ce n'est pas parcequ'elle y est plus productive , mais parcequ'elle y est moins casuelle : ce pois, il est vrai, y est un peu meilleur pour, le goût que dans nos provinces du nord ; mais ce foible avantage ne lui donneroit pas la préférence sur les autres, si l'on pouvoit ou plutôt si l'on savoit faire mieux. Les pois de primeur, si recherchés et si vantés dans nos provinces du nord, le sont peu dans la partie opposée du royaume ; le prix de leur vente, dans celle-ci, ne dédommageroit point des soins et des peines qu'ils exigent, et la rareté de l'argent est le vrai et unique moteur de cette espèce d'engourdissement, qu'on appelleroit ailleurs nonchalance. Je sais que des particuliers amateurs ne négligent pas ces soins pour augmenter leurs jouissances ; mais toutes les fois que je ne vois pas dans les marchés aux herbes les primeurs devenir une marchandise, je dis que les exceptions prouvent la vérité de ce que j'avance. 2° Le pois chiche fournit un pâturage d'hiver aux troupeaux, si toutefois la douceur prolongée de la saison, et quelquefois sans aucune rigueur, ne l'avance pas trop ; dans ce cas les troupeaux lui sont funestes. En général le pois chiche sur lequel le troupeau a passé, et qu'il a brouté, talle davantage, produit plus de tiges au printemps, et la récolte en est augmentée : dans plusieurs cantons la pâture des troupeaux sur ces champs est rigoureusement défendue.

On sème en général le pois chiche, dans nos provinces du midi, dès que les semailles du blé sont finies ; mais comme celles des paresseux sont toujours et très mal à propos tardives, celles des pois chiches s'en ressentent : les terres en jachères sont destinées à cette culture.

Dans nos provinces du nord où l'on craint le froid, qui s'y fait sentir de bonne heure, il convient de semer dès le commencement d'octobre, afin que la graine, aidée par la chaleur de la saison, germe et lève promptement, et afin que la plante ait fait des progrès avant le froid ; cette espèce de pois a cela de particulier, qu'il craint peu les pluies, même abondantes, de l'automne.

Dans les provinces du nord, lorsque l'on sème des pois chiches on a plus en vue la nourriture du bétail au printemps que la nourriture des hommes. On fauche à plusieurs reprises les tiges de ces plantes, et on n'en conserve qu'une certaine quantité afin d'avoir des semences pour l'année d'après. Dans les provinces du midi, au contraire, on désire plus la récolte des pois, et même généralement parlant on ne désire qu'elle, parcequ'elle sert d'aliment aux hommes : les tiges sèches sont données au bétail et aux troupeaux. Il résulte de cette différence, que dans le nord ce genre de culture ALTERNE les terres et les féconde (*voyez* ce mot), tandis que dans le midi elle les appauvrit, parcequ'on n'y enfouit pas, par la charrue, le reste des tiges et des racines comme dans le nord ; d'ailleurs, comme il ne reste à ce sol aucun débris de la plante, elle s'est approprié les sucs nourriciers sans lui en rendre aucuns.

Dans le nord il vaut mieux faucher la plante et la donner au bétail, après l'avoir laissé un peu faner, que de mettre le bétail sur-le-champ. La première méthode donne plus de peine il est vrai, puisqu'elle exige le travail de la faux et le transport de l'herbe du champ à la métairie ; malgré cela on y trouvera une grande économie, parceque le bétail et les troupeaux gâtent par leur piétinement plus d'herbe dans ces champs qu'ils n'en consomment.

Dans les provinces du midi on ne travaille point assez les champs destinés aux pois chiches, on se contente de labourer et de croiser coup sur coup le premier labour ; mais comme la charrue dont on se sert est l'araire décrite par Virgile (*voyez* le mot CHARRUE), le terrain se trouve tout au plus bien défoncé à trois ou quatre pouees de profondeur ; je demande au contraire qu'il soit travaillé avec autant de soin que celui qu'on a préparé pour le blé : c'est, dira-t-on, beaucoup de travail pour une petite récolte, j'en conviens ; mais ce travail ne sera point perdu ; la récolte du blé, toutes circonstances égales, prouvera ensuite que la terre ne demande qu'à être travaillée long-temps à l'avance, et que dans cet état elle profite bien mieux des AMENDEMENS météoriques. *Voyez* ce mot.

Au dernier labour une femme ou un enfant suit la charrue et sème dans le milieu du sillon ; lorsque tout le champ est ainsi disposé on le herse en entier ; il ne reste plus, quand les plantes sont bien sorties, qu'à serfouir de temps à autre, afin de détruire les mauvaises herbes.

M. *Hall*, dans son ouvrage intitulé le *Gentilhomme cultivateur*, parle d'une espèce de pois qu'il appelle *petit poid chiche d'été*, afin de le distinguer de celui d'hiver, qui est plus gros. Je ne connois pas cette espèce ; il dit, en parlant de l'Angleterre : On sème le petit pois chiche vers la mi-février. Les pluies qui surviennent dans cette saison le font pousser, de sorte que, pour peu que le temps soit favorable, on peut le couper vers la fin de mai, ou du moins au commencemeut de juin, ou bien on peut le faire manger sur le terrain. Le pois chiche d'hiver est beaucoup plus précoce que celui d'été ; mais celui-ci est le fourrage le plus sain et le meilleur pour les agneaux qui le mangent préférablement à tout autre. Cette dernière espèce ne couvre pas il est vrai si bien la terre que l'autre, ni ne la touche pas de si près, ni ne donne point une récolte aussi abondante en tiges et en feuilles, et cependant elle a des avantages sur l'autre : nous avons dit qu'elle valoit mieux pour le petit bétail, et nous ajouterons en sa faveur, ce que peut-être peu de personnes ont observé, qu'elle pousse plus vite que l'autre. Le gros pois chiche est plus propre à être fauché, et le petit à être mangé sur le terrain ; raison de plus qui doit déterminer à le semer en rayons. Le pois chiche d'hiver est celui qui rend le plus, parcequ'il est fort précoce, qu'il donne du fourrage, et rend pendant que tous les autres manquent : son grand désavantage cependant porte sur l'incertitude de son succès ; car il arrive très souvent que tout le champ périt par les gelées. On voit cette plante résister pendant tout l'hiver et périr en février ou dans les premiers jours de mars par les gelées qui surviennent après des jours chauds. D'un autre côté il faut observer que la semaille du printemps est toujours sûre ; il n'y pas de meilleur fourrage pour les chevaux que le pois chiche fauché ; ils le mangent avec plaisir. Il produit d'abord dans ces animaux l'effet du fourrage vert ; mais après quelques jours d'habitude, il n'est point de nourriture qui les entretienne mieux en chair. Ce fourrage est également propre à engraisser les bêtes à cornes, et particulièrement les vaches, parcequ'en même temps qu'il les engraisse, il les fait abonder en lait qui n'a pas le mauvais goût qu'il contracte quelquefois, lorsque ces animaux sont nourris de certaines autres plantes. Il ne présente pas moins d'avantages pour la nourriture des brebis ; elles s'engraissent et fournissent à leurs agneaux un lait nourrissant et délicat. On ne connoît pas encore assez toute l'utilité de cette plante ; elle est, de toutes celles qui ont été mises nouvellement en usage, celle qui mérite le plus l'attention du cultivateur ; l'Angleterre commence à peine à connoître tout son prix, qui est entièrement ignoré en France ; cependant on peut assurer qu'il seroit à souhaiter que l'usage en devînt universel. (R.)

CHICON. Variété de laitue ; c'est celle qu'on appelle romaine à Paris. *Voyez* LAITUE.

CHICORACÉES. Famille de plantes qui a la chicorée pour type.

Ses caractères consistent en un calice commun entourant un réceptacle couvert de fleurs à languette et hermaphrodites.

Les plantes de cette famille sont lactescentes, ont des feuilles alternes et des fleurs jaunes ou bleues disposées en épis, en corymbe, ou réunies, ou solitaires dans les aisselles des feuilles.

La LAMPSANE, le LAITRON, la LAITUE, l'EPERVIÈRE, la CRÉPIDE, le PISSENLIT, le SCORSONNÈRE, le SALSIFIS, et enfin la CHICORÉE, appartiennent à cette famille.

Tous les animaux pâturans, les cochons et les volailles, aiment beaucoup les feuilles des plantes de cette famille ; l'homme même les mange, soit crues, soit cuites. (B.)

CHICORÉE, *Chicorium*. Genre de plantes de la syngénésie égale et de la famille des chicoracées, qui ne renferme que cinq espèces, dont deux sont généralement cultivées, soit pour la nourriture de l'homme et des animaux, soit pour l'usage de la médecine.

La CHICORÉE SAUVAGE, *Chicorium intibus*, Lin.; qu'on appelle aussi *chicorée amère*, est une plante vivace qui rend du lait lorsqu'on l'entame, et qui s'élève depuis un jusqu'à trois ou quatre pieds, suivant le local. Sa racine est pivotante et fusiforme. Sa tige est dure, flexueuse, rameuse; ses feuilles sont alternes, sessiles, un peu velues, plus ou moins profondément dentées, découpées ou rongées, souvent longues d'un pied, et larges de trois à quatre pouces; ses fleurs, ordinairement bleues, mais quelquefois rouges ou blanches, sont sessiles et géminées dans les aisselles des feuilles supérieures.

Elle croît naturellement le long des chemins, dans les pâturages, les champs en friche, etc. Elle fleurit depuis le milieu de l'été jusqu'aux gelées. Son goût est amer, comme l'indique son nom, mais d'une amertume qui n'est pas désagréable. On en fait un fréquent usage en médecine pour rétablir les estomacs délabrés, pour faire couler la bile et les urines dans la jaunisse, l'hydropisie, les obstructions, etc. On l'ordonne principalement au printemps, soit en nature, soit en décoction.

On cultive la chicorée sauvage dans les jardins pour l'usage de la table et de la pharmacie; elle y augmente dans toutes ses parties au point de monter jusqu'à sept à huit pieds, ce qui forme la *chicorée sauvage à larges feuilles*. Ses feuilles y varient en blanc et en violet, ce qui produit la *chicorée sauvage panachée*.

Toute terre convient à la chicorée sauvage, mais elle est plus belle et plus douce dans un sol frais et ombragé que dans un lieu sec et brûlé des rayons du soleil. On la sème au commencement du printemps, soit à la volée, soit en rayons, dans des planches, au préalable bien labourées. On la sème aussi, et même le plus fréquemment, en bordure. La graine demande à être peu enterrée; on l'arrose si le printemps est trop sec. Le plant n'a besoin que des sarclages ordinaires à tous jardins bien entretenus. Rarement on le transplante.

Beaucoup de personnes consomment la chicorée sauvage toute verte, et c'est toujours ainsi qu'on en fait usage pour les bouillons ou les tisanes amères; alors il n'y a d'autre soin à avoir que de couper de temps en temps ses feuilles pour en faire repousser de plus tendres, et de retarder, autant que possible, en coupant aussi ses tiges, l'époque de sa floraison;

car dès que cette époque est arrivée les feuilles ne sont plus mangeables.

A Paris, et dans toutes les autres grandes villes, on la trouve toujours trop dure et trop amère dans son état naturel, et on ne la mange en conséquence que blanchie, c'est-à-dire ÉTIO-LÉE. *Voyez ce mot.*

Pour l'amener à cet état on l'arrache avant les gelées, on coupe ses feuilles, on la réunit par bottes de cinq à six pouces de diamètre, et on l'enterre dans une cave, ou bien on la met dans une boîte percée de trous, qu'on place dans un lieu chaud. La température douce qu'elle retrouve la fait pousser de nouveau ; mais comme elle est privée de lumière, ses feuilles deviennent presque linéaires, très longues, et d'un blanc un peu jaunâtre. On l'appelle alors la *barbe du père éternel*, la *barbe de capucin*. A Paris ce n'est jamais que la chicorée semée au printemps qu'on consacre ainsi à l'étiolement, mais elle peut y être assujettie à tous les âges. Si on n'avoit pas de cave ou de chambre dont la température fût de plus de huit à dix degrés, on pourroit enterrer la chicorée sauvage dans une couche de fumier qu'on recouvriroit de caisses pour intercepter les rayons de la lumière ; mais cette méthode a l'inconvénient de donner souvent aux feuilles un goût de fumier ou de terreau fort désagréable. On peut couper plusieurs fois la chicorée étiolée dans le courant d'un hiver, et il vaut mieux le faire trop souvent que trop rarement, parceque la partie aqueuse, dominant dans ses feuilles, elles sont exposées à pourrir.

Mais ce n'est pas comme plante de jardin que la chicorée sauvage est principalement utile ; c'est comme plante fourrageuse. En effet, la plupart des bestiaux l'aiment, et si quelques uns y répugnent d'abord, ils ne tardent pas à s'y faire, et finissent par la préférer aux autres fourrages. Cela se remarque souvent, sur-tout pour les chevaux nourris dans les villes et au sec. A ces avantages il faut joindre ceux d'être vivace, de s'élever de trois à quatre pieds dans les terres de moyenne qualité, de pouvoir être coupée plusieurs fois dans l'année, de croître dans toute espèce de sol, et de n'être affectée, lorsqu'elle a acquis toute sa croissance, ni des grands froids, ni des grandes sécheresses.

C'est à Cretté de Palluel qu'on doit d'avoir le premier cultivé la chicorée sauvage en grand pour fourrage aux environs de Paris. Il la semoit au printemps, avec de l'avoine, sur deux labours dans les terres fortes, et sur un seul dans les terres légères. La première année, il ne la coupoit que deux fois, mais les suivantes il en tiroit quatre et même cinq récoltes. J'ai été témoin d'une de ses récoltes, la même qu'il cite dans son mémoire imprimé parmi ceux de l'ancienne société d'agriculture de Paris, et j'ai été, comme tout le monde, enthousiasmé de son produit, c'est-à-dire des cinquante-six milliers qu'il leva sur un arpent de terre médiocre, mais favorable à la croissance de cette plante, attendu qu'elle étoit profonde et un peu fraîche.

Il résulte, des observations de Cretté de Palluel, que la chicorée doit être donnée aux bestiaux en vert, car sa dessiccation est d'autant plus difficile et donne lieu à des pertes d'autant plus grandes, que plus on la coupe jeune et meilleure elle est. Je crois qu'il y a tout à gagner à suivre son avis ; cette plante poussant une des premières et une des dernières, quand on sait la ménager, on peut être assuré d'en avoir tous les jours de fraîche pendant huit mois de l'année.

Une prairie de chicorée sauvage fournit pendant cinq à six ans sans diminution sensible, après quoi il convient de la labourer pour y semer autre chose. Les racines, si on les laisse dans la terre, l'amenderont plus qu'une quantité de fumier donnée, sur-tout si le sol est argileux. Elle doit donc être regardée comme très propre à entrer dans un système d'Assolement bien coordonné. *Voyez* ce mot.

En Angleterre, on sème la chicorée par rangées écartées de douze pouces. Elle vient beaucoup plus belle que lorsqu'elle est semée à la volée. On en emploie environ six livres par acre. Il faut la couper avant que ses tiges soient endurcies, car tous les bestiaux, qui la mangent avec avidité quand elle est tendre, la rebutent lorsqu'elle est devenue ligneuse. On la coupe quatre à cinq fois dans le courant d'un été. Lorsqu'elle a donné des graines elle repousse si foiblement, qu'il vaut mieux la labourer que de la conserver. En général trois ans sont le terme de sa vigueur et celui où il faut la remplacer par une autre culture.

C'est sur les vieux champs qu'on est dans l'intention de détruire, ou sur des champs à cela exclusivement destinés, qu'on doit récolter la graine de la chicorée. Il est très désavantageux d'y faire une ou deux coupes, comme quelques écrivains l'ont conseillé, avant de laisser fleurir cette plante. Ce n'est pas trop de quatre mois pour amener à maturité toutes les fleurs qui se développent successivement, mais en petit nombre chaque jour, et les premières mûres, ou mieux, celles qui mûrissent pendant les chaleurs de l'été, sont les meilleures. On coupe les tiges lorsqu'elles ont perdu leur couleur verte, qu'elles sont devenues blanchâtres, que plusieurs de leurs parties sont déjà desséchées, quoiqu'elles offrent encore quelques fleurs, et on les transporte dans un grenier où la maturité des graines s'achève. Ce n'est qu'à la fin de l'hiver qu'on les bat au fléau, opération difficile et longue à raison de l'adhérence de ces graines. On a indiqué, comme moyen pour la faciliter, de mouiller le tout la veille, et de battre mouillé. Ces graines se conservent bonnes pendant plusieurs années lorsqu'on les tient dans un lieu sec et aéré.

La culture de la chicorée ne doit pas être aussi étendue que quelques agronomes le prétendent. Il est bien constaté que, donnée en petite quantité ou de loin en loin aux vaches, elle augmente la quantité et la qualité de leur lait; mais il est également prouvé par des expériences positives, faites à la ferme de Rambouillet, que lorsqu'on la donne seule et long-temps à ces dernières, elle diminue leur lait d'environ un sixième, et que ce lait donne un beurre blanc de fort mauvais goût et des fromages amers.

En général on a remarqué que le changement de nourriture étoit toujours un bien pour les bestiaux, comme elle en est un pour l'homme; et, ainsi que l'observe Tessier, les animaux qui mangent de la chicorée sauvage prennent en même temps un aliment et un médicament capables d'augmenter leur appétit en donnant du ton à leur estomac, de désobstruer leurs vaisseaux en donnant plus de fluidité à leurs humeurs, faire cesser les maladies de peau, auxquelles ils sont si sujets, en diminuant l'âcreté de leur lymphe. Il faut donc conclure avec ce savant agronome que la chicorée sauvage ne doit pas être le seul fourrage à cultiver dans une ferme, mais qu'il est utile à la santé des bestiaux qu'il y en ait toujours quelques quartiers ou quelques arpens (suivant le nombre des bestiaux), pour leur en donner la fane en vert ou mêlée avec d'autres fourrages, ou seule, quelques jours seulement pendant le printemps, l'été et l'automne.

Les difficultés de la dessiccation de la chicorée indiquent qu'un des moyens de la conserver sans trop d'embarras, c'est de la stratifier en couches minces avec la paille de froment ou d'avoine destinée à la nourriture des bestiaux, paille à laquelle elle communique sa saveur, et non ses propriétés médicinales.

Les racines de chicorée sont très recherchées par les cochons, et paroissent leur faire le même bien que les feuilles aux autres bestiaux. Ils en mangent aussi volontiers les feuilles, sur-tout quand elles sont à moitié cuites.

C'est avec ces mêmes racines à demi torréfiées que l'on fabrique cette boisson qui n'a du café que le nom et la couleur, et dont on fait une certaine consommation en Allemagne. Pour cet objet, on choisit celles provenant des semis de l'année, on les lave, on les gratte, on les coupe en petits tronçons et on les fait sécher au four. La décoction de ces racines est saine; ainsi il ne faut pas s'opposer à ce que ceux qui veulent en faire usage se satisfassent, mais on doit veiller sur les épiciers afin qu'ils n'en vendent pas en poudre, soit seule, soit mêlée avec du véritable café, sous le nom de ce dernier, parcequ'à raison de la différence des prix c'est un véritable vol.

La chicorée sauvage est, dit-on, le type de l'ESCAROLE ou SCARIOLE, plante dont les feuilles et les fleurs ressemblent en effet aux siennes, mais qu'on peut supposer cependant appartenir à une espèce distincte, et qu'on cultive très abondamment dans les jardins pour manger en salade ou cuite. J'ai cru devoir la rendre l'objet d'un article particulier pour ne pas trop allonger celui-ci. *Voyez* ESCAROLE.

LA CHICORÉE DES JARDINS, ou *endive*, *Chicorium indivia*, Lin., se distingue de la précédente par ses racines qui sont annuelles, par ses tiges qui ne s'élèvent pas au-delà de deux pieds, par ses feuilles élargies vers leur extrémité, un peu dentelées et parfaitement glabres, par ses fleurs solitaires dans les aisselles des feuilles supérieures. On en distingue plusieurs variétés. *Voyez* ENDIVE. (B.)

CHICOT. Reste d'un arbre qui sort de terre, et que les vents ont coupé ou abattu. Ce mot a une autre acception en fait de jardinage : on désigne par lui une branche morte, sèche, vieille ou mourante, défectueuse en tout genre, remplie de chancres, etc., ou une partie considérable d'une telle branche, que par négligence on n'a pas ôtée.

Le chicot diffère donc de l'*argot*, en ce que celui-ci n'est qu'un morceau de bois oublié d'être coupé sur une branche ou sur un tronc. Cependant ces deux mots prennent souvent la même acception, ou mieux, le dernier a passé d'usage.

Ceux qui *pincent* souvent leurs arbres sont sujets à avoir beaucoup d'argots qui échappent à la vigilance de celui qui les taille : alors on dit qu'il *chicote*. Tout bois mort, tout chicot, tout argot qui empêchent que l'écorce ne recouvre la plaie nuisent essentiellement à l'arbre. (R.)

CHICOT, *Gymnocladus*. Arbre de trente pieds de haut, qui forme un genre dans la diœcie décandrie et dans la famille des légumineuses, qui croît naturellement dans le Canada, et qu'on cultive dans les jardins paysagers, où il produit un assez bel effet par ses grandes feuilles alternes, deux fois ailées, et à folioles ovales, pointues, glabres, d'un vert glauque, longues d'un pouce et demi, placées à l'extrémité de rameaux gros comme le doigt et obtus.

Le chicot a été ainsi appelé parceque lorsqu'il a perdu ses feuilles, et il les perd de bonne heure, ses rameaux, toujours en petit nombre, semblent morts. Il fleurit rarement en France, mais il y supporte fort bien les rigueurs des hivers. Ses fleurs ont peu d'apparence, quoique leur réunion en grappe relevée semble annoncer le contraire. Ses fruits, longs de quatre à cinq pouces et larges de deux, sont plus remarquables.

Cet arbre s'accommode de toute espèce de terre, et se plaît principalement dans celles qui sont meubles et fraîches. Toutes les expositions lui sont bonnes. En conséquence on peut le mettre où on le juge à propos. Son seul inconvénient est de pousser ses feuilles fort tard au printemps et de les perdre de bonne heure.

On est rarement dans le cas de multiplier le chicot du Canada par ses graines qu'il faut faire venir de ce pays, mais on y parvient facilement par le moyen des marcottes et des racines.

Les marcottes, à moins que ce ne soient celles en pots en l'air, manière qui déforme les arbres, sont peu souvent pratiquées, à raison de la grosseur des branches et de leur peu de flexibilité. Reste donc les racines qui fournissent trois moyens de parvenir au but qu'on se propose.

Le premier consiste à couper une des racines superficielles à quelque distance du tronc, et d'élever son gros bout d'un à deux pouces au-dessus du sol, sans toucher au reste. Cette opération doit être faite au premier printemps.

Le second est de lever à la même époque quelques unes des racines de cet arbre, de les couper en tronçons de six pouces, et de les planter dans de grands pots qu'on place sur une couche tiède au levant. Leur grosseur doit être de quatre à cinq lignes, terme moyen.

Le troisième est d'arracher avec précaution un vieux pied et de laisser la fosse ouverte. Il pousse autant de pieds qu'il y a de racines restées en terre, et on peut, en élargissant la fosse tous les ans, renouveler ce moyen de multiplication pendant plusieurs années consécutives.

L'hiver qui suit ces opérations on a des jeunes pieds qui sont dans le cas d'être déjà plantés en pépinière à dix-huit ou vingt pouces de distance. Ils doivent y rester trois ou quatre ans, pendant lesquels ils ne demandent que les soins ordinaires à toute pépinière, c'est-à-dire deux ou trois sarclages et binages par saison, après quoi ils peuvent être mis en place au commencement du printemps.

Le bois du chicot est dur et paroît propre à plusieurs usages économiques ; mais on ignore à quoi il est employé de préférence dans son pays natal. (B.)

CHIEN. Quadrupède du genre de son nom, dont on croit le type originel perdu, mais qui se conserve de temps immémorial en domesticité, où il rend d'importans et nombreux services aux hommes, et sur-tout aux cultivateurs.

Dans le genre chien se trouvent le loup et le renard, animaux qui en sont si voisins, qu'on a quelquefois de la peine à les caractériser, et qui cependant sont ses plus dangereux et ses plus implacables ennemis.

La longue suite de siècles qui se sont écoulés depuis que le chien est devenu le compagnon de l'homme, et l'intimité de la société qu'il a contractée avec lui, ont tellement altéré sa forme et sa couleur originelle, qu'on ne les reconnoît plus. Les variétés qu'il offre sont si nombreuses, qu'il est impossible de les énu-mérer, et si tranchantes, qu'elles semblent appartenir à des espèces distinctes. Non seulement ces variétés portent sur l'ex-térieur, mais encore sur l'intérieur, chacune ayant des qua-lités, on peut dire morales, et un instinct qui lui est propre. Toutes ces variétés se mêlent perpétuellement, et par consé-séquent s'augmentent. Mais on a remarqué que l'accouplement des races très opposées réussissoit difficilement, et que sou-vent les mères refusoient de reconnoître leur progéniture.

C'est cette circonstance qui fait qu'en Europe on distingue encore parmi ce chaos quelques races assez caractérisées par leurs formes et leurs habitudes pour être indiquées par une dénomination générale.

Les principales de ces races, c'est-à-dire celles qu'il im-porte le plus aux cultivateurs de connoître, sont,

1° Le *chien de berger*, regardé comme le moins éloigné du type de la nature. Il est généralement petit, noir, couvert de longs poils, principalement sous la queue ; ses oreilles sont droites. Il est peu sociable, mais il remplit ses fonctions avec une intelligence et une activité très remarquables. Son peu de forcene permet de l'employer qu'à la garde des brebis et dans les pays de plaines. J'ai vu avec peine qu'il n'étoit pas aussi répandu qu'il mérite de l'être en France et dans les pays voi-sins. Son odorat est peu sensible.

2° Le *chien loup* est de la même grandeur que le précédent, mais son corps est plus court, sa tête plus ronde, son museau plus court et plus pointu, sa robe plus souvent fauve, brune ou blanche, que noire ; son poil est aussi moins long ; ses oreilles sont droites et courtes. Il ressemble véritablement au loup, mais il faut le distinguer des mulets de ce dernier animal. Son caractère est sauvage et son attachement pour son maître mé-diocre. Il garde cependant assez bien ce qu'on lui indique. L'odorat est obtus en lui.

3° Le *mâtin*, remarquable par sa grosseur, sa force, est principalement employé à la garde de la maison, à celle du gros bétail, et même à celle des moutons dans les pays où il y a beaucoup de loups. Sa couleur varie prodigieusement dans les nuances du brun, du fauve, du gris, du blanc, mais elle est rarement noire et rarement toute blanche. Ses poils sont courts ; sa tête est grosse, presque cubique ; ses lèvres supérieures et ses oreilles pendantes , ses jambes hautes. Il se distingue par son intelligence , son courage et son attachement pour son maître. Il a un odorat assez fin pour être employé à la chasse.

4° Le *dogue*, aussi gros, mais moins élevé sur jambes que le précédent. Sa couleur varie peu , c'est-à-dire qu'elle se rapproche du fauve mêlé de noir et de gris, sur-tout au museau. Sa tête est presque ronde, son nez écrasé, ses lèvres et ses oreilles pendantes. C'est le plus gros , le plus fort et le plus courageux de tous les chiens. Sa fidélité pour son maître est extrême, mais non expressive. Son intelligence est très bornée. On le dresse fréquemment au combat , et il devient alors d'une férocité extrême. Il a peu de nez.

5° Le *chien courant* , le *braque* et le *basset*, ne servent qu'à la chasse et à la course. On les reconnoît à leur grosse tête, à leurs lèvres et à leurs oreilles pendantes et à leurs jambes plus ou moins courtes. Leurs couleurs varient dans toutes les nuances possibles du brun , du fauve , du noir , du blanc , du gris , etc. Leur taille varie également. Leur intelligence est bornée à l'objet pour lequel ils sont destinés , rarement s'attachent-ils beaucoup à leur maître. Leur nez est excellent.

6° Le *chien couchant* ou *d'arrêt* diffère des précédens par des jambes plus longues, une tête plus fine, un corps plus mince; ses oreilles sont également pendantes, et ses couleurs varient autant. Il est principalement remarquable par l'éducation dont il est susceptible ; car son attachement pour son maître est ordinairement très foible. On lui apprend à suivre le gibier à la piste , et à s'arrêter lorsqu'il le voit , pour indiquer à son maître le lieu où il est caché, et pour lui donner le temps d'approcher et de le tuer. On lui apprend aussi à rapporter. Son odorat est très fin.

7° Le *barbet* se distingue de tous les autres chiens par la nature de son poil , qui est long et frisé comme la laine des brebis. Son corps est gros et court. Ses jambes médiocrement longues. Sa tête ronde, son museau court et épais. Ses oreilles larges et pendantes. Il varie beaucoup, mais le noir et le blanc dominent souvent en lui. De tous les chiens il est le plus intelligent et le plus susceptible d'un attachement vif et durable. On peut le dresser à tous les services possibles , bien sûr qu'il s'y emploiera. Une qualité qui lui est propre , c'est sa disposition à se jeter à l'eau; aussi est-il recherché pour la chasse des oiseaux aquatiques , qu'il rapporte fort bien lorsqu'ils sont tués. Son odorat est très bon.

8° L'*épagneul*. Il se rapproche du chien de berger par la disposition de son poil, mais il s'en distingue par la tête petite, arrondie et à oreilles pendantes ; par des jambes sèches et courtes. La couleur fauve et la couleur blanche dominent chez lui. Sa taille est petite, son intelligence et son attachement pour son maître médiocre. Il est un gardien assez vigilant et un assez bon chasseur, car il a le nez fin.

9° Le *levrier* se fait remarquer par ses jambes hautes, son museau effilé, son corps mince et son poil extrêmement court. Sa course est des plus rapides ; mais il ne suit sa proie que des yeux, car il manque d'odorat. Son intelligence est fort bornée ; son attachement pour son maître presque nul. Il ne sert qu'à la chasse en plaine, ou au luxe des gens riches. Sa robe est le plus souvent ou blanche ou fauve, ou tachée de ces deux couleurs. Sa physionomie est douce et son naturel pacifique.

Les chiens, en général, et sur tout le barbet, le mâtin, le chien couchant et l'épagneul aiment leur maître et cherchent à être aimés de lui. Ce n'est pas par intérêt qu'ils agissent, puisqu'un meilleur traitement, une nourriture plus abondante ou plus délicate ne le leur font pas abandonner. Un regard, un sourire, une caresse les comblent de joie, et ils le témoignent par mille voies non équivoques. Sont-ils coupables volontairement, ils s'approchent humblement, reçoivent avec résignation la punition, souvent barbare, qu'on leur inflige, redoublent de docilité et de caresse. Se pliant à tous les caractères, se conformant à tous les ordres qu'ils reçoivent, ils semblent même entrer dans ses chagrins et les partager.

Mais assez d'autres ont fait l'histoire morale du chien. On la trouve tracée de main de maître dans l'ouvrage de Buffon. Ici je ne dois en parler que sous les rapports d'utilité agricole, et je me renferme dans cet objet.

Le chien de berger est de première nécessité dans une ferme qui possède un troupeau de bêtes à laine. Instruit des intentions de son maître, il veille à ce que le troupeau ne dévaste pas les récoltes ; il le rassemble, le dirige vers tel ou tel point. Que de soins fatigans, que d'allées et de venues, que de cris ils lui évitent ! Il est impossible de suivre pendant une heure la marche d'un troupeau en Brie, pays où la race de ces chiens est plus pure et mieux stylée qu'ailleurs, sans être disposé en leur faveur. Malheureusement ils sont foibles et deviennent les premières victimes des loups dans les pays où ces derniers sont nombreux. Là il faut nécessairement leur substituer des mâtins de forte race qui, s'ils ne sont pas si propres à garder le troupeau, peuvent au moins le défendre avec succès, sur-tout lorsqu'on a armé leur cou d'un collier de cuir garni de pointes de clous.

Ces deux chiens et le dogue, quelquefois le barbet, sont les seuls qui servent utilement aux cultivateurs. On les appelle *chiens de basse-cour.* Ils doivent être choisis forts et vigou-reux, d'un caractère actif et courageux, mais non méchant ; car cette dernière qualité n'est jamais nécessaire, comme on le croit communément.

Le chien de basse-cour veille comme s'il devoit jouir de tout ce qu'il garde. Lorsque tout le monde se repose sur sa vigilance, il ne se repose sur personne. L'oreille perpétuellement au guet, le moindre bruit excite ses soupçons. Entend-il, sent-il, aperçoit-il des étrangers, il les signale par ses aboiemens. Veulent-ils forcer le passage, il s'élance sur eux, les combat avec intrépidité, en quelque nombre et quelque bien armés qu'ils soient. Il semble qu'il se trouvera heureux de mourir en défendant les intérêts de son maître.

Il est des cantons où les chiens de basse-cour sont libres le jour et la nuit. Il en est d'autres où on les attache le jour à la porte d'une loge où ils peuvent se retirer pendant le mauvais temps. D'autres enfin où on les enferme, également pendant le jour, dans cette même loge, qui alors est pourvue d'une porte grillée. Les avantages et les inconvéniens de ces méthodes se compensent assez également. Cependant dans les maisons où il entre habituellement beaucoup de monde, il vaut mieux les enchaîner ou les renfermer, parceque s'habituant aux étrangers, ils deviennent doux pour eux, et ne remplissent plus par conséquent l'objet pour lequel on les entretient.

Au Kamchatka on attelle les chiens aux traîneaux, et on leur fait transporter ainsi des poids fort considérables. Ils sont les seules bêtes de charge de cette péninsule.

En France et dans d'autres parties de l'Europe, ils servent aussi quelquefois à traîner de petites charrettes, à tourner la broche ou les meules de différens artisans. Ce sont eux qui, en Flandre principalement, font tous les petits charrois de l'intérieur des villes.

Quoique les chiens préfèrent la viande à toute autre nourriture, il est reconnu qu'il vaut mieux, pour les entretenir en bonne santé et adoucir leur caractère, les tenir au pain ou à la soupe, dans laquelle entrent quelques restes de cuisine, quelques os inutiles. On leur donne ce pain ou cette soupe, alternativement l'un et l'autre, le matin et le soir. La quantité doit être proportionnée à la grosseur ou à la faculté digestive de chaque individu ; ce qui varie considérablement. Une livre et demie est une foible portion pour un chien de moyenne taille ; mais on s'y tient ordinairement, et par motif d'économie, et parcequ'il n'est pas bon qu'ils soient trop gras. Ceux qui vaguent continuellement, et qui par conséquent prennent plus d'exercice, mangent davantage, ce qui est un motif de plus pour les attacher.

Il faut toujours donner abondamment à boire aux chiens qui sont à l'attache, ou renfermés dans leur loge ; car c'est, dit-on, le plus souvent par défaut de boisson qu'ils deviennent spontanément enragés.

La loge des chiens doit être assez spacieuse pour qu'ils n'y soient pas gênés, qu'ils puissent même se retourner avec une grande facilité. On la garnit de paille qu'on renouvelle souvent.

On appelle chenil un bâtiment destiné à renfermer les chiens de chasse. Il doit être placé dans un endroit sec et aéré, composé de plusieurs pièces à rez-de-chaussée, pour pouvoir séparer les malades des sains, et toujours tenu très propre. C'est à tort qu'on le bâtit dans la basse-cour parceque les aboiemens continuels des chiens fatiguent les bestiaux et les volailles.

La voix du chien se nomme aboiement ; mais il a plusieurs sortes de cris fort différens les uns des autres, qui ne sont pas des aboiemens. C'est, après le chat, l'animal qui, à ce que je crois, possède le plus de manières d'indiquer les affections qu'il éprouve.

La durée de la vie du chien est de douze à quinze ans ; cependant il en est qui arrivent jusqu'à vingt ; mais cela est très rare. On reconnoît son âge à ses dents qui naissent et tombent successivement. A cinq ans les lobes des dents incisives ont complètement disparu. A six ans les dents deviennent jaunes, et après on ne connoit plus l'âge qu'aux poils blancs de son museau, et au son rauque de sa voix.

C'est à neuf à dix mois que les chiens commencent à devenir aptes à la génération. Les mâles y sont propres ensuite en tout temps ; mais les femelles ont des momens fixes qui ne durent que quinze jours. Ces momens, qu'on nomme *chaleur*, ont lieu deux fois par an, mais plus fréquemment en hiver qu'en été. On a observé qu'elle recevoit plus volontiers les gros mâles que les petits, et qu'elle se laissoit couvrir tant que duroit son état de chaleur. L'accouplement dure long-temps à raison du renflement d'une portion de la verge qui s'oppose à sa sortie du vagin tant qu'il existe.

Pour avoir de beaux et bons chiens il faut choisir les mâles et les femelles parmi les individus les plus parfaits de leur race tant au physique qu'au moral ; mais il est peu d'endroits où on s'occupe de ce soin. Excepté les chiens de chasse, pour qui on met encore quelque importance à la conservation des qualités reconnues dans un mâle et dans une femelle, on abandonne par-tout cette opération au hasard ; aussi, comme je l'ai déjà observé, les races s'abâtardissent-elles chaque jour de plus en plus, sur-tout dans les villes.

La chienne porte soixante-trois jours. Pendant sa gestation il faut la traiter avec beaucoup de douceur et la nourrir plus abondamment. Elle fait jusqu'à huit petits qui ne voient clair que neuf jours après leur naissance. On dispose pour son accouchement un lit de foin dans un lieu obscur où elle puisse être tranquille. Sa nourriture doit être encore augmentée lorsqu'elle allaite.

L'attachement des chiennes pour leurs petits est très vif. Souvent même elles ne reconnoissent plus leur maître, et deviennent furieuses à l'approche de tous les hommes et de tous les animaux. Cependant quelques unes les mangent en naissant, principalement celles qui ont reçu un mâle d'une variété fort éloignée de la leur ; par exemple, une levrette qui met au monde des demi-barbets, ou une barbette qui met au monde des demi-chiens loups.

L'allaitement dure deux à trois mois, mais peut être suspendu plus tôt sans inconvéniens en donnant de la soupe aux petits.

Lorsqu'on veut avoir des chiens de forte stature, il est nécessaire de donner une nourriture surabondante à la mère et de ne lui laisser qu'un ou deux petits. Il est encore plus indispensable de nourrir ces petits largement pendant tout le temps de leur croissance, c'est-à-dire pendant la première année presque entière, parceque c'est de là, autant que de leur constitution originelle, que dépend leur grosseur. Un traitement doux et la société des hommes influent beaucoup sur leur caractère : ainsi il faut veiller à ce qu'on ne les tourmente pas.

Un absurde préjugé a fait croire que les chiens avoient au bout de leur queue un ver qui la rongeoit ; en conséquence tous les livres recommandent de couper ce bout quinze jours après leur naissance. D'autres préjugés, fondés sur de fausses idées du vrai beau, ont de plus condamné ces pauvres chiens à avoir encore la queue et les oreilles coupées rez du corps. Je suis toujours étonné, quand je vois passer des chiens ainsi défigurés, qu'il y ait en France des hommes assez barbares et assez dénués de goût pour avoir commandé leur martyre et leur dégradation. Quand donc serons-nous raisonnables ?

La castration des chiens n'ayant d'autre avantage que d'adoucir leur caractère lorsqu'ils sont méchans, je préférerai toujours faire tuer de tels chiens que de leur faire subir une opération qui les rend lourds et incapables d'attachement.

Lorsque les chiens se sentent indisposés de l'estomac ils mangent des feuilles de chiendent, ce qui les fait vomir et les guérit. Ils sont sujets à la plupart des maladies des animaux domestiques, mais ils en ont deux qui leur sont particulièrement propres, et qui toutes les deux sont nerveuses. La première et la plus dangereuse c'est la RAGE, (*voyez* ce mot.) La seconde, c'est la maladie des chiens, qu'on reconnoît à des contractions presque continuelles dans les muscles de l'abdomen et des cuisses, à la foiblesse des jambes, et qu'on guérit quelquefois à force de violens vomitifs. Ils sont aussi extrêmement sujets à la gale dans leur vieillesse. Les remèdes sont le plus souvent insuffisans; cependant l'eau dans laquelle on a fait bouillir du soufre, les frictions mercurielles, un brossement fréquent de la partie malade, parviennent quelquefois à la faire disparoître, au moins pour un temps. *Voyez* GALE.

On reconnoît qu'un chien est enragé à sa démarche triste et lente, à son refus de manger, à son horreur pour l'eau, à sa disposition à mordre les animaux et même les hommes qu'il rencontre. Il porte la tête basse, la queue serrée entre les jambes; ses yeux sont hagards. Le tuer est la seule chose à laquelle on doit tendre, car il n'y a pas d'exemple qu'un chien véritablement enragé ait été guéri; mais un chien mordu par un autre peut être empêché de le devenir lorsqu'on brûle les morsures qu'il a reçues avec un fer rouge, ou de la potasse caustique, ou par toute autre manière. Il faut seulement que l'opération ne tarde pas, afin que le venin n'ait pas le temps de passer dans le sang.

La rage n'est pas connue en Amérique, ainsi que je m'en suis assuré pendant mon séjour dans ce pays; preuve que cette maladie ne se propage que par communication.

Les Romains estimoient beaucoup la chair du chien, au témoignage de Plaute. Aujourd'hui on n'en mange plus en Europe; mais beaucoup de peuples de l'Asie, de l'Afrique et de l'Amérique s'en nourrissent encore.

La peau des chiens est fort recherchée par les chamoiseurs. On en fait des gants, des bas, même des culottes. Les fourreurs font souvent usage de celle des barbets et des épagneuls.

Les dents de chien sont employées pour polir le bois et les métaux.

Quant aux vertus médicinales des diverses parties des chiens, elles sont aujourd'hui regardées comme nulles. (B.)

CHIENDENT. Plusieurs plantes graminées, dont les chiens mangent les feuilles pour se purger, portent indifféremment ce nom, et deux plus fréquemment que les autres; savoir, le FROMENT RAMPANT et le PANIC PIED DE POULE. *Voyez* ces mots.

Ces plantes sont le fléau des cultivateurs. Par-tout où elles dominent il n'y a pas de belles récoltes à espérer. Leurs racines traçantes végètent avec tant de force, qu'un seul pied dans un sol favorable peut couvrir une toise de terrain dans le courant d'une année; elles sont si vivaces, que chaque nœud de leurs racines, laissé en terre, produit un nouveau pied; ainsi plus on les divise par les labours et plus on les multiplie, si on n'a pas l'attention d'enlever exactement leurs racines ou portions de racines avec la herse à dents de fer, ou avec une fourche, ou avec la main.

Par-tout l'abondance des chiendents est le signe certain d'une mauvaise culture, et cependant rien n'est plus commun que d'en voir les champs et les vignes infestés. Il est même des lieux où on ne désire pas leur destruction, parceque les feuilles fournissent une pâture aux bestiaux après la récolte, témoin les environs de la Flèche.

Les jardins où il semble plus facile de les détruire en sont souvent encore plus garnis. Je dois faire des exceptions et des exceptions nombreuses; car il est beaucoup de cultivateurs qui mettent une grande importance à la destruction des chiendents, qui emploient pour y parvenir tous les moyens qui sont en leur pouvoir ou qu'ils connoissent; mais ces moyens sont tous insuffisans; ils diminuent le mal, mais n'en détruisent pas la cause.

Il n'y a qu'un seul moyen de détruire radicalement le chiendent, c'est le système des assolemens. Lorsqu'après avoir été très tourmenté, pendant une année, par une culture qui demande de fréquens binages, celle des pommes de terre, par exemple, on sème des plantes étouffantes comme de la vesce, des pois gris, etc., et qu'on fait succéder ensuite une prairie artificielle, telle que la luzerne ou le sainfoin, on peut être certain que le chiendent disparoîtra du sol pour bien des années, car ses graines ne sont point emportées par les vents à de grandes distances, et la perpétuité des retours de cultures qui lui sont contraires s'oppose à ce qu'il fasse de nouveau de grands progrès. Aussi ne voit-on pas de chiendent dans les champs des environs de Lille, dans ceux de la plupart de l'Angleterre et autres pays où la culture par ASSOLEMENT est en faveur.

Mais, dira-t-on, voyez le champ de Lucas qui étoit semé l'année dernière en vesce, et qui est rempli celle-ci de chiendent. Voyez la luzerne de Mathieu qui est détériorée par lui. Ces deux cultures ne détruisent donc pas le chiendent? Non, elles ne le détruisent pas lorsqu'il est dans le sol en si grande abondance qu'il puisse s'en rendre maître avant que les plantes qu'on y a semées aient pris assez de force pour le dominer, car il pousse et plus tôt et plus rapidement qu'elles. C'est pourquoi je veux qu'il soit déjà en partie détruit par des binages répétés, ou par tout autre moyen, avant de semer les graines des plantes en question. D'ailleurs le complément doit toujours être une prairie bien garnie et d'une existence de plusieurs années. On voit du chiendent dans les pâturages, il est vrai, mais on en voit bien moins que dans les champs, et presque toujours c'est dans les pâturages épuisés , c'est-à-dire dont le sol est fatigué de porter la même espèce de plantes. Enfin , j'en appelle à l'expérience et à l'expérience faite en grand.

Si , malgré la variété des cultures qu'on pratique dans les jardins , il y a si souvent du chiendent, c'est principalement parcequ'on n'y sème que des plantes annuelles ou au plus bisannuelles , et que les racines de cette plante, qui ont souffert dans un carré de carottes pendant telle année, se fortifient de nouveau la suivante, qu'elles ne sont point gênées , et que leur fane n'est pas étouffée par l'oignon qu'on a mis dans le même carré.

Dans beaucoup de cantons on fait des labours d'été uniquement dans l'intention d'amener les racines du chiendent à la surface du sol et de les dessécher par la chaleur du soleil ; mais comme presque toujours on néglige d'enlever ces racines, loin d'avoir rempli son but on a travaillé directement en sens contraire ; car, comme je l'ai déjà dit, une racine partagée en dix morceaux peut former neuf pieds nouveaux , et de ces dix morceaux il n'y en a souvent qu'un ou deux qui périssent , et souvent, sur-tout lorsqu'il survient une pluie peu de jours après les labours, il n'en meurt pas un. Il n'y a réellement qu'un moyen de rendre ces labours effectivement utiles à la destruction du chiendent, c'est de faire *fourcher* le sol immédiatement après , car les enlèvemens à la main et à la herse sont toujours, quelque soin qu'on y mette, extrêmement incomplets. On appelle *fourcher*, fouiller la terre avec une fourche à trois ou quatre dents , au plus écartées de deux pouces , la soulever et même la faire sauter en l'air pour mettre au jour toutes les racines de chiendent qui s'y trouvent cachées. Ces racines sont ensuite réunies avec des râteaux et brûlées. Cette opération coûteuse, je le sais, doit être faite sous les yeux du maître ; mais elle remplit son objet mieux qu'aucune autre , et si après elle on suit la série des cultures indiquées plus haut, on est certain d'être débarrassé de chiendent pour long-temps, j'ose même dire pour toujours.

Il est des jardins, long-temps abandonnés, où pour détruire promptement le chiendent on a recours à la claie, c'est-à-dire qu'on défonce le sol de quinze à dix-huit pouces et qu'on en passe la terre à travers un assemblage de baguettes perpendiculaires écartées de quatre à cinq lignes. Ce moyen est meilleur , mais encore plus coûteux que le précédent.

Les chiendents poussent de très bonne heure et fournissent un assez bon pâturage au printemps ; mais lorsqu'ils commencent à monter en graines , leur fane devient dure et est rebutée par les bestiaux. Leur racine contient un principe sucré et une substance amilacée qui les rend propres à la nourriture de l'homme. On en a fréquemment fait du pain en les réduisant en poudre dans les contrées du nord, où les disettes sont plus fréquentes que chez nous à raison de la rigueur du climat. On en fabrique dans quelques pharmacies une gelée très agréable et très saine. Les cochons les recherchent avec ardeur ; aussi dans les pays où on est dans l'usage de mener ces animaux paître, y a-t-il moins de chiendent que dans les autres.

Mais l'usage le plus général des racines de chiendent est pour les tisanes. Elles passent pour rafraîchissantes, adoucissantes et apéritives. On en fait une grande consommation dans les villes sous ce rapport. (B.)

CHIENDENT AQUATIQUE. *Voyez* FÉTUQUE FLOTTANTE.

CHIENDENT A BOSSETTE. C'est le DACTYLE PELOTONNÉ.

CHIENDENT QUEUE DE RENARD. On donne quelquefois ce nom au VULPIN DES CHAMPS. (B.)

CHIENDENT RUBAN. *Voyez* ALPISTE ARRONDINACÉ.

CHIENDENT A VERGETTES. C'est le BARBON DIGITÉ.

CHIFFONE. On appelle ainsi des branches grêles, contournées, surchargées de bourgeons à leur extrémité, ou dans un point de leur étendue, et qui ne portent jamais de fruits. Ces branches doivent être coupées, à moins qu'on ne puisse espérer, en les taillant à un ou deux yeux, de les transformer en bonnes branches à bois, et qu'on ait besoin de ces dernières.

CHIFFONS DE LAINE. Les peaux, les plumes, les cornes, les ongles, les poils des animaux étant d'excellens engrais, même les meilleurs de tous les engrais, à raison de leur durée, on ne devroit pas perdre, comme on le fait par-tout en France, les chiffons de laine.

Il seroit donc à désirer qu'à l'imitation des Anglais, qui en font un fréquent usage, ils fussent par-tout ramassés, hachés, et répandus sur les terres, où leur effet, d'après Cullen, dure six ans, lorsqu'on en met six quintaux sur un arpent. *Voyez* au mot CORNE, *voyez* aussi LOQUE (B.)

CHIFFONS DE LINGE. Ils sont généralement perdus dans les campagnes, comme les précédens. Cependant, le grand emploi qu'on en fait pour la fabrication du papier leur donne une valeur. J'invite donc les ménagères à rassembler tous ceux qui proviennent de leur fait, et même tous ceux qui tombent sous leurs mains, et de les déposer dans un coin du grenier, pour les vendre lorsque le tas sera de quelque grosseur. Il est aujourd'hui peu de villes où il n'y ait pas quelques personnes qui font le commerce de ces chiffons. (B)

CHINCAPIN. Espèce de CHATAIGNER d'Amérique. (B)

CHIONANTHE, *Chionanthus*. Petit arbre de l'Amérique

septentrionale, qu'on cultive en pleine terre dans les jardins paysagers de France, où il produit un agréable effet, principalement quand il est en fleur. Il est de la diandrie monogynie, et de la famille des jasminées.

La tige du CHIONANTHE DE VIRGINIE s'élève à huit ou dix pieds dans son pays natal, où j'en ai observé de grandes quantités dans les lieux frais et ombragés. Ses rameaux sont opposés et bruns. Ses feuilles sont opposées, à peine pétiolées, ovales, aiguës, longues de trois pouces, larges d'un et demi, et d'un beau vert foncé. Ses fleurs, d'un beau blanc, sont disposées en grappes lâches, pendantes sur des pédoncles divisés et subdivisés en trois. Ces fleurs, qui se développent avant les feuilles, et de très bonne heure au printemps, sont si abondantes, que la cime paroît couverte de neige à qui la regarde de loin ; aussi l'appelle-t-on *l'arbre de neige-snaudrap* dans le pays ; mais en France, je ne les ai jamais vues assez nombreuses pour produire cette illusion.

C'est au second rang des massifs que le chionanthe doit être placé, au nord ou au couchant, et en opposition avec quelqu'arbre à feuillage mince. Il ressort beaucoup devant un groupe d'arbres verts. Il m'a paru qu'il ne faisoit pas bien isolé. Il lui faut une terre forte et humide. On le multiplie de ses semences, qu'on fait venir d'Amérique, car il en produit rarement en Europe ; ou de rejetons, ou de marcottes, ou par la greffe sur le frêne ordinaire, ou mieux sur le frêne à fleur, qui vient moins gros, et est plus en rapport avec lui. Il craint les fortes gelées dans sa jeunesse ; mais ensuite il les brave presque toujours. Je dis presque toujours, parceque Dumont-Courset a perdu les branches d'un très vieux pied par l'effet d'un frimas survenu après l'hiver.

Les graines du chionanthe doivent se semer dans des terrines sur couches et sous châssis. Elles sont ordinairement deux ans avant de lever. Le plant se repique la seconde année de son âge, ordinairement dans des pots qu'on rentre dans l'orangerie, ou qu'on couvre de fougère ou de litière pendant les grands froids. On peut le mettre en place au printemps de la cinquième année.

Les rejetons se produisent assez fréquemment autour des vieux pieds qui sont en terre de bruyère bien fraîche. On les lève également au printemps, soit pour les mettre en place sur-le-champ lorsqu'ils sont assez forts, soit pour les déposer pendant un ou deux ans en pépinière quand ils sont foibles.

Les marcottes prennent rarement racine la première année, même pas toujours la seconde ; mais quand le pied qui les fournit est dans un sol humide, ou qu'il est arrosé dans les chaleurs de l'été, elles réussissent toujours. On doit les couvrir de fougère ou de litière pendant l'hiver la première année de leur transplantation.

La greffe sur le frêne, soit en écusson, soit en fente, réussit assez bien. Elle doit être faite assez basse pour pouvoir enterrer le bourrelet qui, poussant des racines, rend le chionanthe franc de pied, et fait mourir la racine du frêne à l'époque où cette dernière, s'emportant trop, à raison de sa nature plus forte, l'eût fait périr. Cette précaution est moins nécessaire lorsqu'on le greffe sur le frêne à fleur. J'en ai vu un pied âgé de dix ans qui paroissoit vouloir se conserver encore long-temps.

Il y a une variété de chionanthe à feuilles plus étroites qui fleurit plus abondamment que l'autre. (B.)

CHIRON. Dans le département des Deux-Sèvres, c'est un tas de pierre élevé dans les champs. (B.)

CHIVEL. Nom des œilletons des plantes vivaces dans quelques parties de la France. (B.)

CHOIN, *Schœnus.* Genre de plantes de la triandrie monogynie et da la famille des cypéroïdes, qui renferme une quarantaine d'espèces, dont quelques unes, propres à l'Europe, font souvent partie de ce que les cultivateurs appellent *herbe de bas prés*, et doivent par conséquent être connues d'eux. Toutes viennent dans les endroits marécageux, et sont rarement mangées par les bestiaux ; mais on les fauche pour faire de la litière et pour augmenter la masse des fumiers. Ce sont des plantes à tiges dures, à feuilles linéaires et coriaces, et à fructification disposée en panicules.

Le CHOIN MARISQUE a la tige cylindrique, garnie de panicules rapprochées dans une partie de sa hauteur, les feuilles garnies de poils piquans sur leurs bords et sur leur carène. Il est vivace, s'élève à deux ou trois pieds de haut, croît sur le bord des étangs, et fleurit pendant l'été. On peut l'employer à orner les pièces d'eau des jardins paysagers, car il a de l'élégance dans son port.

Le CHOIN NOIRATRE a la tige cylindrique, nue, les têtes ovales et terminales avec une involucre de deux feuilles. Il est vivace et se trouve dans les marais qui se dessèchent pendant l'été, époque de sa floraison. J'ai vu des espaces considérables qui en étoient presque exclusivement remplis. Il forme des touffes saillantes, souvent de plus d'un pied de diamètre, au moyen desquels on peut quelquefois traverser, sans se mouiller les pieds, des marais d'une grande étendue.

Le CHOIN MARITIME, *Schœnus mucronatus*, Lin, a la tige cylindrique et nue, les épis ovales réunis en tête terminale et accompagnés d'un involucre de six folioles; les feuilles canaliculées. Il est vivace et croît dans les sables, sur le bord de la mer des parties méridionales de l'Europe. C'est une des plantes que l'on peut employer le plus avantageusement pour fixer les sables mouvans, faire des digues naturelles qui augmentent le domaine de l'homme presque sans frais et d'une manière plus durable que ces digues si vantées de la Hollande.

En effet, en la semant de proche en proche, on augmente chaque année l'épaisseur et la hauteur du banc, et par conséquent on gagne du terrain, et on le fortifie toujours d'avantage. L'important est de rencontrer une année où les orages plus rares permettent à la graine de germer, et au plant qui en est provenu de s'affermir. Une fois bien fixée, dans une certaine étendue, cette plante brave la fureur des flots et des vents. Les uns ou les autres lui donnent, dans le courant d'une année, toujours plus qu'ils ne lui ôtent, parceque'elle s'élève d'autant plus qu'elle est plus souvent recouverte de sable, et qu'elle augmente par conséquent chaque jour ses moyens de résistance.

Le CHOIN BLANC a la tige presque triangulaire, feuillée ; les fleurs fasciculées et les feuilles sétacées. Il est vivace et se trouve dans les marais tourbeux dont il fait quelquefois paroître le sol tout blanc, tant il est abondant. Il ne s'élève ordinairement que de quelques pouces, cependant il parvient souvent à plus d'un pied. C'est celui que les bestiaux mangent avec le plus de plaisir.

Les choins sont nombreux dans les pays chauds. Ils forment le fond des prairies basses de la Caroline, d'où j'en ai rapporté six espèces nouvelles. (B.)

CHOPINE. Ancienne mesure des liquides qui équivaloit à une demi-bouteille. *Voyez* MESURE. (B.)

CHOTTE. On donne ce nom, aux environs de la Châtre, aux terres à froment de seconde qualité. (B.)

CHOTTÉ. Altération du mot CHAULÉ. (B.)

CHOU. *Brassica.* Genre de plantes de la tétradynamie siliqueuse et de la famille des crucifères, qui renferme une trentaine d'espèces, dont trois sont l'objet de cultures de première importance, et qui doivent en conséquence être bien connues des agriculteurs.

Des trois espèces ci-dessus indiquées, je ne parlerai ici que du CHOU proprement dit (*Brassica oleracea*, Lin.) Il sera question des deux autres, la RAVE et la NAVETTE, à leurs noms respectifs.

Le chou, dont les variétés sont si nombreuses (j'en ai vu cultiver simultanément plus de cinquante), et si différentes les unes des autres, qu'il est impossible de leur assigner un caractère commun, est une plante annuelle originaire des bords de la mer. On ignore l'époque où on a commencé à en faire usage comme aliment, mais cette époque remonte à une très haute antiquité. C'est de tous les végétaux propres à l'Europe celui dont on tire le parti le plus avantageux tant sous le rapport de la nourriture de l'homme et des animaux domestiques, que de l'huile qu'on retire de ses semences. Il fait la richesse des jardins comme celle des champs où on le cultive ; mais pour qu'il produise tous les avantages qui lui sont propres, il faut qu'il soit planté dans un bon sol, et qu'on soigne sa culture d'une manière convenable.

Afin de mettre un peu d'ordre dans la rédaction de ce que j'ai à dire sur les diverses variétés du chou, je les diviserai en six races, d'après l'indication de M. Duchêne de Versailles, à qui on doit un excellent travail qui les a pour objet.

1° Le chou colsat, qui se cultive en grand pour l'huile que fournit sa graine. On doit le regarder comme la variété qui s'éloigne le moins de l'espèce. Je devrois, en conséquence, en parler ici de préférence ; mais comme les autres variétés jardinières demandent de grands développemens, et que sa culture est fort différente de la leur, je préfère lui consacrer un article particulier. *Voy.* au mot Colsat.

2° Les choux verts, qui s'élèvent le plus et ne pomment pas.

3° Les choux cabus ou pommés, dont les feuilles larges et épaisses se recouvrent les unes par les autres, et forment une sphère ou un ovale plus ou moins solide.

4° Les choux-fleurs, dont les rameaux et les fleurs naissantes prennent un accroissement contre nature, et offrent une masse plus ou moins droite et mamelonnée.

5° Les choux-raves, dont la partie inférieure de la tige se distend de manière à présenter un renflement considérable, arrondi ou ovale, contenant une pulpe tendre.

6° Les choux-navets, dont la racine est tubéreuse et d'une forme analogue au navet.

Les choux verts se subdivisent en deux ; *choux verts qu'on cultive dans les jardins pour la nourriture de l'homme, et choux verts qu'on cultive dans les champs pour la nourriture des bestiaux.*

Parmi les premiers il faut distinguer principalement le *chou vert à larges côtes.* Sa tige est basse, ses feuilles rondes, unies, épaisses, d'un vert foncé et pourvues d'une large côte blanche. Il donne quelquefois une petite pomme ; c'est le *chou de Beauvais* des Parisiens.

Cette variété donne une sous-variété que j'ai vue en Espagne, et dont les côtes sont de la largeur de la main et de deux pouces d'épaisseur, quelquefois même plus. On mange ces côtes comme la carde et la poirée après en avoir enlevé l'écorce. C'est un aliment que je voudrois voir introduire sur nos tables.

Le *chou blond à grosses côtes* ne diffère du précédent que par la couleur de ses feuilles, qui est d'un vert jaunâtre, et parcequ'il est plus tendre et plus délicat que lui. Il est quelquefois frappé par la gelée pendant que l'autre y résiste.

Le *chou pancalier* ou *chou vert frisé. Chou de Savoie, chou de Hollande, chou d'Espagne* ; sa feuille est verte et foncée ou frisée sur les bords. Il ne fait presque pas de pomme.

Le *Chou frisé panaché, chou tricolor, chou frisé rouge d'hiver, chou frangé à aigrettes rouges*, variétés qui peuvent être considérées comme des nuances de la même, et que leurs noms caractérisent assez. Ils peuvent servir, et servent en effet quelquefois d'ornement dans les jardins. Ils sont très tendres et se mangent crus ou cuits.

Le *chou crépu d'Ecosse* diffère de l'avant-dernier, parceque ses feuilles sont plus petites, plus frisées, et que sa tige s'élève jusqu'à quatre pieds.

Le *chou à jet et rejet*, ou *chou à petites pommes*, s'élève à la même hauteur que le précédent, et fournit, tout le long de sa tige, de petits choux à feuilles frisées, extrêmement tendres et très bons, qui se reproduisent à mesure qu'on les coupe. On le cultive fréquemment dans les Cevennes et autres montagnes des parties méridionales de la France. Je crois qu'il diffère du *chou frisé d'Allemagne*, ou *chou du Brabant*, ou *chou de Bruxelles*, qui a la même forme, mais qui a besoin de ressentir les effets de la gelée pour être mangeable. Ce dernier, qui s'élève moins naturellement, est amené par art à la même hauteur. Pour cela on lui ôte successivement, une ou deux fois par semaine, ses feuilles inférieures ; c'est des plaies que sortent les petits choux, de sorte que plus il y en a, et plus la récolte est abondante. La tête ne se coupe qu'au printemps.

Toutes ces variétés demandent la même culture. Certains cantons préfèrent l'une, certains l'autre. Elles ne sont point communes dans les jardins des environs de Paris. Lorsqu'on les plante dans le voisinage les unes des autres, elles se fécondent réciproquement, et le produit de leurs graines forme de nouvelles variétés intermédiaires qu'il est impossible de bien caractériser. Cette observation s'applique à toutes les variétés de choux, et doit être prise en grande considération par les cultivateurs. Elles sont une ressource bien précieuse, pendant l'hiver, pour les habitans des campagnes de quelques parties de la France et contrées voisines. On ne sauroit trop en provoquer la multiplication. Elles se sèment dans une planche dont la terre a été bien ameublie et fumée, à une bonne exposition, depuis le mois de février jusqu'en juillet. Le plant levé est sarclé et arrosé au besoin. Lorsqu'il a cinq ou sept feuilles on le repique en quinconce et au plantoir, dans le local qui lui est destiné et qu'au préalable on a labouré et fumé. La distance à lui donner varie suivant la nature du sol et la grandeur à laquelle il doit parvenir, mais doit être rarement moindre de vingt pouces et plus grande que trente.

Le repiquage de ces choux doit se faire autant que possible par un temps couvert et même pluvieux, afin d'assurer la reprise. Dans le cas contraire on arrose matin et soir pendant quelques jours. Il est toujours avantageux de planter profondément, parceque ce qu'on appelle la tige du chou n'est que le prolongement du collet de la racine, et que cette tige pousse des fibrilles dans toute sa longueur. Le plant repris se bine une ou deux fois dans le courant de l'été. Vers la fin de cette saison on commence à enlever les plus grandes feuilles, mais une ou deux au plus à la fois sur chaque pied, pour les donner aux vaches ou aux cochons. En octobre on leur coupe la tête pour la manger. Il pousse alors une grande quantité de jets latéraux, qu'on coupe successivement pendant tout l'hiver; ces jets sont très délicats et se renouvellent même sous la neige. Au printemps ils montent en graine.

Les choux verts, qu'on cultive en grand pour la nourriture des bestiaux, peuvent tous être rapportés aux suivans, quoiqu'offrant quelques légères différences dans chaque canton.

Le CHOU VERT COMMUN a une grosse tige haute de deux ou trois pieds. Ses feuilles sont amples, ailées à leur base, ondulées en leurs bords, à côtes saillantes. On le cultive dans quelques parties de la France, tant pour la nourriture de l'homme que pour celle des bestiaux, mais principalement pour ces derniers; car il est de beaucoup inférieur au chou vert à larges côtes. C'est après le chou colsat la variété la moins altérée.

Le CHOU CAVALIER, ou CHOU EN ARBRE, ou CHOU CHÈVRE, ou GRAND CHOU VERT, s'élève à la hauteur de six pieds, et pousse rarement des jets latéraux. Ses feuilles sont grandes, peu épaisses, soutenues par de longs et larges pétioles. C'est celui qui se cultive si abondamment en Bretagne. Il subsiste quatre ans.

Le CHOU CAVALIER BRANCHU s'élève moins et jette des tiges latérales, mais du reste est semblable au précédent. C'est celui qu'on voit dans les plaines de la Normandie et de la Flandre. On prétend qu'il est plus productif.

Le CHOU A FAUCHER s'éloigne du précédent en ce qu'il ne s'élève pas et que ses jets sortent du collet de la racine.

Le CHOU FRISÉ d'ECOSSE, dont il a déjà été fait mention.

Toutes ces variétés sont des acquisitions précieuses pour l'agriculture. En effet il suffit de voir le parti avantageux qu'en retirent les cultivateurs dans la ci-devant Bretagne, la ci-devant Normandie, la ci-devant Flandre, pour être convaincu que leur culture, en s'étendant, augmenteroit beaucoup la quantité de nos bestiaux, par conséquent élèveroit le capital de notre richesse territoriale, directement par cela seul, indirectement par une plus grande abondance de fumier, par un ASSOLEMENT (*voyez* ce mot) plus favorable aux produits du sol. C'est principalement dans les pays froids et dans les hivers longs qu'on est le plus dans le cas d'apprécier toutes les ressources qu'ils peuvent fournir. Quelque bien soignée que soit cette culture dans les cantons précités, et autres de la France, c'est en Angleterre qu'on peut le mieux juger de l'amplitude dont elle est susceptible. Arthur Young, dans ses voyages agronomiques, offre tant d'exemples du succès dont elle a été couronnée, que je suis embarrassé du choix. L'expérience a prouvé aux fermiers de ce pays qu'on peut, par une bonne culture, les faire profiter dans presque toutes les espèces de terrain, et qu'ils peuvent suppléer tous les autres fourrages aqueux.

Les terres dans lesquelles les choux pour fourrage réussissent le mieux, sont les argiles fortes, c'est-à-dire justement celles qui, ne fournissant point de nourriture aux bestiaux pendant l'hiver et le commencement du printemps, obligent de les tenir plus long-temps au sec. On peut aussi cependant en tirer profit dans les terres calcaires sèches, par des engrais abondans et une culture soignée.

Un cultivateur anglais, M. Badders, a prouvé, par l'expérience, que les choux sont de beaucoup préférables aux turneps pour engraisser le bétail. Il y a, selon lui, soixante-quinze pour cent à gagner, relativement à la quantité, et il faut trois fois moins de temps. L'effet des choux est de distribuer la graisse plus également. La méthode la plus avantageuse qu'il ait reconnue, c'est de suspendre l'engrais au milieu de l'été pour le reprendre en octobre, parcequ'à cette époque les choux sont dans toute leur grandeur et qu'il en faut moins.

M. Whanton, autre cultivateur, est du même avis; il estime que deux acres de choux suffisent pour engraisser trois gros bœufs.

Les animaux de la ferme de M. Scroop ont extraordinairement prospéré depuis qu'il leur donne des choux. Aujourd'hui il n'engraisse plus ses bœufs et ses moutons que par leur moyen. Les avantages qu'il a retirés de leur culture dans les années de sécheresse sont incalculables. Il leur doit la plus grande partie de sa fortune ; aussi les soigne-t-il avec une attention toute particulière. Voici les principes qu'il s'est faits relativement à cette culture. Je le copie.

« Le sol le plus riche est toujours le plus avantageux. S'il est médiocre, il ne peut être trop fumé. Aucune autre récolte ne peut mieux payer les frais d'un copieux engrais. Les fumiers composés et celui de cheval, bien pourris, sont les meilleurs.

« Il faut labourer pour la première fois en octobre, et pour la seconde fois en mars. On labourera encore deux fois, et on hersera si le temps étoit fort sec. Au dernier la terre sera relevée en billons de quatre pieds de large.

« La graine doit être semée de bonne heure. Une livre de graine suffit pour six acres.

« On transplantera les jeunes pieds à la fin de mai ou au commencement de juin, sur le sommet des billons à deux pieds de distance les uns des autres. Il n'est jamais nécessaire de les arroser, car cette opération est plus dispendieuse qu'utile.

« Il ne faut biner que par un temps sec. Le premier binage se fera avec la charrue à biner aussitôt que les mauvaises herbes se montreront, et sera terminé à la houe pour amener de la nouvelle terre au pied de chaque plant. Le second binage aura lieu un mois après et en sens contraire du premier. Il sera suivi d'un nouveau buttage. En suivant ce procédé on pourra employer les choux depuis novembre ou décembre jusqu'à la fin d'avril ou commencement de mai. La meilleure manière de les employer, c'est d'en transporter les feuilles sur un gazon sec. Les animaux de toute espèce s'en nourrissent à merveille. Ils favorisent l'accroissement du bétail et l'entretiennent en bonne santé. Ils engraissent parfaitement les bœufs et les moutons. On gagne six pour un à en nourrir les vaches laitières plutôt qu'avec tout autre fourrage. Leur lait est parfaitement doux et leur beurre excellent, pourvu qu'on ait l'attention de ne pas leur donner les feuilles gâtées. »

Plusieurs autres agriculteurs anglais tirent de grands bénéfices de leurs choux en nourrissant des vaches laitières pendant l'hiver. On a dit que le lait et le beurre de ces vaches prenoient un goût âcre et une odeur désagréable, mais cela n'est point généralement vrai ; et toujours en mêlant cette nourriture avec de la paille ou du foin, on peut éviter cet inconvénient, qui, d'après le rapport de plusieurs personnes, n'a lieu que lorsque ces vaches mangent des feuilles pourries.

Les avantages des choux pour la nourriture des jeunes animaux sont si marqués, que dans les grandes fermes d'éducation il faudroit en cultiver uniquement pour cet objet. Les voyages d'Arthur Young en offrent des exemples irrécusables ; et en effet, une nourriture fraîche pendant l'hiver doit être préférable pour eux à des herbes dures et sans suc. Les jeunes veaux sur-tout profitent singulièrement par suite de leur usage. Il en est de même des agneaux, des petits cochons, etc.

Il paroît qu'on cultive plus souvent en Angleterre les variétés de choux susceptibles de pommer que celles dont il est question en ce moment; mais cette pratique est évidemment vicieuse, 1° parceque ces choux, quelque pesans qu'ils soient, ne peuvent fournir autant de feuilles que ceux à qui on les arrache journellement pendant six mois; 2° parcequ'ils ne vivent qu'une année, et obligent par conséquent à une augmentation de frais de culture; 3° parcequ'arrivés à leur maximum de croissance, ils se crèvent, et qu'une fois crevés, ils ne tardent pas à se pourrir; 4° enfin parcequ'étant plus aqueux, ils fournissent moins de nourriture sous le même poids ou le même volume.

Au reste, toutes les expériences citées dans les voyages ci-dessus, et qui prouvent d'une manière si positive les immenses profits qu'on peut faire dans une exploitation par la culture des choux, peuvent s'appliquer aux choux verts qui, à raison de leur durée, fournissent autant de nourriture et coûtent moins de frais.

Les préceptes donnés par M. Scroope pour la culture des choux en Angleterre s'appliquent complètement à celle de France. Ainsi je n'entrerai pas dans de plus grands détails à cet égard.

Si on vouloit cultiver les choux sans les replanter, il faudroit les semer de fort bonne heure et leur donner un ou deux binages. Cette méthode n'est guère employée, et avec raison. Dans quelques endroits on sème en juin des choux sur les blés pour les faire paître en automne par les moutons.

On donne en général aux bestiaux les feuilles de choux en nature; cependant il est reconnu qu'elles leur portent plus de profit lorsqu'ils les mangent cuites. Dans quelques cantons de la France, où il y a toujours du feu à la cheminée des cultivateurs et un chaudron sur ce feu, on leur fait essuyer un bouillon. Il seroit à désirer que par des constructions économiques, ou par la multiplication des plantations d'arbres, on pût employer par-tout le même procédé.

Quelques personnes ont proposé de conserver des feuilles de choux pour la nourriture des bestiaux en les faisant confire dans leur eau même, c'est-à-dire en faisant de la chou-croûte. Elles ne savoient pas, ces personnes, qu'un bœuf mange deux cents livres de feuilles de chou par jour, et que lors même que ces bestiaux s'accoutumeroient à l'odeur aigre de cette préparation, le nombre ou la grandeur des vaisseaux qu'il faudroit pour la contenir ne permettra jamais aux agriculteurs d'y penser.

Les choux cabus ou pommés offrent un bien plus grand

nombre de variétés que les précédens. Toutes sont regardées comme appartenant à la culture des jardins, quoiqu'on en voie très fréquemment dans les champs, et que souvent en France, comme en Angleterre, on les emploie à la nourriture des bestiaux. En effet, les façons qu'on leur donne dans les plaines ne diffèrent pas de celles qu'elles reçoivent dans les enclos.

Ces variétés se divisent en deux sections :

Les *choux cabus* proprement dits, qui ont les feuilles entières et les fleurs jaunes.

Les *choux cabus frisés*, ou *choux de Milan*, dont les feuilles sont crépues, très bullées, et les fleurs blanches.

Celles des variétés de la première section qu'on cultive le plus habituellement aux environs de Paris sont dans l'ordre de leur consommation.

Le chou cabbage. Il est très petit et très précoce. On peut le manger dès le milieu d'avril, c'est-à-dire lorsque les choux verts finissent. Il pèse rarement plus d'une livre. On le plante à une bonne exposition et à huit à dix pouces de distance.

Le chou hatif d'yorck est un peu plus gros que le précédent, et se mange quinze jours plus tard.

Le chou hatif en pain de sucre, encore plus gros et à peu près aussi hâtif. Sa pomme est allongée.

Le chou cœur de bœuf est plus gros et de même forme que le précédent.

Le chou hatif de Bonneuil. Sa tête est ronde et assez grosse; c'est une très bonne variété. Sa tige est basse et sa couleur bleuâtre.

Ces cinq variétés ne se trouvent que dans les jardins des riches ou autour des grandes villes, parceque leur culture est coûteuse et leurs produits peu abondans. Les deux dernières se conduisent comme la première.

Le chou pommé de Saint-Denis ou d'Aubervillers a la tête presque ronde, grosse, très serrée, d'un vert foncé, d'une odeur très forte. C'est la plus commune de celles qui se voient sur les marchés de Paris. Il est d'une bonne nature lorsqu'il est cultivé dans un sol convenable, mais ne se ressent que trop souvent des matières qui ont servi à fumer la plaine de Saint-Denis.

Le petit chou rouge est de la même grosseur que le précédent, mais n'a presque point d'odeur, et sa couleur est d'un violet sale. On le mange en salade et on le confit au vinaigre.

Le chou pommé blanc d'Alsace a la tête plate et fort serrée, le pied court et épais.

Le chou pommé blanc de Hollande a la tête plus grosse, mais moins serrée que le précédent et sa tige est plus haute.

Le chou pommé rouge se reconnoît à sa couleur lie de vin et à sa tête extrêmement serrée. Il a ordinairement dix pouces de diamètre.

Le chou pommé ordinaire ou chou cabus a une tête large d'un pied, aplatie, ferme, d'un vert blanchâtre, avec des nervures ou blanches ou violettes. Sa tige est grosse et courte. On le confond, aux environs de Paris, avec le chou pommé blanc d'Alsace et avec le chou quintal. C'est celui qu'on cultive le plus communément dans les départemens. Il parvient à une très remarquable grosseur. Rarement il est aussi tendre qu'il seroit à désirer.

Le chou quintal, ou chou d'Allemagne, ou chou de Strasbourg, ou chou d'automne, se rapproche beaucoup du précédent, mais est plus gros. On en cite qui pesoient quatre-vingts livres. Sa pomme est peu serrée parceque ses nervures sont saillantes. Ses feuilles sont d'un vert foncé et volumineuses à l'excès. C'est avec lui que se fabrique la plus grande partie de la chou-croûte (sauer kraut) qui se trouve dans le commerce. Transporté dans les États-Unis, il y a encore pris plus de grosseur, et en est revenu sous le nom de *chou d'Amérique*, par lequel il est connu en Angleterre.

Celles des variétés de la seconde section qui sont dans le même cas se réduisent aux suivantes :

Le petit chou de Milan hatif. Sa tige est courte et sa tête d'un beau vert. Il vient immédiatement après le chou d'Yorck.

Le chou frisé court, ou Milan tapu, est plus bas sur tige, mais aussi gros que le précédent. Ses feuilles, d'un vert bleu et très frisées, forment une tête plate très serrée.

Le chou Milan doré a la tête ovale, d'un vert jaunâtre, et de la grosseur de celle du précédent.

Le chou Milan d'été. Tête de grosseur moyenne et aplatie.

Le chou Milan tardif, ou gros chou Milan, ou gros chou frisé d'Allemagne. Sa tige est haute ; sa tête grosse et ferme, et d'un vert foncé. C'est une excellente variété dont le goût est relevé, même musqué. On lui donne quelquefois le nom de *pancalier*, qui appartient à une variété non pommée.

Chacune de ces variétés de choux offre dans sa culture quelques particularités ; mais je me contenterai de développer ici les principes généraux qui appartiennent à tous ; car le détail de ces particularités, qui au reste ne s'acquiert bien que dans la pratique, allongeroit cet article plus qu'il n'est convenable.

Il est trois époques pour le semis de la graine des choux cabus. Au commencement de l'automne, en pleine terre, au nord ; en février et mars, sur couche ; en mars et avril, en pleine terre, au midi.

On sème l'automne ou au printemps sur couche toutes les variétés hâtives, et au printemps toutes les autres.

Dans les départemens méridionaux, et même quelquefois dans les septentrionaux, on laisse le plant de chou dans le lieu où il a levé, jusqu'à sa transplantation, ayant soin de le couvrir de litière, de paillassons ou de fougère si les gelées s'annoncent pour devoir être fortes; mais dans les jardins bien conduits des environs de Paris on le repique toujours avant l'hiver dans une bonne exposition, à six pouces de distance. On gagne à cela et plus de précocité et plus de grosseur, car les choux aiment beaucoup une exposition chaude et humide, et en même temps une terre meuble.

Ces choux se replantent en mars, avril ou mai, suivant les variétés, le climat et la nature du sol; je dis la nature du sol, parcequ'ils doivent être plantés plus tard dans un terrain argileux et froid que dans un terrain sablonneux et chaud.

Aujourd'hui on sème beaucoup moins de choux sur couche qu'autrefois, parcequ'on s'est aperçu qu'ils étoient plus délicats que les autres, et que leur reprise étoit en conséquence plus incertaine. Les causes de ce fait sont trop faciles à saisir pour que je doive les indiquer.

Les choux semés en pleine terre, en mars et avril, se repiquent en juin ou juillet, quelquefois cependant plus tôt, quelquefois aussi plus tard.

En général il est bon de planter des choux tous les mois, ou même tous les quinze jours, afin d'en avoir de bons à manger à des époques successivement correspondantes, sur-tout quand on s'attache aux variétés précoces qui manquent quelquefois par suite de l'intempérie des saisons, ou par défaut de soins.

Lorsqu'un plant de choux est frappé de la gelée, il ne faut point y toucher. Souvent il ne périt pas, ou il s'en sauve plus ou moins. Il paroît qu'en général les gelées sèches sont moins dangereuses pour eux que les gelées humides.

Une terre naturellement meuble, ou rendue telle par beaucoup de labours, une terre bien engraissée avec des fumiers très consommés, enfin une terre fraîche ou fréquemment arrosée, est celle qui convient le mieux aux choux; peu de plantes sont plus susceptibles qu'eux de s'approprier le mauvais goût et même la mauvaise odeur des fumiers; il faut donc les choisir avec grand soin. L'exposition est moins importante; cependant, pour les choux de primeur, celle du midi est indispensable. Un pré défriché, un marais desséché, les bords d'un étang quelquefois curé, sont les lieux où les choux végètent avec le plus de vigueur.

Toujours il est bon de planter les choux sur le sommet d'un adós, de ne couper ni leurs racines ni leurs feuilles, d'employer la pioche plutôt que le plantoir pour faire le trou où chacun doit être planté. *Voyez* au mot PLANTOIR. La distance qu'il convient de mettre entre les grosses variétés est au moins de deux pieds. On gagne à augmenter leur écartement, sauf à placer dans les intervalles des salades, des haricots nains et autres légumes qui s'élèvent peu et se consomment avant le milieu de septembre.

Une plantation de choux doit se faire, autant que possible, par un temps sombre, et même pluvieux, sinon il faudra l'ombrager ou l'arroser pendant quelques jours, c'est-à-dire tant que ces choux ne seront pas repris.

Une condition essentielle à la complète réussite d'une plantation de choux, c'est de la biner au moins trois fois dans le cours de l'été, et à chaque binage de butter la base de chaque pied, c'est-à-dire d'élever d'un ou deux pouces la terre autour d'elle.

Si la sécheresse se prolongeoit trop long-temps pendant l'été, il faudroit arroser largement. Cette précaution est presque toujours de rigueur dans les pays méridionaux.

Ce n'est jamais que lorsque la pomme des choux est entièrement formée qu'on doit se permettre l'enlèvement des feuilles extérieures pour la nourriture des bestiaux, parceque plus tôt cet enlèvement nuiroit à leur croissance; à cette époque même, il faut n'arracher ces feuilles que petit à petit, c'est-à-dire une ou deux à la fois, sur chaque pied.

Dans certains lieux on coupe les choux au-dessus de la tige lorsqu'on désire les employer, et les tiges, qu'on appelle *troncons* ou *trognons*, repoussent des rejets qu'on mange à la fin de l'hiver; dans d'autres on les arrache. Cette dernière méthode est préférable, parceque ces rejets ne valent jamais, pour la quantité et la qualité; ceux produits par les variétés de choux verts, et qu'ils emploient cependant plus de terrain. Ces tronçons, privés de leur écorce demi-ligneuse, peuvent être mangés cuits comme les raves, lorsqu'ils sont sains, ou bien donnés aux vaches, aux moutons, aux cochons, aux lapins, qui tous les aiment beaucoup. Ils forment aussi un excellent fumier lorsqu'ils sont pourris. Dans une exploitation bien réglée il ne faut rien laisser perdre.

La plupart des choux pommés craignent les suites des fortes gelées; ainsi il est toujours bon d'arracher ceux qui sont les plus beaux pour les en préserver en les plantant dans du sable renfermé dans une orangerie, une serre à légume, un cellier ou autre lieu de même nature. L'humidité d'une cave, et son air non renouvelé, leur sont très contraires. J'en ai vu conserver assez bien en les enterrant de trois pieds dans un terrain sec, avec de la paille longue dessus et dessous. Dans tous ces cas les feuilles supérieures pourrissent toujours, et souvent infectent toutes les autres au point que les bestiaux mêmes n'en veulent point. Ceux qu'on isole dans les greniers ou dans des appartemens secs, ou se fanent ou poussent des tiges. En général c'est chose fort difficile que d'en conserver de sains jusqu'après l'hiver; il est donc bon de ne le tenter que sur de petites parties, et de varier les chances en employant tous les moyens précités. Les amateurs pourront plus certainement se contenter en cultivant des choux verts pour la fin de l'hiver, et des choux précoces pour le commencement du printemps.

La beauté des choux dépend beaucoup de la beauté de la graine dont ils proviennent; en conséquence il faut toujours réserver les plus belles têtes pour s'en fournir. Beaucoup de jardiniers laissent les choux destinés pour la graine dans la planche même, d'autres les transplantent pendant l'hiver, ou après l'hiver, dans un local particulier. Il y a des avantages et des inconvéniens qui se compensent dans ces deux méthodes. Quelle que soit celle que l'on préfère, il faut laisser les choux se crever naturellement, et non les fendre comme on le fait souvent, et ne les arracher que quand la graine commence à se disperser. À cette époque on les transporte en entier dans un lieu sec et aéré, pour n'en tirer la graine qu'au moment du semis, car elle se conserve mieux dans sa silique. Celle qui tombe naturellement est toujours la meilleure.

Comme les oiseaux du genre linotte (*Fringilla*, Lin.) sont très friands de la graine du chou, il est souvent nécessaire de couvrir, immédiatement après que leur floraison est terminée, d'un filet les pieds destinés à en fournir.

La consommation des choux est extrêmement considérable en France, mais bien moindre encore cependant que dans les pays du nord; les Allemands, chez qui la culture de luxe (les primeurs), sont moins communes, ont cherché les moyens de conserver ces choux, non seulement d'une année sur l'autre, mais même pendant plusieurs années, en leur faisant subir la fermentation vineuse. C'est la *chou-croûte* (*saure-kraut*) *chou aigre*. *Voyez* à la fin de cet article.

Quoiqu'on ne fasse la chou-croûte du commerce qu'avec le chou quintal, cependant on peut y employer toutes les variétés sans exception. Lorsque Broussonnet remplissoit la chaire d'économie rurale à Alfort, il réunit dans les vastes jardins de cet établissement une collection de plus de cinquante variétés de choux, venus de France, d'Allemagne et d'Angleterre, et fit fabriquer, moi présent, de la chou-croûte avec beaucoup de ces variétés seules ou mélangées, même avec des raves, et plusieurs en fournirent de supérieure à celle du commerce, et c'étoit ceux de primeur, c'est-à-dire les plus tendres. Je ne me rappelle plus si Broussonnet à publié le résultat de cette expérience.

J'ai déjà dit qu'on faisoit confire, dans le vinaigre, une variété de choux pour la mettre dans les salades ou la manger en guise de cornichon. J'ajouterai que les habitans du Forez conservent les choux, en grand, pour leur usage, de la même manière. C'est évidemment une mauvaise pratique, puisque la chou-croûte donne le même résultat avec moins de dépense.

Les choux frais font l'assaisonnement de la soupe de la plus grande partie des cultivateurs pendant la moitié de l'année. Ils corrigent les mauvais effets du lard rance qu'on fait si souvent cuire avec eux. Leur usage est toujours sain ; mais les estomacs délicats ne les digèrent pas facilement.

La quatrième race des choux est celle des *choux-fleurs*, singulière altération où la surabondance des sucs se porte sur les pédoncules et sur les fleurs, et transforme leur réunion en une masse plus ou moins dense, tendre et d'un excellent goût.

Les diverses variétés des choux-fleurs se rangent dans deux sous-divisions : les *choux-fleurs proprement dits* et les *brocolis*.

Les plus remarquables des premiers sont le *chou-fleur dur commun*. Il élève peu sa tige, et se garnit de feuilles allongées, d'un vert bleuâtre, avec les nervures blanches. Sa tête est grosse, bien garnie, et devient verdâtre en cuisant.

Le *chou-fleur dur d'Angleterre* a le grain plus blanc, plus serré. La cuisson n'en altère pas la blancheur.

Le *chou-fleur tendre* est moins gros que le précédent, et bien plus prompt à monter en graine ; mais il est plus tendre et plus délicat. On distingue avec peine les sous-variétés appelées de *Hollande*, de *Malte* et *d'Italie*.

Les premiers de ces choux-fleurs, observe Duchesne, étant d'un bien plus grand produit que le dernier, on les cultiveroit exclusivement s'ils réussissoient également par-tout et toujours.

Les plus communs des seconds sont,

Le *brocolis commun*. Sa tige s'élève à un pied et demi ; ses feuilles sont bleuâtres et fort allongées. Sa tête est un faisceau de rameaux tendres, verts, terminés par un groupe de boutons encore plus verts. C'est l'extrémité de ces rameaux qu'on mange.

Il ne faut pas confondre cette variété avec les poussés que font les choux pommés coupés avant l'hiver, et auxquels les jardiniers donnent quelquefois le même nom.

Le *brocolis de Malte* s'élève moins que le précédent. Ses feuilles sont souvent ailées et frangées. Son faisceau de rameaux est plus serré, plus gros, plus court, et ses groupes de boutons plus petits, plus nombreux, et d'un beau violet. Il est plus délicat.

Le *brocolis blanc* ne diffère du précédent que par sa couleur blanche. On peut le regarder comme métis des deux.

Plus les choux-fleurs et les brocolis s'éloignent des pays méridionaux, plus ils diminuent en qualité, et plus ils sont sujets à dégénérer. Il leur faut une excellente terre et beaucoup d'eau. Comme les autres choux, on peut les semer au commencement de l'automne, dans un lieu bien labouré, bien fumé, et bien abrité, ou sur couche et sous châssis pendant l'hiver.

Pour retarder l'époque de leur montée en graine, on les repique souvent deux fois. Les semis en pleine terre doivent être couverts de litière, de fougère ou de paillassons lorsque les gelées commencent à se faire sentir, car ils y sont plus sensibles que les autres choux.

Dès qu'on ne craint plus les rigueurs de la saison, c'est-à-dire à la fin d'avril, on replante les jeunes choux-fleurs qui ont alors sept à huit feuilles dans la planche où ils doivent définitivement rester. Cette planche doit, au préalable, être bien labourée et fumée avec du fumier bien consommé. La distance qu'il convient de mettre entre eux est de deux pieds. Chacun sera placé dans un trou (fait à la pioche plutôt qu'au plantoir) au fond duquel on aura mis une poignée de terreau. Un arrosement léger, qu'on renouvellera au moins tous les deux ou trois jours, en augmentant sa force à mesure que les choux grossiront, est indispensablement nécessaire. Une couche de long fumier mis sur la terre conserve son humidité, et épargne par conséquent quelques arrosemens. Un binage tous les mois est de rigueur, et chaque fois on aura soin de ramener de la terre nouvelle autour de chaque pied, c'est-à-dire de les butter. Les pieds morts, les pieds foibles, ceux qui ont été mutilés par une cause quelconque, seront remplacés au premier binage ; car le terrain où on cultive les choux-fleurs est généralement trop précieux pour ne pas éviter la perte de son emploi.

Dans le climat de Paris on commence à manger les choux-fleurs hâtifs au mois de juin ; aussi presse-t-on leur végétation par tous les moyens connus ; car ceux qui viennent ensuite, se confondant avec les tardifs, se vendent moins cher, et ne paient pas le plus souvent les frais de leur culture.

Dans les départemens méridionaux, en Italie et en Espagne, où les arrosemens doivent être beaucoup plus copieux qu'à Paris, et le débit des choux-fleurs moins avantageux, on les plante le plus souvent des deux côtés d'une petite rigole qu'on peut remplir à volonté de l'eau d'un ruisseau, d'un puits, etc.

Lorsqu'on craint qu'un pied de chou-fleur monte en graine, et qu'on ne veut ou ne peut pas le manger, il faut l'arracher

et le replanter dans un lieu frais la tête penchée. Cette opération retarde le développement de ses fleurs, et ne les empêche pas de grossir.

A Paris, où la consommation des choux-fleurs est très considérable, on en sème jusqu'à la fin de mai, et même au commencement de juin. Ceux de cette dernière époque sont toujours des tardifs, et destinés à être conservés pour l'hiver.
Leur culture est la même que celle ci-dessus, mais ils doivent
être arrosés au double pendant les chaleurs de juillet et d'août.
On les arrache lorsqu'il y a lieu de craindre les fortes gelées,
c'est-à-dire en novembre ou décembre, pour les mettre à
l'abri dans une orangerie ou autre bâtiment qu'on décore du
nom de *serre*.

Les précautions à prendre pour assurer leur bonne conservation, dans ce local, sont de choisir un beau jour pour les arracher, et de les laisser, dans un lieu fort aéré, perdre leur
humidité surabondante ; puis de leur enlever la plus grande
partie de leurs feuilles, et de les enterrer près à près dans le
sable. Là, en leur donnant de l'air aussi souvent que possible,
et de légers arrosemens, lorsqu'on voit qu'ils se fanent, on
peut les conserver jusqu'au printemps. Ceux dont la tête n'est
pas bien formée l'y terminent même.

Quelques jardiniers n'enterrent pas leurs choux-fleurs ; mais,
après leur avoir coupé le pied et enlevé les feuilles, ils les
déposent sur des tablettes, où ils se conservent sains deux ou
trois mois, pourvu qu'ils soient dans un air sec et fréquemment renouvelé.

Les brocolis se conservent plus rarement et plus difficilement de cette manière que le chou-fleur. On préfère les laisser
sur place, et les butter et empailler comme les artichauts.

Les choux-fleurs et les brocolis sont un aliment aussi agréable
que sain. Il est fâcheux que la dépense de leur culture et leur
nature peu substantielle, en éloignent les classes pauvres de
la société. On les mange toujours avec plaisir, quoique leurs
assaisonnemens soient peu variés. Les habitans du nord, qui
peuvent plus difficilement que nous les conserver, pendant
l'hiver, en état de végétation, les dessèchent au four ou les
confisent au vinaigre ; on en fait de la chou-croûte très délicate, mais, à ce qu'il paroît, de peu de garde.

La graine des choux-fleurs et des brocolis se récolte comme
celle des choux pommés, sur des pieds de choix réservés à cet
effet. Elle demande à être renouvelée souvent, c'est-à-dire
tirée du midi. L'expérience a prouvé que celle de deux ou
trois ans devoit être préférée, parceque le plant qu'elle donne
monte moins vite et a moins de tendance à dégénérer. Cette
graine est plus petite que celle d'aucune autre variété.

En général, les choux des diverses variétés, destinés pour graine, doivent être très éloignés les uns des autres, pour que, ainsi que je l'ai déjà observé, ils ne se fécondent pas mutuellement, et que le plant provenant de leurs graines conserve les caractères propres à chacune.

Les *choux-raves* sont la cinquième des races dont il a été parlé au commencement de cet article. Chez eux la surabondance de la nourriture s'est portée sur la tige, et y a produit un renflement considérable, dont l'intérieur est succulent et bon à manger. On en distingue deux variétés principales.

Le *chou-rave commun*, ou *chou de Siam*, a d'abord une tige semblable à celle des autres choux; mais lorsqu'elle est arrivée à toute sa hauteur, c'est-à-dire à six ou huit pouces, ses feuilles qui sont médiocres, sinuées, dentées, et même ailées à leur base, tombent; et cette tige s'enfle, devient une tubérosité arrondie de trois ou quatre pouces de diamètre. Il ne reste plus alors qu'un bouquet de feuilles à son sommet.

Le *chou-rave violet* est un peu plus gros et plus tendre que le précédent. Il s'en distingue aisément par la couleur violette dont toutes ses parties sont imprégnées.

Ces deux variétés de chou se cultivent peu dans les environs de Paris, je ne sais pourquoi, car ils offrent un manger aussi délicat que les choux-fleurs, et bien plus nourrissant. Ils sont plus recherchés à Lyon et contrées voisines. On les sème depuis mars jusqu'en juillet. Leur culture ne diffère pas de celle des choux-fleurs; en conséqence, je ne la rapporterai pas ici. Je dirai seulement que l'eau leur est encore plus nécessaire pour les empêcher de se *corder*, c'est-à-dire de donner des ganglions coriaces, et même ligneux. Pour les manger tendres on ne les laisse pas parvenir à toute leur grosseur.

Ces choux craignent peu les gelées; mais pour retarder leur croissance on les arrache en septembre ou novembre, et on les amoncelle avec du sable dans un lieu fermé.

Enfin, la cinquième et dernière race des choux sont les *choux-navets*, dont l'exubérance se trouve à la racine.

Cette variété se rapproche des navets, ou raves, ou turneps, et par ce caractère et par ses feuilles peu amples, presque ailées, sortant à fleur de terre; mais elle s'en distingue fort bien par ces mêmes feuilles, douces au toucher, et d'un vert glauque; par ses racines à peau plus ligneuse, et à pulpe plus ferme. Ces racines ont communément trois ou quatre pouces de diamètre. On ne lui connoît qu'une seule sous-variété, nouvellement introduite dans notre culture, et qui en effet mérite des éloges sous les rapports de l'utilité dont elle peut être pour la nourriture des bestiaux pendant l'hiver. C'est le *chou-navet de Laponie*, confondu par quelques agriculteurs avec le *ruta-baga* ou *navet de Suède* ; mais bien distinct, puisqu'il appartient à l'espèce dont il est ici question, et que l'autre dérive de la RAVE. *Voyez* ce mot.

On cultive aussi peu le chou-navet commun pour ses racines, que le chou-rave pour sa tige ; mais il est des pays où on en plante beaucoup pour la nourriture des bestiaux.

Comme le *chou-navet de Laponie* a une supériorité marquée sur le chou-navet commun, c'est lui que les agriculteurs doivent préférer.

Le résultat des observations, publiées par Arthur Young, sur la culture de cette plante en Angleterre, comme fourrage, prouve évidemment qu'elle a sur les choux verts et les choux pommés l'avantage de croître dans des terrains de médiocre fertilité, de ne pas craindre les gelées les plus rigoureuses, de fournir pendant tout l'automne et une partie de l'hiver une immense récolte de feuilles pour la nourriture des bestiaux ; et au premier printemps, lorsque les fourrages verts manquent généralement, des racines extrêmement succulentes et très saines pour ces mêmes bestiaux.

Sous ce dernier rapport seul, le *chou-navet de Laponie* est digne d'être pris en considération par les propriétaires des troupeaux de moutons ; car ils savent combien il y a d'inconvéniens à faire passer subitement ces animaux d'une nourriture sèche à une nourriture fraîche.

Quant à la quantité des produits, je ne vois pas bien positivement s'ils sont plus ou moins considérables que ceux des choux verts ou des choux pommés cultivés en plein champ ; et il y a tout lieu de croire que leurs effets sur les animaux, qui s'en nourrissent, ne doivent pas être fort différens, puisque leurs principes nutritifs (au moins leurs feuilles) sont les mêmes. Je ne dirai donc pas aux agriculteurs français, qui sont dans le bon usage de cultiver telle ou telle variété, abandonnez cette variété pour le chou-navet de Laponie ; mais semez-en simultanément, et jugez vous-mêmes lequel mérite la préférence.

La culture du chou-navet de Laponie ne diffère pas essentiellement de celle des variétés dont il a été question ci-devant. Il faut en semer la graine, en pépinière, au mois de septembre, au levant, ou au mois de mars au midi. Je ne parle pas du semis sur couche, comme plus coûteux, plus embarrassant et inutile. Le résultat du premier semis se repiquera à la fin de mai ou en juin (dans le climat de Paris), et celui du second, en juillet ou août. La distance entre chaque pied sera de deux pieds. Les binages et buttages ordinaires seront exécutés. Aussitôt que les racines se seront assez affermies pour n'être pas ébranlées par les secousses, on commencera à cueillir les feuilles, deux ou trois au plus à la fois à chaque pied, lorsqu'il sera très fort, et une seule lorsqu'il sera foible. On n'y reviendra que lorsque le premier enlèvement sera réparé. On a calculé que chaque pied pouvoit fournir trois fois, mais petit à petit, la totalité de ses feuilles, pendant l'été et l'automne, et cependant en fournir encore en hiver et au printemps. Qu'on juge du produit total !

En février ou mars, on a recours aux racines. Ou on les arrache et on les apporte à l'écurie, ou on les fait manger sur place. Cette dernière méthode a l'avantage de procurer aux champs un abondant engrais ; mais aussi elle fait perdre beaucoup de nourriture. Tous les animaux domestiques les mangent avec plaisir, la volaille même. Elles donnent aux vaches un lait abondant, et qui n'a aucun mauvais goût. Les hommes s'en nourrissent aussi. Apprêtées par des mains exercées, elles peuvent paroître sur les meilleures tables.

Non seulement le chou-navet de Laponie peut être considéré sous le rapport de ses feuilles et de sa racine, mais encore sous celui de ses graines. Je dois cependant faire remarquer qu'il est difficile d'espérer pouvoir en tirer parti de ces deux manières en même temps. En effet, la suppression des feuilles doit nécessairement diminuer la vigueur de la plante, et par suite la production des fleurs. Au reste, il faudroit, pour prononcer, comparer les produits en huile d'un arpent de cette variété, avec ceux d'un arpent cultivé en colsat ; et c'est ce qui n'a pas encore été fait que je sache.

A présent que la culture du chou-navet de Laponie est appréciée à sa juste valeur, qu'elle a été provoquée par plusieurs agronomes dignes d'estime, il y a lieu de croire qu'elle s'étendra généralement en France dans tous les lieux qui en sont susceptibles.

Un grand nombre d'insectes vivent dans l'état parfait ou dans l'état de larves aux dépens des choux, et causent souvent de grands dommages aux semis et plantations. Les plus communs, et par conséquent les plus dangereux de ces espèces, sont,

1° Diverses espèces d'ALTISES, principalement celles qui portent le nom d'*altise bleu* et d'*altise du chou*. C'est le *puceron*, le *tiquet* des jardiniers. Elles mangent les tiges et les feuilles des choux qui sortent de terre, et détruisent souvent un semis en un jour. Plus tard elles percent les mêmes feuilles d'un si grand nombre de trous, que ces feuilles ne remplissent plus qu'une partie de leurs fonctions, et même se dessèchent. *Voyez* au mot ALTISE.

2° Le CHARANÇON CHLORE. Sa larve vit dans la tige des choux, la perfore dans tous les sens, ce qui la rend cassante, et em-

pêche la sève de monter aux feuilles. J'ai le premier fait connoître ses ravages dans un mémoire lu à la Société d'Agriculture de Versailles, et imprimé dans le journal des Propriétaires ruraux. *Voyez* au mot CHARANÇON.

3° Le PUCERON DU CHOU, mais le véritable c'est à dire l'*aphis
brassicæ* qui couvre quelquefois les feuilles de cette plante,
sur-tout celles des variétés pommées peu dures. Leur grand
nombre prive les choux de la sève destinée à leur accoisse-
ment, et les fait même périr. *Voyez* au mot PUCERON.

4° Le PAPILLON DU CHOU et le PAPILLON DE LA RAVE, ou mieux
leurs chenilles. La chenille du premier est longue de deux
pouces, grise, ponctuée de noir avec trois lignes longitudinales jaunes. Celle du second est de moitié plus petite et verte.
Toutes deux causent de grands dégâts dans les plantations de
choux. Il n'est pas rare d'en voir dont elles ont entièrement
rongé les feuilles. Elles sont le plus grand fléau des cultivateurs de cette plante. *Voyez* aux mots PAPILLON et CHENILLE.

5° La NOCTUELLE du CHOU, ou mieux, sa chenille, est moins
dangereuse que celle des papillons ci-dessus; mais elle détruit
beaucoup de choux dans leur jeunesse, parceque vivant tout le
long du jour cachée dans la terre, elle mange sa racine. *Voyez*
au mot NOCTUELLE.

6° La MOUCHE BRASSICAIRE dépose ses œufs dans le collet de
la racine des choux, et sa larve y fait naître des tubercules
rugueux et irréguliers, qui dérangent la circulation de la sève.
Souvent, lorsqu'il y a beaucoup de ces larves dans la même,
elles la rendent cassante. *Voyez* au mot MOUCHE.

Les LIMACES sont, dans les lieux frais et ombragés, des ennemis
fort dangereux pour les jeunes choux. Un seul de ces animaux
peut, en une nuit, détruire tout un semis. Il en est de même
des ESCARGOTS. *Voyez* ces deux mots.

CHOU AIGRE. (SAUER KRAUT.) De toutes les préparations
indiquées pour conserver les choux, il n'en est pas de plus
commode, de plus certaine, de plus économique, et qui donne
en même temps un résultat plus agréable, que celle qui consiste à les soumettre à la fermentation. Voici le procédé : à
l'aide d'un instrument fait exprès, on découpe des têtes de
choux, dits de Strasbourg, en rubans menus et fins, que l'on
ramasse et que l'on essore à l'ombre sur un drap. Ces découpures, auxquelles on mêle des graines de carvi ou de genièvre
(le carvi est préférable), sont disposées, de la manière qui va
être indiquée, dans un tonneau ordinaire, défoncé par un bout.
Si ce tonneau a contenu du vin, de l'eau-de-vie ou du vinaigre,
il n'en sera que plus propre à l'opération, parcequ'il favorisera
davantage la fermentation, et qu'il donnera à la *sauer kraut*
un goût plus vineux. Avant de le remplir, on en frotte quel-

quefois l'intérieur avec le levain du sauer kraut. Le fond du bout qui reste ouvert doit être assemblé solidement, et avoir une poignée au milieu, afin qu'on puisse à volonté ou le déplacer ou le charger de gros poids.

On a une certaine quantité de sel de mer bien fin, destiné à former des couches entre les lits de choux : il en faut un kilogramme (deux livres) par vingt choux. On met d'abord une bonne couche de sel au fond du tonneau, et l'on étend pardessus, bien également, les rubans de choux, à la hauteur de dix-sept centimètres (six pouces) ; un homme en bottes fortes, bien lavées, bien nettes, entre dans le tonneau, foule ces rubans, et les comprime jusqu'à ce que les dix-sept centimètres (six pouces) soient réduits à moitié. On fait une seconde couche de sel et de rubans, on la foule de même, et de couche en couche on remplit le tonneau. On finit par une couche de sel ; sur ce sel on place de grandes feuilles vertes, qu'on a séparées avant de rubaner les choux ; sur ces feuilles, une toile mouillée et tordue ; sur la toile, le couvercle ou fond du tonneau ; enfin, sur le fond, de grosses pierres qui assujettissent toute la masse et l'empêchent de se soulever pendant la fermentation. On entremêle les assaisonnemens, en les plaçant parmi les choux, et non dans les couches de sel, et on laisse toujours un vide de six centimètres (deux pouces) au haut du tonneau.

Les couches s'affaissent et se resserrent ; les choux en rubans se trouvant comprimés, lâchent leur eau végétale. Cette eau qui surnage est verte, bourbeuse et fétide ; on l'ôte aisément, en plaçant un robinet à six ou neuf centimètres (deux ou trois pouces) au-dessous : on la remplace par une nouvelle saumure. On continue ces soins jusqu'à ce que la saumure sorte nette ; ce qui dure à peu près douze à quinze jours, suivant la température du lieu où est le tonneau.

Le point essentiel pour conserver la bonne qualité de la sauer kraut, même en consommation, est d'avoir soin qu'elle soit toujours couverte par trois centimètres (un pouce) au moins de saumure, et qu'il n'y ait jamais de vide entre la masse et le bois du tonneau. Celle qui est négligée a une odeur de chou pourri. Bien faite et bien entretenue, elle a une acidité très agréable, sur-tout si, après l'avoir lavée au sortir du tonneau, on y mêle, avant de la servir, un peu de vinaigre de sureau. On ne fait jamais sur terre de provision que pour l'année, et on renouvelle ordinairement la saumure à l'entrée du printemps et au solstice d'été. Lorsqu'on veut embarquer de la sauer kraut pour des voyages de long cours, on la transvase dans d'autres tonneaux, on la foule exactement, on y remet une nouvelle saumure, et on bouche hermétiquement les tonneaux après qu'ils ont été remplis. Cette préparation, très recherchée en Allemagne, est à peine connue en France dans quelques départemens : elle forme cependant, non seulement un mets fort sain, même pour les personnes auxquelles les choux ordinaires ne conviennent pas, mais c'est encore l'un des meilleurs antiscorbutiques ; aussi les Anglais en font-ils un grand usage en mer et dans les voyages de long cours. On sait qu'avec cet aliment, donné deux à trois fois par semaine à ses équipages, le célèbre capitaine Cook les a conservés en santé sous tous les climats, sans avoir perdu un seul homme pendant une navigation de plus de trois ans : il avoit aussi une provision de carottes, de navets et de raiforts, coupés par tranches, et préparés de cette manière.

On peut commencer à faire usage de sauer-kraut deux mois après sa fabrication. Pour cet effet, on enlève avec précaution la pierre et la planche qui recouvrent les choux. On a l'attention de voir s'il n'y a pas eu de moisissure, soit aux parois du tonneau, soit à la surface des choux ; car, dans ce cas, il faudroit l'enlever sur-le-champ, et les laver dans de l'eau très propre. On prend la quantité qu'on désire de choux ainsi aigris à l'aide d'une écumoire ; on les fait cuire à l'ordinaire, avec des saucissons, des cervelas, du lard, etc. : et comme ces choux sont destinés à servir de supplément aux choux verts, quand ils sont rares, ils deviennent avec le temps de plus en plus aigres ; alors il faut les tremper légèrement dans l'eau, en les sortant du tonneau, et les faire ensuite égoutter.

Les habitans des départemens du Haut et Bas-Rhin, qui sont en possession de produire les plus gros et les plus beaux choux cabus, en font une immense consommation. C'est une ressource à l'approche du printemps, où nous sommes privés pendant quelque temps des plantes potagères fraîches. (Par.)

CHOU-CROUTE. *Voyez* l'article précédent.

CHOU MARIN. Nom vulgaire du crambé maritime.

CHOU DU PALMIER. Espèce de bourgeon composé de l'assemblage des jeunes feuilles, bourgeons qu'on mange dans quelques palmiers, en guise de choux. *Voyez* Palmier.

CHOU POIVRÉ. On donne quelquefois ce nom au gouet commun. (B.)

CHOUETTE. Dans la plus grande partie de la France, les cultivateurs regardent les chouettes, et en général tous les oiseaux de nuit, comme des animaux de mauvais augure, ou dont la présence, dans une ferme, pronostique des malheurs de toute espèce. Cet absurde préjugé, qui au reste existe de toute ancienneté, est la cause qu'on leur fait une guerre continuelle, qu'on les tue et qu'on les cloue, en forme d'expiation, aux portes des granges et autres bâtimens, ainsi que tout le monde a pu le remarquer.

Cependant ces oiseaux, qui ne font aucune espèce de mal, sont extrêmement utiles aux cultivateurs en détruisant les mulots, les campagnols, les souris, les taupes et autres animaux qui vivent aux dépens de leurs récoltes, soit dans la campagne, soit dans leurs granges. Une chouette, sur-tout quand elle a des petits, prend autant de ces animaux en une nuit que le meilleur chat en huit jours. J'ai une fois compté jusqu'à douze souris ou taupes qu'un couple avoit apportées et déposées pendant cet espace de temps auprès de son nid, et à ce nombre il faut ajouter au moins la moitié qui avoient été probablement mangées par leurs trois petits; et généralement il y en avoit, chaque nuit, de mises en réserve, dans le voisinage du même nid, à l'époque même où les petits, devenus plus grands, devroient en consommer davantage.

Loin de poursuivre les chouettes avec acharnement, les cultivateurs devroient donc défendre à leurs domestiques de les inquiéter en aucune manière, et employer tous les moyens possibles pour les attirer dans leurs granges. Le meilleur de ces moyens c'est d'y apporter les petits. J'ai plusieurs fois pris de ces petits dans leur nid, et, en les approchant successivement de la maison, j'ai déterminé le père et la mère à les suivre et à continuer de les nourrir sous mes yeux. Des individus ainsi accoutumés à la vue de l'homme, n'abandonnent plus le voisinage de sa demeure, et chassent avec bien plus de sécurité. Je préfère de beaucoup ce moyen à celui, employé dans quelques endroits, de leur casser le fouet de l'aile pour les empêcher de s'envoler; car cette mutilation s'oppose à ce qu'ils remplissent complètement leur destination. *Voyez* au mot CHAT-HUANT. (B.)

CHRYSALIDE. État intermédiaire entre celui de CHENILLE et celui de PAPILLON. *Voyez* ces deux mots.

CHRYSÈNE. *Voyez* CHRYSANTHÈME.

CHRYSOMÈLE. *Chrysomela.* Genre d'insectes de l'ordre des coléoptères, dont toutes les espèces ainsi que leurs larves, vivent aux dépens des feuilles des plantes, et qui, quoiqu'en général peu nuisibles aux productions de la culture ordinaire, doivent être connues des cultivateurs.

Toutes les chrysomèles ont le corps ras, et plusieurs sont parées des plus brillantes couleurs. Elles ont les plus grands rapports avec les GALERUQUES, les ALTISES, les CRIOCÈRES et les CRIBOURIS, tous genres composés d'espèces redoutables pour les cultivateurs. Leurs larves sont oblongues, pourvues de six pattes écailleuses et d'un mamelon à l'extrémité du corps, qui leur sert de septième : leur tête est ronde et écailleuse. Elles se transforment en s'attachant, avec leur mamelon, sur les corps qui se trouvent à leur portée,

Les espèces les plus communes ou les plus remarquables de ce genre sont ,

La CHRYSOMÈLE TÉNÉBRION qui est noire avec les antennes et, les pieds violets. Elle est presque globuleuse , longue de six lignes et sans ailes. On la trouve fréquemment, au printemps et en automne, dans les bois et les prairies. Lorsqu'on la touche elle fait sortir de toutes ses articulations et de sa bouche une liqueur rougeâtre très âcre. On ignore son influence sur les animaux qui en avalent en pâturant. Sa larve vit sur le CAILLELAIT.

La CHRYSOMÈLE DES GRAMINÉES est d'un vert doré très brillant. Sa longueur est de quatre lignes. Sa larve vit sur les graminées et sur-tout sur la MENTHE.

La chrysomèle DU PEUPLIER est d'un vert doré avec les élytres rouges, et leur pointe noire. Sa longueur est de quatre à cinq lignes. Sa larve vit sur le PEUPLIER BLANC dont elle dévore souvent toutes les feuilles.

La CHRYSOMÈLE A DIX POINTS est noire , avec le corselet et les élytres rouges , et trois, quatre ou cinq points noirs sur chacun. Sa longueur est de trois lignes. Sa larve vit sur le PEUPLIER BLANC , et encore plus souvent sur le SAULE MARCEAU. J'ai vu quelquefois ce dernier entièrement dépouillé de feuilles par elles.

La CHRYSOMÈLE DE LA RENOUÉE est bleue, avec le corselet, les cuisses et l'anus rouges. Sa longueur est à peine de deux lignes. Sa larve vit sur la RENOUÉE et sur la PERSICAIRE, quelquefois en très grand nombre.

La CHRYSOMÈLE CÉRÉALE est dorée, avec trois lignes sur le corselet et cinq sur les élytres d'un bleu très vif. Sa longueur est de quatre lignes. C'est un des plus brillans insectes qui existent en France. Sa larve vit sur le GENET A BALAI.

La CHRYSOMÈLE FASTUEUSE est dorée , avec trois lignes bleues sur les élytres. Sa longueur surpasse rarement deux lignes. Sa larve vit sur les diverses espèces de LAMIERS et sur le GALEOPE DES CHAMPS.

La CHRYSOMÈLE SANGUINOLENTE est noire, avec les élytres parsemés de points enfoncés , et le bord extérieur rouge. Sa longueur est de trois lignes. On la trouve fréquemment dans les blés; mais on ignore positivement sur quelle plante vit sa larve.

Les CHRYSOMÈLES DES CRUCIFÈRES sont bleues en dessus et noires en dessous. Il y en a deux qui se ressemblent, excepté que l'une, la plus grosse, a les élytres très unis, et l'autre les a striés. La longueur de la première est rarement de deux lignes. Leurs larves vivent aux dépens des feuilles des crucifères ou tétradynames, qu'elles dévorent en concurrence avec les ALTISES, dont elles ne diffèrent réellement que par la petitesse de leurs cuisses.

Je pourrois encore citer plusieurs autres espèces de ce genre qui en contient cent soixante connues ; mais cela seroit peu utile aux cultivateurs. (B.)

CHRYSTE MARINE. Nom vulgaire de la BACCILE.

CHUQUETTE. On donne ce nom à la VALÉRIANE MACHE dans quelques cantons. *Voyez* au mot MACHE. (B.)

CHURLEAU. C'est, aux environs de Saint-Quentin, la racine du PANAIS SAUVAGE. (B.)

CHURLES. *Voyez* ORNITHOGALE PYRAMIDAL.

CHUTE (VÉTÉRINAIRE). Les animaux domestiques embarrassés dans leur harnois, contrariés dans leurs mouvemens, dirigés dans des lieux dangereux, sont plus exposés aux chutes que les animaux sauvages. Les accidens qui en sont souvent la suite se rangent parmi les ECHYMOSES, les CONTUSIONS, les DISLOCATIONS et les FRACTURES. *Voyez* ces mots.

On conseille ordinairement de faire prendre des breuvages vulnéraires aux animaux qui sont tombés, quelque peu de mal qu'ils se soient fait ; mais je crois que le repos est ce qui leur convient le mieux. Quant à ceux dont la chute est suivie d'abattement, de difficulté dans la respiration, de fièvre et d'épanchement de sang par les naseaux ou par la bouche, on doit les saigner promptement, et même réitérer la saignée. Il faut aussi les mettre à un régime rafraîchissant et à un repos absolu. (B.)

Il arrive qu'il y a quelquefois plaie aux genoux, ou à l'un des deux, et aux boulets ; ces parties peuvent être toutes blessées dans une chute, comme il peut se faire qu'il n'y en ait qu'une ou deux. Le cheval en qui cet accident laisse des traces est dit CHEVAL COURONNÉ. *Voyez* ce mot. (DESPLAS.)

CHUTE DES CRINS. C'est un symptôme qui a lieu dans beaucoup de maladies ; il annonce la foiblesse ; il est plus remarquable dans les maladies de poitrine, lorsqu'elles sont parvenues à leur dernier degré, et à la suite des fortes inflammations. (DESPLAS.)

CHUTE DES DENTS. *Voyez* DENTITION. Les dents tombent à des époques fixées par la nature.

CHUTE DE LA MATRICE. C'est le renversement de ce viscère. Ce renversement est souvent l'effet de l'avortement ou de manœuvres maladroites lors du part ; il peut aussi être produit par de fortes inflammations ou par une mauvaise position lors de l'accouchement, tel que le devant très élevé et le train de derrière bas. Il est plus fréquent dans les vaches que dans les autres gros animaux domestiques. *Voyez* RENVERSEMENT DE LA MATRICE et PART. (DESPLAS).

CHUTE DU MEMBRE. C'est lorsque le membre ne peut

se replacer dans sa gaine; c'est le Paraphimosis. *Voyez* ce mot.

CHUTE DU NOMBRIL. C'est le plus ordinairement la sortie d'une portion de l'intestin grêle par le trou ombilical. Cet accident a reçu différens noms, suivant la nature des parties qui forment la tumeur. *Voyez* Exomphale. Les jeunes chiens sont plus sujets à cette maladie que les autres animaux domestiques. (Desplas.)

CHUTE DU POIL. C'est la Mue. *Voyez* ce mot.

CHUTE DU RECTUM. C'est la sortie contre nature de l'extrémité postérieure de cet intestin avec le sphincter; cet accident a lieu à la suite des grandes inflammations, après des efforts violens; ou il est causé par des coups ou par l'intromission de corps étrangers dans l'anus.

Le traitement est relatif aux diverses causes qui l'ont produit, *Voyez* le mot Rectum. (Desplas.)

CHUTE D'EAU. Dans la nature une chute d'eau est une très grande cascade, c'est-à-dire une rivière entière qui tombe du haut d'un rocher. Dans les jardins, c'est une très petite cascade. *Voyez* au mot Cascade. (B.)

CHYPRE. Variété de pomme.

CIBOULE, CIBOULETTE. Espèce du genre de l'Ail. *voyez* ce mot *Allium schœnoprasum*, Lin., originaire des montagnes froides de l'Europe et de l'Asie, et qui par conséquent ne craint pas les plus fortes gelées du climat de Paris. Elle se cultive dans tous les jardins pour l'usage de la table, et offre des feuilles et des tiges cylindriques et creuses, hautes de trois à six pouces, sortant d'une bulbe de la grosseur du doigt.

Les jardiniers reconnoissent quatre variétés de la ciboule, qui ont probablement deux espèces pour type. Ce sont la grosse ciboule annuelle et la petite ciboule annuelle, qu'on ne multiplie ordinairement que de graines, quoiqu'elles soient vivaces; la ciboulette, cive, civette ou appetit et la ciboule vivace, qu'on ne multiplie que par la séparation de ses racines.

Les deux premières se sèment tous les quinze jours, depuis le printemps jusqu'au milieu de l'été, dans une terre bien ameublie par les labours. La graine se répand ou à la volée ou en rayons, et s'enterre au plus d'un demi-pouce. Les plants levés s'arrosent fréquemment. On les consomme dès qu'ils ont trois ou quatre pouces de haut. Ceux destinés pour la reproduction se repiquent à part, avant l'hiver, et peuvent fournir des graines pendant trois ou quatre ans sans être renouvelés. Ces deux variétés passent pour être plus douces que les autres, ce qu'elles doivent probablement à la jeunesse de leurs feuilles et aux arrosemens. Quelquefois on les repique pour en jouir plus long-temps ou en semer moins souvent.

Les deux dernières variétés se plantent ordinairement en bordure, à la distance de six pouces. Elles fournissent tant de cayeux qu'on est forcé de les relever tous les deux ou trois ans pour diminuer la largeur de leurs touffes, et leur donner une terre nouvelle. Plus on coupe souvent leurs feuilles et plus elles sont bonnes. Il est utile sur-tout de ne pas laisser fleurir les pieds, car cette opération de la nature est toujours suivie de la mort de beaucoup de bulbes.

Les jardiniers des environs de Paris lèvent les vieilles touffes de ciboule avant les gelées, et les placent dans des serres à légumes ou des orangeries, de manière à avoir de belles feuilles pendant tout l'hiver.

Du reste, peu de plantes exigent moins de culture.

Les maraîchers de Paris vendent souvent de jeunes oignons sous le nom de ciboule; mais il est facile de les distinguer à leur odeur et à leur saveur. *Voyez* OIGNON. (B.)

CICATRICE. Nom de la marque qui reste après la guérison d'une plaie ou d'un ulcère, soit dans les animaux domestiques, soit dans les arbres fruitiers. On ne les considère pas ordinairement dans les animaux sauvages et dans les arbres des forêts. Toutes les fois qu'une cicatrice n'est pas accompagnée d'altération dans une fonction, elle ne diminue pas la valeur des animaux, le cheval de luxe seul excepté. Il n'y a pas de moyen de faire disparoître une cicatrice dans les animaux, quoique les charlatans prétendent tous en connoître. Celles des arbres cessent d'être visibles à l'extérieur par l'effet de la régénération de l'écorce ; mais elles subsistent toujours dans l'intérieur. Un vétérinaire qui est appelé à faire le signalement d'un animal ne doit jamais manquer de mentionner les cicatrices qu'il peut avoir, parceque c'est le plus sûr moyen de le reconnoître pendant toute sa vie. Les marques qu'on imprime sur la peau des chevaux et autres bestiaux, au moyen du feu, ne sont plus que des cicatrices lorsque leur escar est tombé. (B.)

CICUTAIRE, *Cicutaria*. Genre de plantes de la pentandrie digynie et de la famille des ombellifères, qui renferme trois plantes, à l'une desquelles on a donné le nom de *ciguë*, à raison de ses grands rapports de caractères et de qualités avec la véritable ciguë des anciens, que Linnæus a appelée *coninum*. *Voyez* le mot CIGUE.

L'espèce en question, *Cicuta virrosa*, Lin., est une plante vivace qui rend un suc jaunâtre quand on la blesse, dont les tiges, hautes de deux à trois pieds, sont creuses et chambrées dans leur intérieur, dont les feuilles sont alternes, deux fois pinnées, et à folioles ovales et dentées, dont les fleurs sont blanchâtres, disposées en ombelles, privées de collerette universelle, et pourvues de collerettes partielles de trois ou quatre folioles.

La CICUTAIRE AQUATIQUE, qu'il ne faut pas confondre avec le PHELLANDRE AQUATIQUE, qu'on appelle aussi souvent CIGUE AQUATIQUE, se trouve en Europe, sur le bord des étangs, des fossés pleins d'eau, des marais, etc. Elle fleurit au milieu de l'été. C'est un violent poison pour l'homme et pour les animaux; cependant Linnæus dit que les chèvres en mangent. Quelques personnes prétendent même que l'eau dans laquelle elle croît est dangereuse pour les bestiaux qui en boivent, ce qui est assez difficile à croire, puisque ses qualités délétères ne résident que dans son suc jaunâtre. Quoi qu'il en soit, les cultivateurs prudens doivent arracher cette plante toutes les fois qu'ils la rencontrent, et même la faire chercher, à cette intention, lorsqu'elle est en fleur.

Les remèdes à employer contre les effets de son poison sont d'abord les vomitifs, ensuite le vinaigre mêlé avec l'eau et à grande dose. (B.)

CIDRE. Boisson faite avec le jus des pommes qui a fermenté.

Si l'on en croit Olivier de Serres, elle est originaire du Cotentin, contrée qui maintenant fait partie des départemens de la Manche et du Calvados. Les recherches faites postérieurement à celles de ce patriarche de l'agriculture font passer le cidre d'Afrique en Espagne, d'Espagne en Normandie, et font remonter cette dernière époque au douzième ou treizième siècle.

Suivant les mêmes recherches, la Biscaye, d'où les premières greffes ont été apportées en Normandie, auroit sur cette dernière l'avantage qu'il lui suffit de semer des pepins de pommes pour avoir les meilleures espèces de pommiers à cidre, ce qu'en Normandie l'on obtient rarement par ce procédé, auquel on substitue, avec beaucoup de succès, celui de la greffe, moyen qui est reconnu par les meilleurs cultivateurs comme le plus efficace pour conserver et améliorer les variétés.

Quoi qu'il en soit, il faut convenir que la ci-devant province de Normandie étoit bien digne de posséder cet arbre précieux. Il y croît spontanément, et, quoique sa culture soit souvent négligée, il n'en est pas moins une des principales branches de l'industrie agricole de cette contrée.

Différence des pommes. Trois saveurs différentes caractérisent toutes les espèces de pommes destinées à faire du cidre. Elles sont aigres, douces ou amères. Les premières sont aussi rarement employées que cultivées pour faire du cidre. Naturellement petites, elles n'acquièrent un plus gros volume que par la culture et la greffe. Elles deviennent alors des fruits à couteau, et font l'ornement et les délices de nos tables ; mais le jus que l'on voudroit tenter d'en extraire seroit toujours en petite quantité, et son acidité le rendroit aussi difficile à conserver que désagréable à boire. La nécessité seule et la disette de meilleures espèces peuvent déterminer à s'en servir.

Les pommes douces fournissent au contraire une liqueur douce, abondante, agréable, claire, et qui ne laisseroit rien à désirer si l'on pouvoit compter sur sa durée.

Quant aux pommes amères, elles donnent une liqueur abondante, grasse, ayant presque la consistance d'un sirop, qui, par cette raison seroit très difficile à extraire, si on ne réunissoit ensemble les pommes douces et les amères. Par cet heureux amalgame on obtient à la fois le cidre le plus agréable à l'œil et au goût, et de la qualité la plus durable.

Saisons où l'on cueille les pommes. Trois époques sont connues pour la maturité des pommes et pour les piler : celle des pommes tendres ou précoces, celle des pommes sages ou moyennes, et enfin celle des pommes dures ou tardives.

Les pommes tendres ou précoces sont rarement abondantes, parceque les pommiers qui les produisent fleurissant plus tôt que les autres, ont souvent beaucoup à souffrir des gelées du premier printemps et des vents arides et délétères de cette saison. On sent aisément que les sucs de ces fruits précoces, n'étant pas élaborés par les dernières chaleurs de l'été, doivent être d'une qualité inférieure. On y joint aussi celles des pommes moyennes et dures qui, abattues par la violence des vents, ont été prématurées par cet accident ou par la piqûre de quelques insectes, dont les larves, après avoir dévoré la substance pulpeuse de ces mêmes fruits, l'ont remplacée par leurs propres excrémens. Il en résulte que ce cidre n'est agréable à boire qu'autant qu'il est nouveau. Vainement on voudroit le conserver, il dureroit à peine l'année. Le mois de septembre est l'époque où l'on fait ces premiers cidres, que leur prompte fermentation rend bientôt bons à boire.

Personne, à ma connoissance, n'a vu, ainsi que quelques auteurs l'ont annoncé, boire du cidre nouveau à la foire de Guibrai. La fin de septembre est pour l'ordinaire le temps où l'on commence à en boire.

Les pommes sages, demi-tendres ou moyennes, se cueillent en octobre. Pendant le cours de ce mois et le suivant on en fait du cidre qui a toutes les bonnes qualités de celui que l'on fait avec les pommes dures, et a sur lui l'avantage de se fabriquer à une époque où cette manipulation est beaucoup plus facile.

Quant aux pommes dures ou tardives, elles sont presque toujours aussi abondantes que celles des deux époques précédentes réunies. Les arbres qui les produisent fleurissant très tard n'ont rien à redouter des fléaux, qui très souvent en peu d'heures détruisent un espoir fondé sur les plus belles apparences. Cet avantage des pommes tardives est contre-balancé, d'une manière fâcheuse, par le temps où l'on en fait la récolte (en novembre et décembre), et plus encore par l'âpreté de la saison où l'on fait le cidre. L'intensité du froid rend presque toujours cette opération difficile et même souvent impossible. Un autre inconvénient est la difficulté de mettre ces pommes à l'abri de la gelée, qui leur feroit le plus grand tort, et rendroit leur jus de la plus mauvaise qualité, sous le rapport du goût et de la conservation.

Influence du sol sur le cidre. Dans les pays à cidre, et notamment en Normandie, on attribue au sol la plus grande influence sur la qualité du cidre. On y connoît trois espèces de crus.

Le premier est un sol gras, profond, et dont toutes les productions annoncent la richesse. On peut citer pour exemple la contrée connue sous le nom de pays d'Auge. Les pommiers ont le double avantage d'y être plus féconds, et de donner un cidre beaucoup plus fort que par-tout ailleurs. Distillé, il donne une plus grande quantité d'alcohol. Sa couleur est très rembrunie. Il seroit impossible de boire ce cidre pur. Pour l'usage habituel, il faut qu'il soit étendu dans beaucoup d'eau: Pur, il se conserve quatre ou cinq ans.

Le second est également un sol très gras et très riche, mais cependant inférieur au précédent. Il est voisin des bords de la mer. Une partie du département d'Isle-et-Vilaine, l'Avranchin, le Cotentin, le Bessin, le pays de Bray, le Roumois, le pays de Caux (seulement dans quelques unes de ses parties), nous fournissent un exemple du second cru. Le cidre de ces contrées se ressemble beaucoup. Il faut cependant mettre en première ligne celui du Bessin et du Cotentin, et excepter de toutes ces contrées la partie la plus voisine de la mer, dont le cidre est en général d'une qualité inférieure à celui qui croît un peu plus au milieu des terres. Ce dernier est très bon, et a le double avantage d'être aussi flatteur à l'œil qu'au goût. Sa couleur est celle de l'ambre jaune ou succin ; mais il n'est pas susceptible de s'étendre dans une aussi grande quantité d'eau que celui du pays d'Auge. Il donne moins d'alcohol. Il ne se conserve pas plus de deux ou trois ans.

Le troisième est pauvre, maigre, pierreux, etc., et est propre à la contrée de la Normandie connue sous le nom de Bocage, à une grande partie de la ci-devant Bretagne, etc. Il fournit une liqueur qui se ressent de la pénurie de son sol. Elle est claire, assez agréable au goût, mais elle donne peu d'alcohol, se conserve mal, et a toujours une grande tendance à devenir aigre. Cette espèce de cidre, que l'on peut boire pur, se garde un an, rarement deux.

Les pommes, ainsi qu'il a été dit, se cueillent à différentes époques qui sont relatives à leurs espèces et au temps où chacune est mûre. L'indication la plus sûre est la chute spontanée de ces mêmes fruits, que l'on accélère en agitant les arbres, et enfin en les battant avec des gaules.

Cette opération se fait, autant que possible, par un temps sec, la pluie et la rosée y étant très préjudiciables. Les pommes cueillies en temps humide et mises en tas ne manqueroient pas de pourrir avant leur maturité. Quand elles sont abattues, on transporte au pressoir ce qu'il en peut contenir des plus mûres; les autres se mettent dans un appartement placé au-dessus du pressoir, d'où on les fait tomber dans ce dernier à mesure que l'on se propose de les piler.

Il est fort à propos de les laisser suer pendant quelque temps, et se débarrasser de la partie aqueuse et superflue qu'elles contiennent. Elles acquièrent alors une odeur agréable qui caractérise leur parfaite maturité.

Le soin de tenir les pommes à l'abri des intempéries de l'air, et aussi peu amoncelées que possible, est sûrement bien préférable à l'usage plus général où l'on est, sur-tout dans les grandes exploitations, de les tenir dehors et en monceaux plus ou moins considérables. Il résulte du premier procédé que, recevant également les influences de l'air, leur degré de maturité est plus uniforme, et qu'il est plus facile au propriétaire de déterminer le moment où l'on doit les piler.

Quelques écrivains célèbres prétendent que cette époque doit précéder immédiatement celle où il se trouveroit des pommes pourries, et que ce dernier état des pommes est très préjudiciable à la qualité du cidre. Il y a bien quelques apparences, même quelques probabilités qui semblent venir à l'appui de cette assertion. Il sembleroit encore que l'on ne peut la révoquer en doute, puisque quelques uns assurent qu'elle est le résultat d'expériences réitérées et suivies avec le plus grand soin. Cependant comment croire aussi que les mêmes essais n'ont pas été faits dans le pays d'Auge, dans le Bessin, le Cotentin, l'Avranchin, une partie de la Bretagne, le Bocage, le pays de Caux, le pays de Bray, le Roumois, la Picardie, etc., où l'on est dans l'usage de ne faire écraser les pommes que lorsqu'il y en a au moins un dixième, un quart, et souvent la moitié de pourries. En effet, outre ma propre expérience, je pourrois citer celle de plus de trente propriétaires riches et instruits des différentes contrées que je viens de nommer, qui regardent comme indispensable, lorsqu'ils font piler leurs pommes, qu'il y en ait une quantité de pourries, laquelle est relative à la différence des crus et à l'epèce des pommes. Celles d'un mauvais cru, ainsi que les tendres, exigent presque moitié de pommes pourries. Les moyennes un peu moins. Quant aux bons crus, et sur-tout les pommes dures, il suffira qu'il y en ait un quart, et même souvent un peu moins, qui soient pourries.

L'appareil, nommé PRESSOIR, devant être décrit à ce mot, nous nous bornerons à en raconter les effets.

Les pommes ayant acquis le degré de maturité convenable, on les soumet à l'action de la meule, que l'on ne cesse de faire tourner dessus que lorsqu'elles sont écrasées. (Cette opération se fait sans eau si la liqueur à extraire est destinée à faire de l'alcohol ou à être conservée long-temps. Si l'on ne veut faire que du cidre, mal à propos nommé cidre pur, mais tel qu'il se trouve dans le commerce, on ajoute, en faisant cette première opération, environ une vingtième partie d'eau : sur un myriagramme 9,0 de pommes, on met environ un litre d'eau, ce qui fait à peu près 0,12 de la liqueur extraite, un kilogramme de pommes rendant environ six décilitres de cidre pur.) Ce travail se fait ordinairement avec un cheval, qui en faisant tourner deux meules de bois, mais mieux, une meule de pierre non calcaire, dans une auge circulaire contenant les pommes. Quand elles sont bien écrasées, on se sert d'une grande pelle pour les placer sur une espèce de parquet en bois, nommé la *maye*, qui est de forme carrée et entourée d'un rebord. Un homme, placé sur la maye, reçoit les pommes écrasées à mesure qu'on les lui donne, et les y arrange de manière à former une couche de pommes d'environ un décimètre d'épaisseur, sur laquelle il place un lit très mince de glui. On fait dépasser ce dernier d'environ huit centimètres, ensuite un second lit de pommes, puis un second lit de glui, etc. (En Angleterre le glui est remplacé par un tissu de crin semblable à ceux dont on couvre l'orge convertie en drèche) jusqu'à ce que le tout forme à peu près un cube, que l'on couvre avec une grande table de bois, dont les pièces sont assujetties les unes aux autres avec de petits madriers. Le tout est soumis à l'action du pressoir, et l'on tire le plus qu'il est possible.

Nous ne conseillerons à personne l'usage de la méthode indiquée par quelques auteurs, de laisser pendant quelque temps les pommes écrasées dans une cuve, avant de les presser, pour colorer davantage le cidre. Nous croyons, au contraire, que plus on met de célérité dans cette opération, mieux on réussit à avoir un cidre généreux et de bonne sève ; par la méthode indiquée, l'évaporation le priveroit des esprits très fugaces si nécessaires pour le conserver bon et agréable.

La liqueur extraite par le procédé ci-dessus est ce qu'on appelle du gros cidre, qui, passé à travers un gros filtre comme un tamis de crin, mis dans un tonneau, y subit la fermentation nécessaire. (*Voyez* l'article FERMENTATION.) Il est fort, extrêmement capiteux, et l'on ne pourroit en boire sans courir les risques de s'enivrer.

Cette première opération est toujours suivie d'une seconde, et même quelquefois d'une troisième. Le jus des pommes n'étant pas entièrement extrait par la première, on a recours à la seconde.

Le produit de la première opération étant destiné à faire du cidre que l'on veut conserver, vendre ou convertir èn alcohol, celui de la seconde et de la troisième est destiné à faire ce que l'on appelle cidre de ménage ou petit cidre. C'est celui que l'on donne aux ouvriers occupés de la récolte et des travaux journaliers ou habituels. Ce seroit une maladresse que de leur donner du gros cidre, qui ne manqueroit pas de les enivrer. (Voyez ci-après comment l'on procède à la seconde et troisième opération.)

Veut-on avoir un tonneau de bon cidre, dont le goût soit agréable, et qui puisse désaltérer et rafraîchir sans enivrer, on emploiera une quantité de pommes proportionnée à la quantité de cidre que l'on se propose d'avoir, en observant qu'environ cent trente myriagrammes de pommes, auxquelles on ajoute vingt-cinq décalitres d'eau, mises à piler en une ou plusieurs fois, suivant la capacité de l'auge, ensuite pressées suivant la marche ci-dessus indiquée, fourniront cinq ou six hectolitres de liqueur en raison de ce que l'on pressera plus ou moins.

Viendra ensuite la seconde opération, que nous avons annoncée et qui s'appelle le *rémiage*. Elle consiste à enlever le résidu de la première, dont on ôte le glu, que l'on met en réserve pour servir, autant que possible, à la seconde et troisième opération projetée ; on met le résidu dans l'auge, on y ajoute environ trois hectolitres d'eau, et l'on fait agir la meule, qui, en lavant les différentes parties du résidu, achève d'écraser les quartiers de pomme et les pepins qui lui avoient précédemment échappé. Le tout, mis de nouveau en presse, donne quatre ou cinq hectolitres de liqueur que l'on met avec la première.

Reste la troisième et dernière opération, dont le produit est ordinairement si peu intéressant, que dans les années abondantes on en fait rarement usage. Elle se traite comme la se-

conde. Seulement on n'y emploie que deux hectolitres d'eau
et on retire tout au plus trois hectolitres de liqueur en pressant
le résidu jusqu'à siccité.

Le produit de ces trois opérations est d'environ un kilolitre
0,3, dans lequel il se trouvera à peu près sept hectolitres de
lie, dont il serait bien possible de purifier le tonneau en trans-
vasant la liqueur au bout de quelque temps (lorsque la fermentation sera cessée); mais je crois plus prudent de n'en
rien faire, cette mesure ayant presque toujours l'inconvénient
d'altérer la qualité du cidre, en lui donnant plus de tendance
à s'éventer et à devenir acide.

Il est d'expérience que le cidre n'est jamais meilleur que
lorsque, mis dans un tonneau, on ne l'en tire que pour le
boire, toute agitation lui étant plus ou moins préjudiciable
lorsqu'il a cessé de fermenter.

Il est aussi d'expérience que plus le tonneau qui le contient
est grand, mieux et meilleur il s'y conserve. Il réussit mal en
barriques.

Le cidre obtenu par la réunion de ces trois opérations se
nomme dans le pays cidre mitoyen. Aussi bienfaisant qu'a-
gréable au goût il plaît encore à l'œil. C'est la boisson ordinaire des propriétaires et riches cultivateurs des pays à cidre.
C'est en même temps la liqueur la plus économique dont on
puisse faire usage. De tel cidre coûte rarement un décime le
pot, et se conserve un an, même dix-huit mois.

Lorsqu'il a fermenté et qu'il est clarifié, s'il est mis en bouteilles, il y devient plus spiritueux, plus agréable et susceptible de se conserver long-temps. J'en ai bu qui avoit huit
ans; c'étoit du gros cidre, mais qui n'étoit plus spiritueux; il
étoit généreux et bienfaisant. C'est ordinairement au mois de
mars ou d'avril que l'on met le cidre en bouteilles. Celles de
terre sont préférables aux bouteilles de verre.

Le cidre est une liqueur rafraîchissante, pectorale, balsa-
mique, favorable à la voix et aux belles carnations. On peut
indiquer, comme preuve de cette dernière assertion, la fraîcheur, le beau teint et la robuste santé des habitans du Bessin,
du Cotentin et du pays de Caux. (1) (2).

Le résidu, dans l'état où nous l'avons laissé, n'est pas un

(1) En assignant une époque à la durée des différentes espèces de cidre
mentionnés ci-dessus, celle que j'ai indiquée seroit plutôt foible qu'exagérée.

(2) La qualité du cidre dans lequel on a mis de l'eau en le pilant, est toujours infiniment supérieure à celui dans lequel on en mettroit, même en
moindre quantité, après qu'il a fermenté. Ce dernier moyen n'est employé
que, lorsqu'une année de disette succède à celle où l'on avoit mis du cidre
pur en réserve.

objet à dédaigner. On l'emploie avantageusement pour suppléer aux fourrages. Mêlé avec un peu de farine ou de son, il sert en hiver à nourrir les vaches et les cochons. Cet aliment ne les engraisse pas, mais il les soutient. On le coupe aussi en gâteaux carrés d'environ trois décimètres, on en ôte le glui et on place ces gâteaux dans un local bien aéré, où ils puissent sécher. La meilleure manière est de les entasser comme le tan que les tanneurs destinent à brûler. L'année suivante ces mêmes gâteaux sont très secs, brûlent avantageusement, et leurs cendres sont de la meilleure qualité. Ce même résidu, mis à pourrir et mêlé avec partie égale de terre végétale, est un fort bon engrais pour les terrains secs et arides. Des cultivateurs des environs de Rouen vantent également ses bonnes qualités pour l'amélioration des prairies et l'engrais des pommiers.

Parmi les insectes nuisibles au pommier et à ses fruits, je crois que les suivans sont ceux qui lui font le plus de tort, soit dans leur état de larve, soit dans celui d'insecte parfait.

Embarrassé sur le choix d'une nomenclature, j'ai choisi celle de Latreille qui est une des plus modernes, et dont l'auteur a, je crois, le plus contribué au perfectionnement de l'entomologie.

Le synodendron cylindrique (dans son état de larve.)

Le hanneton vulgaire, ———— solsticial, ———— horticole. La cétoine dorée, ———— stictique. La trichie noble, ———— hémiptère.	Leurs larves, sur-tout celles des hannetons, font le plus grand tort aux racines de tous les végétaux. L'insecte parfait dévore les feuilles et les fleurs.
Le lucane cerf, ———— chèvre. Le platycère parallélipipède. Le scolyte destructeur. Le cossus gâte-bois.	Les larves vivent dans l'intérieur des arbres qu'elles rongent et font périr en grand nombre.
La bombice processionnaire, ———— à livrée, ———— chrysorrhée. La pyrale des pommes. La teigne padelle.	Leurs larves, très nombreuses, dévorent tout à la fois les feuilles, les fleurs et les fruits.
Le charançon du poirier, ———— du pommier.	Les larves dévorent les fruits; l'insecte parfait ronge les feuilles et les fleurs.

Nous croyons ne pouvoir mieux terminer cet article que par l'énumération d'une partie des auteurs qui ont écrit sur le cidre, les pommes, les pommiers, le poiré, les poiriers, les poires, etc.

Dany fit imprimer, en 1560, la manière de semer et faire pépinières de sauvageons, enter toutes sortes d'arbres, etc. Paris, Corrozet, in-8°. Orléans, Gillès, 1572, in-12.

Vers le même temps parut l'ouvrage d'Olivier de Serres, dont une nouvelle édition, enrichie des notes de M. François de Neufchâteau, et autres, a paru dernièrement chez madame Huzard, rue de l'Eperon, à Paris.

Paulmier a publié un traité *de Vino et Pomaceo*, Paris, 1588, in-8°, traduit en français par Cahagnes, Caen, 1589, in-8°.

Droyn a donné, en 1615, Paris, in-8°, un ouvrage intitulé : le Royal Sirop de pommes, etc.

On trouve une lettre d'un anonyme anglais à Samuel Hartlib, en date du 19 mai 1656, consignée à la fin des observations de Bradley sur le jardinage.

J. H. Meibonius fit imprimer à Helmstadt, en 1668, un ouvrage sur les boissons enivrantes autres que le vin.

Wordlige a donné, en anglais, le Vignoble britannique, Londres, 1676, in-8°. Méthode de fabriquer le Cidre, Londres 1617, in-4°. Nouvelles expériences sur les liqueurs qu'on peut tirer de plusieurs espèces de fruits, Londres, 1684, in-folio.

Evelyn, Anglais, publia, en 1679, l'Histoire des Forêts, etc., sous le titre *de Sylva et Pomona*.

Philips, Anglais, auteur du poëme en deux chants intitulé : Pomone.

Thompson, Anglais, auteur du poëme des Saisons.

Deux thèses soutenues en l'université de Paris ; la première par J. B. Dubois, en 1725 ; la seconde, par Poissonnier, en 1745, sur les bons effets du cidre.

Les n°ˢ 23, 24, 25 et 26 de la société de Dublin, publiés en juin 1736, parlent des avantages et des améliorations dont le cidre pourroit être susceptible.

Arthur Young, auteur du Cultivateur anglais.

Hugues Stafford a fait imprimer un traité sur la manière de faire le cidre, etc. Londres, 1753, in-4°.

Guillaume Ellis a donné, en 1757, un in-8° imprimé à Londres, et intitulé : le Parfait Cultivateur, etc.

C. G. Porée, auteur d'un Avis économique sur le cidre, imprimé dans le recueil des Mémoires de l'académie de Caen, 1760, in-8°.

Mémoire d'un anonyme sur le cidre, etc., présenté à l'académie de Caen en 1760.

Observations sur la culture des pommiers, etc. , par Thierriat, imprimé en 1760.

Hall, Anglais, auteur du Gentilhomme cultivateur, traduit en français, 1764.

M. le marquis de Chambray publia, en 1765, l'Art de cultiver les pommiers et les poiriers, et de faire les cidres, etc.

Mémoires de la société d'agriculture de Rouen, rédigés par M. d'Ambourney.

Affiche de Rouen, ouvrage périodique qui contient beaucoup d'articles intéressans sur le pommier, le poirier, le cidre, le poiré, etc.

Expériences sur les cidres, etc., par M. Hardy, in-4°. 96 pages, Rouen, 1781.

Mémoires sur la sophistication des cidres, par MM. de La Folie, Mésaise, Descroisilles, Le Pecq de La Clôture et Hardy de Rouen.

Mémoire sur la falsification des cidres, par M. Lecomte, médecin à Evreux.

Rapport fait à la société de médecine, sur le mémoire précédent, par M. Bucquet, médecin.

Rapport concernant les cidres de Normandie, par Lavoisier, 1786.

Mémoire sur la culture des pommiers, etc., par M. Renaut, an 3 de la république, Rouen.

Description du comté d'Héréford et de Glocester, par M. Marshall, extrait de la Bibliothèque britannique.

Annales de l'agriculture française, par M. Tessier.

Mémoire sur la manière de faire le cidre dans le département de l'Orne, par M. Louis Dubois.

Mémoire adressé à la société d'agriculture du département de la Seine, sur la meilleure manière de faire le cidre, par M. de Brébisson.

Traité de la grande culture des terres, par M. Isoré.

Cours d'agriculture de l'abbé Rozier, articles pommier, poirier, pommes, poires, cidre, poiré, etc.

Voyez les mêmes articles dans Chomel, l'Encyclopédie, le nouveau Dictionnaire des Sciences naturelles, 24 vol., etc., chez Déterville, à Paris. (BRÉBISSON.)

CIERGE. *Voyez* CACTIER.

CIERGE MAUDIT. Nom de la MOLÈNE NOIRE. (B.)

CIERGE DE NOTRE-DAME. *Voyez* MOLÈNE AILÉE. (B.)

CIGALE, *Cicada.* Genre d'insectes de l'ordre des hémiptères qui renferme plus de soixante espèces, dont trois ou quatre se trouvent dans les parties méridionales de l'Europe, et sont très connues des cultivateurs, qu'elles fatiguent par leur cri continuel pendant tout l'été. Je le mentionne ici principalement à cause de ce fait : car quoique vivant , ainsi que leurs larves , aux dépens des plantes , je n'ai jamais entendu se plaindre qu'elles leur fissent un tort sensible.

Les mâles des cigales ont à la base de leur abdomen deux grandes plaques ou opercules couvrant les organes du chant, lesquels sont composés de deux petites lames minces et transparentes renfermées dans une cavité qui, en se tendant alternativement en sens contraire, produisent le bruit qu'on appelle chant ou cri, et qui est d'une monotonie assommante.

Les femelles n'ont que des rudimens de cet organe , aussi ne font-elles entendre qu'un bruit très foible ; mais elles ont, en récompense, à l'extrémité de l'abdomen, une longue tarière de deux pièces pointues et dentées, qui leur servent à entamer l'écorce des arbres , écorce où elles déposent leurs œufs à la file les uns des autres.

Les larves des cigales sont blanches et descendent des branches où elles sont nées pour s'enfermer dans la terre où elles vivent aux dépens des racines des plantes ; mais sans leur faire beaucoup de tort, parcequ'elles ne font que les sucer , et qu'elles ne sont jamais ou presque jamais très abondantes. Au bout de la première année , dit-on, ces larves se changent en nymphes remarquables par leurs pattes antérieures dentées en scie à peu près comme celles des courtilières, et par conséquent très propres à creuser la terre. Ce n'est qu'à la fin du printemps de la seconde année que ces nymphes sortent de terre, montent sur les arbres et s'y transforment en insectes parfaits.

Les cigales, comme je l'ai déjà dit, vivent du suc des arbres qu'elles sucent en enfonçant leur trompe dans l'écorce. Là, sans se remuer, elles font entendre leur ennuyeux chant pendant toute la chaleur du jour. En général elles sont très défiantes et s'envolent dès qu'on s'approche d'elles. A la fin de l'été on n'en voit plus , parceque les mâles meurent dès qu'ils se sont accouplés, et les femelles dès qu'elles ont déposé leurs œufs.

Les deux espèces de cigales qui se trouvent le plus fréquemment dans les parties méridionales de la France sont ,

La CIGALE HEMATODE, qui est noire avec des taches jaunes ou rouges , et dont les nervures sont jaunes ou rouges, à la base de l'élytre. Elle a deux pouces et demi de longueur.

La CIGALE DU FRENE a la partie postérieure du corselet marquée de lignes rouges, les élytres avec une tache blanche et une rangée de points bruns.

Fabricius a appelé ce genre TETTIGONE, et cigale ce que j'appellerai TETTIGONE avec Latreille. *Voyez* ce mot. (B.)

GIGNE. *Voyez* CYGNE. (B.)

CIGUE. *Conium.* Plante bisannuelle, a racine fusiforme, jaunâtre, a tige de trois à quatre pieds, parsemée de taches brunes et rameuse à son sommet; à feuilles alternes, trois fois ailées et à folioles très petites; à fleurs blanches disposées en ombelles, et accompagnées d'involucres universelles et partielles polyphylles.

Cette plante forme un genre dans la pentandrie digynie et dans la famille des ombellifères. Elle croît en Europe sur le bord des eaux, dans les lieux frais et humides, et fleurit au milieu du printemps. C'est la véritable ciguë des anciens dont les Athéniens se servirent pour faire mourir Socrate. Son odeur désagréable et repoussante indique seule que c'est un poison; cependant tous les bestiaux la mangent, au rapport de Linnæus, et les vaches en sont même friandes. Il arrive souvent que des cuisinières ignorantes la prennent pour du persil, quoique la couleur obscure de ses feuilles et leur odeur dussent suffire pour empêcher la méprise, et causent ainsi, à ceux qui mangent de leurs ragoûts, l'engourdissement, les vertiges, l'obscurcissement de la vue, et, si la dose est très forte, le délire, les convulsions et la mort. Les remèdes sont le vomissement et l'eau acidulée avec du vinaigre.

Les graves inconvéniens qui peuvent résulter des erreurs de ce genre doivent engager les cultivateurs à détruire la ciguë par-tout où ils la rencontrent. Comme la plante est bisannuelle il suffit d'en couper la racine entre deux terres pour anéantir les reproductions futures.

Cependant, cette plante si dangereuse est devenue entre les mains de Storck un excellent remède contre la goutte et les cancers, à raison de ses propriétés éminemment sudorifiques et narcotiques. On en fait usage en pillules; mais cet usage doit être dirigé par un habile médecin, sans quoi on risque de se perdre l'estomac et d'éprouver les accidens énumérés plus haut. L'emploi de ce remède, qui a été en vogue pendant quelques années, avoit déterminé quelques personnes à cultiver en grand la ciguë, pour satisfaire aux besoins de la pharmacie; mais aujourd'hui que ce remède est tombé de mode, je ne sache pas qu'on la cultive nulle part aux environs de Paris. Je me crois donc dispensé de donner aucun détail sur les procédés à suivre dans ce cas.

CIGUE AQUATIQUE. *Voyez* Phellandre, œnanthe et Cicutaire.

CIGUE PETITE. *Voyez* Æthuse. (B.)

CIMBALAIRE. Espèce de Muflier. *Voy.* ce mot.

CIMENT. Dans son acception la plus rigoureuse, ce mot signifie des briques ou des tuiles réduites en très petits fragmens destinés à entrer dans la composition des mortiers ; mais on l'étend souvent à la pouzzolane, aux fragmens de pierre calcaire, et même au sable. L'emploi du ciment est très recommandable dans toutes les constructions, et principalement dans celles qui se font sous l'eau. *Voyez*. Mortier. (B.)

CINAMOME. Espèce de Laurier. *Voyez* ce mot. (B.)

CINÉRAIRE. *Cineraria*. Genre de plantes de la syngénésie superflue et de la famille des corymbifères, dont on connoît une soixantaine d'espèces, la plus grande partie propres au cap de Bonne-Espérance, et dont deux ou trois, se trouvent en Europe, et peuvent être cultivées dans les jardins, qu'elles contribuent à embellir.

La cinéraire des marais a les feuilles larges, lancéolées, dentées, sinuées ; la tige velue ; les fleurs jaunes et en corymbes. C'est une plante d'un à deux pieds de haut, qu'on trouve dans les marais et dans les bois aquatiques.

La cinéraire maritime a les feuilles velues, très profondément découpées et à découpures sinueuses, très blanches en dessous ; ses fleurs sont jaunes et disposées en corymbes terminaux.

Cette plante, qui est vivace, croît naturellement sur les bords de la mer dans les parties méridionales de l'Europe. Elle s'élève rarement à plus d'un pied, mais forme des touffes très denses qui sont en fleur pendant tout l'été. On la cultive dans quelques jardins d'agrément, où elle produit un agréable effet par ses feuilles et par ses fleurs. On la multiplie par ses branches qui s'enracinent d'elles-mêmes, ou qui reprennent facilement de bouture. Comme les fortes gelées la tuent, il faut avoir attention d'en mettre en pot pendant l'été pour rentrer dans l'orangerie à l'époque des froids. Ces pieds, remis en pleine terre au printemps, croîtront de manière à faire supposer qu'ils ont passé l'hiver en pleine terre.

La cinéraire a fleurs bleues, qu'on appelle aussi *astère d'Afrique*, est une plante d'orangerie. (B.)

CINÉRATION. Synonyme d'Ecobuage. *Voyez* ce mot.

CINIPS. *Cynips*. Geoffroi a donné ce nom à de très petits insectes fort rapprochés des ichneumons par leurs mœurs, mais très différens par leur forme, qui déposent leurs œufs dans le corps des chenilles et des larves des autres insectes, de manière que les larves qui en naissent vivent, sans pour cela les faire mourir, aux dépens des premières, jusqu'à l'époque où les dernières, ayant acquis toute leur croissance, ces premières meurent. Linnæus les a appelés *ichneumons petits*.

Le même Linnæus a transporté ce nom de cinips a des in-sectes que Geoffroi a appelés *diplolepes*, et qui déposent leurs œufs dans l'écorce des diverses parties des plantes, et qui font naître ces excroissances que l'on appelle communément GALLES.

Les cultivateurs doivent connoître ces deux genres d'insectes, le premier à raison des services que lui rendent les espèces qui le composent; le second parcequ'ils ont occasion de voir souvent les galles qu'ils produisent, et qu'une de ces galles, celle qu'on appelle la *noix de galle*, est l'objet d'un commerce de quelqu'importance; mais comme les naturalistes leur ont indifféremmeut donné le même nom, il faut faire attention en lisant leurs ouvrages si ce sont des cinips de Geoffroi ou de ceux de Linnæus dont ils ont entendu parler. Je traiterai des DIPLOLEPS à ce mot et au mot GALLE. Ici donc il ne doit être question que des *cinips* de Geoffroi.

Souvent les cinips ont le corps orné des couleurs les plus brillantes, l'or et l'azur les recouvrent entièrement; souvent aussi elles sont d'un noir ou d'un brun uniforme.

Ces insectes sont, dans l'ordre de la nature, une de ces barrières qu'elle a établies pour s'opposer à la trop grande mul-tiplication des autres. Lorsque, comme on ne le voit que trop souvent, plusieurs années sont successivement favorables à la multiplication d'une espèce, cette espèce couvriroit la terre, détruiroit les plantes si des millions de cinips, naissant en même temps, ne l'arrêtoient. Leur petitesse entre même dans les desseins de cette sage nature, puisqu'elle les sauve des recherches de leurs ennemis, et leur nombre supplée à leur grandeur; la plupart ont à peine une ligne de long.

Je ne ferai point l'histoire des mœurs des cinips, quelqu'in-téressante qu'elle puisse être, parcequ'elle ne seroit d'aucune utilité aux cultivateurs. En effet, il est impossible à l'homme de diriger l'action de ces insectes vers tel ou tel objet; il profite du bien qu'ils lui font en détruisant ses ennemis, et c'est tout.

Le CINIPS DES MOUCHES est doré, avec les pieds jaunes. Il a une ligne de long. Il dépose ses œufs dans le corps de la larve des mouches.

Le CINIPS DU BÉDEGUAR est d'un vert bronzé avec l'abdomen doré. Il a une ligne et demie de long. Il dépose ses œufs dans le corps de la larve du *diplolèpe du rosier*. C'est principale-ment lui qui a donné lieu à la confusion annoncée au com-mencement de cet article, les bédeguars gardés dans des bocaux les donnant, ainsi que leur véritable hôte, le diplolèpe.

Le CINIPS DES CHRYSALIDES est d'un bleu doré, avec l'abdo-men d'un vert brillant et les pieds pâles.

Et le cinips glomerulé est noir avec les pattes jaunes. Leur longueur est d'une ligne et demie. Ces deux espèces déposent leurs œufs dans la chrysalide des papillons du chou, et en font tant périr que je me suis quelquefois amusé à les compter, et souvent je n'en ai trouvé qu'une sur dix à douze qui fût intacte. C'est je crois les espèces qui sont les plus intéressantes pour les cultivateurs, à raison du bien qu'elles leur font.

Le cinips des cochenilles est d'un noir bronzé, a l'abdomen bleuâtre et les pattes blanchâtres. Il dépose ses œufs dans la cochenille de l'orme ; il est extrêmement petit.

Le cinips du puceron est noir, avec la base de l'abdomen, les pattes antérieures et les genoux postérieurs jaunes. Il est très petit, et dépose ses œufs dans le corps des pucerons.

Le cinips des œufs est noir avec les pieds roux, et les antennes filiformes. Il dépose ses œufs dans ceux des papillons et autres insectes de leur famille.

On voit par ce petit nombre d'exemples le genre d'action et l'importance dont les cinips peuvent être et sont en effet dans l'ordonnance générale des êtres. (B.)

CINQ FEUILLES. *Voyez* POTENTILLE.

CIOTAT, ou CIOUTAT. Variété de raisin dont les feuilles sont excessivement découpées. (B.)

CIRCÉE, *Circea*. Plante vivace à racine traçante, à tige droite, velue, rameuse, haute d'environ un pied ; à feuilles opposées, pétiolées, cordiformes, dentées, velues, longues de deux pouces sur quinze ou seize lignes de diamètre ; à fleurs couleur de chair disposées en grappes au sommet des tiges et des rameaux, qu'on trouve dans les bois humides, qui forme un genre dans la diandrie monogynie et dans la famille des épilobiennes, et qui fleurit au milieu de l'été.

La circée pubescente, *Circea lutetiana*, Lin., est aussi connue sous le nom d'*herbe aux magiciennes*, parcequ'anciennement on l'employoit beaucoup dans les enchantemens ; on l'appelle encore l'*herbe de Saint-Etienne*. Aujourd'hui elle est quelquefois employée en médecine comme vulnéraire et résolutive. Sa propriété de croître et même de ne bien croître qu'à l'ombre, la rend précieuse pour couvrir les sols des massifs dans les jardins paysagers, sol qui, comme on sait, est souvent d'un aspect fort désagréable. Il suffit d'en planter çà et là quelques pieds enlevés dans les forêts, où elle est quelquefois extrêmement commune, pour remplir cet objet, tant ses racines tracent avec facilité.

Les moutons aiment beaucoup cette plante, qui mal à propos passe pour suspecte aux yeux de quelques personnes. (B.)

CIRCONCISION. On a donné ce nom aux incisions annulaires qu'on pratique quelquefois sur les branches des arbres pour leur faire porter une plus grande quantité de fruits, pour arrêter leur végétation, leur faire pousser des racines lorsqu'on les marcotte, etc. *Voy.* INCISION. (B.)

CIRCULATION DE LA SÈVE. *Voyez* SÈVE.

CIRE. Substance produite par les abeilles et dont elles composent les alvéoles dans lesquelles elles élèvent leur progéniture ou déposent leur provision de miel.

Cette substance inflammable, dont les principes constituans ne sont pas encore parfaitement connus, paroît différer essentiellement des huiles et des résines avec lesquelles on l'a comparée. Elle est employée à un grand nombre d'usages et principalement à éclairer pendant la nuit lorsqu'elle a été fabriquée en bougie; aussi en fait-on un commerce d'une certaine importance.

Jusqu'à ces derniers temps on a cru que la cire étoit le pollen des étamines des fleurs altéré dans le corps des abeilles; mais aujourd'hui il est prouvé, par des expériences directes et positives, expériences répétées par moi en présence de la société d'agriculture de Versailles, que c'est un des principes constituans du sucre, c'est-à-dire que les abeilles transforment le miel en cire en le faisant passer par leur estomac. Cette belle découverte, qui a changé toutes les théories reçues, est due à Hubert, fils de celui qui a le mieux fait connoître les mœurs de ces précieux insectes.

On trouvera au mot ABEILLE le résumé de tout ce qu'il est bon que les cultivateurs sachent sur la production et la préparation de la cire jusqu'à l'époque où elle passe entre les mains des marchands ou des fabricans. J'y renvoie le lecteur.

La France ne fournit, d'après les tableaux de sa statistique, qu'environ le tiers de la cire qu'elle consomme; aussi est-elle toujours à un taux élevé. Comment est-il possible que les regards des cultivateurs ne se portent pas sur les moyens d'en étendre la production, puisqu'il n'y a qu'à vouloir pour y parvenir? (B.)

CIRIER, ou ARBRE A CIRE. *Voyez* GALÉ.

CISEAUX DE JARDIN. Ce sont de longs et larges ciseaux dont les bras sont emmanchés dans des cylindres de bois, et qu'on emploie à tondre les petites palissades, les buis, les arbrisseaux des plates-bandes, les bordures de gazon, etc. Leur usage étoit bien plus général autrefois qu'aujourd'hui, où l'observation et le bon goût ont prouvé qu'il n'y avoit que des désavantages à mutiler régulièrement les plantes, et à changer la forme que leur a donnée la nature. Il n'y a plus que les bordures de buis pour lesquelles ils soient nécessaires; encore si, comme il est bon de le faire, on les relève tous les quatre à cinq ans pour renouveler leur terre, et les débarrasser de leurs rejetons, peut-on s'en passer pour cet objet.

Les palissades, supposant qu'on en veuille avoir, se tondent fort bien avec le croissant, et les gazons avec la faux. Quant aux arbustes des parterres, la serpette seule doit y toucher, encore est-ce avec ménagement.

Il est beaucoup de jardins très bien entretenus où il ne se trouve pas cependant de ciseaux; ainsi je puis me dispenser de m'étendre davantage à leur égard.

Les autres sortes de ciseaux propres à l'agriculture sont ceux qui servent à tondre les moutons et à faire le poil aux mulets : la forme de ceux adoptés en Espagne pour ces deux objets remplissent mieux le but qu'aucun autre, parcequ'ils ne peuvent jamais couper la peau, quoiqu'ils coupent le poil plus bas que les nôtres; mais cette forme est très difficile à décrire, même à représenter, à raison de la courbure des lames. On en peut voir un modèle dans le cabinet de l'école vétérinaire d'Alfort. (B.)

CISTE, *Cistus*. Genre de plantes de la polyandrie monogynie et de la famille des cistoïdes, qui renferme un grand nombre d'espèces (près de cent), dont la plus grande partie sont de très petits arbrisseaux des parties méridionales de l'Europe.

On ne cultive point les cistes dans les jardins d'agrément, quoique la plupart soient de forme élégante et pourvus de belles fleurs, parcequ'ils sont fort difficiles à conserver, et que leurs fleurs sont si fugaces, que la même matinée les voit naître et tomber. Le cultivateur n'en tire d'autre avantage que de se servir des plus grandes espèces pour chauffer le four, et voir manger les petites par ses bestiaux dans les pâturages. En conséquence cet article sera fort court, les seules espèces dans le cas d'être citées étant,

Le CISTE DE CRÈTE, qui est frutescent, sans stipules, dont les feuilles sont opposées, ovales, rugueuses, hérissées de poils et onduleuses en leurs bords; les pédoncules courts et portant de grandes fleurs rouges. Il croît dans l'île de Crète, et s'élève à deux ou trois pieds. C'est lui qui fournit le *laudanum*, c'est-à-dire cette résine gluante, noirâtre, d'une odeur agréable, qu'on emploie fréquemment en médecine comme émolliente, atténuante et calmante. Pour la récolter, on promène sur ses feuilles, pendant les jours les plus chauds, des lanières de cuir attachées à un long bâton, auxquelles elle s'attache, et dont ensuite on l'enlève avec un couteau. Il seroit très facile d'introduire ce genre d'industrie dans les environs de Marseille et de Toulon, où il y a des terrains extrêmement propres à recevoir cette espèce de ciste, qui ne croît que dans les sols les plus arides et les plus impropres aux cultures ordinaires.

Le CISTE LADANIFÈRE est frutescent, sans stipules ; a les feuilles presque sessiles, opposées, connées, lancéolées, linéaires, glabres en dessus ; les fleurs grandes, rouges et accompagnées de bractées. Il croît en Espagne, sur les collines les plus arides, et s'élève à la même hauteur que le précédent. J'ai vu des cantons fort étendus du royaume de Léon et de la Vieille-Castille qui en étoient entièrement couverts. Il laisse fluer, dans la chaleur, une résine fort analogue à la précédente, et dont l'odeur se fait sentir de fort loin, résine qu'on retire en faisant bouillir ses sommités dans de l'eau, à la surface de laquelle elle monte. La plante est employée à brûler. Je me suis assuré que les bestiaux n'y touchoient pas.

Le CISTE HÉLIANTHÈME, qui a les rameaux couchés, les feuilles opposées, oblongues, repliées sur leurs côtés, blanches en dessous ; le calice très velu ; les fleurs solitaires et jaunes. Il se trouve dans la plus grande partie de la France, sur les pelouses sèches, dans les pâturages, où il domine quelquefois et qu'il embellit pendant deux ou trois heures, chaque jour d'été, par ses brillantes et nombreuses fleurs qui se tournent toujours vers le soleil ; d'où le nom de *fleur du soleil* qu'il porte. Tous les bestiaux le mangent avec plaisir. Il seroit peut-être possible d'en faire des prairies sur les montagnes calcaires du midi de la France, où il ne croît presque rien faute de terre ; car il a extrêmement peu besoin d'en avoir, ses racines pénétrant dans les interstices des rochers et s'étendant sur la pierre dans une longueur souvent de plus d'un pied.

Il y a une autre espèce qui ne diffère presque de celui-ci que parcequ'elle a les fleurs blanches, c'est le CISTE DES APENNINS. Il n'est, dans certains cantons de la France, guère moins commun que le précédent, et ce que je viens de dire lui convient parfaitement. (B.)

CITERNE. ARCHITECTURE RURALE. On appelle ainsi un réservoir souterrain, voûté et destiné à recevoir et à conserver les eaux de pluie pour en faire usage dans les besoins du ménage. Les citernes sont les magasins d'eaux des lieux qui n'ont point de sources ou d'eaux salubres, et dont le sol se refuse absolument à la construction des puits. Celle des citernes exige beaucoup de soins, de précautions, et sur-tout de dépenses ; c'est pourquoi l'on trouve encore tant de localités qui n'en ont point, et que la privation d'eau, ou l'usage d'eaux malsaines exposent à des maladies périodiques.

Une citerne doit être enfoncée en terre comme une cave, tenir parfaitement l'eau, et la conserver potable au moins autant de temps que peuvent durer localement les plus longues sécheresses de l'année.

L'eau de citerne est d'ailleurs regardée comme la boisson la plus saine pour l'homme et les animaux, lorsqu'on a l'attention de n'y pas introduire celles des premières pluies qui tombent après une longue sécheresse, ou pendant un orage, parcequ'en traversant l'atmosphère, elles entraînent et s'impreignent des exhalaisons de la terre, élevées et suspendues dans cette atmosphère.

Les meilleures sont celles que l'on recueille des toits au printemps et à l'automne ; et, dans l'été, celles des pluies qui succèdent aux orages, parcequ'alors l'atmosphère est épurée, les toits des maisons sont lavés, et toutes les ordures accumulées dans les tuyaux et les chanées sont entraînées.

Les détails relatifs à l'établissement d'une citerne consistent, 1° dans la construction de la citerne proprement dite, ou de son réservoir principal ; 2° dans celle du *citerneau*, ou petit réservoir ouvert, dans lequel les eaux pluviales déposent le sable et les graviers dont elles peuvent être chargées avant de parvenir à la citerne ; 3° dans la disposition des couvertures, au bas desquelles on place des chanées pour en recevoir l'égout ; dans celle des tuyaux de descentes et des conduits en pierres de taille pour amener les eaux au citerneau, et de là dans la citerne ; 4° dans d'autres travaux accessoires destinés à assurer le jeu et l'usage de ces eaux, à les refuser lorsqu'elles ne sont pas de bonne qualité, à écouler le trop-plein de la citerne ; enfin à préserver les bâtimens des infiltrations nuisibles que le voisinage des eaux pourroit y occasionner.

Ces différens travaux doivent être exécutés avec les meilleurs matériaux disponibles, tant pour les pierres que pour les cimens, et par les meilleurs ouvriers. *Voy.* le mot MORTIER.

L'économie, dans cette espèce de construction, consiste particulièrement à ne rien épargner pour lui procurer toutes les qualités qu'elle doit avoir, afin de ne pas s'exposer, ou à recommencer l'ouvrage, ou à des réparations fréquentes qui équivaudroient souvent pour la dépense à une seconde construction.

Rozier prétend que, de toutes les manières de construire les citernes, *la meilleure*, c'est-à-dire *la plus économique, la plus expéditive, et la plus sûre*, est en BÉTON. *Voyez* ce mot. Mais, malgré sa prédilection pour cette espèce de maçonnerie, dont l'exécution exige une main très exercée, nous pensons que par-tout où l'on trouvera de bons matériaux, et où l'on pourra fabriquer d'excellent ciment à des prix modérés, on fera mieux d'adopter la méthode ordinaire. D'après toutes ces réflexions, nous n'entrerons pas dans de grands détails sur la construction des citernes ; nous nous contenterons de donner les renseignemens généraux que les propriétaires qui veulent s'en procurer ne doivent point ignorer.

Les dimensions d'une citerne doivent être calculées sur la consommation présumée du ménage. Il vaut mieux cependant que la citerne soit de beaucoup trop grande que trop juste pour ses besoins.

Voici le point de fait dont on peut partir pour calculer la quantité d'eau qu'une citerne doit contenir.

Il est reconnu que le terme moyen de l'eau qui tombe du ciel annuellement en France est de vingt pouces de hauteur. (*de La Hire*, Mémoires de l'acad. royale des sciences, 1703, et M. *Cotte*, Mémoires de physique, tome 51, page 224.)

Cela posé, toute maison de quarante toises de superficie pourra réunir chaque année un volume d'eau de 2,160 pieds cubes au moins, en prenant seulement dix-huit pouces pour la hauteur de ce qu'il en tombe ; et ces 2,160 pieds cubes équivalent à 75,600 pintes d'eau, à raison de trente-cinq pintes par pied.

Maintenant, si l'on divise 75,600 par 365, nombre des jours de l'année, le quotient 207 indiquera la quantité de pintes d'eau que les habitans de la maison auroient à consommer journellement ; et, si cet approvisionnement étoit en proportion avec leurs besoins, il ne s'agiroit plus que de donner à la citerne les dimensions nécessaires pour pouvoir contenir les 2,160 pieds cubes d'eau, ou quinze pieds de longueur, douze pieds de largeur, et douze pieds de profondeur au niveau de la gargouille du trop-plein.

On pourroit à la rigueur réduire les dimensions d'une citerne, car les eaux du ciel ne tombent pas simultanément sur la terre ; il y a des saisons pluvieuses et des temps de sécheresse ; et pourvu que la citerne contienne assez d'eau pour les besoins du ménage pendant les plus longues sécheresses, elle remplira sa destination aussi complètement que si on lui donnoit une capacité suffisante pour réunir en une seule fois l'eau nécessaire à sa consommation de toute l'année.

On voûte les citernes afin d'éviter que l'eau n'y gèle en hiver, et ne s'échauffe trop en été. En général, il faut avoir l'attention de leur donner le plus de profondeur qu'il sera possible, l'eau s'y conservera beaucoup mieux.

Il est fâcheux que cette espèce de construction ne soit pas à la portée du pauvre, car une boisson saine est indispensable dans tout ménage ; mais si la dépense est trop forte pour chacun en particulier, il serait encore possible d'établir une citerne commune dans chaque village qui auroit une église couverte en tuile ou en ardoise, ou tout autre bâtiment public ;

et son eau seroit exclusivement consacrée à la boisson des habitans.

Enfin, l'homme le moins fortuné ne devroit pas ignorer les moyens simples que l'on emploie pour ôter aux eaux les plus crues ou les plus malsaines leurs qualités nuisibles. On y parvient souvent en faisant bouillir ces eaux, ou en y plongeant un fer rougi au feu, ou en la faisant filtrer à travers un lit de charbon. Mais le procédé le meilleur, c'est l'emploi des vases de bois charbonnés intérieurement.

Cette découverte est due à M. le sénateur Bertholet, et elle a été éprouvée avec succès, dans un voyage maritime de plus de trois ans de cours, par le commandant d'un vaisseau russe.

L'opération du charbonnage d'un tonneau est très facile avec un peu d'attention.

On la commence par le fond ; on y met du sarment bien sec, ou des brindilles de bois, et on les allume. On entretient ce feu jusqu'à ce que tous les points du fond soient carbonisés à une épaisseur de deux à trois lignes. On procède ensuite de la même manière à la carbonisation du pourtour et du fond supérieur. Lorsque la futaille est renfoncée, on la lave exactement, afin de n'y laisser aucun corps étranger, et on la remplit d'eau.

Le vaisseau ainsi charbonné acquiert la propriété, non seulement d'épurer l'eau, mais encore de la conserver saine et potable pendant très long-temps.

Ainsi, le ménage le moins aisé, en sacrifiant quelques tonneaux pour les charbonner, et lui servir de petite citerne, pourroit se procurer dans tous les temps une boisson toujours saine, et qui le garantiroit des fièvres de saison. (De Per.)

CITRON. C'est le fruit du CITRONNIER. (B.)

CITRON DES CARMES, ou MADELEINE. Variété de poire. *Voyez* POIRIER. (B.)

CITRONNELLE. On a donné ce nom à plusieurs plantes qui ont une odeur analogue à celle des citrons ; telles que la MÉLISSE OFFICINALE, l'ARMOISE CITRONNELLE, le THIM VULGAIRE et une de ses variétés. (B.)

CITRONNIER. Espèce du genre des orangers, dont on distingue plusieurs variétés. *Voyez* au mot ORANGER. (B.)

CITROUILLE. Espèce ou variété de COURGE. (B.)

CITROUILLE. *Voyez* PÉPON. Ce nom a été donné aussi à la PASTÈQUE.

CITROUILLE IROQUOISE. *Voyez* GIRAUMON.

CITROUILLE MELONNÉE MUSQUÉE. *Voy.* MELONNÉE.

CIVADE. Variété de l'AVOINE, qu'on cultive près de Brignolles.

CIVAYER. Ancienne mesure de terre en usage à Mont-Dauphin. *Voyez* MESURE.

CIVE, CIVETTE, ou CIBOULETTE, ou APPÉTIT. Selon quelques botanistes et quelques cultivateurs, c'est une espèce différente, selon d'autres, c'est une variété de la CIBOULE, *Allium schœnoprasum*, Lin. *Voyez* au mot AIL. Je me range à l'avis du plus grand nombre, qui ne les distinguent que comme variété. *Voyez* au mot CIBOULE.

La CIBOULE DE PORTUGAL est, selon Lamarck, une espèce bien distincte (*Allium lusitanicum*); mais celle qu'on cultive dans les jardins, sous ce nom, est-elle bien la même que celle du jardin des Plantes? Est-elle bien distincte de la GROSSE CIVE D'ANGLETERRE? C'est ce que je ne puis décider. Au reste, ces espèces ou variétés diffèrent peu pour les usages et la culture. (B.)

CIVIÈRE. Sorte de brancard sur lequel deux hommes portent à bras différens fardeaux; du fumier, de la terre, etc. C'est une économie très mal entendue que de se servir de la civière. Elle emploie deux hommes; et une femme mèneroit en un seul voyage autant de terre, de sable, de pierrailles dans une BROUETTE (*voy.* ce mot), que les deux hommes avec leur civière. Il y a donc deux tiers de perte, l'emploi d'un homme de plus, et la différence du prix des journées des hommes et de celle de la femme. (R.)

Cependant il est des cas où une civière est indispensable, comme lorsqu'il s'agit de transporter des objets casuels, comme des cloches, lorsqu'il faut monter un escalier, parcourir un terrain très inégal ou mouvant, etc. Il faut donc avoir une ou plusieurs civières dans chaque ferme et dans chaque jardin.

Il est une sorte de civière qu'on appelle BARRE. *V.* ce mot. (B.)

CLAIE, ou CLAYE. Treillage fait en bois ou en fer, et qui a diverses destinations en agriculture.

La claie la plus rustique est celle dont on fait usage dans une grande partie de la France, pour établir le parc des moutons, pour faire des clôtures provisoires, pour fabriquer les bannes ou bennes dans lesquelles on transporte le charbon, pour faire sécher les fruits au soleil ou au four, etc., etc.

Cette sorte de claie est une véritable étoffe de bois, c'est-à-dire qu'on la fabrique avec des gaulettes les plus droites possible, au plus de la grosseur du pouce (formant la chaîne), entrelacées alternativement en sens contraire avec des bâtons un peu plus gros et écartés d'un pied, quelquefois plus ou moins (formant la trame). Leur longueur et leur largeur varie selon leur besoin. Souvent on y emploie plusieurs espèces de bois; mais comme chaque espèce a un degré de dessèchement et de durée différent, il est beaucoup mieux de n'y faire entrer qu'une seule espèce. Celles de chêne sont les meilleures, après viennent celles du charme, puis celles de coudrier les plus communes et le meilleur marché. Rarement on en fait avec les autres espèces d'arbres, du moins dans la ci-devant Bourgogne, où j'ai suivi leur fabrication.

Cette fabrication, lorsqu'on veut qu'elle soit bonne, ne laisse pas que d'être difficile et sur-tout pénible. D'abord il faut que le bois soit sec, afin que la retraite ne rende pas lâches les diverses parties de la claie. On est donc obligé d'attendre deux ou trois mois après la coupe des gaulettes, et de les faire ensuite tremper pendant quelques jours dans l'eau avant d'en faire usage; ensuite il faut les tordre aux points où elles doivent être recourbées (Pour que la claie soit solide, elles doivent l'être toujours), c'est-à-dire sur les bâtons des deux extrémités.

Ce sont les bûcherons, lorsque la coupe des bois est terminée, ou les charbonniers pendant les momens de repos que leur donne l'opération de la carbonisation, qui se livrent à cette fabrication, qui ne laisse pas d'être considérable dans le pays que j'ai cité plus haut. Aux environs de Paris on y procède peu. Cette sorte de claie y est même assez rare; quoiqu'il en arrive beaucoup sur les bateaux de charbon, de blé, de pommes et autres, parcequ'on les détruit pour les brûler aussitôt que ces bateaux sont déchargés.

Ces claies durent seulement quelques années, parcequ'elles sont de jeune bois encore peu solidifié; mais leur bon marché compense cet inconvénient. J'en ai vu cependant servir de clôture pendant dix ans, mais c'est parcequ'elles étoient, par leur position, défendues de toutes autres dégradations que de celle du temps.

Les claies dont on fait usage dans les jardins des environs de Paris sont construites sur d'autres principes; ce sont des gaulettes simplement attachées sur d'autres gaulettes très écartées les unes des autres, soit avec de l'osier, soit avec du fil de fer. Ces gaulettes ne sont jamais repliées sur elles-mêmes. Leur fabrication est plus facile et plus coûteuse. C'est aussi du bois sec qu'on y emploie, mais il n'est pas nécessaire de le mouiller pour le mettre en œuvre. Elles durent, sur-tout lorsque c'est du fil de fer qui sert de moyen de réunion, aussi long-temps que les précédentes. Comme il n'est pas nécessaire que les gaulettes soient très longues, on peut y employer plus d'espèces de bois, principalement du châtaigner, préférable à tous les autres pour la durée et sa disposition toujours droite.

Il est une modification de cette sorte de claies, ce sont celles faites uniquement en osier. Leur fabrication diffère, 1° en ce que les brins d'osier n'ont pas plus de trois ou quatre lignes de diamètre ; 2° que leurs deux extrémités sont un tissu de vannerie qui les fortifie beaucoup ; 3° que les baguettes transversales sont liées avec les longitudinales par une double tresse d'osier fin. La distance entre ces dernières baguettes est de trois à six lignes. Elles sont très régulières, mais durent peu de temps.

Enfin on fabrique des claies en fil de fer, positivement d'après les principes des précédentes, excepté que le tissu de vannerie est remplacé par un cadre de bois. L'écartement des fils longitudinaux n'est ordinairement que de deux à trois lignes. Ces claies durent long-temps lorsqu'on les nettoie et les met à l'abri de la rouille après s'en être servi. *Voyez* la figure.

Outre les usages indiqués au commencement de cet article, les claies des deux premières sortes peuvent être très utilement employées dans les jardins ou pépinières pour les plantes ou les semis qui veulent de la chaleur, de l'air et de l'eau, et qui craignent cependant l'action directe des rayons du soleil et des gouttes de pluie. Par leur moyen je suis parvenu à des résultats très satisfaisans. Placées verticalement, elles tiennent lieu de mur et d'abris d'arbres vivans pour les plantes et les semis qui craignent trop le froid et l'humidité. Placées horizontalement sur quatre piquets, à quelques pouces de terre, elles rompent les rayons du soleil, la chute de la pluie, et empêchent même l'effet des gelées du printemps. Je les préfère sous tous les rapports aux paillassons, même devant les pêchers et abricotiers en espalier. Pendant l'hiver elles servent à supporter la fougère, les feuilles sèches, la litière, avec lesquelles on garantit les plantes délicates des fortes gelées. Dans beaucoup de cas on peut les employer dans une position plus ou moins inclinée, par exemple, pour remplacer après le mois d'avril (dans le climat de Paris) les panneaux vitrés des châssis qui renferment des plantes peu délicates. Je crois donc qu'on ne peut trop les multiplier dans les jardins des amateurs ou des cultivateurs de plantes étrangères, comme dans ceux des amateurs et cultivateurs de fleurs, et dans les jardins potagers où on recherche les primeurs. Les avantages qu'on en peut retirer, et dont je n'ai indiqué que les principaux, compenseront de beaucoup les dépenses premières de leur acquisition.

Les deux dernières sortes de claies servent principalement à passer ou tamiser grossièrement les terres des jardins pour en séparer les pierres et autres corps étrangers, quelquefois pour faciliter le mélange des parties de celles qui sont composées.

Pour cela, on les incline légèrement sur deux fourchettes enfoncées dans la terre, à quelques pieds de distance du tas de terre, et deux hommes, placés de chaque côté, jettent avec force des pelletées de cette terre contre la claie. Les petites parties passent à travers, et les grosses tombent au pied. On ôte les unes et les autres lorsqu'elles commencent à gêner. Une heure de pratique en apprend plus à l'égard de cette opération, d'ailleurs très facile, que des volumes de discours.

Comme le succès des cultures délicates dépend principalement de l'ameublissement de la terre où on les fait, on doit avoir une claie dans tous les jardins où on s'y livre. On doit aussi en avoir une, mais à gaulettes plus écartées, dans tous les jardins qu'on établit dans une terre neuve pour ôter, par une seule opération, toutes les pierres qui s'y trouvent. Ce travail, quoique coûteux, est réellement économique quand on considère tout le temps qu'on emploiera pendant quinze à vingt ans, chaque fois qu'on laboure, pour ôter les pierres que la bêche ramène à la surface.

Dans le département de l'Ardèche on appelle spécialement claie, ou claye, un petit bâtiment dans lequel il y a deux ou trois étages de claies de la première sorte, et qui sert à la dessiccation des châtaignes. *Voyez* Châtaignier. (B.)

CLAIR. Mauvaise expression par laquelle on désigne un semis dont les grains ou les plants sont très écartés. Ce blé est semé clair. Les raves sont clair - semées dans cette planche. (B.)

CLAIRETTE. Maladie des vers à soie, dans laquelle ils deviennent demi-transparens, sur-tout du côté de la tête. M. Nisten croit qu'elle est due à une altération des sens digestifs, produite par l'abstinence; aussi l'a-t-il souvent guérie en mettant à part et en nourrissant bien les individus qui en étoient affectés. *Voyez* Ver a soie. (B.)

CLAIRE-VOIE. Sorte de clôture faite en échalas ou en pieux plus ou moins écartés. Son objet est de défendre les récoltes des hommes et des bestiaux, sans faire beaucoup de dépense. On construit aussi des claires-voies dans les jardins pour abriter les plantes de la trop forte action des rayons du soleil; mais alors les échalas ou les pieux sont très rapprochés. *Voyez* au mot Claie. (B.)

CLAIRIÈRE. Espace vide qui se trouve au milieu d'un bois.

Lorsqu'une clairière est fort étendue, elle peut servir au pâturage et recevoir certaines cultures; mais quand elle est petite, que l'ombre des arbres la couvre complètement, elle devient impropre à des produits utiles, et le propriétaire soigneux de ses intérêts et de ceux de ses enfans doit chercher à la garnir d'arbres.

Plusieurs moyens peuvent être employés pour arriver à ce but, 1° le couchage des branches des arbres voisins; 2° la mise au jour des extrémités coupées d'une partie de leurs racines; 3° les boutures; 4° les plantations; 5° enfin les semis. *Voyez* au mot Forêt.

Une considération à avoir quand on veut regarnir une clairière, c'est de faire les opérations précédentes un an ou deux avant la coupe du bois qui l'entoure, afin que cette coupe donne moyen aux arbres qui ont alors pris racine de profiter de l'influence du soleil pour acquérir du corps. La plupart de ces regarnis manquent parceque les plants s'étiolent faute d'air et de lumière, et finissent par périr.

On ménage souvent dans l'épaisseur des bosquets des jardins paysagers des clairières, dans lesquelles on place un banc, un monument; on plante un arbre isolé, un arbre qui demande une exposition ombragée, un massif d'arbrisseaux dans le même cas, des petites corbeilles de fleurs, etc., etc. Beaucoup d'espèces étrangères, principalement de l'Amérique septentrionale se plaisent ainsi dans des lieux ombragés. (B.)

CLAPIER. Lieu où on nourrit des lapins en domesticité. *Voyez* LAPIN. (B.)

CLARIFICATION. Je ne puis mieux faire connoître ce qu'il est important que les cultivateurs sachent sur l'objet que ce mot indique, qu'en présentant ici l'extrait de écrits publiés par le savant et estimable Parmentier.

Le but de toute clarification est de rendre transparent un fluide opaque par suite de l'interposition de molécules solides. On l'effectue par plusieurs moyens.

1° La *résidence* ou le *repos*. C'est la clarification la plus simple et la plus communément employée. Tantôt la partie qui troubloit la transparence est plus pesante et se précipite, comme dans l'eau qui charrie de l'argile, de la terre végétale, etc. Tantôt elle est plus légère et monte à la surface, comme dans l'opération de la fonte du beurre. C'est elle dont on fait usage en tous pays pour rendre potables les eaux boueuses. Les cultivateurs ne doivent pas seulement s'en servir pour celle qu'ils boivent, mais encore pour celle qu'ils donnent à leurs bestiaux; car c'est un absurde préjugé que celui qui fait croire que les eaux troubles leur sont plus avantageuses.

Le seul inconvénient de cette sorte de clarification c'est qu'elle est lente. Dans quelques cas, c'est lorsqu'elle sert pour des sucs de végétaux, elle donne lieu, par le temps qu'elle exige, à des altérations dans ces sucs; c'est pourquoi il faut alors faire usage pour eux, de préférence, des moyens suivans.

2° La *filtration*. Par ce procédé on arrête sur un corps poreux les impuretés contenues dans un fluide qui passe à travers ce corps.

Beaucoup de substances servent de filtres, et on doit les préférer les unes aux autres, suivant la nature des fluides à filtrer. Il faut donc connoître cette nature.

Les plus employées de ces substances sont, en grand, le sable ou le sablon, le charbon, les étoffes de laine, de fil ou de coton, et, en petit, le papier non collé, le coton cardé, l'éponge, le verre pilé.

C'est de sable ou de sablon dont on se sert le plus communément pour filtrer l'eau destinée à la boisson. Le charbon grossièrement pilé devroit toujours être préféré, à raison de ce qu'il produit mieux le même effet, et qu'en même temps il rend les eaux plus saines en absorbant toutes les matières animales ou végétales qu'elles tiennent en dissolution. *Voyez* CHARBON.

Tous les filtres de laine, de toile ou de coton doivent être blancs, et au préalable lavés à différentes reprises. Il en devroit être de même du papier, dont on emploie de deux sortes. Le *papier joseph* qui est demi-blanc, et le *papier gris*. Ce dernier communique souvent aux liqueurs, au petit lait par exemple, une odeur et une saveur désagréables.

Presque toujours c'est dans des entonnoirs de verre ou de fer-blanc qu'on place les filtres de papier. Leur forme et leur position, en conséquence, n'est pas indifférente. Il faut donc les construire en cornet et leur donner des plis, ou les entourer de buchettes ou de brins de paille pour les empêcher d'adhérer à l'entonnoir par la plus grande partie de leur surface. Ces deux derniers moyens sont préférables. C'est ainsi que les cultivateurs doivent filtrer le petit-lait, les bassières de leur vin, les liqueurs fines qu'ils fabriquent pour leur boisson.

Les filtres faits avec des étoffes peuvent avoir la forme d'un cône renversé, c'est la *chausse d'Hyppocrate*, ou être simplement suspendus par les quatre angles; c'est le *cadre*. Leur contexture est plus au moins claire. Ils servent principalement pour les sirops. Ce sont eux que les cultivateurs doivent employer pour purifier le miel de leur récolte et les sirops qu'ils sont dans le cas de fabriquer pour leur usage.

Les acides, excepté le vinaigre, ne peuvent être filtrés qu'à travers le verre.

La filtration de beaucoup de liqueurs assure leur conservation, en les débarrassant des matières qui peuvent les altérer. Le petit-lait déjà cité en offre un exemple.

Il y a aussi des pierres poreuses qu'on emploie, en les creusant et en ne donnant qu'une petite épaisseur à la cavité qu'on y pratique, pour filtrer les eaux destinées à la boisson; mais leurs pores se bouchent bientôt, et elles ne rendent plus de service; c'est pourquoi on les recherche si peu. En général, tant ces pierres que les sables qu'on met dans les fontaines dites filtrantes demandent à être lavés souvent pour qu'ils conservent leur faculté et ne donnent pas de mauvais goût à l'eau.

3° La *précipitation*. La clarification des fluides qui sont rendus opaques par des substances animales ou végétales à demi dissoutes peut s'opérer par des agens physiques ou des agens chimiques. Les deux matières qu'on préfère dans l'économie domestique, l'ALBUMINE ou le BLANC D'ŒUF, la GÉLATINE ou la COLLE FORTE (la colle de poisson principalement) sont au nombre des agens physiques. Les ACIDES, les ALKALIS, l'ALCOHOL sont au nombre des agens chimiques. La chaleur, qui produit souvent le même effet, peut être placée dans l'une ou l'autre catégorie. D'autres substances en usage dans certains cas y rentrent également, telles que la chaux, la marne, la gomme arabique, l'amidon, le riz, le sang, la crème.

Pour employer l'albumine et la gélatine à la clarification des vins par exemple, il suffit de les faire dissoudre à froid dans une petite quantité d'eau, et de jeter cette dissolution dans le tonneau, puis remuer. Peu de temps après on voit se former un réseau, qui en se contractant sur lui-même rassemble toutes les parties étrangères au vin, et les entraîne au fond du tonneau.

La colle de poisson n'est préférée à la colle forte ordinaire que parcequ'elle est plus pure, toujours sans mauvais goût, et qu'une petite quantité produit un grand effet.

Il est important de ne pas tarder, sur-tout s'il fait chaud, de soutirer les vins qui ont été clarifiés avec l'albumine ou la gélatine, parceque ces matières passent facilement à la putridité. Au reste les procédés à suivre seront développés en détail au mot VIN. (B.)

CLASSES DES PLANTES. Pour se retrouver dans l'immense quantité d'objets qui existent dans la nature, on a été obligé de les diviser par groupes ayant un caractère commun, pour ensuite les subdiviser de manière à soulager la mémoire, et à arriver des généralités aux individus. Ainsi il y a trois règnes dans la nature; et le règne végétal est divisé en classes qui, dans la méthode de Tournefort, sont fondées sur la forme de la corolle, le nombre des pétales, etc., qui, dans le système de Linnæus, sont établies sur le nombre des étamines, leur insertion, leur grandeur relative, etc. Depuis ces deux célèbres botanistes on a adopté d'autres subdivisions du règne végétal, auxquelles Bernard de Jussieu a donné le nom de familles. On trouvera au mot BOTANIQUE une idée des classes des plantes, et au mot PLANTE quelques détails sur les bases physiologiques d'après lesquelles on les a fondées. (B.)

CLAUDICATION, BOITERIE. C'est l'effet de la douleur que ressent un animal qui a éprouvé quelque accident en posant un ou plusieurs de ses pieds à terre.

On reconnoît trois degrés de claudication : la *feinte*, qui est à peine apparente ; la *boiterie basse*, qui vient ensuite ; puis la *marche à trois jambes*, dans laquelle l'animal ne peut appuyer la jambe malade sans de grandes douleurs.

Les chevaux et les mulets sont les plus sujets à la claudication, et c'est eux qu'il est le plus important d'en guérir promptement, puisque dans cet état ils sont plus ou moins impropres aux différens services qu'on en exige.

Le siège de la claudication se reconnoît à la vue, lorsque c'est une maladie locale extérieure qui la cause ; souvent à la position que prend l'animal pendant son repos ou sa marche, lorsque la maladie locale est interne ; d'autres fois, dans ce dernier cas, en appuyant le pouce successivement sur toutes les parties du membre. Souvent il est occulte ; par exemple, lorsqu'il est occasionné par un rhumatisme.

Le plus communément c'est dans le pied qu'on doit soupçonner la cause de la claudication ; et il faut l'y chercher, après l'avoir déféré, soit en reconnoissant le trou, si c'est un clou de rue, une pierre, une épine ; soit en pinçant les bords du sabot avec la tricoise ; soit en appuyant sur les parois et sur la sole le bout du manche du même instrument.

Les causes les plus fréquentes de l'espèce de claudication qui a son siège dans le sabot sont la BLEIME, les PIQURES *de toutes espèces*, la SOLE BRULÉE, l'ÉTONNEMENT DU SABOT, le CRAPAUD, la SEIME, l'AVALURE, la FOURBURE, la CRAPAUDINE, la FRACTURE DE L'OS.

Non seulement un, mais deux, trois, et même les quatre membres peuvent être affectés en même temps de claudication. Elle est plus douloureuse et a des suites plus graves dans les membres postérieurs que dans les antérieurs.

La perte de l'appétit, l'abattement, la fièvre, sont les suites assez ordinaires des claudications très douloureuses. Souvent les digestions deviennent difficiles, et l'animal maigrit.

Il est des claudications incurables. Les unes sont dues à l'organisation originelle de l'animal, d'autres à des accidens ou à des maladies mal suivies dès leur origine. On appelle BOITERIE DE VIEUX MAL celles qui disparoissent quand l'animal est ÉCHAUFFÉ.

Chaque espèce de claudication exigeant un traitement différent, je renvoie le lecteur aux articles des maladies ci-dessus, et aux mots EXOSTOSES, EPARVIN, COURBE, JARDE, FORME, OSSELET, SUROS, MOLETTES, VESSIGONS, RHUMATISME, CHEVILLES, ATTEINTES, JAVARTS, EFFORT DE BOULET, ENTORSE, CONTUSION, PLAIE, FARCIN, EAUX, ECART.

En terme de maquignonnerie, on dit qu'*un cheval fait des armes*, ou *montre le chemin de Saint-Jacques*, lorsqu'il porte son corps en avant pour soulager le membre boiteux. On dit encore qu'*il boite de l'oreille*, lorsqu'il relève la tête au moment où il pose le pied malade par terre.

Ordinairement, lorsque c'est un membre de devant qui est affecté, le cheval porte la tête haute, et il la porte basse si c'est un membre de derrière.

Lorsque la cause de la claudication n'est pas apparente, des maquignons trompent les acheteurs en faisant aux chevaux qu'ils mettent en vente une légère blessure à laquelle ils l'attribuent. Cette friponnerie devroit être punie par des peines corporelles.

Les chevaux qui sont devenus boiteux par accident, et qui ne peuvent plus être employés au travail, peuvent encore, s'ils sont beaux, bons et d'âge compétent, servir à la reproduction. Il n'en est pas de même de ceux qui boitent, parcequ'ils ont les pieds *trop petits, encastellés* ou *les talons serrés*, qu'ils sont *pris des épaules*, qu'ils ont *les épaules chevillées*, parceque ces vices de conformation se transmettent à leurs productions, et les rendent incapables de tout long ou fort travail. (B.)

CLAUJOT. Nom vulgaire du GOUET dans quelques départemens. (B.)

CLAVALIER, *Zanthoxylum*. Genre de plantes de la diœcie pentandrie et de la famille des térébinthacées, qui renferme cinq à six arbres ou arbrisseaux, dont les tiges et les branches sont garnies d'épines robustes; dont les feuilles sont ailées avec impaire et parsemées de points transparens, et exhalent une odeur aromatique agréable; et dont les fleurs, peu remarquables, sont disposées en faisceaux ou en grappes dans les aisselles des feuilles.

On ne cultive en pleine terre dans les jardins des environs de Paris qu'une seule espèce de ce genre, c'est le CLAVALIER A FEUILLES DE FRÊNE, *Zanthoxylum cauliflorum*. Mich., qui a ses folioles ovales, lancéolées, très entières, légèrement velues, et ses fleurs sur le vieux bois. Il est originaire de la partie septentrionale de l'Amérique, et s'élève à huit à dix pieds. On l'appelle vulgairement le *fréne épineux*. Il passe, dans le Canada, pour un puissant sudorifique et un bon diurétique. On le cultive dans les jardins paysagers, moins pour sa beauté, qui est peu de chose, que pour la variété; cependant, en automne, les pieds femelles se rendent remarquables lorsqu'ils sont couverts de fruits. Il résiste aux plus grands froids, se plait dans les terrains sablonneux et cependant substantiels, et fleurit au commencement du printemps, avant la pousse des feuilles.

On multiplie cet arbuste de graines qui mûrissent fort bien dans le climat de Paris, et qu'on sème, aussitôt leur récolte, dans un terrain bien ameubli et à l'exposition du levant. Le plant fait peu de progrès la première année ; mais, à la fin de la seconde, il peut être levé pour être mis en pépinière à la même exposition. Ce n'est qu'à la quatrième ou cinquième année qu'il est assez fort pour être mis en place.

Cette lenteur dans la croissance des pieds venus de graines fait qu'on emploie rarement cette voie, on préfère celle des marcottes, des rejetons et des racines ; et comme la seconde, c'est-à-dire celle des rejetons, suffit aux besoins du commerce, c'est à elle qu'on s'en tient le plus souvent dans les pépinières ordinaires.

En effet, il se forme toujours, par le seul effet des blessures faites aux racines en labourant, des drageons qui peuvent être levés pour être mis directement en place dès la seconde année, et on peut les multiplier autant qu'on le juge à propos, en faisant volontairement de ces blessures.

Quand on veut faire des marcottes, on coupe le vieux pied, on incise toutes les nouvelles pousses l'année suivante, on les couche en terre ; et au bout de la même année, c'est-à-dire après l'hiver, elles ont assez de racines pour être levées et mises en pépinière.

Lorsqu'on désire employer les racines, on coupe celles de la grosseur du doigt en tronçons de six pouces de long ; et on les place dans des terrines de manière qu'il y en ait un pouce hors de terre. Ces terrines se mettent sur couche et sous châssis, et s'arrosent souvent. Ordinairement il naît des bourgeons dès la première année, et à la fin de la seconde le plant qui en provient peut être mis en pépinière. (B.)

CLAVE. On appelle ainsi le TRÈFLE aux environs de Calais.

CLAVEAU, CLAVELÉE. (MALADIE DES BÊTES À LAINE.) Une des maladies qu'on doit le plus craindre pour les bêtes à laine, c'est celle qui porte les noms de *claveau*, *clavelée*, *clavilière*, *clavin*, *picotte*, *vérole*, *petite vérole*, *verette*, *caraque*, *gramadure*, *gamise*, *liarre*, *peste*, *bête*, etc. Ses ravages calculés en somme sont plus considérables que ceux qu'occasionnent la *pourriture* et la maladie du *sang*. La première de celles-ci attaque seulement les animaux qui fréquentent les pâturages frais et humides. La 2ᵉ n'enlève que ceux qui sont nourris trop long-temps au sec, ou étouffés dans leurs bergeries, ou souvent conduits sur des terrains remplis de plantes sèches et aromatiques, encore n'y a-t-il que les bêtes à laine d'une constitution molle et lâche qui soient exposées à la pourriture, et par la raison contraire, que celles dont la constitution est forte et vigoureuse qui le soient à la maladie du sang. En général elles ne sont pas si meurtrières que le claveau, qui quelquefois tue la moitié d'une bergerie. Il ne ménage rien ; on le voit dans les troupeaux qui paissent dans toutes sortes de terrains, et qui sont nourris, dirigés et conduits de diverses manières. Il ne distingue ni le tempérament, ni l'âge des individus; béliers, moutons, brebis, agneaux, forts ou foibles, tout y est sujet, tout peut en être la victime. S'il se complique avec la pourriture et la maladie du sang, il en aggrave les dangers, et dans ces cas il n'a jamais qu'une fin funeste.

Le claveau est aussi contagieux que la petite vérole; un rien le communique. Pour le gagner, il suffit qu'un troupeau passe dans un champ où en a passé un qui en étoit atteint. Cependant au milieu d'une épizootie, il y a des animaux qui en sont exempts. On assure qu'un agneau qui naît avant que le claveau dont sa mère est attaquée ne soit dans l'état de suppuration n'en est point infecté, et qu'on n'a trouvé aucun fœtus qui portât les marques de cette maladie.

C'est une opinion générale que la bête à laine n'a le claveau qu'une fois en sa vie. Ce que je sais, c'est que cette maladie ayant régné deux fois en trois ans dans un troupeau, les animaux qui l'avoient eue la première fois ne l'eurent pas la seconde. Le fait, à la vérité, ne prouve pas qu'ils ne puissent l'avoir qu'une fois, mais au moins que les récidives sont rares; au reste, les exceptions, s'il y en a, ne détruisent pas la règle.

Il ne me paroît pas utile de chercher si le claveau a une origine très ancienne, ni à quelle époque il a commencé à se manifester, et si les animaux le contractent quelquefois spontanément. Il suffit de savoir que le moyen le plus ordinaire et le plus rapide de le communiquer est la contagion, et d'exposer la conduite que doivent tenir les propriétaires de bêtes à laine, et surtout les bergers pour l'éviter, et pour prendre les mesures convenables, quand il se manifeste parmi les animaux confiés à leurs soins.

Dès qu'un berger est informé que le claveau est dans un troupeau voisin, il ne doit pas en approcher le sien. Il est prudent de ne faire voyager les bêtes à laine que de grand matin dans les pays suspects, afin que le virus déposé sur les herbes se trouvant émoussé par l'humidité de la nuit ne puisse plus avoir d'action. Il ne faut pas que le berger d'un troupeau sain ait des rapports, soit directs, soit indirects, avec ceux qui sont malades; ses chiens, s'il ne les en écartoit pas soigneusement, transmettroient la contagion; car les habits, les poils, les ustensiles même, sont, autant que les herbes et les fourrages, des voies de communication.

Voilà pour les précautions que chacun doit prendre pour ce qui le regarde; mais il en est d'autres qui intéressent ceux dont les troupeaux sont situés dans les environs. Elles sont contenues dans des articles du projet de Code rural dont j'ai parlé au mot chèvre; il me suffira de les rapporter.

Lorsque le claveau sera reconnu exister dans un troupeau, le propriétaire sera tenu d'en faire sur-le-champ sa déclaration au maire de la commune, qui assemblera les autres propriétaires de troupeaux de la même commune.

Ces propriétaires fixeront le cantonnement que doit occuper le troupeau malade et ceux que doivent occuper les troupeaux sains, de manière que dans aucuns cas, et pendant toute la durée de la maladie, les uns et les autres ne puissent passer sur la même route.

Lorsqu'un propriétaire aura un clos assez étendu pour y mettre son troupeau, il sera obligé de l'y retenir pendant toute la durée de la maladie.

Le parc de son troupeau malade ne pourra être placé à moins de cent mètres des grandes routes et cinquante mètres des chemins vicinaux.

Le maire de la commune sera tenu de faire connoître sur-le-champ aux maires des communes limitrophes l'existence de la maladie et les cantonnemens prescrits.

Dans le cas où les troupeaux d'une ou de plusieurs communes seroient forcés d'aller aux mêmes abreuvoirs, ceux attaqués de maladie ne pourront y aller qu'après les autres, et seulement aux heures et par les chemins qui seront indiqués.

Les animaux morts du claveau seront enfouis avec leurs peaux et toisons. Les mesures prescrites par les articles précédens auront leur exécution pendant trois mois, temps ordinaire de la durée du claveau dans un troupeau.

Ces dispositions particulières au claveau n'empêchent pas que ce genre d'épizootie ne soit assujetti aux mesures générales de police relatives à toutes.

Quand le claveau se met dans un troupeau, le meilleur moyen de l'arrêter et de l'empêcher de faire des progrès seroit d'assommer les premiers animaux qu'il attaque, et de les enterrer profondément avec leur peau. Ce sacrifice, tout cruel qu'il paroisse, devient nécessaire et ne manque pas de réussir. J'ai connu un fermier actif et intelligent, qui en employant ce moyen a sauvé plusieurs fois son troupeau, et éteint pour ainsi dire le mal dans sa source. On a conseillé d'appliquer un séton à chaque bête pour la garantir de la maladie ou la rendre moins dangereuse. On pourroit bien faire usage de ce préservatif, s'il étoit sûr, quand on n'a que peu d'animaux; mais il est impraticable pour un troupeau nombreux de 400 têtes, par exemple. D'autres pensent qu'il faudroit faire des saignées; mais ce ne seroit qu'aux plus vigoureux individus. Des boissons délayantes et adoucissantes, telles qu'une eau de son gras ou de recoupes, me semblent en général convenir dans les pays où les bêtes à laine ont la fibre sèche et les vaisseaux pleins ; et dans ceux où elle est lâche et molle, des décoctions de genièvre, ou autres substances toniques, comme l'anis, l'angélique, la coriandre, etc.

La maladie commençant à se répandre parmi les individus du troupeau, d'autres soins sont nécessaires. L'extrême chaleur et le grand froid sont également contraires : si c'est en été, on tient les animaux dans des bergeries ouvertes ; si c'est en hiver, les portes et les fenêtres en seront fermées, excepté plusieurs momens dans la journée pour en renouveler l'air, de manière que la température y soit toujours moyenne. Ce qu'il y a de plus essentiel, c'est une extrême propreté dans la bergerie et dans les vaisseaux dont on se sert.

J'ai eu plusieurs fois occasion d'examiner le claveau, et particulièrement dans deux circonstances. L'une est lors de l'épizootie qui a régné à Rambouillet, en 1786 et 1787, sur les mérinos que le roi a fait venir d'Espagne. L'autre est lorsque des troupeaux de Sologne, loués à des fermiers de Beauce pour parquer, se sont trouvés infectés de cette maladie. La première dura pendant les mois de novembre, décembre et janvier. L'autre, qui avoit commencé en plein été, continua jusqu'au commencement de l'automne. Les animaux que le claveau attaqua n'étoient, ni de la même constitution, ni du même tempérament, puisque les uns venoient des plaines de l'Estramadure ou des montagnes de Léon, et les autres des bruyères humides de la Sologne. A Rambouillet, on a tenu à la bergerie toutes les bêtes malades, suivant le conseil des bergers espagnols qui les avoient amenées, et qui les soignoient ; en Beauce, elles ne quittèrent pas leurs parcs, et par conséquent elles furent toujours en plein air. Ces différences n'en ont établi que très peu dans les symptômes et dans la mortalité ; tout ce que j'ai observé m'a convaincu que le claveau, comme on le voit depuis long-temps, a les plus grands rapports avec la petite vérole des hommes.

Cette maladie, en effet, suit une marche régulière ; on y distingue trois temps bien marqués : celui de l'invasion ou de l'inflammation, celui de l'éruption, et celui de la dessiccation des boutons. M. Thorel croit qu'il faut distinguer quatre temps ; celui de l'invasion, celui de l'éruption, celui de la suppuration et celui de la dessiccation ; mais ces quatre peuvent être réduits à trois, l'éruption comprenant la suppuration. Les animaux dans le premier temps sont tristes, dégoûtés, languissans, ayant la tête penchée, et les parties postérieures rapprochées des antérieures ; ils ne ruminent pas, ils ont soif, ils éprouvent une grande chaleur, ils ont beaucoup de fièvre. On ne doit pas regarder ces symptômes comme particuliers au claveau; car ce sont ceux qui, dans le principe de plusieurs maladies, se manifestent les premiers. Dans le second temps, il paroît sur leur corps des boutons qui grossissent par degrés, et qui, rouges d'abord, deviennent blancs ensuite; ils sont tantôt bombés, tantôt aplatis; ceux qui se forment les premiers couvrent les parties dénuées de laine, telles que la face, le dedans des cuisses, les aisselles, le dessous de la queue, le ventre, les mamelles; il s'en forme ensuite sous la laine; en quatre ou cinq jours l'éruption est complète. Dans le troisième temps, les boutons se remplissent de pus, se dessèchent, et forment une croûte noire qui tombe dans la suite.

On peut distinguer deux sortes de claveau, comme on distingue deux sortes de petite vérole: l'un est bénin et l'autre malin; celui-ci est ordinairement confluent, c'est-à-dire que les boutons sont petits, abondans et serrés les uns contre les autres. Les symptômes en sont plus graves; l'éruption est incomplète; les boutons s'aplatissent, se dessèchent et noircissent sans contenir de pus; une morve épaisse découle des racines; la tête enfle, les yeux se ferment, la respiration devient pénible; rarement les animaux en reviennent. Quelques personnes admettent un claveau crystallin, qu'elles placent entre le bénin et le malin; mais il ne me paroît pas assez bien caractérisé pour en faire une troisième espèce.

Lorsque l'éruption étant complète, les bêtes à laine reprennent de l'appétit, on peut espérer qu'elles guériront; mais si elle ne soulage pas, si les boutons sont d'un pourpre foncé, on ne peut porter qu'un pronostic fâcheux. Des abcès et des dépôts extérieurs, et le dépouillement de la laine aux endroits où il y a eu éruption, sont d'un bon augure. Souvent les animaux rachètent leur vie aux dépens de leur vue; ils deviennent borgnes ou aveugles; il y en a qui pèlent jusqu'à perdre toute leur laine; la plupart conservent toute leur vie ou des cicatrices, ou l'empreinte des boutons. Les corps de ceux qui en meurent sont gangrenés et putréfiés en très peu de temps. Les bêtes jeunes et vigoureuses sont celles qui résistent le mieux au claveau.

Au premier symptôme qui annonce que des bêtes sont attaquées de la maladie, on doit les séparer des autres. Si on avoit à sa disposition beaucoup de locaux, on pourroit former plusieurs infirmeries, pour partager les bêtes malades à raison des différens tempéramens et constitutions, et donner aux unes et aux autres des boissons plus appropriées. En général, il faut peu de chose; la nature fait plus que l'art. L'animal qui souffre beaucoup ne mange point : s'il a de la fièvre, il boit plus volontiers. On placera donc dans les infirmeries des baquets pleins d'eau, aiguisée de sel marin et de nitre, et dans laquelle on aura jeté quelques poignées de farine de féveroles ou de recoupes. On mettra dans des auges un mélange d'avoine, de son gras et de soufre, afin de nourrir celles qui auront besoin et la possibilité de manger.

Les Espagnols écrasent ou pilent quelques têtes d'ail sec, qu'ils font cuire dans l'eau, en y mêlant du poivre rouge. Ils donnent de cette boisson à chaque brebis, le matin et le soir, un peu moins d'une demi-quartille, qui équivaut à la quatrième partie d'une bouteille de Bordeaux. Ce remède peut être bon pour des individus qui sont d'un tempérament mou, et non pour les autres.

Si à la suite de la maladie il survient quelque dépôt, le berger les ouvrira lorsqu'ils seront à maturité, et il pansera avec un mélange de térébenthine et de jaune d'œuf.

Pour donner une idée de la perte que peut causer le claveau dans un troupeau bien soigné, voici l'état de celle du troupeau de Rembouillet en 1786 et 1787. Le claveau s'y déclara trente-huit jours après son arrivée ; il n'étoit pas dans les environs, ce qui prouve qu'il l'avoit gagné en chemin.

Du 25 novembre au 29 de ce mois, il mourut six brebis ; du 29 novembre au 25 décembre, quatorze ; et de cette époque au 31 janvier, quinze, total trente-cinq brebis. En tout on perdit soixante agneaux ; ainsi la perte des agneaux a été à peu près double de celle des brebis. On ne s'est pas rappelé combien il y avoit eu d'agneaux malades ; j'ai su qu'il y a eu cent quarante brebis : trente-cinq sont justes le quart de cent quarante. Lorsque la maladie a attaqué le troupeau, c'est-à-dire en novembre, temps où les agneaux ne naissoient pas encore, il étoit composé de trois cent vingt-trois bêtes ; la perte a donc été d'environ un neuvième. Elle eût été bien plus considérable, à cause de la rigueur de la saison, sans les attentions qu'on a eues de séparer les animaux malades des animaux sains, de les tenir proprement et dans une douce température, avec renouvellement d'air ; d'enterrer les corps entiers de ceux qui mouroient, et d'interdire avec les bêtes saines toute communication aux hommes qui soignoient celles qui étoient malades.

Les rapports du claveau avec la petite vérole ont dû donner et ont en effet donné l'idée de l'inoculer. L'auteur du Dictionnaire vétérinaire regarde comme probable le succès de cette opération, et il indique quelques précautions à prendre pour la pratiquer. M. Vitet la croit possible, mais il doute qu'elle soit avantageuse. M. l'abbé Carlier la rejette comme dangereuse. Si on en croit deux lettres imprimées de M. Amoreux, elle est en usage dans le Haut-Languedoc, aux villages de Mons, l'Appardu, Saint-Hilaire, et dans toute la partie du pays appelé les *Corbières basses*, aux diocèses de Narbonne, Carcassonne et Aleth. M. Thorel, artiste vétérinaire à Lodève, dans un écrit intitulé : *Avis au peuple sur le claveau ou picotte des moutons*, assure que M. Venel, célèbre professeur de Montpellier, a inoculé, avec succès, un troupeau, et qu'en Saxe on a aussi pratiqué cette opération. Enfin, on trouve dans la Médecine des chevaux de M. de Chalette quelques faits relatifs à l'inoculation du claveau. Quoi qu'il en soit, l'occasion s'étant présentée, il y a vingt-cinq ans, de l'essayer, j'ai cru devoir en profiter, soit pour ouvrir une nouvelle source d'instruction, soit pour confirmer et assurer les expériences qui avoient été déjà faites.

Le 22 septembre, j'ai choisi deux bêtes à laine : un antenois, c'est-à-dire une bête d'un peu plus d'un an, et un agneau d'environ sept à huit mois. L'antenois fut pris dans un troupeau qui, depuis le 1er juillet, parquoit et vivoit par conséquent des herbes qui croissent dans les chaumes de froment, et d'avoine. L'agneau avoit appartenu à une paysanne qui l'avoit élevé, et le nourrissoit, comme sa vache, d'herbes de jardin et des champs. Ils venoient de deux pays où il n'y avoit pas de claveau, et étoient en bon état de santé. Je ne crus pas devoir les préparer, parceque, suivant une réflexion sage de feu M. Girod, médecin, un des plus versés dans l'art d'inoculer la petite vérole, la préparation est inutile quand les individus sont bien portans; on ne peut leur donner la maladie dans une circonstance plus favorable. Le claveau régnoit alors dans plusieurs troupeaux des environs du lieu que j'habitois; il avoit moissonné beaucoup d'animaux. Je fis porter l'antenois et l'agneau auprès d'un de ces troupeaux, avec l'attention d'empêcher le berger d'en approcher, dans la crainte que ses habits ou ses mains ne leur communiquassent naturellement le claveau.

Pour inoculer l'antenois, je fis, avec une lancette, sous chaque aisselle, trois incisions superficielles qui ne tirèrent pas une goutte de sang, et effleurèrent seulement la peau, en divisant l'épiderme. La même lancette fut ensuite trempée dans des boutons qu'on ouvrit à une bête attaquée du claveau depuis sept à huit jours, suivant le rapport du berger. La matière qu'ils contenoient n'étoit pas épaisse et blanche, comme du vrai pus, mais fluide et sanguinolente. Il ne fut pas possible d'en trouver de meilleure. On l'introduisit dans les six incisions, en passant ensuite le doigt dessus, afin que les vaisseaux en absorbassent davantage.

On prit à une autre bête une matière semblable., pour inoculer l'agneau de la même manière, par cinq incisions, dont
trois sous une aisselle et deux sous l'autre.

Je désirois d'abord inoculer le claveau bénin : le hasard me
servit bien ; car les deux animaux dont j'ai pris la matière de
l'inoculation avoient cette espèce de claveau, à ce qu'il m'a
paru ; ils avoient un grand nombre de boutons assez gros, et
la respiration libre, sans jeter de la morve par les narines.
Tous ceux qui l'avoient encore à cette époque étoient à la
fin de leur guérison, et ne pouvoient remplir mon but.

L'antenois et l'agneau inoculés ont été reportés dans une
écurie spacieuse et aérée, où, pendant l'expérience, je les ai
fait nourrir d'avoine et de son gras, et, dans le commencement,
de feuilles d'orme et de vigne, en leur laissant de l'eau pure
pour boisson.

Dès le second jour, j'aperçus une légère inflammation à
une des incisions de chacun des animaux ; le troisième, toutes
les plaies furent enflammées ; le quatrième jour, l'inflammation augmenta d'étendue, et commença à se bomber ; le cinquième, outre les boutons des plaies, il s'en forma un à la
jambe de l'antenois, et plusieurs sur l'épaule ; ils augmentèrent tous, par degrés, jusqu'au neuvième jour. L'inflammation des plaies de l'agneau suivit la marche de celles de
l'antenois. Il n'eut des boutons que sur ces parties.

Depuis l'inoculation, le temps avoit été doux et pluvieux.
Le jour même de l'inoculation, il avoit fait de l'orage, et le
tonnerre avoit grondé.

Les deux animaux paroissoient bien altérés, car il falloit
souvent leur donner de l'eau ; ils avoient cependant conservé
de la vivacité et de l'appétit ; mais, à l'époque du neuvième
jour, ils devinrent tristes, sans force, et ne voulurent plus
manger. L'agneau refusa plus long-temps la nourriture que
l'antenois. Les boutons qu'il avoit sur les plaies étoient plus
bombés et plus longs, ce qui pouvoit dépendre de la longueur
des incisions. J'ai remarqué qu'il a découlé du nez de l'un et
et l'autre une humeur muqueuse, regardée comme un signe
ordinairement mortel ; mais cet écoulement n'étoit pas accompagné d'une respiration gênée, ni d'un battement de flancs,
comme dans le claveau confluent ; ce qui me rassura sur le
sort de ces animaux.

Les boutons sont entrés en pleine suppuration le 10 ; trois
jours après, ils formoient déjà des croûtes ; alors l'antenois
et l'agneau ont repris de la force, de la gaieté et de l'appétit.
Depuis ce temps jusqu'au vingtième jour, ils ont été de mieux
en mieux ; les croûtes ne tombèrent entièrement que long-
temps après ; la peau de l'antenois est devenue farineuse,

comme elle le devient à la suite des maladies éruptives. Ce jour-là, je les ai fait mettre dans un troupeau qui parquoit, et dont une partie avoit été attaquée du claveau. Quoiqu'il tombât beaucoup d'eau, et que le sol sur lequel ils couchoient fût humide, ils n'en ont pas été incommodés, et se sont bien portés.

Cette expérience prouve que le claveau peut être inoculé ; car on ne doutera pas que l'antenois et l'agneau ne l'aient contracté par cette voie. L'agneau, à la vérité, n'a eu des boutons qu'auprès des incisions ; mais, dans l'inoculation de la petite vérole, ce cas n'arrive-t-il pas ? Au reste, il a été malade sérieusement, et sa maladie a suivi la marche du claveau ; les boutons eux-mêmes ont eu les trois temps très distincts : celui de l'inflammation, celui de la suppuration et celui de la dessiccation. Le claveau, dont le principal symptôme est l'éruption, a été marqué plus sensiblement encore dans l'antenois, puisqu'il a eu des boutons loin des incisions, puisque sa peau, après la chute des croûtes, est devenue farineuse.

Quand je fis connoître ces faits je les regardai comme bien insuffisans pour prouver l'avantage de l'inoculation ; mais il falloit d'abord s'assurer de la possibilité et du moyen. Je ne présentai mon expérience que comme un commencement de recherches qui pouvoit servir de base à beaucoup d'observations dont j'indiquai les principales ainsi qu'il suit :

On a remarqué que le claveau étoit plus meurtrier dans les grands froids et les grandes chaleurs, et sur-tout dans les grands froids ; il seroit donc utile de pratiquer l'inoculation dans toutes les saisons.

Suivant le rapport des habitans des provinces du nord et de celles du midi de la France, cette maladie cause moins de ravages dans le midi que dans le nord ; ce qu'il faudroit encore vérifier par l'inoculation.

Les brebis pleines, attaquées du claveau, avortent ordinairement, et périssent pour la plupart. Sur un troupeau de deux cents brebis pleines, je sais qu'il en est mort quatre-vingts du claveau. On doit donc inoculer des brebis en cet état.

Il faut inoculer des beliers et des moutons à tout âge.

Les jeunes agneaux périssent presque tous, lorsqu'ils sont atteints du claveau. A Rambouillet, sur soixante-sept qui l'ont éprouvé, on en a perdu soixante ; mais on les a moins perdus, à ce que je crois, de la maladie, que parceque leurs mères, qui l'avoient alors, ne pouvoient plus leur donner de lait, et parceque ces animaux ont des boutons dans la bouche qui les empêchent de sucer les mamelons. Il est bon d'inoculer les agneaux de mères qui ont eu le claveau, et qui continuent à avoir du lait, et ceux des brebis actuellement attaquées de la maladie, et n'ayant pas de lait, avec l'attention de faire boire, pendant ce temps-là, du lait de vache aux agneaux. Enfin, ce qu'il faut ne pas oublier, c'est d'inoculer des agneaux quelque temps après le sevrage.

On placera des animaux inoculés dans des endroits où ils seront exposés à toutes les injures de l'air ; on en placera aussi sous des hangars, ou dans des bergeries bien closes.

Dans les deux inoculations rapportées, je n'ai employé qu'une matière fluide contenue dans des boutons; mais il faut aussi employer les croûtes, et peut-être le sang et l'humeur qui découlent par le nez.

On ne sera bien convaincu que le claveau n'attaque qu'une fois ordinairement les bêtes à laine, que quand, dans plusieurs expériences, on aura inoculé une seconde fois, sans produire d'effet, les animaux auxquels l'inoculation l'aura déjà donné, ou qui l'auront déjà eu naturellement.

Cette maladie étant tantôt bénigne, tantôt maligne, il est nécessaire d'inoculer des bêtes saines avec du pus ou des croûtes pris à des animaux qui soient dans l'un ou dans l'autre cas.

Enfin, on peut encore, en pratiquant l'inoculation du claveau, peu de jours après l'insertion, scarifier et brûler les plaies, ou avec le cautère, ou avec le feu, pour voir si on arrêtera par-là l'introduction du virus. Dans le cas où cela arriveroit, on concevroit bien mieux le traitement de la pustule maligne, improprement appelée *charbon*, dans laquelle nous employons ces moyens, qui réussissent toujours quand la gangrène n'est que locale. On concevra encore pourquoi on les a exécutés avec avantage sur les plaies faites par des animaux enragés, pour prévenir les tristes effets du virus hydrophobique.

J'engage les personnes qui s'intéressent à la conservation des bestiaux à faire avec soin les expériences que je propose; elles sont dignes de leur zèle et de leur attention. Si elles venoient à démontrer que l'inoculation du claveau le rend toujours bénin, et préserve les animaux du claveau; cette pratique offriroit de grands avantages ; car souvent on ne reconnoît la maladie que quand elle a attaqué un grand nombre de bêtes ; souvent il y en a beaucoup d'attaquées à la fois. Pour empêcher que le mal ne se communique, on est assujetti à une foule de précautions, dont quelques unes sont toujours négligées. Il n'y a qu'une sévérité extrême qui puisse ralentir et éteindre le foyer du mal, comme j'ai été forcé de l'employer dans l'épizootie de Rambouillet, où les bergers espagnols, peu accoutumés à une vigilance nécessaire dans nos climats, au-roient laissé le claveau dévaster tout le troupeau. L'inoculation, pratiquée par-tout sur les agneaux après le sevrage, prévien-droit les soins et les inquiétudes. Alors les troupeaux pour-roient impunément voyager des plaines dans les montagnes, et des montagnes dans les plaines; ils seroient conduits de provinces en provinces, sans craindre qu'ils ne contractassent ou donnassent une maladie toujours redoutée des bergers; on verroit la pensée de Virgile se vérifier : *Nec mala vicini pecoris contagia lædent.* Enfin, une considération plus impor-tante encore, les boucheries ne nous fourniroient pas aussi souvent une viande de mauvaise qualité, comme il n'est que trop ordinaire, sur-tout dans les campagnes; car les bouchers tuent les animaux attaqués du claveau, et en distribuent la viande sans faire attention qu'elle peut être nuisible à la santé de ceux qui en mangent : tant l'avarice étouffe quelquefois dans les cœurs l'amour de l'humanité !

Tels étoient les vœux que j'exprimois il y a vingt-cinq ans. Depuis cette époque, et sur-tout depuis la propagation des mérinos, on s'est beaucoup occupé de tout ce qui pouvoit prévenir le claveau, ou en diminuer les ravages.

La belle découverte de la vaccination, qui fait tant d'hon-neur à celui qui a su en présager le succès, et qui le premier l'a appliquée au secours de l'humanité, n'a pas plutôt été ap-préciée à sa véritable valeur, qu'on a pensé qu'elle pourroit être le préservatif du claveau, comme elle l'est de la petite vérole des hommes; en conséquence de cette idée, qu'une ana-logie du moins apparente avoit fait naître, des essais ont été tentés dans différens pays. Quelques symptômes résultant de l'opération ont induit en erreur des personnes faciles à se pré-venir; elles ont prétendu qu'on parviendroit à éteindre aussi le claveau par la vaccine. Mais des expériences authentiques, faites avec toute la sagesse et toutes les précautions possibles, on pourroit dire des expériences contradictoires, ont malheu-reusement ôté toute espérance, et n'ont laissé que le regret de ne pouvoir étendre à des animaux un bienfait si grand que notre siècle a procuré aux hommes.

Autant pour voir s'il seroit possible de tirer parti du nouvel antidote pour s'opposer au claveau, que pour juger les diffé-rentes opinions qui s'étoient formées d'après les premières vaccinations sur les bêtes à laine, la société d'agriculture du département de Seine-et-Oise, qui n'est occupée, comme celle de la Seine, qu'à éclaircir des vérités utiles aux progrès de l'économie rurale, a nommé dans son sein une commission pour employer avec suite les procédés les plus propres à porter la conviction dans les esprits : on est convaincu qu'elle n'a rien épargné, rien omis, rien négligé, quand on a lu le rapport qu'a fait de toutes les expériences M. Voisin, l'un des membres distingués de cette société, et chirurgien habile de l'hospice de Versailles, qui les a spécialement dirigées avec une assiduité, un zèle et une intelligence peu ordinaires. Un extrait détaillé de ce rapport est dans les Annales de l'agriculture française, t. 25. Je me bornerai à en donner les résultats.

La vaccine se développe chez les neuf dixièmes à peu près des bêtes à laine sur lesquelles on l'applique; mais elle a peu d'énergie chez ces animaux.

On n'a pu la communiquer à ceux qui avoient eu précédemment le claveau.

Malgré l'analogie apparente de la petite vérole, du claveau et de la vaccine, le virus claveleux présente un caractère distinct et propre aux bêtes à laine.

De leur organisation paroît dépendre cette modification propre au claveau et particulière à l'insuffisance de la vaccine contre la contagion claveleuse.

Le claveau, soit naturel, soit inoculé, ne se développe pas deux fois dans le même individu.

Pour devenir le préservatif d'une maladie contagieuse, il est essentiel qu'un agent ait non seulement de l'analogie avec elle, mais encore un degré proportionné à celui de la maladie dont on veut garantir le sujet.

La vaccine ne préserve pas le mouton du claveau.

Enfin il est démontré que l'inoculation du claveau en atténue tellement l'effet, qu'il est possible en l'employant de ne pas perdre un seul animal.

Dans l'impossiblité de tirer parti de la vaccine, pour préserver du claveau, on est revenu à l'inoculation du claveau lui-même. Plusieurs personnes l'ont pratiquée dans différens pays, notamment M. de Barbançois, qui a de nombreux troupeaux dans le département de l'Indre. M. Huzard, mon collègue, est allé faire lui-même cette opération sur le troupeau de M. Chaptal, à Chanteloup, département d'Indre-et-Loire, et sur celui du gouvernement placé au château de Clermont, près Nantes, département de la Loire-Inférieure. Dans l'un et l'autre cas, il a rendu le service de préserver la majeure partie des bêtes qui auroient été atteintes de la maladie, et de diminuer la mortalité sur celles qui en avoient déjà le principe. (Tes.)

CLAVELÉE. *Voyez* CLAVEAU.

CLAVELIÈRE, CLAVIN. C'est le CLAVEAU.

CLAVELLE. *Voyez* CENDRE GRAVELÉE.

CLAYE. *Voyez* CLAIE.

CLAYONNAGE. Sorte de construction en bois, qui ne diffère de la claie que par une circonstance et par son objet.

On fait du clayonnage, ou pour soutenir des terres en pentes que les eaux pluviales sont dans le cas d'entraîner, ou pour défendre les rivages des rivières de l'action destructive des eaux. *Voyez* au mot TORRENT. On en fait aussi pour élever la terre autour du pied d'un arbre déchaussé par une cause quelconque, et dans quelques autres cas.

Pour construire un clayonnage on fiche solidement en terre des piquets plus ou moins gros, plus ou moins longs, plus ou moins écartés, selon l'objet ; et on les entrelace avec des gaulettes d'un pouce de diamètre ou plus, alternativement en sens contraire.

Le chêne et le châtaignier sont les arbres qui fournissent le meilleur clayonnage ; cependant on les emploie rarement à raison de leur haut prix. On a tort, car quoiqu'en agriculture il faille toujours proportionner la dépense à l'augmentation du revenu qu'elle doit amener, une trop grande économie empêche souvent tout produit. Je fais cette remarque, parceque, pour empêcher un ruisseau de se répandre sur une prairie, j'ai vu construire naguère un clayonnage avec des branches de jeune bois encore en pleine végétation. Ce clayonnage n'a pas duré six mois, et n'a par conséquent pas rempli son objet.

Le bois d'aune est excellent pour faire des clayonnages dans les marais et sous terre. Je dis sous terre, car c'est un moyen fort économique de former un lit à des eaux dont on veut effectuer l'écoulement sous terre.

Il est des pays où on construit des maisons en clayonnage, qu'on revêt de mousse et ensuite de terre mêlée avec de la bouse de vache et de la paille, ou de la terre mêlée avec de la bourre. *Voyez* BOUSIN. (B.)

CLÈDE. Parc à mouton dans le département du Var. (B.)

CLÈDE. Synonyme de CLAIE. (B.)

CLEF DE MONTRE. C'est la LUNAIRE ANNUELLE.

CLÉMATITE, *Clematis.* Genre de plantes de la polyandrie polygynie et de la famille des renonculacées qui renferme près de trente arbustes à tiges sarmenteuses, à feuilles opposées et ailées et à fleurs disposées en grappes axillaires, dont quelques uns croissent naturellement en Europe, et d'autres se cultivent en pleine terre dans les jardins d'agrément du climat de Paris. Quelques clématites cependant ont les tiges droites et herbacées.

Les principales espèces à tiges grimpantes et ligneuses sont,

La CLÉMATITE DES HAIES, *Climatis vitalba*, Lin., qu'on connoît aussi sous le nom d'*herbe aux gueux* et de *viorne des pauvres.* Elle a la tige sarmenteuse, noueuse, les pétioles fort longs, les feuilles composées ordinairement de cinq folioles cordiformes et dentées, les fleurs légèrement odorantes et d'un blanc jaunâtre. On la trouve dans les bois et les haies, sur les branches, desquels elle grimpe au moyen de ses pétioles qui se contournent et font l'office de vrilles. La grosseur de sa tige égale quelquefois celle du bras, et la longueur de ses rameaux la hauteur des arbres du second ordre.

Cette espèce décore agréablement les bois et les haies au milieu de l'été, lorsqu'elle est en fleur, et pendant l'automne et une partie de l'hiver, quand elle est en fruit. En effet, chacune de ses semences étant terminée par une longue queue torse et soyeuse, il résulte de leur ensemble des panaches fort singuliers, et qui ne manquent pas d'élégance. Cependant on la cultive rarement dans les jardins, parcequ'il est très difficile de la contenir, et qu'au moyen de ses nombreuses semences elle s'empare rapidement de tout le terrain qui l'environne. Bien dirigée, elle fortifie singulièrement les haies, dans la composition desquelles on la fait entrer de distance en distance. *V*. HAIE.

Les pauvres emploient ses feuilles, qui sont caustiques et vésicatoires, pour se faire, en les appliquant sur la peau, après les avoir écrasées, des excoriations qui ont l'apparence d'ulcères, et qui excitent la pitié de ceux aux yeux de qui ils se présentent et qui ne sont pas au fait de cette manœuvre. Ses tiges flexibles servent, comme la véritable viorne, à faire des paniers, des corbeilles, des ruches et autres ouvrages de vannerie d'un grand usage dans les campagnes. C'est pendant l'hiver, lorsque les feuilles sont tombées, qu'il convient de s'occuper de ces petits travaux, parceque les rameaux jouissent alors de toute leur flexibilité. On peut augmenter encore cette flexibilité en les approchant du feu au moment de les employer. Si ces rameaux n'avoient point de nœuds ils seroient beaucoup plus précieux que l'osier, la viorne et autres arbustes de ce genre, à raison de leur longueur souvent de deux à trois toises.

La CLÉMATITE ODORANTE, *Clematis flammula*, Lin., a les feuilles inférieures multifides, ou deux fois ailées et à folioles linéaires, et les supérieures entières et lancéolées. Elle croît dans les parties méridionales de l'Europe. Ses fleurs sont plus petites et plus odorantes que celles de la précédente. En conséquence on la cultive dans les jardins paysagers. On la multiplie de semences, par séparation des vieux pieds, par marcottes et par boutures.

La CLÉMATITE BLEUE, *Clematis viticella*, Lin., a les feuilles deux ou trois fois ailées, à folioles très entières et quelquefois lobées, les fleurs grandes et bleues. Elle est originaire des parties méridionales de l'Europe, et se cultive fréquemment dans les jardins, où elle produit un bel effet, sur-tout lorsqu'elle est en fleur, et elle y est pendant quatre mois de l'année. On la

place contre les murs dont elle cache la nudité. On en fait des
berceaux, des tonnelles, etc. On la multiplie de semences, de
marcottes, de boutures et par séparation de racines. Ses rameaux
sont beaucoup plus grêles que ceux des précédentes et par conséquent plus propres aux petits ouvrages de vannerie. Ses feuilles
sont d'un vert très obscur. La couleur de ses fleurs varie du
bleu au pourpre et au rouge. Ces fleurs doublent quelquefois.

La CLEMATITE A VRILLE, *Clematis cirrhosa*, Lin., a les feuilles
simples, et leurs pétioles qui persistent après la chute des folioles
forment des vrilles. Ses fleurs sont d'un blanc verdâtre. Elle
croît naturellement en Espagne et en Crète. Ses fleurs ne sont
point agréables; mais comme ses feuilles restent vertes toute
l'année, on la cultive dans quelques jardins pour garnir les
murs et les treillages. Ses fruits ne mûrissent pas dans le climat
de Paris; en conséquence on ne peut l'y multiplier que par
boutures, séparation de vieux pieds, ou en marcottant en automne ses rejetons de l'année.

La CLEMATITE ORIENTALE a les feuilles composées; les folioles cunéiformes et trilobées, les pétales velues du côté inférieur. Elle est originaire de la Turquie d'Asie; ses fleurs sont
jaunâtres. On la cultive dans quelques jardins, parceque ses
feuilles glauques peuvent être mises avec avantage en opposition avec celles des autres arbres. On la multiplie de graines,
de marcottes, par séparation de vieux pieds. Elle demande une
exposition chaude et à être couverte pendant l'hiver, car ses
tiges périssent à la suite des fortes gelées. Dans ce cas il faut les
couper rez-terre dès les premiers jours du printemps, et ses
racines pousseront des rejets vigoureux qui répareront bientôt
leur perte.

La CLEMATITE DE VIRGINIE a les feuilles ternées, les folioles
en cœur, souvent lobées, les fleurs velues intérieurement et
dioïques. Elle vient de l'Amérique septentrionale. Ses fleurs
sont blanches et odorantes. Ses feuilles d'un vert foncé. On la
cultive comme la précédente, à laquelle elle ressemble beaucoup au premier aspect.

Il n'est pas avantageux de multiplier les clématites par le
semis de leurs graines, parcequ'il faut attendre cinq à six ans
avant de jouir complètement de leur produit; mais lorsqu'on
est forcé de le faire, il faut mettre la graine, aussitôt qu'elle est
récoltée, dans une terre bien travaillée et exposée au levant.
Le plant qui aura levé la première ou la seconde année restera
deux ans dans la même planche, après quoi il sera repiqué en
pépinière à six ou huit pouces de distance, jusqu'à l'époque de
sa mise en place, c'est-à-dire trois ou quatre ans. Pour procéder à cette opération, on coupera ses tiges à six pouces du collet
des racines.

Les marcottes de clématites ne prennent pas toujours racine la première année, quand on n'a pas employé des pousses de cette même année, ou quand on n'a pas fendu ou au moins blessé les nœuds de ces mêmes pousses ; mais en général elles peuvent être mises en place dès la même année.

On doit, pour être assuré de voir réussir les boutures, les placer dans des terrines sur couche et sous châssis ombragé pendant les grandes chaleurs ; cependant il en reprend quelquefois en pleine terre dans une exposition chaude et fraîche.

La manière la plus commune de la multiplier est par section de la racine des vieux pieds. En effet, il suffit d'en partager un avec une bêche, ou une petite hache, pour avoir autant de nouveaux pieds qu'il y aura de tiges garnies de fibrilles. Les besoins du commerce ne sont pas fort étendus, attendu qu'il n'y a guère que les deux plus faciles à multiplier, c'est-à-dire *la bleue* et l'*odorante* dont on demande souvent.

Les principales espèces à tiges droites et herbacées sont,

La CLÉMATITE A TIGE DROITE, *Clematis recta*, Lin., a les feuilles pinnées, les folioles ovales, lancéolées et très entières ; les fleurs blanches, nombreuses, disposées en panicule, ombelliformes, et tantôt à quatre, tantôt à cinq pétales. Elle est originaire des montagnes des parties méridionales de l'Europe, fleurit au milieu de l'été, et s'élève à trois ou quatre pieds. On la multiplie de graine et par séparation des vieux pieds. Elle produit un bel effet dans les jardins par ses grosses touffes et la couleur glauque de ses feuilles.

La CLÉMATITE A FEUILLES SIMPLES, *Clematis integrifolia*, Lin., a les feuilles sessiles, ovales, lancéolées ; les fleurs grandes, bleues, recourbées et solitaires à l'extrémité des tiges. Elle est originaire des parties orientales de l'Europe et de l'Asie. On la cultive dans les jardins, où elle se fait remarquer par la grandeur et l'élégance de ses fleurs qui s'épanouissent au milieu de l'été, et auxquelles succèdent des fruits qui leur cèdent peu en beauté. Elle perd ses tiges tous les hivers.

Ces deux plantes se placent dans les parterres et dans les jardins paysagers, sur le bord des massifs. Elles ornent beaucoup. On les multiplie de graines qui, semées aussitôt leur maturité, donnent, dès l'année suivante, du plant propre à être repiqué au bout de deux ans et mis en place à quatre. On les multiplie aussi par division des vieux pieds, et c'est le moyen le plus employé, parceque c'est celui qui donne des jouissances plus promptes. (B.)

CLÉTHRA, *Clethra*. Genre de plantes de la décandrie monogynie et de la famille des bicornes, qui renferme sept espèces d'arbres ou d'arbrisseaux, dont on cultive deux ou trois en pleine terre dans les jardins paysagers, qu'ils ornent par leur feuillage et leurs fleurs.

L'espèce la plus commune est le cléthra glabre, *Clethra alnifolia*, Lin., qui est un arbrisseau de cinq à six pieds de haut, à écorce grise, à feuilles alternes, pétiolées, ovales, dentées, élargies à leur sommet, très légèrement pubescentes; à fleurs blanches, nombreuses, petites, disposées en épis terminaux, souvent de plus de six pouces de long, qui croît dans les lieux humides de la Virginie et de la Caroline, et ne craint point la gelée dans le climat de Paris. Il fleurit au commencement de l'automne. Son aspect est agréable, et il convient très bien pour orner les devants des bosquets ou le bord des pièces d'eau dans les jardins paysagers; mais il demande un sol très léger, même rigoureusement la terre de bruyère, et une humidité constante pour faire jouir de tous les avantages qu'il présente. On le reproduit de semences; cependant comme ces semences mûrissent très rarement dans le climat de Paris, et qu'il faut attendre plusieurs années leurs produits, on préfère généralement le multiplier par la voie des marcottes ou par éclats des vieux pieds, deux moyens qui en fournissent plus que les besoins du commerce ne l'exigent.

Les marcottes se font en automne, et peuvent se lever pour être mises définitivement en place au bout de deux ans. Les éclats peuvent s'effectuer à la même époque, mais mieux au printemps, et se placer, soit à demeure, lorsque le pied n'est partagé qu'en deux ou trois morceaux, soit en pépinière, quand on n'en sépare que de foibles portions latérales.

Le cléthra pubescent, dont les feuilles sont très pubescentes en dessous, diffère à peine du précédent, et se cultive de même.

Le cléthra paniculé et le cléthra acuminé sont trop rares pour être mentionnés particulièrement; ils sont originaires des montagnes de la Caroline.

Le cléthra en arbre est une charmante espèce, dont les fleurs sont très odorantes, mais venant des Canaries, il exige l'orangerie pendant l'hiver. (B.)

CLIE, CLION. Barrière tournante avec laquelle on ferme les champs enclos dans le département des Deux-Sèvres. (B.)

CLIMAT. En géographie on appelle climats les espaces en latitude qui ont le soleil, en plus ou en moins, pendant une heure. Ainsi il y a douze climats de chaque côté de l'équateur; cependant dans l'usage ordinaire on étend souvent cette dénomination, et on dit le climat intertropical, le climat tempéré, le climat glacial.

D'un autre côté, pour beaucoup de personnes, le climat n'est que le degré de froid ou de chaud, de sécheresse ou d'humidité, qui est le plus propre à tel ou tel pays. C'est dans ce sens qu'on dit que le climat de la Suède est froid, le climat de l'Angleterre humide, le climat de l'Espagne sec, le climat de l'Italie méridionale chaud. Pris dans ce sens, les climats influent beaucoup sur la santé et par conséquent sur le moral des habitans.

En agriculture on restreint le mot climat à la portion de pays qui fournit les mêmes productions végétales ; ainsi on divise la France en climat des orangers, climat des oliviers, climat du maïs, climat de la vigne. Ce dernier se subdivise ensuite en trois autres climats ; savoir, du midi qui s'étend des Pyrénées à Limoges ou à Lyon, climat du centre de Limoges ou de Lyon jusqu'à Orléans ou Langres, et climat du nord de Langres à Laon. Ces climats ne sont point parallèles à l'équateur, ainsi qu'on le voit dans la carte qu'Young en a dressée, ni même entre eux. J'en dirai les raisons plus bas.

De même on divise encore la France, relativement à sa grande agriculture, en climat du midi, depuis les Pyrénées jusqu'à Bordeaux, ou depuis Marseille jusqu'à Valence ; en climat du centre, depuis ces deux villes jusqu'à Paris ; et en climat du nord, depuis Paris jusqu'aux frontières de la Hollande. Dans ce cas on suit des lignes parallèles à l'équateur, c'est-à-dire les lignes des latitudes, quoiqu'elles ne soient pas rigoureusement exactes.

Il y a six villes qui, par leur position ou par le nombre d'écrivains sur l'agriculture qu'elles ont fournis, sont souvent regardées comme centres de climats. Ce sont Marseille, Montpellier, Bordeaux, Lyon, Paris et Lille.

Le climat de Paris, qui est souvent cité dans cet ouvrage, s'étend du côté du midi jusqu'à Orléans, et du côté du nord jusqu'à Amiens, c'est-à-dire renferme cinquante lieues.

Les climats sont modifiés par plusieurs causes :

1° Les abris. C'est à l'abri produit par les hautes montagnes des environs d'Hières que cette ville doit la faculté d'être la seule en France qui puisse cultiver l'oranger en plein champ avec bénéfice. C'est par le moyen des abris qu'on se procure des primeurs de toutes sortes dans les jardins de Paris. C'est par le moyen des abris que par-tout on est garanti, naturellement ou par art, des vents froids, des vents secs, des vents violens.

2° La nature du sol. Les plaines sablonneuses et sèches, les montagnes calcaires sont plus précoces, toutes choses égales d'ailleurs, que les plaines argileuses et humides, que les montagnes schisteuses ou granitiques.

3° Le voisinage. Les forêts ou autres plantations de grands arbres, les lacs, les marais, les rivières retardent la végétation des plantes qu'on cultive dans le rayon de leur activité.

4° L'exposition. Le nord et l'ouest sont moins favorables à

beaucoup de productions que le midi et l'est, à la vigne par exemple.

5° L'élévation. Le climat du sommet des Alpes, des Cordilières, sous l'équateur, est le même que celui de la Laponie. Ce fait est très remarquable et n'a pas encore été expliqué d'une manière satisfaisante. *Voyez* CHALEUR.

Il y a un grand nombre de causes qui changent, en plus ou en moins, l'influence des climats. Ainsi, si comme le prouvent les observations faites dans tout l'univers, et principalement pendant ces derniers temps en Amérique, comme j'ai eu lieu de m'en assurer dans ce pays en conversant avec les cultivateurs, les défrichemens, en diminuant la masse des bois et des eaux, augmentent la chaleur de tel ou tel canton, ces mêmes défrichemens amènent un plus prompt abaissement de la hauteur des montagnes, et affoiblissent par conséquent la puissance des abris qu'elles fournissent.

Indépendamment de ces causes, il en est une générale qui n'est pas encore bien connue, mais dont les effets sont cependant très marqués, et qui agit selon la série des siècles. Cette cause, un auteur la trouvoit dans le refroidissement graduel de la terre; un autre dans la diminution de la masse, ou de la densité du soleil; un troisième dans l'augmentation de l'obliquité de l'écliptique, etc.

Par exemple, lorsque les forêts de la France étoient peuplées d'éléphans, de rhinocéros et autres grands quadrupèdes, aujourd'hui perdus, les rivières de crocodilles de trente pieds de long, de tortues de six pieds de diamètre, et les mers voisines, de coquillages aujourd'hui propres aux mers intertropicales, et d'autres également perdus, peut-on croire que le climat fût à la température actuelle, et que des causes circonstancielles dépendantes des hommes (qui n'existoient probablement pas alors) aient pu influer sur de si grands effets? *Voyez* les Mémoires de Cuvier.

Lorsqu'on voit dans Pline, dans Virgile, Ovide et autres écrivains latins, que le climat de Rome étoit plus âpre de leur temps qu'il ne l'est en ce moment, on doit supposer que cela est dû aux défrichemens des forêts de l'Allemagne; car alors l'Italie étoit peut-être plus défrichée et plus cultivée qu'aujourd'hui.

Un grand nombre de faits, répandus dans les écrivains du moyen âge et de ces derniers temps, faits des analogues desquels on peut fréquemment s'assurer, comme j'en ai trouvé l'occasion, constatent que la vigne se cultivoit autrefois aux environs de Rouen et même en Angleterre; que les oliviers étoient aussi abondans aux environs de Valence qu'ils le sont aujourd'hui aux environs d'Aix; qu'on mangeoit des cerises à

Paris généralement au premier mai, quoique les variétés hâtives soient nouvellement découvertes.

J'ai vu en Bourgogne des pentes au sommet des montagnes où la vigne étoit cultivée il y a un siècle, ainsi que le constatent et le nom de ces pentes et les titres de propriété, et où aujourd'hui le raisin ne peut plus mûrir. On faisoit jadis du vin muscat dans les vignes de Lancié près Mâcon, et actuellement l'espèce de raisin qui le donne ne s'y voit plus qu'en treille. On m'a cité en Suisse bien des champs élevés, qui étoient jadis annuellement semés en orge ou en avoine, et qu'on a été obligé de transformer en pâturages par la même cause. Les chroniques du Groenland assurent qu'on y a cultivé du blé, chose impossible à présent. Bien d'autres faits de la même sorte pourroient être sans doute cités, si je me donnois la peine de les rechercher.

Quoi qu'il en soit c'est le climat qui influe le plus sur l'agriculture, soit parceque telle ou telle espèce de plante ne croît que sous tel climat, soit parceque tel climat donne aux produits de telle ou telle plante des qualités qu'elle n'auroit pas ailleurs. C'est donc lui que les cultivateurs doivent d'abord étudier lorsqu'ils veulent se livrer à quelque nouvelle spéculation. Le maïs est une des meilleures cultures des parties méridionales de la France; mais il ne peut être réellement utile de le cultiver, malgré l'assertion de quelques écrivains, au-delà des bords de la Saône. Le colsat produit de grandes richesses aux habitans du nord de la France, et il seroit ruineux à un propriétaire des environs de Montpellier d'entreprendre sa culture.

L'influence du climat ne se fait pas seulement sentir sur les plantes existantes, elle agit même sur le sol. Dans les pays chauds la végétation est très active, et la chaleur, ainsi que l'humidité, concourent, pendant toute l'année, à décomposer les êtres organisés qui périssent, et à fournir par conséquent des moyens fort étendus de nourriture aux plantes. Dans les pays du nord le froid s'oppose à toute végétation et à toute décomposition pendant la moitié ou les deux tiers de l'année, et l'humidité ne sert qu'à la retarder encore. On peut citer en preuve ces cadavres d'éléphans et de rhinocéros, gelés depuis plusieurs milliers d'années, et découverts très nouvellement au milieu des sables du rivage de la mer Glaciale. Fait qui prouve, soit dit en passant, que le refroidissement des pôles actuels, c'est-à-dire le changement des climats, s'est fait instantanément.

J'observerai cependant que souvent cette influence a été portée plus loin qu'il ne convenoit. On a prétendu par exemple que c'étoit à elle seule que les chevaux arabes, que les moutons d'Espagne devoient leur supériorité, et les productions de ces chevaux et de ces moutons qu'on voit en ce moment en France montrent qu'on s'étoit trompé. De même on a prétendu encore que c'étoit au climat que les vins de Languedoc, de Bordeaux, de Bourgogne, de Champagne devoient leur excellente qualité, et je me crois en état de prouver que c'est autant à la variété du raisin avec lequel on les fabrique. Je ne nie point cependant que telle même variété de raisin, prise au milieu des cultures ordinaires, ne soit plus sucrée à Montpellier qu'à Paris, et que cet avantage ne soit dû à la plus grande chaleur du climat de la première de ces villes. *Voyez* VIGNE.

La plupart des plantes qui se cultivent en France pour l'utilité ou l'agrément sont exotiques, et proviennent de climats plus chauds que le nôtre; l'art les a petit à petit acclimatées, mais non naturalisées, ce qu'il faut bien distinguer. *Voyez* aux mots ACCLIMATATION et NATURALISATION.

L'acclimatation des plantes, par le moyen de la culture, est une des plus grandes preuves de la supériorité de l'organisation de l'homme sur celle des animaux, et doit avoir, dans la série des siècles, une influence toujours croissante sur la prospérité des sociétés agricoles. Heureux le peuple qui sauroit jouir des dons de la nature, et des fruits de son travail, dans toute leur plénitude !

L'influence du changement du climat sur les végétaux se fait toujours sentir plus ou moins, mais comme elle s'unit à celle de la nature de la terre, on ne peut l'apprécier avec exactitude. Les plantes rampantes, velues et odorantes du sommet des Alpes s'élèvent, deviennent glabres, perdent leur odeur lorsqu'on les transplante dans la plaine. Les plantes des pays chauds qu'on transporte dans les pays froids y perdent une partie de leur grandeur et de leur saveur. Il suffit même, à ce qu'il paroît, de changer de pays une plante pour la modifier, ce qui sembleroit faire croire que le climat influe moins sur elle que le terrain, la sécheresse ou l'humidité, les vents dominans, les abris, etc. C'est un des moyens que la culture peut employer pour multiplier les variétés. On sait que les cultivateurs des environs de Lille tirent de Riga la graine du lin avec lequel se fabriquent les dentelles et les batistes qui font la richesse de cette partie de la France. On sait que les pommes transportées dans le nord de l'Amérique en sont revenues deux ou trois fois plus grosses (la reinette du Canada).

J'observerai, en passant, que j'ai acquis la preuve, par ma propre expérience, pendant mon séjour dans cette partie du globe, que toutes les variétés de légumes et de fruits importées d'Europe anciennement ou nouvellement, même la viande des bestiaux et de la volaille, avoient perdu de leur saveur par la transportation; cela est trop général pour tenir uniquement à la variété ou à la nature du sol; il n'y a véritablement qur le climat qu'on puisse croire être la cause de ce changement.

Une des plus importantes parties de la science agricole a pour objet, 1° la connoissance des climats, leur influence sur les plantes en général et sur telle ou telle en particulier; 2° l'étude de l'art de les suppléer, ou mieux, de les réunir plus ou moins dans une localité très circonscrite. Sur les premiers de ces objets il manque encore beaucoup de données; mais la théorie et la pratique du second est arrivée à un degré de perfection très satisfaisant.

Les moyens qu'on emploie pour se procurer l'équivalent d'un climat froid, dans celui de Paris, sont assez bornés, car ils se réduisent à placer les plantes dans un vallon tourné au nord, ou contre un mur à la même exposition, et à arroser souvent, mais foiblement en été.

Les ressources dont on fait usage pour se procurer, dans le même climat, une température chaude, sont bien plus multipliées et plus puissantes. 1° La nature du sol. Il est de fait qu'un sol sablonneux et sec est plus hâtif qu'un sol argileux et humide; or on peut établir ses cultures dans un semblable sol, ou transporter du sable dans son jardin pour en rendre la terre plus sèche; 2° les abris naturels, c'est-à-dire ceux fournis par les montagnes, les bois, etc.; 3° les abris artificiels, comme les murs, les contrevents, les haies, les paillassons, les baches simples, les cloches, les orangeries, les serres froides, etc.; 4° la chaleur artificielle des couches, des baches composées, des serres chaudes, etc.; 5° enfin les labours, la taille, les arrosemens, car ces trois natures de travaux accélèrent la croissance des plantes, et suppléent par conséquent au climat.

Comme les avantages de tous ces moyens seront développés aux articles qui les concernent, je me dispenserai de m'étendre plus au long sur chacun d'eux en particulier. Je me contenterai de faire remarquer qu'ils ont créé, autour des grandes villes, une nouvelle source d'industrie qui fait vivre une nombreuse population, et qui multiplie nos jouissances. L'hypocrisie, la misantropie et l'ignorance peuvent bien crier contre le luxe des primeurs, exagérer la fadeur des petits pois qu'on mange pendant l'hiver à Paris, le prix des superbes et excellentes pêches qu'on cultive avec tant d'art à Montreuil; mais heureusement les individus caractérisés par ces épithètes ne peuvent pas empêcher les jardiniers de les faire croître, ni les gens riches de les acheter.

De tous les articles de la grande culture, la vigne est celui que l'art a pu porter le plus loin dans le nord, au moyen du choix du terrain et des abris naturels; il en sera longuement traité à son article.

Les plantes annuelles, à raison du peu de temps qu'elles restent en terre, sont cultivées dans des climats bien plus froids que celui dont elles sont originaires. Si le chanvre, par exemple, étoit vivace, il est douteux qu'on puisse le conserver, même dans le climat des orangers, le plus chaud de la France, tant il est sensible à la gelée. Il n'est point rare de voir fleurir et se multiplier dans nos jardins, en pleine terre, les plantes annuelles de la zone torride.

Je pourrois encore beaucoup m'étendre sur ce sujet; mais tout ce que je pourrois dire de plus se trouvera développé sous d'autres titres, et en conséquence je m'arrête ici. (B.)

CLINOPODE, *Clinopodium*. Plante à racine vivace, traçante, à tige quadrangulaire, rameuse, velue, haute d'un à deux pieds; à feuilles opposées, ovales, dentées, velues; à fleurs rougeâtres ou blanches, disposées en têtes terminales et accompagnées de bractées sétacées et velues, qui se trouve dans les lieux secs et pierreux, dans les haies, sur le bord des bois dans presque toute l'Europe, et qui forme un genre dans la didynamie gymnospermie et dans la famille des labiées.

Cette plante, qu'on appelle le CLINOPODE VULGAIRE, est aromatique et passe pour céphalique et tonique. Les vaches, les moutons et les chèvres la mangent quelquefois; mais elle n'en nuit pas moins aux pâturages des montagnes, lorsqu'elle y est très abondante. (B.)

CLISSE. Espèce de claie formée avec des demi-cercles de tonneaux un peu redressés, qu'on garnit de roseaux très rapprochés, et qui sert, dans le département de Lot-et-Garonne, à faire sécher les pruneaux au four. (B.)

CLOAQUE. Endroit destiné à recevoir les immondices. Il est étonnant qu'on fasse si peu d'attention au choix du local, sur-tout dans les provinces méridionales, où la putréfaction est toujours en raison de la chaleur qu'on y éprouve. Le sens commun apprend qu'on doit l'éloigner, le plus qu'il est possible, de l'habitation; et cependant il est rare que ce cloaque ne soit pas placé près des maisons, et souvent même dans les cours. Qu'arrive-t-il? Les habitans de la métairie prennent des visages plombés, la fièvre les écrase pendant l'été; et ils disent que l'air qu'ils respirent est malsain. Mais pourquoi rejeter sur la mauvaise qualité de l'air atmosphérique ce qui est l'effet de la pure négligence? Supprimez la cause, et le mauvais effet cessera: écartez le foyer de cet air mortel qui se mêle avec celui que vous respirez, et les maladies n'assiégeront plus votre domicile. (R.)

CLOCHE, CLOCHETTE. Il y a long-temps que l'on a dit que l'ordre étoit le moyen le plus certain d'économiser le temps, c'est-à-dire d'en employer utilement le plus possible.

Un homme qui met de l'ordre dans son travail , dans quelque genre que ce soit , fait beaucoup plus de besogne que celui qui n'en suit point. Les opérations qui demandent le concours d'un certain nombre d'hommes sont toujours plus coûteuses lorsqu'elles ne sont pas soumises à une sévère régularité. Je voudrois donc que dans les grandes exploitations rurales tout se fît au son de la cloche , comme dans les manufactures , les pensionnats, etc. Quelqu'exact que soit l'estomac d'un ouvrier à lui indiquer l'heure des repas , quelque habitué qu'il soit à juger l'époque de la journée par l'inspection du soleil , il est exposé à venir trop tôt ou trop tard , et par conséquent ou à perdre du temps ou à déranger les dispositions prises pour tous. Je n'ai pas besoin d'en dire plus sur cette matière.

Il est important que l'animal le plus sage d'un troupeau ait une clochette au cou, afin que les autres puissent toujours se réunir autour de lui, qu'on puisse suivre le troupeau lorsqu'il s'est égaré, etc. C'est une bien mauvaise économie que de ne le pas faire à cause de la dépense ; car la perte de temps à laquelle expose la nécessité de courir après un troupeau égaré dans des pâturages parsemés de buissons, dans des bois, etc., ou dans quelques autres localités, est cent fois au-dessus. *V.* au mot GRELOT. (B.)

CLOCHE. Les fleurs en cloche sont celles dont la corolle est monopétale , dont le tube est presque aussi long que large , et dont le bord est divisé en quatre , cinq ou six parties peu profondes. *Voyez* au mot PLANTE. (B.)

CLOCHE. Vase de verre dont on fait usage dans les jardins pour abriter les plantes de la gelée et concentrer la chaleur du soleil et des couches autour de ces mêmes plantes.

Il y a quatre principales sortes de cloches qui se subdivisent en beaucoup d'autres relatives à leur forme et à leur usage.

La CLOCHE COMMUNE ou *cloche des maraîchers.* Elle approche de la forme d'un cône tronqué , a un bouton à son sommet , et est faite d'un seul morceau de verre à bouteille. C'est la plus anciennement connue. Sa grandeur la plus ordinaire est de dix-huit pouces de haut sur autant de largeur à son ouverture. Quelques personnes recommandent de la choisir du verre le plus clair ; et en effet ces dernières laissent mieux passer la lumière , ce qui est un avantage ; mais les brunes concentrent davantage la chaleur, comme les expériences de mon père , de Ducarla , et comme la pratique journalière l'apprennent.

Les inconvéniens de ces sortes de cloches tiennent à leur fragilité et à la nature de leur verre, qui étant fort terreux, se décompose facilement à l'air , sur-tout au milieu des émanations d'hydrogène sulfuré et phosphoré des couches. Aussi est-il rare qu'après un ou deux ans de service elles ne soient pas dépolies et irisées. 2° A ce que leur forme ronde laisse beaucoup de ter-

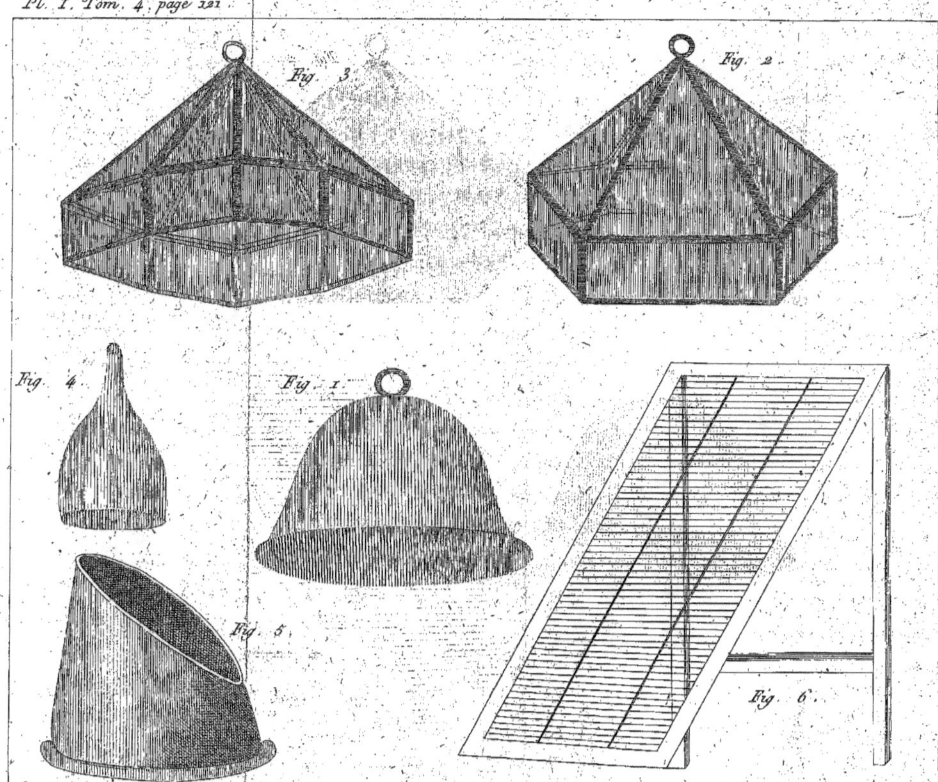

Fig. 1.2.3.4 et 5 Cloches. Fig. 6 Claye.

rain perdu autour d'elles. 3° En ce que, pour donner de l'air aux plantes qu'elles recouvrent, on est obligé de les soulever, ce qui détruit tout leur effet. 4° A ce que cassées elles ne peuvent plus servir à rien. Ces considérations jointes à l'augmentation successive de leur prix, les fait aujourd'hui repousser de beaucoup de jardins. On leur préfère, et avec raison, les Chassis quoiqu'un peu chers à établir. *Voyez* pl. 1, fig., 1.

La cloche a facette est composée de carreaux de verre à vitre assemblés avec du plomb. Sa forme est ordinairement celle d'une pyramide hexagone ou octogone très surbaissée, pourvue d'un anneau à son sommet; on en fabrique depuis six pouces jusqu'à deux pieds de diamètre. Quelquefois on rend mobile un des carreaux supérieurs pour pouvoir donner de l'air aux plantes sur lesquelles on la place. Ses avantages sont, 1° cette faculté; 2° la meilleure qualité de verre; 3° la facilité de remettre un carreau qui se casse; mais elles sont moins chaudes, tant à cause de la nature plus claire du verre, que parceque le plomb est un excellent conducteur de la chaleur, et que leurs diverses parties joignent mal. Cette dernière circonstance les rend aussi moins solides, c'est-à-dire susceptibles d'être détraquées. *Voyez* pl. 1, fig. 2 et 3.

La cloche anglaise. C'est un entonnoir de verre blanc plus ou moins large, plus ou moins haut. L'ouverture de son sommet en fait le principal mérite. C'est par son moyen qu'on peut graduer la chaleur dans laquelle on veut tenir les plantes qu'elles recouvrent. Leur prix exorbitant est le seul motif qu'on puisse alléguer pour ne pas la préférer dans la culture des melons et autres légumes de primeur. A Paris, où on se sert fréquemment de petites cloches de cette sorte pour faire des boutures forcées, on les obtient quelquefois à bon marché, parcequ'on y trouve à acheter des entonnoirs de verre dont le goulot est cassé, et qui sont par conséquent regardés comme rebut dans les magasins. Une pépinière d'arbres, d'arbustes et de plantes des pays chauds, ainsi qu'un jardin de botanique, ne peuvent pas se passer d'une collection nombreuse de ces entonnoirs, qu'on emploie dans la serre ou sous des châssis, ou enfin en plein air, à presque toutes les époques de l'année, et qu'on ombre dans le besoin. *Voyez* pl. 1, fig. 4.

Il est d'autres sortes de cloches plus économiques et plus durables que celles en verre et qui méritent d'être plus généralement employées qu'elles ne paroissent l'être. Ce sont des pots de terre dont le fond est coupé obliquement d'un côté à plus de la moitié de leur hauteur. On fixe, au moyen du mastic, un verre à vitre sur l'ouverture. Pour éviter une perte de terrain, toujours regrettable sur les couches, on pourroit donner

à ces cloches une forme obtusément carrée, ce qui n'augmenteroit que de fort peu le prix de leur fabrication. *V.* pl. 1., fig. 5.

La CLOCHE OBSCURE. Elle sert à couvrir les plantes pendant
la nuit pour les garantir de la gelée, et pendant le jour pour
les garantir de la trop grande vivacité du soleil. On doit la
placer sur toutes les fleurs qu'on transplante pendant le fort
de l'été, pour favoriser leur reprise. Un pot à fleurs renversé,
une caisse de bois également renversée, une petite ruche de
paille, etc., sont des cloches obscures. On ne fait pas assez
usage en France de cette sorte de cloche dans la grande culture. En Allemagne on l'emploie pour garantir les pieds de
tabac, pendant le premier mois de leur transplantation, du
froid des nuits. On le pourroit dans les parties méridionales
de la France, dans les mêmes intentions, pour le coton. (B.)

CLOCHE BLANCHE. *Voyez* NIVÉOLE.

CLOCHETTE. *Voyez* CAMPANULE et ANCOLIE.

CLOISON. C'est, en botanique, la séparation des valves d'une
silique, d'une capsule ou autre espèce de fruit. *Voyez* au mot
PLANTE. C'est, en architecture, un mur mince, ou simplement
des planches destinées à faire des divisions dans un appartement, une grange, une écurie, etc. (*V.* au mot CONSTRUCTION.)

CLOPORTE, *Oniscus.* Genre d'insectes de l'ordre des ap-
tères, qui renferme un petit nombre d'espèces dont deux sont
assez communes; savoir,

Le CLOPORTE ORDINAIRE, *Oniscus asellus*, Lin., qui est d'un
cendré noirâtre et inégal en dessus, avec de petites tâches jaunâtres le long du dos, et quelques autres sur les côtés. Sa longueur est quelquefois de six lignes sur trois de large.

On trouve fréquemment cet insecte dans les lieux humides
sous les pierres, les pots de fleurs, les trous des murs. Il fuit
le soleil. Lorsqu'on le touche, il se met en boule en rappro-
chant sa tête de sa queue, de manière qu'on ne voit ni l'une
ni l'autre, et il reste dans cet état jusqu'à ce qu'il croie le danger passé. On doit le mettre au rang des ennemis des agriculteurs, sur-tout des amateurs du jardinage, car s'il mange
quelquefois de la chair, il vit habituellement de végétaux, dévore sur-tout le germe des plantes à mesure qu'il se développe,
nuit enfin aux semis d'une manière très marquée, principalement aux semis faits sous châssis ou sur couche.

Comme les cloportes multiplient avec une prodigieuse rapidité, il devient assez difficile de les détruire. Les pots vernissés qu'on enterre quelquefois à cet effet sur les couches afin
qu'ils tombent au fond en allant d'une place à l'autre,
remplissent ce but d'une manière trop lente et trop incertaine. Arroser les couches avec des eaux amères, ne fait que les
écarter pour quelques jours, et n'en fait mourir qu'un petit

nombre. Le mieux seroit sans doute de savoir quelle est la substance qu'ils aiment le mieux, et de l'empoisonner; mais il n'y a pas, à ma connoissance, d'observation qui l'indique. Je crois pouvoir proposer un moyen avoué par l'expérience, et qui vaut mieux que tous ceux ci-dessus, c'est de mettre sur une planche fixée contre et raz la couché un morceau de vieux paillasson mouillé et soulevé en plusieurs endroits avec des petites pierres. Les cloportes, attirés par l'humidité et l'obscurité, se réfugient sous ce paillasson et on les tue chaque matin.

L'autre espèce de cloporte est le CLOPORTE DES MOUSSES, si commun sous les mousses et les feuilles sèches dans les bois humides. Il est de moitié plus petit que le précédent. Son corps est lisse et rougeâtre, avec le bord plus pâle. Il fait peu de tort aux récoltes.

Les cloportes sont ovipares et vivipares en même temps, c'est-à-dire qu'ils pondent des œufs; mais au lieu de les placer sur un corps étranger, ils les déposent dans une espèce de sac, qui s'étend sous le corps depuis la tête jusqu'à la cinquième paire de pattes. C'est là qu'ils éclosent, et qu'ils se réfugient dans le danger pendant les premiers jours de leur vie. A cette époque, ils sont tout blancs et extrêmement délicats. (B.)

CLOQUE. Singulière maladie des feuilles qui se fait remarquer principalement sur le pêcher; elle cause l'avortement des fruits, la langueur, et quelquefois la mort de l'arbre.

Deux opinions sur la cause de la cloque divisent les cultivateurs. L'une, celle de M. Laville-Hervé, l'attribue aux vents de nord-ouest. L'autre, celle de Rozier, la fait produire par des pucerons.

Comme presque toujours il y a des feuilles saines sur les branches les plus affectées de cloque, et des branches sans cloque au milieu de celles qui en sont surchargées; que la cloque naît pendant d'autres vents que celui du nord-ouest; qu'il est des années où le vent du nord-ouest souffleroit pendant des mois entiers sans produire plus de cloque, l'opinion de M. Laville-Hervé ne peut se soutenir aux yeux des observateurs.

Plusieurs espèces d'insectes des genres PUCERON, CHERMÈS, COCHENILLE, ACANTHIE, PUNAISE, TIPULE, MOUCHE, etc., produisent des monstruosités sur les feuilles, les fleurs et autres parties des plantes en les blessant, soit pour se nourrir de leurs sucs, soit pour y déposer leurs œufs; ainsi on pourroit croire, par analogie, que la cloque est le résultat de la piqûre des insectes, ainsi que le pense Rozier; cependant, quelques recherches que j'aie faites, je n'ai pu en acquérir la preuve. J'ai bien vu souvent des pucerons et autres insectes sur les feuilles cloquées depuis peu, mais aussi beaucoup de ces feuilles n'en offroient point, et il y en avoit sur celles qui ne l'étoient pas. A cela, il faut ajouter que la cloque se développe quelquefois instantanément. J'ai disséqué maintes et maintes feuilles cloquées en portant toute l'attention convenable sur le pétiole et les principales nervures, et je n'y ai jamais trouvé de larves d'insectes. Je crois donc être autorisé à nier que la cloque soit produite par une piqûre d'insectes. Mais il y a une cloque produite par les pucerons, qui est différente de celle-ci. *Voyez* PUCERON.

Mais quelle est donc la cause de cette maladie? M. Dumont-Courset croit qu'elle est interne, qu'elle est produite par une transpiration arrêtée; qu'elle doit être assimilée à certaines obstructions cutanées des animaux; cela est probable, mais il faudroit des observations long-temps continuées pour le prouver.

Quoi qu'il en soit, voici les caractères de la cloque.

Vers la fin de mars ou en avril, les pêchers les mieux portant en apparence changent d'aspect du soir au matin, ou du matin au soir. Leurs feuilles, jusqu'alors d'une forme agréable, de minces qu'elles étoient, deviennent épaisses, difformes, raboteuses, et changent de couleur. Les bourgeons qui les portent se chargent également de calus, d'aspérités, augmentent de grosseur par leur partie supérieure, laissent fluer la gomme, etc.

Il est fréquemment des feuilles saines sur des bourgeons cloqués, et des feuilles cloquées sur des bourgeons sains. Dans ce dernier cas, le mal peut n'avoir pas de suites graves, mais lorsque la plus grande partie des feuilles sont cloquées, il s'ensuit toujours l'avortement des boutons à feuilles et des boutons à fruits de l'année suivante; de sorte que non seulement la cloque naît à l'arbre au moment même, mais aussi dans l'avenir.

Quelques jardiniers se pressent d'ôter les feuilles cloquées dans l'intention de diminuer le coup-d'œil désagréable de leurs pêchers, mais par-là ils augmentent le mal; autant vaut couper les branches, ce que quelques uns au reste font. En effet, l'époque où la cloque paroît étant celle de la plus active végétation des pêchers, la sève s'extravase par les blessures, et par conséquent l'arbre s'affoiblit d'autant plus qu'on en ôte davantage. Les couper à deux ou trois lignes au-dessus de leur insertion auroit bien moins d'inconvénient, mais je crois qu'il faut s'en tenir à la méthode de Montreuil, fruit d'une expérience éclairée.

Voici l'exposé de cette méthode d'après M. Laville-Hervé.

A Montreuil, on ne connoît d'autre remède à la cloque que de laisser agir la nature. Les feuilles cloquées tombent d'elles-mêmes, et il pousse de nouveaux bourgeons au-dessous des anciens. Lorsque ces bourgeons sont assez allongés, on les palissade. Ceux qui sont morts par suite de la cloque tombent d'eux-mêmes ou sont enlevés avec la main.

La cloque épuise les arbres; il faut donc donner aux racines le temps de les refaire tout doucement. On doit même favoriser leurs efforts en leur fournissant du terreau, ou au moins de la nouvelle terre, et en les arrosant pendant les chaleurs de l'été.

A la taille suivante, il faudra soulager les arbres de toute surabondance de bois; si même, comme il arrive souvent, il s'est produit des gourmands, il faudra en profiter pour rajeunir ces arbres, au risque même de n'avoir pas de fruits pendant deux ans. *Voyez* au mot PÊCHER. (B.)

CLOQUE. On donne ce nom à la carie dans quelques endroits. (B.)

CLOS. Ce mot est synonyme d'enclos. On en fait plus fréquemment usage tant dans la langue parlée que dans la langue écrite, tandis que c'est tout le contraire pour le mot *enclos*. *Voyez* CLÔTURE, ENCLOS, MURS, HAIE, FOSSÉ, PALISSADE, etc. (B.)

CLOSEAU, CLOSERIE. On appelle ainsi, dans certains départemens, de petites propriétés foncières en tout ou en partie fermées de murs ou de haies, et accompagnées d'une maison. (B.)

CLÔTURES, ENCLOTURES. ARCHITECTURE ET ÉCONOMIE RURALES. Parmi les moyens de garantir les récoltes sur pied du maraudage des hommes et des bestiaux, le plus sûr est une clôture bien faite et bien entretenue.

Dans les pays de métairies, et sur-tout dans ceux où l'éducation et l'engraissement des bestiaux font l'occupation principale du cultivateur, les clôtures facilitent singulièrement la garde des bestiaux; les haies vives qui les forment fournissent du bois pour le chauffage du métayer, et les terrains enclos ne sont plus assujettis à l'usage destructif du PARCOURS (*voyez* ce mot). Enfin, dans les localités où les terres sont complantées d'arbres fruitiers, les haies de clôture leur servent quelquefois d'abris contre l'impétuosité des vents. Cependant, malgré les grands avantages des clôtures, nous ne dirons pas avec Rozier : *Il est étonnant que l'on ait mis en problème s'il convenoit de clore ses champs!* parceque nous n'admettons point de système exclusif en agriculture, et que d'ailleurs il y a des circonstances locales où leur établissement présenteroit des inconvéniens assez grands pour en nécessiter la suppression, ou pour en empêcher l'adoption. En effet, *les clôtures*, dit Rozier, *doivent avoir pour objet, 1° d'empêcher les animaux de pénétrer dans les possessions; 2° de former des paravents aux arbres,*

*aux moissons, etc. ; 3° d'accélérer la maturité des récoltes ;
4° de bonifier les champs.*

1° *D'empêcher les animaux de pénétrer dans les possessions.*
Ce premier avantage des clôtures est incontestable, et nous
l'avons placé au premier rang ; mais, sous ce seul point de
vue, il faut avouer qu'une bonne police rurale pourroit produire le même effet, si elle étoit exercée avec l'exactitude et la
sévérité convenables ; et ce qui fortifie cette opinion, c'est que,
dans les pays de grande culture, où l'on ne voit point de clôtures, les récoltes y sont généralement mieux conservées que
dans ceux où leur usage est établi depuis long-temps. Il est vrai
que, dans les premières localités, les propriétés sont en grandes
masses, et que les gardes champêtres sont nommés par les fermiers, qui les destituent à la moindre négligence ; tandis que
dans les secondes, où les propriétés sont beaucoup plus divisées, souvent il n'y a point de garde champêtre, ou, lorsqu'il
en existe, cette fonction est presque toujours *adjugée au rabais*
à de pauvres malheureux qui ne prennent aucun intérêt à la
conservation des propriétés, et ne pensent qu'à améliorer leur
sort en fermant les yeux sur les délits.

Ainsi, sous ce rapport, les clôtures seroient donc inutiles
dans les pays de grande culture, tandis qu'elles sont la seule
ressource du propriétaire dans ceux de moyenne et de petite
culture.

2° *De former des paravents aux arbres, aux moissons, etc.*
Il faut réduire à sa juste valeur cet effet des haies de clôture,
d'abord sur les arbres, et ensuite sur les moissons.

A entendre Rozier, il sembleroit que les haies de clôture
sont de véritables paravents assez élevés pour garantir tout un
champ de l'impétuosité des vents, et cela n'est point ainsi.

Les plus hautes et les plus épaisses que nous ayons vues, sont
dans les départemens de l'Eure, de l'Orne et du Calvados, et
leur effet, comme paravent, ne se faisoit apercevoir que sur
les rangées de pommiers les plus voisines de la haie qui se
trouvoient *à leur vent dominant ;* toutes les autres rangées
portoient des marques authentiques des ravages que le vent
exerçoit quelquefois sur la tête des pommiers, et l'inclinaison
régulière de leurs tiges indiquoit l'aire de vent qui dominoit
dans la localité. Ces haies de clôture ne les abritoient donc
pas complètement des grands vents, et l'on ne peut donc pas
dire qu'elles leur servent de *paravents.* Elles mériteroient
davantage cette dénomination à l'égard des moissons ; et
encore, en examinant de près l'effet que les haies de clôture produisent sur elles, on trouve, 1° qu'il se borne à préserver du vent les parties qui en sont voisines, et qu'il est nul
sur le reste de l'enclos, s'il a de la largeur ; 2° que si l'on n'a

pas eu l'attention de tondre les haies avant l'ensemencement,
de les rapprocher convenablement, d'en arracher soigneusement les drageons et les accrus intérieurs, toute la partie
garantie du vent se trouve privée d'air et de lumière, à cause
de l'ombrage et du fourré de ces haies ; la végétation de la haie
et de ses accrus s'entretient aux dépens de celle des grains, et
ces parties ne présentent ordinairement qu'une chétive récolte ;
3° que les haies, en arrêtant le cours du vent, le font refluer
sur lui-même, et produisent souvent des rafales et des tour-
billons qui rompent les branches des arbres et font verser les
moissons.

Ainsi, dans la culture des céréales, les haies de clôture,
considérées comme abris, présentent beaucoup plus d'inconvéniens que d'avantages.

3°. *D'accélérer la maturité des récoltes.* C'est sans doute
parceque la chaleur se trouve concentrée dans les enclos ; mais
comme le mal est toujours à côté du bien, il en résulte souvent
que l'accélération de la maturité des récoltes y est acquise aux
dépens de la qualité des grains ; que le blé en est brûlé, glacé,
ou retrait, et qu'alors il contient beaucoup plus de son que
de farine.

Ces accidens, si communs dans les pays de clôtures, sont
connus de tous les cultivateurs et de tous les marchands de
grains. Tous savent que les blés les mieux nourris, les plus
farineux, et qui font le pain le plus blanc, viennent sur les
plaines élevées et exposées à toutes les influences de l'air et de
la lumière ; que ceux de la seconde qualité sont récoltés sur les
bonnes terres en pentes douces et découvertes ; enfin que les
blés récoltés dans les plaines basses abritées par des montagnes,
et dans les enclos, n'obtiennent que le troisième rang dans les
marchés.

4° *De bonifier les champs.* Les haies de clôture ne produisent
de bonification dans les champs que par la valeur du bois
qu'elles peuvent fournir ; mais, suivant le proverbe trivial,
on ne peut tirer d'un sac deux moutures, c'est toujours aux
dépens des produits de la culture. Le tort qu'elles font aux terres
par leur végétation est d'autant plus considérable, que le sol a
moins de profondeur ; parcequ'alors les racines tracent, s'étendent, et finiroient par occuper tout le terrain enclos s'il avoit
peu d'étendue.

Il résulte de ces faits, que chacun est à portée de vérifier,
1° que dans les pays de grande culture, où celle des céréales
est le but principal et l'occupation la plus lucrative du fermier,
les haies de clôture y seroient très désavantageuses, parceque
la valeur du bois qu'elles lui fourniroient ne l'indemniseroit
pas suffisamment du tort qu'elles feroient à ses récoltes.

C'est par cette raison naturelle que l'on voit aussi peu de haies de clôture dans les anciennes provinces de l'île de France, de Picardie, de Beauce, etc.

2° Que leur adoption dans ces localités seroit même préjudiciable à la consommation générale; car les pays de grande culture étant, comme nous l'avons dit à l'article *agriculture*, les manufactures des subsistances des villes, etc., les champs enclos n'y produiroient pas des récoltes aussi abondantes, et des grains d'aussi bonne qualité que dans leurs plaines découvertes actuelles.

3° Que les haies de clôture sont excellentes dans les pays de moyenne culture (lorsque cependant les champs enclos ont une étendue convenable), parceque la culture des céréales n'étant pas le but principal, ni l'occupation la plus lucrative des fermiers de cette classe, le tort qu'elles peuvent faire aux récoltes de grains n'est pas à comparer aux avantages qu'ils en retirent, soit par la valeur du bois qu'elles produisent, soit par la facilité de la conservation des arbres fruitiers complantés dans les champs, soit enfin par celle de la garde des bestiaux.

4° Que par-tout leur adoption doit être motivée par le résultat favorable de la comparaison des avantages avec les inconvéniens qui peuvent résulter de leur établissement, suivant la grandeur des pièces et l'espèce des végétaux soumis à la culture.

Rozier appuie son opinion systématique sur ce que les Gaulois, nos ancêtres, et les Romains, au rapport de Varron et de tous les anciens auteurs agronomes, faisoient grand cas des clôtures; il auroit pu s'autoriser encore de l'exemple des Anglais, des Danois, de l'Allemagne, et même d'un grand nombre de départemens de la France; mais tous les exemples viennent à l'appui de nos conclusions; car ni les Romains, ni les Gaulois ne connoissoient les grandes exploitations rurales, et les autres exemples sont tous pris dans des pays de métairies ou de moyenne culture.

Nous avons cru devoir nous étendre un peu sur ce sujet, parceque la destruction d'une erreur est aussi profitable à l'art que la découverte d'une vérité.

On peut enclore les champs de quatre manières différentes, 1° par des fossés sans haies; 2° par des fossés garnis de haies vives; 3° par des haies sèches, des palis ou des palissades; 4° par des murs.

On trouvera aux mots Fossés, Haies et Palissades les détails de leur construction. Ceux des murs de clôture seront placés au mot Maçonnerie.

La plus profitable de ces manières est celle des fossés avec haies vives.

Les clôtures les mieux entretenues que nous connoissions sont celles de la ci-devant province de Normandie.

Toutes sont fermées avec des barrières solides, plus ou moins parfaites, suivant l'importance du champ, ou les facultés du propriétaire. Chaque enclos est garni d'une barrière assez large pour y passer une voiture, d'une autre plus petite pour le passage des bestiaux, et d'un *échalier* à côté pour celui des hommes. Il est vrai que les bestiaux, et principalement les bêtes à cornes, restent toute l'année dans les enclos ; alors on a le plus grand intérêt à les tenir toujours bien fermés.

Mais, dans presque tous les autres départemens, même dans ceux où l'on s'occupe aussi de l'éducation des bestiaux, les haies de clôtures y sont généralement négligées, et dans un état de dégradation tel, qu'elles sont menacées d'une destruction totale par le broutement impuni des chèvres et des moutons, si une police plus sévère et plus active ne parvient pas à en arrêter les progrès.

D'ailleurs, ces clôtures n'ont point de barrières ; on y entre par une trouée que l'on pratique dans la haie lorsque cela est nécessaire ; les souches sont écuissées et meurtries par les roues des voitures et le piétinement des chevaux. Lorsqu'on veut ensuite mettre les bestiaux au pâturage dans les enclos, on en bouche les trouées avec des épines sèches, qui sont bientôt détruites par l'humidité, ou brûlées par les gardiens. Alors les bestiaux peuvent vaguer à leur volonté, ou y être impunément attaqués par les animaux carnassiers.

Enfin, lorsque les haies résistent à toutes ces causes de destruction, elles s'élargissent, étendent leurs racines dans le champ, comme nous l'avons déjà observé ; elles y poussent des drageons ; les ronces, les épines, les genêts épineux s'emparent aussi de sa surface ; et tel champ enclos, qui, en nature de pâturage, auroit pu nourrir un troupeau pendant un mois, ne lui présente souvent qu'un foible pâturage pendant huit jours.

Il est donc bien nécessaire que tous les propriétaires connoissent les circonstances dans lesquelles l'adoption des clôtures est utile, et soient convaincus en même temps que, pour en retirer tous les avantages qu'ils ont droit d'en attendre, il est indispensable d'en soigner et entretenir les haies avec la plus scrupuleuse attention. (DE PER.)

CLOU ou FURONCLE. MÉDECINE VÉTÉRINAIRE. C'est une tumeur dure, circonscrite, de la grosseur d'une noix, accompagnée de chaleur et de douleur, qui paroît sur les tégumens des bêtes à laine, et qui grossit jusqu'au temps où la suppuration commence à se former.

Il est très possible, au commencement de la maladie, de la prendre pour le charbon, si l'on ne fait attention à l'intensité

des symptômes qui accompagnent ce dernier, et à ses accidens. *Voyez* CHARBON DES MOUTONS.

Le clou n'est point dangereux, sur-tout s'il est traité de la
manière suivante.

Dès qu'il commence à paroître, il faut s'attacher à le conduire à suppuration. Pour cet effet, on doit couper la laine à
l'endroit où siège la tumeur, et appliquer sur la partie la plus
élevée un plumasseau d'onguent basilicum, et continuer cette
application jusqu'à ce que la suppuration soit établie; à cette
époque, on plonge le bout d'un canif dans l'abcès, en ayant
soin de presser doucement les parois de l'ulcère, pour en faire
sortir le bourbillon. L'ulcère étant bien évacué, il faut le panser seulement avec des plumasseaux d'étoupes cardées, jusqu'à
parfaite cicatrisation, en observant de laver la plaie, à chaque
pansement, avec du vin chaud contenant du sel marin ou du
sel ammoniac. On ne sauroit trop s'élever contre les maréchaux qui font usage, dès l'apparition de quelques gros boutons ou clous sur le corps d'un cheval ou d'un mulet, des
astringens les plus forts et les plus énergiques, tels que le vitriol, les acides végétaux et minéraux, etc. Une expérience
malheureuse ne devroit-elle pas leur apprendre que l'emploi
de ces substances est presque toujours dangereux entre leurs
mains! (R.)

CLOU DE RUE. MÉDECINE VÉTÉRINAIRE. C'est un clou que
le cheval prend à l'écurie, ou dans la rue, ou à la campagne,
qui pénètre dans la sole de la corne, dans la sole charnue, et
quelquefois jusqu'à l'os du pied. Nous distinguons, d'après
M. Lafosse, trois sortes de clous de rue, le *simple*, le *grave* et
l'*incurable*.

1° *Clou de rue simple*. Le clou de rue simple, ou le premier,
ne perce que la sole ou la fourchette charnue.

On connoît qu'un clou de rue est simple lorsqu'il ne sort pas
du sang de l'endroit qui a été percé. Dans ce cas on peut se
dispenser d'appliquer aucun remède, parceque la guérison
s'opère d'elle-même. Il en est de même de celui qui perce la
fourchette, et qui va de biais pour gagner le paturon. La fourchette n'ayant point de sensibilité, il ne peut en résulter aucun
danger. Quand même le clou auroit atteint la sole charnue
avec légéreté, l'expérience nous apprend que, sur vingt chevaux piqués ainsi, il y en a la moitié qui guérissent sans aucune
application. Il est néanmoins prudent de pratiquer une petite
ouverture pour y introduire de petits plumasseaux imbibés d'essence de térébenthine : il faut aussi ne pas manquer d'appliquer des cataplasmes émolliens sur la sole dans la vue de l'humecter.

Mais si le clou a atteint l'os du pied, dans ce cas il est essentiel et même indispensable de faire une bonne ouverture à la sole de corne, ayant préalablement paré le pied bien profondément, parceque c'est là le vrai moyen de donner issue à l'esquille de l'os. L'ouverture faite, il faut mettre sur l'os de petits plumasseaux imbibés d'essence de térébenthine. Le premier appareil ne doit être ôté qu'au bout de cinq à six jours, et le pansement renouvelé de deux jours l'un jusqu'à ce que l'exfoliation soit faite ; ce qui se porte jusqu'au quarantième jour: La dessolure est bien souvent le moyen le plus sûr et le plus efficace pour avancer la guérison.

2° *Clou de rue grave.* Celui-ci, ou le second, est appelé *grave* lorsque le tendon fléchisseur du pied a été percé.

Lorsque le tendon a été percé par le clou, il sort quelquefois de la sinovie par le trou. Le maréchal, pour s'assurer si le tendon est offensé, doit se munir d'une sonde : s'il sent l'os, c'est une preuve que le tendon a été percé ; le plus court parti à prendre alors est de dessoler l'animal. La dessolure faite, il faut emporter tout ce qui a été piqué à la fourchette, et débrider, au moyen d'un bistouri dirigé sur la rainure d'une sonde cannelée, le tendon dans une direction longitudinale et non transversale. L'opération finie, il convient de garnir la sole, à l'exception de l'endroit de la plaie, avec des petits plumasseaux imbibés d'essence de térébenthine ; de remplir le dedans de la plaie avec ces mêmes plumasseaux, et de couvrir le tout de même. Cet appareil doit rester pendant trois jours sur la plaie : ce temps expiré, il faut la panser une fois tous les jours en hiver et deux fois en été. Les plumasseaux appliqués sur la sole charnue ne seront levés que cinq à six jours après la dessolure, le maréchal ayant eu soin pendant ce temps de les humecter journellement avec de l'essence dont nous avons parlé ci-dessus. *Voyez* DESSOLURE.

Une autre attention encore de la part du maréchal est de faire lever le pied de l'animal très doucement à chaque pansement. Si, après dix-huit ou vingt jours de ce traitement, il n'y a point de soulagement, si le cheval butte toujours de même, si le paturon s'engorge, il faut en revenir à la première opération, c'est-à-dire à débrider la plaie jusqu'au paturon de la manière ci-dessus indiquée. Il est même avantageux de passer un séton, qui traverse de la plaie au paturon, en imbibant la mèche avec l'essence de térébenthine. Il faut bien se garder de se servir, à l'exemple de certains maréchaux que nous connoissons, des onguens caustiques et corrosifs, qui, attaquant les cartilages de l'os de la noix, causent un plus grand mal en rendant la maladie incurable.

Le tendon une fois piqué s'exfolie et l'escarre tombe. « Les tendons piqués, dit M. Lafosse, ne s'exfolient pas de la même manière que les os : ce qui le prouve, c'est qu'après l'exfoliation du tendon lésé l'animal reste quelquefois long-temps boiteux, tandis qu'après l'exfoliation de l'os blessé il est parfaitement guéri et marche sans boiter. »

Il y a un ligament qui unit l'os de la noix avec l'os du pied. Ce ligament peut avoir aussi été piqué : dans ce cas on doit panser le cheval soir et matin, sans quoi ce ligament pourroit se gâter par le séjour de la matière.

Le clou a-t-il pénétré dans la partie concave du pied, il faut pratiquer une ouverture afin de donner issue à l'esquille : mais un moyen plus sûr encore est de dessoler l'animal, de couper le bout de la fourchette charnue avec le bistouri de la même manière ci-dessus rapportée, en évitant sur-tout de fendre le tendon, de crainte qu'il ne s'exfolie à l'endroit de son insertion ou de son attache.

L'artère située dans cette même partie concave a-t-elle été piquée, l'hémorragie ne tarde pas à paroître, la dessolure convient également. On fait ensuite une ouverture, on prend de petits plumasseaux chargés de térébenthine de Venise, on les applique sur l'artère, en faisant compression pour arrêter le sang. Cet appareil doit être seulement renouvelé au bout de cinq jours, et le pansement fait ensuite, tous les jours, de la manière déjà prescrite.

Le clou a-t-il percé l'arc-boutant, et même le cartilage à sa partie inférieure, le plus court moyen alors est de procéder à l'opération du javart encorné. *Voyez* JAVART.

Clou de rue incurable. Le clou de rue est réputé incurable, 1° lorsque le tendon fléchisseur du pied a été piqué, et que la matière par son séjour a rongé le cartilage de l'os de la noix; 2° lorsque le maréchal a appliqué des onguens caustiques et corrosifs, qui à peu près opèrent le même effet que la matière sur l'os ; 3° lorsque le clou a touché l'os de la noix ou de la couronne, les os étant revêtus d'une partie cartilagineuse qui se ronge petit à petit sans exfoliation, la plaie ne se cicatrise jamais, et le mal devient incurable.

Le maréchal veut-il s'assurer de la lésion du cartilage ou de la carie de l'os, qu'il prenne une sonde, qu'il l'introduise dans la plaie. S'il sent que la surface de l'os est égale, unie et polie, c'est un signe non équivoque qu'il touche le cartilage et qu'il n'y a pas carie de l'os ; mais s'il sent au contraire qu'elle soit inégale et raboteuse, c'est une preuve que l'os est carié (*voyez* CARIE), et que conséquemment à cet état de l'os il n'y a aucun espoir de guérison. M. Lafosse a cependant devers lui plusieurs exemples d'une guérison parfaite dans de vieux chevaux : il faut l'en croire d'après ses témoignages, et s'empresser toujours de lui rendre le tribut d'hommages qui appartient à un praticien aussi estimable.

Nous avons cru devoir indiquer ici les signes qui caractérisent l'incurabilité du clou de rue dans les jeunes chevaux, dans la vue d'empêcher les cultivateurs de les mettre entre les mains des maréchaux, dont les remèdes et les opérations deviendroient pour eux un objet d'une dépense onéreuse et inutile. (R.)

CLOUQUE. On appelle ainsi les poules couveuses dans le département de la Haute-Garonne. (B.)

CLOVER. C'est le TRÈFLE dans quelques cantons. (B.)

CNIQUER. *Voyez* CHICOT, arbre.

COBÉE, *Cobea*. Plante vivace à tiges ligneuses, sarmenteuses, grêles, hautes de trente à quarante pieds ; à feuilles alternes, ailées, sans impaire, terminées par deux ou trois vrilles, et composées de trois paires de folioles ovales, oblongues, entières, à demi coriacées, vertes ou pourprées, très glabres ; à fleurs grandes, campanulées, pubescentes, d'abord d'un jaune pâle, ensuite violettes, qui est originaire du Mexique, qu'on cultive aujourd'hui très fréquemment dans les orangeries, et qui est susceptible de passer les hivers en pleine terre, même dans le climat de Paris, lorsqu'ils ne sont pas trop rudes, ainsi qu'on en a acquis l'expérience pendant les trois derniers.

Cette plante, qui compose seule un genre dans la péntandrie monogynie et dans la famille des polémoines, forme des guirlandes du plus bel aspect, sur-tout lorsqu'elles sont en fleur, et elles y sont pendant la plus grande partie de l'année ; aussi la recherche-t-on beaucoup, en ce moment, dans les jardins des environs de Paris, où elle commence à devenir commune. Une exposition chaude et un sol léger sont ce qui lui convient ; mais il vaut mieux la tenir dans de grands pots, qu'on rentre l'hiver dans l'orangerie, que de la placer en pleine terre. Dans ce cas on peut couper ses tiges à un ou deux pieds du collet des racines pour éviter l'embarras qu'elles occasionneroient ; si on les coupoit rez terre, c'est-à-dire si on ne leur laissoit pas au moins un bouton, elles ne repousseroient pas, ainsi que l'a observé mon estimable ami Gillet Laumont. On la place au pied des murs, contre lesquels on la dispose en festons très élégans, ou en avant desquels on la fait courir sur des ficelles pour en former également.

La multiplication de la cobée est très facile. Elle a lieu, 1° par le semis en terre de bruyère, sur couche et sous châssis, de ses graines, qu'elle produit depuis quelques années assez abondamment dans les serres du Muséum ; 2° par déchirement des gros pieds en automne ou au printemps ; 3° par marcottes ; 4o par boutures, sur couche et sous chassis.

Je ne puis trop engager les amateurs des parties méridionales de la France de se procurer cette plante qui croîtra chez eux parfaitement bien en pleine terre. (B.)

COBITE , *Cobitis.* Genre de poissons d'eau douce qui renferme trois espèces qui intéressent les cultivateurs , en ce que l'une se plaît beaucoup dans les étangs vaseux, et la dernière dans les petits ruisseaux d'eau pure , et qu'ils peuvent facilement en tirer parti pour augmenter leurs revenus ou leurs jouissances.

La COBITE LOCHE D'ÉTANG acquiert jusqu'à un pied de long. Sa tête est pointue. Elle offre six barbillons à la lèvre supérieure et quatre à la lèvre inférieure ; chacune de ses mâchoires est armée de douze dents , dont trois se présentent en avant. Son corps est brun avec des tâches et des raies jaunes. Il est enduit d'une matière visqueuse très abondante.

Ce poisson a la vie très dure et peut rester plusieurs mois dans la terre sans manger , et il s'y s'enfonce lorsque les eaux dans lesquelles il se trouve viennent à se dessécher. Il a de grands rapports avec l'anguille. Sa multiplication est très grande. Sa chair est molle et fade.

On doit toujours mettre des cobites loches d'étang dans les étangs où il y a des brochets et des perches, parcequ'elles servent à les nourrir. Elles s'accommodent des eaux les plus vaseuses. Il est peu de fermes en Allemagne dont l'abreuvoir ou la marre n'en soit pas garni.

La COBITE LOCHE DE RIVIÈRE atteint rarement un demi-pied ; deux barbillons à la mâchoire supérieure et quatre à l'inférieure la caractérisent ; elle n'a point de dents. On la pêche dans les rivières. Sa chair est dure.

La COBITE LOCHE FRANCHE n'a jamais plus de trois à quatre pouces de long ; offre six barbillons , tous à la mâchoire supérieure ; est privée de dents ; a le corps marbré de gris et très visqueux. Elle vit dans les plus petits ruisseaux des pays de montagnes , dont l'eau est vive et le fond sablonneux. C'est un des poissons les plus délicats de l'Europe , mais aussi un des plus petits. On la connoît dans quelques cantons sous les noms de *moutelle , mouieille , barbotte , franche barbotte.*

J'en ai beaucoup pêché dans les ruisseaux des montagnes de la ci-devant Bourgogne où elle est très commune. En Allemagne on prend des mesures pour assurer sa multiplication, mesures que je voudrois voir adopter en France. Voici le procédé qu'on emploie.

On fait une fosse de huit pieds de long et de moitié de profondeur et de largeur , au milieu d'un ruisseau d'eau vive dont le fond soit caillouteux, et on la garnit latéralement de planches percées ou de claies, de manière qu'il y ait un demi-pied d'intervalle entre ces planches et les côtés, afin de pouvoir y entasser du fumier de mouton. Les cohites trouvent une nourriture abondante dans ce fumier et dans les vers qui s'y engendrent, et multiplient à un point incroyable. On peut aussi leur donner les restes des purées, des pommes de terre, des raves, des carottes cuites, du pain de chenevi, et autres graines huileuses. (B.)

COCAGNE. Préparation de la feuille du PASTEL. *Voyez* ce mot.

COCARDEAU. *Voyez* GIROFLÉE.

COCASSE. Variété de LAITUE.

COCATRE. On appelle ainsi le chapon qui n'a été châtré qu'à demi. *Voyez* POULE.

COCCINELLE, *Coccinella*. Genre d'insectes de l'ordre des coléoptères, qui renferme un grand nombre d'espèces (près de deux cents), dont quelques unes sont si communes pendant la belle saison, que tous les agriculteurs les connoissent sous le nom de *bête à Dieu*, *vache à Dieu*, *bête de la vierge*, etc.; mais peu savent qu'elles sont les ennemis de leurs ennemis et qu'elles doivent être considérées en conséquence comme étant leurs auxiliaires.

En effet, les larves de ces insectes, qui sont des vers coniques, à six pattes, et à corps tantôt lisse, tantôt tuberculeux ou épineux, vivent exclusivement de pucerons qui, comme on le verra à leur article, font beaucoup de tort aux plantes en général, et aux jeunes arbres en particulier, en soutirant leur matière sucrée, en faisant extravaser leur sève, etc. On voit chaque jour ces larves, se traînant sur les plantes au moyen de leurs pattes et d'une matière gluante dont elles sont enduites, saisir les pucerons, au milieu desquels elles arrivent, et les porter à leur bouche : le tout avec une vivacité qu'on ne croiroit pas devoir être le partage d'un animal aussi lourd.

Ces larves se transforment en s'attachant par l'anus aux plantes sur lesquelles elles ont exercé leurs massacres, et paroissent sous la forme d'insecte parfait au bout de très peu de jours, de sorte qu'il y a au moins trois générations par an parmi le plus grand nombre des espèces.

Les espèces les plus communes sont,

La COCCINELLE A DEUX POINTS, qui est rouge pâle, avec deux taches noires.

La COCCINELLE A CINQ POINTS, qui est d'un rouge de sang, avec cinq taches noires.

La COCCINELLE A SEPT POINTS, qui est rouge, avec sept taches noires.

La COCCINELLE A NEUF POINTS, qui est rouge, avec neuf taches noires.

La COCCINELLE A DOUZE POINTS, qui est jaune, avec douze taches noires dont les postérieures sont linéaires.

La COCCINELLE A TREIZE POINTS, qui est jaune, avec treize taches noires.

La COCCINELLE CONGLOMÉRÉE, qui est jaune, avec un grand nombre de taches noires qui se touchent.

La COCCINELLE A QUATORZE GOUTTES, qui est fauve, avec quatorze taches blanches.

La COCCINELLE A DEUX PUSTULES, qui est noire, avec deux taches rouges composées de plusieurs points.

La COCCINELLE A QUATRE PUSTULES, qui est noire, avec quatre taches rouges.

La COCCINELLE A SIX PUSTULES, qui est noire, avec six taches rouges.

La COCCINELLE A DIX PUSTULES, qui est noire, avec dix taches jaunes.

La COCCINELLE A QUATORZE PUSTULES, qui est noire, avec quatorze taches blanches. (B.)

COCHE. Femelle du cochon.

COCHENE. On appelle ainsi le sorbier des oiseaux dans quelques départemens.

COCHENILLE, *Coccus*. Genre d'insectes de l'ordre des hémiptères que les cultivateurs doivent désirer de connoître, et à cause des dommages que leur causent plusieurs des espèces qui le composent, et à cause du profit qu'ils retirent ou peuvent retirer de quelques autres.

Dans ce genre, les mâles sont si différens des femelles, qu'il a fallu une suite d'observations positives pour apprendre à les en rapprocher. Ils sont extrêmement petits, ont le corps allongé et deux ailes transparentes. Ils sont le produit de larves presque en tout semblables aux femelles. Les femelles ont le corps très gros, ovale, plus ou moins bombé, plus ou moins pourvu d'anneaux, selon l'espèce, et n'ont jamais d'ailes.

Ces femelles sont donc les seules dont j'aie ici à occuper le lecteur, puisque les mâles leur ressemblent dans leur premier état, et qu'alors leurs différences ne sont pas appréciables à raison de leur petitesse.

Quand la femelle des cochenilles a été fécondée, son corps se gonfle par suite du développement des œufs qu'il contient, souvent au nombre de plusieurs milliers. Au bout de quelque temps elle meurt, sans pour cela changer d'apparence. Ses petits éclosent, se répandent dans les environs pendant le jour, et rentrent le soir sous le toit protecteur du cadavre de leur mère. Cela a lieu, pour le plus grand nombre des espèces, à la fin du printemps ; mais bientôt l'augmentation de la chaleur de l'atmosphère et de la croissance de ces petits rend ce refuge inutile, insuffisant, et ils se répandent sur toute la surface de la plante. C'est alors qu'ils commencent à faire un mal réel à cette plante, en en piquant l'écorce avec leur trompe pour en sucer la sève.

Lorsqu'il y a peu de ces cochenilles sur une plante, le tort qu'elles lui font n'est pas sensible ; mais lorsqu'il y en a des milliers, même des millions, l'extravasion de la sève qui est la suite de ces nombreuses piqûres affoiblit cette plante, nuit à sa croissance, ou même cause sa mort. Il suffit d'avoir vu, dans les serres du jardin du Muséum de Paris, l'état dans lequel la cochenille sylvestre met les cactiers sur lesquels elle est placée, pour être convaincu de l'étendue et de la rapidité du mal qu'elles peuvent faire, ces cactiers étant, au bout de deux ou trois mois, ridés et même desséchés, malgré l'abondance des sucs qu'ils contiennent et la force vitale dont ils sont pourvus. D'ailleurs il n'est point de jardiniers, sur-tout de ceux qui cultivent des orangers, qui n'aient des preuves multipliées du dommage que leur causent les cochenilles, qu'ils connoissent sous les noms impropres de *poux*, de *galle*, de *pucerons*, de *punaises*, etc.

Vers le milieu de l'été, plus tôt ou plus tard, selon les espèces, les cochenilles se fixent pour ne plus changer de place pendant le reste de leur vie. Ordinairement elles choisissent la bifurcation de deux rameaux, les endroits où elles sont à l'abri de la pluie ; mais lorsqu'elles sont en grand nombre, et cela arrive souvent, elles se placent par-tout où elles peuvent ; elles couvrent quelquefois la totalité des branches de certains arbres, ainsi que j'ai eu souvent occasion de l'observer.

Quelques espèces de cochenilles sont couvertes d'un duvet cotonneux ; mais la plupart sont nues. Parmi les unes et les autres il y en a qui conservent toute leur vie leurs anneaux ; il en est qui les perdent dès qu'elles sont fixées. Ces dernières n'ont le plus souvent rien qui rappelle une organisation ; ainsi il n'est pas surprenant que, jusqu'à ces derniers temps, on ait refusé de les regarder comme appartenant au règne animal. Elles forment le genre KERMÈS de Linnæus et de quelques autres auteurs.

La plupart des cochenilles rendent, lorsqu'on les écrase, un suc rouge plus ou moins brillant, et c'est sous le rapport de ce suc que quelques unes sont si importantes à l'art de la teinture, et par suite au commerce. Qui ne sait pas que c'est avec elles et avec elles seules que l'on fait l'écarlate et toutes les nuances de couleur qui en dépendent ? Qui ne sait pas que la *cochenille proprement dite*, la *cochenille du cactier* procure annuellement à la province du Mexique, qui s'en est réservé l'éducation exclusive, plus de richesses que toutes les mines de ce royaume n'en procurent au roi d'Espagne dans le même espace de temps? La *cochenille kermès*, la *cochenille de Pologne* suppléoient celle-ci avant la découverte de l'Amérique, et n'ont cessé d'être employées que parceque leur récolte est trop difficile, ou trop longue, et par suite trop coûteuse.

Presque toutes les cochenilles passent l'hiver fixées et sans mouvement. Ce n'est qu'au printemps que les mâles, jusqu'alors, comme je l'ai dit, presque semblables aux femelles, se transforment en insectes à deux ailes, et vont féconder ces femelles, souvent alors vingt fois plus grosses qu'eux, et bientôt deux cents fois, c'est-à-dire quand elles seront pleines d'œufs.

Quoique j'aie dit que les femelles se fixoient, il en est cependant quelques unes qui ne le font point; mais c'est le plus petit nombre. Il y a même apparence que, mieux connues, elles pourront former un genre à part, comme je l'ai indiqué dans le Journal de Physique de février 1784, où j'en ai décrit et figuré une de cette division, sous le nom de *dorthesie des characias*.

Dans les pays chauds les générations des cochenilles sont bien plus rapides que dans le climat de Paris. Thierry de Menonville qui, au péril de sa vie, étoit allé enlever la vraie cochenille aux Espagnols du Mexique, pour la porter à Saint-Domingue, où on l'a laissé périr faute de soin, après la mort de ce colon, et qui a fait un fort bon traité sur la culture du cactier et l'éducation de la cochenille, a remarqué qu'elle faisoit six générations par an. Celle qui est dans les serres du Muséum, où elle a toute l'année une température égale, se multiplie sans discontinuer. Il y a donc lieu de croire qu'un grand nombre des espèces propres aux pays chauds se régénèrent sans cesse, et qu'elles sont encore plus nombreuses, encore plus dangereuses que dans les pays froids. Nous n'avons aucune observation à cet égard. Je suis peut-être le seul qui ait rapporté de ces insectes d'outre-mer.

Les espèces de cochenilles les plus communes ou les plus importantes à connoître sont,

La COCHENILLE DU CACTIER qui se trouve dans toute l'Amérique méridionale et îles qui en dépendent. Elle est oblongue, couverte d'un duvet blanc, et conserve ses anneaux. C'est celle qu'on a appelé *sylvestre*, et qu'on voit dans les serres du Muséum. Celle du *commerce*, qui est deux fois plus grosse et n'a point de duvet, est regardée par la plupart des naturalistes comme une variété de celle-ci, produite par la culture. On trouvera au mot CACTIER un court exposé de la manière dont procèdent les habitans du Mexique pour la faire naître et la récolter.

La COCHENILLE DU KERMÈS, *Chermes illicis*, Lin. , est presque ronde, et perd ses anneaux. Elle vit sur le *chêne kermès* dans les parties méridionales de l'Europe. J'en ai vu en Espagne de grandes quantités qu'on néglige, parceque les frais de sa ré= colte ne permettent pas de la mettre au taux de celle du Mexi- que. En effet le chêne kermès est très touffu, a les feuilles très piquantes, et il faut ramasser la cochenille grain à grain, ce qui est long et pénible. Cependant la couleur que donne cette cochenille est plus intense et plus durable, et par consé- quent elle a des avantages sur celle du Mexique. Il seroit peut- être possible, si on vouloit diriger les habitans des parties méridionales de la France vers ce moyen d'industrie, de la faire multiplier à volonté, et de cultiver le chêne qui la nourrit de manière à ce que sa récolte fût plus facile. Jamais, à ma connoissance, on n'a cherché qu'à profiter de ce que la na- ture en produit spontanément. La société d'agriculture de la Seine, pénétrée des avantages de relever cette branche de notre ancienne industrie, a proposé une prime d'encourage- ment pour la récolte de cette cochenille.

La COCHENILLE DE POLOGNE. Elle vit sur les racines, ou mieux, sur le collet des racines du *scléranthe vivace*, de la *pimprenelle*, de la *piloselle*, etc. Long-temps on a fait un com- merce de cette cochenille dans la Pologne et la Russie; mais la difficulté de son extraction l'a fait abandonner comme celui de la précédente. En effet il falloit arracher la plante, enlever l'insecte et la remettre en place, pour ne pas perdre l'espoir des récoltes futures. On n'exploitoit le même canton que tous les deux ans, pour donner le temps à la cochenille de se mul- tiplier.

La COCHENILLE DE L'ORANGER, *Coccus hesperidum*, Fab. , est ovale, allongée. Elle perd ses anneaux; on la trouve sur les orangers, qu'elle empêche de croître lorsqu'on ne s'oppose pas à sa multiplication. J'ai vu des orangers, négligés, en être si couverts, que leurs fleurs n'avoient pas la force de s'épa- nouir, et que leurs feuilles tomboient à la fin de l'automne. On a proposé un grand nombre de recettes pour les en débar- rasser, mais il n'y a d'autre moyen réellement efficace que de frotter toutes les branches de cet arbre avec le dos d'un cou- teau, un morceau de bois, ou un linge fort rude.

La COCHENILLE DES SERRES, *Coccus adonidum*, Fab. Elle perd ses anneaux, mais prend deux rides très saillantes en place. Elle est originaire du Sénégal, et s'est multipliée dans les serres de manière à nuire considérablement à la végéta- tion des arbres et arbustes qu'on y conserve pendant l'hiver. Ce n'est que par des soins continuels qu'on peut, non la dé- truire, ce qui est presque impossible, mais en diminuer le nombre. Il n'y a pas de moyen dont on n'ait essayé dans celle du Muséum ; mais on a toujours été obligé d'en revenir à celui indiqué plus haut.

La COCHENILLE DE LA VIGNE. Elle conserve une partie de ses anneaux ; mais du reste ressemble beaucoup à celle des orangers. J'en ai vu des treilles si chargées qu'elles n'amenoient pas leur fruit à maturité. Dans ce cas le parti le plus court est de couper tout le jeune bois à un ou deux yeux, car ce n'est jamais que sur ce jeune bois, c'est-à-dire celui de l'année précédente, qu'elle se trouve. Il est probable que c'est cette taille, ordinaire à la vigne, qui fait que cet insecte se voit peu communément dans les vignobles.

La COCHENILLE DU FIGUIER. Elle est ovale, convexe, avec une ligne circulaire d'où partent des rayons qui vont aboutir à la circonférence. Les dommages qu'elle cause aux figuiers dans les parties méridionales de l'Europe sont très considérables. Bernard rapporte qu'ils produisent moins de fruit, que leur fruit est plus petit, sans saveur et tombe pour la plus grande partie ; que les feuilles tombent également avant le temps, et que l'écorce se gerce et s'écaille ; qu'enfin beaucoup de figuiers meurent pendant l'hiver par le seul effet de la foiblesse qui est la suite de l'extravasion de sève produite par sa piqûre. On a employé des frictions et nombre de recettes pour s'en débarrasser ; mais il n'y a que des frottemens violens avec du gros linge ou des couteaux de bois qui aient produit de véritablement bons effets. Ceux de ces insectes qui s'attachent aux figues croissent plus rapidement que les autres. Ils empêchent de manger ces fruits à cause de la sanie rougeâtre qui sort de leur corps lorsqu'on les écrase ; mais on les fait sécher, et les insectes tombent par suite des procédés de cette opération.

La COCHENILLE DE L'OLIVIER est oblongue, avec des nervures élevées irrégulières. Elle fait beaucoup de tort aux oliviers, dont elle empêche le fruit de nouer, ou le fait tomber avant le temps de la maturité. Les propriétaires d'oliviers font ce qu'ils peuvent pour diminuer le nombre de ces insectes, mais ils ne réussissent pas facilement. *Voyez* OLIVIER.

Les COCHENILLES DU PÊCHER. Il y en a deux espèces sur cet arbre qui quelquefois en couvrent complètement les branches. Réaumur les a figurées pl. 1 et 2 du quatrième vol. de ses Mémoires sur les insectes, volume où se trouvent d'exellentes observations sur les cochenilles. Les jardiniers pour s'en débarrasser lavent cet arbre avec de l'eau dans laquelle ils ont fait infuser des feuilles de sureau, de noyer, etc. ; mais il n'y a réellement d'autre moyen que de frotter les branches avec un linge rude ou avec le dos d'un couteau.

La COCHENILLE DE L'ORME ne conserve pas ses anneaux. Elle

est globuleuse, blanche, avec des bandes transversales brunes.
On la trouve fréquemment sur l'orme, à la bifurcation des jeunes rameaux. C'est la plus grosse de ces pays-ci, atteignant trois lignes de diamètre. Latreille a fait à son sujet des observations précieuses. *Voyez* son Histoire naturelle des fourmis.

La COCHENILLE DU SAULE. Il y en a plusieurs espèces sur cet arbre. J'en ai observé une qui étoit si abondante, qu'il n'y avoit peut-être pas sur tout le jeune bois une ligne carrée qui en fût exempte. Lorsque je l'écrasois elle donnoit une couleur cramoisie fort vive.

Je borne ici le nombre de ces exemples, quoique je puisse dire qu'il est peu de plantes qui ne nourrissent des cochenilles. La nature leur a sans doute donné des ennemis, dont on n'en connoît qu'un; c'est un petit ichneumon qui dépose ses œufs dans leur corps, et dont les larves vivent à leurs dépens. Ce qui les empêche de se multiplier ce sont les pluies froides, puis les hivers rigoureux. Au reste on manque d'observations sur cet objet, et il faut attendre du temps quelques notions plus positives.

Voyez au mot PSYLLE le complément de cet article. (B.)

COCHLEARIA. Nom latin du CRANSON OFFICINAL.

COCHON. Ce quadrupède, véritablement remarquable par sa conformation, ses habitudes, sa lasciveté et sa gloutonnerie, appartient à tous les climats, prospère dans toutes les contrées, est, parmi les animaux de basse-cour, le moins difficile dans le choix de la nourriture; content de tout, pourvu qu'il soit plein, il s'approprie tous les alimens, même ceux que rebutent les autres animaux. C'est à la finesse de son odorat que nous devons la découverte des truffes, et il nous aide encore à déterrer ces productions singulières.

L'éducation des cochons est d'une facilité extrême pour quiconque a bien étudié leurs habitudes. Les services qu'ils rendent après leur mort sont incontestables. Qui pourroit être indifférent à l'avantage de trouver toujours dans la métairie une viande prête à devenir un mets fondamental du repas, ou à assaisonner les herbages, les légumes et les racines potagères, dont l'usage convient si évidemment aux hommes livrés à des exercices pénibles, par conséquent aux cultivateurs?

Il n'est pas douteux que s'il falloit acheter, à un certain taux, ce que généralement les cochons consomment pendant toute leur vie, on ne dût craindre qu'ils rapportassent moins de profit que les autres animaux mis à l'engrais. Les nations qui ont le plus fait de recherches pour s'assurer jusqu'à quel point cette branche de l'économie rurale pouvoit devenir profitable n'ont rien oublié pour l'améliorer; et aujourd'hui il n'y a pas une seule famille en Angleterre, habitant la campagne, qui n'élève pour son usage un ou plusieurs cochons.

L'opinion dans laquelle on est, assez généralement, que le cochon est d'un entretien dispendieux, paroît être l'ouvrage de la prévention. M. Mamon-Mallet a fait un calcul bien simple, d'après une suite d'expériences sur l'éducation de ces animaux. Ce propriétaire distingué, qui consacre ses délassemens aux détails de l'économie rurale, suppose un particulier habitant d'une ville où le fumier seroit compté pour rien ; qui n'auroit ni lavures, ni débris de cuisine à jeter ; qui seroit privé de la ressource des racines, des herbages, du marc de bière et d'amidon, du pain de suif, des tourteaux ou marcs de semences huileuses, etc. ; et enfin qui se trouveroit réduit à l'absolue nécessité d'acheter aux prix courans la farine, le son et les racines potagères nécessaires pour nourrir et engraisser ses cochons : la question dans ce cas est de savoir s'il y trouveroit du bénéfice.

Dépense. Achat d'un cochon de six mois, de belle espèce, ... 20 liv.

De dix à douze mois, il consommera, pour être très bien nourri, un demi-boisseau de son, à 10 sous le boisseau, ... 45

De douze à dix-huit mois, demi-boisseau de farine d'orge et deux tiers de son, la farine à 1 liv. le boisseau, ... 60

Pour achever un engrais parfait, il faudra trente-six boisseaux de farine pure, à 1 liv. ; 36

Total de la dépense, ... 161 liv.

Un cochon nourri et engraissé de cette manière pèsera au moins quatre cents livres ; et la livre, évaluée seulement à 10 s., donnera pour les soins, comme on voit, 39 livres.

Un préjugé contre les cochons, c'est l'idée dans laquelle on est que ces animaux se plaisent dans l'ordure, parcequ'ils paroissent trouver du plaisir à se vautrer dans la fange ; et c'est peut-être là une des causes de la médiocre attention qu'on prend à leur entretien et au renouvellement de leur litière. Mais des expériences multipliées et comparatives prouvent qu'ils n'engraissent jamais bien dans la malpropreté : d'ailleurs, le bœuf en liberté couche sur sa bouse, les chevaux et les brebis sur leur crottin.

C'est encore un autre préjugé de croire que la truie est portée à dévorer sa progéniture, parcequ'elle montre une disposition très marquée à manger l'arrière-faix ; mais elle partage cette disposition avec toutes les femelles des quadrupèdes des animaux sauvages ou domestiques, carnivores ou herbi-

vores, les plus éloignés d'avoir en aucun temps un caractère
vorace ; et quoique plusieurs habiles vétérinaires aient eu l'occasion d'observer que celles auxquelles on laisse manger le
délivre n'en sont pas incommodées, cependant on doit chercher à les en empêcher, dans la crainte qu'elles ne contractent
d'autres habitudes aussi vicieuses. Nous dirons seulement que
la truie, souvent mal nourrie, n'en prend pas moins des soins
infinis de ses petits.

Un mérite particulier qu'on ne conteste pas à la femelle du
porc, c'est le courage avec lequel elle les defend contre les
ennemis qui les menacent ; le moindre cri de leur part éveille
sa sollicitude, la violence anime sa fureur, et rien ne l'inti-
mide ni ne lui résiste : le danger disparu, elle rassemble sa famille dispersée, en fait le recensement, et s'il lui manque
quelqu'un des siens, elle en fait la recherche avec un empres-
sement digne du plus grand intérêt. D'ailleurs, il n'y a personne qui, ayant vu naître des cochons, n'ait remarqué que
le premier usage que ces jeunes êtres font ordinairement de
leur existence, est de se traîner à la tête de leur mère souf-
frante, et de lui prodiguer des caresses qui semblent avoir pour
objet d'adoucir les douleurs qu'ils lui ont causées, ils viennent
ensuite choisir un mamelon qui est leur domaine : alors, chacun reconnoît le sien, le distingue et s'y attache exclusivement ;
de sorte que si l'un de la troupe vient à manquer, le mamelon
qu'il tetoit tarit et se dessèche en peu de jours. Ces faits, auxquels il seroit possible d'en ajouter une foule d'autres, ne
semblent-ils pas prouver que les imperfections de la forme
grossière du cochon ont beaucoup contribué à charger le tableau de sa stupidité.

Différentes races de cochons. Les cochons à grandes oreilles
sont la première race : elle existe aussi en Allemagne et en
Angleterre ; mais comme elle n'est ni robuste ni féconde,
que la chair en est grossière et fibreuse, on a donné la préférence à la race un peu moins forte, parcequ'elle produit le
plus de bénéfices au cultivateur, qu'elle s'engraisse plus facilement et plus promptement : c'est la plus multipliée en France.
On en distingue, par rapport à la couleur, trois variétés ; la
première est noire et très commune vers le midi de la France ;
la seconde est blanche, et se rencontre particulièrement au
nord, sur-tout dans la Westphalie, quoique moins brune et
plus élancée ; enfin, la troisième est pie, ou pie noire, ou pie
blanche, et plus généralement répandue au centre de la France.
Les roux paroissent les plus estimés.

Parmi les diverses races de cochons qui existent en France,
il y en a trois bien distinctes, et toutes trois bonnes. La première est celle de la vallée d'Auge, dans la ci-devant Norman-

die, où se trouve la race pure : presque dans tout le nord, l'ouest et au centre de la France, elle est croisée, et forme, avec des variétés infinies, ce qu'on appelle le cochon commun. Les caractères de la race pure sont la tête petite et très pointue, les oreilles étroites, le corps long et épais, le poil blanc et peu abondant, les pattes minces, les os petits ; elle se nourrit très bien avec du trèfle, de la luzerne, du sainfoin et autres herbes ; elle prend bien la graisse, et parvient au poids de plus de six cents livres.

Le cochon blanc du Poitou forme la seconde race. Il a la tête longue et grosse ; le front saillant et coupé droit, l'oreille large et pendante, le corps allongé, le poil rude, les pattes larges et fortes, le corps long et de gros os. Son plus grand poids n'excède pas cinq cents livres.

La troisième race est celle dite du Périgord. Elle a le poil noir et rude, le cou court et gros, le corps large et très ramassé. On a expérimenté que cette race donnoit plus de profit croisée avec celle du Poitou, et c'est de ce croisement qu'est sortie la race pie, qui est maintenant très répandue dans le midi de la France, et qui est excellente.

Quelles sont les différentes races de porcs qui conviennent à chaque département ? Quelle est celle qui acquiert le plus grand volume ou l'engrais le plus complet et le plus rapide ? Quel croisement il seroit le plus avantageux d'essayer entre ces races ou avec des races étrangères ? Telles sont les questions pour la solution desquelles la société d'agriculture du département de la Seine avoit proposé, en l'an 7, un prix de 600 fr., qui devoit être décerné dans sa séance publique de la fin de l'an 10. Le but de la société étoit d'avoir un manuel propre à être mis entre les mains des habitans de la campagne, et qui renfermât sous un petit volume tout ce qu'il leur importe de savoir de plus essentiel à cet égard. Le vœu de la société n'ayant pas été rempli, elle prorogea ce prix jusqu'à la fin de l'an 13, et accorda à différens mémoires une médaille d'or à titre d'encouragement pour les recherches auxquelles se sont livrés leurs auteurs.

La société a décidé qu'elle ne remettroit plus cet objet au concours ; mais elle s'est réservé d'accorder à l'auteur du mémoire qui répondra à la question, sous ses différens rapports, une récompense proportionnée au mérite de son travail. Le manuel qu'elle demande me paroît facile à faire. Il existe plusieurs ouvrages qui peuvent être regardés comme des traités complets sur cette matière. Je citerai entre autres *le Parfait porcher*, écrit en langue allemande ; les expériences et les recherches d'Arthur Young ; enfin, un article inséré dans la partie de l'agriculture de l'Encyclopédie, où j'ai cherché à rendre communes à la France les connoissances acquises par ses voisins, relativement à cette branche utile de l'économie rurale et domestique.

Nous pensons que de tous les croisemens qu'on doit adopter, il faut donner la préférence à ceux qui, dans le temps le plus court et avec le moins de fourrage possible, donnent les plus grands produits en lard ferme, en graisse et en chair fine, et ont de petits os : en cela, il paroît que le cochon noir à jambes courtes l'emporte ; il est le résultat du croisement de la race des cochons d'Asie avec la grande truie originaire de Normandie. Cette race métisse a une teinte noire interrompue par une bande blanche, de cinq à six pouces de longueur, qui ceint la poitrine en arrière du cou. Cette race paroît réussir dans les pâturages ; elle y passe une grande partie de l'année, et il ne reste à la porcherie que les mères qui allaitoient et les cochons qu'on engraisse.

Choix du verrat. Une différence qui caractérise le sanglier et le cochon domestique, c'est que dans celui-ci la plus grande quantité de graisse se dépose sous la peau, tandis qu'elle est plus généralement et plus abondamment distribué entre les muscles des cochons sauvages.

Il faut pour que le verrat destiné à servir d'étalon réunisse les qualités convenables, qu'il ait les yeux petits et ardens, la tête grosse, le cou grand et gros, les jambes courtes et grosses, le corps long, le dos droit et large ; un seul peut suffire à vingt truies ; mais il est prudent de le borner à seize pour avoir constamment une postérité plus robuste. Quoiqu'il soit en chaleur dès l'âge de six mois, quelques écrivains prétendent qu'il n'est de bon service qu'à dix-huit mois ou deux ans, et qu'à la faveur de ce ménagement, il peut continuer à propager son espèce jusqu'à quatre à cinq ans ; mais une pratique générale dépose contre cette assertion. Dans tous les pays où on élève beaucoup de cochons, les verrats ne servent les femelles que depuis l'âge de huit mois jusqu'à celui de dix-huit, et cependant on ne s'aperçoit pas que les races y dégénèrent. A cette époque ils commencent à devenir méchans, et à deux ans il n'y en a point qui ne soient dangereux et féroces : aussi lorsque le troupeau de cochons se rend à la glandée choisit-on exprès un verrat, c'est-à-dire un gardien sûr contre l'attaque des loups.

Choix de la truie. On doit choisir une truie conformée sur le modèle du verrat, d'un naturel tranquille et d'une race féconde. Il faut qu'elle ait le corps allongé, les reins et les épaules larges, ainsi que les oreilles, le ventre ample, les mamelles longues et nombreuses, les soies naturellement douces.

La fécondité de la truie a donné lieu aux mêmes réflexions

que celle dont on a parlé à l'occasion du verrat, et l'on a avancé que la première portée qu'elle donneroit avant deux ans seroit foible et imparfaite; cette assertion n'est pas non plus dénuée de fondement : néanmoins le cochon n'étant utile que par ses résultats, il convient d'en tirer parti le plus tôt possible. Une truie peut devenir mère au bout d'une année, et on en a vu de l'espèce de la Chine donner à dix-huit mois de très bon produits.

Des cochons aux champs. Comme les cochons sont naturellement gourmands, indociles, et par conséquent difficiles à gouverner en troupeaux, il n'est guère possible à un homme d'en surveiller plus d'une soixantaine environ. Sa principale attention doit consister à ne les conduire que sur les jachères, sur les friches, dans les bois, dans les lieux humides et marécageux où ils trouvent des vers, ainsi que des racines sauvages en fouillant le sol avec leur boutoir, à les écarter des voieries et des boucheries ; à empêcher qu'ils ne s'enterrent dans un tas de fumier, parceque la surface de leur peau se remplit d'ordures, et les intervalles entre leurs soies se couvrent d'une croûte qui arrête leur transpiration, et préjudicie beaucoup à leur développement.

De la truie pleine. Il est nécessaire de la tenir renfermée sous le toit avec le verrat pendant quelques jours, pour qu'elle soit fécondée. Elle porte cent treize jours, et met bas le cent quatorzième, ou comme on dit vulgairement trois mois, trois semaines et trois jours ; or, c'est parcequ'elle n'exige pas tout-à-fait quatre mois pour la gestation qu'on a prétendu qu'elle pouvoit avoir trois portées dans le cercle d'une année ; mais quel en seroit le résultat ?

L'époque la plus avantageuse pour faire saillir la truie, quand on se propose d'élever les petits, est depuis le milieu de novembre jusqu'en juin ; ils ont alors le temps de se développer, de se fortifier avant l'hiver, et souvent de résister aux rigueurs du froid ; si au contraire les cochonnets sont destinés pour la boucherie, on doit s'attacher à les faire naître dans toutes les saisons, et spécialement dans celles où ils se vendent le mieux.

En ne donnant les mâles aux femelles que deux fois l'année, les petits ont le triple avantage de naître plus forts, de téter plus long-temps, d'avoir le lait plus substantiel, et on ne sauroit donc trop blâmer cette cupidité insatiable qui rapproche ainsi les portées.

Il faut interrompre la fécondité du verrat et de la truie vers la sixième année. A cette époque ils ne doivent plus être gardés pour le soutien de la race, il convient de les châtrer tous deux, en enlevant à l'un les ovaires, et à l'autre les testicules ; sans cette soustraction ils prendroient mal l'engrais, coûteroient plus de nourriture, fourniroient une chair coriace et de mauvaise qualité.

De la truie après avoir cochonné. Dès qu'on est assuré que la femelle est pleine, il faut en séparer le verrat, augmenter sa nourriture sans cependant l'engraisser ; car alors ce seroit l'exposer à perdre la vie en mettant bas, à n'avoir pas suffisamment de lait pour allaiter la famille naissante, et à écraser les nouveau nés par son poids et sa maladresse.

La portée ordinaire est de dix à douze ; mais l'expérience a démontré qu'au lieu de choisir des truies fécondes à l'excès, il y a du bénéfice à ne pas faire nourrir trop de cochonnets par la même truie. Les portées composées de huit à neuf petits sont beaucoup meilleures que celles de dix à douze, parcequ'ils naissent plus gros, que la mère les nourrit mieux et se fatigue infiniment moins.

Au moment de la délivrance on fortifie la mère en lui donnant un mélange d'eau tiède, de lait et d'orge ramollie par la cuisson ; on met ensuite à sa disposition tout ce qui sort de la cuisine et de la laiterie, en donnant aux résultats un caractère acide au moyen d'un peu de levain délayé ou de pâte fermentée, dont les cochons sont assez avides, sans compter que dans cet état la nourriture devient un préservatif contre nombre de maladies auxquelles cet animal est sujet.

Mais la nourriture la plus ordinaire, après que la femelle a mis bas, consiste, matin et soir, en un picotin d'orge cuite ou moulue, auquel succède une eau blanche composée de deux bonnes poignées de son sur un seau d'eau tiède. Au bout de quinze jours, si la saison le permet, on envoie la truie aux champs.

Des cochonnets. Lorsqu'on craint que la truie qui vient de cochonner pour la première fois ne mange les petits, on fournit à la mère une nourriture surabondante les deux ou trois jours qui précèdent le part, et on frotte le dos des cochonnets avec une éponge trempée dans une décoction de coloquinte ou d'autres substances douées de la même amertume. Les premiers soins qu'on leur donne les accoutument à téter, et bientôt la mère se complaît à les allaiter. La surveillance alors devient moins difficile, mais il faut les visiter de temps en temps, nourrir amplement la truie avec des racines cuites, telles que navets et pommes de terre écrasés et étendus dans du petit-lait avec de la farine d'orge. Quand cette espèce de purée seroit devenue aigre, à cause de la chaleur de la saison, il ne faudroit pas en interdire l'usage, puisqu'on a proposé de la faire aigrir exprès pour augmenter ses effets, et on connoît la propension qu'ont les cochons pour tout ce qui est fermenté.

La boisson est de l'eau blanche; mais il faut avoir la précaution de la mettre dans un baquet peu profond, dans la crainte que les cochonnets ne s'y noient.

Cochons de lait. Dans le cas où la portée seroit extrêmement nombreuse, comme de dix à douze, il ne faut pas souffrir que la mère les allaite plus de trois semaines; alors on doit en supprimer un tiers, et ceux-là portent le nom de cochons de lait, dont il est facile de se défaire, parcequ'à cet âge leur chair est plus délicate, plus savoureuse, moins indigeste que quand ils ont à peine quinze jours. C'est en tétant leur mère, quand elle est parfaitement bien nourrie, que les cochons de lait acquièrent de la graisse; les veaux et les agneaux s'engraissent de cette manière, au moyen du lait et de substances farineuses délayées dans de l'eau; leur chair est blanche et très tendre, si, en les tuant, on les laisse saigner le plus possible. Pour opérer, sans inconvénient, la séparation des petits d'avec la mère, il convient de faire sortir celle-ci du toit, en flattant sa gourmandise par quelques poignées de grains; les mâles sont gardés de préférence pour élève, parcequ'ils deviennent ordinairement plus forts et se vendent toujours mieux que les femelles. Six à huit au plus suffisent à la mère, qui, soulagée dans son allaitement, augmente d'autant la force des élus.

Sevrage des cochonnets. A mesure que les cochonnets se développent, on leur donne du petit-lait chaud, dans lequel on délaye du caillé, du son gras, de la farine d'orge, de seigle ou de maïs, selon les ressources du pays. Les habitans dépourvus de laiteries y suppléent par de la farine délayée dans l'eau. Au bout d'un mois, on augmente leur nourriture en y ajoutant des choux, des pommes de terre et autres racines potagères cuites pendant l'absence de la truie et à part des cochons plus âgés qui pourroient la leur disputer et les estropier, et deux mois après leur naissance ils peuvent se passer de la mère: un plus long espace de temps la fatigueroit et l'épuiseroit trop pour la seconde portée. On a soin de les laisser aller aux champs, pour les accoutumer insensiblement au régime ordinaire et à suivre leur mère.

Des expériences, faites en dernier lieu, ont prouvé que l'usage de la laitue étoit avantageux pour les truies qui nourrissoient, qu'il accéléroit le sevrage de quinze jours et offroit un moyen d'économiser le lait et le grain.

Quand la truie a fait plusieurs portées et qu'elle a pris graisse, elle se nomme coche, et les cochonnets ne s'appellent cochons qu'après avoir subi l'opération qui leur enlève la faculté de se reproduire.

Nourriture des cochons. On seroit fondé à reprocher à beaucoup de fermiers une sorte d'ingratitude envers les cochons ; la plupart ne sèment rien pour leur nourriture, aucune récolte ne leur est assignée : ces animaux semblent destinés à vivre sur le commun, c'est-à-dire à ne manger que les rebuts des autres, jusqu'au moment où ils ont décidé de les mettre à l'engrais. Mais plus éclairés maintenant sur leurs véritables intérêts, ils proportionnent le nombre qu'ils peuvent en élever aux ressources locales ; ils profitent à cet égard de tout ce qu'elles peuvent offrir. Ils ne se bornent donc pas à la ressource des fruits greffés ou sauvages que les vents ont abattus, des débris de la laiterie et de la cuisine, des graines de toute espèce avancées, à tous ces pains connus sous le nom de tourteaux, qui ne sont que le marc des semences de lin, de navette, de colsat, de pavot, de chenevis, de noix, après qu'on en a retiré l'huile, en associant la farine avec les racines potagères dont ils font une pâte liquide plus délayante que substantielle, et avec laquelle ils entretiennent les cochons jusqu'au moment de les enfermer pour les mettre à l'engrais.

Indépendamment de ces ressources, dont l'effet est connu ; les fermiers intelligens, qui ont bien calculé les avantages qu'on retire de l'éducation d'une certaine quantité de cochons, doivent leur abandonner encore exclusivement la luzernière ou la tréflière (pièce de luzerne ou de trèfle) dans le cas où ces prairies artificielles ont déjà été pâturées par les chevaux et les vaches, parceque les cochons mangent l'herbe également par-tout et qu'elle seroit perdue sans cet utile emploi.

Toutes les racines potagères, sans en excepter aucune, étant recherchées par les cochons, et considérées comme pouvant suppléer les grains, dans ce cas on les leur administre crues ou cuites, avec la précaution de les diviser par tranches menues.

Mais dans le nombre de ces racines, la pomme de terre, si facile à se procurer par-tout, est celle qui convient le mieux aux vues qu'on a de nourrir à peu de frais les cochons. On peut conduire ces animaux plusieurs jours de suite dans les champs où ces racines ont été récoltées ; en fouillant la terre ils y trouvent celles qui ont échappé à la récolte.

En Amérique, où la main-d'œuvre est fort chère, on a imaginé de simplifier plusieurs opérations rurales ; quand il s'agit de faire servir les pommes de terre à la nourriture des cochons, on divise, à l'époque où elles sont mûres, les champs à quatre perches de distance du commencement ; on y met ensuite les cochons, ainsi que l'auge nécessaire pour les abreuver. Ces animaux trouvent facilement ce qu'ils aiment. La division est

replacée à trois ou quatre perches plus avant, et ainsi de suite.
D'où résulte un double avantage : celui d'épargner des soins et
des dépenses de récolte, et de préparer la terre pour la culture
qui doit succéder. N'oublions pas de compter au nombre des
moyens peu dispendieux de nourrir les cochons, mais praticables
seulement dans le voisinage des forêts, les glands et les
faînes dont ces animaux se gorgent quand on les conduit dans
les forêts ; ils n'ont besoin à leur retour que d'une eau blanche
ou même d'eau pure ; nous ne parlerons pas de l'époque où il
faut donner le gland aux cochons, la quantité qu'ils doivent
en manger, le moment où il faut cesser son usage ; mais nous
observerons que ce fruit affermit la chair et la graisse de l'a-
nimal, en même temps qu'il augmente la saveur de l'un et de
l'autre.

Il n'en est pas de même de la faîne ; quoique très recommandée comme moyen économique de nourrir les cochons :
ceux qui s'en nourrissent ne donnent qu'un lard mou, huileux
et de peu de garde ; il fond à la moindre chaleur, et la viande
prend mal le sel. Le fruit du hêtre aura une destination plus
utile dans l'économie domestique, parceque le marc qui en ré-
sultera n'ayant plus que le caractère mucilagineux, comme
celui des autres semences émulsives qui auroient subi la même
préparation, deviendra une bonne nourriture sans avoir les inconvéniens remarqués.

Des cochons à l'engrais. L'âge le plus convenable à l'engrais
des animaux est celui où ils ont acquis tout le développement
propre à leur espèce. On doit, dans les premiers temps de l'éducation des cochons, se borner à les rationner, c'est-à-dire à leur
donner une nourriture modérée, plus délayante que substantielle, capable seulement de les entretenir en bon état, de les
empêcher d'être trop voraces, de les rafraîchir et de détendre
leurs viscères ; mais lorsqu'il s'agit de les mettre à l'engrais,
il ne faut rien épargner de tout ce qui peut y contribuer le
plus promptement possible.

Naturellement gloutons ils s'engraissent avec toute sorte de
nourriture donnée abondamment, à des heures réglées et dans
un état approprié. Il convient donc de se servir de leur appétit
et de toutes les ressources du canton pour parvenir à ce point
d'utilité. On peut mettre à l'engrais les cochons destinés au petit-salé lorsqu'ils ont atteint huit à dix mois ; mais il faut
qu'ils en aient au moins dix-huit pour fournir le lard ; ce n'est
pas qu'ils ne croissent encore pendant quatre ou cinq ans, rarement à la vérité on laisse vivre tout ce temps un animal qui doit
payer plus tôt les soins et les dépenses qu'il a coûtés à son maître.

Tous les cochons ne sont pas également disposés à prendre
une bonne graisse, les uns exigent plus de temps et consom-

ment davantage de nourriture que les autres. Il faut donc faire choix de bonnes races, et des moyens les plus propres à donner à ces animaux la plus grande valeur; ces moyens peuvent être réduits à cinq principaux; savoir,

1° La castration;

2° L'état de repos où doit être le cochon;

3° L'espèce, la forme et la quantité de nourriture à lui administrer;

4° Le choix de la saison;

5° L'attention de commencer l'engrais par l'aliment le moins friand et le moins nutritif, et de le terminer par le plus substantiel, celui que l'animal mange le plus volontiers.

C'est le premier moyen d'engrais; il a évidemment une grande influence sur l'accumulation de la graisse et la perfection des autres résultats.

De la castration des cochons. L'opération peut se pratiquer à tout âge; mais plus l'animal qui la subit est jeune, moins les suites en sont funestes; encore au régime du lait il guérit plus vite que s'il étoit sevré, et la chair en est plus délicate à la vente. Il ne devient pas aussi beau que s'il avoit achevé son accroissement. Dans certains endroits c'est depuis quatre jusqu'à six mois que la castration a lieu, peu importe d'ailleurs dans quelle saison, pourvu que la température soit douce, parceque les chaleurs vives et le grand froid rendroient la plaie également dangereuse et de difficile guérison.

Mais quelle que soit la manière d'opérer, suivant l'âge et le sexe, il faut toujours, quand il s'agit des femelles, prendre garde, avant de les couper, qu'elles n'aient pas eu de communication avec les mâles, car si elles étoient en gestation elles avorteroient d'abord, et courroient des dangers pour la vie; avoir l'attention d'enlever la totalité de l'ovaire, l'expérience ayant appris que s'il en reste une partie, elles conserveroient une disposition à la propagation. Enfin les verrats et les truies, mis à la réforme, peuvent et doivent être également châtrés, sans quoi leur chair seroit dure, coriace et peu économique. Les mâles qui ont été long-temps étalons, et les femelles longtemps nourrices, n'engraissent jamais qu'imparfaitement. Les cochons qu'on doit garder de préférence pour élever sont ceux de la portée du printemps; en hiver ils sont pincés par le froid, ce qui les empêche de se développer. On a remarqué que les meilleurs à garder sont les femelles, parcequ'elles ont plus de lard et rapportent par conséquent plus de profit à la ferme.

De l'état de repos où doit être le cochon pour engraisser. Le repos absolu convient pour hâter la graisse. Placés à l'abri de la lumière, du bruit et de tout autre objet capable d'émouvoir leurs sens, les cochons parviennent d'une manière plus prompte et par conséquent moins dispendieuse à l'engrais : tel doit être le but du propriétaire ; mais il faut en même temps leur fournir suffisamment de litière, la renouveler souvent, éloigner des étables les grogneurs qui, empêchant leurs compagnons de dormir, retarderoient l'engrais, quand bien même la nourriture seroit surabondante.

Une longue expérience a appris aux Américains que l'usage du soufre mêlé avec l'antimoine, donné de temps en temps aux cochons, leur est extrêmement utile, parceque ces deux ingrédiens les purgent insensiblement, les entretiennent dans un état de perspiration qui les provoque au sommeil et les dispose à engraisser beaucoup mieux que ne pourroient le faire la farine d'ivraie, les semences de jusquiame et de pomme épineuse, proposées dans tous les traités d'économie rurale pour mêler à leur manger.

Il y a des cantons où, pour prévenir les dégâts des cochons et les faire arriver plus tôt au maximum de l'engrais, on leur casse les dents incisives, et dans d'autres on leur fend les narines ; enfin, une saignée paroît quelquefois à propos pour déterminer la cachexie graisseuse.

Préparation de la nourriture pour l'engrais des cochons. Les semences farineuses sont sans contredit les matières les plus efficaces pour atteindre le but désiré, puisqu'indépendamment de leur sécheresse, elles renferment beaucoup de principes nutritifs sous peu de volume.

Mais il convient de choisir entre elles les moins chères dans le canton qu'on habite. Au midi, et à l'ouest de la France, c'est le maïs ; au nord, l'orge, les pois, les fèves, les haricots les suppléent.

L'avidité avec laquelle les cochons se jettent sur les herbages bouillis, sur les grains et sur les racines ramollies, gonflées, sur les résidus des brasseries, des distilleries de grains et des amidonneries au sortir de la chaudière, prouvent suffisamment les avantages qu'il y a de leur administrer la nourriture, après avoir subi la cuisson, dans l'état chaud ; nous ajouterons que les fruits de la famille des cucurbitacées leur donnent la diarrhée, que la viande crue les échauffe, se digère mal, et rend furieux ces animaux ; que ce n'est qu'en soumettant l'un et l'autre à la cuisson qu'on vient à bout de prévenir de pareils inconvéniens.

Mais ce qui paroît convenir davantage à leur engrais, c'est la diversité des alimens cuits et réduits à la consistance requise : le lard, la graisse et la chair ne sont ni aussi fermes, ni aussi abondans quand la nourriture est formée d'une seule substance et de nature délayante. Les cochons entretenus dans les châlets, sur les Alpes, avec du lait pur, ou ses produits, n'en fournissent que du mou, qui ne gonfle pas au pot.

Il faut donc convenir que, si on veut conserver au lard son goût et sa fermeté, on doit empêcher qu'il ne se dénature dans la cuisson; ajouter toujours à la nourriture, quand elle est composée de matières fluides et relâchantes, quelques substances astringentes et toniques, comme le tan, l'écorce de chêne, le gland, les fruits acerbes et amers pour soutenir l'action de l'estomac, et prévenir les flutuosités; c'est peut-être pour produire cet effet que, dans certaines contrées, l'usage est de laisser dans l'auge du cochon un boulet que d'autres remplacent par l'emploi d'un vase de fer pour l'apprêt de la mangeaille.

De la saison la plus favorable à l'engrais des cochons. L'automne est la véritable saison qu'il faut choisir, non seulement par la raison qu'il y a alors beaucoup de fruits sauvages dont on ne tireroit aucun parti sans cet emploi, mais encore à cause des débris des récoltes, des balayures et criblures de grains qui sont très communes. Cette époque d'ailleurs est celle que la nature semble avoir plus spécialement affectée au domaine de la graisse. On voit le gibier engraisser en peu d'heures : les chasseurs annoncent d'avance qu'il sera plus gras aujourd'hui qu'il n'étoit hier : une journée un peu sombre, un brouillard épais rendent souvent les grives, par exemple, qui ne valoient rien la veille, plus délicieuses que celles que les plus illustres gourmands ne sauroient manger. La transpiration arrêtée semble se changer en graisse, et l'air rafraîchi la laisse mieux se développer et augmenter que le temps chaud. Cependant, quoiqu'on ne sache pas précisément à quoi tient la disposition à la graisse, il paroît que quand les cochons ont atteint le point d'engrais convenable, il n'y a point de temps à perdre pour les tuer, autrement la cachexie graisseuse, cette pléthore générale, pourroit donner lieu à la maladie connue sous le nom de gras fondu, et la mort en seroit bientôt la catastrophe.

Forme à donner à la nourriture les derniers jours de l'engrais. Un des moyens de disposer les cochons à prendre graisse, c'est de leur dispenser la nourriture, ainsi que la boisson, dans des formes et des quantités convenables, et à des heures réglées, en ne les nourrissant d'abord que foiblement les deux ou trois premiers jours qui précèdent leur entrée sous le toit, pour n'en plus sortir. Ce préparatoire excite la faim chez ces animaux, distend leurs viscères, les détermine à manger plus goulûment.

A mesure qu'on approche du terme de l'engrais, et que l'animal gorgé d'aliment n'a plus une grande énergie, il faut délayer la farine moulue grossièrement dans l'eau, et la convertir par la cuisson en une bouillie d'abord claire, qu'on réduit ensuite à la consistance d'une pâtée, afin qu'elle ne contienne plus que la quantité d'eau nécessaire pour la détremper.

Pour leur administrer cette nourriture ainsi épaissie, les Anglais se servent d'une machine qui leur a constamment réussi; c'est une espèce de trémie enfoncée, mais dont une des parois est ouverte depuis le fond jusqu'à quatre ou cinq pouces (douze ou quinze centimètres) de hauteur, sur deux ou trois pouces (six à neuf centimètres) de largeur; elle est suspendue au-dessus d'une auge de la capacité d'un pied et demi cube (cinquante centimètres cubes); on jette la mangeaille dans cette trémie un peu inclinée, et il n'en tombe qu'autant que les cochons peuvent en manger. On se sert encore, avec le même succès, d'un autre instrument à la faveur duquel les cochons, vers les derniers jours de l'engrais, sont pris par les quatre pattes, et n'ont de libre dans leurs mouvemens que la mâchoire, en sorte que tout ce qu'ils avalent jusqu'au dernier moment de leur existence tourne au profit de la graisse; mais dès qu'ils laissent de leur mangeaille, et que l'appétit diminue sensiblement, ils ne tardent guère à réunir toutes les qualités nécessaires pour entrer dans le saloir; on ne doit pas différer alors de les tuer.

Commerce des cochons. Nos premiers parens ont porté le goût de la cochonaille par-tout où ils s'établirent; elle formoit autrefois un des principaux articles du commerce de la Gaule.

Il est constant que les fermiers qui proportionneront le nombre de leurs cochons à celui de leurs bestiaux, à l'étendue de leur exploitation, et à la facilité de leurs débouchés, en tireront toujours un parti avantageux pour les besoins du ménage, et même pour en faire un commerce lucratif, s'ils ont surtout le bon esprit de n'adopter et de ne multiplier que la race qui, dans le plus court délai, et avec le moins de dépense possible, parvient à donner les verrats les plus vigoureux, les truies les plus fécondes, et les élèves les plus faciles à prendre l'engrais, à fournir le petit-salé, ainsi que le lard le plus abondant et le plus parfait.

Le tableau des dépenses qu'il en coûte pour donner aux porcs les qualités qui rendent ordinairement leur commerce praticable ne peut, comme un simple aperçu, être présenté, puisque chaque canton a sa méthode d'engraisser ces animaux, et qu'elle est toujours réglée sur les ressources locales; tantôt ce sont les semences céréales et légumineuses, tantôt les fruits sauvages et les racines potagères, tantôt enfin les résidus, les marcs des brasseries, des distilleries de grains, des amidonneries, des fonderies de suif, des huileries, denrées qui toutes ont des prix trop variés pour en déterminer la valeur réelle.

Quand bien même on ne retireroit de la vente des cochons que les frais qu'ils auront coûté réellement, on y gagnera toujours le fumier qu'on obtiendra de leur litière et de leurs soies, dont on fait des vergettes et des pinceaux, et une foule de matières alimentaires incapables, sous toute autre forme, de procurer autant d'utilité et d'argent.

Aux Etats-Unis d'Amérique, on tanne la peau, et c'est alors qu'on peut dire avec vérité que rien n'est perdu de la dépouille du cochon.

Ne nous lassons pas de le répéter, ces animaux seront un foyer de ressources dans les campagnes, dès que leurs habitans emploieront pour les nourrir, les gouverner et les engraisser, des combinaisons plus raisonnées. (PAR.)

COCO. Fruit du COCOTIER.

COCON. Enveloppe de soie, souvent mêlée avec une espèce de gomme-résine, avec des poils, et autres corps étrangers, et dans lequel les chenilles des bombices, de quelques noctuelles, et autres genres voisins, se transforment en chrysalide, et d'où elles sortent dans l'état d'insectes parfaits.

On applique plus particulièrement ce mot, dans l'usage ordinaire, au cocon de la chenille du mûrier, au VER A SOIE. *Voyez* ce mot. (B.)

COCONNIÈRES. *Voyez* MAGNANIÈRES.

COCOTIER, *Cocos*, Lin. On donne ce nom à un genre d'arbres étrangers de la famille des PALMIERS et de la monœcie hexandrie. Ces arbres, qui s'élèvent à différentes hauteurs, croissent naturellement dans les Deux-Indes et en Afrique; et ils y sont cultivés à cause de l'utilité qu'on retire de toutes leurs parties pour les divers usages ou besoins de la vie.

Il n'existe ou on ne connoît du moins qu'un petit nombre de véritables espèces de cocotiers, parmi lesquelles on distingue le COCOTIER proprement dit, *Cocos nucifera*, Lin. C'est le seul dont il sera ici question. Cette espèce comprend plusieurs variétés constantes, qui diffèrent entre elles principalement par la forme et la grosseur des fruits. Dans les unes le fruit est ovale ou de forme turbinée; dans d'autres, il est sphérique ou de forme ovoïde.

Le cocotier appartient à la classe des végétaux à un seul cotylédon. Il ne peut se multiplier que par son fruit ou noyau, qui germe ordinairement au bout de dix-huit à vingt jours. En le mettant en terre, on doit le placer dans sa longueur et sur un plan incliné de manière que sa tige naissante ne soit pas forcée à se courber pour se montrer au dehors. On plante le cocotier à demeure ou en pépinière. On choisit pour cela les noix les plus saines, point fêlées, et recouvertes de leur caire ou enveloppe fibreuse. Le terrain doit être disposé pour faciliter l'irrigation; car cet arbre aime l'eau, et a sur-tout besoin d'être arrosé souvent dans sa jeunesse. On voit aux Indes beaucoup de cocotiers sur les bords de la mer et dans les sables même qu'elle baigne. Les Indiens, dit M. Legoux de Fleix, auquel j'emprunte une partie des choses contenues dans cet article, regardent le sel marin comme si avantageux aux cocotiers, qu'ils en jettent tous les ans à leur pied une certaine quantité pour les rendre plus productifs. Ils ne cultivent ainsi que ceux qui croissent à quelque distance de la mer.

Le cocotier se plaît dans tous les terrains, même les plus sablonneux, pourvu qu'il ne manque point d'eau; il préfère les terres légères aux fortes. Toutes les saisons sont favorables à sa transplantation. On le transplante ordinairement depuis l'âge de huit mois jusqu'à quinze mois. On peut faire sans inconvénient cette opération plus tard, et quand il a deux ou trois ans; mais alors son succès n'est pas aussi assuré. Quand on le transplante on creuse des fosses de vingt à vingt-deux pouces de profondeur sur une largeur égale; on laisse sécher la terre, et on met au fond des fosses une couche de sel sur laquelle se place le jeune pied. S'il est transplanté fort jeune, il suffit de labourer la terre avec la houe autour du plant pour le dégager de son enveloppe ligneuse, dans laquelle les racines sont encore renfermées. Mais s'il est déjà fort quand la transplantation a lieu, on doit alors le déplanter avec beaucoup de précaution, enlevant soigneusement, avec les racines, toute la terre qu'elles retiennent. On le place verticalement, afin que dans sa croissance il ne puisse prendre aucune inclinaison. Les plants sont alignés. On remplit les fosses de terre, qu'on foule légèrement d'abord et plus fortement après, pour assujettir le pied dans la position qui lui a été donnée. Les cocotiers nouvellement transplantés doivent être arrosés après le coucher du soleil, et garantis pendant les huit ou dix premiers jours de la trop grande ardeur de ses rayons. Jusqu'à ce que ces arbres aient acquis une certaine hauteur, on peut cultiver entre leurs pieds plusieurs plantes utiles auxquelles leurs racines ne sauroient nuire à cause de leur peu d'étendue.

Le cocotier croît avec lenteur. Son tronc droit et élancé s'élève communément à cinquante ou soixante pieds, quelquefois à quatre-vingts et quatre-vingt-dix. Il est couronné par un faisceau de douze à vingt feuilles, dont la dimension ordinaire est de huit à dix pieds de long, sur quatre à six de large. Il y a des cocotiers qui portent des feuilles de vingt pieds sur dix à douze : ces feuilles sont composées de deux rangs de folioles, et disposées horizontalement. A leur centre est un bourgeon droit et pointu appelé *chou*, et qui est bon à manger; et à la base interne des feuilles inférieures on voit de grandes spathes ovales qui donnent issue à une panicule, nommée *régime*, chargée de fleurs. A ces fleurs succèdent des fruits qui varient de grosseur, mais qui sont communément gros comme la tête d'un enfant ou d'un homme. Leur enveloppe est filamenteuse; c'est une sorte de brou qui porte le nom de *caire*, et qui a environ l'épaisseur d'un pouce. Il recouvre un noyau à surface lisse dans lequel est contenue une liqueur claire qui acquiert insensiblement de la consistance, se coagule, se durcit, et forme une espèce d'amande à chair blanche et ferme comme celle de la noisette. Cette amande, qui est très bonne, tapisse, dans une plus grande ou moindre épaisseur, les parois intérieures du noyau, et entoure la partie de la liqueur qui ne s'est pas coagulée : cette liqueur est saine et rafraîchissante.

Le cocotier est un des plus beaux présens que la nature ait faits aux habitans des pays où il croît. Son tronc, après avoir été fendu et dépouillé des fibres intérieures, est employé à divers usages; il sert à faire des jumelles pour recevoir l'eau, des palissades pour les habitations et les jardins, etc. Avec ses feuilles on couvre et on entoure les cases. Le duvet qui y est attaché dans quelques espèces, comme dans le cocotier des Séchelles, tient lieu d'ouate pour garnir les matelas et les oreillers. On fait des paniers avec les côtes des feuilles; et les jeunes feuilles séchées, coupées en lanières et tressées, servent à faire des chapeaux que portent les hommes et les femmes. En coupant l'extrémité des spathes encore jeunes du cocotier, ou en faisant à ces spathes cinq à six ligatures circulaires et ensuite des incisions, on en obtient une liqueur blanche et douce, qui en découle et que l'on recueille dans des vases. Cette liqueur, que les Indiens nomment *calou*, et les Européens *vin de palmier*, est très agréable à boire; mais elle fermente et aigrit aisément. En la concentrant par l'ébullition quand elle est fraîche, et en y mêlant un peu de chaux vive, on en tire un sucre impur, que l'on clarifie et convertit en sucre candi. Lorsqu'on la distille, au bout de douze heures elle fournit une assez bonne eau-de-vie. Avec l'enveloppe filamenteuse du coco on forme des câbles et des cordages plus légers, plus souples, et plus coulans dans les poulies que ceux faits de chanvre, et qui ne pourrissent pas si vite. La coque ligneuse de ce fruit est employée à faire des plats, des tasses et des vases de diverses formes; ils prennent un beau poli; on peut les orner par la gravure; et ils sont tous fort commodes, parcequ'ils ne sont pas sujets à se casser. L'amande râpée fournit une émulsion très agréable ; on en tire aussi par expression une huile dont les Indiens font presque exclusivement usage , et qui dans sa fraîcheur égale en bonté l'huile d'amande douce. Quand elle est vieille , elle n'est bonne que pour la peinture. (D.)

COCRÈTE, *Rhinanthus*. Genre de plantes de la didynamie angiospermie , et de la famille des rhinanthoïdes, qui renferme une douzaine d'espèces, dont une est si commune dans la plupart des prés, qu'il n'est point de cultivateur qui ne la connoisse ; par conséquent elle doit être mentionnée ici.

Une racine annuelle, une tige quadrangulaire , des feuilles opposées, lancéolées, dentées en crête de coq, des fleurs jaunes, disposées en épi terminal , et accompagnées de larges bractées, distinguent cette plante. Elle fleurit au milieu du printemps, et s'élève à un pied et demi de hauteur. On la connoît vulgairement sous les noms de *crête de coq* et de *pou des prés*. Les bestiaux, et sur-tout les bœufs et les vaches la mangent volontiers quand elle est verte ; mais ils la repoussent quand elle est sèche, à raison de sa dureté et de son insipidité. Elle est quelquefois si abondante dans les prairies, surtout dans celles qui sont humides sans être aquatiques, qu'elle étouffe le bon foin , et comme ses tiges sont à moitié desséchées et ses graines mûres à l'époque de la récolte, il en résulte qu'elle fournit une fane inutile, et qu'elle se reproduit les années suivantes avec autant et plus d'abondance. Un bon agronome doit donc la faire arracher lorsqu'elle commence à monter en fleur, et cela chaque année ,jusqu'à ce qu'il ne s'en trouve plus un seul pied dans ses prés.

Cette plante n'est pas sans élégance ; on la dit vulnéraire. Il y a quelques motifs de croire que c'est sa graine que les Hollandais vendent sous le nom de *semen savadillos* pour détruire les poux et les punaises (B.)

CODE RURAL. Un grand nombre de cultivateurs demandent, invoquent un code rural ; d'autres soutiennent qu'il n'en faut point, que rien ne seroit plus dangereux. Ici, comme dans beaucoup d'autres questions, ne dispute-t-on que *faute de s'entendre* ?

Si l'on entend par un code rural une suite de préceptes par lesquels on prescriroit le mode de culture, le temps, la profondeur des labours, les plantes, les bois, les prairies à préférer, les instrumens et outils aratoires à employer, l'époque de la semaison, de la moisson, des vendanges, au nord comme au midi de la France, dans les sols fertiles comme dans les sables ou les terres légères, certes, il ne faut point d'un tel code rural.

Mais si l'on entend par ce code une série de règlemens pour

prévenir, constater et punir les délits ruraux, pour maintenir dans les campagnes la sûreté des personnes et des propriétés, pour que chacun puisse adopter le genre de culture qui lui convient, et être assuré de jouir des fruits de son travail et de son industrie, pour que les engagemens respectifs des maîtres et des hommes employés à la culture soient toujours maintenus, pour que les récoltes ne soient pas dévastées, que les clôtures soient respectées, que les bestiaux ne puissent vaguer impunément, et sous prétexte du droit de vaine pâture, s'opposer à tous progrès, à toute amélioration agricole, etc. etc.; certes, il faut alors que tous les cultivateurs, propriétaires ou non, fermiers ou simples journaliers, se réunissent pour demander au gouvernement un code qu'il faudroit plutôt appeler *code de police rurale*. Ce code nous manque; car la loi du 28 septembre 1791, et autres subséquentes, en exagérant des principes philantropiques que je respecte plus que personne, ont plus favorisé la licence et l'impunité que la véritable liberté et le droit de propriété. Cette loi a fait, des délits ruraux, une spéculation beaucoup trop utile et plus fatale à l'agriculture que les grêles et les orages qui dévastent nos champs, parcequ'elle est plus générale. C'est dans les départemens éloignés où une administration forte ne supplée pas à la loi qu'il faut voir la nécessité d'un code de police rurale.

Je me garderai d'en tracer ici les bases. Il suffit aux cultivateurs d'exposer leurs besoins au gouvernement. Si j'osois cependant invoquer ici trente années d'étude et d'expérience en économie rurale, je dirois que le code de police rurale que je demande devroit contenir deux parties très distinctes. *Des règlemens généraux* qui conviennent à tous les temps, à tous les lieux, au nord comme au midi, tels que ceux propres à constater, punir, prévenir les délits, faire respecter les engagemens contractés dans les campagnes. *Des règlemens particuliers* qui seroient propres à chaque localité, à chaque département, et dont les bases seroient présentées par MM. les préfets, qui consulteroient les hommes les plus instruits et les sociétés d'agriculture départementales. Encore voudrois-je qu'on pratiquât, pendant quelques années, ces règlemens, avant de les rendre administratifs et de les adopter définitivement. Tels sont ceux relatifs à l'ouverture des bans de vendanges, à la tenue des foires et marchés, aux denrées qu'il sera permis ou défendu d'y exposer, à l'époque des ventes, à la distance à donner au champ voisin, aux plantations, etc.; ce qui varie suivant la nature, la profondeur du sol, les essences de bois cultivés, etc., etc. Je pourrois énumérer un grand nombre de cas semblables qu'il est impossible d'improviser de Paris pour tous les départemens de l'empire français.

Mais au moment où je trace ces lignes, j'apprends qu'un projet de code rural, rédigé par des hommes dont les talens sont connus, va être soumis à la discussion des hommes les plus éclairés dans les tribunaux d'appel, dans les conseils généraux de département, et parmi les cultivateurs les plus éclairés de chaque département. L'agriculture doit tout espérer de la réunion de tant de lumières.

Si le nouveau code rural est légalement publié avant la fin de l'impression de cet ouvrage, il sera analysé dans le dernier volume. (CHAS.)

CODRE. On donne ce nom dans le Médoc aux tiges des châtaigniers préparées pour faire des cercles. (B.)

COEFFE. *Calyptra*. C'est une membrane, ordinairement en forme de cornet, qui recouvre les parties de la fructification des mousses dans leur jeunesse. *Voyez* MOUSSE. (B.)

CŒUR. On appelle ainsi la partie centrale des végétaux ou parties de végétaux. Par exemple, on dit le *cœur d'un arbre*, *d'une pomme*, *d'une laitue*, *d'un chou*, etc.

Ce nom s'applique aussi à une variété du BIGARREAUTIER. *Voyez* CERISIER. (B.)

CŒUR DE BŒUF. Variété de POMME et de PRUNE. (B.)

CŒUR DE PIGEON. Variété de PRUNE. (B.)

COFFIN. On appelle de ce nom, dans quelques cantons, un petit panier propre à mettre des fruits. (B.)

COFFINER. Maladie des œillets qui rend leurs pétales petits et chiffonnés. *Voyez* au mot ŒILLET.

COFFRE A AVOINE. Coffre consacré à mettre l'avoine destinée à la consommation journalière des chevaux; il doit être solidement construit et bien fermé, pour empêcher les souris d'y entrer. On le place toujours dans ou près l'écurie, et le premier garçon en a seul la clef, pour prévenir les abus. (B.)

COGNASSIER, *Pyrus Cydonia*, Lin. Petit arbre du genre des POIRIERS, (*voyez* ce mot) dont il convient de traiter séparément, parcequ'il est fréquemment cultivé, soit pour son fruit, soit pour servir de sujet à la greffe des autres espèces de poiriers, soit comme objet d'agrément.

Cet arbre, qui est originaire des parties orientales et méridionales de l'Europe, où il croît sur le bord des torrens, a un tronc rarement droit, au plus de quinze ou vingt pieds de haut, revêtu d'une écorce épaisse, cendrée en dehors et rougeâtre en dedans, dont le bois est jaunâtre et assez dur. Ses feuilles sont alternes, pétiolées, lancéolées, couvertes de duvet, sur-tout en dessous; ses fleurs sont blanches, grandes; solitaires, presque sessiles, placées aux extrémités des rameaux; ses fruits, qu'on appelle coings, ont la peau cotonneuse, d'une belle couleur jaune, et la chair acide, très odorante. Leur grosseur varie beaucoup.

On distingue dans les pépinières deux variétés de cognassiers, le *commun* et celui de *Portugal*. Le premier se subdivise, de plus, en deux sous-variétés, celle à fruits ronds, appelée *coings-pommes* ou *mâle*, et celle à fruits allongés, nommés *coings-poires*, ou *femelle*.

La meilleure est le cognassier de Portugal, qui diffère assez de l'autre pour mériter peut-être de faire espèce. Ses feuilles et ses fleurs sont beaucoup plus grandes, ses fruits, beaucoup plus gros, bien moins cotonneux, sont plus parfumés, plus tendres, moins graveleux : ils ne tombent jamais naturellement ; il faut casser leur pédoncule pour les cueillir. C'est la seule qu'on devroit cultiver ; car elle a toutes sortes d'avantages sur l'autre, même ceux d'une multiplication plus facile.

On cultive généralement le cognassier en Europe, mais ce n'est que dans les parties méridionales que son fruit acquiert le parfum qui le fait principalement rechercher. Un sol léger et frais, une exposition chaude, sont ce qui lui conviennent le mieux, ses fruits n'ayant ni saveur ni couleur lorsqu'il est planté dans un terrain gras, et ne devenant jamais gros dans un terrain sec. Il vit d'ailleurs moins long-temps dans ces deux dernières sortes de terrains. On le multiplie de graines, de rejetons, de marcottes et de boutures.

Les graines, qui ne doivent se cueillir que dans leur parfaite maturité, se sèment sur-le-champ dans une terre bien ameublie, à l'exposition du levant, s'il est possible. Le plant lève au printemps suivant, et ne demande que les sarclages et binages ordinaires aux pépinières ; mais il a besoin d'être laissé deux ans en semis avant de pouvoir être transplanté en pépinière, où il restera encore deux ans avant de recevoir la greffe, et trois ou quatre si on veut le mettre en place sans ce genre d'amélioration.

Cette lenteur dans la croissance du cognassier venu de graines, et la difficulté d'avoir suffisamment de ces graines, fait qu'on n'emploie que très rarement ce moyen de multiplication, quoique préférable, à raison de la beauté et de la durée des arbres qui en proviennent.

Naturellement, ou par le seul effet des blessures qu'on fait aux racines des cognassiers réservés pour leurs fruits, en labourant la terre où ils se trouvent, il naît une grande quantité de rejetons, qu'on enlève tous les hivers, et qu'on met en pépinière ; mais comme ils ne suffisent pas aux besoins du commerce, on consacre, dans toutes les grandes pépinières, un certain nombre de vieux pieds, dont on coupe le tronc rez terre, uniquement pour s'en procurer.

Les marcottes de cognassier prennent lentement racine, et en conséquence on en fait très rarement.

Il n'en est pas de même des boutures, qui réussissent presque toujours quand on les fait dans un sol léger et frais. C'est le moyen le plus généralement employé. On doit constamment préférer le cognassier de Portugal, et conserver un talon de bois de deux ans à la branche qu'on met en terre. Presque toujours ces boutures, qu'on fait à la fin de l'hiver, sont reprises à la fin du printemps; mais il en est cependant qui *boudent* jusqu'à la sève d'automne. On relève les unes et les autres au printemps, pour être mises en pépinière à quinze à dix-huit pouces de distance, et recevoir la greffe, souvent dès l'automne de la même année, et au plus tard à celle de la suivante. Par ce moyen on gagne au moins deux ans, et souvent trois, sur les plants provenans de graine; ce qui est bien déterminant pour les pépiniéristes, qui n'agissent que par intérêt.

La culture des cognassiers comme arbres à fruits est très bornée, excepté autour de quelques villes réputées par la bonne fabrication de leur *marmelade* et sur-tout de leur *cotignac*; on n'en voit que quelques pieds dans les jardins qui en sont les mieux garnis.

Toujours, je le répète, c'est le cognassier de Portugal qu'on doit préférer. Ordinairement on le laisse franc de pied, mais quelquefois on le greffe sur lui-même ou sur le poirier. Comme il tend naturellement à buissonner, il faut veiller à lui faire une tige dès sa jeunesse. Il est rare qu'on le soumette à la taille, soit en espalier, soit en plein vent. On se contente de le débarrasser, chaque année, pendant l'hiver, de ses branches mortes, de ses branches chiffonnes et de ses gourmands. Il vit long-temps lorsqu'il est provenu de graines.

Au nord de Paris, où les fruits du cognassier parviennent peu souvent à une maturité parfaite, on n'en voit guère que dans les pépinières et dans les jardins paysagers, où ils produisent d'agréables effets pendant tout l'été, soit isolés en arbre ou en buisson, soit placés au second ou troisième rang des massifs. Celui de Portugal sur-tout, par ses grandes fleurs et ses larges feuilles d'un vert noir, contraste fort bien avec la plupart des autres arbres. On en forme de très bonnes haies.

La récolte des coings se fait, lorsqu'on ne craint point les gelées, après celle de tous les autres fruits. Ils gagnent à être conservés, après leur cueille, encore quinze jours sur la paille; mais passé ce temps on doit les employer, car ils ne tarderoient pas à se gâter. Il faut les éloigner du fruitier, dont ils vicieroient l'air en le chargeant de leur odeur, et les déposer dans un endroit aéré; car on a vu des personnes tomber en syncope en entrant dans un lieu clos qui en contenoit.

Les coings ont une odeur forte qui porte à la tête et qui est désagréable à beaucoup de personnes. Leur saveur est acide et acerbe en même temps, ce qui fait que, crus, ils déplaisent à presque tout le monde; aussi sont-ils le plus souvent employés à confectionner des gelées, des compotes, des marmelades, et sur-tout des pâtes sèches appelées *cotignac*, des liqueurs de table, etc. On en fait aussi assez fréquemment usage en médecine, où ils sont regardés comme astringens.

On doit à Alibert deux très bons mémoires sur le fruit du cognassier considéré médicalement et physiologiquement. Ils sont insérés l'un au nº 11 du Magasin encyclopédique, deuxième année; l'autre au nº 23 de la Feuille du Cultivateur, an 6 de la république.

D'après ce que je viens de dire, le cognassier seroit un arbre peu important, si les amateurs n'avoient remarqué que les poiriers qu'on greffoit sur lui donnoient plus tôt des fruits, s'élevoient moins haut, et se prêtoient par conséquent avec plus de facilité à la taille que ceux greffés sur franc et encore plus que ceux greffés sur sauvageon. Ces deux considérations ont dû engager, et ont en effet engagé à en faire un grand emploi pour cet objet. Aussi aujourd'hui la majeure partie des poiriers qu'on voit dans les jardins des environs des grandes villes en ESPALIERS, en VASE OU BUISSON, en QUENOUILLE et en PYRAMIDE, sont-ils greffés sur cognassier. Les demi-tiges et même les pleins-vents, que la raison indique devoir être greffés exclusivement sur franc ou sauvageon, le sont même souvent. C'est une fureur, si je puis employer ce terme, qui est partagée par les pépiniéristes et les propriétaires, parceque tous y trouvent ou croient y trouver leur intérêt.

Certainement à mes yeux la greffe des poiriers sur le cognassier a amélioré la culture, mais aussi à mes yeux elle tend à la détériorer. Je vais m'expliquer.

Les poiriers greffés sur sauvageon sont presque toujours emportés par leur vigueur et peuvent rarement être mis avec succès en espalier, contre-espalier, etc., c'est-à-dire, tenus bas. Ceux greffés sur franc sont un peu plus faciles à régler; mais pour peu que le terrain soit bon et que l'année soit favorable, ils ne poussent également que du bois. Si le plus habile jardinier ne peut souvent pas mettre à fruit les uns et les autres, à plus forte raison ceux qui ne suivent dans la taille qu'une routine aveugle, c'est-à-dire le plus grand nombre. Il n'en est pas de même de la greffe sur le cognassier, arbre d'une nature différente, produisant des pieds foibles et par conséquent faciles à arrêter dans leur croissance. On a donc dû la préférer, lorsque la culture des basses tiges a pris le dessus sur celles des pleins-vents. C'est dans le courant du siècle dernier, lorsque, sur-tout dans le voisinage des grandes villes, on a arraché les vergers plantés par nos pères pour leur substituer des jardins fruitiers, que cette révolution a eu lieu.

Une loi générale de la nature veut que les individus foibles soient plutôt propres à la reproduction que ceux qui doivent parcourir une longue carrière; aussi les poiriers sur cognassiers donnent-ils du fruit dès la troisième ou quatrième année, tandis que les mêmes espèces greffées sur franc n'en donnent qu'à la sixième, et sur sauvageon qu'à la douzième ou quinzième; mais aussi quelle différence dans la durée de la vie! Les premiers sont déjà remplacés lorsque les derniers commencent à entrer en produit. En effet, il est rare de voir des poiriers nains de plus de douze à quinze ans, et on rencontre encore, dans les départemens éloignés, des pleins-vents sur sauvageons qui ont plusieurs siècles.

Plantez, dit Rozier, dans un terrain égal en tout point deux poiriers à côté l'un de l'autre, l'un greffé sur cognassier et l'autre sur franc, le premier n'égalera jamais en grandeur le second; la couleur des feuilles de celui-là sera presque toujours plus pâle. Si un espalier fixe les regards, on le voit garni dans des endroits et dégarni dans d'autres. On arrache l'arbre qui se meurt et on lui en substitue un autre; mais qu'arrive-t-il? Les racines des arbres voisins viennent s'emparer de la terre remuée et l'empêcher de croître; il languit, il meurt, et c'est toujours à recommencer.

Je répète donc que tout ami de la culture doit désirer qu'on continue à greffer des poiriers sur cognassier, pour jouir plus tôt et profiter des variations que cette greffe apporte à la saveur et aux autres qualités des fruits; mais il doit encore plus désirer qu'on greffe sur franc, au moins toutes les demi-tiges et les pleins-vents des jardins, et sur sauvageon les pleins-vents des vergers et ceux qui sont destinés à être placés en rase campagne ou sur la berge des fossés; car si on continue à ne plus planter que des arbres nains, il n'y aura bientôt que les gens riches qui pourront manger des fruits. Une pyramide sur cognassier donne par an, l'un portant l'autre, cinquante beurrés pendant dix ans, et meurt; cela fait cinq cents poires de la grosseur du poing et très bonnes. Un plein-vent sur sauvageon donne, pendant cent cinquante ans, deux mille poires d'Angleterre, si on veut, l'un portant l'autre, tous les deux ans (cette espèce étant sujette aux récoltes alternes); ce qui fait cent cinquante mille poires moitié plus petites, mais presque aussi bonnes. De quel côté est l'avantage? Quel est de ces deux fruits celui qu'on peut donner au meilleur compte, dont un plus grand nombre de personnes peuvent manger? *Voyez* au mot POIRIER.

Tschoudi s'exprime ainsi : « Toutes les variétés de poirier ne s'accommodent pas également du cognassier comme sujet. Il ne convient guère qu'aux fondantes, et ne réussit guère que dans les terres fraîches. Plusieurs poires d'hiver, celles qui ont des dispositions à se crevasser, n'y font que peu de progrès. Il en est qui ne peuvent subsister de sa sève. De ce nombre sont entre autres quelques unes des bergamottes. Leurs formes arrondies donnent lieu de penser qu'elles tiennent de très près aux poiriers sauvages et aux néfliers, et qu'elles ont très peu d'analogie avec les cognassiers. Il est cependant un moyen de tromper leur aversion pour cet arbre ; c'est d'y greffer d'abord du beurré ou de la virgouleuse, qui y reprennent très bien, et ensuite de placer sur le jeune bois de ces greffes, celle des espèces susdites. »

Il y a, dit Hervy, beaucoup de poiriers qui ne se greffent pas sur le cognassier, tels que le salviati, le bon-chrétien d'été musqué, la poire d'œuf, le beurré d'Angleterre, la bergamotte sylvange, le betzi d'héri, la bergamotte d'Angleterre, la jalousie, la rousseline, la merveille d'hiver, le betzi de quenois, le françois et la poire de livre. L'ognonet et le sans-peau ne réussissent sur cognassier que dans les bons terrains.

La greffe sur cognassier se pratique presque toujours à œil dormant, à six pouces de terre et sur des sujets de la grosseur du petit doigt au plus. J'entrerai dans de plus grands détails à son sujet au mot POIRIER. (B.)

COGNÉE. Instrument de fer plat et tranchant à l'usage des bûcherons ; il est fait en forme de hache et garni d'une douille, à laquelle on fixe un manche court de bois dur. (D.)

COICHER. C'est, dans le département des Ardennes, labourer avant l'hiver les terres qu'on doit semer en orge au printemps. (B.)

COIFFE. *Voyez* COEFFE.

COIN. Courte pièce de fer ou de bois dur, tranchante et plate à l'une de ses extrémités, et présentant à l'autre une tête arrondie, ou carrée, sur laquelle on frappe. Le coin sert à fendre du bois ou des pierres. (D.)

COING. Fruit du COGNASSIER. *Voyez* ce mot.

COISSER. Dans le département de la Meurthe c'est la seconde opération qu'on fait subir au chanvre et au lin rouis qu'on débarrasse de leur tige. *Voyez* CHANVRE. (B.)

COL. *Voyez* COU.

COLCHIQUE, *Colchicum*. Plante vivace à bulbe charnue, aplatie d'un côté, d'un pouce de diamètre, à feuilles toutes radicales, lancéolées, entières, glabres, d'un verd foncé, engaînées les unes dans les autres par leur base, longues de cinq à six pouces sur un de large, à fleurs radicales violettes ou blanchâtres, souvent longues de près d'un pied, qui se trouve abondamment dans les prés , dans les pâturages de presque toute l'Europe , et que tout cultivateur connoît ou doit connoître.

Cette plante forme, avec deux autres, un genre dans l'hexandrie trigynie et dans la famille des jonciformes.

Ce qui rend le colchique , qu'on appelle aussi *safran des prés, tue-chien , voyeute*, etc. , remarquable à tous les yeux , c'est qu'il fleurit en automne , et que ses feuilles et ses fruits ne poussent cependant qu'au printemps. Cette fleur est le dernier présent de la nature prête à se reposer. Si elle n'annonçoit les frimas, on la regarderoit, on s'enthousiasmeroit à sa vue ; car elle est réellement belle par sa couleur, belle par sa grandeur, belle par sa forme, belle par son abondance, (elle couvre quelquefois presque entièrement le sol.) Elle dure ordinairement huit jours. Sa bulbe périt tous les ans après l'avoir produite , et il s'en forme une autre à côté qui donne naissance aux feuilles et à une nouvelle fleur l'année suivante. Chaque année donc la fleur sort de terre à environ un pouce de l'endroit où elle étoit sortie l'année précédente , et comme c'est toujours du même côté, on peut par conséquent dire que cette plante voyage dans la terre.

A la fin de l'hiver , du sein de la nouvelle bulbe sortent les feuilles et bientôt les fruits qui sont ordinairement mûrs au commencement de l'été, avant l'époque de la coupe des foins.

Toutes les parties de cette plante ont une odeur forte et nauséabonde. Les bestiaux ne touchent jamais à ses feuilles. Sa racine laisse fluer, lorsqu'on l'entame, une liqueur laiteuse, âcre et amère. Cette racine est un violent poison qu'on emploie pour faire périr les chiens et les loups. Son antidote est d'abord les vomissemens, ensuite le lait et les lavemens émolliens. Prise à petite dose elle est diurétique et fondante, à plus forte dose émétique. Le poison réside dans la liqueur laiteuse ; car les vieilles bulbes peuvent être mangées sans danger, et les nouvelles perdent leurs qualités délétères lorsqu'on les a râpées, et qu'on a lavé à grande eau la fécule qui résulte de cette opération. On a même proposé d'en tirer parti sous le point de vue d'augmenter nos moyens de subsistance ; mais je ne crois pas qu'on le puisse jamais, non seulement parceque cette fécule , toute saine qu'elle peut être, répugneroit à beaucoup de personnes qui ne savent pas que des peuples entiers vivent de cassave, qui est tirée d'une racine dont le suc est également un poison ; mais encore parcequ'il seroit trop coûteux de faire arracher ces bulbes , toujours au moins de cinq à six pouces en terre , et de leur faire de plus subir les préparations convenables. Il doit, dans l'état ordinaire de la vie , y avoir un rapport dans le prix des denrées : or, la culture des pommes de terre, par exemple, sera toujours moins coûteuse que la simple récolte des bulbes du colchique.

Les feuilles du colchique écrasées ou bouillies dans l'eau passent pour propres à faire mourir les poux des hommes et du bétail. On les emploie, dans quelques endroits, à teindre les filets des chasseurs et des pêcheurs, les œufs durs, etc. La couleur qu'elles fournissent est un vert sale, peu solide, mais très propre à remplir les objets ci-dessus.

Ces feuilles par leur abondance nuisent très souvent à la récolte des foins. Un bon agronome doit donc extirper, autant que possible, le colchique de ses prés. Pour cela il n'y a d'autre moyen véritablement efficace que de l'arracher en automne, lorsqu'il est en fleur, avec une bêche, c'est-à-dire de soulever un cube de terre avec cet instrument, d'enlever la bulbe et de remettre le cube en place. La prairie au printemps ne se sentira pas de cette opération ; mais, comme je l'ai déjà dit, il y a telle de ces prairies où les colchiques sont si abondans, qu'il vaudroit autant la labourer à la bêche. Dans ce cas, on doit la labourer à la charrue ; y cultiver de l'avoine d'abord, du froment ensuite, puis quelque autre plante qui demande des sarclages, tels que les fèves, les pommes de terre, et remettre du foin à la quatrième année seulement. On est sûr alors de n'avoir plus de colchique de bien des années. Au reste, ses feuilles sèches ne font pas de mal aux bestiaux, qui en mangent journellement sans répugnance avec le foin dans lequel elles se trouvent mêlées.

Il y a une demi-douzaine de variétés de colchique qui ont été produites par la culture, et qui se voient assez souvent dans les jardins. L'une est à fleurs plus blanches que la sauvage ; l'autre à fleurs plus rouges ; la troisième à fleurs panachées ; une à très larges feuilles ; une autre à feuilles panachées ; une à fleurs doubles. Une qui fleurit tous les mois. Toutes donnent un plus grand nombre de fleurs (jusqu'à vingt) et ornent réellement un jardin. On les place ou dans des plates-bandes ou au milieu des gazons dans les jardins paysagers. On les cultive aussi dans des pots pour les placer sur les fenêtres, les cheminées. Il n'est même pas nécessaire lorsqu'on veut en jouir dans l'intérieur des appartemens de les mettre en terre, leurs fleurs se développent fort bien à nu, et lorsqu'elles sont passées, on met la bulbe dans la terre, où elle continue de végéter.

Ces variétés de colchique ont été produites par les semis qu'on fait ordinairement en automne dans des terrines remplies de terre légère et substantielle, et qu'on place à l'exposition du levant. Elles sont arrosées fréquemment pendant les sécheresses et couvertes de feuilles pendant l'hiver. Les jeunes pieds, qui lèvent au printemps suivant, demandent également des arrosemens et des sarclages au besoin. Ce n'est qu'à la troisième année qu'on doit repiquer ces jeunes pieds en pleine terre dans un sol substantiel et un peu frais. Ils commencent à fleurir la quatrième année ou au plus tard la cinquième.

Le COLCHIQUE ORIENTAL, *Colchium variegatum*, a les fleurs parsemées de taches carrées. Il croît dans les îles de la Grèce et la Turquie d'Asie. C'est lui, à ce qu'on croit, qui fournit l'*hermodacte des boutiques*, ou mieux, un des hermodactes. Ses bulbes purgent par haut et par bas quand elles sont fraîches; mais quand elles sont desséchées et rôties, on les mange sans inconvénient. Les femmes en Syrie et en Egypte, au rapport d'Olivier, auteur du Voyage dans l'Empire ottoman, en font une grande consommation pour s'engraisser.

Le COLCHIQUE DES MONTAGNES a les feuilles linéaires. Il se trouve dans les bois des hautes montagnes de l'Europe. (B.)

COLEUVRÉE. *Voyez* BRYONE. (B.)

COLIBELLE. Nom du CUCUBALE BÉHEN dans les montagnes des environs de Perpignan, pays où on mange ses feuilles, au rapport de Décandoile. (B.)

COLIQUES. *Voyez* TRANCHÉES.

COLLAGE DES VINS. *Voyez* au mot VIN. (B.)

COLLE. Matières qui, humides, s'appliquent entre deux corps solides, et qui en se desséchant unissent ces deux corps souvent avec plus de force que leurs parties mêmes ne le sont.

Les colles les plus employées, à raison de la facilité de se les procurer et de leur bon marché, sont,

1.º La colle de farine, qui se produit en faisant bouillir de la farine de froment dans une certaine quantité d'eau. Elle ne sert qu'à coller le papier, le linge, etc., parcequ'elle a peu de force. C'est la partie amilacée du froment qui agit seule dans cette espèce de colle. *Voyez* aux mots FROMENT et AMIDON.

2.º La colle-forte, qui n'est que la partie gélatineuse des organes des animaux séparée par l'ébullition. Celle qui est tirée de la peau est la meilleure. On s'en sert pour coller les bois, certaines étoffes, etc.

M. François (de Neufchateau), dans ses intéressantes lettres sur l'agriculture de sa sénatorerie de Bruxelles, nous apprend que les dépôts qui proviennent des fabriques de colle, ont été employés avec le plus grand succès comme engrais. On devoit en être certain, puisqu'ils ne sont qu'un extrait de la partie la plus soluble du corps des animaux. *Voyez* ENGRAIS.

3.º La colle de poisson se fait remarquer par sa blancheur et sa ténacité. On la tire de la vessie aérienne de l'esturgeon et de quelques autres poissons. Ses principaux usages sont pour clarifier le vin, le café, les liqueurs de table, etc. Elle est rare et chère.

On peut aussi considérer comme colle les blancs d'œufs, qui ne diffèrent de la précédente que par une nuance. *V.* ALBUMINE.

Les gommes, comme celle du cerisier, du prunier, du pêcher, etc. ont aussi la propriété de coller. (B.)

COLLE DE POISSON. C'est sur-tout pour la clarification des vins blancs qu'on fait en France un aussi grand usage de cette matière, qui possède le plus éminemment cette propriété. Elle est préparée avec l'estomac, la peau de la vessie, les nageoires, les intestins nettoyés du grand et petit esturgeon, qu'on met à bouillir dans l'eau et à épaissir jusqu'à ce qu'on puisse la couler en plaque, qu'on roule ensuite et qu'on forme en lyre et en cordes; on la dessèche à l'ombre pour la faire passer dans le commerce. Les Anglais en font une grande consommation, mais c'est seulement dans leurs brasseries de *porter*.

Il n'y a pas de doute qu'on ne puisse très bien imiter le procédé dont se servent les Russes pour ce genre de fabrication. Il n'est ni dans nos étangs, ni dans nos rivières, ni dans nos mers, presque aucune espèce de poisson dont la vésicule aérienne, les parties minces et membraneuses ne puissent, étant soumises au même procédé, fournir un gluten gélatineux très tenace, une colle presque aussi bonne que celle que les Hollandais nous apportent, et qu'ils vont chercher au port d'Archangel.

Les essais qu'on a faits sur cette matière ne permettent plus de douter qu'on ne puisse se dispenser d'aller s'approvisionner au loin de colle de poisson, puisqu'il est possible de trouver la même matière dans nos ressources indigènes, de la préparer avec les vessies natatoires des poissons d'un grand volume, et d'une foule de substances rejetées dans nos poissonneries. (PAR.)

COLLE-FORTE. Le commerce en est assez considérable. La meilleure de toutes nous venoit autrefois de l'étranger, et elle étoit désignée sous le nom de colle d'Angleterre; mais nos fabricans sont parvenus, à force de tentatives, à en obtenir d'aussi belle, et c'est celle dont nos ouvriers se servent le plus communément; en sorte qu'on peut dire maintenant la colle-forte de France. Elle se prépare avec les nerfs, les cartilages, les rognures de peaux, et les pieds de bœuf et de tous les animaux, qu'on fait macérer, bouillir dans l'eau, jusqu'à ce que le tout devienne liquide; après quoi on le passe à travers un gros linge ou tamis, et lorsque ce suc est assez épaissi on le verse sur des pierres plates ou des moules, pour le couper ensuite par morceaux, auxquels on donne la forme qu'on juge à propos; ensuite on met ces morceaux sur des réseaux de corde, afin qu'ils puissent sécher par toutes leurs surfaces.

Dans un rapport sur la colle-forte des os, proposée par M. *Grenet*, nous avons prouvé, *Pelletier* et moi, qu'on pouvoit, dans une circonstance où l'on emploie une dissolution de colle de poisson, lui substituer une gelée blanche préparée par une courte ébullition de râpure d'os dans le moins d'eau possible.

La nature de la colle de poisson et de la colle-forte varie à raison de celle des substances qu'on y emploie, et de l'âge des animaux dont ils résultent. On reconnoît la bonté de la première à sa blancheur, à sa transparence et à son état inodore. Plus la seconde est ancienne, dure, sèche et transparente, de couleur vineuse, sans odeur, plus ses cassures sont unies et luisantes, plus elle a de valeur ; mais la manière la plus certaine d'en reconnoître la bonne qualité, c'est d'en mettre un morceau dans l'eau pendant trois ou quatre jours, on est assuré qu'elle est excellente lorsqu'elle y gonfle considérablement sans se fendre, et qu'elle reprend sa première sécheresse quelques jours après qu'on l'a tirée de l'eau.

La colle-forte ne sert pas seulement à unir et à joindre, dans les ouvrages de marqueterie, les bois de rapport ; elle peut être utile pour clarifier les boissons vineuses, et il est vraisemblable qu'elle est substituée, par les brasseurs, à cause de son bas prix, à la colle de poisson ; car celle-ci mérite toujours la préférence pour cet objet. (Par.)

COLLER. C'est, dans le département des Deux-Sèvres, nettoyer le grain dans l'aire avec un balai. (B.)

COLLERETTE. Nom des bractées propres aux plantes de la famille des ombellifères. (B.)

COLLET. Partie des plantes qui est intermédiaire entre la racine et la tige. Quoique cette partie ne se distingue pas toujours, parcequ'elle se fond avec les deux autres d'une manière insensible, elle n'en a pas moins des effets très marqués en agriculture. C'est d'elle que sortent la plupart des tiges des plantes vivaces qui les perdent chaque hiver ; c'est en elle qu'est placé le point vital des plantes annuelles et bisannuelles ; c'est-à-dire que si on coupe ces plantes au-dessous, elles meurent immanquablement. Il est beaucoup de plantes, et même d'arbres qui meurent lorsqu'on expose leur collet à l'air, en enlevant la terre qui l'entoure, ce qu'on appelle déchausser. Il en est beaucoup d'autres qui ne reprennent pas ou qui languissent long-temps, lorsqu'en les transplantant, on enterre trop profondément leur collet. *Voyez* au mot Plante. (B.)

COLLIER DE CHEVAL. Coussinet ovale, fait de basanne, rembourré de paille, auquel on attache en devant de petites planches demi-circulaires, appelées ételles, qu'on met au cou du cheval attelé à une charrette, et auquel sont fixés (sur les ételles) les traits qui servent essentiellement au tirer, et les différentes courroies qui y concourent secondairement.

Ce n'est pas une chose facile que de décrire les diverses espèces de colliers en usage en France, et encore moins de faire connoître celles qu'on préfère dans les autres parties de l'Europe, car elles sont presque aussi nombreuses que les cantons; mais cela est heureusement peu nécessaire ici, puisque leur fabrique est trop difficile pour que les simples cultivateurs s'y livrent. L'économie de la matière, et sur-tout la perfection de l'ouvrage, exigent tout le talent d'un homme qui s'est livré depuis son enfance à ce genre d'industrie; c'est donc au bourrelier qu'ils doivent s'adresser pour faire faire ceux dont ils ont besoin.

Il y a deux manières d'appuyer le point de tirage des chevaux de trait sur leur poitrine; savoir, le collier et le poitrail. Des expériences comparatives ont prouvé que le collier étoit beaucoup plus avantageux; aussi n'y a-t-il que les chevaux de carrosse, qui naturellement fatiguent peu, qui tirent avec un poitrail.

Mais de tous les colliers lequel doit être préféré? Je dirai, en général, le moins lourd, le plus solide et le plus approprié à la forme du cou et du poitrail du cheval qui en fait usage.

On ne peut qu'être étonné de voir des colliers d'un volume tel qu'un seul homme a de la peine à les passer au cou des chevaux. Il semble que c'est par dérision qu'on charge ces pauvres animaux, qui ont de si grands fardeaux à tirer, d'un poids surnuméraire aussi considérable. Sans doute il faut qu'un collier ait de la solidité, mais la solidité consiste-t-elle toujours dans la grosseur? Des ételles à oreilles d'un pied de large contribuent-elles beaucoup à cette solidité? Je ne le crois pas. Voyez les deux peuples qui se sont le plus livrés au perfectionnement de leur agriculture, les Flamands et les Anglais, ils n'ont que de très petits colliers, et leurs chevaux ne sont jamais blessés, ne tirent pas des charges moins considérables, ne font pas de plus foibles journées que ceux des autres peuples. Ce sont donc les colliers flamands ou anglais, c'est-à-dire petits et rembourrés de crin, qui se conforment bien exactement aux muscles de la poitrine du cheval pour qui ils sont destinés, que je conseillerai à tous les cultivateurs. La forme de ces deux sortes de colliers est un peu différente, mais leur distinction principale se tire de ce que les ételles des premiers sont en bois, mais peu larges et sans oreilles, et que celles des seconds sont en fer.

Une attention que tout cultivateur doit exiger de ses valets, c'est que le même collier ne serve jamais qu'à un cheval, parceque ce collier, se moulant sur les muscles de sa poitrine, qui diffèrent en position et en grosseur dans chaque cheval, est moins exposé à le blesser. Il doit de plus veiller à ce qu'il soit constamment tenu en bon état, et son cuir de temps en temps huilé pour lui rendre de la souplesse.

Il faut avoir dans chaque ferme un local destiné à recevoir les harnois, si on veut les conserver long-temps propres au service. Dans ce local seront fixées au mur de longues fiches de bois auxquelles on accroche les colliers. (B.)

COLLINE. Petite montagne le plus souvent isolée.

La culture des collines ne diffère pas de celle des côtes et des coteaux des grandes montagnes ; ainsi je ne m'étendrai pas beaucoup sur elle. Dans les climats propres à la vigne elles en sont ordinairement couvertes au levant et au midi. Lorsque leurs pentes sont peu rapides, le nord et le couchant offrent des blés ou autres céréales, et dans le cas contraire des bois. Une colline est souvent un grand bienfait pour une exploitation rurale, en ce qu'elle lui fournit des eaux de source et un abri contre les vents du nord, ou les feux du midi.

Comme les collines dont on laboure le sommet diminuent chaque année de hauteur par suite des pluies qui entraînent dans la plaine la terre qui les constitue, les avantages précités se sont considérablement affoiblis dans beaucoup de localités. Il est bien important que les propriétaires soient convaincus de l'importance dont il est, pour eux et pour leur postérité, de replanter en bois le sommet des collines. *Voyez* aux mots Montagne et Côte. (B.)

COLMAR. *Voyez* Poire.

COLOCASE. Nom vulgaire du couet ombiliqué.

COLOMBIER. Architecture rurale. Un colombier est un lieu fermé de murs et destiné à loger et à élever des pigeons.

Malgré la guerre cruelle que l'on a fait à ces animaux pendant la révolution, et la quantité de grains qu'on les accuse d'enlever annuellement à la consommation générale, leur bon goût, comme comestible, la destruction qu'ils font de beaucoup de graines parasites et d'insectes nuisibles, et sur-tout l'excellent fumier qu'ils fournissent à l'agriculture, rendent un colombier absolument nécessaire dans une ferme de grande culture.

On connoît deux espèces de colombiers ; savoir, les *colombiers de pied* ou *colombiers à pied*, et les *colombiers sur piliers*, autrement appelés *volets* ou *fuies*.

Avant la révolution, les seigneurs de fiefs avoient le droit exclusif d'avoir des colombiers de pied. Les autres propriétaires ne pouvoient construire que des volets, lorsqu'ils possédoient au moins cinquante arpens de terres labourables avec leur habitation.

Ce privilège n'existe plus, et aujourd'hui chacun peut avoir un colombier de la forme qui lui plaît, et le peupler d'autant de pigeons qu'il peut en contenir. On sentira bientôt la nécessité de mettre des bornes à cette jouissance, dont on commence à abuser dans quelques localités.

Chaque espèce de colombier a ses avantages et ses inconvéniens qu'il faut connoître pour pouvoir se déterminer dans le choix de celui que l'on veut adopter.

Au premier coup d'œil, les colombiers de pied, que l'on construit ordinairement en tour, semblent mériter la préférence pour une grande exploitation. Leur isolement et leur forme mettent les pigeons plus à l'abri de la fréquentation des rats, des belettes et des fouines, que dans les autres. Une seule échelle tournante, placée au centre de la tour, suffit pour visiter aisément tous les *boulins* de ce colombier. Et le dessous, ou rez-de-chaussée, ordinairement voûté, est une excellente serre pour les légumes d'hiver.

Mais sa construction est plus coûteuse que celle des volets, et il est presque toujours impossible de lui trouver dans la cour de la ferme un emplacement qui soit exempt d'inconvéniens.

Les volets, au contraire, présentent effectivement beaucoup moins de facilité pour la visite des boulins; mais aussi leur construction n'est pas aussi dispendieuse, et on peut les placer dans un coin de cour, ou au-dessus de son entrée, sans interrompre aucune communication intérieure, ni gêner en aucune manière la surveillance du fermier.

D'ailleurs, quelle que soit l'espèce de colombier que l'on adopte, il faut toujours le construire avec le même soin et les mêmes précautions.

La principale attention qu'il faut avoir est d'isoler le colombier des autres bâtimens de la ferme, et d'empêcher que les ennemis des pigeons, qui sont en grand nombre dans les greniers de ces bâtimens, ne puissent y pénétrer.

A cet effet, on recrépit extérieurement tous les murs du colombier avec un mortier de chaux et sable, bien uni, et l'on borde les murs d'une ceinture ou corniche, en pierres de taille, d'environ deux décimètres de saillie extérieure au niveau de l'appui de la fenêtre qui sert d'entrée aux pigeons, lorsque cette entrée doit être dans le corps des murs; et environ à la moitié de leur hauteur, si l'entrée doit être placée dans le comble du colombier.

Nous donnerons à cette corniche deux destinations: la première d'empêcher les animaux grimpans d'aller plus avant, sous peine de tomber en se déversant; et la seconde, de ménager autour du colombier une espèce de galerie sur laquelle les pigeons se promènent et *s'essorillent* (s'échauffent au soleil.)

Malgré cette précaution, les rats pourroient encore essayer de monter dans les colombiers de forme carrée, par les angles de leurs murs ; mais, en garnissant ces angles de feuilles de fer-blanc, ou en plaques de terre cuite vernissée, à quelque distance au-dessous de la saillie de la corniche, ils ne pourront monter plus haut.

La fenêtre ou entrée des pigeons doit être placée au plein midi, et garnie d'une large banquette extérieure, afin que ces oiseaux puissent se reposer dessus en revenant des champs. On bouche cette entrée par une planche de bois ou de plâtre, dans laquelle on pratique un trou proportionné à leur volume.

On place quelquefois cette entrée dans le comble du toit du colombier, en forme de lucarne, qui est souvent accompagnée de deux autres plus petites ; et cet usage est très mauvais. Dans les ouragans, on court le risque de voir la charpente ébranlée, et quelquefois emportée par la violence du vent qui s'engouffre dans le comble du colombier par ces ouvertures, et il s'y forme sans cesse des gouttières qui pourrissent la charpente.

D'ailleurs, la pluie, la neige, pénètrent facilement par les lucarnes, et elles pourrissent le plancher, ou entretiennent sur son carrelage une humidité nuisible.

Enfin, par leur position élevée, l'air extérieur ne peut parvenir jusqu'au plancher du colombier, ni renouveler son air intérieur ; en sorte que les pigeons ne font leurs nids que dans les boulins supérieurs, parceque ce sont les seuls qui soient suffisamment aérés.

Pour éviter ces inconvéniens, on supprime les lucarnes du toit, et on remplace les entrées par deux fenêtres, placées à la même exposition, et l'une au-dessus de l'autre. La fenêtre inférieure a son appui au niveau du plancher du colombier, ou à un tiers de mètre au plus au-dessus de ce niveau, et son entablement sert de couverte à l'entrée supérieure.

On donne à la fenêtre inférieure deux mètres de hauteur et un mètre de largeur, et on la bouche avec une planche de bois ou de plâtre, percée de trous, sauf l'ouverture nécessaire pour l'entrée des pigeons.

La fenêtre supérieure est beaucoup plus petite, et peut n'être qu'un œil de bœuf à jour, garni d'une banquette en saillie extérieure pour reposer les pigeons.

Par cet arrangement, il s'établit dans l'intérieur du colombier un courant d'air habituel, qui assainit son air intérieur sans avoir recours à des courans d'air tirés du nord, qui, en refroidissant trop sa température intérieure, diminueroient nécessairement les produits du colombier.

Sa construction intérieure exige autant de précautions que

eelle de l'extérieur. Les deux parties qui demandent l'exécution la plus soignée sont le plancher et les boulins. Si le plancher est en bois, il est bientôt percé par les rats ; il faut donc le carreler le plus solidement possible, sur-tout dans son pourtour, parceque c'est dans cette partie que les rats trouvent le plus de facilités pour fouiller. Pour y consolider le carrelage, on le recouvrira à la rencontre des murs par un rang de carreaux chanfreinés, scellés dans les murs et sur le carrelage avec le meilleur mortier de chaux et de sable dans lequel on mettra du verre pilé.

A l'égard des boulins il faudra les placer, le premier rang sur un contre-mur intérieur, déversé et recouvert d'une tablette saillante.

On donnera à ce contre-mur un mètre de hauteur, deux décimètres de largeur dans le bas, et quatre décimètres à la partie supérieure ; sa tablette aura environ un demi-décimètre de saillie ; et le contre-mur sera recrépi et lissé avec le même soin que les murs extérieurs.

Enfin, pour compléter tous les moyens d'empêcher les ennemis des pigeons de pénétrer dans les nids, on recouvrira les rangs supérieurs avec des tablettes saillantes, et même on fera déraser les baies des ouvertures au-delà du plan des boulins.

La forme de ces boulins ou nids varie suivant les localités, ou plutôt suivant l'espèce des matériaux disponibles.

Dans quelques endroits on les fait avec des planches. On les divise en cases d'environ deux décimètres (huit pouces) en tout sens. On les garnit quelquefois d'un rebord ; le plus souvent ils n'en ont point.

Ailleurs encore on construit exprès des pots de terre. Le pigeon y est à son aise ; mais ils est difficile de placer ses échelles sans en casser beaucoup.

Enfin on y emploie des *chanées*, *côtières* ou *faitières*, ou mieux encore des briques liées ensemble avec du plâtre. Nous donnons la préférence à cette dernière manière de construire les boulins, parcequ'elle est la plus solide, et la plus exempte d'inconvénient.

On dispose les boulins en échiquier sur chaque face du colombier, s'il est de forme carrée, ou dans son pourtour, si sa forme est ronde. Par ce moyen, leur ensemble acquiert une solidité suffisante pour pouvoir servir d'échelle, lorsqu'ils sont construits en brique ; ce qui en facilite singulièrement la visite dans les colombiers de forme carrée. (De Per.)

COLOMBIER. Il doit être placé sur un terrain élevé, sec plutôt qu'humide, et au centre de la basse-cour, de manière qu'il puisse dominer un vaste horizon, et être éloigné autant qu'il est possible des passages trop fréquentés, afin que les pigeons jouissent du calme et de la liberté qu'ils aiment au-dessus de toutes choses. Naturellement timides, ces oiseaux prennent l'épouvante au moindre bruit, désertent pour aller s'établir dans un autre colombier, où ils trouvent plus de tranquillité pour eux et plus de sûreté pour leurs petits.

La forme des colombiers varie suivant les cantons; mais quelle que soit celle qu'on leur donne, il est nécessaire qu'il règne autour une corniche saillante, d'abord pour empêcher les animaux grimpans d'aller plus loin, et ménager ensuite une espèce de galerie sur laquelle ils se promènent, s'échauffent au soleil, et se reposent en arrivant des champs; que l'intérieur et l'extérieur soient peints en blanc, attendu que les pigeons aiment singulièrement cette couleur, et qu'elle leur permet d'apercevoir de beaucoup plus loin leur habitation, ce qui est souvent fort utile.

Des soins du colombier. Les pigeons n'étant attirés et retenus dans le colombier que par les avantages qu'ils y trouvent, on ne peut se dissimuler que, plus ces endroits leur plairont, plus ils s'y multiplieront.

Une des causes qui contribuent le plus à les faire périr, c'est la mauvaise odeur qu'exhale leur fiente quand on la laisse séjourner trop long-temps dans le colombier; ils ne résistent pas long-temps à ce foyer d'infection. Aussi, pour en éviter les émanations les pigeons ont soin de ne nicher que dans la partie supérieure.

Il est donc d'une nécessité indispensable de nettoyer à fond le colombier au moins quatre fois l'année; la première à l'approche de l'hiver, la seconde après l'hiver et avant que ces oiseaux aient commencé leur ponte, la troisième fois après leur volée, la quatrième enfin quand la seconde volée est passée. *Voyez* COLOMBINE.

On doit avoir encore l'attention d'enlever doucement, et le plus promptement possible le fumier, de peur que la poussière ne vole en trop grande abondance sur les œufs, et que ceux qui sont en couvaison ne se refroidissent. Il ne faut jamais manquer sur-tout de jeter au dehors tous les pigeons morts ou languissans, parcequ'ils peuvent vicier l'air du colombier; et, chaque fois qu'on prend des pigeonneaux, de nettoyer les nids en les grattant et les frottant avec une brosse rude. Il est également nécessaire, avant d'entrer dans le colombier, de frapper deux ou trois coups à la porte, afin que les pigeons qui se trouveroient dans la partie inférieure ne soient pas effrayés.

Le pigeon fuyard est un oiseau à demi domestique, un esclave libre, qui, pouvant nous quitter, est retenu par les avan-

tages qui lui sont offerts. Ainsi, dès qu'il trouve dans le colombier un gîte commode et spacieux, un abri salutaire, il s'y
établit avec sa femelle, pour élever ensemble leurs petits. Il
faut donc, pour que l'habitation leur plaise, y entretenir une
grande propreté. L'observation qui suit servira à démontrer
combien elle a d'influence sur la prospérité d'un colombier.

Lorsque des propriétaires se déterminèrent à venir habiter
leur domaine, qui avoit été entre les mains d'un fermier pendant un bail de neuf années, ils trouvèrent le colombier, qu'ils
avoient laissé amplement garni, abandonné, sale et occupé par
tous les ennemis des fugitifs. Leur premier soin fut de faire
blanchir le colombier en dehors et en dedans, de réparer les
dégradations de l'intérieur, de le nettoyer parfaitement, de le
pourvoir d'eau et de sel en abondance; avec ces seules précautions, le colombier se repeupla comme par enchante-
ment, au point que, quand ils quittèrent de nouveau leur
domaine, il s'y trouvoit plus de cent cinquante paires de pigeons, auxquels on ne donnoit presque aucune nourriture.
Trois années avoient suffi pour opérer ce changement, et attirer même les déserteurs des colombiers d'une lieue (un demi
myriamètre) à la ronde.

Parmi les moyens proposés pour assainir le colombier, mettre les pigeons à l'abri d'une foule d'accidens et de maladies,
le plus efficace consiste à blanchir l'intérieur au lait de chaux,
et à y promener de temps en temps une botte de paille enflammée pour détruire l'air pesant et méphitique, les insectes
ou leurs œufs; mais comme il paroît que les pigeons aiment singulièrement les odeurs agréables, on suspend le long des murs
et près des nids quelques paquets de sauge et de lavande. (Par.)

COLOMBINE. C'est la fiente de pigeon, et par extension
celle des poules et autres oiseaux de basse-cour. Celle de ces
derniers s'appelle cependant poulenée dans quelques endroits.

On regarde, avec raison, la colombine comme le plus puissant
des engrais : la poudrette, ou les excrémens humains desse-
chés, peut seule entrer en comparaison avec elle. Cette supériorité, elle la doit probablement à l'ammoniac, ou hydrure
de carbone, qu'elle contient en si grande abondance, que,
fraîche elle fait périr (brûle, comme on dit vulgairement)
toutes les plantes avec lesquelles elle est mise en contact.

Les agriculteurs romains connoissoient les grands avantages
de la colombine. Olivier de Serres, le plus ancien des cultivateurs
français qui aient écrit sur l'économie rurale, en parle ainsi:

« Le premier et le meilleur de tous les fumiers desquels on
puisse faire estat, est celui du colombier, pour sa chaleur qu'il
a plus grande que nul autre, dont il est rendu propre à tout
usage d'agriculture, de telle sorte que peu profite beaucoup;

mais c'est à condition que l'eau intervienne tost après pour corriger sa force, autrement il nuiroit plutôt qu'il ne profiteroit, attendu que seul, sans être tempéré par l'humidité, brûle ce qu'il touche. C'est pourquoi autre saison n'y a-t-il pour son application que l'automne et l'hiver, le printemps étant suspect pour la proximité de l'été.

« Avec discrétion sera distribuée la fiente du colombier, de peur que, par trop grande quantité, la semence n'en fût bruslée ; pourquoi on la sème par la terre à la façon du bled, et presque aussi rarement. »

Dans quelques parties de la France la colombine est appréciée à toute sa valeur, mais dans beaucoup d'autres on ne sait pas l'employer seule. Il est même des cantons où on n'a aucune idée de sa supériorité, et où on la laisse se perdre dans les cours, et ces cantons sont souvent ceux qui ont le plus besoin d'engrais.

Les cultivateurs péruviens emploient, sous le nom de *guano*, une colombine qu'on va chercher sur des îles désertes, fréquentées par des multitudes d'oiseaux de mer. Elle a les mêmes propriétés que celle de nos basse-cours. *Voyez* Annales d'agriculture, 27ᵉ vol.

Mise sur les terres telle qu'elle sort du colombier ou du poulailler, la colombine, comme le dit Olivier de Serres, s'oppose à toute végétation, jusqu'à ce que les pluies et l'évaporation lui aient fait perdre une partie des principes auxquels elle doit son énergie ; mais n'est-il pas des moyens de l'employer de manière à utiliser la totalité de ces principes ?

On connoît et on pratique deux de ces moyens ; mais, malheureusement pour la prospérité de l'agriculture française, ce n'est pas par-tout. Le premier, c'est de la réduire en poudre après sa complète dessiccation dans un lieu abrité ; le second, de la mêler avec une assez grande quantité de terre, pour qu'elle puisse lui communiquer la surabondance de son activité.

Je ne sache pas qu'il ait été fait des expériences pour savoir exactement ce qui se passe dans la dessiccation de la colombine ; mais il y a tout lieu de croire que, quelques précautions qu'on prenne, elle l'affoiblit. Plusieurs fois j'ai cassé des mottes de cette substance dans le colombier même, et il m'a paru qu'elle avoit une odeur bien plus ammoniacale que lorsqu'elle avoit été exposée long-temps à l'air. De plus, les habitans des environs de Lille, qui ont de tout temps su calculer en fait d'engrais, se gardent bien de la dessécher pour en faire usage. C'est donc son mélange avec de la terre que les cultivateurs doivent préférer, comme ne donnant lieu à aucune perte ; mais cette pratique a aussi ses inconvéniens, comme je le dirai plus bas.

Dans quelques endroits on laisse la colombine six mois, un an même, dans le colombier ; ensuite on la lève par grands morceaux, qu'on expose quelques jours au soleil, et qu'on réduit ensuite en poudre à coups de masse ou de batte. Dans d'autres, on l'enlève tous les quinze jours ou tous les mois avec une espèce de ratissoire de bois, et on la porte sous un hangar, où elle se dessèche avec lenteur; après quoi on la réduit en poudre par le même moyen. Dans ce dernier état on la conserve en tas, ou dans des tonneaux défoncés d'un côté, jusqu'à ce qu'on en fasse usage.

On verra aux mots PIGEON et POULE combien il est important de les débarrasser souvent de cette matière pour la conservation de leur santé et pour l'augmentation de leur population; ainsi la dernière méthode doit être proclamée la meilleure.

La poudre de colombine se sème à la main comme le blé, en automne, avant le dernier labour, principalement sur les terres fortes et humides, soit seule, soit mêlée avec de la cendre lessivée comme le pratique M. de Perthuis. Quelque peu abondante qu'elle soit, elle paroît toujours nuire à celles qui sont sablonneuses et sèches. Elle agit puissamment sur la récolte de l'année, et un peu sur celle de la suivante, rarement sur celle de la troisième : c'est donc tous les deux ans qu'il convient de la répandre. Ses effets sont excellens sur les prés; mais, pour l'employer dans ce cas, il faut qu'elle ait été passée au crible, pour la débarrasser des plumes qu'elle contient toujours, parceque ces plumes, avalées avec l'herbe par les bestiaux qui paissent, leur causent des toux importunes.

Dans certains endroits, on porte toutes les semaines une certaine quantité de terre franche dans le colombier ou le poulailler, et on l'étend sur son plancher, de manière que la fiente des pigeons ou des poules se combine entièrement avec elle, et qu'aucune de ses parties, excepté l'eau, ne se perd. Le crottin de cheval et le fumier, qu'on substitue quelquefois à la terre, ne remplissent pas aussi bien son objet et nuisent à la santé de la volaille. La paille n'a pas ce dernier inconvénient; mais la colombine ne forme aucune union avec elle.

Le mélange de la colombine avec la terre peut rester pendant les quatre mois d'hiver, sans inconvénient, dans le colombier ou le poulailler; mais, pendant le reste de l'année, il faut l'ôter d'autant plus souvent qu'il fait plus chaud, c'est-à-dire au moins une fois par mois, si ce n'est même deux. On le dépose ensuite dans un lieu abrité de la pluie, mais où on l'arrose cependant légèrement de temps en temps pour favoriser encore la combinaison.

Dans d'autres endroits, on enlève la colombine de l'habitation de la volaille toutes les semaines, et on la transporte dans une fosse, sous un hangar, où on la met couche par couche avec de la terre franche, de manière qu'il y ait dix parties de cette dernière contre une de la première.

Cette méthode est préférable à la première, en ce qu'elle exige moins de main-d'œuvre, et qu'elle est plus avantageuse à la santé des volailles.

Lorsque, dans les deux cas, on met la colombine à l'air libre, on est exposé à en voir entraîner une partie par les grandes pluies, et par conséquent à éprouver une véritable perte.

La combinaison de la colombine avec la terre ne doit s'employer qu'au bout de l'année. On en fait usage de la même manière que de la poudrette ; de sorte que la masse de terre mélangée est tout engrais. Cet avantage doit être déterminant en faveur de ce moyen, malgré le petit embarras qu'il cause de plus.

Je n'ai pas besoin de dire que la dessiccation du mélange doit être presque complète pour pouvoir le réduire en poudre.

La colombine entre en plus ou moins grande quantité dans la terre à oranger, dans la terre à œillet et dans toutes les compositions de terre qui ont pour objet de fournir aux plantes une surabondance de nourriture sous un très petit volume. Elle sert encore, mêlée avec du fumier dans de l'eau, pour diminuer la crudité des eaux de puits et pour donner des bouillons aux arbres fruitiers ou autres qui souffrent ; mais dans ces deux cas il faut la ménager avec prudence, car Th. de Saussure a prouvé que les eaux trop chargées de matières animales ou putrescentes étoient souvent nuisibles à la végétation.

On doit à Vauquelin de très intéressantes expériences sur les excrémens des coqs et des poules, expériences qui jettent un grand jour sur la manière d'agir de la colombine. Il a constaté que la matière crétacée blanche qui recouvre la fiente du coq est un véritable albumen, ou blanc d'œuf desséché par l'air ; que cette matière ne se trouve sur les excréments de la poule que lorsqu'elle ne pond pas ; que le résidu de la combustion de ces deux fientes étoit du carbonate et du phosphate de chaux et une quantité assez considérable de silice.

Je finis en faisant des vœux pour que tous les amis de l'agriculture regardent comme un devoir d'instruire les habitans des campagnes, où l'on n'emploie pas la colombine, des précieux avantages de cette substance, et pour qu'ils leur indiquent les moyens rapportés ci-dessus pour en tirer le meilleur parti possible. *Voyez* pour le surplus aux mots ENGRAIS et POUDRETTE. (B.)

COLOMBINE. Quelquefois ce nom s'applique à l'ANCOLIE VULGAIRE, au PIGAMON A FEUILLES D'ANCOLIE, et à une variété d'ANEMONE. (B.)

COLON. On donne ce nom, dans quelques cantons, au fermier qui loue un bien à moitié fruit. On le donne aussi aux habitans des colonies. (B.)

COLONAGE. Nom, dans certains endroits, des biens qu'on loue à moitié fruit. *Voyez* au mot BAIL. (B.)

COLONNADE DE VERDURE. C'est une suite d'arbres garnis de branches depuis la racine, et qu'on taille en forme de colonne. La charmille et l'orme sont les arbres indigènes qui se prêtent le mieux à cette bizarre taille, qui n'est plus au reste employée que dans quelques jardins des châteaux gothiques jamais visités par leurs possesseurs actuels. (B.)

COLOQUINELLE ou FAUSSE COLOQUINTE. *V.* PÉPON.

COLOQUINTE, *Cucumis colocynthis*. C'est le concombre amer de Lamarck. Petite espèce de concombre à feuilles découpées, à fruit rond de la grosseur du poing, dont la pulpe blanche et spongieuse est célèbre par son amertume; sèche elle se distingue par une très grande légèreté, le fruit entier se trouvant réduit au bout d'un an à moins du neuvième de son poids, suivant l'observation de Guettard. La médecine a long-temps désigné la coloquinte comme un remède puissant dans des cas désespérés. On en a cultivé en Europe sur des couches chaudes, mais elle n'est jamais aussi purgative que lorsqu'elle croît naturellement sur les côtes sablonneuses et brûlantes de l'Archipel, de l'Egypte et des Indes. Ces coloquintes adoucies pourroient peut-être offrir un purgatif moins dangereux. (DUCH.)

COLOQUINTE LAITÉE. Variété de COURGE. (B.)

COLORANTES (CULTURE DES PLANTES). Les plantes propres à fournir des parties colorantes à la teinture et qui sont susceptibles d'être cultivées en France se réduisent à la GAUDE, au PASTEL, à la GARANCE.

D'autres plantes fournissent bien encore, chez nous, des ingrédiens du même genre, mais on ne les cultive pas. Ce sont les LICHENS ORSEILLE et PARELLE, le CROTON TEIGNANT, la BUGLOSE TEIGNANTE, les CAILLELAIT, les NERPRUNS, le SUMACH, le NOYER, les GENÊTS, etc.

Après les grains, les plantes textiles et huileuses, les vignes et les bois, dit mon estimable collaborateur Parmentier, les plantes tinctoriales paroissent être celles qui méritent le plus d'être prises en considération par les cultivateurs. C'est une de ces vérités qu'on ne peut trop s'empresser de reproduire au moment surtout où la situation politique de l'Europe rend plus difficiles les communications avec nos colonies.

Comme j'ai beaucoup insisté sur cette vérité aux articles des plantes citées plus haut, je me dispenserai d'allonger celui-ci (B.)

COLORÉ. On applique ce nom aux feuilles, aux tiges et autres parties des plantes qui doivent être vertes et qui cependant ont une couleur différente. *Voyez* au mot PLANTE. (B.)

COLORIS. C'est une nuance d'expression qui indique qu'une couleur est brillante, qu'elle reflet vivement les rayons de la lumière. Cette fleur a un beau coloris, c'est-à-dire qu'elle n'est pas terne ; que ses couleurs, si elles en a plusieurs, sont bien tranchées. (B.)

COLOSTRUM. Les médecins ont donné ce nom au fluide qui se sépare des mamelles les premiers instants qui précèdent et suivent le part ; il est demi-transparent, visqueux, gras, d'un blanc sale, d'une saveur fade, filant et ayant la consistance d'un sirop ; le beurre qu'il renferme est abondant, presqu'orange, plus spongieux, plus adhérent à la crême, et moins agréable que le beurre ordinaire.

Le colostrum nouvellement trait, et mis sur le feu, se coagule avant d'arriver au degré de l'ébullition et fournit une très grande quantité de sérum blanchâtre, ce qui le rapproche plutôt de l'état lymphatique que de celui du lait ; ce n'est donc que le quatrième jour après le part que ce fluide réunit toutes les conditions du véritable lait ; il ne se coagule plus au feu et n'en diffère absolument qu'en ce qu'il est moins riche en beurre et plus abondant en sérum.

Il n'est pas douteux que cet état onctueux et lymphatique du lait ne soit une modification nécessaire à la composition de l'aliment que la nature destine au nouveau-né ; le colostrum, en sa qualité de corps gras, dissout, liquéfie une matière poisseuse, résineuse, accumulée dans l'estomac et les intestins pendant le temps que le fœtus est resté dans le sein de sa mère ; il la met en état d'être expulsé et empêche que, par son trop long séjour, elle n'occasionne des désordres qui deviendroient tôt ou tard préjudiciables au nouveau-né. On sait que les enfans, dès les premiers jours de leur existence, deviennent quelquefois très jaunes et meurent, parcequ'alors le *meconium animal*, c'est le nom que porte cette matière, n'est pas entièrement évacué.

Le colostrum ne sauroit donc être considéré comme un fluide indifférent dans le cas dont il s'agit ; il est destiné par la nature, et les proportions de ses parties constituantes, à exercer précisément les fonctions d'un véritable médicament, dont l'effet, en contribuant à l'expulsion du corps étranger à la vie de l'animal, dispose, pour ainsi dire, ses organes à recevoir et à préparer les nouveaux alimens dont il a besoin pour son accroissement et sa conservation.

C'est, sans doute, à cette qualité dissolvante et relâchante du colostrum, et non aux matières âcres et aux sels ammoniacaux, qu'il ne contient pas, qu'on doit attribuer l'espèce de dévoiement auquel sont exposés les nouveaux-nés qui le prennent. Ces évacuations, loin d'être nuisibles à l'enfant, le purgent des matières qui lui occasionnent des tranchées, et le sirop de chicorée, qu'on prescrit souvent pour provoquer la sortie de ces matières, n'a jamais le succès du colostrum, ainsi que l'a très-bien remarqué M. Moore, ami et élève du célèbre Sigault.

Si c'est un malheur pour le nouveau-né de ne pouvoir prendre le téton de sa mère dès qu'il respire, puisqu'il y trouveroit la faculté de se débarrasser, sur-le-champ et sans douleur, de la sécrétion dont nous parlons, c'en est un bien plus grand encore de passer dans les bras d'une mère empruntée, qui, à la place du colostrum, lui a donné un lait plus ou moins façonné, et rarement conforme à sa constitution, malgré toutes les combinaisons des accoucheurs dans ces circonstances toujours critiques pour le sort futur de l'enfant.

Loin donc de refuser le colostrum au nouveau-né, d'après l'opinion des anciens, qui regardoient ce fluide comme véneux, on doit, au contraire, le lui administrer en totalité, pour qu'il puisse remplir les indications que la nature a eues en vue en le formant ; et c'est contrarier absolument son vœu que d'en frustrer l'enfant, sous quelque prétexte que ce soit, puisque sa propriété légèrement purgative, est précisément une des qualités essentielles pour la destination qu'il est chargé de remplir.

Les nourrisseurs des environs de Paris ont coutume de traire les vaches dès l'instant qu'elles ont mis bas, et de leur faire boire la première traite, persuadés qu'elles ont besoin d'être purgées ; la seconde traite est pour les veaux, auxquels on ne permet jamais de prendre le trayon, dans la crainte qu'ensuite la mère ne refuse son lait à la traieuse, et ne contracte pour son nourrisson de l'attachement, qui opère toujours en elle une sorte de révolution, lorsqu'il s'agit de les séparer l'un de l'autre ; mais dans ce cas peu importe le succès de ces veaux ; ils ne sont pas destinés à former des élèves : leur sort, en naissant, les condamne à la boucherie.

Ainsi, l'homme a toujours la manie de changer l'ordre établi par la nature ; il prive les nouveaux-nés d'un fluide exclusivement préparé pour eux, destiné à se combiner à une certaine espèce de matière résineuse qui enduit les intestins, capable enfin de mettre cette matière en état d'être expulsée au dehors sans effort et sans réaction sur l'individu, tandis qu'il fait avaler à la mère un breuvage qui lui est absolument inutile, puisqu'elle n'a point de méconium à rendre. (PAR.)

COLSAT ou COLZA. *Brassica oleracea.* On donne vulgairement ce nom à la variété de chou qui est la moins éloignée du type de l'espèce, et qu'on cultive principalement pour sa graine, qui fournit une huile estimée dans les arts. On la reconnoît à ses feuilles radicales pétiolées, sinuées ou légèrement découpées, même quelquefois pinnées à leur base, et à ses feuilles caulinaires sessiles et cordiformes. Les unes et les autres lisses et d'un vert glauque, variant souvent en grandeur, mais toujours plus petites que celles des autres variétés.

Il existe deux sous-variétés de colsat. Le *blanc*, qui a les fleurs blanches, et le *froid*, qui les a jaunes. Ce dernier a les feuilles plus grandes, plus épaisses, et supporte mieux les rigueurs de l'hiver. En conséquence on le cultive de préférence.

Toutes les localités ne sont pas propres à la culture du colsat. En France, on ne s'y livre avec quelque étendue, que dans les plaines de la ci-devant Flandre. Inutilement voudroit-on l'entreprendre dans les départemens méridionaux, où les sécheresses se prolongent souvent, et où les eaux propres aux irrigations sont rares. La nature de la terre doit être sur-tout consultée. Dans les sables sa tige prend peu de consistance et ses graines restent petites. Dans les argiles il végète avec lenteur, jaunit promptement et fournit peu d'huile. C'est donc une terre intermédiaire, légère et grasse, c'est-à-dire la meilleure terre à froment qui seule lui convient. Il faut de plus que cette terre ait une certaine profondeur, qu'elle soit bien labourée et fortement fumée.

Dans quelques cantons on cultive le colsat comme la Navette (*voyez* ce mot), c'est-à-dire qu'on le sème à la volée en plein champ; mais l'expérience a prouvé que la meilleure méthode étoit de le semer d'abord dans un local particulier, et ensuite de le replanter comme les autres Choux. *Voyez* ce mot.

Le terrain destiné au semis du colsat est ordinairement choisi dans le voisinage de la maison pour pouvoir surveiller avec plus de régularité les opérations qu'il demande. On le défonce à la bêche plutôt qu'à la charrue, et on le fume d'autant plus, qu'il est plus maigre par sa nature ou plus épuisé par les récoltes précédentes. Sa surface, rendue aussi unie que possible au moyen de la herse et du rouleau, est divisée en planches de quatre à cinq pieds, séparées par des sentiers d'un pied.

Le semis commence généralement en juillet. La graine doit être répandue le plus uniformément possible et en petite quantité, pour que les plants qui en proviendront ne soient pas trop serrés. Ces plants levés sont arrosés si la sécheresse se prolonge, éclaircis et sarclés au besoin.

En Angleterre, où les bons cultivateurs ont généralement adopté la méthode de semer par rangées ou sillons, on place ainsi la graine de colsat, c'est-à-dire qu'on fait des raies écartées de six à huit pouces avec le bout du manche du râteau, et qu'on répand la graine par pincées dans ces raies, qu'on remplit de terre par un simple coup de râteau.

Pendant que le plant du colsat se fortifie dans les planches du semis, on prépare la terre destinée à le recevoir à demeure.

Cette terre est presque toujours celle qui a porté du blé dans l'année même. On lui donne un premier labour après l'avoir largement fumée peu de temps après la récolte. Un second au commencement ou au milieu de septembre, et un troisième dans le courant d'octobre. Ces labours seront aussi profonds que possible, et croisés obliquement, afin de rendre la terre plus meuble.

Un seul labour à la bêche suppléeroit ces trois labours; mais sa dépense ne permet de le faire que dans les petites exploitations, dans celles qui sont cultivées par le propriétaire ou le fermier, au moyen de son travail et de celui de sa famille, travail qui est ordinairement compté pour rien heureusement pour l'agriculture, dont beaucoup d'opérations resteroient à faire si on calculoit et ce qu'elles coûtent et ce qu'on en retire en argent.

Dans tous les cas il convient de disposer le terrain en planches bombées, afin de donner de l'écoulement aux eaux surabondantes, même de faire de petits fossés d'écoulement si la nature du sol ou la localité l'exige.

Le mois d'octobre est celui pendant lequel il est le plus avantageux d'exécuter la transplantation du colsat. On choisira un temps couvert, même un peu pluvieux, pour que les plants reprennent plus facilement. Ces plants seront enlevés du lieu du semis, non en les arrachant par le seul effort de la main, mais avec une pioche, et en ménageant leurs racines et leurs feuilles avec tout le soin possible, et transportés dans des corbeilles sur le champ où ils doivent être plantés à mesure du besoin.

C'est en quinconce et à quinze ou dix-huit pouces d'écartement, terme moyen, qu'il convient de planter le colsat, avec la pioche plutôt qu'avec le PLANTOIR (*voyez* ce mot), plutôt profondément que superficiellement, parceque ce qu'on appelle la tige dans les choux n'est que le prolongement du collet de la racine, et que ce prolongement étant susceptible de donner de nouvelles fibrilles, la plante est mieux nourrie.

Pour aller vite en besogne, il faut qu'une personne fasse les trous et qu'une autre place le plant et remplisse le trou sans trop presser la terre autour des racines, ce qui leur donneroit une position forcée et nuiroit à la prolongation de leurs suçoirs.

En novembre, si le temps le permet, on remplace les pieds de colsat qui n'ont pas repris; sinon on réserve cette opération pour les premiers jours du printemps, à l'effet de quoi on garde toujours dans le semis un nombre de plants proportionné à la plantation.

On ne touche plus à cette plantation qu'au mois de mars et même d'avril, selon que l'hiver est plus ou moins long. A cette époque on lui donne un binage et on rechausse ou butte les pieds. On nettoie aussi les fossés s'il y en a, et on en rejette la terre sur le sommet de l'ados.

Au mois de mai on fait un second binage semblable.

Dans les départemens septentrionaux de la France, où, comme je l'ai déjà observé, on cultive beaucoup de colsats, sa graine est ordinairement mûre vers la fin de juillet. Plus au midi, elle peut l'être un mois plus tôt. L'état de l'atmosphère concourt aussi à avancer ou retarder l'époque de sa maturité. On reconnoît qu'elle doit être cueillie à la couleur jaunâtre de la tige et à la chûte des feuilles inférieures. Comme c'est de sa complète maturité que résulte la plus grande abondance et la meilleure qualité d'huile, et que lorsqu'on le laisse mûrir sur pied, une grande quantité de graines se perd, le talent du cultivateur est de choisir le moment le plus convenable pour éviter ces deux inconvéniens.

Les pieds de colsat, arrivés à maturité, se coupent avec une faucille à peu de distance de terre. On doit choisir le matin pour faire cette opération, afin que les secousses que, quelques précautions qu'on prenne, elle occasionne toujours fassent moins perdre de graines, les siliques, renflées par l'humidité de la nuit, ayant alors moins de disposition à s'ouvrir. Ces pieds sont mis sur une charrette et aussitôt portés sous de vastes hangars, dont le sol est bien uni et bien nettoyé, et ils y sont amoncelés sans être pressés, c'est-à-dire de manière que l'air puisse circuler autour de chacune de leurs branches. Là, la graine achève de mûrir au moyen de la sève qui reste encore dans la tige, sève qui ne s'évapore que très lentement.

Faute de hangar propre à cet objet, on forme avec les pieds de colsat et de la paille, alternativement un lit de chaque, dans le champ même ou dans le voisinage de la ferme, des meules qui se recouvrent de paille en dessus et sur les côtés de manière à empêcher l'introduction des eaux de pluie. *Voyez* au mot MEULE les précautions à prendre.

Lorsque les tiges sont parfaitement desséchées ou à peu près, on peut les battre avec le fléau pour faire sortir la graine des siliques, opération très facile et très rapide, puis on vanne cette graine comme le blé; on la passe dans des cribles faits exprès, enfin on la nettoie de tous corps étrangers par tous les moyens possibles, car plus elle est propre et moins elle attire l'humidité, et mieux par conséquent elle se conserve.

Comme la graine de colsat, quoique provenant de tiges parfaitement desséchées (ce qui n'a pas toujours lieu), conserve une surabondance d'humidité, il est bon de l'étendre pendant quelques jours sur des toiles, et la remuer souvent pour faciliter l'évaporation de cette humidité. Ensuite on la met dans des sacs isolés, qu'on vide et remplit tous les quinze jours jusqu'au moment où on la porte au moulin.

Au moyen de ces précautions, la graine se conserve sans moisissure, sans goût d'échauffé, et donne une huile abondante et d'excellente qualité.

Lorsqu'on se presse de faire moudre la graine de colsat, on a moins d'huile et de l'huile de moins de garde. Lorsqu'on tarde trop, on en a encore moins, et cette huile est rance. On en a moins dans le premier cas, parceque le principe mucilagineux n'a pas eu le temps de se transformer en huile ; dans le second, parceque beaucoup de graines se pourrissent ou s'altèrent d'une autre manière. *Voyez* au mot Huile.

C'est ordinairement au commencement de l'hiver, avant les fortes gelées, qu'on s'occupe de l'extraction de l'huile des graines de colsat, et c'est en effet l'époque la plus favorable sous tous les rapports.

Je ne parlerai pas ici de la fabrication de l'huile de colsat, attendu qu'elle ne diffère pas de celle des autres huiles de graines, et que j'en traiterai aux mots Huile et Moulin à huile.

Le restant de la graine dont on a tiré l'huile se nomme *trouille* ou *pain de trouille*. On la donne aux bestiaux, sur-tout aux vaches et aux cochons, qui en sont fort avides, et qu'elle engraisse rapidement. On la rend aussi à la terre, qu'elle améliore autant que le meilleur fumier.

Toutes les fois qu'on enlève une feuille saine à un végétal, sur-tout à un végétal qui les a aussi peu nombreuses et aussi grandes que le colsat, on nuit à sa croissance et par conséquent à la production de ses fleurs et à la grosseur de ses fruits. Je ne conseillerai donc pas de suivre la pratique usitée dans quelques endroits, d'en priver le colsat pour en nourrir les bestiaux, même les hommes. On doit pour cet objet cultiver les choux verts, les choux pommés, le chou navet de Laponie, qui fournissent bien plus de feuilles que lui et à qui on peut les demander sans inconvéniens, puisqu'ils doivent être consommés avant leur montée en graine. Voyez un mémoire d'Arthur Young, dans le recueil de ses expériences, qui prouve le désavantage de la culture du colsat sous ce rapport.

On voit, par ce qui vient d'être dit, que la culture du colsat devient un bénéfice réel dans les lieux où on est encore dans la désastreuse habitude de laisser les terres en jachères, puisqu'on le plante après la récolte du blé et qu'on le recueille avant les semailles. Il doit donc entrer dans l'assolement de toutes les terres des pays gras et humides. Les binages, qu'il est nécessaire de lui donner, nettoient la terre des mauvaises herbes, et la disposent aux récoltes de l'année suivante. Cependant comme , ainsi que toutes les autres plantes qui fournissent de l'huile , il effrite beaucoup la terre , il ne doit reparoître dans le même lieu qu'après un intervalle de cinq à six ans au moins. *Voyez* au mot Assolement. (B.)

COLUTEA. Nom latin du Baguaudier. *Voyez* ce mot.

COMBE. C'est, dans quelques endroits, une vallée supérieure , c'est-à-dire l'entre-deux des montagnes à leur cime. Les combes se cultivent ordinairement en prairies ; parceque lorsqu'elles sont labourées les orages sont dans le cas d'entraîner toute leur terre dans les vallées inférieures. Elles sont assez généralement bordées de bois ou de rochers , et un ruisseau coule dans leur milieu. Très souvent les combes ont été anciennement des lacs ou des étangs , suivant leur grandeur ; ce qui se reconnoît au niveau de leur sol. (B.)

COMBLE. On donne ce nom à ce qui , dans le mesurage des grains, ou autre objet, s'élève au-dessus des bords de la mesure, c'est-à-dire à un cône qui a pour base le diamètre de la mesure même et dont la hauteur varie à raison de la nature des objets mesurés. Il est de ces objets qui se vendent dans tel ou tel endroit à la mesure comblé , tandis que dans d'autres ils se vendent à la mesure rase. En général on fixe le comble en faisant tomber la graine de quelques pouces, et sans y porter la main et sans tasser le grain; mais dans les gros fruits comme les pommes, les navets, etc., on en remplit les vides à la main lorsque l'acheteur l'exige. Rarement le comble est regardé comme une mesure légale ; mais dans les lieux où il est en usage, les jugemens de police le considèrent comme tel. (B.

COMESTIBLE. C'est tout ce que l'homme consomme ou peut consommer pour sa nourriture ; le pain , la viande , les légumes sont des comestibles , le vin même et autres liqueurs prennent souvent ce nom. La presque totalité des comestibles est le produit de l'agriculture. Il n'y a guère que le gibier et le poisson que le travail ne puisse pas procurer en plus grande quantité que la nature. Encore même y a-t-il dans ces deux classes de comestibles quelques articles, tels que les lapins et les carpes, qu'on doit regarder comme domestiques. Ce mot pourroit donc servir de texte à un traité qui embrasseroit l'agriculture entière. (B.)

COMMANDE. Bestiaux en commande. Ce sont des bestiaux mis en cheptel. *Voyez* au mot Bail. (B.)

COMMISSIONNAIRE. La division du travail produit en agriculture les mêmes avantages que dans les arts, c'est-à-dire qu'elle fait produire et plus et à meilleur marché. Les personnes qui s'offrent pour intermédiaires entre le cultivateur et le consommateur , qui évitent au premier des déplacemens et des pertes de temps , toujours regrettables quand on est bien à ses affaires, sembleroient donc lui rendre un grand service. Cependant ces personnes, qu'on appelle commissionnaires, sont un fléau pour la culture.

Rozier, dans son indignation, a rédigé contre ces commissionnaires un article qui n'a produit aucun effet. Tant qu'il y aura des cultivateurs pauvres chez qui le besoin de vendre promptement, souvent même avant la récolte, se fera annuellement sentir, il se trouvera des spéculateurs avides qui, par l'appât de l'argent comptant, souvent même d'une foible avance, leur enlèveront tout espoir de bénéfice. Plus le mal est ancien et plus il est difficile à déraciner, parceque le besoin d'argent pour payer les impositions, pour réparer ses instrumens agricoles, pour renouveler ses bestiaux, pour habiller sa famille, pour faire des provisions, etc., etc., se fait sentir plus vivement chaque année. Un commissionnaire déjà riche, qui ruine un canton, est cependant nécessaire à ce canton, et son départ est souvent une calamité, parceque les fonds manquent alors, et que leur urgence est fréquente.

C'est sur-tout dans les pays de vignobles où les commissionnaires exercent leurs rapines avec le plus de succès, à raison de l'incertitude des récoltes, des variations du prix du vin, des pertes qui sont la suite de sa garde, etc., etc. Là, les petits propriétaires, et souvent même les gros, ne sont que leurs fermiers. Ceux qui paient si chèrement les excellens vins de la ci-devant Bourgogne ne se doutent pas que la plupart de ceux à qui ils ont d'abord appartenu sont réduits à ne boire que de l'eau et à ne manger que du mauvais pain.

Au reste, il est des commissionnaires qui font leur état avec délicatesse. (B.)

COMMUNAUX. On entend généralement par communaux des biens-fonds appartenans à une commune, et dont chaque habitant a la jouissance, quelquefois déterminée par le nombre de *feux* ou de *chefs de famille*, ou la *quotité d'arpens* que *chacun possède*, plus souvent laissée *en commun* et au *premier occupant*.

Faut-il aliéner les communaux, les affermer à long terme au profit des communes? Faut-il en laisser la jouissance libre? Ce sont trois questions agitées longuement depuis vingt ans, tour à tour adoptées et rejetées, soutenues et repoussées par des argumens très plausibles de part et d'autre. En parcourant comme agriculteur une grande partie de la France, et causant souvent sur cet usage avec les habitans des campagnes, je suis demeuré convaincu que tout le monde a raison, que chaque système a ses avantages et ses inconvéniens, que tout dépend des localités. Je vais en peu de mots m'expliquer, et cette courte discussion pourra éclairer les communes seur leur véritable intérêt.

Il est des propriétés communales dont on ne peut réellement jouir qu'en commun. Otez aux habitans des montagnes, qu'il faut bien se garder de défricher, le pacage du troupeau commun, quel meilleur parti pourrez-vous en tirer? J'en dis autant de certaines landes et bruyères, dont le sol ne vaudroit pas les frais de culture, mais qui pourtant nourrissent pendant quelques mois des bestiaux à raison de leur étendue. Que ferez-vous du partage? quel meilleur parti pourroit en tirer un seul propriétaire ou fermier? Il n'est point de motif pour changer les usages locaux; mais aussi, ces deux cas exceptés, toutes les fois que le sol est susceptible d'une bonne culture, même en pacages et prairies, j'ose soutenir qu'il est de l'intérêt de tous de ne pas jouir en commun des communaux, de les aliéner ou de les affermer à long terme; je m'explique :

L'aliénation que je propose n'est pas une vente en argent, mais un échange d'un bien qui, pour être mis en valeur, exige des capitaux nombreux que n'ont pas les communes, contre un domaine en toute valeur, et d'un produit assuré. Le bail à long terme a le même but; il doit être fait à la charge de mettre en bon produit un sol qui n'y est pas et qui n'y sera jamais possédé en commun. Il me reste à prouver que dans les deux cas il est de l'avantage de tous, sur-tout des pauvres habitans, que le communal soit aliéné ou affermé.

La discussion ne sera pas longue, cependant il faut bien dire ici un mot de l'intérêt de l'état, qui se compose de l'intérêt de tous bien entendu. Si l'on m'accorde que des marais infects, des bois ravagés, dévorés par les bestiaux, des bruyères susceptibles d'être plantées en bois, seroient d'un plus grand produit mis en bonne culture, il est évident que l'intérêt de l'état est que le même sol donne le plus de produits territoriaux possible. Il en est de même de la commune propriétaire, qui est aussi un petit état. Il est inutile de développer les motifs de cette assertion.

Restent les intérêts particuliers des habitans, et je vais commencer par ceux des moins aisés; je vais parler de cette vache du pauvre, de cette nourrice de la famille, qui a tant sollicité d'intérêt depuis dix ans. Est-ce donc bien le pauvre qui jouit, avec quelqu'avantage, des communaux, si l'usage en est déterminé par le nombre d'arpens possédés? A peine a-t-il quelques ares. Si l'usage est libre, l'homme riche envoie des têtes de gros bétail contre la foible brebis du pauvre. Mal nourrie l'été, il faut la vendre l'hiver faute de pâture. L'enfant de la maison, au lieu d'apprendre à travailler à côté de son père, s'est accoutumé à ne rien faire, et il en contracte l'habitude. Pendant l'été on a une vache, quelques brebis, l'hiver on n'a plus rien que de la misère. Le vieillard impotent, l'orphelin, la femme veuve, obligée de soigner ses enfans et sa maison, quel secours ont-ils trouvé dans le communal? N'en auroient-ils pas eu un plus réel si, le communal affermé, le vieillard, le malade eussent trouvé des secours dans un bon hospice, les enfans dans des ateliers ou dans une ferme, où ils seroient placés jusqu'au moment où ils gagneroient bien leur subsistance? Où donc est l'intérêt de la conservation des communaux en nature? Je n'ose le dire, mais j'ai grand peur que ce ne soit l'intérêt de celui qui a le moins de besoins et le plus de moyens de s'en passer. A l'appui de ces raisonnemens, citons un fait que je crois notoire; c'est que les communes les moins riches, celles où il y a le plus de misère, de fainéantise, où il se commet le plus de délits, sont les communes où il y a des communaux, parceque l'oisiveté est la mère de tous les vices. J'invoque ici le témoignage des administrateurs et des juges des campagnes; j'aime trop leurs habitans pour parler contre leurs intérêts; mais j'oserai leur dire qu'il en est de bien et de mal entendus, et je crois avoir assez observé pour leur dire qu'au nombre de ces derniers il faut placer la jouissance en commun, et en nature, des communaux, quelques cas, quelques localités exceptées. (Chas.)

COMMUNICATIONS RURALES. Architecture et économie rurales. Les chemins publics et particuliers sont les moyens de communication d'une ferme avec les terres de son exploitation.

Leur proximité ou leur éloignement de la ferme n'est point une chose indifférente pour le fermier, et cette circonstance entre comme élément dans le calcul des avantages et des inconvéniens de l'emplacement d'un établissement rural.

Les chemins publics sont de deux espèces; *les grandes routes* et les *chemins de traverse, vicinaux* ou *finérots*; c'est-à-dire, ceux qui, sans être pavés ni ferrés, conduisent d'un village à un autre.

Ces deux classes de chemins ne servent qu'accidentellement et subsidiairement aux besoins de la culture, et ce sont les chemins particuliers ou de *déblave* qui y sont spécialement affectés.

Nous allons examiner les influences de ces différentes communications sur l'agriculture, en déduire l'intérêt que les propriétaires doivent prendre à leur conservation, et exposer les moyens qu'ils doivent employer pour maintenir en bon état ceux dont l'entretien leur est personnel, ou confié à la surveillance des administrations municipales

Section première. *Des grandes routes.* L'administration de

ces chemins est confiée à un corps justement célèbre, celui des ponts et chaussées; nous aurions donc pu nous dispenser d'en parler, si les grands chemins n'avoient pas une grande influence sur les progrès de l'agriculture, et s'il n'étoit pas nécessaire de préciser ce que les propriétaires ont à craindre ou à espérer de leur voisinage.

En calculant le nombre d'arpens de terre que les grandes routes occupent en France, un soi-disant agronome trouvoit que leur superficie étant perdue pour la production des subsistances, nous étions menacés de famines plus fréquentes si l'on ne mettoit des bornes à la multiplication de ce bienfait.

C'est ainsi que de son cabinet, et sans expérience, l'on peut créer des vices aux institutions les plus utiles; car le calcul administratif ou l'arithmétique politique ne suit pas les mêmes règles que l'arithmétique du géomètre.

Mais, si cet économiste eût été instruit de la largeur, souvent démesurée, des chemins de traverse, de leur nombre surabondant, et des difficultés que l'on oppose à la suppression de ceux qui sont évidemment inutiles; s'il eût observé que les grandes routes resserrent les chemins publics dans des limites naturelles et suffisantes pour la facilité et la sûreté des communications, et qu'indépendamment des avantages économiques qu'elles procurent au commerce pour le transport des denrées et des marchandises, elles favorisent aussi la culture des terres, et contribuent singulièrement à son amélioration.

Enfin, s'il eût aperçu que la multiplication des grandes routes a procuré le moyen de développer sur leurs rives ces plantations d'arbres utiles, si commodes pour le voyageur, si nécessaires pour la consommation générale, et si admirées par les étrangers, il auroit été convaincu que, loin de compromettre les subsistances de la France, les grandes routes ont fait faire des progrès rapides à son agriculture, en ont éloigné les disettes et vivifié l'industrie.

Peut-être pourroit-on en citer quelques unes, ainsi que l'a fait M. *Arthur Young*, dont la largeur excède des bornes raisonnables; mais elles ont été l'œuvre de la surprise, ou de l'ostentation de quelques provinces privilégiées; du moins, il est impossible d'en douter en lisant les dispositions des différentes ordonnances de nos rois rendues à ce sujet depuis 1669 jusqu'à l'arrêt du conseil du 6 février 1776.

Il faut convenir cependant que, si les grandes routes procurent de grands avantages à l'agriculture, les propriétés riveraines en souffrent quelques dommages. Elles sont plus exposées que les autres au maraudage des troupeaux et au gaspillage des voyageurs; en second lieu, l'ombrage des arbres, et sur-tout l'extension de leurs racines, font quelque tort aux récoltes des terres sur lesquelles ils sont plantés, et ce tort devient de plus en plus grand à mesure que les arbres avancent en âge. Suivant les arrêts des 3 mai 1720, et 6 février 1776, les propriétaires riverains avoient le droit de planter à leur profit le long des grandes routes ; mais ils ne pouvoient exercer ce droit que pendant la première année de leur établissement. A la seconde année, le seigneur voyer pouvoit se mettre au droit du propriétaire riverain, s'il ne l'avoit pas exercé. Enfin, la troisième année, et au défaut des deux autres, le gouvernement faisoit planter à ses frais et à son profit sur toutes les nouvelles routes.

Il paroît qu'un bien petit nombre de propriétaires riverains, et même de seigneurs voyers, avoient profité de cette faculté ; car, à l'époque de la révolution, presque tous les arbres des grandes routes appartenoient au roi. Aujourd'hui tous les propriétaires riverains ont également une année pour planter sur les berges des grandes routes. Cette année se compte à dater de la confection des nouvelles, ou de l'abattage des arbres des anciennes routes. (*Voyez* le Décret impérial.)

Sect. II. *Des chemins de traverse.* Si les chemins de traverse étoient tous entretenus avec le soin et l'intelligence que demande leur conservation ; on ne verroit pas tant de communes privées chaque année de communications, souvent pendant six mois. Le mauvais état de ces chemins fait un grand tort à l'agriculture, à cause de la quantité de bestiaux qu'il faut si souvent atteler à une voiture pour transporter les fumiers sur les terres, et pour en rapporter la récolte, il en résulte de grands frais de culture, qui diminuent nécessairement la valeur locative des terres.

Mais ce tort n'est pas le seul. Sans débouchés praticables, les cultivateurs de ces communes ne prennent aucun soin de leur culture, et si quelquefois les terres y sont louées un certain prix, il n'est dû, ainsi que nous l'avons observé ailleurs, qu'à une industrie locale agricole, dont les produits peuvent supporter avantageusement les frais de transport dans les mauvais chemins.

Il est vrai que leur entretien est à la charge des communes ; mais cette charge ne seroit pas très onéreuse si, d'une part, les chemins de traverse, dans chaque commune, y étoient restreints au nombre reconnu suffisant pour pouvoir communiquer avec tous les villages et hameaux environnans, et de l'autre, si leur réparation et leur entretien étoient ordonnés avec l'intelligence et l'économie convenables.

En effet, ce sont les pluies abondantes qui dégradent les chemins. S'ils sont en pente, l'eau les ravine et en approfondit les ornières ; et lorsqu'ils sont en terrain plat, et sur un sol glaiseux, la stagnation des eaux y occasionne des *fondrières*, des *molières*, des *peux*. Ainsi, pour entretenir les chemins de traverse dans le meilleur état, il faut les garantir, ou du cours rapide des eaux pluviales, ou de leur stagnation.

Pour arriver à ce but, on devroit constamment rénfermer ces chemins entre deux fossés, comme les grandes routes, et reverser dans ces fossés toutes les eaux pluviales qui y fluent des hauteurs dominantes. Alors les chemins de traverse ne pourroient plus être ravinés par les eaux, ou effondrés par leur stagnation. Seulement il faudroit en construire les fossés de manière qu'ils ne soient pas eux-mêmes ravinés dans les pentes, et l'ón y parviendroit en y établissant des barrages à des distances plus ou moins rapprochées, suivant que la pente du terrain seroit plus ou moins rapide; on préviendroit ensuite les affouillemens du chemin à chaque barrage, en le consolidant en avant et en arrière par des talus en gazons et en blocaille.

En pays plat on n'auroit point à craindre cet inconvénient pour les fossés; mais il faudroit avoir la précaution de les curer tous les deux ou trois ans, et de procurer un écoulement naturel aux eaux qui y seront réunies. Lorsque, par la pente, les eaux ne pourront être évacuées qu'en traversant le chemin, on fera le passage en forme de cassis, ou de toute autre manière, suivant la nature du sol, afin qu'il soit praticable en tout temps pour les voitures. Ces barrages, que nous conseillons pour empêcher les fossés des chemins en pente d'être ravinés par les eaux, sont d'une construction simple et peu dispendieuse, et l'on peut aussi en faire usage pour remblayer d'une manière solide et économique les chemins les plus ravinés.

On coupe le ravin de plusieurs rangs de barrages. Ils arrêtent le cours des eaux pluviales, les forcent à déposer dans chaque bassin les pierres, les sables et les terres dont elles sont chargées, et en exhaussent ainsi le sol. On répète cette opération autant de fois que cela est nécessaire; et lorsque le ravin est totalement remblayé, on y réfuse les eaux pour les rejeter ensuite dans les fossés du chemin.

SECT. III. *Des chemins de déblave.* Ces chemins, que les Romains appeloient *agrarii*, devroient être entretenus aux frais seulement de ceux pour qui ils ont été établis.

Le nombre de ces chemins pourroit être beaucoup diminué dans chaque commune, et leur emplacement seroit rendu à l'agriculture; mais, pour en effectuer la diminution, il faudroit souvent en changer la position, afin que chaque chemin pût communiquer immédiatement à toutes les pièces de terre d'une division de territoire; et cette opération, qui seroit avantageuse pour tous les propriétaires, ne peut être entreprise que par le concours de leur volonté et avec l'assistance du gouver-nement, à cause des échanges qu'il faudroit faire pour arriver à ce but.

On voit dans les Voyages agronomiques de M. le sénateur François (de Neufchâteau) un exposé des avantages que de semblables changemens, exécutés avant la révolution dans quelques communes de la Côte-d'Or, ont procuré à leurs pro-priétaires.

Au surplus, les chemins de déblave sont annuellement dé-gradés par les mêmes causes que les chemins de traverse ; on doit donc employer les mêmes moyens pour les réparer et les entretenir en bon état. (DE PER.)

COMPAGNON BLANC. Nom vulgaire de la LYCHNIDE DIOIQUE. (B.)

COMPLANT. Espèce de bail qui diffère peu du bordelage. On donne le même nom à un lieu qu'on donne à bail emphy-téotique à charge de planter. *Voyez* au mot BAIL. (B.)

COMPLÈTE. (FLEUR) On appelle ainsi celle qui ren-ferme toutes les parties de la génération, c'est-à-dire le calice, la corolle, les étamines et le pistil. La fleur incomplète est celle qui est dépourvue de quelques unes de ces parties. (R.)

COMPOSÉE. (FLEUR) Ce nom désigne la réunion de plusieurs petites fleurs dans un calice commun. Ces fleurs sont, ou simplement à fleurons, comme celles des ARTICHAUTS, etc., ou les *flosculeuses*, ou à demi-fleurons, comme l'ÉPER-VIÈRE, la CHICORÉE, etc., ou *semi-flosculeuses*, ou composées de fleurons et demi-fleurons tout à la fois comme les RADIÉES, le TUSSILAGE. (R.)

COMPOSITION DES TERRES POUR LA CULTURE DES PLANTES. *Voyez* TERRES.

COMPOST. C'est le nom générique dont se servent les An-glais pour désigner un mélange qui a pour but de fertiliser la terre. Il est composé ordinairement de substances prises sur les ados, dans les fossés et au fond des ruisseaux, des mares et des étangs ; le tan, la suie, la craie, la chaux, la marne, les balayures des rues et des grandes routes, les lies et résidus des matières fermentées, le gazon, le poussier de tourbe, les cendres, les feuilles des arbres, les marcs de fruits, les végé-taux qui ont servi de litière. Toutes ces matières opèrent de bons effets, il ne s'agit que de les approprier, de les arranger par couches alternatives ; elles se pénètrent réciproquement pendant le temps qu'elles séjournent ensemble avant de les répandre sur les champs, et forment par leur réunion un en-grais plus actif que ne produiroit chacun des objets s'ils étoient employés séparément ; mais il faut que ces composts se trouvent placés aussi près de la ferme que les localités le permettent; et prendre garde de les remuer sous le prétexte d'en hâter la *maturation*, parceque la masse augmentant de surface et restant trop long-temps exposée à l'air, s'affoiblit, se dessèche, perd de son volume et de ses propriétés énergiques.

Les Anglais tirent un grand parti de ce mode de préparer des engrais avec une foule de substances qui seroient perdues sans cet emploi utile. Ils défoncent tous les trois ans le sol des écuries, des étables et des bergeries à un pied; ils en retirent une terre noire et salpêtrée qu'on répand dans les champs aux approches de l'hiver, et on rapporte des champs de nouvelle terre pour remplacer le sol de ces demeures, et lorsqu'elle est suffisamment imprégnée d'urine, on la reporte aux champs.

Que de substances la nature nous offre, et dont on ne songe pas à profiter pour une destination pareille? On ne peut cependant se dissimuler que le moyen le plus assuré d'obtenir d'abondantes récoltes ne consiste à varier les différentes espèces de grains dans le même sol, à composer des engrais de toutes pièces, et à les employer toujours dans la proportion de la qualité du sol et de celle des plantes qu'on y a ensemencées. Imitons le sage Klyoog, le Socrate rustique de la Suisse; il ne perd absolument rien de ce que les bestiaux fournissent pour améliorer chaque année le fond de ses domaines, en y faisant parquer jusqu'aux cochons. Cet usage, adopté dans le canton qu'il habite, est encore un de ses bienfaits. Mais nous renvoyons au mot ENGRAIS cette intéressante matière que j'ai déjà considérée dans ses divers rapports avec la végétation. (PAR.)

L'expérience a depuis long-temps prouvé que le fumier et la terre végétale, disposés par couches alternatives, formoient une masse d'engrais d'un effet plus considérable que celui de chacun de ses composans; que ce résultat étoit encore plus considérable si on employoit de la marne au lieu de terre, ou si on mêle à la terre un peu de chaux ou de cendres. Il sembleroit donc qu'on devroit par-tout effectuer ces mélanges; mais l'ignorance d'une part, la crainte de la dépense de l'autre, ou la nécessité d'épargner le temps des hommes et des animaux de l'exploitatation, ne l'ont pas toujours permis. Je ne connois en France aucun canton où cet usage soit général, excepté aux bords de la mer, pour les VARECS, les GOÉMONS et autres plantes marines (*voyez* ces mots), quoique beaucoup de particuliers éclairés le pratiquent dans divers départemens. Il paroît qu'en Angleterre on se livre plus volontiers que chez nous à la composition de cette sorte d'engrais, du moins dans les fermes exploitées par les cultivateurs riches et éclairés.

Il a été reconnu, relativement aux varecs, que s'ils sont enterrés isolés, immédiatement après leur sortie de la mer, ils se conservent intacts pendant plusieurs années consécutives, et ne remplissent par conséquent pas leur objet au moment désiré, tandis que lorsqu'ils sont disposés en couches d'un pied d'épaisseur, alternant avec des couches de même dimension de la terre du champ qu'on veut fumer, ils se décomposent dans le courant de la première année, et forment un terreau d'excellente qualité, qui agit immédiatement sur les terres où il est répandu.

On a cru qu'il étoit nuisible de former un compost avec le fumier, avant que ce dernier ait terminé isolément sa fermentation. J'ignore si les faits sur lesquels cette opinion est fondée ont été bien constatés ou bien observés, mais la théorie ne lui paroît pas favorable.

En effet, le principal objet du compost est de fixer dans la terre, ou la marne, les principes volatils qui résultent de la décomposition du fumier, et qui se perdent ordinairement dans l'atmosphère, principes qui sont certainement sa partie la plus active. Or, c'est pendant cette fermentation que la plus grande masse de ces principes se développe; je ne parle pas de la chaleur, quoique je ne doute pas de l'utilité de son action dans ce cas, parcequ'elle est d'autant plus foible que les couches de fumier sont moins épaisses, et que les couches de terre le sont plus, et qu'il doit être bon que la fermentation s'opère très lentement, c'est-à-dire sans un trop haut dégré de chaleur, pour que les combinaisons nouvelles aient le temps de s'effectuer.

Je ne sache pas que les phénomènes chimiques qui se passent dans ces cas aient encore été examinés avec l'attention convenable. Ils doivent certainement offrir un champ tout-à-fait nouveau à l'observation, et je fais des vœux pour que quelque ami de l'agriculture entreprenne de l'exploiter.

La chaux, en petite quantité, est très avantageuse à introduire dans la formation des composts, principalement dans les sols argileux et quartzeux; mais il faut qu'elle soit complètement éteinte, car dans le cas contraire elle charbonneroit le fumier, et rendroit nuls ses effets. *Voyez* au mot CHAUX. La cendre produit le même effet, mais à un moindre dégré.

Lorsqu'on construit un compost, on doit éviter de le faire trop ou trop peu étendu en hauteur, en largeur et en longueur. Trop élevé, les couches supérieures pèsent sur les inférieures au point de nuire au dégagement des gaz, et d'empêcher l'introduction de l'air atmosphérique, sans doute nécessaire au dégagement de ces mêmes gaz. Trop petit, il se ressent facilement des variations de la température et se dessèche rapidement; trop gros, il éprouve les inconvéniens contraires. Je n'indiquerai pas cependant de mesures rigoureuses parceque mille circonstances peuvent les déranger, et qu'il n'y a que l'excès en plus ou en moins qui soit réellement nuisible. Quant à l'épaisseur des couches, il a été reconnu qu'il étoit bon qu'elle ne fût pas moindre de six pouces, ni plus forte que douze ou quinze, celles de terre restant toujours inférieures de quelques pouces à celles de fumier.

De six mois à un an est le temps pendant lequel le compost doit subsister, plus tôt ou plus tard, selon sa grosseur, la température et l'humidité de l'air, le besoin qu'on peut avoir de l'employer, etc. Il est souvent très utile de l'arroser pendant les longues sécheresses.

Quelques personnes ont proposé de fabriquer, et même on a fabriqué, les composts dans la terre, de manière que leur sommet étoit au niveau du sol. Quoiqu'il y ait quelques avantages à suivre cette méthode, il semble que la considération de la plus grande difficulté qu'a l'air de pénétrer, dans ce cas, entre les couches, doit la faire rejeter. Au reste, nous n'avons sur cet objet que des connoissances très incomplètes. Il est un de ceux qui sollicitent l'examen de la science.

Le but de la formation des composts étant de fixer dans la terre qui y entre les principes volatils du fumier, on doit croire qu'il est très important de mélanger cette terre, et les restes du fumier, avec la terre du champ qu'on veut fumer, afin d'empêcher l'évaporation de la surabondance de ces principes. En conséquence il ne faut les détruire, n'en transporter les matériaux et les répandre, que peu de jours avant celui où on compte labourer. Il est probable que cette simple considération influe beaucoup sur le produit des récoltes.

Dire quelle quantité de matériaux des composts il convient de répandre sur une portion donnée de terrain est chose impossible, puisque cela dépend et de la nature du sol, et du plus ou moins grand besoin qu'il a d'engrais. C'est à chaque cultivateur à en juger. Il peut se régler sur la quantité de fumier qu'on est dans l'usage de mettre sur les terres de son canton.

On ne doit pas appeler compost les mélanges de différens engrais ou amendemens avec le fumier, parceque les résultats sont d'une nature différente. Ces mélanges sont pratiqués dans beaucoup de lieux, et on s'en trouve bien, quoiqu'en général ils soient faits sans méthode. *Voyez* au mot Fumier.

Rarement on fait des composts avec des terres et des substances animales seules, cependant ce sont certainement les meilleurs. On peut y faire entrer, non seulement les charognes, mais le sang, les cornes, les ongles des bœufs et des moutons tués dans les boucheries; les poils, les plumes, etc. Les matières fécales humaines, la colombine, l'urine, etc.

gagnent également beaucoup à être combinées de cette manière. La suie y produit de bons effets. La chaux vive les active toujours ; mais il faut qu'elle soit en poudre fine et seulement saupoudrée, c'est-à-dire en très petite quantité. (B.)

COMPOST. L'acception de ce mot varie. Dans quelques endroits c'est l'ensemble des terres destinées à être ensemencées en même nature de grains. Dans d'autres ce sont les terres qu'on a semées en plantes qui ameublissent la terre ; dans d'autres enfin, ce sont les terres qui ont eu une année de repos. Au reste, il n'est plus guère employé. (B.)

COMPTE. C'est la quantité de blé qu'un homme peut couper en une journée avec une faucille, ou trente-six gerbes. (B.)

COMPTONIE, *Comptonia*. Arbrisseau de trois à quatre pieds de haut, qui croît dans les lieux humides et ombragés de l'Amérique septentrionale, et qu'on cultive dans les jardins paysagers de France à raison de la forme singulière de ses feuilles et des effets de contraste qu'elles produisent vis-à-vis de celles des autres.

Cet arbrisseau faisoit partie des liquidambars ; il a les rameaux grêles, velus, les feuilles alternes, presque linéaires, pinnatifides, ou découpées des deux côtés en lobes nombreux et alternes, parsemées de points glanduleux, les fleurs réunies en chatons. Il forme dans la monœcie polyandrie et dans la famille des amentacées un genre très voisin des GALES.

La COMPTONIE A FEUILLES DE CETERAC fleurit au printemps avant le développement de ses feuilles. Elle porte fort peu de fruit, même dans son pays natal, où j'en ai observé de grandes quantités, eu égard au nombre de ses fleurs. Ses tiges subsistent rarement plusieurs années de suite. Elles meurent ordinairement la quatrième année, et il en pousse de nouvelles. En France elles vivent plus long-temps, mais repoussent rarement. Au reste elle ne craint point les gelées du climat de Paris.

On pourroit multiplier cet arbrisseau de graines qu'on sèmeroit, aussitôt qu'elles sont récoltées, dans des terrines, qu'au printemps suivant on placeroit sur couche et sous châssis. Le plant lèveroit la même année et pourroit se repiquer deux ans après en pleine terre ; mais je le répète, on a rarement de ses graines et encore plus rarement de bonnes ; aussi est-ce par rejetons, par marcottes et par section de racines qu'on le reproduit presque exclusivement.

Lorsque la comptonie est dans un sol et dans une exposition favorable, c'est-à-dire dans une terre de bruyère pure, et au plein nord ou sous de grands arbres, elle pousse assez souvent des rejetons qu'on lève dès la première année, et qu'on met en pépinière pendant une ou deux autres années pour leur donner le temps de se fortifier.

Quand on n'en obtient pas naturellement, on peut couper une des racines et mettre au jour son gros bout. On doit être assuré qu'il en sortira un nouveau pied qu'on pourra également enlever dès l'hiver suivant. Souvent même il en poussera plusieurs.

On peut encore enlever au printemps une des grosses racines, la couper par tronçons de trois à quatre pouces qu'on placera dans des terrines remplies de terre de bruyère, sur une couche à châssis. Chacun de ces tronçons, si la chaleur et les arrosemens sont convenablement ménagés, formera un pied qu'on lèvera la seconde année pour mettre en pépinière.

Les marcottes sont fort longues à s'enraciner, souvent ne s'enracinent pas du tout, meurent et souvent font mourir le pied ; en conséquence on ne les pratique guère.

Il n'est pas nécessaire d'observer, je le pense, que la multiplication par racines doit avoir des bornes, parceque quoique cet arbuste en pousse facilement et beaucoup, une trop grande quantité enlevée à la fois le feroit périr. (B.)

CONCADE. Ancienne mesure de terre usitée dans plusieurs lieux. (B.)

CONCEAU. Nom qu'on donne aux environs de Béaune au méteil, c'est-à-dire au mélange de moitié seigle et moitié froment.

CONCOMBRE, *Cucumis*. Genre de plantes qui appartient à la section centrale des cucurbitacées, et ne diffère véritablement du genre COURGE, *Cucurbita*, que par la graine qui n'a point de bourrelet, comme on le verra au mot CUCURBITACÉE, aussi-bien que les motifs de la réunion sous ce seul genre des quatre établis par Tournefort, pour en séparer des plantes effectivement très distinctes dans les vues économiques.

Sans prétendre atténuer les principes de la science botanique, nous continuerons à renvoyer à leurs articles particuliers les COLOQUINTES, d'une part, et de l'autre le MELON, avec le DUDAIM et le CHATÉ, fruits parfumés qu'il est intéressant d'y comparer.

Des douze autres espèces indiquées par Wildenow, dans son genre *cucumis*, il en est quelques unes de douteuses, et plusieurs qui, bien connues, n'intéressent en aucune manière l'économie domestique dans aucun pays. Nous n'en rappellerons ici que cinq : le CONCOMBRE COMMUN, principal objet de cet art d'agriculture, et qui a son article à part; le CONCOMBRE SERPENT OU DE TURQUIE, fort analogue au commun; le CONOMON OU CONCOMBRE DU JAPON et la PAPANGAÏE DE LA CHINE, OU CONCOMBRE A ANGLES TRANCHANS de Lamarck et Thouin, enfin le CONCOMBRE D'AMÉRIQUE OU ANGURE de Sloan.

Le nom *cucumis prophetarum*, donné par Linnée à une petite coloquinte d'Arabie, pourroit exciter la curiosité; ce n'est qu'une sorte d'allusion à un passage de l'écriture qui parle de la production d'un fruit rafraichissant désiré par un prophète fatigué de la soif, lequel fruit se trouva être amer comme le sont en effet ces jolies petites coloquintes rayées de vert et de jaune, et hérissées de longs poils, qu'on élève dans les jardins de botanique et de quelques amateurs.

Le nom de concombre a été appliqué à quelques autres espèces qui appartiennent à des genres différens auxquels il convient de les renvoyer; ainsi,

CONCOMBRE D'HIVER, CONCOMBRE NOIR, CONCOMBRE DE MALTE, DE BARBARIE. *Voyez* PÉPON.

CONCOMBRE DE CARÊME. *Voyez* PASTISSON GIROMONÉ, art. PÉPON.

CONCOMBRE, en Saintonge. *Voyez* PASTÈQUE.

CONCOMBRE SAUVAGE, CONCOMBRE D'ANE OU AUX ÂNES, CONCOMBRE D'ATTRAPE, CONCOMBRE VESCEUR, CONCOMBRE GICLEURE. *Voyez* GICLET.

CONCOMBRE D'ÉGYPTE. C'est le LUFFA, dit *torchon* en Égypte, parceque sa pulpe desséchée sert à essuyer dans les cuisines. (*Momordica Luffa.*)

Disons quelques mots des espèces qui appartiennent au genre concombre, quoiqu'elles ne soient pas cultivées en Europe.

1. Le CONCOMBRE ANGURIE, concombre d'Amérique, *Cucumis anguria*, Lamarck. Petite espèce grimpante, à feuilles palmées comme la pastèque, ce qui la faisoit placer par Tournefort dans son genre *anguria*. Ses fleurs ne sont guère plus grandes que celles de la brione. Ses fruits ovoïdes, blanchâtres, hérissés de poils roides et spinuliformes, sont très petits, mais pleins d'une eau agréable. On en fait grand cas à la Jamaïque.

2. La PAPENGAÏE, ou paponge. *Concombre à angles tranchans*, de la Chine et du Bengale, *Cucumis acutangulus*, Lin. Ses tiges et ses fleurs sont marquées de cinq angles très saillans; et ses fruits, de la grosseur de petits concombres, en ont dix tranchans. La coque en est solide et roussâtre dans la maturité. Alors la pulpe est sèche et fibreuse. Ce fruit est operculé ou divisé par sa moitié; structure expliquée au mot CUCURBITACÉE. La plante a l'odeur forte; elle traîne ou se soutient par ses oreilles. Ses tiges sont glabres et ses feuilles rudes, de forme arrondie et en cœur. Les fleurs mâles en grappes, avec bractée, s'épanouissent successivement. Les feuilles grandes et solitaires. Les papengaïes, à demi grosseur et encore vertes, ont une pulpe blanche et juteuse; elles sont très bonnes cuites sur la braise et assaisonnées à l'huile et au vinaigre, ou cuites avec le riz. Pallas a retrouvé ce fruit cultivé sur les bords de

la mer Noire, où des négocians brames l'avoient apporté du Mogol en venant s'établir à Azof. On a élevé quelquefois cette espèce à Paris, à Vienne, mais seulement dans les jardins de botanique.

3. Le CONOMON, ou concombre du Japon, *Cucumis cononion*, Will. Forte espèce dont les fruits sont gros comme la tête d'un homme ; ils sont oblongs, à dix sillons et glabres ; les feuilles anguleuses un peu lobées, chargées de poils dessous et dessus, ainsi que les tiges, qui rampent plutôt qu'elles ne grimpent. Le conomon est fréquemment cultivé au Japon ; sa chair ferme devient fondante à la cuisson : on l'apprête communément avec le marc de cerises. Toute cette description convient tellement à plusieurs de nos pépons nouvellement cultivés sous le nom de *giraumons*, que pour croire le conomon un véritable concombre on demanderoit à Kempfer et à Thunberg s'ils ont bien vu que sa graine est sans bourrelet : c'est un objet à déterminer ultérieurement.

5. Le CONCOMBRE SERPENT, dit aussi CONCOMBRE DE TURQUIE, *Cucumis flexuosus*, L. Il ne diffère en quelque sorte du concombre commun que par la forme de son fruit fort allongé, fortement ondulé dès sa jeunesse, et un peu plus délicat. Il n'est cultivé que par fantaisie. Ce seroit en cornichon qu'il présenteroit le plus d'agrément. Miller a dit l'avoir cultivé à Londres pendant quarante ans sans altération. Il en distinguoit deux variétés, la jaune et la blanche qu'il dit la plus estimée.

6. Le CONCOMBRE, *Cucumis sativus*, L. Nous voici au concombre proprement dit, ou si l'on veut *concombre concombre*, l'une de ces plantes potagères si anciennement cultivées, que la géographie et la chronologie sont également en défaut sur leur compte. On ne sait ni quand ni où le concombre a commencé à être cultivé ; on ne sait pas mieux ni quand ni où ses diverses races ont été obtenues. On ignore si leurs différences sont complètement des effets de la culture en différens pays, ou s'il a existé des types également sauvages et variés à raison des influences locales. On voit seulement que les quatre ou cinq races de concombres dont nous jouissons se perpétuent assez constamment par le soin de bien choisir ses portegrains et d'éviter les fécondations croisées. On voit également que parmi ces races il en est de plus robustes et de plus délicates. Enfin, à en juger d'après la constitution de la plante et la patrie connue de plusieurs analogues, on ne peut douter que le concombre ne soit originaire des pays chauds. Il est au reste moins délicat que le melon, la pastèque et la melonnée, et moins robuste que la plupart des courges. Une échelle de comparaison se trouvera sous ce point de vue au nombre des généralités réservées pour l'article classique CUCURBITACÉE.

Les usages alimentaires et médicaux de ces plantes ayant aussi de fort grandes analogies entre elles, c'est à ce même article qu'ils seront considérés autant qu'il est nécessaire dans un ouvrage destiné principalement à exposer leur culture.

Les espèces ou races de concombres distinguées en Europe sont au nombre de cinq ou six principales ; savoir,

Le CONCOMBRE JAUNE OU COMMUN, de médiocre grandeur, mais le plus fréquemment cultivé, comme étant le plus robuste et le plus productif. Il est aussi véritablement le meilleur quant à son goût et à sa consistance, d'ailleurs peu sujet à devenir amer en s'étiolant par sa pointe.

Le CONCOMBRE HATIF, plus précoce, mais moins gros et moins productif.

Le CONCOMBRE PERROQUET, d'un vert pâle et inégal, étant souvent jaune en partie ; d'un goût plus relevé, souvent trop.

Le CONCOMBRE CORNICHON OU CONCOMBRE VERT, le plus près de l'état sauvage par son peu de grosseur, poussant peu, mais nouant facilement, et produisant beaucoup, sur-tout si on le cueille très jeune pour le confire au vinaigre, en cornichons.

Le CONCOMBRE A BOUQUET, hâtif et produisant trois ou quatre petits fruits vers l'extrémité d'une courte tige, ce qui rend commode de le cultiver sous cloche.

Le grand CONCOMBRE BLANC, l'honneur des couches bien soignées, à chair blanche et fondante, préféré dans les bonnes cuisines où on sait lui donner du goût, pour être servi entier et farci. Ce beau concombre a le défaut de s'étioler, ce qui rend très amère la pulpe voisine de la partie ridée, flasque et très diminuée par l'effet de l'étiolement.

Dans les parties méridionales de l'Europe le concombre se cultive en pleine terre et presque sans soin. La plante s'étend suivant sa force, et donne son fruit proportionné à la qualité du terrain, qui doit être léger, et à son amendement ; car en tout pays un bon fumage lui convient fort, pourvu que le fumier soit très consommé. Dans les parties septentrionales de l'Allemagne et de la France, et en Angleterre, on aide la première végétation au moyen des paquets de fumier à demi consommé et rechargé de gros terreau, et en choisissant une exposition chaude ; mais on ne récolte guère le fruit que bien après le solstice.

Pour prolonger sa jouissance jusque dans l'arrière-saison, on en sème en juin et même en juillet ; mais pour se procurer de la primeur en divers degrés, il faut avoir recours aux couches chaudes, aux cloches, châssis ou pavillons vitrés ; c'est la culture artificielle, et le concombre est un des légumes qui s'y prête le mieux.

Pour les grandes cultures des concombres en pleine terre, connus à Erfurt en Allemagne, vers la fin d'avril ou aux premiers jours de mai, on choisit un terrain bien fumé et labouré profondément avant l'hiver : les champs précédemment occupés par des choux ont la préférence. S'ils sont nouvellement fumés, ce doit être en fumier consommé où l'on ne voie plus de paille. On y place la semence par pincées, à neuf ou dix pouces sur le rang, et les rangs à double distance. On les enterre à la houe peu profondément, et la pièce est hersée à la petite herse ou au râteau. L'espèce est un grand concombre vert qui paroît tenir de notre concombre perroquet.

Quand la quatrième feuille est venue, après un sarclage, on commence à butter les concombres. Quelques semaines après même opération, dans laquelle tous les pieds foibles sont arrachés de manière qu'ils se trouvent à dix-huit pouces les uns des autres. On sarcle plusieurs fois; et si la sécheresse l'exige, on arrose légèrement. La récolte se fait de juillet en septembre.

Quelques cultivateurs considérant que les vrilles dont le concombre est pourvu, ses tiges fort nombreuses, et sa première végétation verticale indiquent que sa nature n'est pas de ramper, ont essayé, avec succès, d'en placer au pied des murailles des couches, pour y remplacer les arbres qu'on ne peut y élever. Ces concombres, en espalier, s'élèvent jusqu'à quatre ou cinq pieds avant de fleurir, et leur fruit se trouve ainsi plus tardif, mais bien meilleur, étant éloigné de la terre, et bien nourri par des feuilles abondantes, ce qui dispense presque de les arroser. On réussiroit peut-être à en élever également sur des treillages isolés.

Les *concombres à cornichons* se sèment en pleine terre à la fin de mai. Sarclés, binés et arrosés au besoin, leur produit est très considérable; la nature constamment contrarié, développant à mesure toutes ses ressources. La seule surveillance est de n'en souffrir aucun de plus de la longueur du doigt. C'est le matin qu'on les cueille; on les laisse faner pendant un jour, et on les jette dans l'eau bouillante pour les faire *blanchir*; ce qui se dit de cette production végétale comme de toute autre à laquelle on cherche cependant à conserver toute sa verdeur. C'est à ce dessein, qu'en retirant les cornichons de l'eau bouillante, on les jette dans de l'eau de puits ou autre très froide. On les laisse vingt-quatre heures se ressuyer sur du linge; on les met ensuite dans le vinaigre; et si, au bout de cinq à six jours, on change le vinaigre, ils en seront bien meilleurs. C'est alors qu'on les sale et qu'on y ajoute ces plantes aromatiques, sommité d'Estragon, de Fenouil, de Bacille (ou PERCEPIÈRE), ainsi que les fruits du PIMENT (dit POIVRE LONG). *Voyez* ces mots.

On a soin de laisser un pied ou deux végéter librement, sans y cueillir aucun fruit, pour récolter des graines bien nourries. Ces porte-graines, à demi mûrs, seroient mangeables fricassés, mais ne sont nullement les meilleurs.

Le *concombre jaune* commun et le *perroquet* sont ceux qu'on élève sous couches, dans des poquets ou petites fosses d'un pied carré et un peu moins de profondeur, préparés au commencement d'avril, en lieu bien abrité, comme une plate-bande d'espalier. On remplit ces fosses de terreau gras, ou de fumier bien consommé, recouvert d'un peu de terreau fin, mêlé, pour le mieux, avec moitié terre légère bien meuble. Vers la mi-avril, on sème dans chaque poquet deux ou trois graines. Jusqu'à la fin de mai, les jeunes plants doivent être défendus des gelées tardives, par des pots renversés, qu'on ôte le jour ; mieux par des cloches ou des paillassons, soutenus sur un treillage et bordés de fumier de litière. Lorsque le plant est en sûreté, on réduit chaque fosse à un seul pied. On épargne une partie de la dépense et la peine de ces premiers soins, si on a pu en mars semer sur une couche chaude ; où le plant reste jusqu'à la fin d'avril ; et, s'il a été élevé dans des pots, il a beaucoup d'avance lorsqu'on le met en place. Le reste de la culture de ces concombres se réduit à les arroser abondamment, et à les tailler exactement à mesure que le fruit arrête.

Le *concombre blanc* est un peu plus délicat ; au lieu de simples poquets, il lui faut la couche sourde, en plein. Enfin si on veut sacrifier du produit total pour jouir plus tôt, on peut employer le *concombre hâtif* ou le *concombre à bouquet*, si c'est sous des cloches qu'on le veut faire mûrir ; mais c'est au moyen des couches chaudes renouvelées qu'on obtient de la primeur, et voici la pratique des maraîchers de Paris.

« On dresse une couche en décembre, même à la fin de novembre. Lorsqu'elle est à point pour sa chaleur, on sème une vingtaine de graines sous chaque cloche, que l'on borne et que l'on couvre de paillassons ou de litière, suivant que le temps est plus ou moins rude. Trois semaines ou un mois après, on repique le jeune plant sur une couche neuve qu'il faut réchauffer exactement, cinq ou six pieds sous chaque cloche, et on leur donne de l'air toutes les fois qu'il est supportable. Un mois après, on le plante à demeure, à dix-huit pouces ou deux pieds l'un de l'autre, sur une troisième et dernière couche chargée de terreau mêlé de moitié terre. Il en faudroit dix à douze pouces d'épaisseur ; on peut se contenter de sept à huit, si on a soin de former le dernier lit de la couche avec le fumier le plus menu.

« La manière d'enlever le plant, en coupant, avec les deux mains enfoncées vivement, une motte suffisante, que l'on maintient en la serrant, a besoin d'habitude ; mais la reprise, dans chacun des déplacemens, sur-tout dans le dernier, retarde beaucoup la végétation. Il est bien préférable d'employer des pots de quatre pouces, dans lesquels on place deux graines pour supprimer, après peu de jours, le pied le moins bien venant : ou attend pour dépoter que les premières fleurs paroissent. On assure que pour cette pratique le plant supporte mieux l'hiver, et fructifie bien plus tôt, si on sème ses pots dès le commencement d'octobre, en les enterrant dans quelque vieille couche sans chaleur. Etre arrosés est tout ce dont ces pots ont besoin, tant que la saison se maintient belle. Aux premières nuits froides, on emploie les paillassons : enfin, quand les gelées commencent, on porte le plant sur des couches chaudes, sous des cloches, ou mieux, des châssis ou des pavillons ; et à mesure que le froid augmente, il faut augmenter les réchauds et les couvertures de grande paille.

« La première taille des concombres consiste à rabattre la tige, opération qui de plante grimpante la décide traînante, et raccourcit ses pousses en les multipliant. Ce n'est point avec l'ongle qu'il faut pincer cette tige principale ; elle doit être coupée net au-dessus de la seconde feuille. On doit ensuite réchauffer la couche quand le besoin s'annonce (*voyez* COUCHES), mais éviter que la chaleur n'en soit trop forte : ce point est important. Couvrir le plant avec soin ; le découvrir toutes les fois qu'un rayon de soleil l'indique ou qu'un temps doux le permet ; si la langueur du plant dénote un besoin d'eau, ne l'employer qu'échauffée au soleil ou même tiédie au feu ; lorsque la tige rabattue a poussé ses deux bras, les arrêter à deux yeux ; et lorsque les secondes branches montrent du fruit, les pincer avec l'ongle un pouce au-dessus du fruit : une taille plus nette pourroit déterminer trop promptement la naissance de quelques pousses qui le feroient avorter : tailler de même les branches qui sortiront successivement les unes des autres ; et comme dans cette culture artificielle la multiplication des branches devient aussi nuisible qu'importune, élaguer de temps en temps les branches gourmandes ou stériles, ou celles qui sont trop foibles pour nourrir leurs fruits ; retrancher les feuilles devenues dures qui ne pompent plus de sève, et une partie de celles qui la détournent, étant trop éloignées du fruit auquel leur ombrage nuit sans compensation : donner de l'air aussi souvent qu'il est possible ; et, si le plant est sous cloche, lorsqu'on se trouve forcé de laisser courir les branches en liberté, défendre la couche entière des gelées survenantes avec des paillassons soutenus sur des baguettes : enfin, le fruit s'avançant dans les premières chaleurs d'avril, commencer des arrosemens fréquens et abondans, sans négliger de continuer à tailler au besoin. »

Avec cette méthode bien suivie, et dans une année favorable, les premiers fruits doivent être bons à couper dès le commencement de mai. La récolte dure pendant deux ou même trois mois ; ce qui conduit à la récolte des concombres en pleine terre.

Les amateurs s'en procurent jusqu'aux fortes gelées, en semant à demeure du concombre tardif, au commencement de juillet, sur une couche de litière fraîche et de fumier sec bien mêlés et recouverts de dix à douze pouces de bonne terre meuble. Ce plant, soigné suivant ses besoins, la récolte a lieu en octobre, et se prolonge jusqu'en décembre et janvier, avec le soin de placer sur cette couche, au commencement de novembre, des châssis ou pavillons devenus inutiles, et d'employer des réchauds pour perpétuer la chaleur de la couche.

On doit avoir soin de marquer pour graine, dans la bonne saison, les concombres les plus gros, les mieux faits, de la plus belle couleur, et sur-tout qui n'aient point eu dans leur voisinage des races différentes de la leur ; ce qui est facile à faire, puisque la graine se conserve plusieurs années. La plupart des jardiniers prétendent même que la vieille vaut mieux que la nouvelle, qui a l'inconvénient de pousser trop vigoureusement en bois, et par cette raison d'arrêter moins sûrement son fruit. Ils en disent autant de la graine de laitue nouvelle, trop sujette à monter, et de celle de giroflée, qui produit des pieds robustes et régulièrement fertiles, et par conséquent à fleurs simples. M. Rozier se moquoit de cette observation, et dans l'Encyclopédie méthodique on la déclare absolument contraire aux lois physiques de la végétation. *Voyez* GRAINES et CUCURBITACÉES.

La pratique de tailler les concombres ne doit point avoir lieu pour les tardifs qui sont élevés en plein air. Pour ceux élevés sous châssis et même sous cloche, elle est contestée par d'excellens cultivateurs. Ils s'autorisent de la réussite des diverses sortes de courges abandonnées à la nature, et prétendent que l'altération que peut éprouver la végétation des plantes renfermées, ne doit point déterminer à la restreindre. On ne peut qu'applaudir au conseil donné par M. Rozier, de creuser le terrain de place en place, et d'y enfoncer les tiges qui, recouvertes de terre, ne manquent pas de pousser des racines, lesquelles concourent éminemment à la nourriture des fruits. Cet objet sera discuté au mot CUCURBITACÉES, aussi-bien que la réussite des boutures.

La suppression des cotylédons, pratique également contes-

tée, y sera discutée aussi, sans oublier la suppression des fleurs
mâles, si ridiculement dites *fausses fleurs*, mais qui, sous châssis,
peuvent être successivement nécessaires et nuisibles. On y trai-
tera enfin de la pratique de faciliter la fécondation, qui n'intéresse pas moins pour le melon que pour le concombre.

Nous reprendrons ici divers conseils précieux, tirés de la méthode anglaise, publiée dans l'Encyclopédie méthodique.

1° La primeur extrême est de pure fantaisie : comme les
plants sont élevés pendant l'hiver sur des couches où la chaleur du fumier supplée à celle du soleil, les fruits ainsi obtenus
sont de peu de goût et de mauvaise qualité.

2° Si on a la facilité de placer dans une serre chaude les
pots qu'on sème en décembre, ils en réussiront mieux, ayant
plus d'air et moins d'humidité.

3° Les petits pots sont remplis de terre légère et enfoncés
pendant trois ou quatre jours dans l'endroit le plus chaud de
la couche de tan.

4° Les graines doivent être de trois ou quatre ans, même
plus, pourvu qu'elles soient encore susceptibles d'organisation.
Les plantes paroîtront huit ou neuf jours après.

5° Pendant ce temps, de seconds pots sont préparés en nombre suffisant pour supporter un sixième de perte : remplis et
plongés dans le tan, on y repique le jeune plant, deux dans
chaque, pour en supprimer un.

6° Pour l'arrosement, toujours médiocre ; déposer l'eau dans
la même serre pendant quelques heures, pour qu'elle se trouve
au même degré de chaleur, le trop nuisant encore plus que le
trop peu.

7° Les préserver de l'humidité des vitrages qui leur seroit
mortelle.

8° On prépare une voiture de fumier, pas trop rempli de
paille, bien mêlé, mis en tas avec des cendres de houille, et
remué une ou deux fois. Alors on dresse la petite couche bien
exposée, enterrée d'un pied, et bien abritée d'un brise-vent
de roseaux : on la couvre de son châssis ; si la chaleur ne s'a-
mortit pas, on y répand deux pouces de fumier de vache, et
on y arrange d'autres pots un peu plus grands, toujours remplis de la même terre légère ; les intervalles de terre commune.

9° Trois ou quatre jours après, on dépote les jeunes concombres et on les remet dons les nouveaux pots sans offenser la
motte, arrosant suffisamment pour plomber la terre nouvelle.

10° Le plant continuant à végéter sans interruption, l'abri du
soleil ne devient pas nécessaire. Les châssis doivent être sou-
levés du côté opposé au vent, pour laisser échapper l'humidité, qui, retombant sur le plant, lui nuiroit beaucoup.

11° Si la couche prend trop de chaleur on relève les pots

pour laisser du vide dessous, et le coup de feu passé on les rebaisse.

12° Couvrir chaque soir les châssis vitrés, mais donner de l'air tous les jours, en suspendant sur l'ouverture quelques toiles ou canevas, pour arrêter les vents froids de la saison.

13° Au bout de trois semaines préparer la couche pour planter à demeure; toujours un peu enterrée; une voiture de fumier pour chaque châssis: fumier de vache: les châssis vitrés ouverts chaque jour: la couche étant échauffée, la couvrir de trois ou quatre pouces de terre et double épaisseur au milieu: après vingt-quatre heures au moins dépoter le plant et en placer deux ou trois, à sept ou huit pouces de distance, tout au milieu de la couche, ramenant autour des racines la terre réservée.

14° Conserver une provision de terre pour recharger la couche peu à peu jusqu'à ce qu'il y en ait neuf ou dix pouces: et si la terre sous les châssis est trop imbibée d'humidité, la changer en partie pour en fournir aux racines survenantes, la terre nouvellement apportée de dehors étant bien plus favorable à la végétation.

15° Continuer à donner de l'air et de l'eau; mais y mettre beaucoup de célérité pour éviter le froid et les préserver au dehors par les couvertures de nuit.

16 Disposer les branches à mesure qu'elles se développent et les fixer à terre avec des crochets, de manière qu'elles ne touchent point les vitres, ne s'entrelacent point, et qu'on ne soit jamais ensuite dans le cas de les tordre en les déplaçant.

17° Quand la couche a reçu toute son épaisseur de terre, relever le châssis, et le caler; mais sur-tout ramener de la terre pour le bien border, et s'opposer à l'entrée de l'air.

18° La fécondation des fleurs femelles par le pollen, ou poussière des étamines des fleurs mâles se fait à l'air par les plus légers coups de vent: sous châssis il est prudent d'assurer la *pollination* ou chute du pollen, en cueillant des fleurs mâles bien épanouies, et les posant, renversées, sur les fleurs femelles, et même les y secouant quelque peu.

19° Le fruit arrêté est facile à soigner; mais on conserve la vigueur des plantes en rechargeant les sentiers de fumier et de terre, pour que les racines puissent s'y étendre; on prolonge beaucoup la production des fruits.

20° Conserver des fruits sur les petits rameaux, près de la racine, pour avoir bonne provision de graine à garder plusieurs années pour cette culture printanière.

21° Si on n'a pas de serre chaude à sa disposition, les petites couches qui y suppléent exigent beaucoup de surveillance, notamment le soin d'essuyer souvent les vitres des châssis, les concombres de primeur ne redoutant rien plus que l'humidité dans la saison froide. La culture devient ensuite à peu près semblable, et la récolte doit durer jusqu'à la fin de juin.

22° Le soin d'assujettir les rameaux est important, car la moindre blessure est fatale au concombre ; ce qui montre le danger de la taille. Si, pour avoir semé des graines *trop nouvelles*, il arrive qu'on ait des plantes qui poussent trop de bois, il vaut mieux sacrifier une partie de son plant ; « car deux plantes bien vigoureuses rapportent plus de fruit et de meilleure qualité que quatre ou cinq trop serrées. » (Cet Anglais étoit loin de penser comme Rozier sur la préférence donnée aux graines vieilles.)

23 Pour la seconde récolte de fruits qui commence en juillet, les graines se sement sur le bout d'une couche chaude à la mi-mars. Le petit plant est repiqué à deux pouces en tout sens, sur une autre couche de chaleur modérée et sous cloche. En avril on fait la couche à demeure de deux pieds quatre pouces de large, enterrée de dix pouces en terrain sec, beaucoup moins s'il est humide ; une seconde parallèle ne doit se trouver qu'à huit pieds et demi. Des trous à trois pieds sur le rang, huit pouces en carré, six de profondeur, remplis de bonne terre, et marqués par des bâtons ; le reste de la couche couvert de quatre pouces de terre commune. Alors les places marquées sont couvertes de cloches, et le lendemain la terre ayant pris chaleur, on y forme à la main un bassin, où on plante trois ou quatre pieds de concombres qu'il faut couvrir jusqu'à ce qu'ils aient repris racine. On leur donne de l'air en inclinant la cloche, puis la soulevant sur des briques d'un côté et de l'autre sur un crochet. Vers la fin de mai on prend un jour de plus pour arranger les rameaux hors des cloches ; on les assujettit avec de petits crochets, laissant toujours les cloches élevées au-dessus du centre de chaque plantation. Enfin, trois semaines après, on étale les nouveaux rameaux sur tout le terrain des couches et des sentiers recouverts de terre. La récolte des fruits doit durer jusqu'à la fin d'août.

24° C'est parmi les plus beaux de ces concombres qu'on en marque pour graine ; ils grossissent, se colorent, et, cueillis en août, on les dresse contre une muraille où ils achèvent de mûrir. Dès qu'ils commencent à décliner de beauté, on les ouvre, et toutes les graines sont jetées, avec la chair qui les entoure, dans un baquet qu'on recouvre, mais où on les remue chaque jour avec un bâton, ajoutant ensuite peu à peu de l'eau pour faire surnager la chair en écume, et précipiter les graines qu'on fait bien sécher, étendues sur des nattes ou des planches pendant trois ou quatre jours.

25° Les concombres pour cornichons se placent très bien à la fin de mai entre les choux-fleurs qui les protègent d'abord, et qu'ils remplacent. On doit, si le temps est sec, les arroser lorsqu'ils lèvent, et pendant huit jours les garantir contre les moineaux qui les dévorent. Au premier binage, on retranche les pieds foibles de manière à n'en laisser à chaque trou que trois ou quatre; on arrange les rameaux; la récolte commence à la fin de juin, et cinquante trous en donnent une très considérable. (Duch.)

CONCRÉTION. Grains osseux qui se trouvent dans certains fruits, et dont la nature n'est pas encore bien connue. C'est la même chose que CARRIÈRE et PIERRE. (B.)

CONDAMINE. C'est la terre végétale aux environs de Caussade.

CONDENSATION. Une des propriétés de l'AIR. *Voyez* ce mot.

CONDRILLE, *Chondrilla*. Genre de plantes de la syngénésie égale, et de la famille des chicoracées, qui renferme trois espèces, dont une est assez commune dans les vignes et dans les champs, dont le sol est argileux, pour mériter l'attention des cultivateurs.

L'espèce à mentionner ici est la CONDRILLE EFFILÉE, *Chondrilla juncea*, Lin., dont la racine est vivace, les feuilles radicales rongées, les caulinaires alternes, linéaires et entières; les tiges grêles et très rameuses; les fleurs jaunes, solitaires à l'extrémité des tiges et des rameaux, qui fleurit pendant presque tout l'été. On la dit apéritive. Lorsqu'on casse ou blesse ses tiges, il en découle un suc laiteux qui se grumelle promptement; et qui devient, lorsqu'on fait évaporer la surabondance de sa partie aqueuse, une glu propre à prendre les oiseaux.

CONDUIT. Canal ou tuyau qui sert, en jardinage, à diriger les eaux, le feu, la chaleur, etc., et à les faire passer d'un lieu dans un autre.

Les conduits sont en fer, en plomb, en tôle, en bois ou en grès, suivant l'usage qu'on se propose d'en faire, ou l'économie qu'on veut apporter dans leur construction; quelquefois même ce ne sont que de simples rigoles.

Les conduits de fer ou de fonte et ceux de bois ne sont guère employés que pour conduire un volume d'eau un peu considérable d'une pièce d'eau à de grands bassins, parceque leur moindre diamètre n'est presque jamais au-dessous de quatre pouces. Ils servent plus ordinairement à conduire les eaux de l'extérieur aux réservoirs placés dans l'intérieur des possessions.

Les tuyaux de plomb sont assez généralement employés dans l'intérieur à conduire les eaux du réservoir aux bassins pratiqués dans les différentes parties des jardins; quelquefois pour diminuer la dépense première d'acquisition, on leur substitue des tuyaux de terre cuite ou de grès; mais si ces derniers sont moins coûteux, ils durent aussi bien moins de temps. Ils exigent d'ailleurs de fréquentes réparations, qui font perdre souvent tout le fruit de l'économie qu'on s'étoit promis.

Dans les jardins potagers, et sur-tout dans les marais, on se sert de rigoles de terre, de maçonnerie ou de gouttière pour conduire les eaux de la surface de la terre dans les bassins ou les puits, et en général dans les différens carrés où l'on en a besoin. *Voyez* le mot RIGOLE.

On appelle conduits de chaleur des canaux pratiqués en briques ou en tôle, qui sont disposés dans des serres-chaudes, pour y entretenir le degré de chaleur convenable à la nature des plantes qui y sont cultivées. *Voyez* CANAL DE CHALEUR.

Les conduits du feu sont ceux qui reçoivent la fumée en sortant du fourneau, et la conduisent dans les serres chaudes pour les échauffer. On les construit ordinairement en briques, quelquefois en tôle, et rarement en pierre.

Les conduits d'air ne sont en usage que dans les serres à tannée. Ce sont des tuyaux de tôle placés vers le milieu des serres, dont un bout à l'intérieur est bouché par un tampon que l'on met et que l'on ôte à volonté, et dont l'autre extrémité, qui se termine par un coude à girouette, sort au-dehors. Ces conduits servent à chasser des serres le superflu de la chaleur ou de l'humidité surabondante. (TH.)

CONE. Sorte de fruit. Il est composé d'écailles en recouvrement attachées autour d'un axe central, et de semences fixées à la base de ces écailles. La forme des cônes est toujours plus ou moins ovale, et leur organisation varie beaucoup. Les arbres résineux sont principalement pourvus de cônes; c'est pourquoi on a appelé CONIFÈRES la famille à laquelle ils appartiennent. *Voyez* ce mot. (B.)

CONFITURES. Combinaison du sucre ou d'une matière sucrée avec la pulpe des fruits, qui conserve cette pulpe et augmente les agrémens de son manger.

Les personnes riches, à raison du haut prix du sucre, ont pu jusqu'à présent se livrer à la fabrication des confitures; mais actuellement cette fabrication deviendra populaire, attendu que le sirop de raisin peut y remplacer le sucre. Les nombreux rapports qui existent entre les confitures ainsi faites avec le RAISINÉ autorisent à renvoyer à ce mot tout ce qui les concerne. Dire que Parmentier se charge de la rédaction de cet article, c'est annoncer qu'il sera traité convenablement (B.)

CONGEABLE. Espèce de BAIL. *Voyez* ce mot.

CONIFERES. Famille de plantes dont le fruit est en forme

de cône. Les Pins, les Sapins, les Thuya, les Cyprès, les Mélèzes en font partie. Par suite on lui a annexé les Genevriers, les Ifs, quoique leur fruit fût une baie. Les caractères de cette famille sont, 1° d'être monoïque ou dioïque; 2° d'avoir les fleurs mâles en chaton, les fleurs femelles solitaires ou en cône formé par des écailles nombreuses; 3° d'avoir des semences nues et le plus souvent ailées. *Voyez* les mots ci-dessus indiqués. (B.)

CONIZE, *Conyza*. Plante bisannuelle, à racine fibreuse, à tige droite, rameuse, velue, haute de deux à trois pieds; à feuilles alternes, lancéolées, velues, d'un vert foncé en dessus et longues souvent d'un demi-pied; à fleurs d'un jaune rougeâtre, disposées en corymbe terminal, qui se trouve dans les bois, sur le bord des haies, dans les champs incultes, qui se fait remarquer des cultivateurs par sa grandeur, son odeur forte, quelquefois par son abondance, et qui forme un genre dans la syngénésie superflue, et dans la famille des corymbifères.

La cornize fleurit au milieu de l'été. On la regarde comme vulnéraire, carminative et emménagogue, comme propre à chasser les puces et les punaises. Les bestiaux ne la mangent pas. On tire quelque parti de ses tiges en les ramassant en automne pour chauffer le four dans les lieux où le bois est rare. Comme elle est bisannuelle, elle ne nuit aux champs que dans les pays où on laisse reposer la terre plusieurs années de suite, et où on sème sur un seul labour. (B.)

CONOMON. C'est le concombre du Japon. *Voyez* Concombre.

CONOTTES. Ce sont, dans quelques cantons, les deux bras de la charrue. (B.)

CONQUE. Mesure pour les grains qu'on employoit autrefois à Baïonne. Elle pesoit 70 livres. *Voyez* au mot Mesure.

CONQUETTE. On donne amphatiquement ce nom aux jeunes tulipes provenant de graines, lorsqu'elles commencent à montrer leurs panaches. *Voyez* Tulipe. (B.)

CONQUETTE. Ce nom appartient aussi à une variété d'œillet. (B.)

CONSEIGLE, ou CONSEGAL. Mélange de seigle et de froment, ou de seigle et d'avoine, qu'on sème, soit pour couper en vert comme fourrage, soit pour augmenter les chances d'une bonne récolte, soit du premier, soit du second de ces grains. Cette réunion a des avantages et des inconvéniens. *Voyez* le mot Mélanges. (B.)

CONSERVATION DES FARINES. *Voyez* Blé et Farine.

CONSERVATION DES FRUITS. *Voyez* Fruit, Fruitier et Pourriture.

CONSERVATION DES GRAINS. *Voyez* aux mots Blé et Graines. (B.)

CONSERVATION DES MATIÈRES ANIMALES ET VÉGÉTALES. Toute matière organique est, par cela seul qu'elle a commencé, nécessairement dans le cas de se décomposer; mais l'homme est souvent intéressé à prolonger l'existence de telle ou telle de ces matières, et pour cela il emploie différens moyens qui réussissent plus ou moins.

Les matières animales se conservent par la Dessiccation, la Congellation, la Salaison, l'introduction dans la Graisse, dans l'Huile, dans le Vinaigre, ou dans l'Eau-de-vie, etc. *Voyez* ces mots et les mots Beurre et Œufs. Les matières végétales se conservent en diminuant la température du lieu où on les place, en les desséchant, en les unissant au sucre. *Voyez* les mots Blé, Fruit, Fruitier, Serre a légume, raisiné, Prunier, Abricotier, Poirier, Pommier, etc. (B.)

CONSORT. On donne ce nom, dans quelques cantons, aux terres communales qui appartiennent à deux communes. *Voyez* Commune. (B.)

CONSOUDE, *Symphytum*. Plante à racine vivace, épaisse, fibreuse, noire en dehors; à tige anguleuse, fistuleuse, rameuse, rude au toucher, velue, haute d'un à deux pieds; à feuilles alternes, lancéolées, décurrentes, rudes au toucher, velues, souvent longues de six à huit pouces, et larges de trois à quatre; à fleurs rougeâtres ou d'un brun jaunâtre, disposées, dans les aisselles des feuilles supérieures, en épis unilatéraux et recourbés.

Cette plante qu'on appelle la consoude officinale, ou plus communément la *grande consoude*, croît dans les bois et les prés humides, le long des ruisseaux et des rivières ombragées. Elle fleurit pendant une partie de l'été. Sa racine, qui est visqueuse et astringente, jouit d'une grande réputation comme spécifique dans la phthisie, les fluxions de poitrine, les crachemens de sang, ainsi que pour consolider les plaies, affermir les hernies, etc., etc.

Malgré ce genre d'utilité, qui se rapporte directement à l'homme, la consoude est presque toujours une plante que les cultivateurs doivent détruire; car quand une fois elle s'est emparée d'un pré, elle s'y multiplie au point de nuire à la production des autres herbes, et quoique les chevaux et les bœufs la mangent quand elle est jeune, son abondance diminue de beaucoup la valeur du foin qu'on espère de ce pré. Pour cela, il suffit d'en couper la racine entre deux terres avec une pioche, la portion restante ne repoussant plus dès que les bourgeons du collet en sont séparés. (B.)

CONSTIPATION. MÉDECINE VÉTÉRINAIRE. C'est une difficulté qu'a l'animal de fienter. Il fait des violens efforts, qui quelquefois sont accompagnés d'une quantité plus ou moins considérable de matière muqueuse : ces efforts durent un moment, reviennent fréquemment, et tourmentent beaucoup l'animal.

Le cheval et le mouton sont plus sujets à cette maladie que les autres animaux. Les exercices forcés, les longues marches pendant les grandes chaleurs de l'été, le foin abondant en plantes aromatiques, le trop grand usage de la luzerne, de l'esparcette, de l'avoine, le défaut de boissons, les remèdes astringens inconsidérément administrés par les maréchaux, sont les causes ordinaires de la constipation.

Dès qu'un cheval, un mulet ou un bœuf seront attaqués de cette maladie, il faudra les tenir à l'eau blanche, leur donner beaucoup de lavemens d'une décoction de guimauve, suivis de breuvage de la même décoction, auxquels on ajoutera une once de sel de nitre. Si les tégumens étoient très échauffés, si l'animal avoit la fièvre, on feroit très bien de pratiquer une saignée à la veine jugulaire ; on ne donnera pour boisson que de l'eau blanche, et pour nourriture que du son mouillé.

On injectera dans l'anus de la brebis qui sera constipée du petit-lait, et on lui en fera prendre par la bouche. La constipation dans cet animal vient quelquefois d'une chaleur excessive à laquelle il a été exposé dans l'été. Pour lors l'usage des bains, si l'on est à portée d'une rivière, sera très avantageux, pourvu que la saison soit convenable.

On a observé que certaines plantes, telles que la piloselle, etc., constipoient les brebis. Le cultivateur doit donc prévenir cet inconvénient, en recommandant à ses bergers de ne pas conduire ses troupeaux dans des lieux où ils peuvent rencontrer ces sortes de plantes. (R.)

CONSTRUCTIONS RURALES (ART DES), ou ARCHITECTURE RURALE. Par le mot *construction rurale* on désigne toute espèce de bâtiment servant de logement aux habitans de la campagne, aux animaux domestiques, ou de magasin pour resserrer et conserver les différens produits de la culture ; mais on entend plus communément par cette expression l'ensemble des bâtimens d'un établissement rural.

La disposition et la distribution des bâtimens ruraux sont soumises à des principes fixes, dont on ne peut pas s'écarter sans inconvénient.

Sous le rapport de leur construction mécanique, ces bâtimens sont une dépendance de l'art de l'architecture ; mais sous celui de leur disposition et de leur distribution, ils appartiennent à la science de l'économie rurale ; car si l'architecture enseigne au propriétaire la manière de les construire avec goût, solidité et économie, la pratique de l'agriculture peut seule lui révéler l'orientement, les dimensions et la distribution qu'il est nécessaire de donner à chacun d'eux pour lui procurer la salubrité et la commodité convenables à sa destination.

La réunion de ces connoissances constitue l'*art des constructions rurales*, ou bien l'*architecture rurale*. Cet art devroit être la partie la plus importante de l'architecture, car en général on construit plus de fermes que de palais. L'on doit donc s'étonner que les architectes n'aient pas cherché davantage à se procurer les connoissances nécessaires pour se rendre aussi habiles dans cette partie que dans les autres constructions civiles. Mais soit qu'ils aient eu de la répugnance à étudier les besoins de l'agriculture, soit plutôt qu'ils n'en aient pas jugé les constructions susceptibles de faire briller leurs talens, ce genre d'architecture est resté livré à la routine des maçons de la campagne.

Aussi les bâtimens sont-ils généralement mal construits, et c'est avec raison que l'on regarde leur mauvais état actuel comme un des grands obstacles à l'amélioration de l'agriculture.

Il faut convenir cependant que depuis quelques années l'attention des agronomes et de quelques architectes s'est portée sur leur perfectionnement. Elle a été excitée en Europe par le concours solennel que la société d'agriculture de Paris a ouvert en l'an 7 sur cet important sujet, et dans lequel M. Penchaud, architecte à Poitiers, a remporté le second prix.

A l'imitation de cette société, le bureau d'agriculture de Londres engagea les architectes anglais à s'occuper des constructions rurales : il en est résulté un assez grand nombre de mémoires différens dont il a publié la collection, et que M. Lasteyrie a traduits en français, et fait imprimer sous le titre de *Traité des constructions rurales*, etc., Paris, 1802.

L'Allemagne a aussi voulu constater l'état de ses connoissances en architecture rurale, et en 1802 on a vu paroître à Leipzick un ouvrage in-folio intitulé : *Traité des bâtimens propres à loger les animaux qui sont nécessaires à l'économie rurale*.

Il est fâcheux que ces deux derniers ouvrages, qui contiennent généralement de bons principes, soient incomplets, et sur-tout que leurs auteurs en aient surchargé les plans de décorations et de recherches dispendieuses, que les propriétaires les plus riches pourroient seuls adopter. D'ailleurs les plans ont été projetés pour les mœurs et les besoins agricoles de l'Allemagne et de l'Angleterre.

Enfin nous avons aussi travaillé sur les constructions rurales, d'abord dans les limites prescrites par le programme de la société d'agriculture de Paris, et ensuite sur un plan beaucoup plus vaste, qui embrasse l'universalité des besoins de l'agriculture française.

Nous avons pensé, 1° qu'un traité d'architecture rurale devoit être fait pour toutes les classes de propriétaires ; 2°, qu'il devoit particulièrement présenter des constructions économiques qu'un père de famille simplement aisé puisse faire exécuter, et que le propriétaire le plus riche ne dédaigne pas toujours ; 3° qu'il devoit embrasser non seulement l'ordonnance générale des bâtimens qui composent chaque espèce d'établissement rural, ainsi que les détails particuliers de leur construction, mais encore tous les travaux d'art dont l'économie rurale peut faire usage, soit pour l'économie intérieure des champs, soit pour la commodité ou l'agrément de l'exploitation, soit enfin dans différentes améliorations agricoles. Cet ouvrage est achevé et sera incessamment livré à l'impression. Ici nous adoptons le même plan, et ce que nous dirons sur les différentes parties de l'architecture rurale ne sera qu'un extrait de notre traité.

Ce travail est divisé en quatre parties principales ; savoir,

1° Principes généraux de l'architecture rurale ; 2° leur application aux différentes espèces d'établissemens ruraux ; 3° détails de constructions et de distributions intérieures des différens bâtimens qui les composent ; 4° travaux d'art relatifs aux communications, à l'assainissement des terres en culture, à la conservation des récoltes sur pied, et aux améliorations des prairies naturelles.

Ire PARTIE. Principes généraux de l'architecture rurale.

Chap. 1er. Economie, 1° sur le nombre et l'étendue des bâtimens qui doivent composer chaque espèce de construction rurale ; 2° dans le choix des matériaux disponibles, et dans la manière de les employer sans nuire à la solidité de ces bâtimens ; 3° dans la convenance de leur décoration ; 4° dans leur entretien. *Voyez* le mot ECONOMIE.

Chap. 2. Placement d'un établissement rural. *Voyez* le mot PLACEMENT.

Chap. 3. Orientement de ses différens bâtimens. *Voyez* le mot ORIENTEMENT.

Chap. 4. Leur ordonnance générale. *Voyez* le mot ORDONNANCE.

Chap. 5. Leur distribution particulière. *Voyez* le mot DISTRIBUTION.

Chap. 6. Leur salubrité. *Voyez* le mot SALUBRITÉ.

IIe Partie. Application de ces principes aux différentes espèces de constructions rurales.

Chap. 1er. A une ferme de grande culture. *Voyez* le mot
Ferme.

Chap. 2. A une métairie, ou ferme de moyenne culture.
Voyez le mot Métairie.

Chap. 3. Aux habitations de villageois. *Voyez* le mot Chaumière.

Chap. 4. A un Vendangeoir. *Voyez* ce mot.

Chap. 5 A une Maison de campagne. *Voyez* ce mot.

IIIe Partie. Détails de constructions et de distributions
intérieures des divers bâtimens ruraux.

Chap. 1er. De quelques constructions particulières à l'habitation et à l'économie intérieure d'un ménage de campagne :
1° Cheminées ; 2° Buanderies ; 3° Laiteries ; 4° Puits ; 5° Citernes ; 6° Puisards ; 7° Lavoirs ; 8° Glacières. *Voyez* chacun
de ces mots.

Chap. 2. Logemens des animaux domestiques : 1° Ecu-
ries ; 2° Etables ; 3° Bergeries ; 4° Toits a porcs ; 5° Colombiers ; 6° Poulaillers ; 7° Ruchers ; 8° Coconnières. *Voy*.
chacun de ces mots.

Chap. 3. Bâtimens ou constructions destinés à resserrer et
à conserver les différens produits de l'agriculture : 1° Fenils
ou Magasins à fourrages ; 2° Granges, Meules ou Gerbiers ;
3° Greniers a grains ; 4° Fruitiers ; 5° Caves ; 6° Celliers.
Voyez chacun de ces mots.

IV° Partie. Travaux d'art relatifs aux communications, à
l'assainissement des terres en culture et à la conservation des
récoltes sur pied, et aux différentes améliorations des prairies
naturelles.

Chap. 1er. Communications rurales : grandes routes, chemins de traverse, chemins de déblave. *Voyez* le mot Communications rurales.

Chap. 2. Saignées, Sang-sues, Raies-couvertes, Fossés,
Clôtures. *Voyez* ces différens mots.

Chap. 3. Travaux d'amélioration des prairies naturelles :
grands dessèchemens, petits dessèchemens et irrigations. *Voy*.
les mots Dessèchemens et Irrigations. (De Per.)

CONTAGION. Développement d'une maladie par communication d'un animal sain avec un animal malade, soit immédiatement, soit médiatement.

On a cru long-temps que l'air transmettoit la contagion ;
mais aujourd'hui on est convaincu que si cette disposition de
l'air donne lieu à des maladies qui attaquent en même temps
un grand nombre d'animaux, il n'est pas le véhicule de celles
qu'on appelle proprement contagieuses.

D'après cela un cultivateur soigneux peut presque toujours éviter qu'une contagion quelconque naisse, et, encore plus, fasse des ravages parmi ses bestiaux, puisqu'il ne s'agit que de les empêcher de communiquer avec d'autres, d'isoler sur-le champ ceux qui prennent une maladie contagieuse, et de détruire ou laver avec des acides et de l'eau de chaux les ustensiles que ces derniers ont touchés ou pu toucher.

Il est des animaux qui sont plus susceptibles que d'autres de prendre la contagion. Par exemple ceux qui sont jeunes, ceux qui sont d'une nature foible, les femelles. Au reste, on ne possède pas encore sur cet objet toutes les données désirables.

On divise les maladies contagieuses en deux classes; savoir, celles dont l'effet est lent, et celles qui mènent rapidement à la mort.

Tous les gouvernemens de l'Europe ont fait des lois coërcitives, soit temporaires, soit permanentes, pour arrêter les maladies contagieuses; mais comme souvent on les applique inconsidérément, qu'on ne distingue pas toujours les maladies épizootiques et endémiques, il est encore incertain si elles n'ont pas fait plus de mal que de bien. Tuer tous les bestiaux d'un canton est certainement le moyen de les empêcher de prendre la contagion, mais n'est pas certainement un moyen de l'empêcher de se propager, puisqu'il suffit qu'un animal se soit frotté contre un corps quelconque, un arbre, par exemple, que quelqu'un ait voulu sauver un harnois du feu, ait négligé de désinfecter son écurie, son étable, sa bergerie, les claies de son parc, etc., pour rendre nuls les effets de ce massacre. Combien de chevaux qui n'étoient réellement pas morveux, de brebis qui n'étoient pas clavelées, ont été victimes de ces lois. L'instruction, l'instruction, répéterai-je, et les maladies contagieuses feront moins de ravages dans nos campagnes. L'établissement des écoles vétérinaires a été une digue plus certaine contre leurs désastreux effets que tous les moyens violens employés jusqu'alors. Je ne veux pas dire pour cela qu'il ne faille pas des règlemens de police sur cet objet, mais je crois qu'ils doivent très rarement ordonner la mort, et jamais sans l'avis de quelques vétérinaires éclairés. La société a certainement le droit de faire un mal particulier pour opérer un bien général, mais le respect pour la propriété doit engager à n'agir dans ce cas que lorsqu'il est prouvé qu'il n'y a pas d'autres moyens à employer.

Les maladies véritablement contagieuses sont, pour les chevaux, la Morve et le Farcin; pour les moutons, le Claveau; pour tous, le Charbon, la Gale et enfin la Rage, qui paroît naître spontanément que dans le chien, le loup et le renard, et que des expériences nouvelles semblent prouver ne pouvoir pas être communiquée par les espèces pâturantes. *Voyez* tous ces mots.

Quant à la DYSSENTERIE, aux FIÈVRES MALIGNES, à la GOURME, aux DARTRES, etc., il n'est point certain qu'elles soient des maladies contagieuses, ou on peut croire que si elles le deviennent quelquefois, c'est au moyen de circonstances extraordinaires. Les deux premières sont souvent épidémiques ou endémiques, et les deux dernières sont plus souvent un bien qu'un mal. *Voyez* ÉPIZOOTIE.

J'ai déjà indiqué plus haut les précautions générales à prendre contre les maladies contagieuses ; mais il convient de les développer avec plus de détail.

Dès qu'un cultivateur sera instruit qu'il y a dans son voisinage des animaux qui offrent les premiers symptômes des maladies ci-dessus dénommées, il empêchera les siens de communiquer avec eux. Il renfermera ses chiens, n'enverra plus ses chevaux, ses bœufs, ses vaches, ses moutons au pâturage commun. Il empêchera ses valets d'aller dans les écuries infectées. Chaque jour il recherchera des informations sur les progrès du mal ; si les propriétaires des bêtes malades ne prennent aucunes précautions contre les dangers de la communication, il en préviendra l'autorité et la requerra de les y contraindre. Ces précautions il les continuera tant que durera la maladie et quelque temps après.

Si c'est parmi ses propres bestiaux que se développe la contagion, il isolera sur-le-champ ceux qui seront attaqués, soit en les mettant dans une écurie, où il n'entrera jamais que la même personne, soit en les plaçant dans des enclos particuliers, et il appellera un vétérinaire instruit pour leur donner ses soins. Si l'animal meurt, il le fera enterrer avec sa peau à quatre pieds de profondeur au moins. Et qu'il meure ou qu'il guérisse, il prendra, contre la propagation de la contagion par attouchement des objets qui ont été touchés par cet animal, les précautions suivantes.

1º Il fera brûler dans un lieu écarté la litière et les restes du foin qui se sont trouvés dans l'écurie au moment de la mort ou de la sortie de l'animal.

2º Il lavera avec de l'eau chaude les mangeoires, râteliers, longes, harnois, enfin tout ce qu'aura pu servir à l'animal.

3º Il fera ensuite usage du procédé désinfectant de Guyton Morveau. *Voyez* DÉSINFECTION.

4º Enfin, quelques jours après, il fera blanchir les murs à la chaux et répandre de l'eau de chaux sur le sol. Pour plus de sûreté il lavera une seconde fois avec de l'eau de chaux les crèches, râteliers et autres lieux qu'il croira avoir été plus particulièrement infectés.

Tout donne à croire qu'au moyen de ces précautions les principes de contagion seront détruits, et qu'il n'y aura plus motif de craindre de mettre des animaux sains dans le même local. (B.)

CONTOURNÉ. On donne ce nom aux branches qui s'écartent de la tige droite. Ces branches, lorsqu'elles ne sont pas disposées ainsi dans quelque intention, *voyez* COURBURE DES BRANCHES) doivent être rigoureusement supprimées dans toute espèce d'arbre, parcequ'elles gênent la circulation de la sève et nuisent au bon effet de l'ensemble. (B.)

CONTRACTION. Roger Schabol a appliqué ce nom à l'effet de la sécheresse, des piqûres d'insectes, enfin à tout ce qui fait diminuer de volume aux diverses parties des plantes. Ainsi une feuille fanée, une fleur flétrie, un fruit ridé, sont contractés. Ce mot n'est pas reçu dans ce sens. (B.)

CONTRE-ALLÉES. Petites allées qui accompagnent de chaque côté une grande allée. Comme elles font perdre inutilement beaucoup de terrain, on n'en plante plus guère de nouvelles. *Voyez* ALLÉE. (B.)

CONTRE-CHASSIS. Double vitrage qu'on met quelquefois aux fenêtres des orangeries.

CONTREDAME. Oreille mobile qu'on adapte à la charrue aux environs de Remiremont. (B.)

CONTRE-ESPALIER. Série d'arbres à fruits, placée à quelque distance, et parallèlement à un mur, contre lequel se trouve un espalier, et qui jouit d'une partie des avantages de l'abri que procure ce mur.

Par abus de mots on a aussi appelé contre-espalier les arbres taillés en éventail, quoique fort éloignés des murs, et dans toutes sortes de directions relativement à ces murs.

Les arbres qui composent les contre-espaliers doivent être disposés et conduits dans leur jeunesse à très peu près comme les espaliers. Ce que je dirai de ces derniers leur conviendra donc. *Voyez* au mot ESPALIER.

Comme les contre-espaliers ne jouissent que très imparfaitement des effets de l'abri des murs, on ne les compose guère que d'arbres robustes et qui demandent peu de chaleur pour amener leurs fruits à maturité, comme de poiriers, de pommiers et de vignes.

C'est entre six et dix pieds que doit être fixée la distance entre un contre-espalier et un espalier; mais cette distance doit toujours être proportionnée à la hauteur du mur. Rapprochés, ils se nuisent réciproquement, et l'intervalle ne peut pas être utilement cultivé; éloignés, les contre-espaliers ne jouissent pas

de l'abri du mur. Le terme moyen de huit pieds convient généralement.

L'écartement des contre-espaliers entre eux doit varier selon
les espèces d'arbres, les pommiers, les plus vigoureux, à six à
huit pieds, les poiriers, à dix ou douze, plutôt plus que moins.

La plate-bande entre les contre-espaliers et les espaliers se
cultive en légumes de primeur ou en légumes qui demandent de
puissans abris. Ainsi au printemps on y sème des pois, des petites
raves, ou y repique de la salade, etc.; en été on y met des haricots, des concombres, des aubergines, etc. Deux sentiers s'y pratiquent pour pouvoir visiter les espaliers et contre-espaliers sans
rien endommager. Il y a aussi toujours un espace de terrain cultivé entre le contre-espalier et l'allée, terrain qu'on borde d'o-
seille, de fraises et autres plantes légumières propres à soutenir le terrain.

La hauteur du contre-espalier doit être proportionnée à celle
de l'espalier, et encore plus à la distance qui est entre les deux;
mais elle varie selon les climats et les expositions. A Paris, et
au levant ou au couchant, elle doit être moindre qu'à Montpellier et au midi. La raison en est que dans le premier exemple
leur ombre pourroit nuire à l'espalier, et que dans le second
elle lui seroit utile. *Voyez* au mot ESPALIER.

Un contre-espalier de vigne en palissade très basse, c'est-à-
dire de deux à trois pieds au plus, a l'avantage de défendre l'espalier du pillage des domestiques, ce qui milite en sa faveur
dans les jardins des riches.

Quelques personnes, sous prétexte que les contre-espaliers
donnent trop d'ombre aux espaliers, les suppriment et les remplacent par des quenouilles, des rosiers, des groseilliers et autres petis arbustes. D'autres, jaloux de la beauté de ces mêmes
espaliers, et craignant que leurs racines soient affamées, ne
veulent aucune sorte d'arbres dans leur voisinage, n'y cultivent
pas même de légumes. Un peu d'ombre leur est cependant
quelquefois utile, et quelques racines d'arbres d'une nature
différente leur sont rarement nuisibles. Il ne faut de l'exagé-
ration en rien. (TH.)

CONTRE-MARQUE. On appelle ainsi la cavité artificielle
que font, pour tromper l'acheteur, les maquignons de mauvaise foi, aux dents des chevaux hors d'âge, qu'ils mettent en
vente; cavité qu'ils teignent en noir avec du goudron ou autres
drogues. *Voyez* au mot CHEVAL. (B.)

CONTRE-PENTE. C'est l'inclinaison latérale des allées, inclinaison destinée à empêcher les eaux d'y séjourner. La contre-pente est ordinairement calculée sur le pied de deux pouces
par toise. (B.)

CONTRE-POISONS. Remèdes propres à empêcher l'effet

des poisons. Les contre-poisons varient selon la nature du poison, , le moment où on les administre, le tempérament du sujet, etc. *Voyez* au mot POISON. (B.)

CONTRE-SAISON. On dit qu'un arbre pousse ou fleurit à contre-saison, lorsqu'il le fait à une autre époque que l'ordinaire. Ce dérangement dans l'ordre naturel est produit ou par des circonstances atmosphériques, ou par l'état de maladie de l'arbre, ou par des causes factices. Ainsi, après un printemps très sec qui n'a pas permis à un pommier (il y est sujet) d'amener ses fleurs à bien, un automne chaud et pluvieux le fera fleurir une seconde fois. Ainsi, un pommier qui est près de sa fin, non seulement donne beaucoup de fleurs au printemps, mais encore quelques unes en automne. Ainsi, un pommier que des chenilles auront dépouillé de ses feuilles et de ses fleurs au printemps en donnera de nouvelles en automne. Cette dernière observation a été saisie par l'art du jardinier. Il se procure, avec la même espèce de rosier, ou avec la même espèce d'oranger, des fleurs en automne, en leur enlevant toutes leurs feuilles et les boutons au printemps, et les arrosant bien dans le courant de l'été.

Tous les arbres ou arbustes d'Europe qu'on tient en serre pendant l'hiver devancent d'un à deux mois le moment de leur floraison. On les appelle aussi contre-saison. Dans ce sens toutes les primeurs sont des contre-saisons. (B.)

CONTRESOL. *Voyez* Annales du Muséum, tom. 6, pl. 47, deux différens contresols figurés par Thouin.

Ce sont ou des pots de terre auxquels on a fait une ouverture latérale, ou une pièce de vannerie en osier, ou un morceau de tôle, ou deux ou trois planches fixées sur trois ou quatre montans, qu'on place du côté du midi, devant les plantes qui craignent la trop grande ardeur du soleil.

Ce n'est guère que dans les jardins de botanique qu'on en fait usage; les paillassons, les toiles, les claies et les abris de toute espèce en tenant lieu dans les autres. (B.)

CONTREVENT. Volet de bois pour défendre les fenêtres des serres, ou les vitraux des châssis, contre la grêle, et l'intérieur contre les froids violens du cœur de l'hiver. *Voyez* ORANGERIE. (B.)

Il est quelques orangeries, quelques châssis dont les fenêtres n'ont que des contrevents. *Voyez* SERRE A LÉGUME et CHASSIS. (B.)

CONTUSION. MÉDECINE VÉTÉRINAIRE. On donne le nom de *contusion* aux effets qui résultent de l'impression subite et violente d'un corps rond et contondant sur les parties charnues de l'animal. La contusion diffère de la plaie, en ce que dans la première il n'y a point de perte de substance, ni de solution de continuité à la peau. *Voyez* PLAIE.

Dans les fortes contusions, le sang et la lymphe s'extravasent ordinairement hors des vaisseaux destinés à les contenir; il se forme alors des tumeurs dans les aponévroses, dans les ligamens et les tendons, des bosses à la tête, qui, négligées par le maréchal, produisent quelquefois des ankiloses lorsqu'elles s'étendent jusqu'aux articulations.

Les contusions sont ou simples ou compliquées; elles diffèrent encore entre elles par les lieux qu'elles occupent, par les parties qu'elles intéressent, et aussi en raison de la force et de la violence du corps contondant, et par la commotion qu'il produit dans tout le genre nerveux. « La seule pression de l'air agité avec violence, dit M. Vitet, est capable de produire des contusions. On a vu des boulets de canon, au milieu de leur course rapide, blesser ou tuer des chevaux sans les toucher, et sans laisser d'autres marques d'un effet si funeste, qu'une grande contusion. »

Il est certain que des affections de cette espèce menacent toujours d'un danger éminent, relativement à la grande commotion dont elles sont une suite, sur-tout lorsqu'elles intéressent les tégumens de la tête, puisque, dans des contusions semblables, le cerveau est exposé à des épanchemens, ou à une inflammation qui emporte tout à coup l'animal.

Les indications que l'artiste vétérinaire ou le maréchal ont à remplir consistent, 1° à résoudre le liquide épanché; 2° à prévenir l'inflammation violente, la suppuration et la gangrène.

Si la contusion est légère, il suffit d'appliquer dessus des substances salines, telles que la dissolution du sel ammoniac dans l'eau commune; si elle est récente, il faut employer les spiritueux, tels que l'eau-de-vie, etc.; mais s'il y a commotion, plaie, et disposition à l'inflammation, l'eau-de-vie camphrée est à préférer. On ne doit point oublier, si le coup a été violent, de saigner l'animal à la veine jugulaire, de répéter même la saignée si l'inflammation prend de l'accroissement, et de mettre l'animal au régime humectant et rafraîchissant; mais lorsque l'épanchement du sang et de la lymphe occupe une grande étendue, et que l'on a à craindre des accidens violens, il ne faut pas seulement s'en tenir à la simple application des topiques prescrits, il faut encore se hâter de scarifier les parties, afin de prévenir des suppurations douloureuses, la gangrène, et peut-être même le sphacèle : les scarifications faites, on couvre la plaie avec des compresses imbibées de la décoction suivante.

Prenez feuilles de sauge, d'absinthe, de romarin et de sabine, une poignée de chaque; coupez ces plantes bien menu; faites infuser pendant une heure, dans environ deux livres de vin rouge bouillant ; coulez ; ajoutez un verre d'eau-de-vie camphrée ; trempez les plumasseaux ou les compresses dans cette liqueur, et couvrez - en la contusion, en la renouvelant d'heure en heure.

Dans les contusions accompagnées d'une commotion violente dans le système nerveux, sur-tout dans le cerveau, on ne doit pas oublier de faire prendre un breuvage à l'animal et de lui donner des remèdes actifs tels que la bétoine, la véronique mâle, la sauge, le romarin, la racine de persil, etc. ; on peut aussi lui administrer deux fois par jour, et trois s'il le faut, un bol composé de parties égales de racines de gentiane pulvérisée et de camphre incorporés dans suffisante quantité de miel. La saignée sera préférable à tous les remèdes, si l'animal est d'un tempérament sanguin et pléthorique, s'il y a fièvre et battement de flancs : la nourriture, dans l'un et l'autre cas, sera du son mouillé, et de l'eau blanche seulement.

Les contusions de la poitrine sont, pour l'ordinaire, moins dangereuses que celles de la tête ; on doit les traiter de même : celles qui affectent le dos, la croupe et les extrémités sont dangereuses tant qu'elles blessent la moelle épinière et les principaux nerfs. Un mulet qui ne vouloit point se laisser ferrer fut atteint d'un violent coup de brochoir, par un garçon maréchal, sur l'épine dorsale, exactement entre la dernière fausse côte et la première vertèbre lombaire ; il tomba tout à coup, et perdit l'usage des extrémités postérieures.

Quant à la manière de remédier aux contusions qui affectent les tendons, *voyez* Nerferure ; mais à l'égard de celles qui résultent de la compression de la sole, ou de la substance cannelée, *voyez* Compression de la sole.

Contusion de l'os. Celle-ci s'annonce par le gonflement du périoste, par la sensibilité que témoigne l'animal, et principalement par la rougeur de l'os : les suites de cette contusion ne sont point dangereuses, si dans le commencement on emploie les émolliens, en raison de la sensibilité et de l'inflammation, suivis des résolutifs spiritueux dont nous avons parlé plus haut ; il est quelquefois nécessaire de recourir au feu, si la contusion est violente, si l'os est noir, et s'il y a carie. *Voyez* Carie. (R.)

CONVENANCIER. Fermier d'un domaine congéable. *Voyez* au mot Bail.

CONVENANT. *Voyez* au mot Bail.

CONVENTIONNEL. *Voyez* Bail.

COQ. Mâle de la poule.

COQ. Œil qu'on réserve sur un cep, dans quelques vignobles, pour fournir l'année suivante un bourgeon destiné à remplacer l'arçon qu'on coupera à la taille de la seconde année. *Voyez* Vigne et Arçon. (B.)

COQ DE BRUYÈRE (GRAND ET PETIT). Oiseaux du genre des perdrix qui vivent sur les montagnes, et dont la chair est fort recherchée.

On a plusieurs fois, mais inutilement, tenté de rendre domestiques ces deux oiseaux, sur-tout le premier dont la grosseur égale presque celle de la poule. Ils sont trop rares en France pour être dans le cas de nuire aux cultivateurs. Ainsi je ne parlerai pas de leur chasse. (B.)

COQ DES JARDINS. *Voyez* Tanaisie balsamite.

COQ D'INDE. *Voyez* Dinde.

COQUE. On donne ce nom au cocon du Ver a soie. *V.* ce mot.

COQUE. Espèce de capsule, dont les valves s'ouvrent avec élasticité au moment de leur maturité. Les euphorbes en présentent un exemple. *Voyez* au mot Plante.

COQUE. On emploie aussi ce mot pour désigner l'enveloppe calcaire des œufs. *Voyez* au mot Poule.

Les ménagères jettent les coques des œufs qu'elles consomment dans le feu, avec la persuasion qu'elles rendront les cendres meilleures pour faire la lessive. Cet effet a réellement lieu, parceque ces coques se réduisent en chaux et augmentent par conséquent la causticité de la potasse qui est contenue dans les cendres, et qui seule dissout la graisse qui salit le linge. *Voyez* au mot Lessive. (B.)

COQUELICOT. C'est le Pavot des champs. *Voyez* ce mot.

COQUELOURDE. On donne ce nom à l'Anémone pulsatille des prés, ainsi qu'à la Lichnide des Alpes et des Jardins. *Voyez* ces mots. (B.)

COQUERET. *Physalis.* Plante vivace, de la pentandrie monogynie et de la famille des solanées, à racines fibreuses, articulées, traçantes; à tige grêle, velue, rameuse, haute d'un pied; à feuilles géminées, pétiolées, entières, ovales, aiguës à leur extrémité, légèrement velues; à fleurs jaunes, solitaires et opposées aux feuilles; à fruits rouges, ou mieux, mordorés, renfermés dans le calice, qui s'est considérablement accru et qui a pris la même couleur.

Le coqueret alkekenge croît naturellement dans les vignes et dans les champs. Rarement on le trouve dans les lieux qui ne sont pas cultivés. Il annonce toujours un sol argileux, ou d'où sourdent des sources superficielles. Il fleurit au milieu de l'été, et ses fruits deviennent rouges au milieu de l'automne. Ces fruits, qui se font remarquer et par leur belle couleur et par la forme du calice qui les enveloppe, sont mal à propos regardés, dans quelques cantons, comme dangereux. Leur suc est acide et amer. Ils sont employés en médecine comme sudorifiques, rafraîchissans et anodins. On en prend jusqu'à six par jour.

Quoique très commun dans certains endroits, je ne me suis pas aperçu qu'il portât un préjudice nolable à l'agriculture. Il pousse tard, périt de bonne heure, et n'a jamais des tiges élevées. Les bestiaux ne mangent point ses feuilles qui exhalent une odeur nauséabonde quand on les écrase comme toutes les plantes de sa famille. (B.)

COQUETTE. Variété de LAITUE.

COQUILLAGE, COQUILLE. C'est à ces substances, c'est aux débris des madrépores, des lithophites, en un mot à tous les débris des logemens des vers testacés, soit de mer, soit d'eau douce, que l'on doit attribuer la formation des faluns immenses de Touraine; c'est à ces débris pulvérisés et atténués à l'excès que la craie doit son origine, ainsi que la pierre calcaire, les marbres, etc. Pour rendre raison de ces phénomènes, il faut considérer les coquilles sous trois points de vue différens.

1°. Les coquilles entières ont été rassemblées en masse, et souvent par couche de plusieurs pieds : tels sont ces grands bancs d'huîtres longues souvent de près d'un pied sur trois à quatre pouces de largeur, et dont on dit que son analogue vivant se trouve aujourd'hui aux Grandes-Indes. L'on trouve ces bancs, devenus fossiles, dans le bas Dauphiné, la basse Provence, le bas Languedoc, et ces huîtres sont mêlées avec de l'argile plus ou moins pure; quelques unes sont encore dans leur premier état, et d'autres ne sont lapidifiées qu'en partie. Je crois que la substance même de l'animal est une des causes principales qui a le plus concouru à la lapidification. Dans cet état, les coquilles ne contribuent pas plus à la bonification des champs qu'un morceau de pierre calcaire.

Si la coquille a resté dans son état naturel, et que, dans cet état, elle ait été brisée par parcelles, alors le frottement des unes contre les autres les a usées, les a limées, et en a converti une certaine quantité en chaux naturelle : alors ces débris peuvent former un excellent engrais.

Si ces coquilles, et leurs parcelles, ont toutes été réduites à l'état de poussière semblable à celle de la chaux éteinte à l'air; si cette poussière forme des amas considérables, on a des bancs de craie; si, enfin, la poussière la plus atténuée a été unie à de l'argile bien pure et bien fine, voilà l'origine de la marne et le principe de sa fécondité.

Comment ces coquilles ont-elles été arrachées du fond de la mer, des rochers auxquels elles étoient attachées ? Quand et comment ont-elles été disséminées sur notre terre pour y paroître, soit en bancs, soit en masses énormes, soit répandues çà et là ! Ce sont autant de problèmes que je n'entreprendrai pas de résoudre, et desquels on n'a donné, jusqu'à ce jour, aucune solution parfaitement satisfaisante. Plusieurs hypothèses publiées sur ce sujet sont très ingénieuses ; mais elles ont toujours un côté foible, et ne sont d'aucune utilité pour l'agriculture.

Les coquilles, les madrépores, les coraux, en un mot les anciens logemens des animaux, et fabriqués par eux, sont aujourd'hui dans deux états ; ou ils sont fossiles, c'est-à-dire changés en pierre, ou ils n'ont éprouvé aucune altération. Dans le premier cas ils forment la pierre calcaire, que nous réduisons en Chaux (*voyez* ce mot), et cette chaux sert à bâtir nos maisons et à amender les terres. Dans le second, c'est-à-dire lorsque la coquille est telle qu'elle sort de la mer, elle fournit un puissant engrais : portée sur nos champs, elle leur communique d'abord le sel marin dont elle est imprégnée, ensuite elle se décompose peu à peu par l'action des météores, par le frottement de la charrue, etc., et fournit peu à peu la substance calcaire qui, s'amassant avec les débris des végétaux, forme l'*humus* ou *terre végétale* par excellence (*voyez* Terre végétale), la seule qui soit véritablement soluble dans l'eau, et la seule qui forme la charpente des plantes.

Il y a plusieurs manières de fertiliser les champs avec des coquilles. 1° Si elles sont fossiles et en corps solides, en les réduisant en poudre fine, au moyen des bocards, pilons, etc. ; 2° si la nature les a déjà réduites en poussière, et si cette poussière, ou seule, ou unie à d'autres portions terreuses, forme des masses solides, il faut encore recourir aux pilons ; 3° si la consistance de ces masses est lâche, peu serrée, peu compacte, le frottement, des chocs légers, suffiront pour détruire l'adhésion de leurs parties : telles sont les craies ; 4° enfin si cette poussière est simplement unie à une terre quelconque sans être solidifiée, telle que la marne, elle se dissoudra sur nos champs par le seul contact de l'air, du soleil, des pluies, etc. Voilà pour les coquilles fossiles, ou réduites à un état de chaux par les mains de la nature.

Les coquillages, tels qu'ils existent aujourd'hui, tels qu'on les tire du sein de la mer, ou qu'on les ramasse sur ses bords, deviennent, par l'industrie de l'homme, un excellent engrais, suivant les circonstances et la nature du sol qui doit être engraissé. *Voyez* Amendement, Engrais. Il y a plusieurs manières de les employer.

1° Ou en les faisant calciner comme la pierre calcaire, et alors on les réduit en véritable chaux, telle que celle employée pour le mortier (*voyez* ce qui a été dit à l'article Chaux) ; 2° en leur faisant éprouver un degré de chaleur capable de pénétrer leurs parties sans les convertir en chaux ; 3° en les portant sur-

le-champ telles qu'on les retire de la mer. Par la première méthode le champ est engraissé aussitôt. Par la seconde, l'opération est plus longue. Il l'est dans l'année même, parceque la
chaleur imprimée à la substance de la coquille commence à
détruire le lien d'adhésion de ses parties, et peu à peu l'air, la
pluie, etc., en isolent chaque partie. Enfin, par la troisième,
l'engrais s'établit insensiblement à la longue, et d'année en
année, par la décomposition de la coquille. Je préférerois cette
dernière méthode pour nos provinces méridionales, et sur-tout
pour les terrains peu riches en végétaux et dont le sol a peu
de tenacité. De ces principes de théorie venons à la pratique
qui doit les confirmer. Je vais emprunter les expériences suivantes du *Journal économique* du mois d'août, année 1743. Cet
article a été tiré des *journaux anglais*. Le mémoire est intitulé :
*Manière d'engraisser les terres avec des coquillages de mer
dans les provinces de Londonderry et de Donnegall en Irlande,
publiée par l'archevéque de Dublin.* « Sur la côte de la mer l'engrais ordinaire consiste en coquillages : vers la partie orientale
de la baie de Londonderry il y a plusieurs éminences que l'on
aperçoit presque dans le temps de la marée basse : elles ne sont
composées que de coquillages de toutes sortes, sur-tout de
pétoncles, de moules, etc. Les gens du pays viennent avec des
chaloupes pendant la basse eau, et emportent des charges entières de ces coquillages : ils les laissent en tas sur la côte jusqu'à ce qu'ils soient secs ; ensuite ils les emportent dans des
chaloupes, en remontant les rivières, et après cela dans des sacs,
sur des chevaux, l'espace de six à sept milles dans les terres : on
emploie quelquefois de quarante jusqu'à quatre-vingts barils
pour un arpent. Ces coquillages font bien dans les terres marécageuses, argileuses, humides, serrées, dans les bruyères ; mais
ils ne sont pas bons pour les terres sablonneuses. Cet engrais
dure si long-temps, que personne n'en peut déterminer le
terme : la raison en est vraisemblablement que les coquillages se
dissolvent tous les ans, petit à petit, jusqu'à ce qu'ils soient entièrement épuisés ; ce qui n'arrive qu'après un temps considérable, au lieu que la chaux opère tout d'un coup ; mais il faut
observer que le terrain devient si tendre en six ou sept ans, que
le blé y pousse trop abondamment, et donne de la paille si
longue, qu'elle ne peut se soutenir ; pour lors il faut laisser
reposer la terre un an ou deux afin de ralentir sa fermentation et d'augmenter sa consistance, après quoi la terre rapportera et continuera de le faire pendant vingt et trente années.
Dans les années où on ne laboure point la terre, elle produit
un beau gazon émaillé de marguerites ; et rien n'est si beau
que de voir une montagne haute et escarpée, qui, quelques
années auparavant, étoit noire de bruyère, paroître tout d'un

coup couverte de fleurs et de verdure. Cet engrais rend le gazon plus fin, plus épais et plus court, contribue à détruire les mauvaises herbes, ou du moins il n'en produit pas comme le fumier. Telle est la méthode dont on se sert pour améliorer les terres stériles et marécageuses.

« Les habitans du pays répandent un peu de fumier ou de litière sur la terre, et sèment par-dessus des coquilles lorsqu'ils veulent faire croître des pommes de terre, et ils les plantent ou à un pied les unes des autres, ou quelquefois dans des sillons à six ou sept pieds de distance. Au mot POMME DE TERRE on trouvera la manière de cultiver dans ce pays.

« Les trois premières années les pommes de terre occupent le terrain ; on le laboure à la quatrième, et on y sème de l'orge : la récolte est fort bonne pendant plusieurs années de suite.

« On remarque que les coquilles réussissent mieux dans les terrains marécageux où la surface est de tourbe, parceque la tourbe est le produit des végétaux réduits en terreau, et dont les parties salines ont été entraînées par l'eau.

« En creusant à un pied de profondeur dans presque tous les endroits autour de la baie de Londonderry, on trouve des coquilles et des bancs entiers qui en sont faits ; mais ces coquilles, quoique plus entières que celles qu'on apporte de Schell-Island, ne sont pas si bonnes pour amender des terres. (Il auroit fallu indiquer la différence qui se trouve entre les espèces de ces coquilles, et les premières, ou si ce sont les mêmes. Je regarde les coquilles d'huîtres comme les meilleures, parcequ'elles sont plus tôt attaquées par les météores à cause de leur porosité et des couches écailleuses dont elles sont formées.)

« La terre près de la côte produit du blé passable, et les coquilles seules ne produisent pas l'effet qu'on en attend si on n'y met un peu de fumier. »

Cette dernière remarque de l'archevêque de Dublin justifie le principe que j'ai souvent répété, et que je répèterai plus souvent encore dans le cours de cet ouvrage. Pour qu'un engrais agisse, il faut qu'il soit réduit à l'état savonneux afin qu'il soit soluble à l'eau, et que dans cet état il puisse s'insinuer dans les conduits séveux de la plante. *Voyez* le mot ENGRAIS. Mais pourquoi l'engrais de coquillages réussit-il dans les parties éloignées de la mer et non pas sur ses bords jusqu'à une certaine distance ? C'est que le terrain qui l'avoisine ne manque pas de sel ; il y est entraîné et porté par les vents humides de la mer, et déposé, avant que ces vents aient pénétré, à un certain éloignement dans les terres. Ce sol n'a donc pas besoin d'engrais purement salins, mais d'engrais animal, huileux, graisseux, etc., afin que ce sel se combine avec cet engrais, et fasse avec lui un corps savonneux. Dans les pays au contraire éloignés de la mer, la partie saline est en trop petite quantité; c'est pourquoi la chaux, la marne, les coquillages, etc., produisent le meilleur effet : la partie animale y est assez abondante; de manière que le sel marin, ou sel de cuisine, est ici un très bon engrais, et là, il devient nuisible. Ce n'est pas tout : si on employoit, sans restriction, dans les pays chauds et secs, la méthode publiée par l'archevêque de Dublin, on perdroit ses récoltes en grains : la chaleur est trop forte, les pluies trop peu abondantes, et l'activité du sel nuiroit à la végétation. Etudions le pays que nous habitons, et voyons s'il se trouve dans la même circonstance que celui dont on parle avant d'adopter les pratiques bonnes en elles-mêmes, mais en général mauvaises. L'emploi des coquilles peut être très utile dans les cantons naturellement froids et pluvieux, comme en Normandie, en Bretagne, en Artois, en Flandre, en Picardie, etc., mais, comme tel, nuisible en Provence, le long du rivage du Languedoc.

Malgré ce que je viens de dire, j'adopte très fort son usage, même pour ces provinces, avec la restriction suivante. Je voudrois qu'on fît dans une fosse, où on pourroit conduire l'eau à volonté, un lit de coquillages, un lit de fumier; ce dernier double du premier, et ainsi de suite, jusqu'à ce que la fosse fût remplie : si c'est dans l'été, la remplir d'eau, afin que cette eau, aidée par la chaleur du fumier lors de sa fermentation, pénétrât les couches dont la coquille est formée; peu à peu la combinaison savonneuse s'établiroit; enfin lorsqu'on tireroit de la fosse, un ou deux ans après, la coquille, elle seroit presque détruite; ou du moins entièrement pénétrée par le suc du fumier. Si on donne trop d'eau à ce fumier, la fermentation sera foible; il faut simplement entretenir son humidité, et rien de plus. La première eau sera bientôt évaporée dans les pays chauds : on doit concevoir que l'activité du sel calcaire est diminuée; que par son union avec la substance graisseuse, il a déjà formé la substance savonneuse; enfin que la masse de la coquille est plus susceptible d'être décomposée par l'air, par le soleil, par les pluies, etc.

Je désire encore que ces coquilles, que ce fumier soit jeté sur les terres qui reposent ou sont en jachères dès le mois de novembre, et qu'il soit aussitôt enterré par un fort coup de charrue à versoir : il travaillera admirablement pendant cette année de repos, et ne brûlera pas la récolte de l'année suivante. (R.)

Non seulement ces coquilles marines peuvent être employées utilement à l'amélioration des terres, mais encore celles d'eau douce, Il est des endroits où les *lymnées*, les *planorbes*, les *nerites*, les *anodontes*, les *mulettes* et les *cyclades* sont si abondantes, qu'on peut les ramasser facilement avec des râteaux à dents plus ou moins rapprochées ; ces coquillages agissent de deux manières, c'est-à-dire par l'engrais que fournit l'animal qui les habite, et par l'amendement qui est la suite, dans les sols argileux, de la rupture des coquilles mêmes ; en petits fragmens, toutes, excepté les mulettes, ayant le test très mince.

Il y a lieu d'être surpris que cet excellent engrais, mis par la nature à la disposition des cultivateurs voisins des marais et des rivières, ne soit pas plus recherché par eux. Dans quelques endroits, il est vrai, on est dans l'usage d'arracher pendant l'été les plantes aquatiques, soit pour les porter directement sur les terres, soit pour les mêler avec les fumiers, soit pour les stratifier sur les bords avec de la terre ; dans d'autres on cure tous les ans, ou tous les deux ou trois ans, les ruisseaux, les rivières et les mares pour en employer les terres aux mêmes usages ; et dans ces deux cas on enlève prodigieusement de coquilles, qui remplissent le but que j'ai en ce moment en vue ; mais nulle part, dans mes voyages, je n'ai vu ramasser uniquement les coquillages, comme je sais qu'on le fait en Angleterre et dans le nord de l'Allemagne.

Les personnes qui ne sont pas accoutumées à observer les productions de la nature, qui n'ont remarqué dans leurs promenades que quelques petites coquilles sur le bord des eaux, diront peut-être que la dépense de l'extraction sera toujours plus considérable que le profit ; mais ce n'est pas pour ramasser des coquilles à la main que je conseille aux cultivateurs de quitter leurs importans travaux ; c'est pour les ramasser à la pelletée, c'est pour en charger des tombereaux. En effet, j'ai vu certaines mares desséchées en avoir plus d'un pied d'épaisseur ; j'ai vu des fontaines, de celles qui sourdent dans les plaines, dans les marais, en être complètement couvertes en été. Quelques étangs peuvent fournir, lorsqu'on les pêche, plusieurs tombereaux d'anodontes ; et celles-là on peut les ramasser à la main, car elles ont souvent un demi-pied de ong. Il est des petites rivières qui nourrissent tant de mulettes qu'on peut, pendant l'été, en amener une douzaine à bord à chaque coup de râteau.

Arthur Young rapporte qu'en Irlande on ramasse les coquilles au fond des lacs pour les employer comme engrais, et qu'elles produisent des effets étonnans sur les terrains argileux et stériles.

On fait la même opération sur les bords de la mer, excepté que, comme les coquilles marines sont plus épaisses que les fluviatiles, on est obligé de les pulvériser pour pouvoir les utiliser sous le rapport agricole.

En général en France c'est pendant l'été, et pendant l'été exclusivement, qu'il faut s'occuper de la recherche des coquilles d'eau douce, parceque pendant l'hiver elles s'enfoncent dans la boue, dans les trous des rivages, de manière que les eaux qui en sont le plus abondamment garnies n'en montrent plus du tout.

L'engrais que fournissent les coquilles d'eau douce doit probablement être mis au rang de ceux qu'on appelle froids; il faut par conséquent l'employer dans les terres sèches et chaudes, et principalement dans celles, de ces dernières, qui sont argileuses, et où les débris de leurs tests agiront mécaniquement comme divisans. Je n'ai point de donnée qui me permette d'établir l'époque de la durée de son action; mais je ne la soupçonne pas très étendue, parceque les animaux aquatiques en général, et ceux des coquilles en particulier, contiennent beaucoup plus de parties muqueuses que de parties fibreuses, et que les premières contiennent bien moins d'azote que les dernières, d'après l'analyse chimique et d'après l'examen des sens; car, quelque fétide que soit un coquillage qui se pourrit, on y distingue moins l'odeur de l'ammoniac que dans un morceau de viande de même grosseur. (B.)

COQUILLE. On donne ce nom à l'enveloppe sèche de quelques fruits tels que la noisette, la noix. On le donne aussi à des dessins imitant les coquilles de mer qu'on fait, ou mieux, qu'on faisoit dans les parterres; car aujourd'hui on n'en voit plus que dans les vieux jardins français. (B.)

COQUIOLLE. C'est le Fétuque ovine. *Voyez* ce mot.

CORAIL DES JARDINS. *Voyez* Piment annuel.

CORBEAU, *Corvus.* Genre d'oiseaux formé par un grand nombre d'espèces dont plusieurs sont trop communs dans les campagnes, et font trop de bien et trop de malaux cultivateurs, pour que je n'en dise pas un mot.

Les corbeaux les plus communs en France sont,

Le corbeau proprement dit, *Corvus corax*, Lin., est tout noir, seulement son dos offre une nuance bleuâtre; c'est le plus gros. Sa longueur est de deux pieds. Sa femelle est un peu moins noire et à le bec plus foible. Il habite les bois montueux et descend dans la plaine seulement pendant les temps de neige. Il fait rarement entendre sa voix rauque. Tout lui convient pour nourriture, petits animaux vivans, charognes, insectes, fruits, graines, etc. Il est très vorace et digère avec la plus grande rapidité. Tantôt il a été proscrit comme un dévastateur dangereux, tantôt il a été mis sous la protection de la loi comme l'ennemi des ennemis de l'agriculteur. Jadis il étoit regardé comme un oiseau de mauvais augure. Sa chair toujours dure, coriace et d'un mauvais goût, n'est mangée que par la plus pauvre classe du peuple.

Le CORBEAU CORBINE, *Corvus corrone*, Lin., est beaucoup plus petit que le précédent, mais n'est pas moins très fréquemment confondu avec lui. Son plumage est par-tout d'un noir bleuâtre et luisant. Il vit pendant l'été dans les grandes forêts, principalement dans celles du nord de l'Europe et se rapproche des pays chauds pendant l'hiver. On le voit arriver aux environs de Paris, par exemple, en troupes nombreuses dès le mois de novembre, et y rester tant qu'il y trouve à vivre; mais la terre vient-elle à se geler trop fort ou à se couvrir de neige, il passe plus loin. Sa nourriture est la même que celle du précédent; cependant il se jette plus volontiers, quoique moins fort, sur les oiseaux vivans. On dit qu'il tue beaucoup de perdrix. Il suit volontiers le laboureur et mange tous les vers de terre, toutes les larves de hanneton, tous les mulots, tous les crapeaux que la charrue met à découvert. Il vit au milieu des troupeaux et détruit beaucoup des insectes qui les tourmentent. Les services qu'il rend à l'agriculture sont bien constatés, mais les dégâts qu'il cause dans les terres ensemencées ne le sont pas moins. Un champ semé en pois, en haricots, en vesces, etc., peut-être complètement dévasté, en quelques heures, par une troupe de ces oiseaux. Ils savent déterrer ces graines avec le seul secours de leur bec. Ils savent également arracher le blé déjà levé. Les noix sont extrêmement de leur goût, et les propriétaires de noyers n'en récolteroient guère si elles n'étoient déjà cueillies lorsqu'ils arrivent. Il en est de même des fruits de toute espèce, principalement des raisins.

Le CORBEAU GRIS ou la CORNEILLE MANTELÉE, *Corvus cornix*, Lin., est de couleur cendrée, avec la tête, le cou, les ailes et la queue noirs. Sa grandeur est un peu plus considérable que celle du précédent avec lequel il se trouve souvent. Les mêmes objets lui servent de nourriture; mais il semble avoir un goût de prédilection pour les poissons morts; aussi est-ce sur les bords de la mer et des grandes rivières qu'il est le plus abondant. Il part de bonne heure au printemps pour retourner dans les forêts du nord. Rarement il niche en France.

Le CORBEAU FREUX, ou simplement le FREUX, est noir, avec le tour du bec cendré. Il vole en grandes troupes et dévaste les champs nouvellement ensemencés sur lesquels il s'abat. Encore mieux que les précédens il sait aller chercher les graines à un pouce et plus sous terre; mais comme eux il fait une chasse continuelle aux vers et aux larves d'insectes qui nuisent, ou tue les autres oiseaux, dévore les charognes, etc. Au printemps il retourne aux produits de la culture. C'est dans le nord qu'il niche; mais quelques couples restent cependant dans nos forêts.

Le CORBEAU CHOUCAS, ou le CHOUCAS, est d'un beau noir, avec le derrière de la tête blanc, le front, les ailes et la queue noirs. Sa longueur ne surpasse pas un pied. Il niche en France dans les trous des vieux châteaux, des clochers, des arbres. Sa nourriture est plus végétale qu'animale; cependant il est grand destructeur d'insectes. On le voit, pendant l'hiver, en grandes troupes, et toujours criant, accompagner les espèces précédentes dans les plaines. Au milieu de l'été il disparoît pour aller sans doute dans le nord chercher des subsistances plus abondantes.

La PIE et le GEAI sont aussi de ce genre. Il en sera question à leur article.

On voit, par ce qui vient d'être dit, que les cultivateurs peuvent considérer ces oiseaux comme amis ou comme ennemis, puisqu'ils leur font autant de bien que de mal. Ils doivent donc, selon leur manière de voir, désirer leur conservation ou leur destruction. L'extrême défiance qui les caractérise et qui a fait croire qu'ils *sentoient la poudre* rend leur chasse au fusil assez peu fructueuse si on n'emploie pas des subterfuges propres à les tromper. Ainsi on peut les approcher si on se tient dans ces petites caches qu'on appelle *hutte portative*, ou si on s'enveloppe dans ces peaux préparées qu'on nomme *vache artificielle*, en prenant dans l'un ou l'autre cas des détours, et en mettant une grande lenteur dans son opération. On en tue aussi beaucoup le soir en se mettant en embuscade sous les arbres où ils viennent se percher pour passer la nuit. Dans les plaines c'est presque toujours sur les mêmes; c'est-à-dire sur les plus élevés et les plus isolés.

Les pièges à ressort qu'on amorce avec une fève de marais, un gland, une noix, un morceau de viande sont très bons pour prendre les corbeaux. Il en est de même des hameçons garnis de viande, d'un pois cuit, etc. Des collets de crin attachés à de longues cordes et fixés à six pouces du sol, au milieu des champs, en arrêtent souvent beaucoup, sur-tout si c'est pendant la neige, et qu'on ait jeté du blé ou de l'orge cuit à l'eau, ou autre mangeaille. Il y a encore beaucoup d'autres moyens plus difficiles ou plus incertains; mais je ne les rapporterai pas. Je dirai seulement qu'un certain hiver j'en ai pris plusieurs centaines avec un filet à alouette, dont la corde répondait dans une maison, et dans l'entre-deux duquel étoit enterré rez terre un mouton écorché, mouton que je couvrois de planches lorsque je n'étois pas en fonction. Un corbeau empaillé me servoit de leurre. Toutes les autres sortes de filets m'ont paru peu propres à faire des chasses abondantes aux dépens de ces oiseaux. (B.)

CORBEILLE. On donne généralement ce nom à des paniers faits en osier, en viorne, en clématite ou en lanières de bois refendu, dont la forme et la destination varient de canton à canton, mais dont l'emploi est fort étendu dans une ferme.

Je ne m'étendrai pas ici sur les différentes espèces de corbeilles, mais je recommanderai aux cultivateurs de ne pas s'arrêter à une dépense de quelques sous pour avoir les mieux faites et les plus solides, et de veiller davantage sur leur conservation. Cet observation est fondée sur la remarque générale que les habitans des campagnes répugnent toujours à acheter ce qui est le meilleur en toutes choses, et que dès qu'ils en sont possesseurs ils n'en font plus aucun cas. Une corbeille arrivée à la maison est laissée à la disposition des enfans qui la brisent ; abandonnée à l'air et dans des endroits humides où elle se pourrit, employée à des services qu'elle ne peut supporter. On la garde désassemblée, brûlée, trouée, et on en obtient un demi-service, un quart de service, sans calculer la grosse somme qui au bout de l'année résulte de la perte de temps qu'on eût économisée avec une meilleure.

Le même mot s'applique, dans le jardinage, à des plates-bandes exhaussées au milieu des gazons, ou dans le voisinage des massifs des jardins paysagers, et qui sont ou rondes, ou ovales, ou parallélogrammiques, ou même quelquefois irrégulières. On les borde d'un treillage très bas ou de fleurs naines, ou de gazon, ou de pierre. On les plante et on les cultive ainsi que les plates-bandes des parterres ; mais comme elles sont destinées à offrir le plus long-temps possible des fleurs et ne doivent pas montrer des tiges mourantes ou mortes, il faut avoir une pépinière où les plantes vivaces végètent dans des pots, et où les plantes annuelles s'élèvent en pleine terre pour être, les unes et les autres, transplantées dans la saison. Les corbeilles servent avantageusement à remplacer les parterres dans les jardins qui en sont dépourvus. (B.)

CORBEILLE D'OR. Nom vulgaire de l'ALYSON JAUNE.

CORDE. Nom d'une ancienne mesure de terre et d'une ancienne mesure de bois à brûler. *Voyez* au mot MESURE.

CORDE DE FARCIN. Série de tubercules farcineux. *Voyez* au mot FARCIN.

CORDEAU. Grosse ficelle qui sert à aligner les plantations dans les jardins et pépinières. Elle est attachée par ses deux extrémités à deux piquets qui s'enfoncent en terre lorsqu'elle est tendue par l'effort du bras, si le cordeau est petit, et à coup de maillet s'il est long. A ces derniers il est bon de fixer une cheville saillante, afin d'aider l'envidement de la ficelle autour d'eux, soit lorsqu'étant en terre on veut la tendre, soit lorsque l'ouvrage étant fini on veut la rentrer. Il est également bon que leur pointe soit armée de fer et leur gros bout fortifié par un anneau de même métal.

Un cordeau de bon choix doit durer plusieurs années, lorsqu'on prend le soin de le laisser sécher chaque fois qu'on en a fait usage, avant de l'envider, et de ne pas le déposer dans un lieu humide.

L'emploi du cordeau demande une certaine habitude; aussi peut-on reconnoître un jardinier de profession à la manière dont il s'en sert. (B.)

CORDÉE. On dit qu'une racine est cordée lorsqu'elle est filandreuse et ligneuse. C'est un grand défaut dans celles qui servent à la nourriture de l'homme. Celles de carotte, de panais, de scorsonère, deviennent cordées lorsque les pieds auxquels elles appartiennent commencent à monter en graine. (B.)

CORDON. Les fleuristes donnent ce nom à la rangée de petits pétales qui sont entre le manteau (les véritables pétales), et les béquillons, dans les anémones doubles. Ce cordon, ou ces petits pétales, sont produits par les étamines. Il est remarquable que dans cette plante ce soit les étamines qui s'augmentent le moins par le doublement, car c'est le contraire dans presque toutes les autres plantes. *Voyez* ANÉMONE. (B.)

CORDON DE CARDINAL. Nom vulgaire de la PERSICAIRE.

CORDON DE GAZON. Ce sont des lisières fort étroites de gazon qu'on laisse le long des allées sablées, au milieu ou sur le bord des parterres, etc. *Voyez* au mot GAZON. (B.)

CORDON OMBILICAL. Petit filet qui attache les semences dans la plupart des fruits, et par lequel elles communiquent avec le corps de la plante. *Voyez* aux mots GRAINE et PLANTE.

CORÉOPE, *Coreopsis*. Genre de plantes de la syngénésie frustranée et de la famille des corymbifères, qui renferme une trentaine d'espèces presque toutes propres à l'Amérique septentrionale, et dont on cultive quelques unes dans les jardins, à cause de l'élégance de leur port et de la beauté de leurs fleurs.

Les espèces les plus communes de coréopes sont,

Le CORÉOPE VERTICILLÉ, qui a les feuilles opposées, sessiles, divisées en trois ou cinq lanières très étroites, et courbées de manière à paroître verticillées; les fleurs brunes dans le centre, et jaunes à la circonférence. Il est vivace, s'élève à environ deux pieds, et fleurit depuis la fin de l'été jusqu'aux gelées.

Le CORÉOPE TRIPTÈRE, qui a les feuilles presque opposées, les radicales pinnées, les caulinaires ternées, toutes à folioles lancéolées et très entières. Il a les fleurs brunes dans le disque, et jaunes à la circonférence. Ses tiges sont très rameuses, et s'élèvent de trois à quatre pieds. Les fleurs s'épanouissent à la fin de l'été.

Le coréope auriculé a les feuilles presque opposées, les in-férieures ternées, et les supérieures ovales et entières, toutes garnies à leur base de deux petites folioles. Ses tiges sont un peu velues, et s'élèvent de trois à quatre pieds. Ses fleurs sont entièrement jaunes. Il fleurit en même temps que le précédent.

Le coréope a feuilles alternes a les feuilles alternes, lan-céolées, aiguës, légèrement pétiolées, décurrentes et dentées. Les fleurs sont en corymbes, et entièrement jaunes. Ses tiges sont de sept à huit pieds de haut et un peu velues. Il fleurit à la fin de l'automne.

Ces quatre plantes sont originaires de l'Amérique septen-trionale, où je les ai observées. Elles sont toutes vivaces, et forment des touffes de fleurs d'un aspect très agréable. On les place dans les plates-bandes des parterres, ou sur le bord des massifs et dans les corbeilles du milieu des gazons, dans les jar-dins paysagers. Toutes sortes de terrains et d'expositions leur conviennent. Il n'y a que la dernière qui, fleurissant fort tard, demande à être abritée des vents froids. Aucunes ne craignent les gelées. On les multiplie de semences, qu'on répand au prin-temps sur une terre bien préparée. Le plant se lève au bout de deux ans pour être mis en pépinière, et au bout de deux autres pour être mis en place. Comme ce moyen est lent, on ne l'emploie que lorsqu'on n'a pas de vieux pieds qu'on puisse éclater, ou même partager seulement en deux ou trois mor-ceaux. Les éclats fleurissent la seconde année, et les morceaux la même. On ne doit pas craindre de manquer des premiers, car il s'en forme abondamment tous les ans; mais il faut ce-pendant les ménager, ces plantes ne produisant réellement tout leur effet que lorsqu'elles sont en grosses touffes, qu'elles donnent une multitude de fleurs. (B.)

CORETTE, *Corchorus*. Genre de plantes de la polyandrie monogynie et de la famille des tiliacées, qui renferme deux espèces qu'on cultive, l'une presque dans tous les pays chauds pour la nourriture des hommes, et l'autre à la Chine, où on tire de sa tige une filasse propre à la fabrication des toiles et des cordes.

La corette potagère, *Corchorus olitorius*, Lin., est annuelle, a les feuilles alternes, dentées, à dentelures inférieures termi-nées par un filet; sa capsule est ovale. On la cultive en Égypte, dans l'Inde et en Amérique, pour ses feuilles qu'on mange en guise d'épinards, ou mieux d'oseille, car on les met principa-lement dans les potages. En Europe, on ne la voit que dans les jardins de botanique.

La corette capsulaire se distingue principalement de la précédente par ses capsules qui sont presque rondes. Elle s'é-lève à près de huit pieds. On la cultive à la Chine et à la Cochin.

chine, ainsi que dans l'Inde, pour la filasse qu'on tire de ses tiges en les faisant macérer dans l'eau. On ne la voit également, en Europe, que dans les jardins de botanique. (B.)

CORIACE. Lorsqu'une racine, un fruit, une feuille sont durs et en même temps filandreux, on dit qu'ils sont coriaces.

CORIANDRE, *Coriandrum*. Plante annuelle ou bisannuelle, à racine fusiforme et très fibreuse ; à tige droite, fistuleuse, rameuse, haute de deux à trois pieds ; à feuilles alternes, ailées avec impaire, les folioles des inférieures presque rondes et dentées, les folioles des supérieures ovales, très profondément et irrégulièrement découpées ; à fleurs d'un blanc rougeâtre, disposées en ombelles, qui est l'objet d'une culture de quelque importance.

Cette plante, qui est originaire d'Italie, où on la trouve dans les blés, forme un genre dans la pentandrie monogynie et dans la famille des ombellifères.

C'est pour ses semences, qui, lorsqu'elles sont desséchées, ont une saveur forte et aromatique, que l'on emploie beaucoup à faire des dragées, à aromatiser les mets et les boissons, dont la médecine fait un fréquent usage comme carminatif, stomachique et fébrifuge, qu'on cultive la coriandre. Les Hollandais en mettent dans la plupart de leurs sauces, et quelques peuples du nord dans leur pain. On la mâche, dans le midi, pour se rendre l'haleine agréable. Lorsqu'elle est en végétation, elle exhale une odeur désagréable, qui, sur-tout dans les temps pluvieux et à l'approche des orages, cause des maux de tête et des envies de vomir à ceux qui s'arrêtent dans les champs où elle se trouve. Cette odeur est bien plus forte lorsqu'on écrase ses feuilles et encore plus ses fruits verts ; elle ressemble alors à celle de la punaise des lits, et est si tenace, que, quelquefois, malgré qu'on les ait lavées plusieurs fois, les mains sentent encore mauvais le lendemain et le surlendemain.

Une terre légère et profonde, une exposition chaude, conviennent le mieux à la coriandre, qu'on cultive dans beaucoup de jardins, et, en grand, dans un petit nombre d'endroits. Elle effrite très peu le sol, et peut être semée plusieurs années de suite dans le même champ. Il est peu d'habitans de Paris qui n'en aient vu de très grands semis dans la plaine de Saint-Denis. Tessier a suivi sa culture à Restigné, village où on s'adonne aussi à celle de l'ANIS, avec lequel elle a beaucoup de rapports de forme et de qualités. Je vais donner le résultat des observations de ce célèbre agronome.

A Restigné donc, dont le sol est sablonneux, gras et profond, on façonne la terre comme pour le blé, et souvent sans y mettre d'engrais, et on sème ou en mars ou en août. On préfère cette dernière époque. Aux environs de Paris la terre est plus forte et on la fume beaucoup, aussi est-il probable que les semences qu'on y récolte sont moins aromatiques que celles de Restigné ; on sème toujours en août, et en général on fait deux récoltes successives sur le même champ pour ne pas perdre les semences qui tombent. On met assez communément de l'oignon avec la coriandre pour employer ce terrain.

La coriandre levée demande des sarclages assez nombreux pour que les mauvaises herbes ne lui nuisent pas, et à chaque fois on l'éclaircit de manière que ses pieds soient au moins à six pouces les uns des autres. Celle qui est semée en mars fleurit au commencement de juin, celle qui l'est en août à la fin de mai de l'année suivante. Cette dernière est toujours plus belle. La graine de l'une et de l'autre, mûrissant successivement, on fait la récolte du tout en même temps, c'est-à-dire à la fin de juillet ou au commencement d'août ; ainsi il y a toujours un tiers de la graine perdue, c'est-à-dire que celle qui est mûre la première tombe, et que celle qui n'est pas mûre ne peut être mise dans le commerce. C'est la faucille qu'on emploie. La coupe se fait avant la chute de la rosée pour prévenir une plus grande perte.

A Rastigné on bat de suite les tiges sur des draps dans les champs mêmes ; aux environs de Paris, on les emporte à la maison et on attend une quinzaine de jours pour donner le temps à la graine non mûre de se perfectionner. On ne doit serrer cette graine que bien sèche, car, dans le cas contraire, elle noircit et perd beaucoup de sa qualité et de sa valeur.

La bonne coriandre est de couleur rousse. C'est l'étranger qui en fait le plus valoir la culture. Quelquefois elle se vend très cher ; d'autres fois, et ce, pendant plusieurs années consécutives, elle est à bon compte. En masse elle donne des produits avantageux. (B.)

CORIARIA. *Voyez* RÉDOULE.

CORINTHE. Variété de raisin. *Voyez* VIGNE.

CORMIER. Nom vulgaire du SORBIER DOMESTIQUE et de quelques ALISIERS. En langage forestier on appelle quelquefois *pieds cormiers* ou *pieds corniers* tous les arbres réservés pour servir de limites aux propriétés, parceque dans l'origine on employoit de préférence, à cet usage, les alisiers et les *cornouillers*, dont la vie est fort longue ou qui meurent rarement du pied. (B.)

CORNAGE. On a donné ce nom à une sorte de sifflement, imitant celui qui sort d'une corne dans laquelle on souffle, que produisent certains chevaux lorsqu'ils courent ou trottent un peu vivement.

C'est un vice d'organisation ou l'effet de quelque maladie.

Dans le premier cas le cornage est incurable. Dans le second, qui est le plus rare, il est difficile d'appliquer des remèdes convenables.

Très fréquemment le cornage est héréditaire, c'est-à-dire se transmet des père et mère aux poulains ou pouliches.

Comme le cornage ne se reconnoît que lorsque le cheval est fortement en haleine et qu'il a des degrés sans nombre, on l'a placé parmi les Cas rédhibitoires. *Voyez* ce mot.

Un cheval cornard est propre à tous les services qui n'exigent pas une grande rapidité ou une grande force. On peut le mettre à la charrue et à la charrette. Mais il n'en a pas moins une valeur bien inférieure à celui de même qualité qui ne le seroit pas.

On doit à M. Huzard un excellent traité sur cette espèce de maladie, qu'on appelle encore sifflage, gros d'haleine, traité auquel je renvoie le lecteur. (B.)

CORNE. On appelle ainsi et ces doubles excroissances, ordinairement courbées, contournées ou ramifiées, qu'on voit sur la tête de plusieurs espèces d'animaux, et la substance qui recouvre la base du pied ou termine les doigts de presque tous les autres.

Cependant les cornes du cerf, du daim et autres animaux de ce genre, ne devroient pas porter ce nom ; car elles tombent chaque année et n'ont point une organisation lamelleuse.

Quant aux cornes, comme celles du bœuf, du bouc, du belier, etc., elles sont formées par une matière parfaitement analogue à celle des poils. On peut les considérer comme de véritables poils réunis les uns contre les autres. Il en est de même du sabot du cheval et des ongles de tous les autres animaux. Ces cornes subsistent pendant toute la vie, et chaque année elles augmentent en grosseur et en longueur, par la formation, sur la protubérance frontale qui leur sert de base, d'une nouvelle lame en forme de cornet, lame qui repousse en haut celles antérieurement formées, et laisse ainsi à la base de la corne des saillies circulaires par le moyen desquelles on peut calculer l'âge de l'animal. Ainsi les cultivateurs doivent observer les cornes des animaux qu'ils achètent pour n'être pas trompés. *Voyez* aux mots Bœuf, Chèvre et Mouton.

Quelquefois la corne des bœufs, des vaches et autres animaux tombe par suite d'une maladie locale ou d'un accident. Dans ce cas il faut envelopper le pivot de chiffons trempés dans des cataplasmes émolliens. Souvent il s'en reproduit une, mais rarement elle est régulière. *Voyez* au mot Fracture de la corne.

L'analyse des cornes nous a appris qu'elles contenoient beaucoup de gélatine propre à servir à la nourriture de l'homme ; mais on n'emploie guère que celles du cerf à cet usage. Elles servent à fabriquer un grand nombre d'ustensiles et de petits meubles dont il n'est pas dans le but de cet ouvrage de donner la nomenclature. Il suffit que les cultivateurs sachent qu'elles ont une valeur dans le commerce et qu'ils ne doivent pas les laisser perdre, comme ils le font généralement.

Les ongles des animaux et le bec des oiseaux augmentent également, chaque année et de la même manière, et par-là réparent l'usure occasionnée par les frottemens auxquels ils sont exposés.

Les cornes, ainsi que les ongles, se décomposent comme la gélatine et fournissent, comme elle, une quantité considérable d'azote; mais cette décomposition est extrêmement lente et est toujours proportionnelle à la chaleur de l'atmosphère. Ces deux circonstances les rendent un des plus excellens engrais qu'on puisse employer, car il dure pendant plusieurs années de suite, et n'agit fortement qu'à l'époque où cela est le plus utile, c'est-à-dire dans le plus fort de la végétation. On ne peut donc trop recommander aux cultivateurs de rassembler toutes les cornes, les ongles, les becs, les poils des animaux, pour les joindre à leurs fumiers ou les enterrer dans leurs champs. Ce sont sur-tout ceux qui s'occupent de la culture des arbres fruitiers qui en tireront des avantages marqués. J'ai vu quatre ongles d'un cochon mis, pendant l'hiver, contre les racines d'un pêcher mourant, suffire pour le rétablir mieux qu'une brouettée de terreau placée sur celles de son voisin qui étoit dans le même cas. On m'a cité les quatre sabots d'un cheval comme ayant animé la végétation d'un pommier en plein vent, de manière à lui faire porter pendant cinq à six ans plus de fruit qu'il n'en avoit jamais porté, et à cette époque, un d'eux ayant été déterré, présenta assez de substance pour continuer encore le même effet pendant plusieurs années.

Les vignerons de la ci-devant Bourgogne ont remarqué qu'un seul ongle de cochon augmentoit la vigueur et la production d'un cep de vigne pendant cinq à six ans.

Lorsqu'on veut employer la corne à l'engrais des terres à blés et des prairies, il faut qu'elle soit réduite en parcelles très petites, et pour cela préférer, à raison de l'économie, la râpure des fabricans de peignes, ou les copeaux des tabletiers, et la répandre au milieu de l'hiver. Ses effets sont prodigieux sur les prairies naturelles.

Un grand procès a été intenté à un cultivateur du Valais, qui employoit ce moyen sur une prairie sujette au parcours, sous prétexte que les parcelles de cornes faisoient mourir les vaches qui y paissoient. Les expériences qui ont été faites juridiquement à l'école vétérinaire de Lyon ont prouvé la fausseté de cette assertion, et ce cultivateur a eu gain de cause. (B.)

CORNE. Variété de POMME DE TERRE.

CORNE. On donne ce nom au fruit du CORNOUILLER.

CORNE DE CERF. Espèce de PLANTAIN.

CORNÉE. Membrane de l'œil qui est très sujette aux acci-dens dans les animaux, et de plus à des maladies de plusieurs sortes.

On reconnoît que la cornée est affectée, à son affaissement, à sa couleur rouge ou blanche, à un grand écoulement de larmes, etc. Tout remède violent ne sert qu'à irriter les parties et à accélérer l'inflammation de la conjonctive qui a presque toujours lieu dans ce cas. Que penser donc de ces maréchaux qui soufflent des poudres corrosives dans l'œil? Un régime rafraîchissant, de légers résolutifs, tels que l'eau fraîche, l'eau vulnéraire, etc., sont les seuls moyens qu'on doit employer. (B.)

CORNEILLE. *Voyez* CORBEAU.

CORNEILLE. C'est un des noms du plantain CORNE DE CERF.

CORNEILLE. Nom vulgaire de la LISIMACHIE.

CORNÉOLE. On donne ce nom, dans quelques pays, au GENET DES TEINTURIERS.

CORNES. On appelle ainsi, dans quelques lieux, le fruit de la MACRE.

CORNES. On donne ce nom, dans quelques vignobles, aux branches mères des ceps, à celles qui portent les restes des sarmens précédemment taillés. *Voyez* VIGNE. (B.)

CORNET. Ce nom est quelquefois donné au GOUET COMMUN.

CORNETTE. On appelle ainsi, dans certains endroits, la MÉLAMPIRE DES CHAMPS.

CORNICHE. Fruit de la MACRE.

CORNICHON. Variété de RAISIN dont le grain est long et courbé. *Voyez* VIGNE.

CORNICHON. On donne ce nom à une variété de con-combre qu'on cultive pour faire confire son fruit au vinaigre lorsqu'il est encore jeune.

La manière la plus simple de faire les cornichons est, selon moi, la préférable. Ainsi je les choisis entre deux et trois pouces de long, les nettoie exactement avec un linge un peu rude, et les jette dans un vinaigre abondant, de bonne qualité et fortement salé. Au bout d'un à deux mois je les mets dans du nouveau vinaigre, également salé, où ils restent jusqu'au moment de la consommation.

Mais comme on est toujours disposé à croire que ce qui est fort composé doit être meilleur, chacun a une recette qu'il préfère et propage.

Pour satisfaire tous les goûts, je vais parler de deux de ces recettes.

1° Mettez du vinaigre et du sel sur le feu, dans un chaudron, et lorsque ce vinaigre sera prêt à bouillir, jetez-y vos concombres, et ôtez-les de dessus le feu. Ensuite vous les couvrirez d'un couvercle qui les fasse entièrement baigner. Puis au bout de quelques jours vous les arrangerez dans des barils ou dans des vases de faïence, avec des pimens blanchis, des clous de girofle, poivre, fenouil, ail, estragon, roquette, baccille; et vous les conserverez pour l'usage.

2° On frotte les cornichons les uns contre les autres dans un linge blanc; puis on les jette dans l'eau bouillante, où ils restent environ quatre minutes; puis on les retire pour les mettre dans l'eau fraîche; et ensuite, lorsqu'ils sont égouttés, dans du vinaigre où on a mis du sel, du poivre, des feuilles de laurier et autres plantes aromatiques, etc.

Dans la première de ces recettes, les concombres restent verts; mais c'est parcequ'ils se sont chargés du cuivre que le vinaigre a dissous du chaudron, et par conséquent ils sont plus ou moins dangereux. *Voyez* CÂPRE, OXIDE et CUIVRE.

Dans la seconde, ils deviennent moux et ternes, mais n'offrent aucun inconvénient.

C'est, je le répète, de la bonne qualité et de l'abondance du vinaigre que dépend la fermeté et la belle coloration des cornichons; et c'est parcequ'on ne fait pas assez attention que celui qu'on vend en détail est surchargé d'eau que les cornichons qu'on y place ont si souvent une mauvaise apparence et nul goût.

On ne doit point mettre les cornichons dans des vases de terre vernissée, parceque le vinaigre en dissout la couverte, qui est de verre de plomb, et qu'ils deviennent alors un poison bien plus dangereux que lorsqu'ils ont été faits dans des vaisseaux de cuivre. *Voyez* OXIDE et PLOMB. D'ailleurs ce vinaigre ne tarde pas à détacher cette couverte et à s'infiltrer au dehors.

C'est dans des vases de terre cuite en grès, dans des bocaux de verre ou dans des barils qu'il faut les conserver. Mis à la cave, ils peuvent rester bons pendant deux et même trois ans. Cependant il est toujours mieux de n'en préparer que pour une année.

On dispose de la même manière des oignons, des jeunes épis de maïs et autres objets. (B.)

CORNIER. *Voyez* CORMIER. (B.)

CORNIFLE, *Ceratophyllum.* Genre de plantes de la monœcie polyandrie et de la famille des nayades, que je ne cite ici que parceque les deux espèces qu'il contient sont quelquefois si abondantes dans les étangs, les mares et autres eaux dormantes, qu'il devient avantageux aux cultivateurs de les en faire tirer, avec des râteaux à dents de fer, pour augmenter la masse de leurs fumiers, ou, en les stratifiant avec de la terre, former un excellent terreau propre à améliorer le sol des jardins.

La CORNIFLE APRE a les feuilles dichotomes, très épineuses, et le fruit à trois pointes.

La CORNIFLE DOUCE a les feuilles dichotomes, presque pas épineuses et le fruit sans pointe.

Ces deux plantes s'élèvent d'autant plus que l'eau où elles se trouvent est plus profonde, de sorte qu'elles ont quelquefois trois à quatre pieds de haut. Elles fleurissent au milieu de l'été, et c'est à cette époque qu'on doit s'occuper de les récolter, pour l'usage ci-dessus indiqué. (B.)

CORNILLE. Fruit du CORNOUILLER. (B.)

CORNIOLLE. C'est la MACRE. (B.)

CORNOUILLER, *Cornus*. Genre de plantes de la tétrandrie monogynie et de la famille des caprifoliacées qui renferme une douzaine d'espèces, dont la plupart sont des arbrisseaux à feuilles opposées qu'on trouve dans les bois ou qu'on cultive dans les jardins, en pleine terre, et qui sont par conséquent dans le cas d'être ici l'objet de considérations de quelque étendue.

Le CORNOUILLER MALE a les feuilles ovales, aiguës, un peu velues, très entières; les fleurs jaunes réunies plusieurs ensemble le long des branches, au milieu d'une collerette de quatre folioles concaves, à peine plus longues qu'elles, et se développant avant les feuilles; ses fruits sont ovales. Il croît dans les bois de presque toute l'Europe, s'élève de quinze à vingt pieds, et fleurit un des premiers au printemps, c'est-à-dire en mars et avril; aussi fait-il la joie des abeilles qui y trouvent du miel en abondance.

Les fruits du cornouiller sont rouges et assez agréables à manger lorsqu'ils sont bien mûrs. On les appelle *cornouilles*, *cornes*, *corneilles*, etc. Il y en a une variété très grosse, c'est-à-dire de huit à neuf lignes de long, qui s'appelle *acurnier* dans les parties méridionales de la France, et une autre dont le fruit est blanc. On fait de ces fruits des confitures, des marmelades, des liqueurs vineuses et diverses préparations médicales, car ils passent pour rafraîchissans et astringens. Leurs amandes donnent de l'huile.

Ce petit arbre s'emploie fréquemment dans les jardins paysagers, où il produit d'agréables effets au second ou troisième rang des massifs, sur-tout lorsqu'il est en fleur ou lorsque ses fruits sont devenus rouges. On peut aussi en faire usage dans les jardins d'ornement, car il souffre le ciseau et se plaît à être mis en palissade. J'en ai vu d'excellentes haies. On le multiplie de semence, de rejetons, de marcottes et de boutures.

Ses semences se mettent en terre aussitôt qu'elles sont récoltées, et lèvent ordinairement au printemps suivant. On laisse le plant pendant deux ans sans y toucher autrement que pour les sarclages ordinaires à tout jardin bien soigné. A la troisième on le repique, à huit ou dix pouces de distance, dans un sol bien ameubli, et il y reste jusqu'à ce qu'il soit assez fort pour être mis en place, c'est-à-dire trois à quatre ans.

Les rejetons, toujours fort nombreux, sur-tout lorsque la terre des environs est labourée et que les racines sont blessées par la bêche, se lèvent en automne et se mettent en pépinière, d'où ils peuvent sortir un ou deux ans après pour être mis directement en place.

Les marcottes se font pendant l'hiver. Elles reprennent ordinairement dans le courant de l'année, et peuvent être levées l'hiver suivant pour être mises en pépinières, comme les rejetons.

Les boutures se pratiquent au printemps, lorsque l'arbre entre en fleur. Il est bon qu'elles aient un talon de bois de deux ans. Un terrain frais et ombragé est très favorable à leur reprise. On les lève l'hiver suivant pour les placer de même en pépinière pendant deux ou trois ans.

Les variétés se greffent sur l'espèce, en fente, et en terre, au premier printemps. Elles manquent rarement.

Le bois de cornouiller est excessivement dur, très difficile à casser et susceptible d'un beau poli. Son aubier est rougeâtre et son cœur brun. On en fait de très jolis meubles sur le tour ; mais il demande à être employé bien sec, car il se tourmente beaucoup et est sujet à se fendre. Il pèse à raison de soixante-neuf livres neuf onces cinq gros par pied cube. Rarement on en voit des échantillons de plus d'un demi-pied de diamètre. Aussi ne l'emploie-t-on guère que pour faire des alluchons de moulins, des échelons d'échelles, d'excellens cerceaux, des échalas très durables. Il fait un très bon feu, et son charbon est excellent. Ses jeunes rameaux servent à faire des balais dans les endroits où il n'y a pas de bouleau. Il mérite donc, sous tous les rapports, d'être multiplié, sur-tout dans les futaies, sous l'ombrage des arbres desquelles il végète passablement bien.

Cet arbre est presque immortel ; car lorsque le tronc se dessèche il repousse toujours de ses racines, et lorsqu'on l'arrache il suffit qu'on laisse en terre une brindille de six pouces pour qu'elle donne naissance à un nouveau pied. Cette propriété, et celle de subsister dans les plus mauvais sols aussi-bien que dans les meilleurs, l'a fait choisir de préférence à tout autre arbre, pour servir de bornes aux propriétés forestières. Aussi en voit-on dans quelques endroits qui ont une antiquité effrayante. On les appelle *pieds corniers*, ou, par altération, *pieds cormiers.* Il y en a un de ce genre dans la forêt de Montmorency, près du château de la Chasse, qui indiquoit la séparation des bois du duché de Montmorency de ceux du prieuré de Radegonde ; son inspection et la lecture de quelques titres me font croire qu'il a plus de mille ans.

C'est mal à propos qu'on a donné à cet arbuste l'épithète de mâle puisqu'il est hermaphrodite.

Le CORNOUILLER A FLEUR, *Cornus florida*, Lin., a les feuilles ovales, pointues, assez grandes, glauques, entières, les fleurs jaunes, réunies plusieurs ensemble dans une collerette extrêmement grande, c'est-à-dire de plus d'un pouce de diamètre, et composée de quatre folioles en cœur et rougeâtres. Ses fruits sont rouges et à peine de deux lignes de long.

C'est un petit arbre ou un arbrisseau de la hauteur du précédent, mais qui ne devient jamais si gros. Il croît dans les parties méridionales de l'Amérique septentrionale. J'en ai observé de grandes quantités en Caroline, dans les terrains les plus arides. Rien n'est plus beau que son aspect lorsqu'il est en fleur, c'est-à-dire au milieu du printemps. Il a beaucoup de rapport avec le précédent. Ses fleurs aussi paroissent avant les feuilles ; et un pied que je fis arracher dans le jardin de botanique poussa des centaines de rejetons l'année suivante. On le cultive beaucoup en Angleterre pour le placer dans les jardins paysagers qu'il orne mieux qu'aucun des autres arbres qui fleurissent à la même époque ; mais en France je n'en connois pas un seul pied qui fournisse abondamment des fleurs, et il est rare dans les pépinières. Je crois qu'on doit en attribuer la cause à ce qu'on le place ordinairement dans des terres de bruyère fraîches et à l'exposition du nord, tandis que, dans son pays natal, il est toujours dans des sables secs et exposé au soleil. On le multiplie de semences venant d'Amérique, semences qui, étant desséchées quand elles arrivent, et étant ordinairement semées au nord, restent deux et quelquefois trois ans avant de lever. Le plant devroit se repiquer dans une terre de bruyère pure, à l'exposition du midi, mais de manière à pouvoir au besoin être garanti du soleil. Il fait peu de progrès et est sujet à périr dans sa première jeunesse. On le multiplie aussi de marcottes qui, ainsi que je m'en assure chaque année dans les pépinières impériales où il s'en trouve quelques pieds, prennent racine la même année. J'ignore si on a employé les boutures ; mais je ne doute pas qu'elles ne réussissent.

Je fais des vœux pour que ce bel arbrisseau devienne plus commun en France.

Le CORNOUILLER SANGUIN a les rameaux relevés, d'un rouge brun ; les feuilles ovales, pointues ; les fleurs blanches, disposées en panicules terminales ; et les fruits ronds et noirs. Il croît naturellement dans toute l'Europe dans les bois, les haies, les lieux pierreux et incultes. Il fleurit au commencement de l'été, et s'élève de douze à quinze pieds. On l'appelle vulgairement *le bois punais* ou la *puine*, parceque ses feuilles ont une odeur désagréable. On l'appelle encore, mais sans raison, *cornouiller femelle*. Il est très propre, par la couleur de ses rameaux, l'élégance de son port, la disposition de ses fleurs et la couleur de ses fruits, à orner les bosquets des jardins paysagers, où il se place au troisième rang des massifs, ou isolé en petit buisson au milieu des gazons. Rarement il devient un arbre par la disposition qu'il a de pousser toujours des rejetons du collet de ses racines. Son vieux bois a l'écorce grise.

Cet arbrisseau fait souvent le fond des haies naturelles, et ne remplit pas mal cette destination par l'épaisseur de ses touffes ; mais il ne se défend pas contre l'homme. Son vieux bois sert à brûler, et ses jeunes rameaux peuvent être employés à lier la vigne et à faire de petits ouvrages de vannerie. On tire de ses fruits, par expression, une huile d'une odeur désagréable, mais très bonne à brûler, très propre à fabriquer du savon, etc., ainsi que l'ont constaté Casagrande, Chancey et Sarton. Cent livres de ces fruits ont donné trente-quatre livres d'huile. Il est remarquable que depuis cette découverte on ne se soit pas plus livré à la fabrication de cette huile qui, ainsi que j'ai eu occasion de m'en assurer, peut réellement devenir un article important d'industrie agricole, le cornouiller sanguin croissant presque par-tout et s'accommodant fort bien des terrains où les autres arbustes ne peuvent croître. L'huile propre à brûler, ou à employer dans les arts, est si rare et si chère, qu'on ne peut trop multiplier les moyens d'en augmenter la quantité.

Il y a une variété de cet arbrisseau à feuilles panachées.

On multiplie le cornouiller sanguin de semences, de rejetons, de marcottes, de boutures. Il se multiplie encore très bien par éclats de racines ; mais, excepté autour des grandes villes, on ne le tient pas dans les pépinières, les haies en fournissant toujours plus que les besoins du commerce l'exigent. Il reprend très facilement quand il est planté en saison favorable, c'est-à-dire pendant l'hiver. Il est cependant vrai de dire qu'il s'arrange moins d'un mauvais terrain que le cornouiller mâle.

Le CORNOUILLER BLANC a les feuilles ovales, pointues, assez grandes, glauques en dessous ; les rameaux rouges ; les fleurs blanches en corymbes terminaux, et les fruits blancs. Son pays natal est l'Amérique septentrionale, où il s'élève de neuf à dix pieds de haut. Il forme toujours de vastes buissons, parceque ses branches se recourbent et prennent racine. Ses fleurs s'épanouissent au milieu de l'été. On le cultive très fréquemment dans les jardins paysagers, où il se fait remarquer, principalement en hiver, par ses rameaux d'un rouge vif, et en automne par ses fruits qui ressemblent à des perles. Il demande à être recépé souvent, car il est bien moins beau quand il a beaucoup de vieux bois que quand ses touffes ne sont composées que de jeunes pousses. Ses jets, quelquefois de cinq à six pieds et sans branches, sont propres à suppléer l'osier.

Le CORNOUILLER PANICULÉ a les feuilles lancéolées, pointues, glauques en dessous, les fleurs en petits corymbes terminaux, et les fruits blancs. Il croît dans l'Amérique septentrionale, et se cultive dans nos jardins, où il s'élève seulement à cinq ou six pieds. Il ressemble beaucoup au cornouiller sanguin.

Il en est de même du CORNOUILLER ÉLANCÉ qui a les baies noirâtres, et du CORNOUILLER A FRUIT BLEU, dont le nom indique le caractère. Ils croissent aussi dans l'Amérique.

Le CORNOUILLER RIDÉ a les feuilles ovales, arrondies, ridées, velues et glauques en dessous. Ses rameaux sont verts et tachés de brun.

Le CORNOUILLER A FEUILLES ALTERNES a les feuilles alternes, ovales, lancéolées, les fleurs blanches et les fruits violets.

Ces deux derniers viennent encore de l'Amérique.

Tous se multiplient comme le cornouiller mâle; mais dans les pépinières on se contente ordinairement d'avoir quelques mères dont on couche les rameaux, et qui fournissent chaque année autant de sujets que le besoin du commerce l'exige: cependant le dernier se prête moins que les autres à ce genre de multiplication. L'avant-dernier est le plus délicat de tous. (B.)

COROLLE. Partie de la fleur qui enveloppe immédiatement les organes de la fructification et qui est ordinairement colorée.

Les botanistes sont tous d'accord sur ce qu'on doit appeler corolle dans les fleurs complètes, mais non dans celles qui ne le sont pas. Jussieu, par exemple, et ceux qui adoptent ses principes, appellent calice la plupart des corolles des liliacées qui sont monopétales; ainsi la fleur du lis n'a pas, suivant lui, de corolle.

L'objet de la corolle est de garantir les parties de la fructification des accidens auxquels elles peuvent être sujettes, et peutêtre de favoriser leur perfectionnement. Elle se fane le plus souvent dès que la fécondation est opérée.

Ou la corolle est monopétale, ou elle est polypétale; dans le premier cas, elle est régulière ou irrégulière.

La corolle monopétale régulière est campanulée lorsqu'elle ressemble à une cloche; infundibuliforme, lorsqu'elle peut être comparée à un entonnoir; tubulée, lorsqu'elle est longue et étroite; en roue, quand elle s'évase beaucoup et n'a pres-

que pas de tube ; hypocratériforme quand elle est en roue supérieurement, et tubulée inférieurement.

La corolle monopétale irrégulière est tantôt simplement
partagée en plusieurs parties inégales, tantôt partagée principalement en deux parties, l'une supérieure et l'autre inférieure ; ces parties se nomment *lèvres*.

La corolle polypétale régulière a, ou deux, ou trois, ou
quatre, ou cinq, ou six, ou huit, ou dix, ou douze, ou enfin
un grand nombre de pétales.

Il en est de même de la corolle polypétale irrégulière ;
mais on appelle papillonacée une sorte de corolle disposée
comme un papillon qui vole. Alors elle est composée d'un
étendard placé en dessus, de deux *ailes* insérées latéralement,
et d'une *carène* située en dessous, et enveloppant presque toujours les étamines et le pistil.

Tantôt la corolle est implantée sur l'ovaire, tantôt sous l'o-
vaire, tantôt sur le calice.

Dans les fleurs monopétales c'est presque toujours la corolle
qui porte les étamines.

Pour le surplus *voyez* au mot PLANTE. (B.)

CORONILLE, *Coronilla*. Genre de plantes de la diadelphie
décandrie et de la famille des légumineuses, qui renferme plus
de vingt espèces dont trois ou quatre se cultivent dans les jardins à raison de la beauté de leurs fleurs, ou se trouvent dans
les campagnes avec assez d'abondance pour mériter l'attention
des cultivateurs.

Ces espèces sont,

La CORONILLE DES JARDINS, *Coronilla emerus*, Lin., dont
la tige est frutescente, rameuse, anguleuse ; les feuilles composées de sept folioles glabres, presque en cœur ; les fleurs
jaunes et rouges, portées, trois par trois, sur des pédoncules
axillaires. Elle croît naturellement dans la partie méridionale
de l'Europe, et se cultive dans beaucoup de jardins sous le
nom de *scuridaca*. Elle forme des buissons de trois ou
quatre pieds de haut, qui ont une forme naturellement arrondie fort agréable, et qui se chargent de fleurs à la fin
du printemps, et quelquefois en automne. On en connoît une
variété de moitié plus petite.

Cette plante s'accommode de toutes sortes de terrains et de
toutes espèces d'exposition ; mais cependant elle se charge de
plus de fleurs et de fleurs plus colorées dans un sol sablonneux
et à une exposition chaude. Elle se place au rang du milieu
dans les plates-bandes, et sur le bord des massifs, ou dans
des corbeilles dans les jardins paysagers. Elle produit par-
tout de fort agréables effets. On la multiplie par le semis de
ses graines au printemps, sur une planche bien préparée et

exposée au levant, qu'on arrose fréquemment, mais modérément. Dès l'hiver suivant, si le plant n'est pas trop épais, il peut être levé et mis en pépinière à douze ou quinze pouces de distance, pour y rester deux ou trois ans, et de là passer dans le lieu qui lui est définitivement destiné. Pendant tout ce temps il ne demande que les sarclage et binages ordinaires à tout jardin; mais cependant, au nord de Paris, il est bon de le couvrir de fougère, ou de feuilles pendant l'hiver, car il est quelquefois atteint de la gelée.

On multiplie aussi cette plante de drageons enracinés, qui, dans certains sols, c'est-à-dire dans ceux qui sont légers et gras, sont fort abondans, et par déchirement des vieux pieds. Ces deux moyens sont les plus généralement employés hors des grandes pépinières.

La CORONILLE GLAUQUE a les tiges frutescentes et très rameuses, les feuilles composées de sept folioles obtuses, charnues et glauques; les fleurs jaunes disposées en couronne, et portées sur des pédoncules axillaires. Elle est naturelle aux parties méridionales de l'Europe, et se cultive dans les jardins, où elle se fait remarquer par la beauté et l'odeur suave de ses fleurs. Pendant les jours sombres elles ne sentent rien. Je n'aurois peut-être pas dû la citer, puisque dans le climat de Paris c'est un cas rare lorsqu'elle passe l'hiver en pleine terre, et cependant on doit l'y hasarder en la plaçant dans une exposition bien abritée, et en la couvrant de paille pendant les grands froids; car non seulement elle conserve ses feuilles pendant cette saison, mais encore elle fleurit, et même fleurit plus abondamment que pendant l'été. Il faut seulement en garder quelques pieds en pot, pour rentrer dans l'orangerie et réparer les pertes.

Cette plante se multiplie par le semis de ses graines, fait sur couche et sous châssis; mais comme elle en donne rarement de bonnes dans les jardins de Paris, et qu'elle reprend très aisément de boutures, on préfère généralement ce dernier moyen. Ces boutures peuvent s'entreprendre à toutes les époques de l'année; mais principalement en automne et au printemps dans des terrines sur couche et sous châssis. Souvent, au bout de quinze à vingt jours, elles sont reprises et même fleurissent. Au bout d'un an on les repique seule à seule dans d'autres pots.

Je connois un pied de cet arbuste dont la tige a plus d'un pouce de diamètre, et qui se garnit tellement de fleurs, dans certains hivers, qu'il est ravissant.

La CORONILLE JONCÉE a la tige ligneuse, les feuilles rares, et composées de cinq ou de trois folioles charnues, linéaires, lancéolées et obtuses; ses fleurs sont jaunes et disposées cinq à six ensemble, en couronne, à l'extrémité des rameaux. Elle croît naturellement dans les parties méridionales de l'Europe, dans les lieux les plus arides, et fleurit au milieu de l'été. Je la cite parceque je l'ai vue très abondante dans quelques cantons, car elle n'est pas assez agréable pour être cultivée pour l'ornement. Sa hauteur est d'un à deux pieds.

La CORONILLE VARIÉE est herbacée, vivace, a les feuilles composées de huit à dix paires de folioles oblongues, obtuses; les fleurs mélangées de blanc, de rose, de violet, et disposées, une douzaine ensemble, en couronne, à l'extrémité de longs pédoncules axillaires. Elle croît dans toute la France aux lieux secs et arides. Ses tiges sont toujours couchées dans la plus grande partie de leur longueur; ses fleurs, qui durent pendant tout l'été, ont une odeur suave, mais foible. J'ai vu des montagnes calcaires entièrement couvertes par cette belle plante qu'on cultive quelquefois dans les jardins d'ornement, et qu'on ne doit pas négliger de placer sur les pelouses des jardins paysagers. On l'a préconisée comme fourrage; mais il ne paroît pas que les bestiaux la recherchent beaucoup, du moins quand elle est en fleur, car on la trouve souvent intacte dans les pâturages. Cela est fâcheux, puisque, sous ce rapport, elle pourroit devenir une plante précieuse à raison de la mauvaise nature des terrains qu'elle préfère. On la multiplie par ses semences qu'on répand au printemps sur le sol. Quand elle est parvenue à un certain âge, il est difficile de la transplanter, ses racines ayant une longueur de plusieurs pieds.

La CORONILLE À PETITES FEUILLES, *Coronilla minima*, Lin., est presque ligneuse, couchée; à ses feuilles composées de neuf folioles ovales, glauques, les fleurs d'un jaune verdâtre, disposées huit à dix ensemble en couronne sur des pédoncules axillaires. Elle croît sur les montagnes calcaires des parties moyennes et méridionales de l'Europe, dont elle embellit les pelouses pendant tout l'été, et une partie de l'automne qu'elle est en fleur. Ordinairement elle ne s'élève pas d'un pouce, mais fait une rosette d'un demi-pied de diamètre. Il paroît que les bestiaux, et sur-tout les moutons, la mangent. (B.)

COROSSOLIER, *Anona*, Lin. Nom générique donné à plusieurs arbres ou arbrisseaux étrangers de la famille des ANONES et de la polyandrie polygynie. On en connoît environ vingt espèces, dont quelques unes produisent des fruits bons à manger, et sont, par cette raison, cultivées dans leur pays natal. Les corossoliers ont des feuilles alternes et entières qui paroissent après les fleurs. Celles-ci sont composées d'un calice à trois folioles, de six pétales, dont trois plus petits, et d'un grand nombre d'étamines et d'ovaires. Les ovaires sont changés en autant de baies, qui, par leur réunion, forment un fruit rond

ou en cœur plus ou moins gros, et dont l'écorce est ordinairement hérissée, écailleuse ou réticulée.

Les corossoliers cultivés et utiles sont les suivans :

Le COROSSOLIER HÉRISSÉ OU CACHIMENTIER, *Anona muricata*.
Arbre de moyenne grandeur, qui croît dans l'Amérique méridionale et aux Antilles. Ses fleurs naissent sur le tronc et les
branches. Il a des feuilles ovales, lancéolées ; et il produit de
gros fruits mollasses, d'un vert jaunâtre, faits en forme de
cœur, hérissés de pointes qui ne piquent point, et remplis
d'une pulpe blanche, succulente, d'un goût agréable et aromatique.

Le COROSSOLIER ÉCAILLEUX OU POMMIER CANNELLE, *Anona
squamosa*. Petit arbre de l'Amérique et des Indes orientales, à
feuilles oblongues et lancéolées. Son fruit rond et jaunâtre a
l'écorce divisée en petits compartimens écailleux et saillans ; il
contient une chair blanche, fondante, sucrée, et qui a une
petite saveur de cannelle.

Le COROSSOLIER CŒUR DE BŒUF, *Anona reticulata*, Lin. Son
nom indique la forme de son fruit dont l'écorce verdâtre et
lisse est parsemée de taches blanchâtres, et recouvre une pulpe
rougeâtre d'une odeur forte et d'un goût âcre. Ce fruit n'est
guère mangé que par les cochons qui l'aiment beaucoup. Mais
ceux des deux espèces précédentes sont estimés et recherchés
des créoles ; on les sert sur les tables.

Le COROSSOLIER DU PÉROU, connu sous le nom de *cherimolia*,
Anona tripetala, Wild. Ses fleurs ont trois pétales velus et
coriaces. Son fruit, gros comme le poing et légèrement écailleux, passe au Pérou pour un des meilleurs du pays ; il a une
chair fondante et vineuse d'une saveur douce et d'une odeur
suave.

Le COROSSOLIER GLABRE, *Anona glabra*, croît sur le bord des
rivières dans les parties méridionales de l'Amérique septentrionale. Son fruit est lisse et fait en cône ; il se mange, mais
il est fade.

Le COROSSOLIER A TROIS LOBES, OU ASSIMINIER, *Anona triloba*.
Petit arbrisseau de l'Amérique septentrionale qu'on trouve en
abondance dans les îles de Bahama. Il donne un fruit lisse et
à trois lobes, ayant la forme d'une poire renversée, dont la
peau est très acide, et dont la chair est encore moins bonne que
celle du précédent. Dans cette espèce les feuilles tombent en
automne, tandis que celles des autres corossoliers sont persistantes. On peut en Europe cultiver l'*assiminier* en pleine terre,
mais il demande à être élevé d'abord en pot et à être abrité
pendant deux ou trois hivers. Il peut être placé dans les bosquets du printemps. On le multiplie de graines et de rejetons.

Les corossoliers de la zone torride croissent dans les plaines et les montagnes, dans les lieux secs et humides. Aux Antilles on en a beaucoup dans les savannes et les jardins. On les multiplie de graines. Dans notre climat ils exigent la serre chaude.

En faisant fermenter dans l'eau les fruits des corossoliers, on en obtient des boissons vineuses plus ou moins agréables, selon les espèces. (D.)

COROYÈRE. Espèce de Sumac. *Voyez* ce mot. (B.)

CORROI. Argile ou marne très argileuse qu'on tasse le plus possible entre la terre et le mur d'une pièce d'eau, afin d'empêcher l'eau qui s'échapperoit à travers le mur de pénétrer plus loin.

On peut aussi construire d'excellens corrois avec de la tourbe à moitié desséchée.

Les corrois qu'on établit au fond ou sur les bords de certaines plates-bandes où on cultive des plantes marécageuses remplissent suffisamment bien leur objet lorsqu'ils sont en terre franche mêlée de paille hachée. (B.)

CORROSIF. On donne ce nom à tous les corps capables de ronger, de corroder, de consumer les parties, au moyen des molécules salines, âcres ou acides, dont ils sont pourvus ; tels sont la pierre infernale, la pierre à cautère, etc. Ce sont de vrais *caustiques.* Les humeurs qui découlent des chancres, des cancers, de certaines plaies, sont corrosives, puisqu'elles consument les chairs ; il en est de même dans les arbres. Un mûrier, par exemple, auquel on supprime de très grosses branches pendant la sève du mois d'août, laisse échapper par les bords de la plaie une sève qui devient âcre, les noircit, et souvent les corrode ; le bois se trouvant à nu, pourri, et la carie le gagne insensiblement. La gomme produit le même effet sur les arbres à noyaux dès que les jardiniers la laissent séjourner. (R.)

CORYMBE. Disposition de fleurs portées sur des pédoncules propres attachés à différentes hauteurs sur un pédoncule commun, mais ne s'élevant pas les uns au-dessus des autres. L'achillée millefeuille offre un corymbe. Cette disposition diffère de l'ombelle, parceque, dans cette dernière, les pédoncules propres partent du même point. *Voyez* au mot Plante. (B.)

COSSAT. Ce sont les tiges des pois, des vesces, des gesses, qu'on a battues pour en avoir la graine. On les appelle aussi chailliats. (B.)

COSSE. Nom vulgaire de la gousse des légumineuses. *Voyez* au mot Gousse. (B.)

COSSON. On donne, dans quelques pays, ce nom à la larve du charançon du blé et au bourgeon de la vigne. (B.)

COSSUS, *Cossus.* Genre d'insectes de l'ordre des lépidoptères, ou se trouvent un petit nombre d'espèces qui intéressent les cultivateurs, parceque leurs chenilles vivant dans le tronc des arbres diminuent beaucoup leur valeur et accélèrent leur mort.

Le plus commun et le plus dangereux des cossus est le cossus GATE BOIS, *Bombix cossus*, Lin., qui a les ailes d'un gris foncé, avec des taches brunes et des lignes noires. Ses antennes sont légèrement pectinées. Il a un pouce et demi de long et deux à trois pouces de large lorsque ses ailes sont étendues. On le trouve au milieu de l'été sur les ormes, les chênes, les saules et les peupliers, aux dépens desquels vit sa chenille.

Cette chenille, qui a trois pouces de long, sur quatre à cinq lignes de large, est aplatie, luisante, rougeâtre, avec la tête noire. Elle a seize pattes, le corps lisse, ou au plus pourvu de quelques poils rares. Elle exhale une odeur désagréable, produite par une liqueur huileuse et très âcre qu'elle rend par la bouche, et qui sert, sans doute, à attendrir le bois dont elle se nourrit. Il paroît qu'elle vit deux ans, car on en trouve de grosses et de petites, en tout temps, dans les ormes qu'on écorce. Comme c'est toujours à la base de l'arbre que se tiennent ces chenilles, elles parviennent, à force de ronger l'aubier, la première partie qu'elles attaquent, parcequ'elle est la plus tendre et la première qu'elles rencontrent en sortant de l'œuf, à le séparer totalement de l'écorce et par conséquent à faire mourir l'arbre.

Quoique se trouvant dans toute l'Europe, c'est principalement autour des grandes villes, où aboutissent beaucoup de routes plantées d'ormes, où existent beaucoup de promenades, que ses ravages se font le plus remarquer. Quand on parcourt les environs de Paris avec un esprit observateur, il semble que bientôt il ne sera plus possible d'y planter des ormes, puisqu'il n'en est pas un, au-dessus de quinze à vingt ans d'âge, qui ne recèle des chenilles de cossus, et les plus vieux périssent presque tous par l'effet de ses ravages. La société d'histoire naturelle de Paris, la société d'agriculture de la même ville, ont successivement ordonné des rapports et discuté les moyens d'arrêter ce fléau, et le résultat a été qu'il n'y en avoit réellement pas d'autres que de faire annuellement la chasse aux insectes parfaits, aux papillons, si je puis me servir de cette vieille expression, ou de couper les avenues qui en sont trop infestées. Ce dernier moyen, qui paroît pire que le mal, est fondé sur ce que l'insecte parfait, et sur-tout la femelle, est très lourd, et ne se porte pas à de grandes distances du lieu où il est né, qu'ainsi les arbres qu'on plante, en place de ceux qui ont été abattus, n'en ayant pas d'infestés dans leur voisinage, seront long-temps avant d'en être attaqués; tandis que quand on ne fait que remplacer un arbre mort par cette cause, les voisins lui envoient des colonies de cossus aussitôt qu'il est en état de les recevoir, c'est-à-dire dès qu'il a six pouces de diamètre.

Il est facile de sentir qu'il devient impossible d'aller chercher la chenille dans le bois de l'orme, puisque d'abord elle n'est sous l'écorce que dans sa première jeunesse, dans l'aubier que dans son adolescence, et que souvent elle pénètre jusqu'au cœur du bois, en faisant des trous propres à recevoir le petit doigt, mais tortueux, au point qu'un fil de fer qu'on y introduit peut rarement atteindre à la chenille. Ce moyen qui a été proposé pourroit quelquefois réussir s'il étoit possible de découvrir l'ouverture du trou sans lever l'écorce; mais le hasard peut-il souvent servir dans ce cas?

Latreille a proposé un autre expédient. C'est d'appliquer à la base de l'arbre, endroit où, comme je l'ai déjà observé, les femelles déposent le plus ordinairement leurs œufs, une couche de terre glaise ou de bouse de vache. Ce moyen est bon, car les œufs déposés sur ces matières périroient immanquablement; mais combien de temps dureroient ces enduits? Combien coûteroient-ils à faire faire chaque année? Et est-il bien sûr que les femelles des cossus ne s'apercevroient pas du piège et ne monteroient pas plus haut? Une preuve que l'instinct les guide exactement dans cette opération, c'est qu'elles ne vont pas la faire sur des murs, sur des arbres morts, sur des arbres d'espèces qui ne leur conviennent pas.

J'ai dit qu'on doit faire annuellement la chasse aux insectes parfaits, parceque je suis persuadé que c'est le seul moyen praticable, je ne dis pas de détruire, mais de diminuer le nombre des cossus, au point de rendre leurs ravages insensibles. En effet, ces insectes parfaits sortent du bois pendant quinze jours, plus tôt ou plus tard, selon la chaleur de la saison, mais, autant qu'il m'en souvient, dans le courant du mois de juin, et seulement depuis neuf heures du matin jusqu'à trois heures du soir. Ils restent constamment jusqu'à la nuit du jour où ils sont sortis, collés sur le même arbre sans faire aucun mouvement, et même la plupart du temps les femelles ne quittent pas cet arbre. Or des instructions sur le temps où il faudroit chercher ces insectes, et une gratification d'un à deux sous par chacun de ceux qu'on apporteroit, détermineroient des quantités de femmes et d'enfans à se livrer à leur recherche d'une manière fructueuse, et peut-être qu'au moyen d'une cinquantaine d'écus par an, aux environs de Paris, par exemple, on éviteroit une perte d'une cinquantaine de mille francs. Cette dépense pourroit être à la charge de l'entretien des routes.

Comme ces insectes ne mangent point, ils meurent dès qu'ils ont rempli le vœu de la nature; savoir, les mâles souvent le lendemain de leur naissance, et les femelles dès qu'elles ont déposé leurs œufs sur l'écorce , entre les crevasses de l'arbre où elles sont nées, ou d'un arbre voisin ; car , je le répète , elles sont si lourdes qu'elles ne peuvent pas se porter à de grandes distances.

Le cossus du maronnier a les antennes pectinées jusqu'au milieu de leur longueur ; le corps et les ailes blanches et ponctuées de noir bleuâtre. La femelle a les antennes filiformes.

Sa chenille se nourrit du bois du maronnier d'Inde, des saules, des peupliers , des érables, du frêne, de l'aune , etc. Elle est jaunâtre , avec des taches noires sur la tête, et des tubercules bruns sur chaque anneau. Elle est trop rare pour que ses ravages puissent être remarqués ; mais il est possible qu'elle devienne un jour plus commune aux environs de Paris. Elle n'attaque pas les gros arbres comme la précédente, mais les très jeunes, se place principalement au centre, et remonte dans la tige en suivant le canal médulaire. C'est dans les pépinières qu'on a le plus à s'en plaindre. Celles de Versailles perdent, chaque année, bien des pieds d'arbres rares par son fait. L'insecte parfait se montre à la fin de l'été.

Le cossus tarrière vit dans le bois du peuplier noir. Il se trouve en Allemagne ; mais je ne sache pas qu'on l'ait rencontré en France. (B.)

COSTIÈRES. Dans le jardinage, on appelle ainsi des plates-bandes élevées, inclinées du côté du midi , et placées contre un mur. Ces plates-bandes sont destinées ordinairement à conserver des plantes qui craignent la gelée , ou à recevoir des laitues, des petites raves, des pois et autres légumes de primeur.

On donne aussi ce nom , dans certains endroits , aux collines à pente douce, susceptibles d'être cultivées à la charrue. (B.)

COTE , COTEAU. Pente douce des collines et même des montagnes. Ces mots n'ont pas une différence d'acception très précisée, et leur application varie d'un lieu à l'autre ; cependant le dernier annonce un diminutif du premier.

La culture des côtes et des coteaux varie à raison de leur exposition , de la nature de leur sol et de leur degré d'inclinaison. Dans les climats propres à la vigne on les en couvre ordinairement au levant et au midi. Le nord est boisé, tenu en prairies, planté en arbres fruitiers , ou semé en céréales. Souvent toutes les expositions sont cultivées de la même manière que la plaine.

Comme la pente du sol favorise l'entraînement des terres par suite de la violence des pluies, le cultivateur, jaloux de conserver son domaine en bon état, doit calculer ses labours différemment que dans la plaine.

D'abord il est bon, non de faire des murs de terrasse , toujours fort dispendieux à construire et à entretenir , mais de planter des haies d'une certaine épaisseur, et de distance en distance, pour retenir la terre. *Voyez* au mot HAIE. Ensuite, si ce sont des vignes, on doit faire faire les labours de haut en bas pour faire remonter ainsi les terres entraînées, et si ce sont des champs semés en céréales, de faire labourer transversalement et avec une charrue à oreille mobile, toujours tournée du côté de la hauteur, pour produire le même effet. Si nos pères avoient pris ces sages précautions, bien des côtes et des coteaux, aujourd'hui plus ou moins stériles, seroient encore couverts de productions utiles, et les eaux et les abris n'eussent pas autant diminué.

Il est des arbres et des plantes qui paroissent mieux réussir sur les côtes et les coteaux que dans la plaine : la vigne est au premier rang. Ensuite viennent l'olivier, le figuier, le mûrier, l'amandier, le pêcher, pour les expositions du levant et du midi ; le noyer, le pommier, le prunier, pour les expositions de l'ouest et du nord. Le sainfoin est naturel aux collines calcaires, et doit être préféré à toutes les autres plantes, lorsqu'on veut y faire, et on le doit toujours, des prairies artificielles.

En fournissant des expositions et des abris, les côtes et les coteaux sont extrêmement favorables à la culture des plantes étrangères et à la formation des jardins paysagers, lorsque d'ailleurs la terre est meuble et fraîche. Leurs plus fréquents inconvéniens sont le peu de profondeur de cette terre et la difficulté d'avoir de l'eau lorsqu'ils n'en offrent pas naturellement. *Voyez* aux mots MONTAGNE, VALLÉE, COLLINE, EXPOSITION, ABRIS, etc. (B.)

COTERET. Petit fagot de branches ou de bois refendu et très sec avec lequel on allume le feu dans quelques villes, et dont on doit se servir dans les fourneaux des serres, afin d'empêcher la fumée de refouler dans l'intérieur. *Voyez* SERRE. (B.)

COTIÈRE. *Voyez* COSTIÈRE. (B.)

COTIGNAC. Espèce de confiture sèche faite avec des coings. *Voyez* au mot COGNASSIER.

COTONEATER. *Voyez* au mot NÉFLIER.

COTONNEUX. Se dit des feuilles, des tiges, des fruits, etc. dont l'écorce ou l'épiderme est couverte d'un duvet imitant le coton, c'est-à-dire couverte de petits poils si serrés, que la vue ne les distingue pas séparément, mais que le tact annonce. On dit encore qu'un fruit est *cotonneux* lorsqu'il est pâteux et sans goût. (R.)

COTONNIER, *Gossypium*, Lin. Nom d'un arbre ou arbrisseau qui croît spontanément entre les tropiques et dans leur voisinage, et qu'on cultive dans les contrées chaudes ou tempérées des deux continens pour le duvet précieux que donne son fruit. Les COTONNIERS forment un genre de la monadelphie polyandrie dans la famille des malvacées. Leurs espèces botaniques connues jusqu'à ce jour sont peu nombreuses; mais elles ont produit par la culture un très grand nombre de variétés qu'il n'est pas toujours aisé de distinguer les unes des autres.

Les caractères du genre sont ceux qui suivent. Un calice double, l'extérieur grand et à trois découpures profondément et inégalement dentées, l'intérieur petit et évasé; une corolle à cinq pétales; des étamines nombreuses dont les filets, réunis par le bas et libres supérieurement, portent des anthères réniformes; un style aussi long ou plus long que les étamines, couronné par trois ou quatre stigmates épais; une capsule plus ou moins grosse, sphérique ou ovale, quelquefois pointue, à trois ou quatre valves, avec autant de loges remplies de semences verdâtres ou noirâtres, lisses, chagrinées ou velues, adhérentes entre elles ou isolées et entourées d'un duvet blanc, jaunâtre ou rougeâtre, plus ou moins long, fin et soyeux, connu sous le nom de *coton*. Lorsque ce duvet est mûr, il fait éclater les valves et déborde alors de toutes parts la capsule qui le tenoit enfermé.

Les fleurs des cotonniers sont jaunâtres ou pourprés; elles viennent aux aisselles des feuilles et à l'extrémité des rameaux. Les feuilles sont disposées alternativement, et ordinairement divisées en plusieurs lobes; dans quelques espèces la principale nervure de leur surface inférieure est pourvue de glandes. La racine du cotonnier est naturellement pivotante, avec des racines latérales; lorsqu'elle s'enfonce en droite ligne en terre, le tronc prend la figure d'un arbre. Quand elle rencontre des pierres ou une terre trop dure, au lieu de pivoter, elle pousse alors beaucoup de chevelu et croît horizontalement. Dans ce dernier cas, le tronc ne s'élève qu'en arbuste.

I. HISTOIRE NATURELLE DU COTONNIER. *Espèces et variétés.*

On a peu de connoissances précises sur les espèces botaniques de cotonniers, actuellement cultivées dans les deux continens, sur-tout sur celles dont la culture fait un des principaux objets de commerce dans les colonies occidentales des Européens. Le pays natal de chaque espèce est également peu connu. En général, cet arbre ou arbrisseau croît naturellement dans les pays les plus chauds. Cependant on est parvenu à l'acclimater peu à peu à des latitudes dont la température, quoique assez chaude, n'égale pas celle de la zone torride. Il seroit difficile de prononcer sur l'espèce de cotonnier que les anciens cultivoient. Il paroît qu'ils en cultivoient principalement deux espèces, dont l'une, plus haute et formant un petit arbre, étoit particulière à l'Egypte, et l'autre, plus basse ou herbacée, étoit connue dans l'Asie mineure, la Perse et autres provinces du Levant. C'est probablement celle-ci qui fut introduite par les Grecs en Italie, où depuis ce temps sa culture a été suivie avec succès. L'Amérique possédoit, avant qu'elle fût découverte par les Européens, plusieurs espèces de cotonniers ; depuis elle s'est enrichie de beaucoup d'autres originaires de l'Asie ou de l'Afrique, qui y ont été successivement transportés et qui y ont très bien réussi. Aujourd'hui c'est dans cette quatrième partie du monde qu'on en cultive peut-être le plus grand nombre de variétés.

Suivant les botanistes, les véritables espèces connues jusqu'à ce jour sont peu nombreuses. M. de La Marck n'en compte que huit. Ces espèces sont souvent confondues avec leurs variétés par les cultivateurs et par les botanistes mêmes, parceque les caractères d'après lesquels on a cherché jusqu'à présent à distinguer les unes des autres ne sont ni assez déterminés ni assez constans. C'est ce qu'a particulièrement observé M. de Rohr, naturaliste et agriculteur distingué, qui a résidé vingt années de suite en Amérique, et qui, après avoir parcouru, par ordre du gouvernement danois, toutes les îles et possessions de terre ferme de ce pays dans lesquelles on s'occupe de la culture du coton, a cultivé ensuite chez lui à Sainte-Croix tous les cotonniers dont il a pu se procurer la graine.

C'est sur la figure des feuilles, dit M. de Rohr dans son *Traité de la culture du cotonnier*, sur les glandes observées à leur surface inférieure et sur les stipules, qu'on a fondé les caractères distinctifs des cotonniers ; mais l'expérience a prouvé que ces parties sont sujettes à varier, non seulement dans la même espèce, mais quelquefois dans le même individu. Les caractères pris des semences sont, selon lui, les plus constans dans les cotonniers, et en même temps les plus faciles à saisir. Il les propose, par cette raison, comme les seuls qui doivent fixer l'attention, non seulement des botanistes, mais des planteurs et des négocians. D'après cette méthode, ajoute-t-il, les planteurs seront moins embarrassés sur le choix des espèces qu'ils veulent cultiver et qui conviennent de préférence au sol et à l'exposition de leur plantation, et les négocians seront toujours assurés de recevoir l'espèce de coton qu'ils demandent, en en faisant parvenir la graine dans les colonies ; chose d'autant plus aisée que les cotons du commerce, quelque bien épluchés qu'ils paroissent, en renferment toujours quelques unes. On pourroit croire peut-être que les négocians feroient beaucoup mieux d'envoyer au planteur un échantillon du coton qu'ils veulent avoir ; cette précaution seroit insuffisante. Il y a plusieurs espèces de coton qui se ressemblent beaucoup au premier aspect, et dont on ne peut, ni au tact, ni à la vue, reconnoître les différences, qui pourtant sont aisément aperçues dès qu'on les file.

Il importe au planteur, par d'autres considérations, de bien reconnoître les différentes espèces qu'il cultive. Les cotonniers varient beaucoup dans leur rapport; il y en a qui rapportent toute l'année; d'autres donnent deux récoltes par an; plusieurs n'en donnent qu'une. Il y a des espèces qui portent un coton de la plus belle qualité; mais la capsule qui le renferme se détache trop vite et tombe avant qu'elle soit mûre. Sur d'autres cotonniers le coton se salit et perd sa couleur blanche avant sa maturité. La quantité de coton que les diverses espèces donnent à chaque récolte et la couleur du coton sont encore des objets qui intéressent le cultivateur. Plusieurs cotonniers, par la hauteur et l'étalage de leurs branches, promettent une récolte assez abondante, et ne produisent souvent que deux gros ou une demi-once de coton par an, tandis que d'autres, d'une apparence moins imposante, rapportent jusqu'à sept onces de coton épluché. Quant à sa couleur, on sait qu'il y a des cotons d'un très beau blanc de neige lustré; d'autres d'un blanc de lait ou d'un blanc salé; il y a encore des cotons tirant sur le roux et même sur le brun, dont plusieurs sont d'excellente qualité. Une des premières qualités d'un bon coton est qu'il se détache facilement de sa semence. Le temps employé pour séparer une livre de coton de ses graines en fixe souvent le prix.

Toutes ces considérations ont déterminé M. de Rohr a rejeter les descriptions ou caractères botaniques adoptés jusqu'à ce jour, pour s'en tenir à ceux pris des graines. D'après sa méthode il a observé et reconnu vingt-neuf espèces de cotonniers. Dans ce nombre il y a onze espèces à graine rude et noire, huit à graine lisse et veinée et d'un brun obscur, trois à graine garnie de poils clair-semés, sept à graine couverte en grande partie ou en totalité de duvet ou de poils serrés; trois de ces espèces ont des variétés. Ainsi, M. de Rohr a établi quatre classes principales, prenant pour base de cette classification les parties extérieures de la graine, combinées avec les divers modes de sa surface. Les parties de la graine sont la *pointe*, ou la partie supérieure; la *base*, ou la partie arrondie opposée à la pointe; la *suture*, qui est l'arête saillante s'étendant depuis la pointe jusqu'à la base; et le *crochet*, qui est l'extrémité de cette suture terminée en pointe élevée. Le côté de la semence où se trouve la suture est la *face antérieure*, le côté opposé, la *face postérieure*. La surface est noire ou brune, lisse ou rude, unie ou veinée, nue ou garnie de duvet, de feutre ou de poils. Il appelle *duvet* une chevelure touffue, très courte et crépue, de grosseur égale dans toute sa longueur, d'une couleur rouille de fer, et qui ne perd point son crépu lorsqu'on la tord entre les doigts. Il nomme *feutre* le velu qui entoure ordinairement les semences, et qui est plus ou moins garni de poils, plus ou moins serré ou rare. Enfin le nom de *poils* est donné aux fibrilles plus minces vers la pointe, plus grosses à la base, qui, ayant été pressées avec les doigts, reprennent leur première figure.

Les parties qui viennent d'être décrites sont, suivant M. de Rohr, des caractères essentiels de la semence du cotonnier; car elles subsistent après que le coton en a été enlevé, et on ne peut pas les emporter avec un couteau sans entamer la surface même de la semence. La quantité, la figure, la position et la proportion de ces parties dans leur état naturel sont invariables.

M. de Lasteyrie, dans son ouvrage *du Cotonnier et de sa culture*, expose des doutes sur la permanence de ces caractères. « Nous avons cherché, dit-il, à reconnoître diverses espèces de cotonniers d'après les caractères adoptés par M. de Rohr; mais nous avouons que c'est en vain que nous avons cherché à les appliquer à une quantité assez considérable de semences de cet arbre que nous possédons dans notre collection économique. C'est ce qui nous porte à penser que sa méthode de classification est insuffisante, ou du moins que les caractères qu'il a adoptés ne sont pas assez sensibles, assez distincts, assez constans, pour offrir un moyen de reconnoissance à la portée des cultivateurs. »

Cette différence d'opinion sur le même objet, entre deux savans aussi éclairés, n'étonnera pas ceux qui se sont occupés d'histoire naturelle. Les observations de M. de Rohr et de M. de Lasteyrie ont été faites sans doute de part et d'autre avec sagacité et précision; mais la nature, qui est infiniment variée dans ses productions, se joue souvent de nos observations comme de nos méthodes. D'ailleurs M. de Lasteyrie dit que n'ayant pu observer les graines de cotonnier que sur vingt et quelques individus de diverses espèces qui lui sont parvenues d'Europe, d'Asie et d'Afrique, il ne se croit pas suffisamment autorisé pour condamner la classification adoptée par un naturaliste qui a étendu et multiplié ses observations sur un très grand nombre d'individus.

Il seroit peut-être plus simple, au moins pour les cultivateurs, de n'admettre que deux espèces; savoir, le cotonnier *vivace*, qui est tantôt arbuste ou arbrisseau, et tantôt arbre, et le cotonnier *herbacé*, qui naît, croît et meurt entre deux hivers, quelque soin qu'on lui donne et dans quelque pays qu'il soit; encore est-il douteux que cette dernière espèce existe, telle au moins que je viens de l'énoncer. C'est peut-être le climat qui, en faisant dégénérer le cotonnier ou en modifiant sa nature, a rendu herbacé et annuel celui que nous nommons ainsi. M. de Rohr n'a trouvé cette espèce dans aucune des parties de l'Amérique qu'il a visitées ; toutes ses recherches à cet égard, et tous ses soins pour s'en procurer des semences, ont été inutiles. M. de Lasteyrie soupçonne que la même espèce, dont la tige, dit-il, est ligneuse, comme il l'a observé à Malte, en Sicile et dans les îles de Lipari, pourroit, dans quelques circonstances, étendre sa durée au-delà d'un an, et vivre même plusieurs années sous un climat qui lui seroit plus favorable.

Quoi qu'il en soit, voici les noms et les caractères des espèces vivaces que M. de Rohr croit les plus avantageuses pour les planteurs, parmi toutes celles qu'il a connues et cultivées. Ce sont les suivantes.

1. Le COTONNIER YEAR ROUND, ou ANNUEL, ainsi nommé, parcequ'il produit dans tout le courant de l'année. Sa semence présente un petit toupet de feutre autour de sa pointe et sous le crochet. Il y en a deux variétés, à petites et à grandes capsules. On cultive beaucoup la première à la Jamaïque et à Saint-Domingue. Elle s'élève à six pieds, et demande un sol sec et sablonneux. Sa récolte très prolongée le distingue de toutes les autres. Comme le coton abandonne facilement sa capsule, si on ne veut pas le perdre, il faut cueillir tous les huit jours celui qui est mûr ; autrement il tombe par l'effet de la pluie ou du vent, se salit et subit un commencement de putréfaction. Ce cotonnier donne sept onces de coton épluché, dont le fil est long, blanc et fin. La variété à grandes capsules n'a pas encore été soumise à un assez grand nombre d'observations ; elle est aussi productive que l'autre, et son coton est plus fin.

2. Le COTONNIER SOREL ROUGE. Sa semence est à pointe courte ; elle est entourée de beaucoup de feutre serré et crêpu. Le feutre déborde la pointe, et descend le long de la suture jusqu'en bas, où il se trouve entremêlé d'un peu de poils. Ce cotonnier mérite la préférence sur le précédent, quoique le *year-round* soit une des meilleures espèces. Mais le sorel donne et plusieurs récoltes par an, et beaucoup de coton à la fois : chaque récolte se termine en peu de jours : son coton résiste aux vents et à la pluie ; il ne tombe pas facilement de l'arbre, et il surpasse en blancheur et en finesse celui du year-round. Le sorel n'étant point été acquiert une hauteur de quatre à cinq pieds et une largeur à peu près égale, tandis que l'autre exige au moins un espace de six pieds. Enfin le produit ordinaire du sorel est de sept onces et demie.

3. Le COTONNIER DE LA GUIANE. Les semences contenues

dans chaque loge de la capsule sont adhérentes les unes aux autres, en forme de pyramide longue très étroite. Ce cotonnier occupe un espace de dix à douze pieds, lorsque le sol lui convient. Il se plaît dans un terrain humide, et donne deux récoltes par an; mais elles sont souvent de peu de durée, parceque les pluies qui tombent régulièrement deux fois l'année occasionnent la chute des capsules à moitié mûres, ou même encore vertes. Il produit communément douze onces de coton nettoyé. Ce coton est fort estimé en Europe, à cause de sa blancheur, de sa force et de la longueur de ses fils. Dans le commerce, on le connoît sous les noms de *coton de Cayenne*, de *Surinam*, de *Demerary*, de *Berbice* et d'*Essequebo*. Dans ces colonies et toute la Guiane, on ne cultive que cette seule espèce.

4. Le COTONNIER DU BRÉSIL. Ses semences sont fortement adhérentes les unes aux autres comme dans l'espèce précédente; mais au lieu de former une pyramide longue très étroite, elles en forment une courte et large. D'ailleurs elles sont ordinairement réunies au nombre de sept, et de neuf tout au plus, tandis que, dans le cotonnier de la Guiane, il y en a communément neuf et jusqu'à onze réunies ensemble. M. de Rohr, qui a examiné une grande quantité de celles-ci, n'a jamais trouvé parmi elles les graines du cotonnier du Brésil, qui, par la culture, ont toujours conservé leurs caractères. C'est pourquoi il regarde ce dernier comme une espèce particulière. Son coton est très fin, et fort recherché dans le commerce et par les fabricans, sur-tout celui de Maragnan et de Fernambouc: aussi l'exportation en est-elle très considérable. Suivant M. de Lasteyrie, elle a été, en 1806, pour le port de Lisbonne, de quatre-vingt-quinze mille quatre cent cinquante-quatre balles. Le cotonnier du Brésil se cultive uniquement dans ce pays; il n'a pas encore été introduit à la Guiane et dans les grandes Antilles. En 1787, il a été apporté à Sainte-Croix, où M. de Rohr l'a cultivé.

Les quatre espèces décrites ci-dessus ont la semence rude et noire.

5. Le COTONNIER INDIEN. La pointe de la semence se distingue par quelques fibres de feutre, dont la face postérieure est garnie; la suture déborde la pointe; le crochet est presque imperceptible. M. de Rohr a donné à ce cotonnier le nom qu'il porte, parcequ'il l'a vu pour la première fois chez un Indien, entre Sainte-Marthe et Carthagène. Cet arbre offre une singularité remarquable dans la convexité de ses feuilles. Abandonné à lui-même, il demande, à cause de l'étalage de ses branches latérales, un espace de dix pieds; sa hauteur est de huit. Il donne deux récoltes par an, et environ huit onces d'un coton très beau, très blanc, et qui surpasse en finesse

celui de toutes les autres espèces. Ce coton se conserve long-temps sur l'arbre, n'est point sujet à se salir, et s'épluche aisément, parcequ'il n'adhère point aux semences.

6. Le COTONNIER SIAM-BLANC. La semence est courte, à base presque sphérique; le feutre autour de la pointe, à duvet long et très serré, il s'étend un peu vers la base; le crochet à peine sensible. Ce cotonnier est cultivé à la Martinique et à Saint-Domingue sous le même nom. Il donne annuellement six onces de coton nettoyé, qui est d'une blancheur éclatante et sans aucun filament coloré.

Ces deux espèces (4 et 5) appartiennent à la division qui a les semences d'un brun obscur, et à surface lisse et veinée.

Si le lecteur est curieux de connoître les vingt-trois autres espèces dont M. de Rohr fait mention dans son ouvrage, il en trouvera les noms à l'article COTONNIER du nouveau Diction-naire d'histoire naturelle, où j'en ai donné la description d'a-près ce naturaliste. Dans un dictionnaire d'agriculture, il suffit de faire connoître les espèces les plus utiles, sans en omettre aucune. Par cette raison, j'ajouterai aux six que je viens de décrire les suivantes dont M. de Rohr n'a point parlé.

7. Le COTONNIER dit HERBACÉ ou ANNUEL doit être présenté le premier, parceque c'est celui qui est le plus généralement connu, et qu'on peut cultiver avec plus de succès dans tous les climats qui ne passent pas le 44ᵉ degré. Il croît en Chypre, dans l'île de Candie, dans la Syrie et aux Indes. On le cultive dans ces pays, à Malte, en Sicile et à la Chine. En Europe il est annuel; mais dans quelques parties de l'Afrique il est, dit-on, vivace, et forme un arbrisseau. Il réussiroit vraisembla-blement en France. Ce cotonnier est élevé d'un pied et demi à deux pieds. Sa tige est dure, comme ligneuse et velue dans sa partie supérieure; elle se partage en courts rameaux garnis de feuilles à cinq lobes, arrondis vers leur milieu et pointus à leur extrémité. Ces feuilles ont sur le dos une glande verdâtre peu remarquable; elles sont douces au toucher, et soutenues par d'assez longs pétioles, au-dessous desquels se trouvent deux stipules ordinairement lancéolées et un peu arquées. Les pédon-cules naissent aux aisselles des feuilles, et chacun d'eux porte une fleur jaunâtre, dont le calice extérieur est fortement denté.

8. Le COTONNIER de l'ILE DE BOURBON. C'est une espèce pré-cieuse qui, depuis quelques années, a été transportée de cette île aux îles Lucaïes en Amérique. M. de Lasteyrie donne sur ce co-tonnier les renseignemens suivans tirés d'un petit écrit imprimé à Bahama, l'une des Lucaïes, par la société d'agriculture qui y est établie. « Les espèces, dit-il, les plus généralement connues dans les îles de Bahama avant qu'on n'eût introduit celle de Bourbon, étoient désignées sous les noms de coton-

nier d'*Anguilla*, de cotonnier de *Géorgie*; elles produisoient annuellement une grande quantité de fleurs et de capsules sujettes a être endommagées par les pluies, par les rosées et par les autres intempéries des saisons; de sorte que les quatre cinquièmes des fleurs et des capsules tomboient habituellement de la plante sans parvenir à maturité. Ces accidens occasionnoient aux cultivateurs la perte de quatre récoltes sur cinq. Le cotonnier de Bourbon ne redoute au contraire ni les vents, ni la pluie, ni le froid ; son fruit ne se détache jamais des rameaux ; il y reste attaché jusqu'à sa parfaite maturité, quelles que soient les intempéries de l'atmosphère; il a une croissance rapide, et fructifie plus tôt que ceux dont on vient de parler, ce qui est d'un grand avantage, sur-tout dans les contrées où l'on fait deux récoltes annuelles. Ses fruits mûrissent tous à peu près à la même époque; aussi doit-on se hâter de les cueillir. D'ailleurs c'est de toutes les espèces connues dans l'île (de Bahama) celle dont le coton tombe le plus promptement. Ses filamens sont d'une grande finesse, et son produit est double en quantité, quoique ses capsules soient exrêmement petites. Il s'élève peu, et ne présente pas à l'œil une végétation aussi brillante que les autres. Lorsque ses capsules commencent à grossir elles se penchent vers la terre. Ses branches sont horizontales, ce qui lui donne l'apparence de la vigne. Les sols, le climat, l'exposition et le genre de culture qui conviennent aux autres espèces lui sont également favorables; il préfère cependant les bords de la mer. »

9. Le cotonnier de Georgie a semences noires. Il est annuel, ou demande au moins à être semé de nouveau chaque année. Il a été introduit dans les États-Unis en 1786. Sa semence a été prise à Fernambouc, et semée d'abord dans la Géorgie, d'où lui vient son nom. On le cultive aussi aux environs de la rivière Cumberland, dans les états du Tennisée et dans quelques endroits de la Louisiane ; c'est-à-dire que sa culture s'étend du midi jusqu'au trente-sixième degré de latitude. Son coton, connu dans le commerce sous le nom de Géorgie, se vend en Angleterre à un prix double de celui des meilleures espèces à semences vertes ; on le paie même un schelling par livre de plus que le meilleur bourbon. Il donne par acre, sur les bords de la mer, dans un terrain meuble et fertile, deux cent à deux cent cinquante livres de coton nettoyé. Il seroit difficile d'affirmer que ce cotonnier est ou n'est pas de la même espèce que celui du Brésil, quoiqu'il soit, dit-on, originairement venu de ce pays.

10. Le cotonnier, bush cotton, ou cotonnier arbuste à petites graines vertes. Il est cultivé dans l'Amérique septentrionale. C'est une espèce où une variété très remarquable,

parceque, de tous les cotonniers connus et faciles à se procurer, c'est celui qui réussit le mieux vers le nord. Ses fruits arrivent à une maturité complète jusque sous le quarantième degré de latitude en Amérique, ce qui suppose une température égale à celle des pays de l'Europe situés sous la latitude de quarante-quatre à quarante-six degrés. Le climat du midi de la France conviendroit donc parfaitement à ce cotonnier. Il passe pour être annuel, et s'élève rarement au-dessus d'un pied et demi. Son coton adhère fortement aux semences; il est d'une qualité inférieure et a des filamens très courts. Peut-être avec le temps et une culture soignée parviendroit-on à rendre ses produits plus beaux.

On cultive aussi dans l'Amérique septentrionale, au rapport du major Butler, deux autres espèces à semences vertes, dont l'une s'élève à six ou sept pieds, et mûrit sous le vingt-neuvième degré jusqu'au trente-quatrième; elle donne par acre deux à quatre cents livres de coton nettoyé. L'autre espèce demande un pays chaud, et produit un coton de belle qualité.

11. Le COTONNIER DE SANTORIN. C'est le nom d'une île de l'Archipel, située au trente-neuvième degré dix minutes de latitude. Cette espèce, que M. Olivier nous a fait connoître, est frutescente, vit plusieurs années, et supporte les gelées de l'hiver, pourvu qu'on ait soin de couper sa tige rez terre à l'entrée de cette saison. Elle pourroit être cultivée avec succès dans nos départemens méridionaux, de la même manière qu'on y cultive les capriers.

12. Le COTONNIER D'IVICA, à tige demi-frutescente. *Voyez* la cinquième section de cet article.

Je n'ai point parlé de l'espèce ou des variétés qui donnent un coton de couleur nankin ou isabelle, parcequ'elles sont peu productives.

Les cotonniers croissent à toutes les longitudes et sous tous les parallèles à l'équateur qui ne s'étendent pas au-delà du quarante-troisième ou quarante-quatrième degré de latitude nord ou sud. Dans les diverses contrées où on les cultive on suit différentes méthodes, ordinairement appropriées au climat, mais qui toutes se rapportent à un petit nombre de principes. Ce sont ces principes que je vais chercher à développer; ils suffiront pour guider ceux qui voudront élever cette plante précieuse.

II. PRINCIPES ET MÉTHODES DE CULTURE DU COTONNIER, *applicables, avec quelques modifications, à toutes les espèces et à tous les lieux.*

J'ai dit quels pays et quel climat conviennent au cotonnier. J'ai fait connoître ses principales espèces ou variétés, avec les avantages et les défauts que chacune d'elles présente. Le choix de celle qu'il convient de cultiver de préférence dépend du lieu qu'on habite, de l'exposition de ce lieu, de la distance où il se trouve des rivières ou de la mer; ce choix dépend aussi de la nature du sol auquel on veut confier la plante, et des moyens qu'on a de le fertiliser par des arrosemens artificiels ou par des engrais. Ce sont en un mot toutes les circonstances locales réunies qui doivent déterminer le colon; il doit sur-tout prendre pour guides l'observation et l'expérience. S'il habite un pays où la culture du cotonnier soit anciennement établie, il s'en tiendra tout simplement à l'espèce qui y est cultivée avec succès, ayant soin d'échanger de temps en temps ses semences avec celles de ses voisins. Mais s'il veut établir cette culture dans une contrée où elle n'a point encore été connue, il fera alors quelques essais de différentes espèces, et les résultats qu'il obtiendra lui feront connoître celle qu'il lui sera plus avantageux d'élever.

§. I. *Choix, préparation et disposition du terrain. Engrais.* Tous les terrains peuvent convenir à la culture du cotonnier, excepté ceux qui manquent d'air, ou qui sont trop élevés, trop humides ou froids. A Malte il vient dans un sol aride et sablonneux. En Egypte et dans l'Arabie pétrée on le sème sur des terrains de sable soumis aux irrigations. Le voisinage de la mer est en général favorable à sa croissance; les vents qui règnent habituellement sur les côtes sont chargés de particules salines, qui aident singulièrement à sa végétation. Les récoltes des cotonniers plantés dans l'intérieur de la Guianne sont moins abondantes que celles des plantations près de la mer. Cependant on cultive cet arbre avec succès dans l'intérieur de la Chine, de la Perse et des États-Unis de l'Amérique.

Le cotonnier ne sauroit croître, comme la vigne, sur les rochers et parmi les pierres. Les racines ne peuvent vaincre ces obstacles; elles se contournent et ne prennent point le développement qui leur est nécessaire. Le pivot, au lieu de pousser avec force, se garnit de filamens. L'arbre souffre, produit moins et vit moins long-temps. Mais il réussit parfaitement dans une terre sablonneuse, légère, très meuble, plutôt sèche qu'humide, et dont les parties ont entre elles un certain degré d'adhérence. C'est celle qui lui convient. Un sol trop substantiel et trop gras le fait croître avec vigueur; mais il donne alors plus de bois que de fruits. Si le sol est trop humide, ses racines ne tardent pas à se pourrir et à être piquées des vers. Les terres volcaniques sont, sans contredit, les plus favorables à la végétation et à la production du cotonnier. Dans celles qui sont composées d'un sable fin mêlé à une suffisante quantité de terre argileuse ou calcaire, et à une certaine portion de détritus de végétaux, il donne du coton de meilleure qualité, en plus grande abondance, et qui parvient plus aisément et plus promptement à une maturité complète. Enfin le cotonnier peut être cultivé avec avantage dans les terrains médiocrement bons, et où il seroit souvent difficile d'obtenir d'autres récoltes.

Comme sa principale racine pénètre à une assez grande profondeur, et que ses racines latérales demandent à s'étendre librement, il faut à cet arbuste une terre meuble et bien divisée, qui, par conséquent, ait été préparée par des labours faits, soit à la charrue, soit à la bêche, suivant la nature et l'étendue du sol ou les moyens du cultivateur. Les labours à la bêche sont préférables; mais dans une grande exploitation ils coûteroient trop. Lorsque le terrain destiné à la plantation des cotonniers est demeuré long-temps en friche, et qu'il se trouve surchargé d'herbes ou de broussailles, on doit réitérer les labours jusqu'à ce qu'il ait été complètement nettoyé. C'est ce qui se pratique dans quelques cantons de l'Espagne. On commence par faire usage de la charrue; on donne ensuite deux ou même trois labours profonds à la bêche. Par ce travail, on purge entièrement le sol des racines et des plantes parasites, ou l'ameublit à sa profondeur convenable, et on en obtient de belles récoltes, qui dédommagent des premières dépenses. Dans les terres en culture, trois labours à la charrue suffisent; l'un à la fin de l'automne, le second au commencement du printemps, et le troisième immédiatement avant de semer. Les deux premiers ouvrent le sein de la terre à l'action de l'air et du soleil et aux influences atmosphériques, et le dernier la dispose à recevoir la semence. Les Chinois suivent cette méthode; ils ont même l'attention d'herser la terre à chaque labour, et ils la fument avant le dernier.

Dans les Antilles, au lieu de labourer entièrement le terrain consacré au cotonnier, on fait de larges fosses convenablement espacées, comme à la distance, par exemple, de quatre pieds sur cinq, ou de cinq pieds sur six, en observant que les arbres soient moins éloignés les uns des autres dans les rangées qui prétent le flanc aux vents que dans celles qui ont une direction contraire; cette disposition rend la circulation de l'air plus égale. Les fosses doivent avoir dix-huit pouces de profondeur et un peu plus d'un pied de large. On doit éviter de leur donner la forme d'entonnoir; car alors les racines qui cherchent la terre meuble se porteroient toutes vers le centre, et s'entrelaceroient de manière qu'en arrachant les plants superflus on endommageroit ceux qui doivent rester.

Le cotonnier peut plus aisément se passer d'engrais que beaucoup d'autres plantes; cependant il est nécessaire de lui

en donner une certaine quantité, si l'on veut obtenir de bonnes
récoltes, sur-tout lorsque le sol est maigre et stérile. Quoique
toute espèce d'engrais puisse être employée avec avantage,
on doit pourtant préférer celui que la nature du sol paroît
exiger. Ainsi, un terrain froid et argileux demande des fumiers chauds, comme ceux de moutons, etc., et réciproquement. En général le fumier léger, pulvérulent et facile à répandre, vaut mieux que celui qui auroit subi une trop grande
fermentation. À la côte de Malabar on conserve les excrémens
humains dans de grandes fosses, où l'on jette du sable et de
la terre légère. On forme avec ce mélange des gâteaux qu'on
laisse sécher, qu'on brise ensuite et qu'on répand en poudre
sur les champs de cotonniers. L'on est aussi dans l'usage sur
cette côte d'inonder les terres pendant quelques mois pour les
améliorer par le séjour des eaux; car les dépôts vaseux formés
par les rivières et les torrens conviennent très bien au cotonnier. Les Chinois regardent comme un bon engrais pour cette
culture les vases mêmes des canaux, fossés et mares; ils emploient aussi le marc qui reste après avoir exprimé l'huile des
plantes oléagineuses, et les cendres de toute espèce, sur-tout
celles des racines, feuilles et coques des cotonniers de l'année
précédente. On doit fumer la cotonnerie à l'époque du premier
labour, ou au moins entre les deux derniers; proportionner la
quantité d'engrais aux besoins du sol, et enterrer le fumier à
une profondeur telle, que les racines des cotonniers, même
les plus longues, puissent avoir une nourriture abondante.

§. 2. *Choix de la semence. Époque et mode de l'ensemencement.* La semence du cotonnier conserve la propriété de germer pendant deux ou trois ans, quoiqu'une grande partie des
graines de coton de l'Amérique la perdent au bout de quelques mois; plusieurs même au bout de quelques jours. Cette
semence ayant une écorce très dure a besoin d'être humectée
avant d'être mise en terre. Elle lève après trois, quatre, cinq
ou sept jours, selon l'espèce. Une légère pluie hâte sa germination; mais une pluie trop longue la fait bientôt périr. Si,
lorsqu'il pleut, elle ne lève pas dans l'espace de sept jours,
on peut être assuré qu'elle est pourrie. Sans pluie, elle peut
se conserver en terre plusieurs mois. Ses parties huileuses, sa
forte écorce et un ou quelques pouces de terre la garantissent
alors suffisamment contre l'impression de la chaleur.

Toutes les semences d'une même plante ne sont pas également bonnes; on rejette celles provenues de capsules qui ont
été cueillies à demi ouvertes, et qu'on a été obligé de faire
sécher au soleil et au four. Souvent même, dans une capsule
bien ouverte, il se trouve des graines qui n'ont point acquis
une maturité complète. On les reconnoît à une couleur moins

foncée ; elles sont tachetées de blanc et ordinairement moins grosses. Ces semences viciées surnagent quand on les plonge dans l'eau. Cependant cette épreuve, appliquée à toutes les graines des cotonniers, n'est pas toujours sûre ; car les espèces, ou très sèches ou enveloppées d'une certaine quantité de duvet, ne plongent point dans l'eau, quoique leur amande ait toutes les qualités propres à la végétation. La meilleure est celle qui est la plus lourde et la plus dure. On doit toujours employer de préférence la graine d'un an, ou qui vient d'être récoltée.

Comme les semences du cotonnier, même après avoir passé au moulin, conservent encore une petite portion de filamens tenaces qui, par leur entrelacement, les font s'agglomérer, pour opérer leur séparation on les mouille, on les saupoudre ensuite de sables, ou de cendres, ou de terre bien divisée, ou de fumier pulvérulent, et on les frotte après les unes contre les autres ; elles se détachent. Sans cette opération, il seroit impossible de les semer comme on le désire et d'une manière égale ; on en perdroit beaucoup, et en germant elles se nuiroient réciproquement.

L'époque de l'ensemencement ne peut être fixée d'une manière déterminée ; elle est nécessairement relative au climat. Dans les pays situés sous la ligne et aux environs des tropiques, on doit semer immédiatement après les solstices soit d'hiver, soit d'été, suivant l'hémisphère qu'on habite, afin que les cotonniers aient le temps d'acquérir une force suffisante pour résister aux grandes chaleurs. Dans les climats moins brûlans, et où cependant il ne gèle point, le temps des équinoxes est le plus favorable. Mais dans les pays tempérés, où les hivers quoique doux se font pourtant sentir, on ne doit confier la graine du cotonnier à la terre que lorsqu'on n'a plus lieu de craindre les gelées, même les plus tardives. C'est ordinairement la fin de mars ou le commencement d'avril pour ceux de ces pays qui se trouvent dans l'hémisphère austral. Ainsi en Espagne, à Ivica, à Malte, dans tout le Levant, à la Chine, sous les latitudes correspondantes à peu près à celle de la Corse ou de Naples, on prend cette époque pour semer ; elle doit être plus ou moins accélérée ou retardée suivant la nature du sol, les températures locales et les saisons qui ont précédé.

On sème le cotonnier de différentes manières, par *fosses*, par *trous*, à *la volée* ou *en rayons*.

J'ai déjà dit un mot de la méthode des fosses qui est exclusivement en usage dans toutes les Indes occidentales ; car je ne sache pas qu'on la retrouve ailleurs. Elle présente, au moins pour ces contrées, plusieurs avantages. D'abord elle est moins dispendieuse que celle des labours entiers, même faits à la charrue ; elle conserve plus de fraîcheur au sol sur lequel les cotonniers sont élevés, point essentiel dans des pays où il pleut rarement, et où la terre est toute l'année échauffée par les rayons d'un soleil brûlant. Si cette terre étoit labourée et ameublie dans toute l'étendue du champ, elle se dessècheroit bientôt, et seroit encore exposée à être enlevée en partie par les vents violents qui règnent dans ces régions. Cette méthode a encore l'avantage d'empêcher les racines du cotonnier de tracer outre mesure, en opposant à leur trop grand développement un sol dur et ferme qui les maintient dans la portion de terre ameublie exprès pour elles, et suffisante à leur nourriture. Il est vrai que dans des fosses trop étroites ou trop peu profondes elles ne pourraient pas non plus s'étendre assez ; forcées alors de se contourner sur elles-mêmes comme si elles étoient enfermées dans un vase, elles seroient privées des sucs nourriciers disséminés sur le sol d'alentour, et souffriroient nécessairement. Voilà le seul inconvénient de la méthode des fosses ; mais il est aisé de le prévenir, en leur donnant les dimensions convenables, et dont j'ai déjà parlé. Après les avoir achevées on les emplit avec de la terre meuble au niveau du sol. Si on laissoit à cette terre trop d'élévation, elle pourroit être emportée avec les semences par de fortes averses ; si elle se trouvoit au contraire au-dessous du niveau du sol, les eaux des pluies afflueroient dans les trous, et pourriroient la graine.

Chaque soir il faut ensemencer les fosses qui ont été ouvertes dans la journée ; il vaut toujours mieux que la pluie soit attendue par la graine que par le planteur. On profite ainsi des premières pluies : on n'a pas à craindre que la graine se pourrisse ; la croissance des mauvaises herbes ne précède pas celle des cotonniers, et le semis n'éprouve aucun retard contraire à son succès. On met dans chaque fosse quatre ou cinq graines à la distance de trois ou quatre pouces, et à la profondeur d'un pouce au plus. Si on les enterroit plus avant, elles seroient privées des influences de l'atmosphère, et germeroient avec moins de facilité. Si elles n'étoient pas assez couvertes, elles courroient risque d'être entraînées par les pluies avec le sol. Il est convenable de semer quatre à cinq graines, afin de pouvoir dans la suite enlever les deux ou trois plans les plus foibles ; et la distance indiquée est nécessaire à la libre croissance de ces plans ; il importe que les premiers qui poussent n'étouffent pas les autres.

La méthode de semer par trous diffère de celle des fosses, en ce que les trous sont creusés à la surface d'un sol qui a été convenablement labouré dans toute son étendue et à la profondeur requise par sa nature et sa situation. Cette méthode est généralement employée à Malte et en Espagne. On fait avec une houe de petits trous peu profonds sur des alignemens disposés en quinconce à la distance de dix-huit à trente pouces, et on jette dans chaque trou quatre ou cinq graines qu'on recouvre d'un pouce et demi ou de deux pouces de terre bien divisée.

Le semis fait à la volée est le plus expéditif de tous. On sème ainsi le cotonnier aux Indes orientales, en Chine, dans le Levant. Mais ce semis présente plusieurs désavantages. Les graines ne sont point enterrées à la même profondeur ; les plants des cotonniers se trouvent à des distances inégales, ce qui en rend le sarclage pénible ; dans leur enfance, il est plus difficile de reconnoître et de soigner chaque plant à travers les herbes qui le cachent et l'étouffent ; quand ils ont besoin d'eau, on ne peut pas l'épandre et la conduire avec précision et économie : enfin la récolte ne se fait pas aussi bien. On sème le cotonnier à la volée à peu près comme le blé. Après avoir séparé les graines ainsi qu'il a été dit, on les répand à pleine main sur la surface du sol, de manière à les faire tomber à des distances convenables et pas trop rapprochées. On les enfouit ensuite avec la charrue ; elles doivent être recouvertes de deux doigts environ de terre. On égalise enfin le terrain soit avec le rouleau, soit avec la herse, et l'on a grand soin de briser les mottes.

Le semis par rayons n'a pas les inconvéniens du précédent ; mais il est plus dispendieux. En Espagne, aux environs de Motril, on suit une méthode particulière. On trace, à la distance convenable et dans un même sens, des sillons coupés par d'autres à angles droits, et à tous les points d'intersection on fait un petit trou dans lequel on jette la graine.

Je ne parle point du semis au plantoir, parcequ'il ne peut être employé que dans les jardins ou les très petites exploitations.

§. 3. *Soins à donner au cotonnier jusqu'à l'époque de sa fructification.* Lorsque la terre est suffisamment humectée et la chaleur assez forte, les semences de cotonnier germent ordinairement dans l'espace de sept à huit jours. Dans un sol trop desséché, elles restent stationnaires, et l'on est forcé d'attendre les pluies. Dans celui qui a une humidité surabondante, au lieu de germer, elles se corrompent. Alors il faut se hâter d'en semer d'autres. A peine le jeune plant se montre-t-il, qu'il est entouré de mauvaises herbes. Il les surmonte d'abord ; mais bientôt elles le devancent, et au bout de quinze jours ou trois semaines, il en est embarrassé. C'est le moment de faire le premier sarclage. A cette époque, la sève se portant aux racines, la tige croît très lentement ; et si elle est étouffée par les plantes parasites, elle cherchera à s'élever, s'étiolera ; la sève sera détournée de son cours ; les racines s'affoibliront, et le jeune cotonnier restera toujours chétif, quelques soins qu'on lui prodigue ensuite.

Il faut répéter ces sarclages très souvent ; car la petite plante a besoin d'une plus grande nourriture à mesure qu'elle croît. Les herbes qu'on a arrachées doivent être portées hors du champ et brûlées. Dans quelques pays on les entasse au pied des cotonniers ; cette pratique est mauvaise ; elles dessèchent leur écorce, empêchent les pluies de pénétrer jusqu'à leurs racines, et elles servent d'asile ou d'abri aux insectes nuisibles. Jusqu'à ce que les jeunes cotonniers aient atteint la hauteur de dix-huit pouces, pour ne point les endommager, on doit les sarcler avec les doigts ou avec une espèce de petite faucille qu'on puisse diriger à volonté. C'est l'instrument que les Espagnols emploient pour cette opération. Au deuxième sarclage, on éclaircira les pieds en arrachant de préférence les plus foibles ; au troisième ils sont encore éclaircis ; les sujets les moins élevés et les plus foibles sont enlevés. Dans cette opération on a soin de ne point ébranler ou casser les racines de ceux qui doivent rester, et on les raffermit sur-le-champ en appuyant le pied sur la surface du sol. Quoiqu'il vaille mieux ne laisser qu'un pied à chaque place ou dans une même fosse, on peut cependant en conserver quelquefois deux sans inconvénient, pourvu qu'ils ne soient pas trop rapprochés, et qu'ils soient d'égale force.

Dans quelques cantons de l'Espagne, et dans quelques îles de l'Amérique, on est dans l'usage de butter les pieds de cotonniers. « Cette méthode, dit M. de Lasteyrie, qui mérite d'être essayée comparativement, peut avoir des avantages, soit parcequ'elle préserve les racines du hâle, qu'elle les maintient dans une plus grande humidité, soit parcequ'elle donne naissance à de nouvelles racines qui servent à alimenter la tige dans les espèces vivaces, lorsque celles-ci commencent à devenir moins productives. » M. de Rohr paroît être d'un avis contraire. « Le buttage, dit-il, porte avec lui de grands inconvéniens. La partie du pied de l'arbre entourée de terre produit, il est vrai, de nouvelles racines au-dessus des anciennes ; mais celles-ci, se trouvant trop enfoncées, sont privées de la pluie et des principes qui dévoient les alimenter ; elles se dessèchent, et finissent par se pourrir lorsqu'elles sont ensuite humectées par des pluies trop abondantes. L'arbre, dépouillé de ses racines, n'existe que par le moyen des filamens formés autour de la partie brûlée ; d'où il suit qu'il périt par l'effet de la sécheresse. L'herbe pousse d'ailleurs avec plus de force sur la butte de terre que dans les autres parties du champ ; et lorsqu'on veut la détruire avec la houe, on découvre et on brise les nouvelles racines. Si, pour éviter cet inconvénient, on laisse croître l'arbre sans sarcler la butte, il ne jouit point alors des influences de l'atmosphère, et il faut chaque année renouveler sa plantation. L'on peut encore ajouter que les pluies d'orage qui surviennent après le buttage entraînent une grande partie de la terre amoncelée ; celle qui reste s'affaisse, et l'arbre se courbe. » Entre ces deux opinions, le cultivateur prudent adoptera celle qui lui paroîtra conforme à ses observations ; car je pense que le buttage des cotonniers peut être désavantageux dans certaines circonstances, et employé avec succès dans d'autres. On doit à cet égard consulter la nature de l'espèce qu'on cultive, celle du sol, et le cours des pluies, des vents et des orages plus ou moins forts et fréquens.

Doit-on pincer les jeunes cotonniers lorsqu'ils sont parvenus à une certaine hauteur, et les ébourgeonner dans la suite ? ou doit-on laisser croître librement leur tige et leurs branches sans les arrêter ? Les cultivateurs diffèrent d'opinion à cet égard. M. de Rohr croit que le pincement est contraire au développement de la plante et à l'abondance de ses produits. Cependant on pratique cette opération avec succès en Sicile, à Malte, en Calabre et à la Chine. Les Chinois ne se contentent pas même de pincer la tige, ils pincent aussi les branches et jusqu'aux grandes feuilles, afin de faire refluer la sève et de forcer l'arbre à se couvrir de fruits. En Espagne, suivant M. de Lasteyrie, on ne pince ni n'ébourgeonne les cotonniers ; mais on les taille à la fin de la première année, et pendant les suivantes. « Cette variété de traitemens, dit-il, donnés à un arbuste qui diffère peu dans ses espèces, tient non seulement à la nature de ces mêmes espèces, mais beaucoup plus encore à la diversité des climats. Il y a des cotonniers qui s'élèvent jusqu'à vingt et vingt-cinq pieds ; d'autres n'excèdent pas deux ou trois pieds. Les premiers peuvent être comparés à nos arbres fruitiers qui demandent à se développer librement, et qui périssent lorsqu'on arrête leur croissance par le retranchement de l'extrémité de leur tige ou de leurs branches. Les seconds, au contraire, participent de la nature des arbustes, qui supportent plus patiemment la taille, et qui souvent en deviennent plus productifs.

« La diversité des climats démontre encore mieux l'exactitude de l'observation qui a porté les cultivateurs à adopter différens systèmes de culture. Lorsque le cotonnier croît sur une terre indigène, il jouit de toutes les facultés que la nature lui a départies, et tous les élémens favorisent sa végétation. Alors ses branches se multiplient à proportion que la tige s'élève ; elles se couvrent de fleurs et de fruits qui parviennent facilement à maturité. Le même arbre, transplanté dans des climats moins chauds, et où par conséquent il ne peut jouir d'une force végétative aussi puissante, tend toujours néanmoins à parvenir aux dimensions que la nature semble avoir déterminées. Il s'épuise à produire des branches, des fleurs et des fruits, et ne trouve plus en lui-même assez de force pour conduire ces derniers à leur maturité complète. Il doit donc être beaucoup moins fécond.

« Les cultivateurs ont observé en effet que le cotonnier abandonné à sa pleine végétation dans des climats où la chaleur n'est pas graduée d'après ses besoins, dépensoit à produire des branches et des rameaux une sève qui, disséminée sur un grand nombre de parties, devenoit insuffisante pour développer et nourrir chaque fruit. Ils ont aussi observé qu'en arrêtant la végétation de la tige ou celle des branches, ils obtenoient moins de fleurs et de fruits; mais que ces derniers acquerroient alors une entière maturité. »

Il résulte de ces observations que dans les climats tempérés le pincement des cotonniers est avantageux. Les mêmes principes peuvent s'appliquer à l'ébourgeonnement. Cependant on ébourgeonne rarement les espèces qui doivent durer un certain nombre d'années. Cette pratique est inconnue en Espagne où le cotonnier vit jusqu'à dix ans, lorsqu'il n'est pas détruit par les gelées, ou par quelques autres accidens. Mais il est indispensable d'ébourgeonner l'espèce dite annuelle, et toutes celles qu'on ne veut conserver qu'un an. Long-temps avant l'ébourgeonnement, et quand la plante est âgée d'environ un mois, il faut avoir soin de retrancher les petites branches latérales qui poussent sur la tige, afin d'obtenir une touffe à la partie supérieure. On répète cette opération chaque fois que les pousses se reproduisent ; et c'est à l'époque où les fruits se disposent à se former qu'on commence à ébourgeonner. On supprime alors l'extrémité des branches, et avec elles les fleurs et les fruits qui n'auroient pas assez de temps pour mûrir avant les froids et les pluies d'automne. La sève qui auroit été inutilement employée à les alimenter profite à ceux qu'on laisse.

Quand on a éclairci les cotonniers, les espaces qui les séparent présentent un terrain bien nettoyé, sur lequel, en attendant que ces arbres aient pris toute leur croissance, on peut cultiver des plantes potagères, ou d'autres petites plantes utiles. Il faut donner l'exclusion à toutes celles qui sont grimpantes ou voraces, à celles qui s'élèvent trop haut, ou qui couvrent entièrement le sol, à celles enfin qui sont sujettes à être attaquées par les chenilles.

L'époque de la floraison du cotonnier varie suivant les pays et les climats. En Espagne il fleurit la première année, quatre mois après qu'il est sorti de terre. Dans la seconde et dans les suivantes, s'il a été taillé, il se couvre de fleurs au bout de trois mois.

Quand la floraison commence, on doit cesser les sarclages. Le moindre mouvement donné aux pieds feroit tomber les fleurs. De ce moment à celui de la parfaite maturité des semences et du coton, il s'écoule ordinairement soixante - dix jours. Dans cet intervalle le fruit mûrit peu à peu. La capsule s'ouvre insensiblement par sa partie supérieure, et ses flocons s'échappent à proportion qu'ils avancent en maturité; de sorte que l'on trouve des capsules à demi mûres qui laissent échapper une portion de coton sec et élastique, tandis que l'autre moitié renfermée dans ces capsules est humide, et ressemble encore à une espèce de bouillie. On conçoit aisément que les capsules ne doivent être cueillies qu'après leur maturité complète, ce qui a lieu lorsque ses valvules sont entièrement ouvertes, et que les flocons ont pris leur développement total. Lorsqu'à l'époque de la récolte il survient un jour de chaleur après de longues pluies, les capsules qui se trouvent alors à demi ouvertes se dessèchent; elles perdent la faculté de s'ouvrir, et le coton se gâte.

§. 4. *De la récolte.* Le rapport du cotonnier, toutes choses égales, est toujours en proportion de la position et direction de ses racines. Plus elles ont été obligées de s'éloigner de la ligne perpendiculaire, moins la récolte de l'arbrisseau sera abondante. Il produira au contraire davantage, si sa racine principale a pu s'enfoncer profondément; et l'arbre se conservera pendant plusieurs années, sur-tout si, à la fin de la première année, on a eu la précaution de couper le tronc près de terre.

Les branches du cotonnier sortent du tronc d'une manière éparse, en ne s'éloignant que de peu de pouces les unes des autres; elles diffèrent en grosseur. Les plus petites ne portent point de fruit, et périssent ordinairement la seconde année, ainsi que les moyennes qui portent peu. Les fortes branches acquièrent une longueur de cinq à sept pieds; les inférieures sont toujours les plus longues et les plus fortes; à mesure qu'elles approchent de la cime elles deviennent plus courbes et plus serrées. Ces branches portent ordinairement un grand nombre de fruits, et c'est toujours le sommet de l'arbre qui en fournit la plus grande quantité.

Lorsque la saison a été favorable on commence à récolter le coton six ou sept mois après qu'il a été semé. Cette récolte peut durer trois mois. Dans quelques pays il y en a deux; la première est toujours la plus abondante. En général on doit régler ses plantations de manière que le semis ait lieu dans un temps humide, pour le prompt développement des germes, et que la récolte puisse se faire dans un mois chaud; car le coton doit être recueilli sec et propre ; l'humidité le feroit fermenter. Sous la zone torride on peut le cueillir en toutes saisons. En Espagne on le cueille depuis les derniers jours de septembre jusqu'au moment où les froids commencent à se faire sentir. C'est l'ouvrage des femmes et des enfans, qui chaque jour vont dans les champs, avec des paniers et des sacs fixés sur les épaules, ramasser le coton qui est suffisamment mûr. Si la plantation est petite, ils recommencent ce travail au bout de quatre ou cinq jours, et seulement toutes les semaines lorsque l'exploitation est considérable. Ordinairement la récolte se fait à trois ou quatre reprises. Le coton de la première ceuillette est plus estimé que celui de la seconde, et-ce dernier plus que celui de la troisième. Les capsules qui ne sont pas ouvertes, et qu'on abandonne aux glaneurs, donnent une quatrième qualité très inférieure employée à des usages communs.

Pendant que le fruit du cotonnier mûrit, avant qu'il n'ait acquis une entière maturité, son calice se flétrit, se sèche et tombe en poussière lorsqu'on le touche. Cette poussière se répand alors sur les flocons et les salit. On doit, pour éviter cet inconvénient, ne point laisser le coton sur l'arbre au-delà de huit jours à dater de sa maturité. D'ailleurs les flocons sont emportés par les vents, se tortillent ou se pourrissent sur la terre par l'effet de la rosée et des pluies. C'est toujours entre le lever et le coucher du soleil qu'il est convenable de recueillir le coton ; on en différera la cueillette d'un ou de deux jours, lorsqu'il aura été mouillé par la pluie, ou lorsque l'état de l'atmosphère l'annoncera. Dans quelques contrées de l'Orient on le cueille avec ses capsules ; et pour empêcher que les feuilles sèches du calice ne se brisent et ne se mêlent aux filamens du coton qu'ils saliroient, on en fait la récolte ou par un temps humide, ou lorsqu'il est encore couvert de rosée ; mais on l'expose ainsi aux funestes effets de l'humidité ; car il est plus difficile de le faire sécher avec le fruit que lorsqu'il en est séparé. La meilleure manière d'en faire la récolte c'est de laisser la capsule adhérente à l'arbre, et d'enlever avec les trois premiers doigts les flocons qui sortent hors des valves, ayant soin de les secouer avant de les jeter dans le sac, si on y aperçoit quelques insectes. Si l'on saisissoit le coton à pleines mains, on enlèveroit souvent la capsule dans laquelle les insectes se trouveroient écrasés. Il faut laisser celui qui est taché ou pourri, lequel ne peut être mêlé avec les bonnes qualités et doit faire l'objet d'une récolte particulière. On doit aussi éviter de casser les branches en les attirant à soi, ce qui feroit avorter les capsules encore vertes qui s'y trouvent.

Dans les plantations où les cotonniers sont rangés en lignes droites la récolte est facile, et aucun arbre n'est oublié ni en-

dommagé ; mais quand ils sont disposés sans ordre , il est difficile de ne pas casser beaucoup de branches par défaut de place,
ou de ne pas laisser quelque arbre en arrière sans en récolter
le fruit. Par cette raison le semis régulier fait en quinconce ou
de toute autre manière doit être préféré au semis fait à la volée.

Dans les pays tempérés où la chaleur n'est pas permanente,
et dans ceux où elle ne dure pas au-delà de l'équinoxe de septembre, dès que les pluies et les froids commencent, on doit se
hâter d'enlever les capsules, qui, sans être mûres et ouvertes,
ont atteint leur grosseur, et qui étant séchées au soleil ou au
four peuvent encore donner un peu de coton inférieur. Quelques cultivateurs, au lieu de détacher ces capsules, les enlèvent en coupant l'extrémité des rameaux qui les portent, et les
font sécher ainsi. Cette méthode peut être employée avec avantage dans les petites cultures.

Il n'est point de production dans le règne végétal qui attire
l'humidité plus promptement et en plus grande quantité que le
coton, et qui la conserve plus long-temps. Une livre de coton sé-
chée au soleil, dit M. de Rhor, et placée ensuite dans une chambre où l'on a mis de l'eau, attire à elle dans une seule nuit quatre onces et demie d'humidité, qu'il est difficile de reconnoître
au tact. Il importe donc beaucoup de placer le coton, après la
récolte, dans un magasin bien sec, jusqu'au moment où il s'agira
de l'égrener et de l'emballer. Les piliers ou poteaux qui soutiennent le magasin doivent être garnis de godets de fer-blanc,
pour empêcher les rats d'y monter ; car ces animaux sont très
friands de la semence du cotonnier.

Avant de parler des travaux qu'exige le cotonnier après la
récolte , je vais faire connoître les accidens et les intempéries
de l'air et des saisons auxquelles cet arbre est exposé dans le
cours de sa végétation, les maladies auxquelles il est sujet, et le
tort que lui font plusieurs inscetes.

§. 5. Accidens et intempéries auxquels le cotonnier est exposé.
Les ouragans, dans les pays chauds, aux Antilles sur-tout, et les
gelées précoces ou tardives dans les pays tempérés, sont les deux
plus grands fléaux des cotonniers. Un ouragan peut détruire
en un moment une plantation entière. Ses résultats plus ou
moins fâcheux se font sentir en raison de la force de résistance
qu'a éprouvée le vent de la part des arbres. Lorsque la plantation a été bien conduite, les jeunes plants sont les moins endommagés ; ils se relèvent en peu de jours ; mais les vieux
arbres que l'ouragan a courbés ne se redressent qu'au bout de
plusieurs semaines ; souvent ils ne se rétablissent jamais. Dans
ce dernier cas on enlève les branches cassées, on retranche
tout le bois endommagé, sans toucher aux parties qui semblent
promettre quelques fleurs. On laisse les vieux arbres en cet

état ; et après la récolte ou les demi-récoltes annuelles, on les recèpe au-dessus des racines, qui produisent par suite de cette opération un ou plusieurs nouveaux jets. L'on a soin de ne laisser qu'une seule pousse ; autrement on n'obtiendroit qu'un buisson foible et sans tronc. Quant aux jeunes arbres on se contente de les tailler.

C'est la gelée qui établit les limites au-delà desquelles la culture du cotonnier ne peut s'étendre ; aussi lui est-elle très redoutable. Au printemps elle détruit la jeune plante : en automne elle arrête la maturité des fruits : en hiver, quand elle est forte, elle fait périr même le cotonnier vivace. Jusqu'à présent on a trouvé peu de moyens d'en garantir cet arbre. Dans la quatrième section de cet article, nous faisons connoître ceux dont on peut espérer le plus de succès.

Les pluies, sans être aussi funestes que les gelées, occasionnent pourtant de grands dommages aux cotonniers. Si, à l'époque des semis, elles sont ou trop fortes ou trop prolongées, elles pourrissent la graine. On n'a alors, comme je l'ai dit, qu'un parti à prendre, c'est de semer de nouveau. Les bourgeons souffrent quelquefois beaucoup des pluies froides, sans qu'on puisse arrêter le mal. Enfin la surabondance des pluies, pendant la floraison, fait tomber les fleurs : plus tard, elle produit le même effet sur les jeunes fruits, ou quand les fruits sont presque mûrs et ouverts elle entraîne sur les flocons une substance colorante qui les salit. Le cultivateur ne peut prévenir ce dommage qu'en hâtant sa récolte lorsqu'il prévoit la pluie, ou en la différant un peu lorsqu'elle est commencée.

La sécheresse est sans doute préjudiciable au cotonnier ; mais dans une terre convenablement préparée il y résiste assez bien. D'ailleurs on peut aisément y remédier, quand on a à sa disposition un courant d'eau. Il est impossible d'empêcher les funestes effets de la grêle et des orages.

§. 6. *Insectes nuisibles au cotonnier.* Cet arbre est attaqué dans tous ses âges par plusieurs insectes ; les vers, les cloportes et diverses espèces de scarabées, pénètrent dans la terre aussitôt que la graine est semée, et en rongent la substance que la germination a attendrie. Les graines échappées à ce premier danger produisent bientôt de jeunes plantes qui, à leur tour, sont exposées à de nouveaux ennemis. Le grillon des champs (*Grillus rusticus*); le crabe de terre (*Cancer ruricola*, Fab.); l'araignée des oiseaux (*Aranea avicularis*, Fab.); la chenille souterraine (*Noctua subterranea*, Fab.), les attaquent tour à tour. Le grillon mord leurs tiges et ronge leurs feuilles séminales. On s'en garantit aisément en transportant hors des plantations les petits tas de pierres et d'herbes qui proviennent des sarclures, et qui servent de retraite à ces insectes. Le crabe se tient dans les lieux bas et peu distans des eaux. Il s'établit souvent dans les champs, et brise avec ses pinces les jeunes plans de cotonniers. On n'est exposé à ses ravages que pendant les trois premières semaines : c'est une des raisons pour lesquelles on met en terre une quantité de graine plus considérable que celle des pieds qu'on veut élever. On détruit ces animaux, dit M. de Rohr, en bouchant leurs trous avec des herbes sèches, tordues légèrement et qu'on enfonce avec un bâton. On leur donne aussi la chasse pour manger leur chair qui est délicate. L'araignée des oiseaux ne se trouve que dans quelques endroits ; elle établit son habitation en terre dans des trous verticaux profonds d'un pied. Ne vivant que d'insectes, pour leur faciliter l'accès de sa demeure, elle coupe toutes les plantes voisines. On la détruit en bêchant la terre et en extirpant les herbes qui recèlent des insectes. On emploie le même moyen pour se débarrasser de la chenille souterraine qui est très goulue. Cette chenille mange toute espèce d'herbes ; mais comme elle est obligée par sa pesanteur de se tenir à terre, elle ne peut atteindre que les feuilles des jeunes tiges encore fort basses ; aussi n'est-elle à craindre pour les cotonniers que dans la première semaine de leur croissance.

Ceux à qui la dent meurtrière des insectes dont je viens de parler a fait grace s'élèvent en trois mois à la hauteur de dix-huit à vingt pouces. Alors, et quelquefois plus tard, deux ennemis redoutables les attaquent de concert ; ce sont l'apaté moine (*Apate monacus*, Fab.), et le poux ou puceron (*Coccus*, Fab.) Le premier est une espèce de ver ordinairement blanc et transparent ; dans son intérieur il offre la couleur du bois qu'il a mangé. Aussi le trouve-t-on tantôt brun, tantôt gris, tantôt rouge. Il n'est blanc que lorsqu'il n'a pas encore mangé suffisamment. Ce ver attaque d'abord l'écorce du cotonnier, puis l'aubier ; il pénètre ensuite dans le bois, s'avançant toujours en spirale. On n'en trouve jamais qu'un seul sur la même branche, dont il dévore la partie ligneuse ; il s'y forme un chancre, et cette branche devient si fragile, qu'elle se rompt au moindre effort du vent. Le seul moyen d'arrêter les ravages de ce ver est de couper et brûler les branches qui en sont attaquées. Si tous les cultivateurs d'un même canton vouloient s'astreindre à cette pratique, on parviendroit peut-être à le détruire entièrement.

Le puceron est encore plus redoutable ; il fait plus de mal au cotonnier qu'aucun autre insecte. Dès qu'il s'y est fixé, il ne cesse de le sucer jour et nuit. Cette succion continuelle dessèche l'arbre et en fait sortir la sève qui ensuite, coulant d'elle même, enveloppe l'animal, de manière qu'il est là comme dans une cellule où il se nourrit abondamment. On voit souvent sur les cotonniers des coccus ainsi fixés en innombrable quantité, et tellement serrés qu'ils sont l'un sur l'autre ; car il suffit qu'ils aient chacun assez d'espace pour pouvoir enfoncer leur trompe dans l'écorce. Cependant, en quelque nombre qu'ils soient, on n'en voit presque jamais sur le côté des branches qui est exposé au vent ; leur corps étant fort léger et d'une grandeur disproportionnée à leurs pieds, le vent les balaie aisément. Il est plus aisé de prévenir que d'arrêter le mal qu'ils font. On écartera les pucerons, au moins en grande partie, si, en formant la plantation, on a soin d'extirper exactement tous les buissons et leurs racines, tous les tronçons où il y a souvent de ces insectes ; si on espace et dispose les cotonniers de manière que le vent puisse circuler librement entre toutes leurs branches ; si, enfin, dans la suite la plantation est toujours tenue nette de mauvaises herbes.

Le cotonnier, vainqueur de cette foule d'ennemis, ne tarde pas à fleurir ; mais les punaises vertes, lorsqu'elles sont en grand nombre, font souvent tomber ses fleurs. Le suc en est aussi pompé par quelques insectes qui s'en nourrissent, tels que la casside pourprée et une espèce de coccinelle. Ces petits animaux, en épuisant les organes de la fructification, retardent la croissance de la capsule, et nuisent ainsi à la quantité des produits.

Les punaises rouges et noires dédaignent les feuilles et les fleurs des cotonniers ; il leur faut un mets plus succulent. Elles attendent que la capsule s'ouvre pour en sucer les graines alors vertes et tendres. Les graines ainsi rongées, n'ayant plus de substance, passent entre les cylindres qui servent à éplucher le coton, s'aplatissent, s'écrasent, et, mêlées avec les excrémens de ces insectes, salissent le coton qui alors est mis au rebut. Quand on cueille les flocons on doit secouer tous ceux où l'on aperçoit de ces punaises ; elles tombent facilement, sur-tout dans un temps sec, parceque l'enveloppe des graines étant alors plus dure, et leur trompe ne pouvant pas la percer, elles s'en détachent sans peine pour aller chercher leur nourriture ailleurs.

Un des plus grands ennemis des cotonniers est, sans contredit, la chenille à coton, (*Noctua gossypii*, Fab.). Elle se jette quelquefois avec tant de voracité sur ces arbres, qu'en deux ou trois jours, et même en vingt-quatre heures, elle les dépouille de toutes leurs feuilles ; elle détruit aussi les fleurs, les capsules encore vertes et les pointes tendres des rameaux ; cette destruction se fait sentir au loin par l'odeur des débris. Ces insectes en moins d'un mois parcourent les différens états de chenille, de chrysalide et de papillon. Après toutes ces métamorphoses ils reparoissent sous leur première forme, disposés à faire de nouveaux ravages. M. de Rohr, qui a mieux observé que personne ces chenilles, dit que, lorsqu'elles se sont introduites dans une plantation , on les voit d'abord sur les arbres qui sont au centre ; on n'en trouve aucune sur les bords , ni même plus avant sur les côtes; c'est qu'elles aiment l'ombre et qu'elles craignent le vent et la pluie. Elles visitent plutôt les plantations où les cotonniers sont trop rapprochés , que celles où ils sont espacés convenablement ; jamais elles ne ravagent celles-ci , quand elles ont été sarclées avec soin.

On doit garantir le cotonnier de la dent des chèvres ; c'est le seul des animaux domestiques qui recherche son feuillage.

§. 7. *Maladies auxquelles le cotonnier est sujet.* Les plus communes sont la *gale* et la *mousse blanche*. La première est , dit-on , produite par des fourmis qui attaquent l'arbre vers la base de la tige. L'écorce alors se gerce et devient raboteuse. Cette maladie fait périr les vieilles plantations où elle règne ; on ne peut l'extirper qu'en coupant les tiges fort près de terre ; de nouveaux jets sortent alors des racines. La mousse blanche n'attaque que les feuilles , et seulement dans les lieux humides et voisins de la mer. On l'attribue aux particules salines que déposent sur la plante la rosée et les brouillards qui en sont imprégnés. Les feuilles plus disposées à les recevoir se couvrent de pustules et d'une poussière qui ressemble à de la farine ; elles se fanent , tombent, et la plante périt. On arrête le mal en coupant les branches infestées , qui sont bientôt remplacées par de nouvelles pousses.

§. 8. *Travaux après la récolte. Taille et émondage du cotonnier.* Aussitôt après la récolte il faut s'empresser de nettoyer la cotonnière , et c'est le moment où dans les pays chauds on doit émonder et tailler les cotonniers de toute espèce. Mais chaque espèce exige une taille particulière. Le *sorel rouge* laisse peu de temps pour cette opération, car il pousse promptement de nouveaux bourgeons. On doit donc se hâter de le sarcler. Ensuite on en retranche tout le bois mort, en coupant un peu dans le vif ; l'incision des branches entièrement desséchées se fait près du tronc. Le *year-round* grossier porte deux fois l'an ; il demande à être taillé après chaque récolte. Ces deux cotonniers produisent moins de bois que ne font plusieurs autres espèces ; et si on les laisse croître librement ils prennent la forme de buisson. En les disposant en arbres, on prolonge leur durée et on les rend plus productifs ; d'ailleurs le binage en est plus facile.

Pour donner à un cotonnier la forme d'un petit arbre , il faut s'y prendre de bonne heure. Dès la première année on retranche toutes les tiges, excepté celle qui paroît la plus vigoureuse ; on coupe également les rejets qui poussent au-dessus des racines , et l'on conserve avec soin les branches qui doivent porter du fruit dans l'année. La récolte terminée on forme

alors sa tige en retranchant tous les rameaux qu'elle porte
jusqu'à la hauteur de dix-huit pouces. Les plaies se cicatrisent
promptement. Les anciennes branches sont remplacées par de
nouveaux bourgeons, qu'on casse au bout d'un mois : ce qui
fait remonter la sève vers les parties supérieures. On répète
cette opération s'il se forme de nouvelles pousses.

Le cotonnier de la Guiane, qui croît dans des terrains marécageux, s'élève de lui-même en arbre. Rarement voit-on
des rameaux au bas de sa tige; ils sont toujours dénués de
fleurs. On doit les rompre pour ne laisser exister que les plus
élevés. La taille de ce cotonnier consiste à couper l'extrémité
desséchée des branches; c'est un véritable émondage.

Le cotonnier indien est une bonne espèce; mais il est sujet
à prendre une forme tortueuse. Ses branches abondamment
productives se ploient, touchent la terre, et le coton qu'elles
produisent se pourrit en grande partie. Il importe donc de
tailler dans sa jeunesse ses pousses inférieures, pour diriger
la force vers son sommet, et pour lui donner la forme d'un
arbre. La propriété de pousser par le bas se manifeste bien
plus sensiblement dans cette espèce et dans celle du cotonnier
couronne de Saint-Domingue que dans toutes les autres, car
les bourgeons repoussent à mesure qu'on les enlève; aussi ces
deux cotonniers exigent-ils un soin particulier, de la part des
cultivateurs, jusqu'au moment où les branches ont atteint une
certaine longueur.

Dans les pays qui ont un hiver, on ne doit tailler les cotonniers qu'à la fin de cette saison, et lorsqu'on n'a plus à craindre les gelées. C'est le moment qu'on choisit en Espagne dans
les royaumes de Valence et de Grenade; on y avance ou
retarde cette opération selon que le printemps est plus ou
moins hâtif. La méthode qu'on suit est particulière à ce pays,
et présente, selon M. de Lasteyrie, beaucoup d'avantages.
Je crois intéressant de la faire connoître d'après lui, à cause
de l'application heureuse qu'on peut en faire aux cultures de
cotonniers déjà commencées dans quelques parties de l'empire
français.

« On exécute cette taille à peu près comme celle de la
vigne. Le cotonnier qui a été semé au printemps de l'année
précédente se taille vers février ou mars, à la hauteur de
trois ou quatre pouces. La tige pousse des bourgeons, et
donne des branches à fruit dans la même année. A la seconde
taille on laisse une ou deux branches de la longueur environ
de trois pouces et demi. Lorsque le cotonnier est plus âgé, on
conserve jusqu'à trois, quatre et même cinq branches dans les
terres fertiles. Les bons agriculteurs d'Espagne n'approuvent
pas cette méthode; ils pensent qu'on ne doit jamais laisser

plus de deux branches. Les nouvelles pousses parviennent dans le courant de l'année à la hauteur de deux pieds et demi à trois pieds, et se trouvent sur une tige qui se maintient dans une grosseur de neuf à treize lignes de diamètre.

« Le cotonnier soumis à la taille vit en Espagne huit à dix ans. Il est dans sa plus grande vigueur pendant les quatre premières années ; et la seconde, la troisième et même la quatrième, sont celles où il produit le plus. La gelée, les insectes et d'autres causes font périr souvent un certain nombre de pieds qu'on remplace chaque année par un nouvel ensemencement. La taille n'a lieu, dans ce pays, qu'après la récolte de la première année. On permet au cotonnier, avant cette époque, de végéter en toute liberté ; et on ne lui fait subir ni pincement, ni ébourgeonnement, ni émondage, ni retranchement de ses fleurs ou de ses fruits. On se contente de cueillir les capsules qui parviennent à maturité.

« Aussitôt après la taille on laboure le sol, on répand du fumier et l'on donne un second travail à la houe avant que la plante ne pousse ses nouveaux bourgeons ; on dispose ensuite le terrain pour recevoir les eaux d'irrigation. On commence à arroser lorsque les cotonniers ont repris leur feuillage, et que l'état du terrain et celui de l'atmosphère demandent ce secours de l'art. Quelques jours après on donne un binage qui a pour but de détruire les herbes que l'humidité a fait naître. Aussitôt que les cotonniers couvrent le sol de leurs rameaux, tout travail doit cesser, même l'irrigation. L'humidité de la terre est suffisante, et l'on n'a plus à craindre la croissance des herbes.

Après la première récolte d'un cotonnier les extrémités de ses branches se dessèchent depuis l'endroit où elles étoient chargées de fruit. L'année suivante il sort de ce même endroit de nouvelles branches.

En général les cotonniers qui ont fructifié pendant plusieurs années dans le même terrain perdent insensiblement leur faculté productive, de manière qu'ils ne portent à la fin presque plus de coton. Il faut renouveler de temps en temps la graine et le sol. »

III. Préparation qu'exige le coton avant d'être livré au commerce.

Les filamens du coton adhèrent à sa graine avec plus ou moins de ténacité. Dans quelques espèces il faut un certain effort des doigts pour les détacher ; on n'y parviendroit point avec des machines sans briser ou les fils ou la graine. Dans d'autres le coton se détache presque de lui-même. C'est pour rendre sa séparation des graines encore plus facile, et sur-tout

pour l'accélérer, qu'on a inventé des moulins consacrés uniquement à cet usage. Cette séparation s'opère de la manière
suivante.

On fait passer le coton entre deux rouleaux de bois, disposés horizontalement l'un au-dessus de l'autre, mus par une
manivelle à pédale, comme le rouet. Un volant est placé sur
l'axe de la manivelle. Ces petits cylindres ont des rainures longitudinales et peu profondes, dont l'objet est d'attirer les filamens qui pourroient se rouler autour d'eux, au lieu de
passer, si leur surface étoit unie. On leur donne un diamètre proportionné à leur longueur et à la grandeur du moulin.
Le moulin se fixe à volonté contre une muraille ou dans
toute autre partie d'une chambre. Il est supporté par quatre
pieds, et garni d'une table sur laquelle l'ouvrier dispose le
coton vis-à-vis les cylindres auxquels il le présente. A mesure qu'il est entraîné les graines tombent par l'ouverture
pratiquée à l'extrémité et le long de la table ; et le coton, s'é-
chappant du côté opposé, va se rendre dans un sac ou dans
une caisse placée au-dessous. Cette machine est la plus simple de toutes pour produire l'effet dont il s'agit ; elle est à
portée de tous les cultivateurs. On en fait usage dans tout
l'Orient, mais elle y est moins perfectionnée. Dans ce pays
l'ouvrier est obligé de tourner sans cesse la manivelle avec
une de ses mains, et n'en a qu'une libre par conséquent pour
prendre et disposer le coton ; aussi n'en nettoie-t-il par
jour que quinze à vingt livres ; tandis qu'avec une pédale et
les deux mains libres, on peut en expédier, dans le même
temps, de trente à cinquante livres.

Le petit moulin dont je viens de parler, se nomme *moulin
à cylindres*. Il est figuré *pl.* 11. La *fig.* 1 représente la vue
perspective de la machine ; la *fig.* 2 le plan du cadre qui comprend une table et des traverses ; la *fig.* 3 indique la coupe
d'une partie de la machine vue en élévation ; et la *fig.* 4 l'un
des montans, avec les coins qui servent à rapprocher les cylindres. Ce moulin est composé d'un cadre, *fig.* 3, AAAA,
d'une table B, d'une traverse DD, parallèle à la table, et de
trois autres traverses EEE, qui portent à l'une de leurs extrémités sur celle-ci, et de l'autre, sur l'un des côtés du cadre.
FFFFF, *fig.* 2, indiquent cinq montans fixés entre la table et
la traverse DD ; ils portent une échancrure dans laquelle
passent les deux cylindres, et sont percés à leur partie supérieure d'une mortoise qui reçoit deux coins, par le moyen
desquels on tient les cylindres plus ou moins rapprochés. On
a représenté, *fig.* 4, l'un de ces montans, avec les coins ; F,
montant ; GG, coins placés dans la mortoise. JK, *fig.* 3, indiquent les deux cylindres, dont l'un se trouve assujetti à

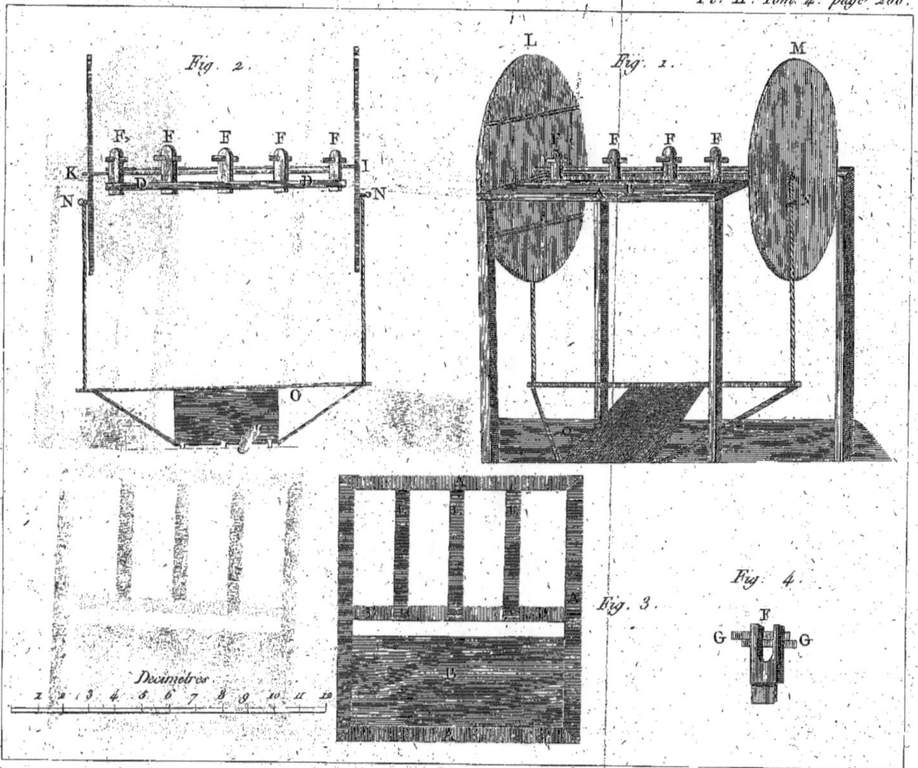
Fig. 2.
F F F F F
K I
D D
N N
O
Fig. 1.
L M
F F F F
Fig. 3.
Fig. 4.
F
G G
Decimetres
1 2 3 4 5 6 7 8 9 10 11 12

Deseve del et direx.

Moulin à passer le Coton.

l'une de ses extrémités dans la roue F, *fig.* 1, et l'autre dans la roue M. On leur donne un pouce, ou un peu plus de diamètre, et on les fait avec le bois le plus dur qu'on peut se procurer. Ils sont tenus à la distance d'une ligne ou environ; on interpose quelquefois de petites pièces de cuir, et on donne plus ou moins de pression aux coins. Les roues LM doivent avoir de deux pieds à deux pieds et demi de diamètre; elles sont faites avec des planches d'un pouce environ d'épaisseur. L'une porte à son centre l'extrémité du cylindre supérieur, et l'autre celle du cylindre inférieur. Ces cylindres tournent avec d'autant plus de rapidité que le diamètre des roues est plus considérable. On fixe à l'extérieur de chaque roue une cheville NN, à laquelle est attachée une corde qui va correspondre à la pédale O.

Lorsqu'on veut mettre la machine en action, on commence par donner l'impulsion aux roues avec les deux mains, et l'on continue en haussant et baissant le pied P qui porte sur la pédale. Les rainures ou cannelures que doivent présenter les cylindres dans toute leur longueur ne doivent avoir que deux lignes de profondeur au plus; si elles étoient creusées plus avant elles romproient les brins du coton, qui en seroient considérablement endommagés.

En Europe on pourroit construire ces cylindres en buis. L'usage des cylindres en acier est établi dans quelques pays; on prétend qu'ils donnent au coton un certain lustre qui lui est favorable; ils sont plus dispendieux, mais aussi ils ont l'avantage d'être plus solides, plus durables, et de pouvoir être montés avec plus de précision. Il est essentiel que les arêtes des cannelures soient bien arrondies; elles couperoient le coton si elles étoient tranchantes. Dans toute espèce de moulin à passer le coton, les deux cylindres doivent être d'une grosseur égale, et disposés de manière que les mouvemens de l'un et de l'autre soient égaux en vitesse.

Il y a des moulins à deux et à quatre passes; ils sont fort en usage à Cayenne. On a construit il y a quelques années à Sainte-Lucie un grand moulin à coton que l'eau met en jeu; elle tombe sur une grande roue perpendiculaire à l'horizon, qui fait mouvoir un cylindre de bois de quarante pieds de long et de vingt pieds de diamètre. Ce cylindre dans sa rotation fait rouler six, huit ou dix moulins semblables à celui que je viens de décrire, au moyen d'une corde dont il est entrelacé, et qui entrelace en même temps d'une manière convenable les petites roues de tous ces petits moulins. L'invention de cette machine est due aux Anglais.

Pour passer le coton au moulin on doit choisir autant qu'il est possible un temps chaud; il se développe alors avec plus de facilité, adhère moins aux semences, et la séparation s'exécute plus promptement. Quelques personnes pensent que cette opération nuit à sa qualité en brisant et ployant ses fils, tandis que l'épluchage à la main les maintient dans leur direction naturelle, et conserve au coton sa beauté, sa finesse et son moelleux. Cela peut être ; mais les avantages qu'on retireroit de cette dernière méthode, suivie, dit-on, dans quelques contrées de l'Inde, ne pourroient jamais compenser la perte de main-d'œuvre et de temps qui en résulteroit si elle étoit préférée à l'emploi des machines ; sans celles-ci il est ajourd'hui impossible de cultiver avec profit le cotonnier en grand.

Au sortir du moulin le coton se trouve toujours mélangé avec une certaine quantité de graines entières ou brisées, et avec des fragmens de feuilles ou de capsules ; il faut le débarrasser de ces ordures qui le salissent et qui en altèrent la blancheur et le qualité. Pour cet objet on se sert, aux Indes occidentales, d'une espèce de serans dont M. de Lasteyrie donne, après M. Rohr, la description dans son intéressant ouvrage *de la Culture du cotonnier*, auquel je renvoie le lecteur. A défaut de cette machine on nettoie le coton sur des draps, sur des claies ou dans des paniers à jour faits de baguettes très rapprochées ; il est étendu et disposé par couches ; on le bat avec des gaules ; on l'agite, on le retourne ; les ordures s'en détachent et se précipitent ; on le retire ; en enlève à la main celles dont il n'a pas été débarrassé.

La dernière manipulation à laquelle le coton est soumis pour être rendu marchand est l'emballage. On met le coton par nappes ou couches dans des sacs de forte toile ; on se sert ordinairement à Cayenne et dans nos autres colonies de celle de Vitré, qui a trois pieds dix pouces de large ; on la coud bien ; un ouvrier entre dans le sac, qui est suspendu en l'air par des traverses attachées à des poteaux ; il foule avec les pieds le coton qu'on lui donne peu à peu ; plus il est pressé, moins il souffre d'avarie dans le transport. Afin qu'il ne remonte pas pendant l'emballage, on entretient le sac mouillé à l'extérieur ; quand il est plein on en coud l'ouverture. Les balles sont de deux, quatre ou six cents livres. Une balle bien faite doit contenir autant de quintaux de coton qu'on a employé d'aunes de toile. En cet état cette denrée est propre pour le commerce et peut être transportée. Il faut avoir soin de laisser aux quatre angles du sac quatre oreilles ou cornes pleines de coton, afin de pouvoir le remuer facilement lorsqu'il est rempli ; on doit aussi, quand on l'emplit, frapper la balle en dehors pour mieux l'arrondir.

L'usage de mouiller le sac pendant l'emballage du coton, pour en assujettir la compression, et pour en réunir une plus

grande quantité sous un moindre volume, est assurément contraire au parfait développement de ses parties sur la carde ; et
quelque séparé et si bien épluché qu'il puisse être, il résiste,
se brise et souffre un déchet considérable. Mais plus de balles
augmenteroient les frais de l'emballage ; de plus grosses balles
rendroient l'arrimage plus difficile. Dans quelques pays, et
principalement dans l'Amérique du nord, on est parvenu depuis quelque temps à donner au coton une compression extraordinaire au moyen des presses, ce qui est d'un grand avantage pour faciliter l'exportation de cette denrée. M. de Pons
dit que les Espagnols de la province de Caracas font, par le
même moyen, des ballots d'un quintal, où le coton est tellement serré, que chaque ballot n'a pas plus de quinze pouces
de long sur dix à douze de large. Ils le recouvrent d'un cuir
de bœuf artistement arrangé, qui met le coton à l'abri de toute
avarie. Le commerce, ajoute M. de Pons, se plaint de cette
enveloppe, parceque le cuir pénétré par l'humidité laisse
échapper une liqueur qui tache le coton, et le rend moins
propre à être mis en œuvre.

Ce seroit ici le lieu de donner un aperçu du produit moyen
qu'on retire d'une plantation en cotonniers, soit aux Antilles,
soit dans le midi de l'Europe ou des États-Unis ; mais les calculs
qu'on pourroit faire à cet égard n'ayant que des données vagues
et incertaines, on ne peut raisonnablement compter sur leurs
résultats ; aussi la plupart de ceux que j'ai trouvés dans les livres
qui traitent de cette matière sont-ils ou fautifs ou exagérés. Je
m'en tiens donc aux généralités. Il est clair que le produit d'une
cotonnière doit varier suivant le climat, le sol, l'espèce de cotonnier, le genre de culture, et les soins donnés à la plantation.
Ce produit ne peut être le même en Europe qu'à la Guiane
et aux Antilles. Sous la zone torride la végétation est si active
qu'on peut y obtenir, dans la même année, deux et jusqu'à
trois récoltes du cotonnier, qui, dans les pays tempérés, n'en
donne qu'une. On calcule qu'aux Indes un pied de bonne espèce et de moyenne grandeur donne communément cinq onces
de coton nettoyé. A Surinam il donne de dix à douze onces.
Dans les autres parties chaudes de l'Amérique, le produit
d'un pied varie, dans les espèces choisies, depuis trois onces
jusqu'à sept ou huit. A mesure que les cotonniers s'éloignent
des tropiques ils produisent moins, toutes choses égales, parceque leur croissance étant relativement plus lente, et la maturité de leurs fruits plus tardive, ils sont soumis à plus de
chances dans le cours de leur végétation, et les variations
continuelles de l'atmosphère rendent ces chances plus hasar-
deuses. Ainsi dans quelque pays qu'une cotonnière soit située,
si elle est établie sur un bon sol, et si elle est bien cultivée,

le bénefice net qu'elle rapportera à son propriétaire sera toujours en raison directe de la beauté du climat et de l'intensité de la chaleur. Dans le même climat, ce bénéfice sera en raison composée du talent du planteur, et de toutes les circonstances favorables au succès de la plantation.

IV. Utilité du coton. *Avantages qu'en retirent l'industrie et le commerce.*

Dans les immenses productions du règne végétal, il n'en est pas une peut-être que l'on puisse comparer au coton pour l'utilité. Un très grand nombre d'arbres, d'arbrisseaux, et d'herbes sur-tout sont consacrés à la nourriture de l'homme. Mais il existe très peu de plantes qui lui fournissent des matériaux pour se vêtir. Parmi celles-ci on doit sans aucun doute placer le cotonnier au premier rang. Le chanvre et le lin qu'on cultive dans les parties froides et tempérées de l'Europe procurent, il est vrai, de grandes ressources à ses habitans pour leur habillement et pour l'entretien de plusieurs arts; mais l'écorce gommeuse de ces herbes exige, pour être transformée en fil, diverses préparations longues et pénibles; tandis que le coton s'offre à l'habitant des deux Indes comme tout préparé par les mains de la nature. La finesse du fil et l'éclatante blancheur de cette bourre soyeuse invitent l'homme de ces contrées à la cueillir, et sollicitent ses soins pour la reproduction et multiplication de l'arbre ou arbrisseau charmant qui la donne. Aussi n'est-il point de plante dont la culture soit généralement plus répandue dans les quatre parties du monde, principalement en Asie et en Amérique.

Non seulement le coton, pour être converti en vêtement, demande moins de préparations, et des préparations moins compliquées que le lin et le chanvre, mais il leur est encore supérieur par la facilité avec laquelle il se prête à tous les genres de travaux auxquels on le soumet. En effet, les tissus de coton peuvent être variés presque à l'infini. La finesse, la légèreté, la douceur et la souplesse de ses fils sont telles qu'on peut les combiner avantageusement avec la laine, la soie, le lin et le chanvre. Ils reçoivent plus facilement la teinture que ces deux dernières matières, et conservent très bien les couleurs qui leur sont données. Les étoffes de coton sont durables; elles réunissent la chaleur à la légèreté; et par cette raison, les vêtemens qu'elles procurent conviennent aux peuples de tous les climats; ces vêtemens sont d'ailleurs commodes et sains.

« Il seroit difficile de décrire, dit M. de Lasteyrie, les différens tissus que l'industrie a su former avec le coton. La mousseline est regardée comme la plus légère, la plus souple, la plus moelleuse et la plus déliée de toutes les étoffes. Celle que l'on fabrique au Bengale est si fine qu'il peut en entrer plusieurs aunes dans une tabatière ordinaire. On raconte que l'empereur Orangzeb, qui occupoit le trône du Mogol au commencement du dernier siècle, ayant remarqué un jour que sa fille étoit vêtue moins décemment qu'il ne convenoit à son sexe, lui en fit des reproches. Celle-ci se disculpa, en disant qu'elle étoit couverte d'une étoffe de coton tournée neuf fois autour de son corps.

« Le basin, le piqué, le nankin, la futaine, le drap et le velours de coton sont des étoffes, solides, et celles dont on fait le plus d'usage. La fabrication des couvertures de coton forme aujourd'hui une branche importante d'industrie. L'on fait aux Indes de grosses toiles de coton pour les sacs, les emballages, et sur-tout pour les voiles de vaisseaux.

« Aucune substance n'est plus propre à la bonneterie ; aussi elle est employée dans la majeure partie des bonnets, des bas, etc., qui se trouvent dans le commerce.

« Les Indiens, les Chinois, tous les Orientaux, et même les Européens établis dans les colonies, n'emploient d'autre linge de corps que celui fait avec du coton. On pense qu'il absorbe plus facilement la sueur que celui de lin ou de chanvre. Il est plus chaud en hiver, et produit jusqu'à un certain point l'effet des flanelles, en ouvrant les pores de la peau. Les femmes de la Crimée, en sortant du bain, s'enveloppent d'une chemise de coton, qui s'imbibe de toute l'eau répandue sur la surface du corps, et qui sèche parfaitement la peau.

« Le linge de table et d'office est fait en coton dans tous les pays chauds ; souvent on le teint en bleu ou en d'autres couleurs, ce qui se pratique également pour les chemises. On a vu à l'exposition de 1806, au Champ-de-Mars, un service de table en coton damassé qui égaloit en finesse et en beauté tout ce qui se fait en lin dans le même genre.

« Les Chinois fabriquent de beaux tapis de coton, dont ils font un commerce considérable. Il seroit à désirer qu'on tentât ce genre d'industrie parmi nous. Presque tous les peuples de l'Asie font leurs papiers avec du coton. Le papier des Persans, dit M. Olivier, est un peu plus épais, un peu moins fin et moins blanc que le nôtre ; mais il remplit bien l'usage auquel ils le destinent ; il supporte bien l'encre ; il retient bien la peinture. On le fabrique avec des chiffons de coton, on le colle bien, et on le lisse d'un côté.

« L'usage de ce papier est bien plus ancien que celui de lin ou de chanvre. Ce dernier ne remonte pas plus haut que le onzième siècle, tandis que les Chinois fabriquent du papier de coton depuis deux mille ans. Ils en font une grande consommation, soit pour l'écriture, l'imprimerie, la peinture et la décoration des appartemens ; soit pour d'autres usages auxquels nous appliquons nous-mêmes cette espèce de tissu. Le papier du Japon et de Corée est composé de la même substance ; ce dernier est extrêmement fort, très lisse et d'une grande dimension ; on l'emploie sur-tout pour la peinture et pour remplacer les carreaux de verre dans les appartemens.

« Les Anglais au Bengale se servent, à l'exemple des Chinois, du papier de coton, non seulement pour écrire, mais encore pour imprimer des ouvrages. L'Europe, qui consomme dans ce moment une grande quantité d'étoffes de coton, peut trouver dans les chiffons qui en proviennent une matière précieuse pour la fabrication des papiers.

« Le coton remplace les fourrures en Chine, et même parmi nous. Une couche de coton, placée entre deux étoffes, conserve en effet la chaleur presque aussi bien que les meilleures fourrures. C'est pour le même but qu'on en fait des couvre-pieds, des robes de chambre, des douillettes, etc. Les Tartares emploient une grande quantité de coton pour rembourrer leurs vestes ou cafetans ; ils destinent à cet usage celui qui est d'une qualité inférieure. On en fait les matelas, les coussins, les sophas, et autres sièges de cette nature, aux grandes Indes, en Perse, et dans presque toutes les autres contrées où la culture du cotonnier est répandue.

« Le fil de coton trouve un emploi dans la couture, la broderie, et sur-tout dans la fabrication des chandelles. Il est préférable à toutes les autres substances pour des mèches.

« Les Turcs se servent de coton pour faire de la charpie au lieu des filamens du vieux linge. Les médecins d'Europe ont prétendu qu'il étoit malsain et qu'il occasionnoit de l'inflammation aux plaies. Il seroit facile de vérifier si l'opinion de nos médecins est mieux fondée que l'expérience des Turcs. »

Tous ces emplois multipliés du coton prouvent combien cette substance est précieuse ; et il ne faut pas s'étonner qu'aussitôt après la découverte des deux Indes, les Européens se soient empressés d'introduire la culture du cotonnier dans leurs colonies, et que depuis ils aient établi chez eux des manufactures de coton. Tout celui qui se consommoit en Europe avant l'expédition de Christophe Colomb venoit des grandes Indes, de la Perse, de l'Asie mineure, et peut-être aussi de l'Arabie et de l'Egypte. La fabrication des étoffes de coton étoit connue aux Indes long-temps avant le commencement de notre ère vulgaire. Les Portugais, qui découvrirent les premiers ces régions, augmentèrent en Europe l'importation de ces tissus, sans pourtant chercher à les imiter. Les Hollandais ayant enlevé aux Portugais la plus grande partie de leurs colonies, continuèrent le même commerce, et établirent en outre dans leur propre pays, vers la fin du seizième siècle, des fabriques de coton, dont l'emploi et la demande alloient tous les jours en croissant. Ce genre d'industrie s'est prodigieusement étendu depuis cette époque ; et maintenant il est en activité dans presque toutes les contrées de l'Europe. Les Indiens n'ont rien changé dans leur manière de procéder depuis deux ou trois mille ans. Ils emploient toujours les mêmes moyens et les mêmes instrumens ; et avec ces instrumens, remarquables par leur simplicité, ils obtiennent des tissus d'une finesse incroyable. Les Européens, moins adroits sans doute dans certains arts que les peuples de l'Inde, mais doués d'un esprit plus inventif, ont eu recours à des machines pour préparer le coton. Le temps, le génie des artistes et le besoin d'épargner la main-d'œuvre ont insensiblement multiplié ces machines, dont on doit l'invention et la perfection aux Anglais. C'est à leur imitation que nous avons établi chez nous depuis peu de temps les grandes mécaniques à filer le coton. Nous possédons plusieurs établissemens de cette espèce, principalement à Rouen. Celui qu'on voit à Chaillot, près de Paris, est un des plus beaux qui existe en France. Au Conservatoire des arts et métiers on forme des élèves destinés à répandre ce genre d'industrie dans tout l'empire. Ainsi nous n'aurons bientôt à cet égard rien à envier à nos voisins.

Loin que les établissemens de filatures de coton soient préjudiciables à la France, comme quelques personnes ont voulu le faire croire, elles ne peuvent qu'accroître au contraire la masse de sa richesse, en ajoutant un bénéfice immense à ceux qu'elle retire depuis long-temps de ses fabriques de coton. Ces deux industries doivent marcher de front et se soutenir réciproquement. Pourquoi achèterions-nous aux étrangers le coton filé, puisque nous pouvons le filer nous-mêmes ? Mais, dira-t-on, les machines à filer et à carder privent de travail un grand nombre d'ouvriers. C'est une erreur. Dans un état bien policé, il n'y a que les paresseux qui manquent d'ouvrage ; et l'expérience a prouvé que l'invention des machines appliquées aux divers usages ou besoins de l'homme est toujours avantageuse à un peuple laborieux, parceque d'une part elle développe son industrie, et que de l'autre elle lui procure les mêmes objets à meilleur marché et de meilleure qualité. Ainsi les étoffes fabriquées avec le coton filé par les machines sont plus belles et moins chères que celles qu'on auroit fabriquées avec le fil de coton obtenu par le rouet ou le fuseau. Par conséquent elles doivent être plus recherchées ; leur prix est plus à la portée du peuple ; la consommation en est plus grande ; la classe indigente est mieux vêtue. D'ailleurs la beauté et le bas prix relatifs de ces étoffes en assurent le débit dans les marchés étrangers, avantage inappréciable pour le commerce, et qui n'a pas peu contribué à enrichir les Anglais aux dépens des autres nations de l'Europe.

Au moyen des machines, on peut employer à filer le coton des femmes, des enfans, des vieillards, même des infirmes, qui sans cela manqueroient d'occupation. En Angleterre le nombre des fileurs de coton est prodigieux, relativement à la population de ce pays. Dans la filature la plus grossière, la matière brute acquiert une valeur double; dans les calibres plus fins, cette valeur est triple, quadruple, quintuple même. Les Anglais ont poussé la filature à un si haut degré de perfection, qu'on a produit chez eux des fils du prix de quinze guinées la livre; ce qui donne un bénéfice de cinq mille neuf cent pour cent. Maintenant si l'on ajoute aux gains qui résultent de la main-d'œuvre du fileur ceux que produit le travail du tisserand, du blanchisseur, du teinturier, de l'imprimeur, du brodeur, etc., qui tous contribuent à augmenter la valeur du coton, on trouvera une masse de bénéfice qui doit faire considérer l'emploi et la manipulation de cette matière comme une source féconde d'industrie et de richesses.

Rien ne le prouve mieux que l'aperçu suivant. Depuis le 1er janvier 1797 jusqu'au 31 décembre 1803, c'est-à-dire dans le cours de sept années révolues, les Anglais ont importé et travaillé chez eux pour 9,645,651 livres sterlings de coton brut. Dans le même espace de temps, ils ont exporté pour 39,618,702 liv. st. de coton filé et ouvragé. Le bénéfice de la main-d'œuvre a donc été de 29,973,051 liv. sterl. dans sept ans; ce qui fait pour profit moyen, chaque année, 4,281,864 liv. sterl., représentant 102,764,736 livres tournois. Remarquez que dans ce bénéfice ne se trouve pas compris celui fait sur les étoffes ou tissus de coton consommés dans les îles britanniques.

A cet aperçu il est bon de faire succéder un court tableau des avantages que la France a retirés, dans ces derniers temps, de ses filatures et manufactures de coton. Ils sont tels, malgré la guerre, qu'ils doivent nécessairement exciter la jalousie de nos ennemis, et nous faire espérer d'égaler, de surpasser même les Anglais dans ce genre d'industrie que le gouvernement français protège aujourd'hui de toutes les manières.

Dans le cours de l'année 1806 il a été importé en France 22 millions pesant de coton de divers pays, lesquels estimés, l'un dans l'autre, à 50 sous la livre, représentent au total une valeur de 55 millions de francs. Tout ce coton ouvragé chez nous a produit, en tissus et étoffes de toute espèce et de tout prix, 251,755,000 francs. Ainsi le profit de la main-d'œuvre, dans une année seulement, a été de 196,755,000 francs; mais il n'y a qu'une foible partie de cette somme qui ait été payée par les étrangers. La même année, les cotonnades de tout genre importées d'Angleterre en France se sont élevées, en poids de coton, à 6,600,000 liv., et en valeur numéraire à 65,000,000 francs. Ainsi les Anglais cette année-là ont fabriqué, pour notre usage et à notre détriment, une grande quantité de coton, et ont gagné sur cette fabrication 58 millions 400 mille francs. Si nous joignons à cette somme celle de 196,755,000 fr., qui représente le bénéfice résultant de notre fabrication, nous trouverons que la France peut gagner annuellement 255,155,000 francs en manufacturant elle-même les étoffes de coton nécessaires à sa consommation. Enfin il est aisé de concevoir qu'en peu de temps ces bénéfices pourront s'élever jusqu'à 500 millions, et même au-delà lorsque la paix permettra à l'industrie et au commerce français de prendre tout le développement dont ils sont susceptibles.

On voit, d'après ces considérations, combien il nous importe de multiplier et de perfectionner nos filatures et nos fabriques de coton, et combien sur-tout il nous seroit avantageux d'avoir en France la matière première. Nous possèderions alors les quatre substances textiles les plus parfaites, et dont l'emploi est répandu sur tout le globe ; savoir, la laine, la soie, le fil proprement dit et le coton.

V. DE LA POSSIBILITÉ D'INTRODUIRE LA CULTURE DU COTONNIER DANS LE MIDI DE LA FRANCE.

L'empire français s'étendant au midi jusqu'au 43e degré de latitude, on peut espérer de cultiver avec succès le cotonnier dans une partie de son territoire. On trouve cette culture généralement répandue dans l'Asie, et elle s'avance très avant dans le nord de cette partie du monde. Les missionnaires français assurent que le cotonnier prospère dans toute la Chine, même dans les provinces les plus septentrionales ; celle de Pécheli, dont Pékin est la capitale ainsi que de tout l'empire, est enrichie de plantations en coton ; et cette province s'étend jusqu'au 41e degré. Le froid y est très vif durant l'hiver. On voit aussi des cotonniers à Hasgar, ville principale des Eleuthes, qui est située sous la même latitude que Pékin. On en voit dans les régions de l'Asie qui avoisinent la mer Caspienne, le Caucase et la mer d'Azof. Gmelin dans son Voyage, t. IV, nous apprend qu'on cultive cet arbuste sur les rives de la Kouma, qui prend sa source au 44e degré de latitude, étend son cours jusqu'au 45e, et se jette dans la mer Caspienne au 44e 50 min. Dans ces contrées le coton se sème à la fin de mars et en avril, et la récolte se fait au mois de septembre.

Suivant le rapport des voyageurs, les hivers des pays dont nous venons de parler sont plus longs et plus rigoureux que dans le midi de la France ; et les chaleurs de l'été, quoique très vives, n'y sont pas plus fortes et plus soutenues. La même température à peu près règne en Perse, où l'on voit les campagnes couvertes de cotonniers. Dans ce pays, dit Chardin, l'hiver commence en novembre, et dure jusqu'en mars, rude et violent ; pendant cette saison il tombe beaucoup de neige sur les montagnes, un peu moins dans les plaines. De mars en mai il règne des vents forts dont le retour se fait sentir en automne comme au printemps. En été, les nuits sont de dix heures, ce qui modère la grande chaleur du jour. M. Olivier remarque dans son Voyage que la plus grande partie de la Perse est très froide en hiver et très chaude en été ; mais si l'intensité de la chaleur pendant la belle saison l'emporte sur celle de nos provinces méridionales, la différence est peu sensible ; et la plus grande longueur des jours chez nous fait une compensation qui doit être favorable à la croissance du cotonnier.

Dans plusieurs contrées du Levant qui produisent du coton, le climat a beaucoup d'analogie avec celui de Toulon et de Nice. Dans quelques unes même les froids sont aussi vifs, sans que les chaleurs soient plus fortes. Telles sont la Macédoine et la Natolie. M. Félix Beaujour, qui a résidé plusieurs années à Salonique en qualité de consul français, s'exprime ainsi à ce sujet dans son *Tableau du commerce de la Grèce* : « Il est certain que le climat de la Provence est plus doux et plus tempéré que celui de la Macédoine. Le voisinage de l'Athos, du Pangée, de l'Olympe, apporte ici de fréquentes variations dans la température ; l'air qui descend de ces hautes montagnes, et qui circule dans les vallées de la Macédoine, y refroidit considérablement l'atmosphère. J'ai vu le thermomètre descendre à Salonique à des degrés où on ne l'a jamais vu à Marseille ; il n'est donc pas douteux que le coton ne pût être mis en culture réglée dans nos départemens méridionaux. »

On récolte du coton au cap de Bonne-Espérance, dont le climat ne diffère pas beaucoup du nôtre. On en récolte aux États-Unis de l'Amérique, non seulement dans les deux Carolines, la Géorgie et les autres provinces de ce pays, voisines du tropique, mais même dans les provinces du nord, jusqu'au 40ᵉ degré de latitude qui, pour le climat, correspond au 45ᵉ degré en Europe, à raison de la différence des températures des deux continens sous les mêmes parallèles. Cette culture a même fait en peu de temps de rapides progrès chez les Américains ; car en 1790 ils n'exportoient que pour cent mille francs de coton, et dans les années 1805 et 1806, ils en ont exporté annuellement pour plus de cinquante millions.

Enfin, d'après le rapport d'Abel Jouan et de Pierre Quequeram de Beaujeu, évêque de Senez, il est constant que la culture du cotonnier existoit en Provence à la fin du 16ᵉ siècle et au commencement du 17ᵉ. Le témoignage de ces deux auteurs est confirmé par J. Bauhin, qui dit que le cotonnier croissoit de son temps (vers 1580) en France, et qu'on l'avoit apporté d'Italie.

On ne peut donc élever un doute raisonnable sur la possibilité d'introduire parmi nous cette culture intéressante. Les heureux essais déjà faits par MM. Mourgues, Fenech et plusieurs autres confirment nos espérances à cet égard. Dès 1790 M. Mourgues a cultivé avec succès, aux environs d'Aix, plus de mille pieds de cotonniers annuels. Depuis, M. Fenech n'a pas été moins heureux; il a planté, en plein champ, près de Toulon, douze arpens de cotonniers; il a fait d'autres plantations dans un jardin de M. Pérot, limitrophe de celui de botanique; et, dans ces deux établissemens, ces arbustes ont prospéré et ont donné un produit abondant. Il a suivi la même culture en Corse, aux environs d'Ajaccio, et il a obtenu un coton soyeux, très beau et susceptible d'une filature très fine. En 1807, les encouragemens donnés par le gouvernement ont excité l'émulation de plusieurs cultivateurs qui ont fait des essais, et qui ont obtenu des résultats assez satisfaisans, quoiqu'ils eussent reçu et semé trop tard la graine de coton.

Malgré ces succès, nous ne devons pas, je crois, nous flatter de pouvoir posséder jamais le cotonnier arbre; j'en dirai bientôt les raisons. Les seules espèces que nous puissions espérer de naturaliser en France sont le cotonnier herbacé, et les deux expèces vivaces, l'une demi-frutescente, l'autre frutescente, qu'on cultive dans les îles d'Ivica et de Santorin. Je doute que le cotonnier du royaume de Grenade puisse réussir dans nos provinces méridionales, même en prenant la précaution de l'enterrer, avant l'hiver, avec tousses rameaux, ou après l'avoir taillé. Il y a sept degrés de différence entre le territoire de Motril en Espagne, où se trouvent les principales plantations de ces arbres, et le territoire de Nice et de Toulon.

Les principes que j'ai développés dans cet article, sur la culture en général du cotonnier, dans les divers pays où elle a lieu, peuvent, à quelques exceptions près, être appliqués avec succès à cette même culture en France. Il faut d'abord choisir la graine, c'est-à-dire ne pas semer indifféremment toutes les graines, quoique bonnes, qu'on aura pu se procurer, mais donner la préférence à celles qu'on aura tirées du pays le plus voisin de celui où l'on se propose d'établir la plantation. Tout le monde sait que c'est par des semis répétés qu'on parvient insensiblement, et de proche en proche, à acclimater une plante étrangère, lorsque par sa nature elle en est susceptible; mais dans les premiers temps sur - tout les chances de succès sont en raison de la différence des températures, entre son pays natal et celui où elle est transplantée. Si cette différence est prodigieuse, et que, par exemple, une graine venue des Antilles soit confiée tout à coup au sol de la Provence, il est clair que la jeune plante qui en naîtra sera plus exposée que si la graine eût été prise en Espagne ou en Italie.

Si le choix de la graine importe au succès de la nouvelle culture dont il s'agit, les soins à donner au semis ne sont pas moins essentiels, pour garantir sur-tout le cotonnier des gelées du printemps et de l'automne; car celles du printemps arrétent le développement du germe lorsqu'elles sont trop prolongées, ou étouffent la jeune plante à sa naissance quand elles sont tardives, et les gelées d'automne s'opposent à la maturité des fruits. On ne peut parer à ces deux dangers que par des moyens artificiels tels que ceux mis, depuis long-temps, en usage pour beaucoup de plantes, comme de semer sur couches ou en pepinière à une exposition convenable et de ne confier le jeune cotonnier à la pleine terre que lorsqu'on n'aura plus à redouter pour lui de jours froids. Il est inutile de parler des soins qu'il exige dans le cours de sa croissance. (*Voyez* la 2ᵉ sect. de l'art.) Quelque suivis qu'ils soient on aura souvent de la peine à le préserver des intempéries des saisons, et peut-être les pluies ou la température trop peu élevée de l'été l'empêcheront-elles de fructifier, comme cela est arrivé l'année dernière (1808) dans toute la Provence. Voilà pourquoi M. de Lasteyrie conseillé de préférer, dans cette culture, les espèces vivaces à l'espèce dite annuelle ; celle-ci ne pouvant jouir souvent dans nos climats d'une végétation assez prolongée pour conduire à maturité tous ses fruits ; il en résulte que les récoltes ne sont pas aussi abondantes que dans les pays favorisés d'un plus haut degré de température, tandis que le cotonnier vivace, poussant de bonne heure et au premier mouvement de la sève, arrive avant la fin du printemps à un degré de force qui hâte et assure sa floraison et sa fructification.

De toutes les espèces vivaces connues, celles qui me semblent devoir convenir le mieux au climat et au territoire de nos départemens méridionaux en-deçà ou au-delà des Alpes, sont le cotonnier d'Ivcia et celui de Santorin, dont j'ai déjà parlé. Les habitans d'Ivica cultivent le premier de la manière suivante. Depuis le milieu de décembre jusqu'en mars ils préparent la terre par quatre ou cinq labours. En mars ils la fument et disposent le terrain pour recevoir les irrigations. L'époque des semailles varie depuis le commencement d'avril jusqu'au milieu de mai. Lorsqu'il ne pleut pas au moment des semailles, ils arrosent le sol aussitôt après avoir semé, et renouvellent l'arrosement tous les quatre jours, jusqu'à ce que le coton commence à lever. Les travaux qui doivent suivre se font comme ailleurs. Les capsules ne commencent à acquérir leur maturité parfaite et à s'ouvrir qu'aux premiers jours d'octobre. Le froid et même les gelées, pourvu qu'elles soient accompagnées de sécheresse, ne leur sont point nuisibles ; l'humidité, au contraire, les fait pourrir. La récolte dure jusqu'au commencement de janvier. Le cotonnier d'Ivica fructifie pendant quelques années ; mais il faut pour cela couper chaque hiver les vieilles tiges à peu de distance de la racine. Cette opération se fait en mars, ou, s'il fait trop froid, en avril. On laboure ensuite le terrain, et on enlève toutes les mauvaises herbes qui ont crû pendant l'hiver.

J'ai dit que le cotonnier arbre ne pourroit jamais réussir en France. Je fonde mon opinion sur les expériences nombreuses qu'a faites M. Tupputi, propriétaire dans le royaume de Naples, ou il possède de grandes plantations en coton. Tous ses efforts pour pouvoir y naturaliser ce cotonnier ont été sans succès ; il avoit conçu d'abord quelques espérances ; mais il s'est convaincu à la fin de l'inutilité de ses essais et de tous ceux qui pouvoient être tentés après lui dans les mêmes vues. Voici comment il s'explique à ce sujet dans un mémoire sur la *culture du cotonnier*, adressé en 1807 à son excellence le ministre de l'intérieur.

« J'avois éprouvé que l'espace d'environ huit mois, accordé par la nature à la végétation dans le royaume de Naples, ne suffisoit pas au cotonnier en arbre planté en pleine terre pour acquérir la force de résister au froid du premier hiver et dédommager par son produit le cultivateur de ses soins et de ses frais. Je crus donc devoir l'élever dans des pots, pour l'en tirer en motte et le placer en pleine terre à l'âge de deux ou trois ans. Ce fut en 1783 que je commençai mes essais. » M. Tupputi entre ici dans des détails intéressans, mais trop longs pour trouver place dans cet article. Je n'en peux donner que l'extrait.

Après avoir semé en mars la graine de coton dans des pots remplis d'une terre préparée exprès, et avoir rendu aux jeunes plantes des soins particuliers et suivis, il eut la satisfaction de les voir en juillet en pleine végétation. Elles passèrent toute la belle saison en plein air, et produisirent au mois d'août quelques fleurs, dont la plupart avortèrent. En novembre les pots furent placés dans une serre. Au retour de la belle saison il les mit d'abord sous un hangar, et vers la mi-avril il les exposa en plein air, après avoir fumé et labouré la terre des pots. Dans le courant d'août de la seconde année tous les arbrisseaux se couvrirent de fleurs. Je tressaillis de joie, dit-il, à l'aspect de leur brillante végétation, et je conçus plus que jamais l'espoir d'acclimater dans mon pays une plante aussi précieuse.

Cette année il fit une récolte aussi abondante qu'on pouvoit l'espérer d'un si petit nombre de plantes. Il laissa les pots en plein air pendant tout le mois de novembre suivant, et il observa que les petites gelées blanches n'avoient que foiblement endommagé les dernières pousses du commencement de l'automne : malgré d'aussi belles apparences il n'osa pourtant pas encore exposer aucune de ces plantes aux rigueurs de cet hiver ; il les fit serrer et gouverner comme l'hiver précédent. En avril de la troisième année, leurs tiges avoient environ deux pouces et demi de circonférence ; elles portoient des branches nombreuses et vigoureuses. Il résolut alors d'en planter six en pleine terre et dans des terres de nature différente. Deux de ces cotonniers ne produisirent pas plus et ne devinrent pas plus forts que ceux qui étoient élevés dans des pots, mais les quatre autres prirent beaucoup d'accroissement et produisirent le double et le triple. Le mois de novembre s'écoula sans qu'ils eussent souffert du froid. Mais ils furent tous plus ou moins endommagés par les gelées de l'hiver, qui cependant, sous la latitude où est la plantation de M. Tupputi, excèdent rarement un degré au-dessous de zéro, thermomètre de Réaumur. Au printemps il s'aperçut que le froid avoit fait périr jusqu'aux racines des pieds qui avoient été placés dans une terre forte ; ceux qui se trouvoient dans une terre légère n'avoient conservé que leurs racines ; les tiges de ceux qui étoient dans un lieu abrité étoient restées intactes jusqu'à la hauteur de deux ou trois pouces. Soutenu par un reste d'espoir, il prit un soin infini de ces quatre pieds pendant toute la belle saison ; mais ils ne produisirent que très peu et ils périrent l'hiver suivant. M. Tupputi a renouvelé plusieurs fois les mêmes essais ; il a planté dans la suite des cotonniers à l'âge de huit à dix ans, et il n'a pas obtenu plus de succès ; d'où il conclut avec raison que puisque le cotonnier arbre ne peut pas être acclimaté dans le royaume de Naples, à plus forte raison ne doit-on pas espérer de pouvoir l'acclimater en France.

Contentons-nous donc de chercher à naturaliser chez nous soit le cotonnier herbacé, soit les espèces vivaces qu'on peut facilement garantir des fortes gelées, comme on en garantit les artichauts et beaucoup d'autres plantes d'origine étrangère. (D.)

COTONNIÈRE. On nomme ainsi les FILAGES dans quelques endroits.

COTTINÉE. C'est le CORMIER dans le département des Deux-Sèvres. (B.)

COTYLÉDON. On appelle ainsi les parties des semences

qui s'offrent les premières à la vue lorsqu'on ôte leur enveloppe extérieure. Dans la plupart des végétaux ils sont au nombre de deux, mais plusieurs familles, parmi celles surtout qui intéressent le plus les cultivateurs, n'en ont qu'un seul, telle que la famille des graminées. Les plantes qui sont appelées acotylédons, c'est-à-dire sans cotylédon, excepté peut-être les champignons et les algues, qui se reproduisent par bourgeons séminiformes, doivent appartenir à cette dernière division ; mais leurs semences sont si petites, qu'on n'a pas encore pu les voir.

Le nombre des cotylédons est le caractère qui a servi à former les premières grandes divisions des végétaux dans les méthodes nouvelles de botanique, principalement dans celle des familles naturelles de Jussieu.

L'observation prouve que les cotylédons sont destinés à fournir au germe, dans les premiers momens de son développement, la nourriture que la foiblesse de sa radicule et de sa plantule ne lui permet pas d'aller encore chercher dans la terre et dans l'air. Ils sont donc de première importance dans l'ordre de la nature. Lorsqu'il n'y en a qu'un, le germe est renfermé dans son intérieur ; lorsqu'il y en a deux, il est situé dans leur intervalle tantôt latéralement, tantôt vers l'une de leurs extrémités, mais toujours ils sont une des parties intégrantes de ce germe ; c'est le grain de blé qui sort de terre après la germination, ce sont les deux corps ovales allongés, aplatis en dessus, convexes en dessous, qui se montrent après la germination des haricots.

Le lobe des monocotylédones, ainsi que ceux des dicotylédones, présentent des différences remarquables dans leur grosseur, leur plicature, leur développement pendant la germination ; mais ces différences sont constantes dans un même genre et peu considérables dans les genres de même famille ; de là vient qu'ils sont un excellent caractère pour l'établissement de ces genres et de ces familles.

Dans quelques plantes les cotylédons ne changent pas de nature après le développement du germe ; mais dans quelques autres il devient une sorte de feuille connue des cultivateurs et des botanistes sous le nom de *feuille séminale* ; enfin, dans le plus grand nombre, il y a en même temps des cotylédons et des feuilles séminales. Dans les uns et les autres de ces cas, au reste, leurs fonctions sont les mêmes, et ils se dessèchent après les avoir remplies.

Il est indispensable pour les cultivateurs d'étudier cet important organe, car son influence est grande sur la réussite des semis qu'ils entreprennent ; en effet Bonnet, et après lui Senebier, ont observé, 1° que si on les coupoit avant la germination, la graine ne germoit pas ; 2° que si on les coupoit avant que la plumule eût une ligne, la plante périssoit; 3° que lorsqu'on la coupoit plus tard, la plante continuoit de végéter, mais qu'elle conservoit toujours une foiblesse en rapport ou avec la quantité retranchée, ou avec le temps où l'opération avoit été faite.

On doit regarder les cotylédons comme des corps spongieux, formés par un réseau de vaisseaux dont les intervalles sont remplis ou par de la fécule, ou par un mucilage, ou par de l'huile. Lorsque la chaleur et l'humidité agissent sur eux, il se fait une nouvelle combinaison de principes ; il se forme sur-tout beaucoup de sucre, témoin le blé, l'orge qu'on fait germer pour en faire de la bière ou de l'eau-de-vie. Il est probable que cette opération chimique a de l'influence sur le développement vital de l'embryon ; mais on ignore le mode de son action. On sait seulement que les semences cornées, c'est-à-dire qui contiennent beaucoup de mucilage, ne germent plus lorsqu'elles sont desséchées, et qu'il en est de même dans les semences huileuses lorsqu'elles sont devenues rances.

La saveur des cotylédons varie beaucoup, mais rarement ils ont de l'odeur.

Ce sont principalement les cotylédons (ou le) qui forment la partie nutritive des semences servant à la nourriture des hommes et des animaux : car rarement l'enveloppe extérieure est épaisse, et encore plus rarement le germe. Je considère ici le périsperme et autres accessoires comme étant une des parties constituantes de ces cotyledons (ou ce).

Voy. pour le surplus au mot SEMENCE et au mot PLANTE. (B.)

COTYLET, *Cotyledon*. Genre de plantes de la décandrie pentagynie et de la famille des succulentes qui renferme plus de vingt espèces, la plupart étrangères à l'Europe et dont une seule est dans le cas d'être citée ici.

Le COTYLET OMBELLIQUÉ a une racine vivace, charnue, une tige (hampe), haute de cinq à six pouces, des feuilles toutes radicales, pétiolées, peltées, épaisses, charnues, rondes, un peu concaves et glabres ; les fleurs blanches, disposées en grappes et pendantes au sommet de la tige. Il croît naturellement dans les parties méridionales de l'Europe, sur les roches humides, les murs exposés au nord, et fleurit au commencement de l'été. Sa saveur est visqueuse et insipide. On l'emploie comme émollient. (B.)

COU. MÉDECINE VÉTÉRINAIRE. Nous comprenons ici sous ce nom l'encolure, le cou proprement dit, et le gosier.

L'encolure en forme la partie supérieure, et est garnie des crins ou de la crinière.

Quant à sa conformation extérieure, *voyez* ENCOLURE. Le

cou proprement dit en est la partie moyenne. C'est de cette partie que sort l'encolure: le gosier en est la partie antérieure, et s'étend depuis le dessous de la ganache jusqu'à l'entre-deux des épaules.

Le cou est exposé à l'enflure et à la fistule : l'enflure est occasionnée par le frottement réitéré du collier, du joug et autres corps durs, les coups donnés avec violence sur le cou, les piqûres faites avec des instrumens mécaniques, et par les morsures venimeuses de quelque animal.

Si l'enflure est récente, on doit la frotter avec de l'eau salée : si au bout de quelques jours, malgré ces remèdes, l'enflure ne paroît pas diminuer, il faut saigner l'animal à la veine du plat de la cuisse, pour s'opposer à tout ce qui pourroit affecter la trachée artère, les artères carotides et les veines jugulaires, dont l'inflammation, quelque médiocre qu'elle pût devenir, mérite la plus grande attention ; appliquer ensuite sur l'enflure des étoupes imbibées d'un mélange d'eau-de-vie et d'eau commune ; donner pour nourriture à l'animal du son humecté, et pour boisson de l'eau blanche. Par ce traitement on évite la suppuration ordinairement fâcheuse, lorsqu'elle intéresse le tissu cellulaire des muscles du cou.

L'enflure du cou qui vient à la suite de la morsure d'une bête venimeuse exige un traitement analogue et particulier. *Voyez* Morsure.

La seconde maladie qui affecte le cou est la fistule. Elle est occasionnée lorsque le maréchal, peu instruit ou maladroit, en saignant un cheval ou un bœuf, pique, avec sa lame, sur une valvule. On remarque alors à l'endroit où la saignée a été pratiquée une élévation en forme de cul de poule, on observe un petit point rouge. C'est ce que nous appellons *fistule*.

Pour s'assurer encore mieux de l'existence de la fistule, le chirurgien vétérinaire doit se servir de la sonde. La sonde cannelée introduite dans le trou du cul de poule, il sondera la veine dans toute l'étendue de la tu meur. C'est le vrai moyen de faire évacuer la matière qui y est contenue, et la lymphe qui y séjourne. Il prendra garde de ne pas pousser la sonde au-delà de la petite tumeur, de crainte d'occasionner une hémorragie qui pourroit avoir lieu, d'autant plus que la saignée auroit été pratiquée près des glandes parotides, d'où les veines jugulaires partent ; ce qui seroit un obstacle à la ligature. La veine étant donc ouverte dans sa portion dure et tuméfiée, il fera sortir les couches de lymphe qui peuvent s'y trouver ; il passera aux bords de la peau deux ou trois cordons, pour maintenir l'appareil ; après quoi il introduira dans le haut de la veine et ses parois de petits plumasseaux chargés de digestif simple, qui seront maintenus par des plumasseaux secs, placés par-dessus, comprimés et contenus par les cordons passés au bord de la peau. L'escarre étant tombée au bout de quelques jours, il suffit, pour terminer la cure, de laver deux fois le jour la plaie avec du vin chaud. Il faut bien se garder, à l'exemple de plusieurs maréchaux de village, d'appliquer des boutons de feu sur le cul de poule : l'expérience prouve qu'un ulcère sinueux, tel que celui dont il s'agit, ne doit être ouvert qu'avec l'instrument tranchant ; que le bouton de feu ne peut jamais assez ouvrir la plaie ; qu'au lieu de conserver la peau, qui est essentielle et nécessaire, il ne tend, au contraire, qu'à la détruire ; et qu'en un mot, le feu rendant la chute de l'escarre plus tardive, la maladie devient conséquemment plus longue. (R.)

COU DE CHAMEAU. Nom vulgaire du NARCISSE DES POETES. (B.)

COUACS. Espèce de FAUX. *Voyez* ce mot. (B.)

COUALLE. Synonyme de montagne dans le département du Var. (B.)

COUCHADIA. Nom des provins dans le Médoc. (B.)

COUCHE. Amas de substances organiques disposées par lits plus ou moins épais, et susceptibles d'acquérir par la fermentation, et de conserver une chaleur propre à provoquer la végétation, et à l'accélérer dans les différentes saisons de l'année.

Les couches peuvent être composées de substances animales ou de substances végétales, employées séparément ou mêlées ensemble dans diverses proportions, suivant l'objet qu'on se propose, ou le plus ou moins de facilité qu'on rencontre à se procurer ces substances.

Parmi les matières animales dont on peut faire des couches, les plus abondamment répandues sont la poudrette, la colombine, le crottin de mouton, le fumier de vache, de porc, de cheval, la gadoue, etc. Toutes ces substances sont singulièrement actives ; elles fournissent par la fermentation une chaleur très vive et souvent trop forte pour les végétaux ; aussi ne les emploie-t-on que mélangées avec des matières végétales, ou lorsqu'elles sont dans un état de décomposition qui approche de la nature du terreau.

Les substances végétales propres à la fabrication des couches sont, 1° les feuilles des arbres qui se dépouillent chaque année, et particulièrement celles qui se décomposent aisément ; 2° les tontures des palissades, sur-tout celles des buis ; 3° les fanes vertes des plantes herbacées et succulentes ; 4° les tiges sèches et les chalumeaux des graminées ; 5° les balles et les criblures des semences céréales ; 6° l'écorce broyée de certains arbres qui a servi à tanner des cuirs ; 7° toutes les sciures de bois et les menus copeaux; 8° et enfin, les marcs des fruits, du raisin, des pommes, des olives, etc. Toutes ces substances amoncelées séparément, et humectées convenablement, sont susceptibles de fermenter et de fournir plus ou moins de chaleur, quelquefois même une chaleur assez forte, plus égale dans sa progression, mais en général moins durable que celle qui est produite par les matières animales.

Quoique toutes ces matières animales ou végétales soient propres à former des couches chaudes, on ne les emploie presque jamais séparément à cet usage; on les mêle communément, suivant différentes proportions, le plus souvent même on ne se sert que du fumier de cheval, parcequ'il est le plus commun dans le voisinage des grandes villes, et le moins coûteux. Composé de matières animales et de substances végétales, mêlées dans une assez juste proportion, il est susceptible, à l'aide d'un certain degré d'humidité, de fermenter et de produire une chaleur dont on peut encore augmenter la force en proportion de son volume.

Ce fumier se distingue en deux sortes : la première, qu'on appelle fumier long, n'est que de la paille de froment qui, après avoir servi de litière aux chevaux pendant vingt-quatre heures, se trouve imprégnée d'urine et de crottin; la seconde est connue sous la dénomination de fumier court, de fumier moelleux, ou de fumier de fiacre; c'est celui qui a servi pendant cinq ou six jours de litière aux chevaux, et qui par conséquent est plus trituré que le premier, et mélangé d'une plus grande quantité d'urine et de fiente.

La première sorte, ou le fumier long, ne peut être employée à la fabrication des couches sans préparation; on est obligé de l'amonceler, de l'imbiber d'eau à plusieurs reprises, et de le remuer de temps en temps pour le faire entrer en décomposition; on le mélange ensuite avec du fumier de vieille couche, dans différentes proportions, suivant l'objet qu'on se propose.

Le fumier court, au contraire, peut être employé sortant de l'écurie; il n'a pas besoin d'autre préparation que d'être mêlé avec une certaine quantité de fumier long, tant pour modérer l'intensité de sa chaleur et la faire durer plus long-temps, que pour rendre les couches plus solides.

Les couches, formant une des parties les plus intéressantes du jardinage, sur-tout dans le nord de la France et de l'Europe, on leur consacre ordinairement dans les jardins une portion de terrain où elles puissent être rassemblées, tant pour les mettre à portée d'être surveillées par le même cultivateur, que pour leur donner la position la plus favorable.

Dans les jardins potagers, on choisit pour l'emplacement des couches un terrain de nature sèche; s'il est froid et humide,

on le dessèche en donnant de la pente aux eaux, et en le couvrant d'un lit de plâtras, de gravier ou de sable, qui facilite
encore l'écoulement des eaux; la forme la plus convenable est
un carré long incliné du nord au sud, dans la proportion de
trois à six pouces par toise, exposé au plein midi, et abrité du
nord par un mur, une futaie ou une petite colline. Le reste du
terrain doit être circonscrit par des murs élevés de quatre
pieds au moins au-dessus du niveau du terrain; si on peut leur
en donner sept, ils n'en vaudront que mieux. Il est aussi très
essentiel que le carré des couches soit à portée d'un chemin
charretier, pour que les voitures qui transportent le fumier
puissent y arriver commodément. Cette précaution, qui facilite
le travail, économise beaucoup de temps pour les charrois à
bras.

Il est nécessaire ensuite que le carré des couches renferme,
1° des réservoirs d'eau, distribués à différentes places, pour
subvenir aux arrosemens journaliers et abondans que néces-
site la culture des couches pendant une grande partie de l'année. A cet égard, nous remarquerons qu'il faut que cette eau
soit de bonne qualité, qu'elle puisse dissoudre aisément le savon, et par conséquent qu'elle ne soit point du tout séléniteuse,
parcequ'étant destinée à des plantes tendres et délicates, elle
nuiroit à leur végétation pour peu qu'elle contînt des matières
séléniteuses ou minérales; 2° il faut que ce même carré soit
pourvu de châssis de différentes espèces pour les légumes de
primeur, et de baches pour la culture des ananas, si c'est un
grand jardin; 3° il doit renfermer des couches à cloches pour
varier les chances dans la culture des melons, et pour faire les
semis des salades, de plusieurs sortes de légumes et des fleurs
d'ornement; 4° des couches nues pour les raves de primeur et
les repiquages des laitues délicates et printanières; 5° des couches sourdes pour les concombres et les melons tardifs; 6° un
hangar pour serrer les châssis, les cloches, les pots, les paillassons et autres ustensiles nécessaires à la culture des couches
pendant le temps qu'ils ne servent pas; 7° on doit encore trouver dans le carré des couches un emplacement pour l'approvisionnement des fumiers, des terreaux et des terres dont on
doit avoir toujours sous la main une bonne quantité; 8° et enfin, on doit y ménager une demi-douzaine de planches, formées par égales parties de terre de potager et de terreau consommé, pour la culture des fruits légumiers, moins délicats
que ceux qui exigent les couches, mais qui ne sont pas assez
rustiques pour prospérer en pleine terre dans le potager.

La distribution de ces différentes sortes de couches, de châssis et de plates-bandes, n'est point indifférente pour le succès
des cultures, ni pour l'agrément de cette partie intéressante

des jardins; il convient donc de placer en première ligne, et
sur le mur du fond qui est dirigé de l'est à l'ouest, les grands
châssis destinés à la culture des arbres fruitiers, tels que les figuiers, les vignes et autres arbres pour lesquels on est obligé
d'employer le secours des couches et des châssis; soit parceque
leurs fruits ne pourroient pas mûrir par le défaut de chaleur du
climat, soit seulement pour en hâter la maturité dans les pays
plus favorisés de la nature. A huit pieds, au moins, et à douze
pieds, au plus, de la première ligne, on établira les châssis ou
baches destinés à la culture des ananas et des petits arbres fruitiers cultivés dans des pots ou dans des caisses. La troisième
ligne, formée avec les châssis à hauts bords, à la distance d'environ dix pieds de la seconde, sera employée à la culture des
pois, des haricots, des asperges et autres légumes d'une certaine hauteur, qu'on veut obtenir de primeur. Sur la quatrième
ligne, et à cinq pieds environ de la troisième, seront placés les
châssis plats propres à la culture des melons, concombres,
pastèques, fraisiers, etc. Comme cette sorte de châssis est celle
dont on fait le plus d'usage dans les jardins, on en multiplie
les lignes en proportion de la consommation du propriétaire du
jardin, et on ne laisse entre elles que la distance nécessaire pour
faire les réchauds et pour les renouveler lorsqu'il est nécessaire. On établit en cinquième ligne les couches destinées à recevoir les cloches de verre. Celles-ci peuvent n'être séparées de
la ligne précédente que par une petite allée de cinq pieds, et
si l'on forme plusieurs rangs de couches semblables, on ne laisse
entre elles qu'un intervalle de vingt ou vingt-quatre pouces,
qui suffit pour faire les réchauds et les renouveler. Ces couches
sont plus particulièrement destinées aux semis de légumes
printaniers, qu'on repique ensuite en pleine terre; cependant beaucoup de jardiniers légumistes s'en servent pour
cultiver des salades de primeur, des melons, des concombres, etc. Les couches nues, destinées à la culture des petites
raves, aux repiquages des plantes élevées sous cloches ou
sous châssis, forment la sixième ligne. Leur nombre doit
être proportionné aux besoins de la cuisine à laquelle le potager est destiné. Il n'est pas nécessaire de laisser entre elles plus
de distance qu'entre celles du corps des couches qui les précède et qui les suit. Ce septième corps, ou lignes de couches,
est composé de ce qu'on appelle les couches sourdes; ce sont
des couches enterrées aux deux tiers de leur épaisseur, au-dessous du niveau du terrain. Elles servent à la culture des melons destinés à succéder à ceux qui sont cultivés sous les châssis et sous les cloches, au repiquage des plants de fleurs d'automne délicates, telles que les amaranthes, les tricolors, les
balsamines, les tagets, etc. Viennent ensuite, en huitième li-

gne , les plates-bandes ou planches , mi-parties de terre de jardin et de terreau de couche. On donne à ces planches cinq pieds de large , et aux sentiers qui les séparent quinze à dix-huit pouces. Elles servent à la culture des giraumonts , des courges , des potirons et même à celle de quelques espèces de melons, telles que le melon de Coulommiers, de Honfleur, et aux concombres de l'arrière-saison. Le dépôt des fumiers et celui des terres préparées trouvent aisément leur place dans les deux angles qui forment le carré des couches sur le devant. Ces endroits sont masqués en partie par des palissades de thuyas ou d'arbres qui se dépouillent , et le reste de l'espace est occupé par le hangar destiné à resserrer les ustensiles de culture dans les temps où ils ne servent pas. Enfin , entre le hangar et le mur de clôture du fond du côté du midi, et entre le dépôt des terres et des fumiers, on ménage un emplacement pour les couches ou meules à champignons; cette position, en partie ombragée par le mur , et en partie exposée au midi , convient à la culture de ces plantes éphémères pendant les trois principales saisons de l'année : l'hiver , on construit ces couches dans des caves ou dans des lieux abrités des injures de l'air et des grands froids. La distribution des différentes lignes que nous venons d'indiquer convient aux carrés des couches de tous les jardins légumiers de quelque importance ; elle facilite les moyens de mettre de l'ordre dans les cultures , de les soigner plus exactement , et enfin elle présente un ensemble aussi agréable à l'œil qu'utile à la culture. Cette distribution est celle que l'on suit aussi dans les grands jardins de botanique ; mais , comme les cultures y sont plus variées , il est nécessaire d'y ajouter plusieurs fabriques , et d'y réunir plusieurs ustensiles dont on peut se passer dans les autres sortes de jardins, tel qu'un petit pavillon composé d'une cave , d'une pièce au rez -de- chaussée , et d'une chambre au-dessus, avec un grenier , sur le comble duquel on place une girouette.

La cave sert à renfermer et à tenir sous la main du cultivateur les pots, les terrines, les caisses à semences, les brouettes, les baguettes nécessaires pour faire des tuteurs aux jeunes plantes, les osiers, les joncs et les nattes propres aux palissades , la mousse fraîche destinée à couvrir le pied de certaines plantes, ou à les emballer.

La pièce du rez-de-chaussée sert à faire les semis en pots , qui doivent être placés sur des couches ou sur des châssis , et qu'on ne peut faire également en plein air ; tant parceque le vent emporteroit souvent les semences en les enlevant de dessus les pots, que parcequ'on seroit obligé , dans les temps de pluie, d'interrompre une opération qui doit être faite de suite , et sans interruption , afin de pouvoir profiter du juste degré de chaleur des couches. Cette pièce sert encore à faire les boutures des plantes étrangères qui doivent être dans des pots, des terrines ou des caisses, et que l'on place ensuite sur des couches : c'est aussi dans cette pièce abritée du hâle, et dans laquelle on entretient un air chaud et humide, que l'on fait les repiquages et les séparations des jeunes plantes que l'on met dans des vases, et auxquelles le grand air pourroit être nuisible ; enfin on y greffe et l'on y marcotte les jeunes arbrisseaux rares qui se cultivent dans des pots, on les y laisse séjourner le temps nécessaire pour avoir celui de préparer les couches et les châssis qui doivent accélérer leur reprise ou leur végétation.

L'ameublement de cette pièce consiste, 1° en une grande table de six à sept pieds de long sur quatre de large, éclairée par une croisée, et adossée à un des murs latéraux. Cette table, soutenue par deux tréteaux, doit être exhaussée au-dessus du sol d'environ quatre pieds et demi pour être à la hauteur de la main du cultivateur et très rapprochée de sa vue. Elle doit être partagée, dans sa longueur et dans les deux tiers de sa largeur, en quatre compartimens adossés au mur, dans lesquels on met les quatre sortes de terre les plus usitées pour les semis et les repiquages. Le premier sert à mettre la terre franche ; le second, la terre à semis ordinaire ; le troisième, la terre à semis mélée par égales parties de terreau de bruyère, et le quatrième le terreau de bruyère pur. Toutes ces terres, lorsqu'on les destine à recouvrir les semis, doivent être passées au tamis fin avant que d'être disposées dans les compartimens ; celles qui servent au repiquage ou au rempotage n'ont besoin que d'être passées au crible de fer.

La seconde pièce de l'ameublement de la serre est une armoire fermant à clef, et garnie intérieurement de ses tablettes pour y déposer les catalogues des semis, le journal du jardinier, les numéros de plomb, les étiquettes de bois, de parchemin ou de fer, les sacs de papier pour la récolte des graines, le fil de fer ou de laiton pour les ligatures des marcottes ; les pelottes de laine grasse, qui sert aux greffes ; les serpettes et les couteaux pour séparer les mottes des jeunes plantes ; de l'encre et des plumes, et autres menus ustensiles nécessaires et d'un usage journalier dans cette partie du jardin. A la suite de l'armoire, et dans tout le reste du pourtour de la pièce, seront posées des tablettes pour recevoir les diverses espèces de terrines, les pots de toutes les dimensions, les entonnoirs ; enfin, dans cette même pièce, seront quatre baquets assez grands pour contenir les terres nécessaires au remplacement de celles des compartimens de la table, à mesure qu'ils se vident.

La chambre du premier étage servira de logement au garçon qui prend soin des couches. Comme il doit veiller nuit et jour à leur culture, et que d'ailleurs le travail journalier d'un carré de couches un peu considérable exige souvent plus d'une personne, il est à propos qu'il y ait au moins un garçon qui soit logé sur le lieu de son travail. Cette chambre doit renfermer des armoires grillées, avec leurs tiroirs à compartimens, pour recevoir les oignons des plantes liliacées qu'on lève de terre pendant l'été, et qu'on y dépose jusqu'à l'époque où il convient de les replanter; ensuite un coffre pour y resserrer tous les numéros en plomb des plantes annuelles, à fur et à mesure qu'on les plante en pleine terre, et les cordeaux, bêches, fourches et autres outils et ustensiles du garçon jardinier,

Le grénier, qui est la dernière pièce du pavillon des couches, sert à éplucher les graines; il faut qu'il soit bien aéré : les murailles de cette pièce, ainsi que le plafond, doivent être garnis de clous à crochets pour y attacher les paquets de plantes dont les graines ont besoin de rester dans leurs fanes pendant un certain temps pour acquérir leur parfaite maturité. D'ailleurs ce lieu est un dépôt pour les planches, les caisses à semis et à emballage, dont on a toujours besoin dans une culture un peu étendue.

Les carrés des couches, dans des jardins de botanique, doivent contenir encore de plus que ceux des jardins légumiers, des brise-vents, ou des abris contre le soleil, pour faire reprendre, à l'air libre, les jeunes plantes de pleine terre ou d'orangerie, qu'on repique dans des pots. Les brise-vents s'établissent dans la largeur des carrés, et sont orientés de l'est à l'ouest. On les construit en roseaux, en paille, en palissades vives d'arbres qui se depouillent et qui ne tracent pas; mais les meilleurs et les plus agréables sont ceux formés avec des thuyas de la Chine. *Voyez* ABRIS et BRISE-VENTS. Il faut avoir soin que ces sortes de rideaux ne soient pas très rapprochés les uns des autres, pour que l'air puisse circuler aisément, et ne s'échauffe pas trop; on ne peut guère mettre entre eux moins de huit pieds d'intervalle, sur-tout s'ils ont sept pieds de haut; on pourroit même étendre la distance jusqu'à dix pieds sans inconvénient.

Quelques bouts de planches de terreau de bruyère, orientées au levant, au couchant et au nord, doivent trouver place dans le carré des couches des jardins de botanique, ainsi que des portions de couches nues et à châssis pour le semis des graines et les boutures de plantes dont la réussite exige ces diverses expositions. On trouvera aisément à les placer le long des murs latéraux du carré, et au pied du mur du devant, sur la face dirigée au nord; mais une chose plus essentielle, et qui cependant se rencontre rarement , est un petit marais artificiel.

On pourroit au pied d'un mur ou d'un brise-vent sec, et à l'exposition du nord, pratiquer une plate-bande renfoncée en forme d'auge , et corroyée de manière à contenir l'eau que l'on tireroit du trop plein d'un bassin supérieur, et qui, en arrivant par un des bouts de la plate-bande, s'échapperoit par l'autre extrémité, en laissant dans toute l'étendue de l'auge une nappe d'eau d'environ cinq pouces de profondeur. Ce marais seroit excellent pour faire lever les graines extrêmement fines des plantes , des arbres et des arbustes étrangers , telles que celles des orchis, des joncs, des lobelies, des millepertuis, des andromèdes, des airelles, des bouleaux , et autres plantes aquatiques. Ces semis, faits comme à l'ordinaire dans des pots ou terrines, seroient placés au fond de l'auge , dont on auroit soin de renouveler l'eau fréquemment pour l'empêcher de se corrompre; cette méthode remplaceroit avantageusement l'usage dans lequel on est de mettre les semis dans des terrines, où l'eau , étant en petit volume et toujours stagnante , se putréfie très promptement , et nuit à la germination des graines.

Enfin, le carré des couches des jardins de botanique doit renfermer une certaine quantité de planches de terre, de différente nature , pour le repiquage des plantes étrangères, délicates et annuelles , dont on veut se procurer d'abondantes récoltes de graines ; ces planches, auxquelles on donne cinq pieds de large, doivent être placées en avant des dernières couches , et séparées par des sentiers de trente pouces.

Construction des couches. La construction des couches varie en raison des différentes substances dont on les compose, de l'usage auquel on les destine , et des saisons dans lesquelles on les fait; cependant ces constructions peuvent être rangées sous deux grandes divisions qui comprennent toutes les espèces de couches les plus usitées en jardinage dans notre climat.

Sous la première division, à laquelle on peut donner le nom de COUCHES BORDÉES, se rangent naturellement les *couches nues*, les *couches à cloches*, les *couches à châssis volans*, les *couches à champignons*, etc. La seconde sorte de construction, qui a pour objet la fabrication des couches, qu'on peut désigner sous le nom collectif de COUCHES ENCAISSÉES, comprend les *couches sourdes*, les *couches de poudrette*, les *couches de feuilles*, les *couches de tontures*, les *couches de marcs de fruits*, les *couches de tan et de sciure de bois*, etc.

La construction des couches bordées se pratique dans toutes les saisons de l'année, mais plus particulièrement au printemps et à la fin de l'automne; on ne peut donner à ces couches moins de trois pieds de large , sur une toise de longueur et un pied d'épaisseur, parcequ'alors la chaleur d'une aussi petite masse de fumier seroit à peine sensible, et se perdroit d'ailleurs en très peu de temps ; mais aussi, pour la facilité de la culture, et en même temps, pour ne pas exciter une trop forte chaleur, on ne doit pas donner à ces constructions plus de six pieds de large et quatre pieds d'épaisseur ; quant à la longueur, on est à peu près le maître de l'étendre à volonté, cependant il est bon de ne pas lui donner au-delà de six toises pour la commodité du service : le terme moyen est le plus convenable, et celui qui est le plus généralement adopté ; on leur donne quatre pieds de large, et deux pieds et demi d'épaisseur, et quatre toises de longueur.

Les dimensions des couches bordées étant déterminées relativement aux besoins et au local, il ne s'agit plus que de disposer le terrain qui doit les recevoir. Cette opération consiste à le dresser et le niveller, si la surface est en pente ou irrégulière, à l'excaver de six à huit pouces au-dessous du niveau, s'il est sec et brûlant, afin que les eaux pluviales puissent y séjourner et fournir le degré d'humidité nécessaire à la fermentation du fumier, ou enfin à l'exhausser de quatre à six pouces au-dessus du sol environnant avec des plâtras ou du gravier, s'il est d'une nature froide et humide. Cependant, au lieu de faire usage de ces matières pour exhausser leur terrain, quelques personnes préfèrent de se servir de terres maigres et d'une nature légère, par la raison que ces sortes de terres, se trouvant sensiblement engraissées par le séjour du fumier dont elles sont couvertes, augmentent la masse du terreau, et peuvent ensuite être employées avec succès dans la composition des terres à semis.

Lorsque le terrain est ainsi préparé, on y transporte le fumier destiné à former la couche, et on l'y arrange en chaîne, c'est-à-dire qu'on renverse sur l'emplacement de la couche, et les unes sur les autres, les hottées ou les bardées de fumier à mesure qu'on les apporte du dépôt des fumiers, en commençant par le bout qui doit terminer la couche ; mais il faut auparavant que ce fumier ait été mélangé de litière et de fumier lourd dans la proportion convenable, pour donner à la couche le degré de chaleur qui est nécessaire aux cultures auxquelles elle est destinée. Si l'on a du fumier vieux retiré de la démolition des anciennes couches, on le mêle aussi le plus également qu'il est possible dans toute la longueur de la chaîne qui doit être celle de la couche. Cela fait, deux hommes, avec des fourches, commencent à bâtir la couche par le bout où l'on a versé les dernières bardées de fumier. On choisit, autant qu'il est possible, un droitier et un gaucher, afin qu'ils puissent monter de front les deux côtés de la couche, et les bâtir ensemble. Ils commencent par retirer en dedans le fumier de la chaîne qui se trouve dans l'alignement des deux bords de la couche, tracent les dimensions qu'elle doit avoir, mettent des piquets aux quatre coins et y assujettissent un cordeau. Prenant ensuite avec leurs fourches du fumier dans la chaîne, ils le secouent en le laissant tomber sur une place vide pour qu'il s'étende bien, et quand ils jugent qu'il y en a une suffisante quantité pour faire un bourrelet, ils ploient en deux ce petit tas de fumier en passant les dents de la fourche vers la moitié de sa largeur, et en la renversant sur l'autre partie du tas ; ensuite, avec le pied, ils affermissent ce bourrelet, et le reprenant avec la fourche, ils le posent dans la direction des bords de la couche, et le frappent fortement avec leur outil, pour qu'il ne se déploie pas. C'est ainsi qu'en plaçant des bourrelets perpendiculairement les uns sur les autres, et en les appuyant solidement, ils montent la tête de la couche, et en bordent les côtés. Mais en même temps, à mesure qu'ils élèvent les côtés de la couche, ils en remplissent le milieu avec le fumier le moins long qui se trouve dans la chaîne, et qu'ils ont eu soin de bien secouer auparavant pour qu'il n'y reste aucunes parties trop dures, après quoi ils le battent fortement avec le dos de la fourche, pour le tasser et l'affermir. Lorsqu'ils sont parvenus, toujours en reculant et en montant la couche devant eux, jusqu'à la hauteur qu'ils veulent lui donner, et jusqu'au bout où elle doit se terminer, ils la marchent dans toute son étendue et la règlent en gros, en remplissant les creux avec du fumier ; ensuite ils la laissent s'échauffer pendant un jour ou deux. Si la sécheresse du fumier empêchoit la fermentation de s'établir promptement, il faudroit arroser copieusement la couche dans toute son étendue, ou seulement dans les parties qui ne s'échaufferoient pas. Le lendemain de cette opération, on marcheroit une seconde fois la couche dans toute sa surface ; on la régleroit avec du fumier court, et on la couvriroit, soit avec de la terre préparée, soit avec du terreau, suivant l'usage auquel elle seroit destinée.

Pour donner plus d'agrément, et en même temps plus de solidité aux bords de la couche, on a soin de faire rentrer en dedans, avec le côté de la fourche, tous les bourrelets qui s'écartent de la ligne perpendiculaire et de la ligne droite ; on les bat ensuite avec le dos de la fourche pour les affermir, et on finit par couper avec des ciseaux tous les brins de paille qui débordent et s'échappent des bourrelets. Au moyen de ces précautions, les bords de ces espèces de couches sont aussi droits que des murailles et ont assez de solidité pour résister aux injures de l'air pendant une année.

Les couches nues, les couches clochées et les couches à

châssis volans se construisent de la même façon ; elles ne diffèrent les unes des autres que par la manière dont elles sont couvertes, et par le plus ou moins d'épaisseur qu'on leur donne. Cette épaisseur varie en raison des saisons dans lesquelles on fait les couches, et de l'usage auquel on les destine.

En général, on donne plus d'épaisseur aux couches que l'on fait à la fin de l'automne, et qui sont destinées aux légumes ou aux fleurs de primeur, parceque, ayant à soutenir les froids de l'hiver, elles ont besoin d'une plus forte chaleur. Celles que l'on établit au premier printemps pour y faire les semis et les repiquages de salades, de raves ou de plantes annuelles, peuvent être d'un quart moins épaisses ; parceque leur chaleur n'est nécessaire aux plantes dont elles sont couvertes que jusqu'au moment où celle de l'atmosphère peut suffire à leur végétation, c'est-à-dire pendant six semaines ou deux mois au plus ; les couches que l'on fait pendant l'été doivent être encore moins épaisses. Il suffit qu'elles aient de quinze à dix-huit pouces de hauteur. Celles du commencement de l'automne, qui sont faites pour préserver les plantes des nuits froides et des premières gelées, doivent être un peu plus épaisses que ces dernières ; cependant c'est assez de leur donner dix-huit à vingt pouces. Mais les couches à champignons que l'on appelle assez généralement meules à champignons, parcequ'elles ont en effet la forme d'une petite meule, se construisent d'une toute autre manière. *Voyez* CHAMPIGNON.

La construction des couches de la seconde division que nous avons nommé *couches encaissées*, est extrêmement simple. On étend lits par lits, dans des encaissemens de terre, de bois ou de maçonnerie, les matières destinées à former les couches, et, s'il y a quelque différence entre la construction des couches de cette division et celle des premières, elle ne provient, en grande partie, que de la différence des matières dont on se sert pour les construire, comme on le verra ci-après. Les *couches sourdes* peuvent être faites avec toutes sortes de matières, soit animales, soit végétales, prises séparément ou mêlées ensemble. Pour les établir, on creuse en terre une fosse d'environ vingt pouces de profondeur, sur à peu près quatre pieds de large, et sur une longueur à volonté. Les parois de cette fosse doivent être taillées à plomb, et bien dressés dans leur alignement. Quelques personnes ont l'attention de couvrir ces parois de planches isolées d'un pouce ou deux de tous les côtés et du fond de la fosse. Elles prétendent que cet isolement de la couche conserve sa chaleur plus longtemps, parceque le bois, étant une des matières la moins susceptible de servir de conducteur à la chaleur, l'empêche de se dissiper dans la masse de terre. L'expérience a prouvé la justesse de cette observation ; mais comme, en général, on ne désire guère économiser la chaleur de ces sortes de couches qui ne sont pour l'ordinaire destinées qu'à rétablir des végétaux malades, à faire reprendre des marcottes ou des boutures, on emploie rarement cette précaution, et l'on fait les couches à nu dans la fosse.

On place d'abord au fond de la fosse un premier lit d'environ six pouces de litière bien démêlée, et d'égale épaisseur dans toute son étendue ; on le marche à plusieurs reprises pour le tasser dans toutes ses parties, après quoi on établit un autre lit d'à peu près un pied d'épaisseur, soit de fumier lourd, de poudrette, de feuilles sèches ou de tontures ; soit de marc de raisin, de pomme ou d'olive, suivant le plus ou moins de facilité qu'on a de se procurer ces sortes de substances. On affermit ce second lit en le marchant comme le premier à deux reprises différentes ; on en herse la surface avec la fourche, afin qu'il ne se forme pas de plancher et qu'il se lie bien avec le troisième lit dont on le couvre. Celui-ci doit être composé des mêmes matières que le précédent, et tassé de la même manière ; il est ensuite recouvert de quatre pouces de terre ou de terreau de couche pur, ou de ces deux substances mêlées ensemble. Comme cette couche, au moment où elle vient d'être faite, doit avoir environ dix pouces au-dessus du niveau de la terre, afin qu'en s'échauffant et en s'affaissant ensuite elle ne tombe que de quelques pouces au-dessous du niveau du terrain, il est bon de revêtir avec de la terre et du terreau les bords extérieurs de la couche, et de leur donner deux à trois pouces de talus pour qu'ils ne s'éboulent pas. On doit aussi avoir l'attention de tenir la couche plus élevée dans le milieu que sur les bords, parceque, le centre étant le foyer de la chaleur, l'affaissement est plus prompt et plus considérable dans cette partie que dans les autres. Si les matières que l'on a employées à la fabrication de la couche étoient sèches, il conviendroit de les arroser avec l'arrosoir à pomme, afin qu'elles fussent également humectées dans toutes leurs parties ; en plaçant des piquets de distance en distance, comme nous l'avons dit ci-dessus, on connoîtra facilement le degré de chaleur de la couche et le moment favorable pour sa plantation.

On ne peut donner que des à peu près sur l'époque de l'échauffement des couches sourdes, et sur la durée de leur chaleur ; cela dépend de la nature des matières dont elles sont composées, de la température des saisons et des circonstances dans lesquelles elles ont été faites. Celles qui sont construites en fumier mélangé de litière et de fumier lourd s'échauffent dès le second jour ; leur grand feu s'apaise au bout de huit ou dix, et elles fournissent une chaleur tempérée qui diminue insensiblement jusque vers le sixième mois de leur construction. Les couches de poudrette fournissent de la chaleur quelquefois pendant une année. Celles de feuilles sèches et de tonture sont encore tièdes au bout de quinze mois ; mais les couches de marcs de raisin, de pommes, d'olives, sont celles dont la chaleur se soutient le plus long-temps. On en voit qui ne sont pas encore refroidies au degré de la température de la terre vingt mois après qu'elles ont été construites.

En Hollande, et dans le nord de l'Europe, on établit les couches dans de grandes caisses de bois, faites en planches de forte épaisseur, et qui sont élevées au-dessus du niveau de la terre de quatre à six pouces ; on donne à ces caisses trois pieds de large, trente pouces de profondeur, et ordinairement trois toises de long. Toutes les matières susceptibles de fermentation peuvent être employées à la construction de ces couches, mais l'on se sert presque toujours de fumier d'animal, mélangé avec de la litière dans différentes proportions ; ces couches fournissent une chaleur modérée et qui dure ordinairement pendant toute la saison. Comme leur construction n'offre aucune différence avec celle de couches sourdes, nous n'entrerons pas à cet égard dans de plus longs détails.

Les fosses en maçonnerie destinées à recevoir des couches ne se construisent guère que sous de grands châssis, sous des baches, ou dans les serres chaudes, et presque toujours elles sont remplies de tannée. Ces sortes de couches ont l'avantage de donner une chaleur plus douce, plus égale, et beaucoup moins humide. Comme leur construction est un peu différente des autres, nous allons la détailler.

On donne ordinairement aux fosses à tannée trente pouces de profondeur au-dessous du niveau du pavé des serres, et l'on augmente leur capacité en établissant tout autour des dalles de pierres, un rebord de planches, ou un petit mur en briques de huit pouces de hauteur, ce qui donne à la fosse trente-huit pouces de profondeur. Quant à la largeur et à la longueur, elles sont subordonnées à l'étendue de la serre. En général on ne leur donne presque jamais plus de dix pouces de large sur quatre toises de longueur, ni moins de trois pieds de large sur six de long ; si le terrain du fond de la fosse est de nature sèche, et que les eaux du voisinage de la serre ne puissent s'y introduire, la formation de la couche est alors fort simple. Après avoir pioché légèrement le sol de la fosse pour l'unir et le mettre de niveau, on le bat pour l'affermir, et on le couvre de litière de l'épaisseur de six pouces, ensuite on remplit le reste de la fosse avec de la tannée qu'on a l'attention de remuer avec une pelle pour en casser les mottes ; mais comme une tannée neuve baisse à peu près d'un quart dans l'intervalle de six mois, il convient de l'exhausser d'environ dix pouces au-dessus des bords de la fosse, et de border la partie exhaussée, en lui donnant un peu de talus en dedans de la couche. Rien n'est plus aisé, lorsque la tannée est humide; il ne s'agit que de prendre une planche, que l'on applique successivement sur les côtés de la couche, de lui donner l'inclinaison que doit avoir le talus, et de tasser la tannée dans la direction de cette planche. Mais si le sol du fond de la fosse est froid et humide la construction de la couche exige d'autres précautions ; on commence par défoncer le terrain, qu'on met ensuite de niveau ; on le couvre d'un lit de gros plâtras de six pouces d'épaisseur, que l'on arrange de manière qu'il y ait entre eux beaucoup de vide, afin qu'ils absorbent plus d'humidité ; sur ce premier lit on en établit une autre de pareille épaisseur, fait avec des fagots de branches de chêne, s'il est possible, garnies de beaucoup de rameaux, sur lesquels on étend quatre pouces de litière ou de paille longue, après quoi on achève de remplir la fosse avec de la tannée comme nous l'avons dit précédemment.

Les couches de tannée se font au printemps et à l'automne. Lorsqu'elles sont formées avec du tan nouvellement sorti des fosses des tanneurs, que ce tan est d'un beau jaune et un peu humide, elles ne tardent pas à s'échauffer et à produire une chaleur que la main ne peut supporter. Mais au bout de cinq ou six jours le grand feu se calme, et l'on peut y déposer les vases qui renferment les plantes étrangères pour lesquelles ces couches sont destinées. Au moyen des fourneaux qui bordent ordinairement les fosses des tannées, la chaleur de ces couches se maintient à une température douce et égale pendant plus de six mois.

Lorsqu'elle commence à s'affoiblir, on peut la raviver, en retirant les pots qui la couvrent, et en lui donnant un labour à double fer de bêche, seulement il faut avoir soin de mêler la tannée qui se trouve sur les bords avec celle du milieu, et de bien émietter les mottes qui se rencontrent.

Ce procédé, qui se pratique ordinairement dans les serres chaudes dans le courant de février, fait durer la chaleur jusqu'au mois de mai. A cette époque, si on a besoin d'un renouvellement de chaleur, on répète encore la même opération ; mais il est bon alors de mettre sur la surface de la couche quinze à dix-huit pouces de nouvelle tannée, et de labourer le tout ensemble pour bien mêler l'ancienne avec la nouvelle. Pendant l'été il est rare qu'on ait besoin de raviver la chaleur des tannées, parceque la chaleur de la saison, augmentée par les vitraux des serres, suffit pour faire croître et prospérer les plantes les plus délicates

de la zone torride. Mais à l'approche de l'hiver, dans le mois d'oc=
tobre, il est à propos de recharger les tannées, en les couvrant de
deux pieds de tan nouveau que l'on mêle avec l'ancien, comme
nous l'avons dit ci-dessus; et, s'il ne se trouvoit pas deux pieds
de vide dans la fosse, on retireroit assez de vieille tannée pour
faire place à ce nouveau lit. C'est ainsi qu'on perpétue la chaleur des couches de tan, et qu'on les fait durer pendant cinq
ou six ans, sans être obligé de les remonter à neuf. Il est même
très rare qu'on soit forcé de recourir à ce moyen, lorsque le
sol de la fosse est sec et de bonne qualité, et tant que les lits
de paille et de fagots ne sont point consommés. Mais une attention qu'il ne faut pas négliger, et qui n'est pas moins essentielle à la conservation des couches qu'à celle des plantes
qu'elles renferment, est de tenir les tuyaux de chaleur à quelque distance des couches, et d'avoir soin qu'ils ne communiquent pas immédiatement à la tannée; sans cette précaution il
arrive assez souvent que le feu prend à la tannée, détruit la
couche et fait périr les plantes qui sont exposées à son action.
Celles qui n'en sont point atteintes souffrent toujours beaucoup
de l'effet de la fumée qui sort de la couche et remplit bientôt
la serre.

Pour prévenir ces accidens il est nécessaire d'isoler le conduit du feu, et de l'éloigner de la couche par un contre-mur
de l'épaisseur d'une brique, de manière qu'entre le rebord de
la couche et le contre-mur il y ait un vide d'un pouce et demi
qui établisse un courant d'air et empêche que le feu ne puisse
se communiquer à la tannée. Mais si, malgré ces précautions,
le feu prend à la couche, le plus sûr moyen d'arrêter ses progrès est d'ôter d'abord les pots de la tannée, ensuite d'isoler par
une tranchée la partie qui est enflammée d'avec celle qui ne
l'est pas, et d'enlever cette partie dans des bards pour la transporter hors de la serre. L'eau dont on pourroit se servir pour
éteindre le feu n'est pas à beaucoup près un moyen aussi expéditif. Comme elle pénètre avec peine dans l'intérieur de la
tannée, elle s'échauffe et s'élève bientôt en vapeurs, et ce
n'est que bien difficilement qu'elle empêche la masse de
brûler.

Les tannées sont ordinairement remplies de gros vers blancs,
qui proviennent de la larve du scarabé monocéros. Ces insectes vivent dans la tannée à une certaine profondeur, et n'entrent jamais dans les vases pour ronger la racine de plantes
qu'ils contiennent. Cependant, comme ils appauvrissent la tannée, et qu'ils donnent naissance à des insectes ailés qui volent le soir dans les serres, et dont le bourdonnement est désagréable, on a soin de les détruire chaque fois qu'on laboure

les couches ; un ennemi beaucoup plus nuisible, quoique bien plus petit, est le CLOPORTE. *Voyez* ce mot. (TH.)

COUCHE A CHASSIS VOLANT. Ce sont des couches ordinairement bordées, sur lesquelles on place des caisses de châssis légers avec leurs panneaux de verre qu'on retire à volonté.

Ces sortes de couches sont les plus communément employées pour la culture des légumes, des fleurs, des plantes étrangères, et particulièrement pour les concombres et les melons de primeur.

Leur culture exige beaucoup d'assiduité et de connoissances pour en tirer tout le parti dont elles sont susceptibles. Comme la culture de ces couches varie en raison des plantes auxquelles elles sont destinées, et que la culture de ces plantes sera détaillée à leurs articles respectifs, nous y renvoyons le lecteur. (TH.)

COUCHE CHAUDE. C'est une couche nouvellement faite qui a jeté son premier feu et dont la chaleur s'entretient entre 25 et 30 degrés.

On obtient aisément cette chaleur en employant dans la confection des couches du fumier de cheval et de la litière. Le mélange de ces deux substances, dans une proportion relative à la saison, produit ce degré de chaleur que l'on peut conserver long-temps par le moyen de l'eau et des réchauds de fumier neuf. (TH.)

COUCHE CLOCHÉE. C'est une couche sourde ou bordée, couverte de cloches de verre.

Ces sortes de couches sont employées particulièrement par les maraîchers et les fleuristes. Les premiers s'en servent pour élever certains légumes, tels que des choux-fleurs, des cardons, etc., qu'ils repiquent ensuite en pleine terre ; ils y cultivent aussi des salades et des petites raves de primeur, et, à une époque plus avancée, des melons et des concombres. Les fleuristes se servent des couches clochées pour les plantes à fleurs d'ornement ; ils y font les semis d'orangers et les boutures d'héliotrope, de phlomis, de léonurus, et d'autres arbustes délicats. La culture de ces espèces de couches est assujettissante et minutieuse ; il faut aussitôt que le soleil paroît donner de l'air sous les cloches, les refermer à l'approche de la nuit, les couvrir avec soin de litière et de paillassons dans les nuits froides et lors des petites gelées. Dans beaucoup d'endroits on les a abandonnées pour faire usage des châssis ; cependant elles ont leur avantage pour la reprise des boutures, et l'on ne doit pas les négliger entièrement. (TH.)

COUCHE DE CHALEUR TEMPÉRÉE. Le mélange de plusieurs sortes de fumiers, tels que celui de vache, de cochon, de cheval et de colombine, produit assez ordinairement cette modification de chaleur dans une couche. L'essentiel pour arriver à ce point est de combiner le terme moyen de la chaleur de la saison dans laquelle on bâtit sa couche, et de mélanger son fumier de manière qu'il produise entre dix à quinze degrés de chaleur. Cette combinaison est difficile à faire ; on se contente de construire sa couche à l'ordinaire, et d'attendre que sa chaleur soit baissée au terme de la température pour s'en servir. On l'entretien dans cet état au moyen des couvertures et des réchauds. (Th.)

COUCHE DE FEUILLES. Amas de feuilles d'arbres amoncelées et disposées en forme de couche, à l'air libre ou sous terre.

Ces sortes de couches ne sont guère pratiquées dans les jardins que pour fournir par leur décomposition un terreau fort utile pour composer des terres. Cependant, comme elles fournissent une chaleur douce, on peut les faire servir à la reprise des plantes délicates qui n'ont besoin que d'une foible chaleur.

Si l'on n'a pas soin d'arroser fréquemment les couches de feuilles et de les remuer de temps en temps, leur décomposition est lente, et elles ne se réduisent en terreau que la troisième année. (Th.)

COUCHE DE POUDRETTE. On appelle ainsi les couches qui sont formées avec les immondices et les balayures des rues.

Comme ces matières ne peuvent se border, on ne les emploie guère qu'en couches sourdes. Dans cette position, elles produisent une chaleur très vive, et qui dure d'autant plus longtemps, qu'elles contiennent une plus grande quantité de substances animales. Lorsqu'elles sont décomposées et réduites en terreau, elles fournissent un engrais très actif. Mais on ne doit pas l'employer dans la culture des légumes, parcequ'il leur communique une odeur souvent désagréable, et les rend malsains.

Les couches de poudrette ne sont employées que dans les grandes villes et dans leurs environs. Elles servent à la culture des orangers, des myrtes et autres plantes et arbustes étrangers ; quelques fleuristes de Paris en font un grand usage. *Voyez* l'article COUCHE. (Th.)

COUCHE DE TAN ou TANNÉE. On appelle ainsi une couche faite avec de l'écorce d'arbre broyée, qui a servi à tanner des cuirs, et qui est imprégnée de matière animale et de beaucoup d'eau.

Les tannées ne sont presque jamais employées à l'air libre. On les établit dans des fosses de maçonnerie, ou dans des caisses de bois, sous de grands châssis, sous des baches ou dans les serres chaudes.

Elles servent plus particulièrement à la culture des ananas

et autres plantes rares de la zone torride. *Voyez* l'article Couche. (Th.)

COUCHE DE TERRE. Lorsque l'on fouille un peu avant, on ne trouve pas dans toute la profondeur la même nature de terre, les lits supérieurs diffèrent des lits inférieurs ; ces lits s'appellent des couches. Celui qui entreprend d'exploiter une ferme doit auparavant sonder à plusieurs endroits le terrain pour connoître quelles en sont les diverses couches, et conduit ses cultures en conséquence. Il s'assurera si la couche de terre végétale est profonde, s'il y a dessous un lit de glaise ou de craie, ou de sable, et quelle en est l'épaisseur. Ces connoissances décideront de ce qu'il doit y semer, comment il convient qu'il laboure, qu'il fume, etc. *Voyez* Terre et Géologie. (Tes.)

COUCHE NUE. On appelle ainsi une couche, n'importe de quelle matière elle soit formée, dont la surface est à l'air libre ; ces sortes de couches se font au printemps, lorsque les gelées ne sont plus à craindre. Elles servent à faire les semis des plantes qui ont besoin pour lever d'une chaleur plus considérable que celle de notre climat. *Voy.* l'article Couche. (Th.)

COUCHE SOURDE. Les couches sourdes sont celles qu'on établit dans des fosses en terre.

Celles-ci conservent plus long-temps leur chaleur que les couches bordées, et cette chaleur est ordinairement plus douce et plus égale.

On les construit avec différentes sortes de fumiers et de substances végétales. Elles servent particulièrement à la culture des boutures, des marcottes de plantes et d'arbustes rares. *Voyez* l'article Couche. (Th.)

COUCHE TIÈDE. C'est ainsi qu'on nomme une couche qui a perdu la plus grande partie de sa chaleur, et qui n'en conserve que trois ou quatre degrés au-dessus de celle de la terre qui l'environne. (Th.)

COUCHER. Coucher une branche, c'est la marcotter, sans opération autre que celle de la courber et de la couvrir de terre. *Voyez* au mot Marcotte.

COUCHES CORTICALES. Tous les ans il se forme dans les arbres, entre le bois, ou mieux, l'aubier et l'écorce, une nouvelle couche qu'on appelle le liber, couche qui se divise en plusieurs autres si minces, qu'on peut très rarement les voir séparées, et encore plus les séparer par art. Cette couche cependant se dédouble toujours : une de ses moitiés devient partie constituante de l'aubier, et concourt à l'augmentation de l'arbre en grosseur ; l'autre augmente l'épaisseur ou devient partie intégrante de l'écorce. Ce sont ces différentes moitiés, réunies du côté extérieur, qu'on appelle *couches corticales.*

La composition des couches corticales ne diffère pas de celle

du liber ; mais, comme le grossissement annuel du bois dis=
tend leurs mailles, ces mailles sont d'autant plus larges qu'elles
sont plus éloignées du bois ; et comme elles se correspondent
exactement , l'ensemble de ces couches présente des espèces
d'entonnoirs dont la grande ouverture est vers l'épiderme. Ces
entonnoirs sont plus ou moins remplis de TISSU CELLULAIRE ;
résultat, sans doute, du CAMBIUM qui a servi à la formation
du liber , et, dans quelques espèces , de matières amilacées
qui en faisoient également partie.

Beaucoup d'espèces de plantes n'offrent pas un véritable
réseau, mais des fibres en zigzag qui en tiennent lieu. *Voyez*
les mots LIBER , ÉCORCE, ÉPIDERME, PARENCHYME et CAMBIUM.

On doit à Daubenton un mémoire , inséré dans ceux de
l'académie des sciences, qui jette beaucoup de jour sur la formation des couches corticales ; j'y renvoie le lecteur. (B.)

COUCHES LIGNEUSES. On donne ce nom aux cercles
concentriques de bois dense, séparés par des cercles de bois
poreux qu'on remarque dans la plupart des arbres coupés transversalement.

Les arbres étant toujours plus gros à leur base qu'à l'extrémité de leurs rameaux , les couches ligneuses doivent être
considérées comme des cônes qui s'emboîtent les uns dans les
autres.

Il est très rare que les couches ligneuses offrent, 1° des
cercles réguliers, et qui aient pour centre celui de l'arbre ;
2° égalité de largeur dans tout leur pourtour ; 3° égalité entre
elles. Leurs formes, leurs grandeurs et leurs rapports varient
sans fin. On remarque seulement qu'en général les couches
du centre sont plus étroites ; qu'ensuite elles grandissent, mais
irrégulièrement, de sorte que souvent entre deux couches très
larges il s'en trouve une très étroite ; enfin, lorsque l'arbre
arrive à la vieillesse, elles redeviennent constamment étroites.

Duhamel, Buffon et Mourgues ont prouvé , contre l'opinion
reçue de leur temps, que l'inégalité d'épaisseur d'une même
couche étoit indépendante de la position de l'arbre relativement au nord ou au midi.

On regarde généralement chaque couche ligneuse comme le
résultat de l'accroissement d'une année, et on explique, 1° leur
plus ou moins de largeur relative, par les circonstances favorables ou nuisibles à la végétation qui ont eu lieu cette année ;
2° leur irrégularité individuelle , d'abord par la grosseur ou le
grand nombre des racines du côté de la plus large, ensuite des
branches , qui elles-mêmes sont toujours proportionnelles aux
racines. Cependant les expériences de Duhamel n'ont pu
prouver ces faits d'une manière positive. Il y a quelques observations de Hill et de Duhamel qui constatent que certaines

années produisent deux couches, une à la sève du printemps, et l'autre à la sève d'été : ce sont probablement les années où le printemps a été sec et froid, et l'été pluvieux et chaud, qui présentent ce phénomène. On ne peut donc regarder le nombre de ces couches comme indiquant rigoureusement l'âge de l'arbre; cependant en en retranchant quelques unes, une sur dix par exemple, il est possible d'espérer une approximation assez exacte pour la pratique.

Ces couches, si distinctes dans quelques arbres, sont elles-mêmes composées de plusieurs autres couches très minces et également irrégulières; ce qui autorise à penser qu'elles se forment successivement et pendant toute la durée de la sève.

Les couches ligneuses sont liées entre elles par des vaisseaux ou des fibres transversales allant de la circonférence au centre, et plus ou moins nombreuses, plus ou moins grosses, selon les espèces des arbres. *Voyez* les mots Tissu cellulaire, Fibres, Pores. Lorsque ces vaisseaux ou fibres sont affectés de maladie, ou très foibles par leur nature, les couches ligneuses se séparent. Les châtaigniers sont dans ce dernier cas, aussi offrent-ils presque toujours ce phénomène dans leur vieillesse; ce qui n'a jamais permis de les employer aux grandes constructions, quoiqu'on ait prétendu qu'on le faisoit jadis en France.

J'ai développé à l'article Liber les motifs qui doivent porter à croire qu'il se forme chaque année, au moment où la sève commence à entrer en mouvement, entre le bois et le liber de l'année précédente, ce dernier, devenu alors couche corticale, un nouveau liber qui porte avec lui un mucilage organique appelé cambium, lequel s'en sépare peu à peu, s'applique sur l'aubier, se solidifie, et forme enfin ce que j'entends ici par Couche ligneuse. Je renvoie le lecteur à ce mot, ainsi qu'aux mots Cambium, Écorce, Sève, Bois.

Mais les couches ligneuses n'augmentent pas seulement en grosseur, elles augmentent aussi en longueur, puisque les arbres s'élèvent pendant tout l'été. Il s'agissoit de savoir si cet allongement avoit lieu par développement ou par accroissement de substance. Notre Duhamel s'est assuré, par des expériences positives, que les plantes herbacées, ou les arbres dans leur première jeunesse, croissent des deux manières, mais que dès que le bois est formé les arbres n'augmentent plus en hauteur que par leur partie supérieure, c'est-à-dire par la sortie d'un bourgeon, qui lui-même croît d'abord des deux manières. On ne doit donc pas être étonné de la rapidité avec laquelle certaines plantes à tiges annuelles, certains bourgeons d'arbres, s'élèvent lorsque la saison est favorable; pourquoi les plantes étiolées, dont la tige est plus tendre et reste plus long-temps dans cet état, poussent avec tant de rapidité que l'œil peut presque suivre leur accroissement en hauteur.

Dans le chêne et autres arbres à bois dur, on peut se convaincre facilement que plus les couches ligneuses sont centrales et plus elles sont solides et colorées. Il est probable qu'il en est de même dans les autres arbres ; mais la différence est trop peu considérable pour être sensible. La cause de cet effet a été expliquée au mot AUBIER.

Lorsqu'on met macérer un morceau de bois très mince, c'est-à-dire une section transversale ou longitudinale de couche ligneuse, dans l'eau, le tissu cellulaire se détruit, et l'on voit qu'il est composé de fibres longitudinales disposées en faisceaux et en réseau par leur rapprochement et leur anastomose. Le réseau des couches du centre ne diffère de celui des couches de l'aubier que par la petitesse des mailles et par la surabondance du parenchyme qui s'y est accumulé. Ces deux circonstances expliquent la plus grande dureté de ces couches.

On appelle ROULURE la maladie, ou mieux, les maladies qui font que les couches ligneuses se séparent naturellement. *Voyez* ce mot et le mot CADRAN.

Dans les arbres de la classe des monocotylédons il n'y a pas de couches ligneuses ; ils sortent de terre, ou de leur bouton supérieur, de la grosseur ou presque de la grosseur qu'ils doivent avoir pendant toute leur vie. Je dis presque, parce-que tant que leur partie extérieure n'y met pas obstacle par son dessèchement, ils croissent par développement des parties intérieures, ainsi que je m'en suis assuré sur la PTÉRIDE ou FOUGÈRE FEMELLE. *Voyez* MONOCOTYLEDONES. (B.)

COUCOU. Variété du fraisier.

COUCOU (PAIN DE). Nom vulgaire de la PRIMEVÈRE OFFICINALE.

COUDE. MÉDECINE VÉTÉRINAIRE. C'est la partie supérieure et postérieure de l'avant-bras, qui résulte de l'apophyse appelée OLÉCRANE.

L'extrémité supérieure, ou la pointe du coude, doit être directement vis-à-vis le grasset (*voyez* GRASSET), et en opposition à cette partie. Si le coude est trop en dedans, il se trouve nécessairement tourné et serré contre les côtes ; cette position s'oppose à la liberté de son action et de celle de toute l'extrémité. Telle est sa conformation dans le cheval appelé *panard*, c'est-à-dire dans le cheval dont les pieds sont tournés en dehors. Si le coude est trop en dehors, cette situation produit un défaut directement contraire, puisqu'alors les pieds sont tournés en dedans ; et soit que l'animal marche, soit qu'il se campe, nous voyons que les pinces se regardent dans ce dernier, tandis que les talons se regardent dans le premier ; l'un et l'autre de ces défauts mettent le cheval hors du degré et du point de force dans lequel il doit être ; en effet comment peut-il se soutenir ou marcher franchement et sûrement, si la masse de son corps, élevé sur les quatre jambes, comme sur quatre colonnes, ne porte et ne repose pas sur une base sûre et solide, c'est-à-dire sur toute l'étendue de son pied ? C'est ce qui a lieu dans le cheval panard et cagneux. Dans le premier la masse est plus rejetée sur les quartiers de dedans du pied que sur les quartiers de dehors, tandis que dans le second les quartiers de dehors en supportent au contraire la plus grande partie ; ce qui fait que le cheval, dans l'un et l'autre cas, ne peut qu'être absolument hors de cet équilibre et de ce point de fermeté qui est le principal fondement et le premier soutien de cet édifice.

Nous apercevons quelquefois, à la pointe du coude, une tumeur dure de la nature de la loupe ; quelquefois nous n'y rencontrons qu'une simple callosité ; l'un et l'autre de ces maux constituent la maladie appelée du nom d'*éponge*, dénomination qu'elle tire et qu'elle reçoit de la cause qui la produit, puisqu'elle n'est due qu'au contact violent et réitéré des éponges du fer qui appuient contre cette partie, lorsque le cheval se couche en vache ; c'est-à-dire lorsqu'étant couché, ses jambes sont repliées de manière que les talons répondent au coude, et supportent presque tout le poids de l'avant-main.

A l'égard du traitement convenable à ces maladies, *voyez* les mots CALLOSITÉ, EPONGE, LOUPE. (R.)

COUDÉE. Ancienne mesure de longueur. *Voyez* MESURE.

COUDÈNE. Synonyme de couenne dans le département de Lot-et-Garonne, mais seulement pour la couenne employée à graisser les voitures. (B.)

COUDONNIER. C'est le COGNASSIER.

COUDRE. C'est la VIORNE ou le NOISETIER.

COUDRIER. On appelle ainsi le NOISETIER dans beaucoup de lieux.

COUGIE. Fouet de charretier dans les départemens de l'est. (B.)

COUGOURDE. *Cucurbita leucantha lagenaria*, Lam. (Calebasse.) Ce nom désigne une gourde ou courge à goulot beaucoup moins gros qu'elle : elle n'en est que plus solide, et fournit un ustensile aux pèlerins ; aussi la nomme-t-on encore *bouteille* ou *large bouteille*. Elle forme une des trois races principales de la CALEBASSE. *Voyez* ce mot. (D.)

COUGOURDETTE OU FAUSSE POIRE. *V.* PÉRON.

COULANS. Tiges grêles, rampantes, qui partent du collet

des racines de certaines plantes, et poussent des racines de chacun de leurs nœuds, qui deviennent ainsi le collet de nouvelles plantes. On les appelle *stolones* en botanique. Le fraisier est la plante cultivée qui offre le plus fréquemment des coulans; qu'on sépare de leur mère lorsque les jeunes plants qu'ils ont produits sont assez forts pour être transplantés. C'est ordinairement vers la fin de mars et vers la fin de septembre que se fait cette opération, qui n'offre aucune difficulté. *Voyez* au mot FRAISIER. (B.)

COULET. Côteau dans le département du Var. (B.)

COULEURS DES PLANTES. Ce n'est point sous des rapports poétiques, mais sous des considérations physiques et chimiques que je dois traiter ici des couleurs des plantes; ainsi je puis me dispenser de faire précéder cet article de la description des jouissances qu'elles procurent à l'homme, des effets qui naissent de leurs contrastes, etc.

Toutes les parties des plantes sont colorées, mais elles le sont toutes diversement. Telle couleur domine dans telle partie, telle autre dans telle autre. Une couleur varie selon tel mode, une autre ne change jamais. Dans telle plante la couleur est due au parenchyme, dans telle autre à l'épiderme, dans telle autre au suc propre, etc. Il faudroit un volume pour développer tous les phénomènes que ce sujet amène, si je voulois l'envisager avec quelque détail.

Les couleurs des racines sont généralement brunes ou blanches; cependant il y en a de jaunes, la carotte; de rouges, la betterave. Il n'y a que les nuances bleues que je crois qu'elles n'offrent pas.

La plupart des tiges sont d'abord vertes à l'extérieur, ensuite elles prennent presque toutes d'autres nuances, mais ne les offrent que rarement pures. Il en est de même dans leur intérieur, où les nuances de blanc se voient le plus souvent.

Le vert domine dans les feuilles lorsqu'elles sont jeunes: vieilles, elles montrent presque toujours des nuances de rouge, de jaune, de brun, etc.

Les fleurs rassemblent toutes les couleurs et toutes les nuances de couleur possibles, excepté le noir pur. La variation de ces couleurs s'exerce souvent entre des limites fort étendues; d'autres fois elle est nulle, ainsi que je le dirai plus bas et au mot FLEUR.

Quoique, comme les feuilles, les fruits soient le plus souvent verts dans leur jeunesse, c'est cependant la partie qui présente la plus grande latitude de variation dans les couleurs. Je ne sache pas de nuances qui leur soient étrangères. Il en est de même des graines.

On répète dans tous les livres que c'est à la lumière que sont dues les couleurs des plantes. Mais comment colore-t-elle les racines profondément enterrées, les couches intérieures des arbres, les graines renfermées dans d'épaisses capsules? Comment fait-elle que certaines plantes à corolles bleues ou rouges varient si facilement en blanc et jamais en jaune? Comment les fruits de vert passent-ils au rouge, au bleu, au jaune, au blanc, au noir, et à toutes les nuances de ces couleurs sans que leurs organes semblent avoir changé de nature? Une campanule bleue que l'on élève dans un lieu privé de lumière s'étiole bien, mais sa fleur conserve toujours une teinte de sa couleur. Le vrai est que la lumière n'agit, sous ce rapport, que sur le parenchyme vert des feuilles. Ce n'est pas elle, mais l'oxigène qui colore en brun certains bois blanchâtres, en bleu certains champignons, etc. C'est le jeu des divers élémens de la végétation, qui sans doute agissent dans la coloration des fleurs et des fruits. Dire comment, est hors de l'état actuel de la science; seulement il est à présumer que le carbone joue un grand rôle dans ces cas.

Bertholet, qu'on aime toujours à citer, plaça de la teinture de tournesol en contact avec le gaz oxigène sur du mercure, 1° à l'obscurité, 2° à la lumière. Le premier se conserva long-temps sans altération; le second rougit promptement, diminua le gaz oxigène, et produisit de l'acide carbonique. Ne peut-on pas appliquer à l'altération des feuilles en automne la théorie de cette expérience? Mais pourquoi les feuilles des vignes à fruits rouges se décolorent-elles en rouge, et celles des vignes à fruits blancs en jaune? Pourquoi cette altération suit-elle une marche régulière et progressive? commence-t-elle tantôt par les bords, tantôt par le centre selon les variétés?

On ne peut douter qu'il n'y ait plusieurs natures de principes colorans dans les végétaux; que le bleu fourni par l'indigo soit fort différent par ses propriétés du bleu fourni par les feuilles du pêcher ou par les fleurs du pied d'alouette; que le rouge de la racine de la garance ne soit pas comparable à celui de la racine de la betterave. Comme cela sort de mon objet pour rentrer dans le domaine de la chimie et des arts, je renvoie aux Mémoires de Fourcroi et de Bertholet, insérés dans les Annales de chimie, tomes 5 et 6, et aux Élémens de teinture du second de ces chimistes.

Lamarck, observant que les feuilles vertes deviennent rouges ou jaunes en automne lorsque l'action de la vie végétale s'affoiblit, en a conclu que la coloration des fleurs et des fruits avoit la même cause. Il est difficile d'admettre cette opinion lorsqu'on considère que les fleurs s'épanouissent au moment même où la végétation est dans sa plus grande force, et que beaucoup de fruits, tels que les cerises, les abricots, les prunes

sont mûrs bien long-temps avant qu'on remarque aucune altération dans les feuilles des arbres qui les portent.

L'affoiblissement de la couleur verte des feuilles au printemps et en été est toujours un signe de souffrance dans les
plantes; mais cet affoiblissement les fait passer au jaune, et
cependant ensuite, par leur dessèchement, au fauve ou au brun,
jamais, du moins que je sache, à d'autres nuances. Les chênes
et les érables rouges, qui se colorent si vivement en automne;
ne le font certainement pas par la cause ci-dessus.

Les faits qui méritent le plus l'attention des physiologistes et
des cultivateurs sont les variations des corolles et les panachures
des feuilles. Mille systèmes ont été imaginés pour les expliquer; et tous sont insuffisans. Je ne chercherai pas à me lancer
dans une carrière où tant d'autres ont échoué. En conséquence
je me contenterai de quelques observations de pratique.

Lorsqu'on sème des pieds d'alouettes des jardins, plante
cultivée depuis long-temps, et par conséquent altérée, on a
des fleurs bleues dans toutes les nuances, violettes dans toutes
les nuances, rouges dans toutes les nuances, enfin blanches;
et ce, qu'on en ait pris la graine sur un pied bleu, violet,
rouge ou blanc, seulement la couleur du pied qui a fourni
la graine dominera dans la masse des pieds produits. Le bleu
est la couleur naturelle à cette plante. Pourquoi ces variations?
Comment s'effectuent-elles? Le terrain, le climat, la saison,
toutes les circonstances sont les mêmes. Pourquoi n'offrent-
elles jamais de jaune ni de noir? Il en est de même du pavot,
du bluet, de la balsamine, de la grande marguerite, et de
quelques autres plantes annuelles.

Qui ne connoît les milliers de variétés de couleurs que présentent les oreilles d'ours, les œillets, les anémones, les renon-
cules? Quel est le jardinier qui puisse dire, j'obtiendrai telle
nuance de ces fleurs? et l'étonnante tulipe qui ne développe ses
brillantes panachures qu'après avoir été confondue pendant six,
huit, dix, quinze ans même parmi la foule des communes!
Comment expliquer sa coloration? L'idée de Lamarck pourroit lui être appliquée sans doute; mais voit-on un affoiblissement dans la végétation des oignons qui ont pris leur robe?
Non, dirai-je. *Voyez* au mot TULIPE.

Il est des plantes dont les fleurs offrent beaucoup moins de
variétés, qui passent seulement du bleu, ou du rouge au blanc.
Le nombre en est fort considérable. Elles n'offrent pas plus
de prise à l'art que les précédentes. Des hasards, qu'on ne peut
expliquer, sur lesquels on ne peut influer, les font naître.
Comme elles sont généralement recherchées, les jardiniers
font tous leurs efforts pour les fixer et les multiplier par déchirement des vieux pieds, par marcottes, par boutures; et,

si ce sont des arbres, par la greffe. On en voit beaucoup dans nos jardins, et elles y augmentent tous les jours. C'est réellement une conquête faite sur la nature.

Les anciens botanistes faisoient grand cas des caractères tirés des fleurs. Linnæus et ses élèves les ont rejetés comme trop incertains. Les uns et les autres ont eu tort. Il y a un terme moyen à prendre. Quelques couleurs changent, beaucoup d'autres changent dans des limites très circonscrites, d'autres enfin ne changent pas. Ainsi la couleur est très variable dans les plantes citées plus haut. Elle l'est peu dans les fleurs blanches et les fleurs jaunes. Les premières pourront passer au rouge, jamais au jaune ou au bleu. Les dernières ne font que changer de nuance : ce sont les moins variables de toutes les fleurs, et aussi le jaune se trouve-t-il moins fréquemment dans les variations des autres couleurs, si tant est qu'il s'y trouve. Il n'y a que ce caractère qui distingue bien réellement les inules et les verges d'or des asteres.

Les panachures des feuilles et des tiges des plantes et des arbres peuvent être attribuées à des maladies; car la plupart des arbres panachés, tels que l'orme, le frêne, etc., semblent plus foibles que ceux qui ne le sont pas. Les expériences d'Ingenhouze et de Sennebier prouvent que les parties panachées ne donnent point d'oxigène sous l'eau, au soleil, ce qui indique qu'elles ne contiennent point de carbone. Or, le carbone est l'aliment nécessaire des plantes. Mais comment se forment ces panachures qui varient dans les limites du blanc sale, du jaune sale et du rouge pâle ? On l'ignore. Le hasard seul les produit. L'art les saisit et les propage. Les efforts des jardiniers et des pépiniéristes ne peut les créer. Il est d'observation qu'elles se conservent mieux dans les terrains secs et arides que dans les terrains frais et gras; cependant on pourroit semer des milliers d'alaternes dans un terrain de la première sorte, sans qu'il en levât un seul de panaché; encore moins si on les plantoit, quoique des faits prouvent qu'un arbre peut se panacher au bout d'un grand nombre d'années. Une petite branche se panache, comme je l'ai vu déjà plusieurs fois, dans les pépinières confiées à ma surveillance; on la greffe, et voilà une nouvelle variété qui se perpétue indéfiniment : cependant l'arbre dont elle a été tirée n'en présente plus ni l'année suivante, ni les autres. Pourquoi n'en a-t-il offert qu'une seule année, tandis que la greffe en présentera pendant toute la durée de sa vie ?

Je conviens que dans les panachures le parenchyme est altéré; mais comment se fait-il que cette altération se conserve dans les feuilles des années suivantes positivement de la même manière, c'est-à-dire ou sur les bords, ou au milieu du disque, ou en petites, ou en larges taches ? Toute explication est repoussée par les difficultés que présentent les circonstances qui les accompagnent. Il faut donc attendre que de nouvelles observations nous mettent sur la voie.

Quelques charlatans prétendent connoître les moyens de faire naître des variétés de fleurs, des panachures de feuilles à volonté ; mais on peut leur dire en face qu'ils mentent. *Voyez* les mots FLEUR, COROLLE, PLANTE, FRUIT.

COULEUVRÉE. Nom vulgaire de la BRIONE. (B.)

COULISSE. On donne ce nom, dans quelques endroits, à des petits fossés couverts qu'on pratique dans les champs ou les prairies humides, ou qui rassemblent les eaux des pluies, pour les égoutter. Les moyens de les construire sont plus ou moins dispendieux. Tantôt ces fossés sont revêtus de pierre et voûtés en pierres sèches, tantôt ils sont remplis de pierres jetées au hasard ou de branchages, sur-tout de branchages d'aune ; tantôt garnis, dans toute leur longueur, de pierres plates mises de champ, écartées par leur base et se touchant par leur sommet. *Voyez* aux mots ÉCOUT et PIERRÉE.

On ne peut trop recommander aux cultivateurs de faire des coulisses dans les lieux où elles sont nécessaires, car par leur moyen on peut doubler le produit de certaines pièces de terre. (B.)

COULOIR. Petit vase de bois, de terre cuite ou de fer blanc, en forme de cône tronqué, et ouvert aux deux bouts, qui sert, après qu'on a fermé le petit bout avec un tamis de crin ou du linge à claire-voie, à couler le lait pour le débarrasser des immondices qui peuvent s'y trouver mêlés. Il faut le laver bien exactement immédiatement après qu'on s'en est servi, car le lait, qui y reste attaché, s'aigrissant, porteroit dans celui qu'on y couleroit ensuite des principes de fermentation qui le feroient aigrir en entier. (B.)

COULURE DES FLEURS, DES FRUITS. Cette expression signifie ne point nouer, en parlant des fruits, ou avortement, en parlant des fleurs. Pour bien saisir la valeur du mot *coulure*, il convient de lire l'article *fleur*, afin de connoître quelles sont les parties qui les composent, comment se fait l'acte de génération de la semence, et par quelles voies elle s'exécute. On verra, dans la description des parties des plantes, que leurs *étamines*, portées par les *anthères*, constituent les parties mâles de la génération, et le *pistil*, les parties femelles ; que les fleurs sont ou *hermaphrodites*, c'est-à-dire qu'elles portent les mâles et les femelles, ou seulement les mâles, ou seulement les femelles ; que les fleurs mâles dans quelques unes sont sur la même tige, la même branche que les fleurs femelles, mais séparées ; enfin, que ces fleurs mâles ou femelles sont sur des arbres différens. Cette union des sexes dans une même fleur, ou des sexes séparés dans certaines fleurs, est un point de fait démontré aujourd'hui jusqu'à l'évidence, et d'où dépend essentiellement toute espèce de fructification ; c'est une loi immuable de la nature ; il faut dans tout et par-tout le concours du mâle et de la femelle pour produire. Il est aisé de concevoir qu'une copulation aussi délicate exige, pour être suivie de son effet, le concours des circonstances et une saison propice à cause de la ténuité des parties. Une pluie ou trop forte ou trop froide, un vent impétueux ou froid, la dérangent ; la fleur avorte et le fruit coule.

Au moment de la fécondation, les anthères s'ouvrent avec élasticité : ce réservoir de la semence répand sur la partie femelle une multitude incroyable de globules, d'où sort une vapeur fécondante qui, pénétrant le pistil, va animer le germe. Ce mécanisme bien connu, l'homme peut produire sur les fleurs, d'une manière aussi décidée, l'avortement ou la stérilité. S'il coupe les anthères avant la projection des étamines, la graine sera inféconde, malgré sa maturité, comme l'œuf d'une poule qui n'a pas éprouvé les approches d'un coq : c'est un second genre d'avortement.

Il est aisé de conclure que le froid resserre les parties de la génération, empêche le développement des étamines ; qu'un vent trop chaud dessèche la vapeur fécondante ; qu'elle ne peut pénétrer dans le pistil chargé de l'eau de pluie ; que cette pluie l'entraîne, etc. Quel habitant de la campagne n'a pas remarqué que de la bonne floraison des vignes, des blés, dépend l'abondance ; que cette abondance suit toujours une bonne saison, et que de là est venue cette expression, *mes vignes, mes blés ont bien passé fleurs.* Si le temps a été froid, agité par de grands vents, il dit tristement, *mes vignes ont coulé.*

La coulure, comme je l'ai déjà dit, est pour les fruits, et l'avortement, pour les fleurs. La coulure suit toujours l'avortement, et n'a que trop souvent lieu après une bonne fécondation. Si quelque temps après la floraison il survient des pluies, des froids, le grain se *fond :* cette expression, quoique métaphorique, est très juste, il se dessèche souvent presqu'en un clin d'œil : il tombe, et ne laisse pas même sur la grappe, par exemple, le plus léger vestige de son existence, quoique la petite queue qui portoit le grain fît corps avec la grappe. Il en est ainsi pour le blé et pour toutes les fleurs en général (R.)

Mais il est encore d'autres causes de coulure, qui sont indépendantes de l'état de l'atmosphère.

Ainsi, des arbres transplantés, des arbres dont on a coupé quelque grosse racine, dont on a entamé le tronc de manière à produire un abondant écoulement de sève y sont fort sujets. Un arbre très vieux est dans le même cas. Tous les arbres en général, mais quelques uns plus que d'autres, y sont régulièrement soumis après une récolte abondante, c'est-à-dire qu'après cette récolte il y en a une ou deux plus foibles et souvent nulles. On ne peut se refuser à voir dans tous ces cas l'effet d'un affoiblissement de la force végétative.

Ainsi il est des plantes, auxquelles la nature a prodigué les moyens de multiplication, qui sont ou deviennent très facilement stériles. Je citerai la pervenche, dont beaucoup de botanistes, au nombre desquels je n'ai pas honte de me mettre, n'ont jamais vu le fruit, quelque abondantes que soient les fleurs qu'elle produit. Je citerai le fraisier fressan, apporté des bois dans nos jardins, et qui au bout de quelques années cesse de porter du fruit. La première, dit-on, devient fertile lorsqu'on la plante dans un pot rempli de sable aride, et qu'on l'empêche de pousser des coulans. Qui ne reconnoît dans ces deux cas une coulure par excès de nourriture? Les arbres fruitiers qui ne fleurissent pas lorsqu'ils sont greffés sur sauvageons, ou placés dans une terre trop riche en principes de fertilité sont dans le même cas.

Il est un troisième genre de coulure, qui tient peut-être aux deux précédens en même temps, et sur laquelle on n'a pas encore porté toute l'attention qu'elle mérite. C'est celle qui est la suite d'une multiplication long-temps continuée par drageons, boutures ou marcottes. En effet, nous voyons le bananier, de tout temps reproduit par drageons, ne donner que des fruits à semences infertiles. La canne à sucre de Saint-Domingue, qu'on ne renouvelle qu'au moyen des boutures, n'y porte plus de graines fécondes, tandis que sur la côte d'Afrique, où on l'abandonne à elle-même, elle en fournit tous les ans. L'ananas, le fruit à pain sont dans le même cas. Qui a vu le fruit du jasmin blanc, arbuste qu'on ne multiplie que de marcottes depuis qu'il est introduit dans nos jardins? Je pourrois beaucoup multiplier ces citations, en les prenant dans les pays chauds sur-tout, parceque c'est là où la nature a une surabondance de vie qui lui fait produire par tous les moyens accessoires au semis des graines. La brillante famille des orchidées, sur-tout le genre des angrecs, est si habituellement stérile, que la plupart des espèces observées par Lourciro, par Swartz, Aubert du Petit-Thouars, etc., n'ont jamais été vues en fruit. On pourroit presque en dire autant des liliacées, dont tant de fleurs avortent annuellement. Mais ce n'est pas ici un ouvrage de physiologie végétale, et je suis obligé de me renfermer dans mon sujet. Quelle belle question à traiter cependant!

Je ne puis pas finir cet article sans indiquer encore une

autre cause de coulure que je crois très commune, mais à laquelle on ne fait pas assez d'attention. C'est celle qui résulte de la température du sol comparée à celle de l'atmosphère. J'ai vu un pommier qui se chargeoit, chaque printemps, d'une immense quantité de fleurs, et qui ne donnoit jamais de fruits. Il devint fertile lorsqu'on eut détourné des eaux d'infiltration qui baignoient ses racines. J'ai vu une file de poiriers en plein vent et déjà âgés, placés dans un sol humide et gras, au nord d'un mur de six à huit pieds de haut, ne pas porter de fruits tant que ce mur a subsisté, et s'en charger lorsqu'il a été abattu. Ici on semble reconnoître que le pied avoit plus froid, et par conséquent végétoit moins que la tête. (B.)

COUNOURRET. Dans le département des Deux-Sèvres on donne ce nom aux semailles d'automne, lorsqu'on met du froment pour la seconde fois dans le même champ. (B.)

COUP DE CHALEUR. Lorsqu'un cheval ou tout autre animal coure trop long-temps ou trop fort pendant les grandes chaleurs de l'été, ou sous un soleil brûlant, ses poumons ou les muscles qui les font mouvoir s'irritent, s'enflamment; il ne peut plus respirer et il tombe. C'est ce qu'on appelle coup de chaleur dans beaucoup de lieux. Souvent la mort suit de près cet accident; quelquefois il dégénère en péripneumonie.

Le premier remède à employer dans un cas de coup de chaleur c'est de faire respirer du vinaigre à l'animal, de lui en bassiner les naseaux, l'intérieur de la bouche; de lui en faire boire étendu d'une suffisante quantité d'eau; de le placer s'il est possible dans un lieu ombragé, mais non frais; car la transition est mortelle lorsqu'elle est trop brusque. S'il peut se remettre sur les jambes, on le fera promener lentement. Une saignée sera ensuite pratiquée. Il sera mis à l'eau blanche pour toute nourriture. *Voyez* pour le surplus aux mots PÉRIP-NEUMONIE et APOPLEXIE (B.)

COUP DE CHARRUE. On emploie cette expression dans quelques endroits pour désigner un des labours à la charrue d'un champ qui doit l'être plusieurs fois dans le cours d'une année. C'est le synonyme du mot FAÇON. (B.)

COUP DE SANG. Nom vulgaire de l'apoplexie. Les animaux, comme l'homme, sont sujets aux coups de sang; le cheval surtout à raison des travaux forcés qu'on lui fait faire pendant la grande chaleur. Le remède c'est la saignée, le vinaigre en boisson et en respiration. *Voyez* APOPLEXIE. (B.)

COUP DE SOLEIL. Les hommes, et sur-tout ceux qui ne sont pas habitués à vivre au milieu des champs, sont exposés aux coups de soleil, c'est-à-dire à éprouver sur une partie nue de leur corps une inflammation circonscrite et d'une nature particulière qu'on attribue à l'action d'un faisceau de rayons solaires plus chauds que les autres, sur les fluides qui abreuvent la peau, fluides qui prennent alors une température très élevée, et qui réagissent sur la chair pour la brûler comme de l'eau bouillante. Les effets d'un coup de soleil sont donc absolument les mêmes que ceux de l'eau chaude, et se guérissent par de semblables moyens; c'est-à-dire l'alkali volatil, les adoucissans huileux et autres.

Les animaux domestiques, couverts de poils et habitués au grand soleil, doivent être moins sujets à cet accident que l'homme; mais il est probable qu'ils n'en sont pas complètement exempts, quoiqu'il n'en soit pas fait mention dans les ouvrages de médecine vétérinaire que j'ai sous la main. Dans ce cas, outre les applications des cataplasmes alkalins d'abord, et huileux ensuite, il faut mettre les animaux à l'eau blanche, et les rafraîchir par tous les moyens possibles. La saignée est quelquefois nécessaire, c'est-à-dire lorsque l'inflammation s'étend beaucoup.

Il n'en est pas de même des plantes. Les coups de soleil sont pour elles une fréquente cause d'altération et même de mort subite. Les amateurs de culture n'en ont que trop souvent la preuve. Ce sont sur-tout les plantes qu'on tient dans la serre ou dans l'orangerie qui y sont sujettes. Aussi ne doit-on jamais les exposer subitement au soleil lorsqu'on les sort. J'ai été par hasard témoin d'un coup de soleil. J'inspectois la sortie des plantes de l'orangerie de Versailles, lorsque, jetant les yeux sur un gros pied de stramoine en arbre (*datura*), je vis deux ou trois pouces de son écorce blanchir subitement. La serpette que j'y portai d'abord ne me fit voir aucun changement dans le tissu de l'écorce; mais cette écorce n'en étoit pas moins morte, et il a fallu qu'elle se régénérât par un bourrelet, comme si je l'avois complètement enlevée. Il n'y a pas plus de remède contre les effets des coups de soleil sur l'écorce des arbres, sur leurs feuilles, sur leurs fruits, que contre la Brûlure, qui est aussi une sorte de coup de soleil. *Voyez* ce mot.

Rarement un coup de soleil frappe un arbre ou un arbuste de manière à le faire mourir; mais les plantes annuelles périssent souvent instantanément par cette cause.

Ce sont sur-tout les plantes ou parties de plantes étiolées qu'il est dangereux d'exposer au soleil. J'ai vu une allée de jeunes tilleuls, dont on avoit enveloppé le tronc avec de la paille, perdre toute son écorce du côté du midi lorsqu'on eut enlevé cette paille. J'ai vu un grand nombre de fois périr des arbustes sortis de l'orangerie, des plantes sorties de dessus une couche pour être plantées dans un parterre. Il est vrai que dans ce dernier cas on pouvoit en accuser la grande évaporation.

Il n'y a pas de remède contre les coups de soleil qui frappent les plantes. On ne peut que les prévenir par des abris et autres précautions indiquées par les circonstances de la localité ou du moment. (B.)

COUP SUR LA TÊTE. Des charretiers brutaux donnent souvent des coups de manche de fouet, et même de bâton, sur la tête de leurs chevaux, sans considérer les suites qu'ils peuvent avoir. On en a vu perdre la vue, devenir furieux, tomber morts par cette cause, sans pouvoir les faire revenir à leur état naturel, ou les sauver, quels que fussent les moyens employés.

Les mêmes considérations doivent guider dans la conduite des autres animaux. En général il ne faut user de violence envers eux qu'à la dernière extrémité, car on en obtient toujours plus par la douceur que par les coups lorsqu'ils n'y sont pas habitués; et lorsqu'ils y sont habitués, il faut journellement les augmenter, quoi qu'il arrive, au point où cela n'est plus possible. J'ai vu des chevaux et des ânes ainsi devenus insensibles, et dont on ne pouvoit plus tirer de service. (B.)

COUPE. Mesure de terre et de grain. *Voyez* au mot MESURE.

COUPE. En terme forestier c'est l'étendue d'un terrain dont on doit abattre ou on a abattu les arbres. *Voyez* FORÊT.

COUPE (CHEVAL QUI SE). On dit qu'un cheval se coupe lorsqu'en marchant il se blesse une jambe avec le fer de l'autre. Les pieds de devant sont moins sujets à se couper que les pieds de derrière. Il est des chevaux qui ne se coupent que lorsqu'ils courent très vite, d'autres lorsqu'ils sont fatigués. Comme le plus souvent c'est un vice de conformation ou une mauvaise habitude prise de vieille date, cet inconvénient grave, et qui diminue de beaucoup la valeur des chevaux, ne peut se guérir; mais on diminue ses effets par une FERRURE appropriée. *Voyez* ce mot. (B.)

COUPE, FAUSSE-COUPE, COUPER. C'est séparer un corps continu avec un instrument tranchant. Le mot FAUSSE-COUPE désigne une branche coupée trop en bec de flûte; cette forme empêche le recouvrement de la plaie par l'écorce, et cause presque toujours l'avortement du bouton placé au-dessous de la fausse-coupe, et quelquefois la mort de la branche. Au mot TAILLE, on entrera dans de plus grands détails. (R.)

COUPE-BOURGEONS. Plusieurs insectes portent ce nom, et principalement les ATTELABES vert et cramoisi. *Voyez* ce mot.

COUPE ENTRE DEUX TERRES. Par-tout où les bois surabondent, et où ils sont par conséquent de peu de valeur, les bûcherons, pour diminuer les fatigues de leur travail, et pour y apporter plus de célérité, évitent de se courber et, coupent les arbres, gros et petits, à une certaine distance de la terre. Dans les immenses forêts de l'Amérique septentrionale c'est toujours à un demi-mètre au moins. Sur les montagnes des environs de Langres, où pendant ma jeunesse une corde de bois se payoit trois à quatre francs, on laisse souvent les souches d'un décimètre de hauteur.

Au contraire, dans les lieux où le bois est depuis long-temps très cher, les acquéreurs, pour gagner davantage, les font exploiter entre deux terres. Près Paris, dans la forêt de Montmorency particulièrement, on déchausse toujours les jeunes arbres avant de les couper; et si on déchausse rarement les vieux, c'est pour ne pas trop augmenter la dépense.

Enfin, là où ils sont encore plus chers, comme je l'ai observé dans quelques parties de l'Espagne, on les arrache afin de profiter des racines.

M. Douet Richardot, propriétaire près Langres, c'est-à-dire, dans un des lieux cités plus haut, a publié, il y a trois à quatre ans, un mémoire où il établit, par des expériences comparatives, les avantages qui résultent, pour la reproduction, de la coupe des bois entre deux terres, et où il en donne le résultat comme une découverte d'un intérêt majeur.

Il est peu de pépiniéristes, même de jardiniers, qui ne connoissent les avantages de la coupe entre deux terres, et qui ne la pratiquent dans toutes les circonstances où ils ont intérêt à le faire. Elle est indiquée dans plusieurs ouvrages d'agriculture. Voici ses principes, d'après M. Duhamel et autres.

Une souche coupée à quelque distance au-dessus de la surface de la terre, se dessèche, se fendille et donne par conséquent lieu, dans les premiers momens où la sève entre en action, à une grande déperdition de cette sève. Or, c'est toujours de la quantité de sève, ainsi que de l'activité et de la précocité de la force végétative, que dépend la vigueur des bourgeons; je puis même dire leur petit nombre, car celui des bourgeons qui sort le premier, s'il est gros, attire et consomme toute la sève ou une partie de la sève, qui eût alimenté les autres. L'expérience prouve que les souches foibles ou malades fournissent davantage de bourgeons, et que plus une souche a de bourgeons, toutes autres circonstances égales d'ailleurs, et plus ils sont foibles. Dans les pépinières, pour accélérer la croissance des plants recépés, on leur enlève successivement tous leurs bourgeons, excepté le plus beau.

Quand la souche, au contraire, ne s'élève pas hors de terre, la température fraîche et l'humidité constante où se trouvent les extrémités de ses vaisseaux s'oppose à l'extravasion de la sève, et par conséquent les bourgeons poussent plus tôt, sont plus vigoureux et moins nombreux ; peut-être même la mollesse de l'écorce à travers laquelle percent ces bourgeons contribue-t-elle aussi à ces avantages.

J'ajouterai que les souches hors de terre se pourrissent très rapidement, et que celles recouvertes de terre se pourrissent très lentement ; ne se pourrissent même pas si elles sont jeunes, et que leur plaie puisse être recouverte, par les nouvelles pousses, dans le courant des deux premières années qui suivent la coupe. Cet avantage est très important, car la pourriture est analogue à la gangrène sèche, et ses effets s'arrêtent rarement tant qu'il y a contact avec l'air.

L'expérience prouve que la méthode de M. Douette-Richardot n'est d'aucune nécessité dans les pépinières, où chaque année on coupe, à peu de distance de terre, la tige de tant de jeunes arbres, uniquement pour leur en faire pousser une plus droite et plus grosse, quoique cependant il pût être utile de l'y appliquer.

C'est donc principalement pour les vieilles souches qu'il faut, en bonne économie, réserver la méthode de M. Douette-Richardot. Mais est-il utile de chercher à conserver ces vieilles souches ? Il y a long-temps que cette importante question a été discutée pour la première fois. Quelques écrivains sur l'administration des forêts sont pour l'affirmative. Toutes les personnes instruites des lois de la physique générale sont pour la négative. Le principe des assolemens a lieu en effet pour les arbres comme pour le blé et autres plantes annuelles ; seulement comme leurs racines s'allongent pendant toute leur vie, lorsqu'ils se sont espacés convenablement, ils peuvent subsister des siècles dans le même lieu. Je crois donc que, sous le rapport des vieilles souches, il faut mettre peu d'importance à la coupe entre deux terres, coupe d'ailleurs très difficile à pratiquer sur les gros arbres, sur-tout dans les terres fortes, dans les sols pierreux, dans les marais. Certainement, dans le plus grand nombre des cas, il seroit préférable de les arracher, parcequ'au moins le produit des racines dédommageroit d'une partie des frais, et la terre remuée favoseroit la germination des graines. Avant même notre célèbre Duhamel on avoit reconnu l'infériorité des futaies provenant de la repousse des taillis ; on savoit que l'essence des arbres d'une futaie ultra-séculaire qu'on mettoit en taillis changeoit toujours. Ce fait, qui tient encore à la théorie des assolemens, est si frappant dans les antiques forêts de l'Amérique, qu'il y a donné lieu au préjugé qu'il suffisoit de couper un arbre pour le transformer en un autre.

L'ordonnance forestière veut que les arbres des forêts soient coupés aussi près de terre que faire se peut. Comme je l'ai dit plus haut, elle est tantôt violée dans un sens, tantôt dans un autre. En général, cependant, elle s'exécute avec autant d'exactitude qu'on doit raisonnablement l'exiger. Assurément dans le plus grand nombre des cas ce point de perfection suffit. Dans ceux-ci on voudroit favoriser la repousse des souches déjà vieilles, mais encore saines. Il est plus facile, moins coûteux et aussi sûr, quoique M. Douette-Richardot prétende le contraire, de recouvrir ces souches de terre immédiatement après la chute de l'arbre, que d'employer la coupe entre deux terres.

Dans mon opinion la méthode de couper les arbres entre deux terres ne peut jamais être nuisible, et il est des cas où elle est extrêmement avantageuse : ce sont ceux où on opère sur des espèces qui, par leur nature, poussent des rejetons de leurs racines, lorsque ces dernières sont séparées du tronc, telles que l'orme, le merisier, l'aune, le peuplier blanc, etc. *Voyez* FORÊT. (B.)

COUPE FAUCILLE. Non vulgaire du MUFLIER DES CHAMPS, *Antirrhinum elatine*. (B.)

COUPE-GAZON. Deux instrumens portent ce nom. L'un est un grand couteau emmanché de biais, et l'autre un disque d'acier coupant, tournant sur un tourrillon. Tous deux servent, ainsi que leur nom l'indique, à couper le gazon, en les faisant couler contre un cordeau. Le premier est en usage en Suisse, et le second en Angleterre. *Voyez* pl. 4. fig. 2. (B.)

COUPE-PAILLE. Instrument d'agriculture dont l'usage est clairement indiqué par le nom même qu'il porte. En Allemagne, en Pologne, et dans plusieurs autres contrées du nord de l'Europe, on nourrit les chevaux en grande partie avec de la paille hachée qu'on leur donne, ou seule, ou mêlée avec de l'avoine ou d'autres grains. Pour couper la paille d'une manière égale et prompte, on a imaginé diverses sortes d'instrumens ou machines qui remplissent plus ou moins bien cet objet. Je vais en faire connoître deux, l'un très simple dont on se sert dans les départemens du nord, l'autre plus composé, apporté depuis peu de Pologne, et qu'on nomme *hache-paille polonais*. Ce dernier est figuré planches 3 et 4.

Le premier, c'est-à-dire le coupe paille ordinaire, est monté sur trois pieds. Il se compose d'une auge fort longue, d'un râteau à trois dents, d'un poids, et d'un grand couteau, fait avec le même acier dont on fait les faux. Le râteau n'a point de manches, mais seulement une poignée ; il est placé dans l'auge à portée de l'ouvrier, et il est attaché par de petites chaînes aux deux côtés de l'auge, de manière cependant qu'on peut le mouvoir avec facilité, et lui faire décrire un arc de cercle plus ou moins grand. A mesure qu'on met la paille dans l'auge, l'ouvrier la fait avancer avec le râteau qu'il tient de la main gauche. En même temps il la presse vers l'extrémité de l'auge, en abaissant sur elle un poids correspondant à une pédale que l'un de ses pieds fait aller. Ce poids se relève aussitôt, pour laisser passer une nouvelle portion de paille. Le couteau est en dehors de l'auge ; il est fixé par un bout à une espèce de manche à charnière, qui tient à l'un des montans, et l'autre bout est garni d'une poignée. Au moyen de cette disposition, l'ouvrier coupe la paille aisément, en élevant et en abaissant alternativement le couteau dont il tient la poignée de la main droite.

On voit que cet instrument est imparfait ; il occupe à la fois les deux mains et un pied de l'ouvrier, dont les forces sont ainsi partagées, et le mouvement du couteau doit nécessairement être lent ; mais cet instrument est simple, peu coûteux, facile à faire et à réparer. Il peut convenir à une culture d'une petite étendue.

Le hache-paille polonais est beaucoup plus avantageux ; il doit être regardé comme le plus parfait qu'on ait imaginé jusqu'à présent, et comme le plus propre à produire l'effet qu'on se propose. Il se compose, il est vrai, d'un assez grand nombre de pièces ; mais on y trouve les élémens de hache-pailles plus simples, et c'est une des raisons qui nous décide à le décrire.

Cette machine, car c'en est une, est adaptée à un châssis composé de quatre montans et de plusieurs traverses. Elle est mise en jeu par une manivelle, au moyen de laquelle on fait tourner une grande roue, qui, par son mouvement, fait mouvoir toutes les différentes parties de la machine. A l'un des côtés du châssis, et en dehors, est fixée une auge fort longue, dans laquelle on met la paille qu'on veut hacher. Vers l'extrémité de l'auge qui regarde la grande roue se trouvent deux cylindres et un poids. Les cylindres sont disposés horizontalement l'un au-dessus de l'autre, laissant entre eux un espace vide pour le passage de la paille : ils sont mus immédiatement par deux roues à rochet, l'une supérieure, l'autre inférieure, et ils tournent en sens contraire ; comme ils sont garnis de lames ou arêtes longitudinales, ils entraînent dans leur rotation la paille, et la font avancer, en reprises égales et par portions déterminées, jusqu'au bord de l'auge où elle doit être coupée. Le poids a un jeu de bascule ; il correspond à deux contre-poids ; et il s'élève et s'abaisse alternativement pour laisser passer la paille et pour la presser l'instant d'après, par sa pression, il l'assujettit au fond de l'auge au moment même où les couteaux agissent, ce qui rend leur action plus sûre, et fait que la paille qui leur est présentée est tranchée plus net. Il y a deux couteaux, l'un à tranchant convexe, l'autre à tranchant concave ; ils sont attachés au plan intérieur de la grande roue, entre l'axe et les jantes, sur deux côtés opposés, et dans une direction à peu près parallèle à l'un de ses rayons. Chacun d'eux est fixé à ses extrémités par deux vis à écrou ; et une vis de renvoi, placée vis-à-vis leur milieu, tient le plan de la lame plus ou moins écarté. Ces couteaux suivent nécessairement le mouvement de la roue, et ce mouvement peut être plus ou moins accéléré à volonté. A chaque tour entier que fait la roue, chaque couteau coupe une portion déterminée de paille ; ainsi la quantité qui est coupée dans un temps donné est relative à la vitesse de rotation imprimée à la machine. Avec le petit coupe-paille, en usage dans les départemens du nord, et qui convient aux petites exploitations, une seule personne ne peut hacher par jour que quinze sacs de deux setiers chacun. Avec le hache-paille polonais, et que je viens de décrire, un fort ouvrier, aidé d'une seconde personne plus active que robuste, peut en expédier cent cinquante sacs dans le même temps. On doit la découverte de cette machine à M. Galichet, chef de bataillon, adjoint à l'état-major du troisième corps de la grande armée, et membre correspondant de la société d'agriculture du département de la Marne. Il l'a trouvée en Pologne, et en a adressé de Varsovie un modèle à S. Exc. le ministre de l'intérieur à Paris. D'après ce modèle, construit sur l'échelle d'un huitième, il en a été fait, au conservatoire des arts et métiers, un semblable, que M. Molard, l'un des directeurs de cet établissement, a bien voulu nous communiquer. M. Galichet annonce que cette machine a été très utile à la grande armée pendant la rareté des fourrages. D'après sa construction, on peut, au lieu de manivelle, employer, pour la mettre en jeu, soit l'eau, soit des animaux. On pourroit aussi dans un bien rural d'une très grande exploitation avoir plusieurs de ces machines, qui seroient réunies et toutes mues par un seul agent. Enfin on peut s'en servir utilement pour hacher d'autres fourrages, et toutes les fois qu'on aura besoin de couper les jeunes tiges nourrissantes de plusieurs végétaux, telles que les tiges de millet, de maïs, les têtes de cannes à sucre, etc.

Figure de la machine. Voyez la pl. 3, fig. 1 et 2, et la pl. 4, fig. 1.

AAAA représentent les quatre montans du châssis ; BB la grande roue ; CC les couteaux ; D la manivelle ; I l'auge dont on voit le prolongement en dehors du châssis, *fig.* 1 de la pl. 4 ;

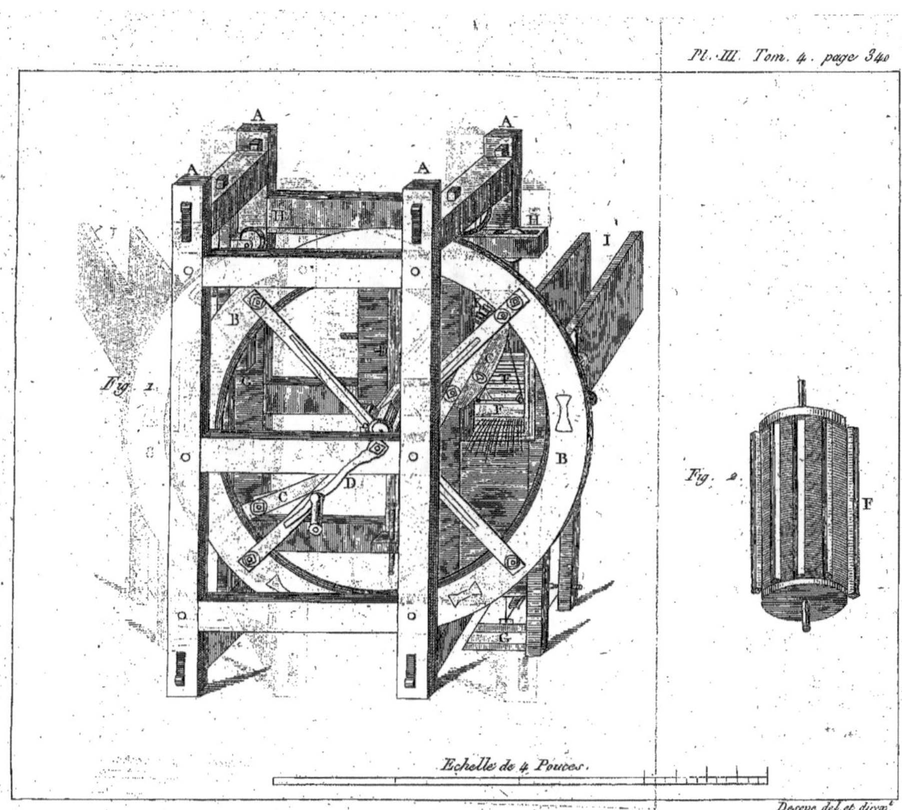

Fig. 1 et 2. Coupe-Paille.

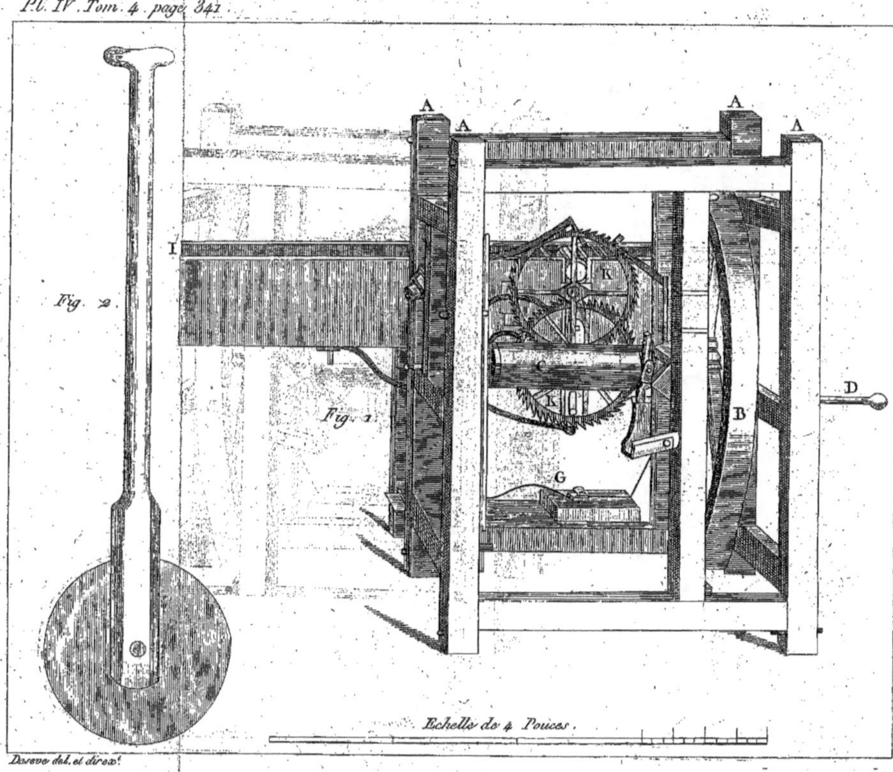

Fig. 1. Coupe-Paille. Fig. 2. Coupe-Gazon.

E le cylindre supérieur; l'autre étant sous celui-ci ne peut être aperçu; F le poids; GG les deux contre-poids; HH les cordes auxquelles les contre-poids sont suspendus; KK les deux roues à rochet, *fig.* 1 de la *pl.* 4; L l'axe de la grande roue, même *fig.*

Dans les deux figures qui représentent la machine entière, elle est vue en perspective sous deux aspects différens, et gravée sur l'échelle d'un seizième de la machine en grand; le cylindre F, figuré isolément, est gravé sur l'échelle d'un huitième. (D.)

COUPER. On emploie ce mot dans quelques pays pour dire passer la racloire sur une mesure de grain. Il signifie aussi souvent CHATRER. On coupe une branche, une feuille, une fleur, un fruit, un belier, un chien, etc. (B.)

COUPEROSE. Nom vulgaire des SULFATES DE FER et de CUIVRE. On les appelle aussi VITRIOL VERT et VITRIOL BLEU.

COUPILLES. On donne ce nom, dans quelques cantons, aux branches des arbres qu'on élague régulierement pour faire des fagots. Ce sont celles qui ont poussé depuis le dernier élagage, et qui seules, par la teneur des baux, doivent être coupées par le fermier. C'est un mauvais chauffage à raison de la jeunesse du bois. *Voyez* BOIS et BRANCHE. (B.)

COUPLE. Comme il y a des inconvéniens graves à attacher les chevaux à la queue les uns des autres lorsqu'on veut en faire conduire un grand nombre par un seul homme, on a imaginé une manière de les assembler, et qu'on appelle le couple.

C'est une sangle qui embrasse le cou près du poitrail, et de laquelle part une corde qui règne le long du corps et se rend à une tresse sans fin, dont les deux anses, passées deux fois l'une dans l'autre, embrassent la queue et fournissent à la corde du couple un anneau dans lequel elle glisse. Dans l'œil de la corde est attachée une barre de trois à quatre pieds de long, qui est fixée au licol du cheval suivant. Cette barre l'empêche d'atteindre les pieds du précédent, et s'il vient à tirer, tout l'effort direct se passe sur le poitrail, et la queue n'est pas offensée. On trouve de ces couples tout faits dans les lieux où il se fait quelque commerce de chevaux. (B).

COUPURE Plaie faite avec un instrument tranchant. *Voyez* au mot PLAIE.

COUQUARIL. C'est dans le département de la Haute-Garonne l'épi de maïs dépouillé de son grain et destiné à brûler. Il fait un assez bon feu, mais de peu de durée. (B.)

COUR. Enceinte, plus ou moins étendue, attenant à la maison du cultivateur, et qui lui sert à mettre à l'abri des voleurs, au moins momentanément, ses voitures, ses charrues et autres ustensiles, ses récoltes et autres articles. Elle assure de plus sa sécurité, en rendant plus difficiles les approches de la maison.

Toute cour qui n'est pas close de mur, ou au moins d'une forte haie, et qui n'a pas une porte susceptible d'être fermée en dedans, ne devroit pas porter ce nom. *Voyez* aux mots CONSTRUCTION RURALE et BASSE COUR. (B.)

COURBARIL, *Hymenea*, Lin. Arbre fruitier résineux de la seconde grandeur, qui appartient à la décandrie monogynie et à la famille des LÉGUMINEUSES, et qui croît naturellement en Afrique, dans l'Amérique méridionale et aux Antilles. Il devient très gros, a une écorce raboteuse, et une cime formée de branches très rameuses, qui s'étendent de tous côtés. Ses feuilles sont entières, réunies deux à deux sur le même pétiole, formant entre elles un écartement qui ressemble à l'ouverture d'une paire de ciseaux. Les fleurs, qui sont inodores et d'un jaune pourpre, naissent en corymbes à l'extrémité des rameaux ; elles ont un calice coriace, cinq pétales presque égaux, dix étamines, et un style tortillé, à stigmate sphérique. Le fruit est une gousse ligneuse un peu comprimée, remplie d'une pulpe farineuse bonne à manger, qui a l'odeur et le goût de pain d'épices. Il découle des branches et du tronc de cet arbre une espèce de gomme ou résine jaunâtre transparente et difficile à fondre. C'est la *résine anime occidentale du commerce*. Elle ressemble beaucoup à la résine *cupal*, brûle comme le camphre, et est employée à vernir divers ustensiles. Le bois du courbaril est solide, pesant, d'une longue durée, susceptible de poli ; on en fait des meubles, des roues, des affûts de canon, et il entre dans la construction des bâtimens.

Le courbaril se multiplie de graines. Sa croissance est rapide. Il aime un terrain léger et pourtant substantiel. Aux Antilles on le cultive dans beaucoup de jardins. En Europe il exige la serre chaude. Sa transplantation d'un pot dans un autre est difficile, parceque ses racines sont très minces. D'ailleurs on l'élève de la même manière que les autres plantes exotiques de la zone torride. (D.)

COURBATURE. C'est la pulmonie dans les chevaux. Dans les vaches, la même maladie se nomme POMELIÈRE.

Le traitement de cette maladie sera détaillé au mot PULMONIE.

COURBE. Nom de l'araire servant à chausser la vigne dans le Médoc.

COURBE. MÉDECINE VÉTÉRINAIRE. C'est un gonflement de la partie inférieure et interne du tibia, ou de l'os qui forme la jambe, à l'endroit même des apophyses condyloïdes qui sont de ce côté. La forme de la courbe est oblongue; elle est plus étroite à sa partie supérieure et à son origine qu'à sa partie inférieure.

La courbe vient ordinairement à la suite d'un effort dans le jarret, ou d'un exercice outré. Les fibres des ligamens, tiraillées et distendues, perdent leur ressort, et favorisent l'arrêt et la stagnation de la lymphe, laquelle, se durcissant, forme quelquefois un exostose dans cette partie. *Voyez* Exostose.

Dans le commencement de la courbe, il y a ordinairement chaleur, douleur, inflammation; c'est ici le cas d'appliquer les émolliens en fomentation et en cataplasme; mais si, malgré l'usage de ces remèdes, la tumeur devient dure et squirreuse, le plus court parti est d'en venir à l'application du feu, après avoir néanmoins essayé les frictions résolutives avec l'eau-de-vie camphrée et les frictions mercurielles. (R.)

COURBURE. Inflexion donnée à une branche droite. Toutes branches droites s'emportent, produisent des gourmands, ou sont elles-mêmes des GOURMANDS (*voyez* ce mot) qui épuisent l'arbre. Si ces branches donnent du fruit, il est en petite quantité. Sur les branches inclinées on voit rarement des gourmands, et toujours beaucoup de fruits, lorsque la saison les favorise. Pour domter un gourmand qui s'élance avec impétuosité, il suffit de le courber petit à petit en cerceau, non pas en cerceau entier, mais à demi; car la sève se porteroit difficilement à la partie qui excèderoit la moitié, et cette partie périroit peu à peu. La courbure est un des meilleurs moyens et des plus expéditifs pour mettre une branche à fruit. (R.)

Mais quoique la courbure des branches soit dans la nature, puisque nous voyons les arbres fruitiers en plein vent l'effectuer par la seule pesanteur de leurs fruits (les pommiers principalement), il ne faut pas en exagérer les avantages. Il est donc blâmable, M. Cadet-de-Vaux, d'avoir, dans ces derniers temps, voulu proscrire absolument la taille. Sans doute il a eu des fruits en plus grande quantité l'année qui a suivi celle de la courbure des branches de ses espaliers, de ses contre-espaliers, de ses vases, de ses nains, de ses quenouilles et de ses pleins-vents; sans doute alors le coup d'œil de ses arbres étoit pittoresque : mais que sont devenus ses arbres la troisième, la quatrième année? Probablement un *fouillis* inextricable, pour me servir de l'expression triviale. La taille est donc devenue nécessaire entre les mains de M. Cadet-de-Vaux, comme entre celles de tous les cultivateurs, ou du moins doit le devenir, tant pour débarrasser ses arbres des branches anciennement courbées, et qui sont devenues complètement inutiles, que pour diminuer le nombre de celles qui ont poussé.

Car parmi ces dernières il en est qui deviennent des gourmands, et qui dérangent la disposition générale des branches; il en est qui ont une mauvaise direction, qui sont trop
près les unes des autres, qui sont chiffonnes, etc. Leur nombre
seul est un grand inconvénient, puisqu'elles se privent réciproquement d'air et de lumière, et que sans l'influence de ces
deux agens, non seulement il n'y a pas de bons fruits, mais
même de fruits.

Je crois donc que si l'art veut employer le moyen si anciennement connu et véritablement si excellent, dernièrement préconisé par M. Cadet-de-Vaux, ce ne peut être qu'avec une
extrême circonspection. Il peut toujours courber fortement les
branches des arbres qui s'emportent trop, lorsqu'elles doivent
être rabattues l'année suivante. Il peut courber quelques lam-
pourdes ou brindilles pour assurer la réussite des fruits qu'elles
portent, sauf à les redresser l'hiver suivant. Il doit incliner, jusqu'à ce qu'elles soient presque parallèles au terrain, les branches
inférieures des espaliers, contre-espaliers, éventails, etc.; écarter, autant que possible, du centre celles des vases, buissons,
nains, etc.

C'est à la sève d'août que tous les arbres en général (en
Europe) développent les boutons qui, un, deux, même trois
ans après, doivent donner des fruits. Toujours le ralentisse-
ment de la circulation de la sève à cette époque augmente la
production de ces boutons. On pourroit, dans un grand nombre
de circonstances, profiter de cette indication pour assurer
l'abondance de ses récoltes : il suffiroit de suspendre à l'extrémité des branches de ces arbres, principalement des pleins-
vents, des poids suffisamment lourds pour leur donner une
courbure de demi-cercle pendant tout le temps que dureroit
cette sève. Il faudroit les placer au commencement de
juillet et les ôter à la fin de septembre. Je ne parle pas
ici d'après les seuls principes de la théorie, mais d'après l'expérience des siècles, car j'ai vu ce moyen mis en usage dans
les parties montueuses du centre de la France et en Suisse, et
on doit croire qu'il a été transmis, de père en fils, parmi les
cultivateurs de ces contrées généralement très peu instruits.
On le pratique même aux environs de Paris. Il produit les
mêmes effets, et a beaucoup moins d'inconvéniens que la courbure complète ou presque complète qu'exige M. Cadet-de-
Vaux (1). (B).

---

(1) Ceci étoit rédigé long-temps avant que, comme membre des com-
missions nommées par les sociétés d'agriculture de la Seine et de Seine-
et-Oise, j'eus pris officiellement connoissance, dans ses jardins mêmes,
des expériences de M. Cadet-de-Vaux. Je ne crois pas devoir y rien

COURGE, *Cucurbita*. Ce genre, qui a donné son nom aux cucurbitacées, ne diffère proprement de celui des concombres que par la configuration des graines bordées par un bourrelet fort sensible, totalement extérieur. C'est dans le genre des courges que sont les plus fortes plantes de la famille, et que se trouvent même les plus gros fruits connus. Originaires des climats brûlans de l'Inde et de l'Afrique, et cultivées presque sans soin en Amérique et dans les contrées méridionales de l'Europe, la plupart en demandent moins que le concombre commun et beaucoup moins que les melons. Il ne s'en trouve ni d'aussi amères que la coloquinte, ni d'aussi parfumées que les cantaloups, mais seulement de sèches et quelque peu amères, et d'autres très bonnes à manger, même crues. Au reste, rien n'est plus varié que les espèces, races et variétés de ce genre, comme on le verra au mot CUCURBITACÉE, aussi-bien que les caractères qui distinguent ce genre de ses analogues.

Les rapports de conformation les plus importans à observer entre les courges se tirent de la nature des glandes et des poils dont ces plantes sont couvertes dans toutes leurs parties, de la consistance des feuilles, et sur-tout de la forme des fleurs et même de leur couleur, sans oublier la figure de la graine.

On peut donc établir pour les courges quatre ou même cinq espèces distinctes, et les rapporter à trois sections ou genres subalternes, et déterminer leurs races ou variétés principales ainsi qu'il suit,

* Fleurs blanches, très évasées; feuilles arrondies, molles et velues; graines échancrées haut et bas et de couleur grise.

1 La CALEBASSE. *Cucurbita leucantha*.
a La cougourde. ———— *Lagenaria*.
b La gourde. ———— *Latior*.
c La trompette. ———— *Longa*.

** Fleurs jaunes en cloche; feuilles amples, plus ou moins anguleuses; graines ovales, de couleur blanche. (Les péponins ou pépons.)

2 La MELONNÉE. *Cucurbita moschata*.
3 Le PÉPON. ———— *polymorpha*.
a La cougourdette. ———— *Pyxidaxis*.
b La coloquinelle. ———— *Colocyntha*.
c La barbarine. ———— *Verrucosa*.
d Le turbanet. ———— *Piliformis*.

---

changer, malgré cette circonstance; mais je conseillerai à ceux qui veulent approfondir cette question, devenue polémique, de lire le rapport fait par M. Féburier, à la société de Versailles, et imprimé par les ordres de cette société. Il a été réimprimé dans les annales d'agriculture et dans la bibliothèque des propriétaires ruraux, mars, 1809. (B.)

e Le giraumon. *Cucurbita oblonga.*
f Le pastisson. ——————— *Melopepo.*
4 Le POTIRON. ——————— *maxima.*
a Le jaune lisse ou brodé.
b Le vert ardoisé.
c Le petit vert.
*** Fleurs petites et peu évasées ; graines colorées ; feuilles fermes, droites et laciniées.
5 La PASTÈQUE. — *Cucurbita anguria.*
a Pulpe et graines rouges.
b Pulpe rouge et graines noires.
c Graines noires et pulpe jaune.

Voyez les détails aux mots CALEBASSE, MELONNÉE, PÉPON, POTIRON et PASTÈQUE. (DUCH.)

COURGIE. Fouet des charretiers dans le département des Ardennes.

COURONNE. Touffe de feuilles qui surmonte le fruit de l'ANANAS.

COURONNE. BOTANIQUE. Espèce d'appendice, dont quelques graines sont garnies à la partie antérieure : cet appendice n'est autre chose que le calice propre de la fleur, qui subsiste et reste adhérent à la semence ; et comme il forme une espèce de couronne on lui en a donné le nom. Les graines de la scabieuse, de l'œnanthe, de l'anthémis, etc., portent une couronne.

On connoît encore en botanique des fleurs couronnées ; mais elles sont plus connues encore sous le nom de FLEURS RADIÉES. *Voyez* ce mot.

Parmi les différentes manières de greffer, il y en a une que l'on appelle greffe en couronne, et dont on donnera le détail au mot GREFFE. (R.)

COURONNE (GREFFE EN). *Voyez* au mot GREFFE.

COURONNE. MÉDECINE VÉTÉRINAIRE. La couronne est la portion qui environne la partie supérieure du sabot, et qui est plus compacte que le reste de la peau.

Quant à sa conformation, nous exigeons qu'elle accompagne la rondeur de l'ongle ou du sabot : la couronne de derrière est plus étroite que celle de devant.

L'enflure de cette partie, le hérissement des poils, une crasse farineuse, une humeur fétide qui suinte de cette partie, sont des symptômes assurés de la maladie à laquelle nous donnons le nom de PEIGNE. *Voyez* ce mot. Il en est une autre qui se manifeste par de petites crevasses autour de la couronne, que nous connoissons sous le nom de MAL D'ANE. *Voyez* ce mot. (R.)

COURONNE, COURONNER UN ARBRE. Je vais emprunter cet article de la *Théorie du Jardinage*, de M. l'abbé Roger de Schabol, parcequ'il est singulièrement bien fait et très instructif. « Couronner un arbre, suivant le *dicton* universel des jardiniers, c'est tailler toutes les branches fortes ou foibles à la même hauteur, de façon que tout arbre taillé présente par en haut une surface égale ; ils taillent par conséquent une branche qui a six pieds de haut et un pouce de grosseur, par supposition, à six pouces seulement, et une qui n'est pas plus grosse qu'un fétu, également à six pouces : voilà donc l'arbre couronné ; et le jardinier, se mirant dans son ouvrage, est bien content de lui-même. Or, qu'arrive-t-il ? à la pousse, la grosse branche réduite à six pouces, dont le canal regorge de sève, fait des jets prodigieux ; la petite au contraire, dont le diamètre est très circonscrit, et qui, par conséquent, ne peut contenir qu'une quantité de sève très bornée, fait des jets fluets et mesquins. Que devient donc alors le couronnement fait à la taille ? Un tel arbre, pendant l'hiver et dans le temps où l'on ne fréquente pas les jardins, paroît couronné et symétrisé ; et lors de la pousse, il est hideux et épaulé, et souvent pour toujours. Le principe et la règle, qui ne sont autres que le bon sens, c'est de tailler chaque branche suivant sa force, sauf, lors de la pousse, de la rabattre et la ravaler. Il faut avouer que la pratique du jardinage est bien informe, et que par-tout règne, dans cet art, l'ignorance grossière et la stupidité. »

Il est encore un autre couronnement, où la routine n'agit pas moins à rebours du bon sens ; savoir, de tailler aussi dans le même goût, à l'égalité, toutes les pousses du tour des buissons ; et c'est ce que les jardiniers vulgaires appellent *double couronne* ; suivant notre méthode, on ne taille point les branches du tour ; mais on casse, sauf à Rapprocher. *Voyez* ce mot. (R.)

COURONNE IMPÉRIALE. *Voyez* au mot Impériale. On donne aussi ce nom à la courge bonnet d'électeur.

COURONNE IMPÉRIALE ou PASTISSON. *Voy.* Pépon.

COURONNE ROYALE. *Voyez* Basile a épi couronné.

COURONNÉ. Terme forestier qui désigne un arbre dont les branches de la cime sont mortes. Un arbre couronné ne croît plus en hauteur, mais souvent encore beaucoup en grosseur. Cependant il doit être coupé, parceque la qualité de son bois s'altère, et qu'il se creuse au centre.

Chaque espèce d'arbres, et même chaque arbre de la même espèce, arrive à cet état, qui est véritablement la caducité, à des époques différentes. Souvent à cinq cents ans, dans un bon terrain, un chêne n'est pas encore couronné, lorsqu'un orme l'est à moins de cent, et lorsque souvent la même espèce de chêne, lorsqu'elle est dans un sol aride, est couronnée à cinquante, la même espèce d'orme l'est à trente.

Le couronnement des arbres, quand il est anticipé et qu'il n'est pas l'effet d'une maladie dont la cause est visible, doit être regardé comme produit par l'épuisement du terrain ; ainsi, dans tous les arbres, on peut toujours en retarder le moment par des amendemens ou des engrais. Il arrive plutôt dans les arbres dont on a coupé le pivot que dans ceux qui sont venus naturellement, parceque c'est le pivot qui va chercher la nourriture le plus profondément.

Il est d'observation cependant que les arbres qui se couronnent par la tête se couronnent en même temps par les racines, et ce fait est un de ceux qui prouvent l'importance des rapports entre ces deux parties des plantes. C'est par ce moyen que la nature fait disparaître les générations actuelles d'arbres pour les remplacer par de nouvelles. J'étois étonné, en parcourant les forêts de l'Amérique, dans les parties non encore habitées, de ne voir qu'en très petit nombre de ces arbres monstrueux que je m'attendois à y rencontrer par millions ; mais je ne tardai pas à remarquer qu'il n'y avoit que les plus excellens sols, le bord des grandes rivières qui en montrassent de tels. Partout la grosseur des arbres étoit proportionnelle à la quantité de nourriture dont ils pouvoient disposer, parcequ'ils se couronnoient lorsque cette quantité étoit épuisée, et que les orages ne tardoient pas à les renverser. Dans la Haute-Caroline j'ai vu peu de chênes de deux pieds de diamètre, et de cent ans d'âge sur le penchant des montagnes, parceque le sol, formé par la destruction des chaînes granitiques supérieures, n'est qu'une argile recouverte de cinq à six pouces de terre végétale qui ne permet pas aux racines de s'enfoncer. Là tous les arbres renversés que j'ai observés avoient les racines en partie pourries. Là, lorsqu'on coupoit une portion de bois où le chêne dominoit, il repoussoit des noyers, et lorsqu'on en coupoit une où les noyers dominoient il repoussoit des chênes. Je cite ces faits pris en Amérique, parcequ'on ne trouve plus en Europe de ces forêts vierges, et que les résultats qu'on en peut tirer sont utiles à la théorie de la végétation. (B.)

COURONNÉ. Médecine vétérinaire. Nous disons qu'un cheval est couronné, lorsque le genou est dénué des poils, ce qui suppose que l'animal tombe et s'abat. Les chevaux arqués y sont sujets. *Voyez* Arqué. On doit se défier en pareil cas de la bonté des jambes de l'animal, à moins qu'on ne soit positivement sûr qu'il s'est couronné par accident, comme, par exemple, lorsqu'il heurte du genou contre l'auge ou la muraille. (R.)

COURSOIRE. C'est la cour de la ferme dans le département des Deux-Sèvres. *Voyez* Basse-cour.

COURSON. Reste d'une branche qu'on a taillée à deux ou trois yeux, dans l'intention de lui faire fournir de nouvelles branches pour regarnir les espaliers. La méthode des coursons est bonne, dit Thouin, mais il faut en user modérément. *Voyez* au mot Taille. (B.)

COURSON. Variété de pêche.

COURTE-QUEUE. Variété de cerisier.

COURTEROLLE. C'est la courtilière.

COURTILLIÈRE, ou COURTEROLLE, ou TAUPE-GRILLON, *Grillo talpa*. Insecte hideux classé par les auteurs du nouveau Dictionnaire d'histoire naturelle dans la seconde famille de l'ordre des orthoptères.

Les courtilières sont de la longueur et de la grosseur de l'index. Leur tête, petite en proportion du corps, est ovalaire, avancée et s'enfonce en bonne partie dans le corselet. Elle est garnie de deux antennes sétacées, de deux yeux entre lesquels on en voit trois autres lisses et plus petits, rangés sur une même ligne. Le corselet est ovoïde, tronqué par devant et comme velouté. Le reste du corps est mou et se termine en deux appendices sétacées articulées dans les deux sexes. Les élytres sont courtes et arrondies ; les ailes du mâle ne sont pas plus longues que les élytres qui en recouvrent une grande partie ; mais celles de la femelle se prolongent jusqu'à l'extrémité du corps où elles se terminent en pointe. Les pattes de devant sont fort larges et dans un plan vertical. Leurs hanches sont très grandes et ont au bout une pièce biarticulée, avançant en forme de dent et dont l'insertion est située à la face interne sous trois crénelures. Leurs jambes sont triangulaires ; les tarses sont courts et appliqués à la face extérieure de ces jambes qu'ils ne dépassent presque pas. Leurs articles sont au nombre de trois. Des six dents ou griffes qui terminent ces pattes, deux intérieures n'ont d'autre mouvement que celui de la patte. Mais les quatre extérieures qui sont appliquées contre les autres ont, au moyen d'un muscle fléchisseur et d'un muscle extenseur, un mouvement de bas en haut, de manière que l'animal peut scier sans remuer la patte, et que quand il la met en mouvement, il peut produire l'effet de deux scies très rapprochées, dont l'une iroit de haut en bas et l'autre de bas en haut. Les pattes postérieures ont les jambes grosses, épineuses avec le premier article des tarses grand. La courtilière est d'une couleur brune ; le corselet est presque noir. Cette couleur varie un peu ; elle est plus foncée chez celles qui vivent dans les jardins et plus claire chez celles qu'on trouve dans les prairies.

Tel est cet insecte malfaisant nommé par les uns courtilière du mot courtil (jardin), lieu où il exerce ses ravages, et par d'autres taupe-grillon, taupe, parcequ'il en a les mœurs; vit comme elle sous terre où il fait également des galeries pour se procurer sa nourriture, en poursuivant les insectes ou en prenant ceux qui y entrent; grillon, parcequ'il a de grands rapports avec ce dernier insecte, qui fait partie de la même famille.

Ces insectes, répandus dans les quatre parties du monde, et qui ne craignent que les grands froids, ont dû fixer depuis long-temps l'attention des cultivateurs et des naturalistes. Leurs ravages sont tels dans les jardins légumiers, dans les pépinières et souvent même dans les prairies et les terres à blé, qu'on a dû examiner avec attention leur marche et chercher les moyens de les détruire.

Après avoir passé l'hiver dans un trou plus ou moins profond, suivant la qualité de la terre, et l'intensité du froid, sans avoir fait de provisions comme quelques auteurs le supposent, mais dans un état d'engourdissement, ils remontent au retour de la belle saison, en prolongeant leur trou par une ligne verticale jusqu'à la surface de la terre, à moins que quelques obstacles ne les forcent à l'incliner. Rendus à la surface, ils travaillent à former une infinité de galeries à un demi-pouce, un pouce et quelquefois deux pouces de la surface, suivant la saison; ils les prolongent plus ou moins en raison de l'abondance de la nourriture, et ils ont l'attention de faire plusieurs galeries en pente, et qui viennent aboutir au trou vertical, à quatre, six pouces, et jusqu'à un pied de profondeur, pour parvenir à leur retraite et s'échapper quand ils sont poursuivis; ce qui me fait penser qu'indépendamment de l'homme ils ont des ennemis. Ils paroissent avoir l'odorat fort subtil et sentir leur nourriture de fort loin, puisque si on dépose un tas de fumier dans un carré de dix toises de long sur la même largeur, ils s'y rendent de toutes les parties du carré, et qu'on prétend que quelques gouttes de baume de soufre, placées dans des pots qu'on enterre dans un pareil carré, suffisent pour les en chasser. Ils travaillent fort vite et ont en peu de temps ruiné les espérances du cultivateur, s'il ne prend pas promptement des mesures pour leur destruction, non parcequ'ils mangent les racines des plantes comme on l'a prétendu, mais parcequ'ils les coupent quand elles se trouvent sur leur passage, et que, pour peu qu'ils soient nombreux, leurs galeries sont tellement multipliées qu'elles traversent les planches dans tous les sens et qu'il n'y a que les fortes racines des arbres qui puissent

les forcer à se détourner, à moins que la terre ne soit très
meuble et conséquemment très facile à percer. Mais pour peu
qu'elle soit dure, la résistance des racines n'étant pas plus
considérable que celle de la terre, les courtilières les coupent
ou les scient avec leurs pattes de devant, dont la force peut
vaincre un obstacle du poids de trois livres sur un plan uni,
et qui joignent à cette force quatre scies dont les dents sont
aiguës. Si on ajoute à ces moyens que leurs mouvemens sont
vifs, on ne sera pas surpris de la facilité et de la promptitude
avec laquelle elles creusent leurs galeries et détruisent les
jeunes plantes qui se trouvent dans leur chemin. Mais, je le
répète, malgré l'autorité de tous les auteurs qui en ont parlé,
ce n'est pas pour s'en nourrir qu'elles coupent les racines,
mais seulement pour se faire un passage. Elles sont carnivores, et les plus légères observations en auront bientôt convaincu les cultivateurs qui en ont dans leurs terrains. Leur
marche suffit pour le prouver. Leurs galeries sont d'autant
plus multipliées que la terre contient moins d'insectes. Dans
les jardins où les plantes sont plantées avec ordre et où on a
l'attention de détruire les mauvaises herbes, leurs galeries ne
vont pas d'une plante à une autre en ligne directe, et elles
passent fréquemment à un quart de pouce d'une plante sans
y toucher. Je les ai vues en l'an 12, dans un carré de romaines
et de laîtues où il y en avoit des milliers, ne détruire aucune
plante dès que les racines eurent acquis de la force; comme
l'été fut fort humide et que la terre étoit facile à percer, les
courtilières, après avoir conduit leurs galeries jusqu'aux
plantes, se détournoient un peu, probablement parcequ'elles
trouvoient plus de facilité à percer la terre qu'à couper les
troncs de ces plantes. Cependant elles n'avoient pas d'autres
racines dans ce carré; et il eût fallu, si elles n'avoient pas
été insectivores, qu'elles eussent abandonné le terrain ou mangé
ces racines. Si on place auprès d'un terrain où il y a des courtilières un tas de fumier et principalement de celui de vache,
elles s'y rendront quand il n'y auroit pas un brin d'herbe sur
ce fumier; et ce n'est pas pour y pondre, comme on l'a cru,
afin que la chaleur fasse éclore plus facilement leurs œufs,
puisqu'elles choisissent toujours un terrain dur pour y faire
leurs nids, et que lorsque la terre des planches n'a point de
consistance, elles préfèrent les sentiers pour y pondre. Elles
ne sont donc attirées vers les fumiers que par la quantité plus
grande d'insectes. J'ai d'ailleurs eu une preuve convaincante
qu'elles sont carnivores. J'en avois mis quatre dans un pot
rempli de terre. Le second jour, en examinant le pot, je vis
avec surprise les quatre courtilières sur la surface de la terre.
Trois étoient occupées à manger la quatrième qui avoit

été un peu blessée. Le ventre de cette dernière étoit dévoré et il ne restoit plus que le corselet et la tête. C'est, j'ai lieu de le croire, aux dépens des lombrics ou vers de terre qu'elles vivent principalement. Au surplus, quoiqu'elles ne mangent pas les racines, leurs dégâts sont à peu de chose près les mêmes par le grand nombre de leurs galeries.

La chaleur augmentant ramène la saison des amours. Les courtilières s'appellent alors après le coucher du soleil par un cri semblable à celui du grillon, mais plus foible. Elles viennent à l'entrée de leurs galeries, et montrent un peu la tête pendant qu'elles chantent. Leur cri est produit par le battement ou le frottement de leurs ailes. Il paroît que, lorsque le mâle et la femelle sont éloignés, ils courent sur la terre pour se joindre. La femelle peut alors se servir de ses ailes pour précipiter sa marche.

Lorsque l'accouplement est effectué la femelle dispose son nid. Après avoir choisi une terre ferme pour que les pluies ne la fassent pas ébouler, elle trace une galerie circulaire et se creuse une nouvelle retraite à quelques pouces de cette galerie, si la sienne est trop éloignée; ensuite elle fait son nid au centre de cette galerie à un, deux, trois pouces et plus de profondeur, suivant la chaleur, c'est-à-dire qu'elle le creuse plus profondément à mesure que la chaleur augmente. Il en est de même des galeries. Ce nid consiste dans un trou que fait la courtilière en pressant la terre en tout sens. Elle la rend plus compacte, et l'eau y pénètre difficilement; parceque, indépendamment de ce travail, la galerie supérieure qui environne le nid lui donne un écoulement plus facile. Ce nid n'étant point détaché des terres voisines, il est impossible à la courtilière de le remuer pour élever ou enfoncer ses œufs suivant le changement de temps, comme on l'a prétendu.

C'est dans ce nid qu'elle fait sa ponte qui est considérable. J'ai compté les œufs de plusieurs nids, et j'en ai trouvé depuis cent quatre-vingts jusqu'à deux cent vingt. Il se peut qu'elle en fasse davantage. Je ne puis donner une époque fixe à la ponte. Elle varie suivant le climat, et les chaleurs plus ou moins fortes du printemps l'avancent ou la retardent. Il en est de même pour les œufs dont les petits éclosent plus ou moins vite suivant la température.

Ces petits, en sortant de l'œuf, sont blancs; mais ils ne diffèrent de leur mère que par la couleur et les ailes qui ne leur poussent que la seconde année. Cette couleur blanche se ternit promptement et se change en brun. Quelques auteurs prétendent qu'ils changent de peau au bout d'un mois; qu'ils prennent à cette mue, comme à toutes les autres, une teinte blanche qu'ils perdent peu à peu. Ils ajoutent que c'est à l'époque de cette première mue qu'ils quittent le nid et se dispersent. Je n'ai pas de données certaines sur ce point; mais j'ai la certitude que, jusqu'au moment de cette séparation, la mère ne les quitte pas et qu'elle les soigne avec beaucoup d'attention. Elle n'abandonne ses petits que pour chercher des provisions, et j'en ai pris fréquemment dans le nid.

La croissance de cet insecte est assez lente, au moins à Versailles où je l'ai observé. Il se peut qu'elle soit plus prompte dans les climats chauds. Le désir de détruire une famille qui m'avoit échappé au mois d'août me fit suivre le reste de l'année et l'année suivante leurs traces. Les insectes que je pris au printemps n'étoient pas plus gros qu'un tuyau de plume ordinaire, et au mois d'août ils n'avoient pas fait plus des deux tiers de leur croissance. Comme il n'en restoit plus à cette époque, je ne pus continuer mes observations. On assure qu'ils muent cinq fois avant d'être adultes, c'est ce que je n'ai pu vérifier; mais je crois pouvoir affirmer qu'ils ne peuvent se reproduire que la troisième année.

Quelques auteurs pensent que la femelle fait plusieurs pontes dans l'année. Cela se peut dans les pays chauds; mais je doute que la femelle en ait le temps dans les pays froids. Au moins, je n'ai pu en trouver un seul exemple dans mon jardin, où elles étoient tellement multipliées, que j'en ai détruit plus de quinze mille dans une seule année. Jamais je n'ai entendu leurs cris que dans une seule saison.

Cependant, on trouve quelquefois des nids dans une saison plus avancée; mais j'ai vérifié que tous ceux qu'on avoit pris à cette époque appartenoient à des femelles à qui on avoit enlevé leurs petits ou leurs œufs, parceque j'avois eu l'attention de marquer toutes les places où on avoit pris le nid sans saisir la mère.

Un insecte aussi destructeur, et qui multiplie avec tant de promptitude, doit déterminer les cultivateurs à chercher tous les moyens de le détruire. On objectoit autrefois en faveur de ces insectes que, s'ils détruisoient de bonnes plantes, ils dévoroient un plus grand nombre de mauvaises. Maintenant qu'on sait qu'ils sont carnivores, on pourra ajouter qu'ils arrêtent la multiplication de plusieurs insectes nuisibles; mais quelque avantageux qu'ils soient sous ces rapports, ils sont bien éloignés de compenser les maux qu'ils font à l'agriculture. Ils sont dans le cas des loups et des tigres qu'on chasse à outrance, quoiqu'ils aient leur degré d'utilité. Aussi les Allemands prétendent-ils qu'un voiturier devoit arrêter sa voiture chargée, fût-ce à la rampe d'une montagne, lorsqu'il rencontroit une courtilière, et ne pas poursuivre sa route qu'il ne l'eût tuée. La multiplication de ces insectes est telle dans les lieux où ils trouvent une abondante nourriture, que, quoique les fourmis détruisent souvent leurs œufs, que quelques oiseaux leur fassent la chasse, et que plusieurs petits quadrupèdes, tels que les mulots, s'en nourrissent probablement, et que nos chats les mangent avec avidité, il seroit impossible d'y élever des légumes, si l'homme, par une attention suivie, ne parvenoit pas à en détruire une grande partie, soit par des labours fréquens qui ont lieu dans les jardins, dans la saison des nids, soit par une chasse suivie.

On a employé jusqu'à ce jour plusieurs moyens pour les détruire. Le premier de tous dut être de les chasser comme la taupe, de les guetter au moment où ils travailloient à leur galerie et de les enlever avec la bêche. Mais ce moyen étoit insuffisant, parceque la courtilière, au moindre mouvement, se sauve avec beaucoup de vitesse dans son trou, et qu'on ne pouvoit la voir travailler que dans les terres humides où ces insectes élèvent leurs galeries presqu'au niveau de la terre. Mais lorsque la chaleur est vive, la terre desséchée, et qu'ils se tiennent à une certaine profondeur, les galeries sont alors placées à deux, trois et quatre pouces en terre, et il est impossible de suivre les mouvemens de la courtilière.

Je ne parlerai pas de la manière de les chasser à coups de pistolets; elle n'est bonne que pour ceux qui n'ont rien de mieux à faire.

La préférence que ces insectes donnent aux fumiers, et principalement à celui de vache, qui contient un grand nombre d'insectes, a déterminé plusieurs cultivateurs à faire de distance en distance des petites fosses qu'ils remplissent de ce fumier et qu'ils piétinent bien. Les courtilières, et principalement les jeunes, s'y rassemblent. De temps à autre deux ouvriers, se plaçant aux deux extrémités du tas, l'enlèvent promptement avec des fourches; ils l'éparpillent et tuent les courtilières qui s'y trouvent. On remet ensuite le fumier qu'on change de temps en temps, et on renouvelle tous les quatre à cinq jours cette chasse; mais comme le mouvement vif de cet insecte le fait fuir et souvent échapper, on a imaginé, après avoir fait la fosse, d'y placer une caisse qu'on a remplie de fumier et recouverte de terre. On y fait trois ou quatre trous de deux pouces carrés, un à chaque côté, à un pouce ou deux du niveau de la terre. On a autant d'ardoises pour les boucher au besoin. Quand on suppose que les courtilières sont réunies dans la caisse, on l'enlève au moyen de deux mains de fer, après avoir bouché préalablement les trous. On la vide, on détruit les courtilières, et on la replace ensuite après l'avoir de nouveau remplie.

Il est un autre moyen fort simple et qui a pour objet non seulement de détruire des courtilières, mais encore baucoup d'autres insectes et des mulots. On place, le long des murs et dans les sentiers des carrés, des pots de cinq à six pouces, ventrus et vernissés. On les remplit d'eau jusqu'aux deux tiers : on les enfonce à un pouce au-dessous du niveau de la terre. Les insectes et les mulots y tombent et s'y noient.

Ces deux moyens peuvent être employés avec succès pour diminuer la quantité de ces insectes ; mais il faut d'autres ressources pour les détruire entièrement.

On avoit d'abord pensé que le baume de soufre suffiroit pour les chasser, mais on s'est aperçu ensuite que cette odeur ne les écartoit que momentanément, et que les courtilières ne faisoient que se rendre dans les carrés voisins. Ce moyen n'avoit d'autre avantage que de mettre à couvert des plantes précieuses pour quelque temps, mais il ne diminuoit pas le nombre des courtilières.

Enfin on a cru que l'odeur de l'huile de rabette pouvoit les empoisonner, et on l'a employée avec succès ; mais des observations plus suivies ont prouvé que ce n'étoit pas l'odeur de l'huile qui tuoit les courtilières dans les trous desquelles on en jetoit, mais qu'elle les étouffoit en bouchant l'ouverture de leurs trachées, et que conséquemment toutes les autres huiles ou matières grasses et liquides produiroient le même effet. Mais la manière de s'en servir n'est pas indifférente, et ceux qui se contentent d'en mêler avec de l'eau, et d'en arroser les planches ou de la verser dans les galeries, atteignent rarement l'insecte. Pour que l'huile produise son effet, il faut qu'elle couvre le dos de la courtilière ; mais comme cet insecte au moindre bruit se sauve dans son trou, il faut que l'huile puisse parvenir jusqu'au fond.

L'opération est facile quand les courtilières sont dans les couches ; comme elles ont creusé la terre sous les couches pour s'y faire des retraites au moment qu'on défait les couches, elles s'y retirent. Lorsqu'on a enlevé le fumier, on aplanit bien la terre sans la battre ni la piétiner que le moins possible ; on fait un petit rebord tout autour, et on y verse deux ou trois arrosoirs d'eau dans lesquels on a mis un verre d'huile pour le tout. L'eau, couvrant tout le terrain, pénètre dans toutes les galeries des courtilières, et quelques minutes après on les voit remonter à la surface, où elles périssent en peu de temps. Il en échappe fort peu, et j'en ai vu détruire de cette manière plus de 1200 dans un quart d'heure.

Mais dans les planches il n'est pas aussi aisé de les atteindre. Pour réussir, dès qu'on aperçoit une galerie, on doit y mettre le doigt et en suivre les ramifications jusqu'à ce que l'on trouve le trou vertical ou une des galeries inclinées ; alors on verse un demi-verre d'eau dans lequel on a jeté quelques gouttes d'huile. Si l'insecte est dans sa retraite et qu'il n'ait pas pu s'échapper à temps pour éviter l'huile, il périt : mais comme il cherche à se sauver dès que l'eau pénètre jusqu'à lui et que l'huile surnage, il se sauve souvent quand plusieurs galeries communiquent jusqu'au fond de sa retraite. Ce moyen d'ailleurs n'est bon que lorsque la terre a de la consistance, car si elle a été nouvellement bêchée ou qu'elle soit très sablonneuse, pour peu que le trou soit incliné, elle s'imbibe sur-le-champ de l'eau et de l'huile, elle s'éboule souvent, et l'animal est en sûreté.

Pour obvier à ces inconvéniens, j'employai en l'an 12 un moyen qui me mit à même d'en détruire une quantité prodigieuse. Je suivois tous les détours des galeries des courtilières jusqu'à ce que je fusse parvenu au trou vertical. J'y plaçai alors l'index de la main gauche, et au moyen d'un outil long d'un pied avec le manche, et se terminant par une plaque de fer acérée, large de quatre à cinq pouces, et dont les côtés étoient relevés en forme de levoir, je creusois avec la main droite, en descendant toujours l'index de la main gauche, jusqu'à ce que je fusse arrivé au fond du trou où je trouvois la courtilière. Cette marche est la seule sûre dans les terres nouvellement labourées. Si, en suivant la galerie avec le doigt, je m'apercevois qu'elle faisoit un petit cercle, j'avois la certitude d'un nid placé au centre de ce cercle, et que la mère étoit à quelques pas. Si je manquois l'insecte, je redressois bien la terre, je la foulois un peu, et le lendemain j'y apercevois une légère élévation qui m'indiquoit sa retraite. Je fouillois sur-le-champ, et le trou étant vertical et unique, parceque la courtillière n'avoit pas eu le temps d'en faire d'autres, j'y versois un peu d'eau avec une goutte d'huile, et elle ne pouvoit m'échapper. Comme il se trouvoit quelquefois des plantes qui auroient pu souffrir de la fouille, je me contentois alors de l'huile, après avoir bien découvert le trou vertical et consolidé ses parois, pour empêcher l'éboulement des terres. Je mis mes ouvriers au fait de cette chasse, et je leur donnai une gratification par insecte et par nid pour les encourager à cette recherche pendant les heures de repas. J'employai un autre moyen pour avoir des chasseurs de nuit, moment auquel les courtilières se promènent quelquefois sur la terre et sont dans le temps de leurs amours à l'entrée de leur trou. Je commençai par jeter des courtilières vivantes à mes chats : ils les mangeoient avec avidité. Ensuite j'en plaçai sur la terre, et j'empêchai les chats d'y toucher jusqu'à ce qu'elles fussent enterrées : je lâchois alors les chats, qui avec leurs griffes avoient bientôt déterré la courtilière.

Je dois ajouter à ces détails, que l'on a tort de craindre les morsures de cet insecte, dont la forme hideuse en impose quelquefois. Ces insectes ne nuisent qu'avec leurs pattes de devant armées de scies, et on les prend impunément par la tête, le ventre ou les pattes. J'en ai eu jusqu'à trois et quatre à la fois dans la main sans éprouver de leur part d'autre mouvement que celui de leurs pattes à scies qu'ils écartoient avec force pour m'obliger à ouvrir la main. C'étoit le même effort que font plusieurs hannetons qui cherchent à échapper lorsqu'on en tient plusieurs dans la main. Mon fils, âgé à cette époque de quatre ans et demi, en faisoit ses jouets; et il m'est arrivé plusieurs fois, quand la terre étoit dure, de les écraser dans leurs trous avec l'index. On ne doit donc craindre les courtilières que pour les plantes qu'elles ravagent, et il faut leur faire une guerre qui ne finisse qu'au moment de leur destruction totale. Si on a ensuite l'attention de n'acheter que des fumiers ou des terreaux où il n'existe pas de ces insectes, afin de ne pas souffrir qu'on en apporte dans son terrain, on ne craindra pas qu'ils y reviennent s'il est clos, la courtilière ne grimpant pas contre les murs et se servant bien rarement de ses ailes pour s'élever, parcequ'elles ne sont pas proportionnées à son poids. D'ailleurs il n'y a que la femelle qui pourroit à la rigueur le faire, les ailes des mâles étant aussi courtes que les élytres. (FÉE.)

COURTINE. On donne ce nom, dans quelques endroits, au tas de fumier qui se fabrique dans une ferme. (B.)

COURTINE. Nom vulgaire du PLANTAIN SERPENT, que les habitans du Champsaur accusent faussement de donner le pissement de sang à leurs moutons. (B.)

COURTON. Nom du mauvais chanvre, de celui qui est trop court, dans quelques endroits; et dans d'autres, des écheveaux de filasse légèrement tors, et propres à être mis dans le commerce. (B.)

COURTPENDU ou CAPENDU. Variété de POMME. (B.)

COUSCOUILLES. Nom de la livèche du Péloponnèse dans le département des Pyrénées-Orientales, pays où on mange ses jeunes tiges, au rapport de Décandolle. (B.)

COUSIN, *Culex*. Genre d'insectes de l'ordre des diptères, que les cultivateurs qui habitent les pays marécageux, surtout des départemens méridionaux, et encore plus leurs bestiaux, ne connoissent que trop, mais sur lequel il n'est pas moins utile que j'entre dans quelques détails.

C'est avec la trompe, composée de cinq pièces, que les cousins piquent la peau des hommes et des animaux, et sucent leur sang. La blessure qu'ils font est peu douloureuse par ellemême; mais elle le devient par la liqueur qu'ils y versent, pour, dit-on, rendre le sang plus fluide, et par conséquent plus facile à être élevé dans la trompe. La suite de presque toutes leurs piqûres est une tumeur plus ou moins grosse, plus ou moins rouge, plus ou moins cuisante, et d'une plus ou moins grande durée. Leur nombre amène quelquefois des maladies graves, telles que l'inflammation, la fièvre, etc. Quand les cousins ne trouvent pas assez de sang pour se rassasier, ils sucent le suc des plantes. C'est principalement le matin et le soir qu'ils tourmentent les hommes et les animaux. On ne peut s'en garantir que par des moyens que les cultivateurs sont rarement à portée d'employer ; aussi leur plus court parti est-il de prendre en patience le mal qu'ils en ressentent. J'ai pour moi l'expérience qu'on s'y accoutume, lorsque le nombre des piqûres n'est pas exagéré. Quant aux gens riches, ils peuvent les empêcher au moins d'entrer dans leurs maisons, de troubler leur sommeil, en garnissant leurs fenêtres de châssis, ou leurs lits de rideaux de gaze. Ces derniers s'appellent *mousticaires*, du nom des cousins dans les parties chaudes de l'Amérique, où ils sont bien plus abondans et bien plus dangereux qu'ici, et où ils causent quelquefois la mort des hommes et des bestiaux qui sont égarés dans les marécages.

Comme, en Europe, les habillemens ne laissent de prise aux piqûres des cousins que sur les mains et le visage, et qu'il est facile de tuer ceux qui se posent sur ces parties, les inconvéniens de leurs piqûres ne sont jamais graves pour les hommes ; mais ils le sont souvent pour les bestiaux, principalement les chevaux et les vaches, parceque d'un côté ces piqûres si multipliées les affoiblissent en enlevant le plus pur de leur sang, en faisant naître des inflammations sur la peau, mais encore en empêchant de manger ceux qui vivent sur les pâturages : le cheval sur lequel je faisois mes excursions botaniques et zoologiques dans les forêts de la Caroline, quoique garanti autant que possible par une toile épaisse ; m'en a donné la preuve. C'est pour les défendre, autant que possible, que dans les cantons marécageux on laisse à ces bestiaux l'ordure dont ils se couvrent, que même on les frotte par tout le corps avec de la bouse de vache.

Les cousins font cinq à six générations par an, chacune de deux à trois cents œufs, que les femelles déposent dans les eaux stagnantes. On voit pendant tout l'été les larves qui en proviennent, et les nymphes en qui elles se changent, nager dans ces eaux. Leur forme allongée et courbée, la position de leur organe respiratoire sur le corselet, les rendent très remarquables. Elles servent d'aliment aux poissons et aux oiseaux d'eau.

Tous les remèdes indiqués contre les suites de la piqûre des cousins ne sont qu'imparfaitement utiles ; ils agissent sur certaines personnes certains jours, et n'ont aucun effet dans d'autres cas. Le plus sûr est de comprimer un peu la blessure aussitôt qu'elle est faite, et d'en faire sortir le venin. Lorsqu'on tue l'animal sur la place, avant qu'il ait retiré sa trompe, les suites sont plus graves.

Le bourdonnement des cousins est seul un mal dans quelques cas. D'abord il empêche de dormir et tourmente ceux qui n'y sont pas accoutumés, et il cause aux chevaux des inquiétudes qui, pour ceux de selle, peuvent amener des accidens.

Les trois sortes de cousins les plus communes en France sont,

Le COUSIN COMMUN, *Culex pipiens*, qui a trois lignes de long, et qui est gris.

Le COUSIN ANNELÉ, qui a quatre lignes de long, et est gris avec des anneaux blancs aux pattes.

Le COUSIN SERPENTANT, *Culex reptans*, Lin., qui a à peine une ligne de long, et est gris avec les pattes noires. C'est le plus insupportable de tous. Il vole par millions, on l'entend de tous côtés, on le sent piquer, et on ne le voit pas. (B.)

COUSSA. Nom du houx dans le département des Deux-Sèvres. (B.)

COUSSINETTE. C'est un des noms de l'AIRELLE CANNEBERGE. (B.)

COUSSON. On donne ce nom, dans quelques endroits, à la BRUCHE DES POIS. *Voyez* ce mot. (B.)

COUSSON. C'est, pour quelques pays, les boutons de la vigne. (B.)

COUTADIS. Synonyme de têtard dans le Médoc. (B.)

COUTEAU. *Voyez* COTEAU. (B.)

COUTEAU DE CHALEUR. Morceau de vieille faux, ou véritable couteau, avec lequel on fait tomber la sueur des chevaux qui rentrent dans l'écurie après un travail d'été. *Voyez* au mot CHEVAL.

COUTILLES. Nom de la fétuque dorée dans les montagnes du ci-devant Dauphiné. (B.)

COUTRE. Espèce de lame de couteau fort épaisse qu'on fait entrer dans l'age de la charrue, et qu'on dirige à quelques pouces en avant du soc. Elle est destinée à couper la terre et à faciliter l'opération du labourage. Dans quelques espèces de charrues elle est mobile, dans d'autres elle est fixe. *Voyez* CHARRUE. (B.)

COUTRIER. Sorte de charrue qui porte plusieurs coutres, et qui sert à défricher les prés. *Voyez* CHARRUE.

COUTURE. On désigne sous ce nom, dans quelques endroits, les terres de médiocre qualité, que dans la culture commune on laisse reposer tous les deux ou trois ans. (B.)

COUTURE. Synonyme de sole ou de saisons dans le département des Ardennes. (B.)

COUTURIÈRE. On appelle ainsi dans quelques endroits l'ATTÉLABE de la vigne. (B.)

COUVAIN. C'est la réunion des larves d'abeilles renfermées dans une ruche. *Voyez* ABEILLE. (B.)

COUVAISON. Epoque où les oiseaux de basse-cour sentent le besoin de couver. Cette époque varie non seulement suivant les espèces, mais encore suivant les individus, suivant la température de l'atmosphère, suivant les localités et suivant l'espèce ou la plus ou moins grande quantité de nourriture qu'on donne à ces oiseaux. Ainsi l'oie couve plus tôt que la dinde, une vieille poule plus tôt qu'une jeune, dans la même température. Ainsi les poules couvent plus tard lorsque le printemps est froid que lorsqu'il est doux, dans une ferme exposée au nord que dans une ferme placée au midi, lorsqu'on ne leur donne rien à manger que lorsqu'on les nourrit bien, que lorsqu'on leur donne sur-tout de l'avoine ou du chenevis. *Voyez* POULE, CANARD, OIE, DINDE, etc. (B.)

COUVE. Nom vulgaire du PIN CEMBRO.

COUVÉE. Ce sont les œufs que couve un oiseau. On applique aussi le même mot à la réunion des petits qui en sont sortis.

COUVERTURE. On appelle de ce nom tous les objets que les jardiniers emploient pour garantir les semis ou plantations soit du froid, soit du chaud, ou mieux des rayons du soleil.

Beaucoup de substances différentes peuvent servir de couverture dans le premier de ces cas; mais on doit préférer celles qui attirent ou conservent le moins l'humidité, si nuisible aux plantes pendant l'hiver. Celles qu'on emploie le plus communément aux environs de Paris sont la fougère, les feuilles sèches, la litière, les paillassons, les caisses de bois, les pots renversés, les cloches obscures, etc.

La fougère (c'est la *ptéride aquiline* qu'on préfère à raison de sa grandeur et de son abondance) se coupe au mois d'août, c'est-à-dire après qu'elle est parvenue à son complet développement et avant qu'elle se soit détériorée. On la fait sécher à l'ombre, et on la conserve jusqu'au moment de son emploi, sous un hangar qui l'abrite de la pluie. Souvent la même, lorsqu'elle est bien ménagée, peut servir deux années consécutives.

Les feuilles sont la couverture employée par la nature, ainsi qu'on peut facilement s'en assurer en se promenant pendant l'hiver dans les grands bois. Sous quelques rapports elles font une meilleure couverture que la fougère, principalement parcequ'on peut plus facilement les introduire entre les tiges des plantes, et qu'elles pèsent moins ; mais il est souvent difficile de n'avoir qu'une espèce, et quelques unes, comme celles de chêne, nuisent par leur astringence aux jeunes plants, et d'autres, comme celles de peuplier, se pourrissent trop rapidement.

La litière (et par ce mot j'entends de la paille froissée ; car celle qui a été sous les animaux, qui est imprégnée de leur urine et de leur fiente ne vaut absolument rien) seroit très bonne par sa nature sèche ; mais d'un côté elle retient l'eau dans la cavité des chaumes qui la composent, et de l'autre elle laisse passer le froid à travers de ses interstices.

On ne doit placer les couvertures d'hiver sur les végétaux jeunes ou vieux que le plus tard possible ; mais l'époque précise est impossible à indiquer, puisqu'elle dépend de l'année, du climat, de l'exposition du sol, de l'espèce et de l'âge de chaque espèce. C'est à l'expérience à guider les jardiniers sur ce point. Des précautions nombreuses sont utiles à prendre lorsqu'on fait cette opération, pour ne pas écraser les jeunes plants, ne pas casser les branches des jeunes arbres. C'est encore à l'expérience à faire connoître leur importance.

Les couvertures qui se font à des arbres élevés de plus d'un pied s'appellent des EMPAILLAGES ou des EMPAILLEMENS. *Voyez* ce mot.

Lorsqu'on a à couvrir des jeunes plants d'une texture très délicate, et d'une hauteur de moins de six pouces, il est quelquefois nécessaire, sur-tout si ce ne sont pas des feuilles dont on fait usage, de placer la couverture sur une claie attachée sur quatre piquets, et de remplir les côtés avec une quantité assez considérable de la même matière pour que le froid ne puisse pas pénétrer dessous.

L'épaisseur des couvertures doit varier à raison de la nature de la plante, de l'intensité du froid, et de la matière avec laquelle elles sont faites ; la paille, comme je l'ai déjà observé, étant moins bonne que la fougère, doit être mise en plus grande masse.

Souvent il y a pendant l'hiver une suite de jours doux et secs. On doit en profiter pour donner un peu d'air aux plantes et pour faire sécher les couvertures en les éparpillant un peu, mais ce avec beaucoup de prudence ; car il arrive souvent que pour vouloir éviter un léger inconvénient on tombe dans un grave.

S'il étoit facile d'ôter et de remettre les couvertures, il faudroit le faire toutes les fois que la température le permettroit ; mais dans une culture de quelque étendue, cela devient très coûteux. D'ailleurs, à moins que les couvertures ne soient sur des claies, on ne peut pas faire ces opérations sans quelques inconvéniens pour les plantes qu'elles ont pour but de conserver.

Ce n'est que lorsque les gelées ne sont plus à craindre qu'il faut penser à lever les couvertures pour tout-à-fait. On doit choisir un temps sombre et humide; car les plantes qu'elles ont garanties, et qui ont presque toujours un peu poussé, sont étiolées, ou au moins si tendres, qu'il suffit de quelques rayons du soleil, ou de quelques bouffées de vent sec, pour les frapper de mort en partie ou en totalité, et faire perdre ainsi le fruit d'une ou plusieurs années de soins.

Les résidus des couvertures, lorsque ce n'est pas de la fougère, et qu'on veut les conserver pour une autre année, se mettent dans une fosse, où s'emploient à faire la base des couches, pour, dans l'un ou l'autre cas, pouvoir se convertir en terreau.

Les couvertures pour garantir les plantes des rayons d'un soleil trop ardent sont des Paillassons, des Toiles, des Claies, etc. *Voyez* ces mots. On les place contre les vitraux des serres, sur ceux des bâches, au-dessus des couches, des planches de jacinthes, de tulipes, d'anémones, etc., pendant plus ou moins long-temps, chaque jour, selon les saisons. Les meilleures sont les toiles et les claies, parcequ'elles n'interceptent pas la totalité de la lumière, et qu'elles ne gênent en aucune manière la circulation de l'air.

Les couvertures peuvent même être laissées jour et nuit en place avec beaucoup d'avantages pour les semis d'arbres ou de plantes des pays chauds faits au midi, parcequ'outre leur utilité sous le rapport précédent, elle diminue encore l'action du froid des nuits en mettant un obstacle à la circulation de l'air, d'une part, et en empêchant l'évaporation de la chaleur de la terre, d'une autre.

On place encore des couvertures en paillassons ou en toile contre les pêchers et les abricotiers, en espalier, pour les garantir des gelées du printemps pendant leur floraison. Souvent une série de fétus de paille suffit pour remplir cet objet, et ce, par la cause ci-dessus. (B.)

COUVERTURES, COUVREUR. Architecture rurale. On nomme ainsi l'enveloppe extérieure des toits des bâtimens; et l'on appelle *couvreurs* les ouvriers que l'on emploie à la construction des couvertures.

La manière de couvrir les bâtimens dans les différentes localités de la France dépend de l'espèce des matériaux disponibles et propres à cet usage, et des facultés des propriétaires.

On y voit des couvertures en Ardoises, en Pierres ardoiseuses, en Laves ou grandes pierres plates, en Tuiles, en Paille, en Chaume, en Joncs ou Glayeuls (principalement Scirpe des lacs, Roseau des marais et Massette, (*Voyez* ces mots), et en petites planches ou Bardeaux.

En architecture rurale on doit choisir la couverture locale la plus *économique*, mais prise dans le sens que nous donnons à ce mot, et suivant la destination du bâtiment. *V.* ÉCONOMIE.

Les propriétaires devroient toujours se faire un devoir de ne jamais employer de couvertures combustibles sur les bâtimens où l'on fait du feu, ou qui sont destinés à resserrer les grains en gerbes, les fourrages secs ou les liqueurs huileuses et spiritueuses. À cette précaution on devroit ajouter celle de terminer toutes les couvertures par les entablemens localement les plus économiques, au lieu de conserver l'usage des chevrons pendans en dehors des murs de cotières, comme cela se pratique communément dans tous les bâtimens de la campagne; indépendemment du peu de solidité de cette pratique, à cause de la prise que le vide inférieur du toit donne aux coups de vent, ces chevrons servent encore de conducteurs et d'aliment au feu. En l'abandonnant, on parviendroit à diminuer le nombre et les ravages des incendies.

Ces mesures de précaution devroient même être ordonnées par les lois de police générale, afin d'en assurer l'exécution. Elles semblent commandées par l'intérêt général.

M. de La Bergerie, préfet de l'Yonne, les a établies dans l'administration de la caisse des incendiés de ce département. Ils ne peuvent recevoir de secours pour reconstruire leurs maisons qu'en se soumettant à les observer religieusement.

De tous les ouvriers que l'on emploie en architecture, le couvreur est celui en qui il faut chercher la plus grande probité. On peut facilement surveiller le travail des autres, mais celui du couvreur est pour ainsi dire inaccessible; il faut donc s'en rapporter à sa bonne foi.

Il seroit cependant possible de pratiquer, dans les combles, des toits, des trappes, qui serviroient à assurer la marche du couvreur, et à faciliter la surveillance de ses travaux. (DE PER.)

COUVRAILLE. C'est la même chose que SEMAILLE.

COUVRIR LA SEMENCE. C'est l'enterrer soit avec la charrue, soit avec la herse, soit avec le râteau. Couvrir les semis ou plantations, c'est mettre dessus, pendant l'hiver, de la fougère, des feuilles sèches, de la paille, pour les empêcher de geler; et pendant l'été, des branches feuillées ou des toiles, pour les empêcher d'être brûlées par le soleil. Couvrir les châssis, c'est les garnir de leurs panneaux. Faire couvrir une jument, une vache, c'est lui donner le mâle. (R.)

COUYONCE. Un des noms de la folle-avoine. *Voyez* le mot AVOINE. (B.)

COYEAU. Fourchet de bois d'une CHARRUE. *Voyez* ce mot.

CRABE. Nom de la chèvre dans le Médoc. (B.)

CRACHAT DE COUCOU. *Voyez* CERCOPIS. (B.)

CRAIE. Espèce de carbonate calcaire, homogène, ordinairement blanc et d'une dureté médiocre, qui se trouve en couches horizontales, souvent fort épaisses, dans les terrains d'ancienne formation, et qui en conséquence contient fréquemment des bélemnites, des oursins, et autres coquilles propres aux terrains de calcaire primitif. Elle se trouve abondamment en France, dans la Champagne, l'Ile-de-France, la Picardie et la Normandie, mais non autre part. Il y a aussi en Pologne et en Angleterre de vastes cantons qui en sont composés.

L'analyse de la craie de Meudon près Paris a donné par cent : carbonate de chaux, soixante-dix parties ; silice, dix-neuf parties ; magnésie, onze parties ; mais la composition de toutes n'est pas la même ; car il en est de colorées qui contiennent du fer, il en est qui se délitent à l'air, qui contiennent de l'argile, etc. Ces dernières sont de véritables marnes. Dans tous les cas, elles ont toujours un aspect différent des autres pierres calcaires, et présentent, sous le point de vue géologique et agricole, des phénomènes particuliers.

Tous les pays où la craie est à la surface du sol sont frappés de stérilité. Il suffit d'avoir traversé la Champagne pour en être convaincu. Elle est ou d'une compacité telle, que les racines des plantes ne peuvent pas trouver à s'y introduire ; ou si fendillée, que les eaux des pluies la traversent comme un crible. Son peu de dureté fait qu'elle est réduite par le plus foible frottement en une poudre ténue, que les eaux entraînent et déposent par-tout où elles passent ; de sorte que le lendemain d'un orage tout le sol est encroûté au point que les semences ne peuvent plus lever, et que les plants qui sont levés ne peuvent plus grossir, soit parceque la croûte oppose un obstacle insurmontable à leur accroissement, soit parcequ'elle empêche les eaux pluviales subséquentes de pénétrer jusqu'aux racines.

D'un autre côté, la couleur blanche de la craie repousse les rayons du soleil, et empêche le sol de prendre le degré de chaleur convenable à toute végétation, tandis que la privation d'arbres en éloigne cette humidité de l'air qui est toujours si avantageuse à l'accroissement des plantes.

Un séjour de plusieurs années en Champagne m'a permis d'observer ces faits un grand nombre de fois, et m'a autorisé à les regarder comme la principale cause de l'infertilité de la majeure partie du sol de ce pays, où on ne voit que de chétives récoltes de seigle ou de sarrasin, et des bestiaux d'une taille proportionnée, c'est-à-dire très petite.

Cependant ces terrains si arides, si pauvres, sont susceptibles d'amélioration, car presque par-tout j'ai vu les environs des villages produire davantage que le milieu des plaines. Pourquoi cela ? Parcequ'on les cultive mieux, qu'on y répand plus de fumier, qu'on y plante des haies et quelques arbres fruitiers ou autres. Ce n'est pas en promenant la charrue tous les deux, trois, quatre, cinq, six ans seulement sur des centaines d'arpens (dans cette partie de la France on le fait presque par-tout) qu'on parviendra à rendre ce pays plus fertile. C'est en y plantant des bois ou au moins des buissons, c'est en y construisant des abris, c'est en y semant beaucoup de prairies artificielles en sainfoin, le plus possible de raves, etc., en y élevant des moutons proportionnellement à la nourriture qu'on pourra faire naître pour eux. Déjà, je le sais, des propriétaires éclairés ont semé des pins sylvestres dans des terres qu'ils avoient achetées 6 fr. l'arpent, et ils retirent de cette opération, qui a huit ou dix ans de date, un revenu plus considérable que leur capital. En effet, dès la quatrième année, ils ont dû vendre pour faire des échalas de brin tout ce qui étoit trop épais ; et aujourd'hui, ils doivent encore vendre le résultat de leurs nouveaux éclaircis pour faire des échalas de refente. Bientôt ils vendront des arbres faits pour la bâtisse, et alors chaque arpent leur produira deux ou trois cents francs par an, peut-être plus, car, je le répète, le pays est dénué de bois. Quelle belle spéculation agricole !

J'ignore quels moyens ces propriétaires ont employés pour parvenir à ce résultat, j'ignore même la localité où ils ont opéré ; mais je pense qu'on ne pourroit les imiter, dans les plaines de la Champagnes pouilleuse ou sur les petites buttes qui la bornent, sans des précautions préalables, c'est-à-dire sans fournir au jeune plant des abris, au moyen de haies, de broussailles, ou au moins de grandes plantes vivaces. Par exemple, si j'avois à faire une pareille entreprise, je planterois, deux ans auparavant, dans la direction de l'est à l'ouest ou à peu près, des rangées de rosiers églantiers, de ronces, de buis (ces arbustes se trouvent abondamment dans le pays), à la distance de cinq à six pieds, ou bien je planterois à la même distance des rangées de topinambours ; le tout pour empêcher le jeune plant d'être desséché par le soleil, par les vents, c'est-à-dire pour entretenir autour de lui une fraîcheur salutaire. L'année de la plantation, je labourerois légérement, ou mieux, graterois la terre avec une herse à dents de fer, et fumerois abondamment. De plus, le semis seroit recouvert de litière. *Voyez* au mot PIN.

Si on parvenoit à multiplier ainsi les forêts de pins dans ce pays de désolation, le reste du sol deviendroit bien plus productif, et finiroit sans doute par payer avec usure les peines des cultivateurs qui l'habitent. Mais, je le répète, il faut diminuer la quantité des terres en culture de céréales, les réduire à la stricte consommation du pays.

Heureusement pour la société que la craie ne se trouve pas par-tout immédiatement à la surface. Celle qui se voit en Normandie, en Picardie, aux environs de Paris, etc., est recouverte par une masse de terre, plus ou moins marneuse, de plusieurs toises d'épaisseur. On fait au-dessus d'elle des récoltes de toute espèce très avantageuses. Là on ne connoît aucun de ses inconvéniens, et on en tire même un parti avantageux comme amendement. En effet, réduite en poudre grossière, et semée sur les terres argileuses, elle en augmente la fertilité. Ce résultat est encore plus marqué lorsqu'avant on la transforme en chaux vive. Elle est regardée comme supérieure à la marne dans quelques cantons. Godon Saint-Menin m'a fait voir une végétation dans de la terre de bruyère mêlée de craie de Meudon, qui étoit d'un tiers plus belle qu'une autre végétation dans des circonstances rigoureusement semblables, mais sans mélange. Comment agit-elle dans ce cas? Elle rend soluble une grande quantité de TERREAU (*voyez* ce mot); c'est-à-dire fait en un jour ce que l'oxigène de l'atmosphère fait en un an. *Voyez* CARBONE. Peut-être est-ce à cette faculté qu'est due sa stérilité dans les plaines de la Champagne, où étant surabondante, elle détruit le terreau à mesure qu'il se forme. Là elle agit comme la CHAUX (*voyez* ce mot) qu'on met en masse sur un pré.

Dans quelques pays où la craie forme des montagnes, on creuse dans sa masse des caves, et même des habitations. Quelques unes de ses variétés sont assez solides pour être taillées et servir à la construction des maisons. Ordinairement elles se coupent avec le couteau au sortir de la terre, et deviennent très dures et inaltérables à l'air, par suite de leur complète dessiccation. La chaux qu'on en fabrique est de très médiocre qualité pour la bâtisse.

C'est avec la craie qu'on fait ce qu'on appelle dans le commerce le *blanc d'Espagne*. Pour cela on la pile dans un tonneau plein d'eau, et lorsque cette eau indique par sa blancheur qu'elle est chargée d'une certaine quantité de ses molécules, on la transvase dans un autre tonneau, où ces molécules se déposent, et d'où on les retire par la décantation. Il ne s'agit plus ensuite que de donner une forme au résidu et de le faire sécher.

J'ai remarqué que les eaux où on avoit fait cette opération offroient des indices de matières animales. Ces animaux, qui ont vécu dans la mer où la craie s'est formée, mer qui est éloignée de nous de bien des milliers d'années, peuvent donc encore aujourd'hui concourir à fertiliser nos champs.

Par opposition, la magnésie que contient aussi la craie, et qui est infertile au premier degré, ainsi que je le dirai à ce mot, peut concourir à la difficulté qu'éprouvent les habitans de la Champagne de tirer parti des terres qui en sont composées.

Au reste j'avoue que l'étude de la craie, sous les rapports agricoles, a encore besoin d'être suivie pour se faire une idée positive sur l'influence qu'elle a dans ce cas.

On emploie le blanc d'Espagne dans la peinture commune, et comme absorbant dans la médecine. On a remarqué qu'il étoit avantageux d'en faire lécher aux veaux et aux agneaux à la mamelle lorsqu'on désiroit les engraisser promptement. (B.)

CRAIN. *Voyez* Crou.

CRAION ou CRAYON. Sorte de terre dure et infertile qui se trouve à quelque profondeur, et qui varie beaucoup dans sa couleur. Il y a lieu de croire que c'est une marne très argileuse et très siliceuse; mais ou appelle souvent du même nom des choses très différentes. (B.)

CRAMBÉ, *Crambe.* Plante vivace de la tétradynamie siliculeuse, et de la famille des cruciferes, à feuilles alternes, ovales, sinuées, frangées, glauques, crépues, épaisses; d'un pied et plus de diamètre; à fleurs blanches disposées en vaste panicule terminal, qui croît sur les bords de la mer dans les parties méridionales de l'Europe, et dont l'agriculteur peut tirer parti sous plusieurs rapports.

Le CRAMBÉ MARITIME, qu'on appelle aussi *chou marin,* parce-qu'en effet il ressemble à un choux, est amer, et passe pour vermifuge et vulnéraire. On en mange cependant les jeunes pousses avant qu'elles aient vu jour. Il est très propre par sa masse, souvent de plus de deux pieds de diamètre, par la couleur de ses feuilles et l'abondance de ses fleurs, à être employé comme ornement dans les jardins paysagers. Ses effets sont sur-tout très marqués au pied d'un rocher, d'une fabrique, sur le bord d'une pièce d'eau. Il demande un terrain sablonneux et une exposition chaude; mais ses racines ne craignent point les hivers ordinaires du climat de Paris.

L'usage auquel on peut le plus utilement employer cette plante, c'est pour fixer les sables mouvans des bords de la mer. L'abondance de ses racines, la grandeur de ses feuilles, et sa nature même y invitent. J'ignore cependant si on a entrepris quelques essais en ce genre; j'ignore également, quoique j'en aie vu sur les côtes d'Espagne, si les bestiaux la mangent. Je me borne donc à dire, sur son inspection, qu'elle est extrêmement propre à augmenter la masse des engrais, soit en mêlant ses feuilles et ses tiges avec les fumiers, soit en les stratifiant avec de la terre. La nature semble l'avoir placée dans|le lieu même où elle peut être la plus avantageuse à l'homme sous ce rapport, c'est-à-dire dans un sable aride qu'il peut fertiliser au moyen de ses débris. (B.)

CRAMPE. (Médecine vétérinaire.) Maladie dont le caractère principal est une roideur ou la contraction d'une partie qui disparoît bientôt, mais qui est quelquefois très douloureuse. Le jarret du cheval est la partie la plus sujette à la crampe ; elle arrive sur-tout lorsqu'il sort le matin de l'écurie ; la roideur est quelquefois si grande, que l'animal a beaucoup de peine à fléchir la jambe, ce qui provient sans doute de la circulation du sang qui comprime les filets nerveux.

La crampe passe ordinairement lorsque le cheval a fait quelques pas. Il peut cependant arriver qu'elle dure un demi-quart d'heure ; dans ce cas les frictions à rebrousse poil, faites avec une brosse ronde, suffisent pour la faire cesser. (R.)

CRAN. On donne ce nom dans quelques endroits au tuf calcaire. (B.)

CRAN. *Voyez* CRANSON. (B.)

CRANSON, *Cochlearia*. Genre de plantes de la tétradynamie siliculeuse et de la famille des crucifères, qui renferme une douzaine d'espèces, dont deux sont dans le cas d'être mentionnées ici, parcequ'on les cultive fréquemment pour l'usage de la médecine et de la table.

Le CRANSON OFFICINAL, vulgairement *l'herbe aux cuillers*, et même |*cochlearia*, a la racine annuelle ou bisannuelle, fusiforme, chevelue ; les tiges rameuses, au plus hautes de six pouces ; les feuilles radicales, pétiolées, en cœur, épaisses, luisantes ; les caulinaires alternes, sessiles, oblongues, légèrement sinuées ; les fleurs petites, blanches, et disposées en corymbe à l'extrémité des tiges et des rameaux. Elle croît naturellement dans les lieux humides et ombragés des montagnes dans les parties méridionales de l'Europe. On la considère comme un des plus puissans anti-scorbutiques, et on en fait un grand usage sous ce rapport, ainsi que sous ceux de diurétique, d'incisif et de détersif. Son odeur est piquante et sa saveur âcre. Il fut un temps où il n'y avoit pas de jardins qui n'en fût pourvu ; mais aujourd'hui sa célébrité est un peu tombée.

Cette plante demande une terre fraîche et une exposition ombragée. Presque toujours autour des grandes villes, où sa vente est lucrative, les jardiniers, qui la portent au marché, lui consacrent un terrain qu'ils creusent de cinq à six pouces, et où ils en sèment les graines au milieu de l'été, c'est-à-dire aussitôt qu'elles sont mûres. On arrose fortement, et même on conduit un filet d'eau dans cette fosse lorsque la sécheresse est trop prolongée. Le plant levé se sarcle et s'éclaircit au besoin. Comme ses feuilles ne s'emploient que fraîches, on commence à les cueillir aussitôt que les racines sont assez fortes pour supporter cette opération. Elles restent vertes pendant tout l'hiver. Au printemps suivant on coupe les feuilles et les tiges, ce qui l'empêche de monter en graine, et d'annuelle la rend presque vivace. Il y a de ces fosses qui fournissent pendant plusieurs années sans être semées de nouveau, en laissant çà et là quelques pieds monter en graine pour les regarnir. Il ne paroît pas qu'elle épuise beaucoup le terrain, mais il est bon, malgré cela, de la changer de place au bout de quelques années, ou d'ôter quelques pouces de terre de la fosse pour en rapporter de la nouvelle.

Le CRANSON RUSTIQUE, ou *cran*, ou *moutarde des capucins*, *Cochlearia armoriaca*, Lin. Sa tige est haute de deux pieds, droite, striée, rameuse au sommet. Ses feuilles inférieures sont droites, ovales, oblongues, pétiolées, dentées, longues de plus d'un pied sur cinq à six pouces de large; celles de sa tige sont quelquefois profondément incisées, semi-pinnées, et beaucoup plus courtes. Ses fleurs sont blanches et disposées en grappes terminales. Il croît dans plusieurs parties de la France, principalement dans la ci-devant Bretagne, et se cultive dans beaucoup de jardins, sur-tout aux environs de Paris, pour l'usage de la table et pour celui de la médecine.

Un terrain léger, gras et frais est celui qui convient le mieux à cette plante. Un seul labour à la bêche, pourvu qu'il soit profond, lui suffit. On la multiplie rarement de graines, quoiqu'elle en fournisse beaucoup, parcequ'elle feroit trop attendre ses produits par cette méthode. C'est avec ses racines, ou mieux, avec le collet de ses racines, qu'on la propage.

Dans les jardins particuliers on se contente de deux ou trois pieds qu'on place dans un coin; mais aux environs de Paris on en forme des planches entières. C'est en automne, ou au printemps, lorsqu'on arrache les vieux pieds pour la consommation ou la vente, qu'on forme les nouvelles plantations. Pour cela, on éclate tous les bourgeons du collet de la racine, et on les plante à un pied ou quinze pouces les uns des autres. Lorsqu'on n'a pas assez de bourgeons, on prend des branches de racines. Cette plantation est binée deux fois dans le courant de l'été, et dès l'automne on peut commencer à user des racines, qui n'atteignent cependant à toute leur grosseur qu'à la fin de la seconde année. Plus vieilles, elles deviennent coriaces, et perdent de leur saveur.

Les feuilles du cranson rustique sont quelquefois frappées de la gelée au printemps, mais rarement d'une manière grave; les racines bravent les plus fortes de ces gelées dans le climat de Paris. C'est la sécheresse qu'elles redoutent le plus, ainsi que j'ai eu occasion de le remarquer aux environs de Belleville et de Ménilmontant. Les Altises (*voyez* ce mot) retardent beaucoup sa croissance en dévorant le parenchyme de ses feuilles.

La racine du cranson, lorsqu'elle est fraîche, a un goût approchant de celui de la moutarde. En Allemagne et en Angleterre on en fait un fréquent emploi dans l'assaisonnement des viandes et des poissons après l'avoir rapée; mais son goût âcre et piquant ne plaît pas à tout le monde. C'est un des plus puissans anti scorbutiques connus; aussi en fait-on une consommation très considérable dans les hospices de Paris, et son prix, certaines années, est-il fort élevé. C'est pour éviter les inconvéniens de sa rareté au moment du besoin, que, pendant que j'étois administrateur de ces hospices, j'avois voulu consacrer à sa culture un des vastes jardins qui leur appartiennent; mais mon désir n'a eu qu'un commencement d'exécution.

Plus la racine de cranson est fraîche, et meilleure elle est. Elle perd toute sa qualité par la dessiccation. C'est pourquoi il faut toujours en avoir sous la main pour l'usage. (B.)

CRAPAUD. Médecine vétérinaire. *Voyez* Fic.

CRAPAUDINE. Médecine vétérinaire. C'est une espèce d'ulcère, provenant d'une atteinte que le cheval se donne lui-même à l'extrémité du paturon, sur le milieu de cette partie, en passageant ou en chevalant.

Ce mal se traite de même que l'atteinte simple. *Voyez* Atteinte. (R.)

CRAPAUDINE HUMORALE. Médecine vétérinaire. Celle-ci naît le plus souvent de cause interne, et elle est infiniment plus dangereuse que celle que nous venons de définir. Elle est située, comme l'autre, sur le devant du paturon, directement au-dessus de la couronne. Elle se manifeste par une espèce de gale d'environ un pouce de diamètre; le poil tombe, et la matière qui en découle est extrêmement puante, et elle est même quelquefois si corrosive et tellement âcre, qu'elle sépare l'ongle, et qu'elle provoque la chute de l'ongle ou du sabot (*voyez* Sabot). On doit concevoir par conséquent combien il importe de remédier promptement à ce mal.

On y parvient aisément par les remèdes suivans. On doit débuter par les remèdes généraux, et non par l'application des topiques dessiccatifs, plutôt nuisibles dans le commencement que salutaires : il faut, en conséquence, pratiquer une saignée à la veine du cou, donner à l'animal des lavemens émolliens pendant trois jours, et des lavages de même nature, afin de le disposer au breuvage purgatif qu'on lui administrera le quatrième jour de la saignée, le matin à jeun, et dans lequel on n'oubliera point de faire entrer l'*aquila alba*, ou mercure doux. Selon les progrès du mal, on réitèrera le breuvage purgatif, qui sera toujours précédé par beaucoup de lavemens émolliens et des boissons de même nature, d'autant plus nécessaires dans cette circonstance, qu'ils préviennent les tranchées et les coliques dangereuses que l'usage des substances purgatives occasionne presque toujours dans le cheval et les animaux de la même espèce. L'animal suffisamment évacué, on le mettra à l'usage du safran des métaux, autrement dit *crocus metallorum*, à la dose d'une once par jour, donnée chaque matin dans une jointée de son, à laquelle on mettra d'abord quarante grains d'*æthiops minéral*, que l'on augmentera chaque jour de dix grains jusqu'à la dose de cent ; l'on continuera l'usage du *crocus* et de l'*æthiops*, à cette même dose de cent grains, encore sept ou huit jours, plus ou moins, selon les effets de ces médicamens, effets dont il sera aisé de juger par l'inspection des parties sur lesquelles le mal a établi son siège. La tisane des bois sudorifiques est encore, dans ces sortes de cas, d'un très grand secours. Pour cet effet, on fait bouillir de salsepareille, squine, sassafras, gayac, égale quantité, c'est-à-dire trois onces de chaque, dans environ quatre pintes d'eau commune, jusqu'à réduction de moitié : on passe cette décoction ; on y ajoute deux onces *crocus metallorum ;* on remue et l'on agite le tout ; on humecte le son, que l'on présente le matin à l'animal, avec une chopine de cette tisane, qui doit être chargée plus ou moins, proportionnément au besoin et à l'état de l'animal malade. Il peut arriver que l'animal refuse cet aliment ainsi détrempé : dans ce cas, il faut lui donner la tisane avec la corne.

Quant aux remèdes externes, l'hippiatre ne doit jamais en tenter l'usage que lorsque le cheval a été suffisamment évacué, et qu'il aura été tenu quelques jours à celui du *crocus metallorum*, et au traitement ci-dessus indiqué. Il est rare qu'après l'administration des remèdes internes, les symptômes se montrent tels qu'on les a vus ; l'inflammation est dissipée, la partie se dessèche d'elle-même, et il ne s'agit alors que de laver la plaie à vin chaud, et de la maintenir nette et propre, sans avoir recours aux emplâtres et onguens. On aperçoit quelquefois à l'endroit de la plaie un léger écoulement : dans cette circonstance, il s'agit de substituer au vin en lotion de l'eau-de-vie et du savon ; et si le flux est toujours considérable, il faudra bassiner la partie avec de l'eau dans laquelle on aura ait bouillir de la couperose blanche et de l'alun, ou bien avec e l'eau de chaux seconde ; et l'on finira la cure par purger 'animal, qui parviendra à une guérison parfaite, sans le secours de cette foule de recettes et d'eaux, d'emplâtres et 'onguens, si inutilement employés par certains maréchaux es villes, et presque par tous ceux de la campagne. (R.)

CRASSANE. *Voyez* Poire.

CRASTE. C'est le nom qu'on donne aux fossés d'écoulement dans les landes de Bordeaux. (B.)

CRAYON (TERRE DE). *Voyez* Craion.

CRÈCHES. Architecture rurale. On appelle ainsi un appareil en bois, composé d'un râtelier et d'une petite auge ou mangeoire, que l'on place dans les bergeries pour y recevoir le manger des bêtes à laine. Lorsque cet appareil est fixé au mur, on le nomme *crèches fixes ;* et *crèches mobiles*, lorsqu'il est suspendu dans le milieu de la bergerie.

La manière dont on dispose ordinairement les crèches mobiles est très défectueuse. Les auges sont posées sur le sol même, et souvent sans y être contenues, et le râtelier est suspendu au plancher avec des cordes.

Dans cette position, les crèches n'ont point assez de stabilité pour des animaux d'un appétit aussi vorace. Ils se précipitent dessus, et les dérangent continuellement ; les bêtes à laine ne peuvent pas y manger tranquillement, et les graines de fourrages se perdent dans le fumier.

On trouve dans l'ouvrage allemand que nous avons déjà cité un modèle très ingénieux de crèches mobiles ; mais la dépense de sa construction et la complication de son mécanisme ne permettent pas d'en faire usage dans les bergeries de nos cultivateurs.

Il leur faut sans doute des crèches plus solides, mais que l'on puisse faire exécuter facilement par les ouvriers de la campagne, et enlever aisément lorsqu'on veut curer les bergeries.

Tels sont les avantages que nous avons cherché à donner aux crèches mobiles dont voici la description.

L'appareil de ces crèches est composé, 1° d'un *chevalet* en bois, consistant en une *semelle* ou *patin* de deux mètres de longueur, et de deux montans d'un mètre un tiers, ou d'u mètre deux tiers de hauteur, élevés sur la semelle à un tiers de mètre de ses extrémités, et qui y sont consolidés par deu petits liens extérieurs : le chevalet se pose dans la bergerie su la semelle. Les montans sont garnis intérieurement et à leu extrémité supérieure de chacun un collier à charnière en fer destinés à recevoir et à contenir dans un écartement conve nable les roulons supérieurs du râtelier.

2° De deux auges de forme ordinaire, que l'on place inté rieurement sur la semelle du chevalet, et qui sont maintenu contre ses montans, d'abord avec des tasseaux cloués sous l planche ou madrier, qui doit supporter les roulons inférieu du râtelier, et subsidiairement avec des coins que l'on enfo ceroit entre les auges et les montans.

3° De cette planche ou madrier, dont on vient de parle

Le tasseau dont elle est garnie en dessous vis-à-vis de chaque chevalet sert à maintenir les auges couplées dans un écartement suffisant pour diminuer la saillie du râtelier au-dessus d'elle, et empêche ainsi les graines de fourrages de tomber sur la toison des bêtes à laine lorsqu'elles prennent leur nourriture ; et le madrier supporte, comme on l'a déjà dit, les roulans inférieurs du râtelier, et bouche le vide qui existe entre les auges ainsi écartées, en sorte que les graines ne peuvent plus se perdre, et tombent nécessairement dans les auges.

4° Du râtelier double, fait avec deux larges échelles simples, dont les roulons supérieurs sont fixés dans les colliers des montans, et dont les inférieurs sont contenus sur le madrier par des goujons de fer entre lesquels ils sont placés.

Ces crèches n'auront besoin ni de piquets, ni de cordages pour être solides, et elles pourront être relevées facilement à mesure que l'épaisseur du fumier augmentera.

Lorsqu'on voudra ensuite curer les bergeries, l'opération sera très aisée. On commencera par faire sauter les coins ; ensuite on ôtera successivement, 1° le râtelier ; 2° le madrier ; 3° les auges ; 4° enfin on enlèvera les chevalets. (De Per.)

CRÉMAILLÈRE. On donne ce nom à la cuscute.

CRÊME. (DE LA) Le lait des animaux, abandonné à lui-même, soit au contact de l'air ou dans un vaisseau fermé, se recouvre plus ou moins promptement d'une sorte de matière épaisse, onctueuse, agréable au goût, quelquefois d'une couleur jaunâtre, mais plus souvent d'un blanc mat, qu'on sépare au bout de quelques heures du fluide qu'elle surnage : c'est ce qu'on appelle vulgairement *la crême*.

Mais pour que cette crême, qui existe dans le lait à l'instant où il sort des mamelles, puisse se rassembler et acquérir la consistance qui lui appartient, il est nécessaire que le lait soit de bonne qualité, en repos, et sur-tout qu'il se trouve placé dans un vase plus large que profond, et à une température qui n'excède pas huit à dix degrés du thermomètre de Réaumur.

Si la séparation de la crême d'avec le lait s'exécute spontanément, il n'en est pas de même de la première qui contient le beurre ; on ne peut l'obtenir sans recourir à la percussion.

On sait que la crême possède une foule de propriétés analogues à celles des corps gras ; qu'elle est un des dissolvans les plus propres à extraire la matière teignante de certaines substances végétales, il suffit de les ajouter à ce fluide avant de lui imprimer le mouvement, et c'est là-dessus qu'est fondé l'art de colorer le beurre.

Pendant l'été, la crême s'aigrit quelquefois en moins de vingt-quatre heures ; mais le beurre qu'on en obtient alors très facilement n'en est pas moins doux et délicat, quoiqu'il ait séjourné deux jours dans un milieu acide.

Selon l'opinion de beaucoup de médecins célèbres, le lait jouit d'un si grand avantage contre les poisons, qu'ils doutent que dans la nature il existe un antidote aussi puissant; mais la manière dont la crème se comporte avec les acides, les alkalis et les matières salines rend cette partie précieuse du lait bien plus efficace encore dans les cas d'empoisonnemens.

L'expérience a prouvé qu'elle fait cesser, pour ainsi dire sur-le-champ, les grands accidens, tandis que le lait, dépourvu de sa crème, n'opère le même effet qu'à la longue, et sur-tout lorsqu'on administre une certaine quantité de ce fluide. Or, c'est de la promptitude de son action que dépend l'efficacité de l'antidote. Ainsi la crème, dans ce cas, doit être préférable au lait quand on a la facilité de s'en procurer. (Par.)

CRÉPIDE, *Crepis*, Genre de plantes de la syngénésie égale et de la famille des chicoracées, qui renferme une trentaine d'espèces, parmi lesquelles il s'en trouve trois ou quatre qui sont si communes dans les champs et les prés, qu'il n'est pas permis aux cultivateurs d'avouer ne les pas connoître, et autant d'autres qu'on cultive quelquefois dans les jardins d'agrément.

La CRÉPIDE A FEUILLES DE CONDRILLE, *Crepis tectorum*, Lin., qui a les feuilles radicales glabres, en lyre, comme rongées; celles de la tige amplexicaules, profondément dentées et hastées; les fleurs jaunes et disposées en corymbes. On la trouve très abondamment par toute la France, aux lieux incultes, dans les prés secs, sur les vieux murs et sur les toits. Elle est annuelle, et s'élève à deux ou trois pieds.

Cette plante, qui ne manque pas d'élégance, fleurit pendant l'été et une partie de l'automne. Les bestiaux la recherchent.

La CRÉPIDE BISANNUELLE qui a les feuilles radicales hispides, pinnatifides ou rongées; celles de la tige sessiles, lancéolées, dentées et épineuses sur leur carène. Elle est bisannuelle, et croît très abondamment dans les prés, les champs incultes, sur le bord des bois, etc. Sa hauteur surpasse quelquefois trois pieds. Ses fleurs sont jaunes, et forment de vastes corymbes qui embellissent les campagnes pendant l'été et l'automne. Tous les bestiaux aiment beaucoup cette plante. Les cochons sur-tout la recherchent avec passion. Je suis surpris qu'on ne la cultive pas, car elle présente des avantages marqués. D'abord, semée, conformément à l'indication de la nature, immédiatement après la maturité de ses graines, c'est-à-dire à la fin de l'été, elle fourniroit un pâturage d'hiver pour les moutons, attendu qu'elle se conserve verte pendant cette saison. Ensuite elle pourroit être coupée deux ou trois fois dans le courant de l'année suivante ; et comme alors elle ne porteroit pas de graine, elle se conserveroit pour servir encore, sur place, à la nourriture des moutons pendant un hiver, après quoi on l'adandonneroit aux cochons, et on la remplaceroit par une autre culture. Dans beaucoup de cantons, les femmes vont, au printemps, ramasser les rosettes de cette plante partout où elles en trouvent, pour les donner à leurs vaches, parcequ'elles ont remarqué qu'elle les engraissoit et leur faisoit donner plus de lait.

La CRÉPIDE FLUETTE, *Crepis dioscoridis*, Lin., qui a les feuilles radicales en lyre ; les caulinaires hastées, lancéolées, et tantôt dentées, tantôt entières ; les rameaux grêles et presque nus. Elle est annuelle, et se trouve assez fréquemment dans les prés et les pâturages, sur la lisière des champs. Sa hauteur surpasse rarement un pied. Du reste elle partage les propriétés des précédentes.

La CRÉPIDE PUANTE, *Crepis fœtida*, Lin., qui a les feuilles presque pinnées, hérissées ; les pétioles dentés ; le calice anguleux et velu. Elle est annuelle, se trouve dans les terrains les plus arides, s'élève à peine à six pouces, et fleurit en automne. Lorsqu'on froisse ses feuilles, elles exhalent une odeur désagréable, qui se change ensuite en une plus douce, qu'on peut comparer à celle des amandes amères.

La CRÉPIDE ROUGE, qui a les feuilles roncinées ou pinnatifides, avec le lobe terminal très grand ; les fleurs d'un rouge tendre, et le calice hérissé. Elle est annuelle et originaire d'Italie. C'est une plante d'un aspect très agréable quand elle est en fleur, et qu'on cultive dans quelques jardins pour l'ornement. Elle fleurit au milieu de l'été. On la multiplie en semant ses graines en place, dans de petits bassins qu'on fabrique avec la main. Elle ne réussit que très imparfaitement lorsqu'on la transplante.

Il y a encore deux ou trois autres crépides qu'on pourroit employer au même usage, mais qui sont encore rares en France. (B.)

CRESSON, *Cardamine*. Genre de plantes de la tétradynamie siliqueuse, et de la famille des crucifères, qui offre pour caractère un calice de quatre folioles un peu lâches et caduques ; quatre pétales ovoïdes ; six étamines dont deux plus courtes ; un ovaire supérieur à stigmate sessile ; une silique linéaire, un peu aplatie, divisée en deux loges, et renfermant plusieurs semences arrondies.

Ce genre comprend une vingtaine d'espèces, et en prend de plus, selon les botanistes français, deux ou trois à celui de SYSIMBRES, entre autres la plus importante de toutes, le CRESSON DE FONTAINE, *Sysimbrium nasturtium*, Lin.

Ce cresson, que tout le monde connoît, a les racines vivaces, traçantes; les tiges creuses, cannelées, rameuses; les feuilles alternes, ailées avec impaires et composées de folioles ovales, dentées et presque en cœur, un peu charnues et d'un vert foncé, la terminale plus grande; ses fleurs sont blanches, petites et disposées en grappes axillaires et terminales.

Cette plante croît dans les ruisseaux, sur le bord des rivières, des étangs dont l'eau n'est pas corrompue. Elle fleurit au premier printemps. On l'appelle plus particulièrement cresson de fontaine parceque les eaux, conservant à leur source la température qu'elles avoient dans la terre, c'est-à-dire celle de huit à dix degrés du thermomètre de Réaumur, il y est plus précoce et plus doux que dans les eaux qui sont à la température de l'atmosphère. Dans les pays où on ne cultive pas le cresson, celui-ci est généralement le seul qui se mange.

On connoît en Allemagne deux variétés de cresson dont l'un a les feuilles rougeâtres et les autres vertes. Cette dernière est la plus estimée. J'observe qu'en France, lorsque le cresson est exposé au soleil, ses feuilles prennent une nuance rougeâtre, et que cette variété n'est peut-être que le résultat de cette circonstance. J'en ai remarqué une, dans les eaux saumaches des environs de la ville d'Eu, qu'il seroit fort important d'introduire dans nos jardins, si cela étoit possible; elle est beaucoup plus grande dans toutes ses parties, ses feuilles sont plus dentées, et sa saveur beaucoup plus douce.

Ce n'est guère qu'autour des grandes villes qu'on cultive le cresson en France. Par-tout ailleurs celui qui croît spontanément est plus que suffisant pour la consommation. Il paroît que sa culture est plus étendue en Allemagne. Je ne puis mieux faire, pour la faire connoître, que de donner ici l'extrait du travail publié par M. Lasteyrie.

« L'eau la plus favorable est celle où le cresson croît naturellement, et qui conserve en hiver assez de chaleur pour n'être pas sujette à geler. Les terrains marécageux où l'eau suinte de toutes parts peuvent être employés à cette culture avec d'autant plus d'avantage qu'ils sont impropres à toutes les autres. Le local où on se propose de former une cressonnière ne doit pas avoir une trop forte inclinaison. Il doit cependant en avoir une, car les eaux stagnantes altèrent la saveur de cette plante.

Lorsqu'on aura choisi ce local, on le divisera en plates-bandes alternativement creuses et élevées. Les premières sont destinées au cresson et les secondes à toute autre culture. La

largeur de ces plates-bandes dépendra et de la quantité de
l'eau dont on peut disposer , et de celle du cresson dont on a
besoin. Mais elle ne doit être ni trop petite ni trop grande. Six
pieds paroissent être la mesure la plus généralement convenable.

« Si le terrain n'est pas d'une excellente nature , on mettra
au fond des planches creuses plus ou moins de bonne terre.
S'il est trop marécageux , on y mettra quelques pouces de
sable ; ensuite on l'égalisera par le moyen du râteau , et
après y avoir mis l'eau pendant quelques heures , on la fera
écouler et on sèmera ou on plantera le cresson. Au bout de
quelques jours on lui rendra l'eau et on la fera encore écouler ,
et ce jusqu'à ce que le cresson soit levé ou repris. Dans tous
les cas il faudra ne donner de l'eau que proportionnellement à
la hauteur des pieds , lorsqu'elle sera permanente , parceque
cette plante périt lorsqu'elle est long-temps sous une trop
grande épaisseur d'eau. La multiplication par plantation est
toujours plus assurée et plus fructueuse que celle par semis ;
aussi est-elle généralement préférée. L'époque à choisir pour la
plantation est mars ou août. La distance qu'il faut mettre entre
les pieds est de dix à quinze pouces.

« Des sarclages de loin en loin sont utiles à la croissance du
cresson ; mais du reste, une fois repris , il ne demande plus
aucun soin. On le coupe ordinairement avec un couteau ou
une serpette, mais le mieux est de le faire avec l'ongle , c'est-
à-dire pied par pied. Il faut sur-tout l'empêcher de monter en
graine.

« Une cressonnière est en plein produit dès la seconde année
de sa plantation. Elle dure long-temps. Il faut la renouveler
lorsqu'on s'aperçoit qu'elle commence à dépérir. Dans ce cas
il vaudroit sans doute mieux la placer autre part, d'après le
principe des Assolemens. *Voyez* ce mot. Mais pour continuer
de profiter des travaux précédemment exécutés, et même de la
localité , il suffit d'enlever de sa surface un pied d'épaisseur
de terre et de la remplacer par de la nouvelle. Le fumier ,
qu'on recommande, ne me paroît pas devoir être employé hors
le cas de nécessité absolue , parcequ'il donne un mauvais goût
au cresson.

« Le cresson est sensible à la gelée ; ainsi lorsqu'elles sont à
craindre il faut le couvrir d'une grande hauteur d'eau ou de
planches percées de trous pour le garantir de ses effets.

« Aux environs de Paris où on n'a pas des eaux courantes et
chaudes à sa disposition , on cultive le cresson dans des planches creusées dans le voisinage des puits, planches sur lesquelles
on verse de l'eau chaque jour. Le cresson y vient beau, mais
il y est âcre, c'est pourquoi on le sème au lieu de le planter ,

et on le consomme aussitôt qu'il a six pouces de haut, c'est-à-dire qu'on le traite comme s'il étoit annuel. On en met ainsi deux fois par an dans la même planche. Lorsque cette planche est abritée du soleil par un mur ou un massif d'arbre, le cresson en est meilleur et plus béau. Quelques particuliers ont des auges de pierre destinées à cette culture; mais ils n'y trouvent pas d'avantage, car pour peu qu'il y ait trop d'eau elle se corrompt et le cresson prend un mauvais goût.

« On regarde le cresson comme un des plus puissans anti-scorbutiques connus. De plus, il excite l'appétit, fortifie l'estomac, fait couler les urines, et en général toutes les humeurs. L'emploi qu'on en fait dans la médecine est très étendu. Son usage au printemps est toujours salutaire. On le mange en salade et avec des viandes. Rarement on le fait cuire en France; mais dans le nord on le met dans le pot, on fait des ragoûts, on le traite positivement comme les choux. Les animaux le recherchent peu; cependant les vaches s'en accommodent fort bien au printemps ».

Le CRESSON DES PRÉS, *Cardamine pratensis*, Lin., a les feuilles pinnées, les folioles des radicales presque rondes, et des caulinaires lancéolées. Il est vivace, se trouve très abondamment par toute l'Europe, dans les bas prés, dans les bois humides, et s'élève d'un à deux pieds. C'est une plante des plus élégantes, qui fleurit une des premières au printemps, et qui embellit à cette époque les lieux qui lui ont été affectés par la nature. Ses fleurs ont une odeur suave, quoique foible, et ses feuilles une saveur âcre et piquante. Ses propriétés sont absolument les mêmes que celles du précédent; et il se mange comme lui, mais moins généralement. On le cultive dans les jardins, où il a doublé, et il y produit un très agréable effet. Une terre fraîche et une exposition ombragée lui sont absolument nécessaires. Il se multiplie de semences, ou par séparation des drageons et des œilletons qui se forment autour des vieux pieds; ces œilletons demandent à être extrêmement peu enterrés. (B.)

CRESSON ALENOIS, ou CRESSON DES JARDINS. Espèce de plante du genre des PASSERAGES, qu'on cultive généralement dans les jardins potagers pour servir de fourniture dans les salades auxquelles elle donne du goût et dont elle facilite la digestion. Sa racine est annuelle, pivotante; sa tige est haute d'un pied et plus; ses feuilles sont alternes, irrégulièrement pinnées ou lobées, tantôt arrondies et dentées, tantôt linéaires et entières, quelquefois trifides; ses fleurs sont blanches, petites, et portées sur de petits épis dans les aisselles des feuilles supérieures; ses fruits sont de petites silicules obrondes.

Jusqu'à ces derniers temps on a ignoré le lieu natal de cette plante ; mais Olivier, de l'Institut, l'a trouvée sauvage en Perse, contrée d'où viennent la plupart des autres plantes potagères. Toutes ses parties sont très âcres, piquantes, comme la moutarde, d'où le nom *nasitord* (qui fait tordre le nez) qu'elle porte dans quelques endroits. Elle passe en médecine pour détersive, diurétique, emménagogue, incisive, anti-scorbutique, et sternutatoire.

On sème le cresson alénois, et non *à la noix*, comme disent les jardiniers, en février, en rayon, sur couche, et successivement en pleine terre, à une exposition fraîche et ombragée, tous les quinze jours pendant l'été, afin d'en avoir continuellement de propre à être employé, parcequ'il parcourt très rapidement, sur-tout quand il fait chaud, toutes les phases de sa végétation. Il demande des arrosemens fréquens, car, dans la sécheresse, il s'élève peu et devient âcre au point de ne pouvoir plus être mangé. Du reste, sa culture n'a rien de particulier. Des sarclages et des éclaircis au besoin sont tout ce qu'il demande. Un petit nombre de pieds réservés pour graine suffisent pour le renouveler ; en conséquence, on détruit les semis à mesure de la consommation.

Il y a trois à quatre variétés de cette plante qu'on préfère, en général, à l'espèce commune, parcequ'elles sont plus rares. L'une a les feuilles larges et un peu crêpues, l'autre les a très frisées, la troisième les a dorées. (B.)

CRESSON DU BRÉSIL, C'est le SPILANT DU BRÉSIL.

CRESSON DORÉ. *Voyez* SAXIFRAGE DORÉE.

CRESSON D'INDE, CRESSON DU PÉROU. C'est quelquefois le nom de la CAPUCINE, parceque ses feuilles ont le goût de cresson.

CRESSON DU MEXIQUE, ou DU PÉROU. On a donné ce nom à la CAPUCINE.

CRESSON DE PARA. *Voyez* SPILANT COMESTIBLE.

CRESSON DE TERRE. Nom vulgaire du VELAR.

CRÊTE. C'est la partie la plus élevée d'un sillon, d'une plate-bande, d'un ados, d'une costière, partie qui convient le mieux aux plantes qui craignent l'humidité.

Dans les pays marécageux on cultive en ados pour éloigner les racines des plantes de la couche d'eau permanente. Dans les pays où la terre végétale a peu de profondeur, on cultive de même pour donner plus de terre aux racines. En général, c'est une très bonne culture que celle en ados. (B.)

CRETE DE COQ. Nom de la PASSEVELOURS A CRÊTE, et de la COCRÈTE DES PRÉS. *Voyez* ces mots.

CRÊTE-MARINE, ou CRISTE-MARINE. On appelle ainsi la BACCILE dans quelques cantons.

CRETELLE, *Cynosurus*. Genre de plantes de la triandrie digynie, et de la famille des graminées, qui renferme une douzaine d'espèces, dont une, la CRÉTELLE DES PRÉS, *Cynosurus cristatus*, Lin., est dans le cas d'être mentionnée ici, comme très commune dans les hauts prés et fournissant un excellent fourrage.

Cette plante a une racine vivace, des épis uni latéraux, et des épillets qui ont des bractées pinnatifides assez semblables à une crête de coq. Elle s'élève à deux pieds et forme de petites touffes fort élégantes. Tous les bestiaux la mangent avec plaisir, sur-tout quand elle est jeune. On peut avec sécurité acheter le foin où il s'en trouve, parcequ'elle indique qu'il provient de hauts prés et ne contient par conséquent que de bonnes plantes. On ne doit cependant pas la cultiver seule, parcequ'elle foisonne peu et ne trace pas. J'ai vu des prés, où elle dominoit, avoir l'apparence de fiches quoiqu'ils fussent de très bonne nature. Ces prés étoient épuisés et demandoient à être labourés, et semés en blé ou autres articles pendant quelques années, pour renouveler leur terre, c'est-à-dire lui donner le temps de reprendre la faculté de faire végéter les plantes qu'elle portoit auparavant. (B.)

CREUX. On emploie fréquemment ce mot comme synonyme de trou. D'autres fois il indique seulement un enfoncement dans le sol. (B.)

CREVASSES. MÉDECINE VÉTÉRINAIRE. Les crevasses sont des gerçures ou des fentes situées dans les plis des paturons, soit au devant, soit au derrière de l'animal, d'où suintent des eaux plus ou moins fétides, et qui sont souvent accompagnées d'enflure, et d'une inflammation plus ou moins forte.

Les crevasses, reconnoissant les mêmes principes que les eaux aux jambes, et la crapaudine humorale, on les traite de même. *Voyez* CRAPAUDINE HUMORALE, EAUX AUX JAMBES. (R.)

CREVASSES. Les cultivateurs appellent ainsi les fentes plus ou moins larges, plus ou moins profondes qui se voient à la surface de la terre, sur-tout dans les terrains argileux, et qui sont la suite du retrait produit par la sécheresse.

Les plantes souffrent beaucoup par l'effet des crevasses, soit parcequ'elles cassent leurs racines, soit parcequ'elles favorisent le dessèchement de ces mêmes racines. Il faut donc, autant que possible, les empêcher de se produire ou les faire disparoître. Pour cela il y a deux moyens, les arrosemens et les binages.

On remarque aussi des crevasses dans les arbres. Elles sont produites par plusieurs causes dont la sécheresse en est une. Il est impossible d'y apporter remède. *Voyez* Bois.

Il en est de même des crevasses dans le sabot des chevaux; mais comme ce sabot se reproduit par intus-susception, elles disparoissent petit à petit, lorsque la cause qui les a fait naître a cessé. (B.)

CRIBLAGE. Opération essentielle à la pureté de nos grains, mais trop négligée ou trop imparfaitement exécutée. Cependant si on veut rendre la conservation des grains plus facile, plus durable et donner aux résultats en farine et en pain plus de valeur commerciale et de qualité alimentaire, c'est de se servir des moyens de les nettoyer parfaitement.

Le van est le premier instrument dont on a fait usage; ce qu'il commence, le crible l'achève; mais au lieu de perfectionner ce dernier, on s'est occupé à le multiplier. Un grand nombre de cribles est néanmoins dispendieux, embarrassant et occasionne une perte de temps considérable : c'est ce qui a déterminé *Drausy* à en imaginer un susceptible de tous les avantages qu'on ne pouvoit se flatter d'obtenir de la réunion de plusieurs, et qui produit tous les effets du crible de fer, du ventilateur et émottoir, et du crible piqué.

Le crible, quoique connu dans quelques départemens de la France, est bien éloigné de celui dont nous allons donner une courte description. Il joint à la faculté de rafraîchir le grain celle de l'écurer en même temps, de le dépouiller des balles, des pierres, des terres graveleuses, de la poussière, des insectes ou de leurs débris, et généralement de toutes les semences étrangères dont le volume est inférieur à celui du blé. Mais pour cribler parfaitement, il ne faut pas expédier trop de blé à la fois : six cents livres environ par heure suffisent; un jeune homme peut aisément le faire mouvoir au moyen d'une manivelle.

Crible tarare. On n'est pas assez convaincu de l'utilité de cet instrument quand les blés viennent de loin, et ont été long-temps en route, qu'ils ont contracté à leur superficie une odeur de moisi et d'insectes; qu'il s'agit de les laver lorsqu'ils sont salis par la poussière : il faut dans tous ces cas les cribler.

La trémie reçoit le blé que l'on veut cribler; au-dessous de cette trémie est l'auget composé de deux fonds; le premier est en tôle percée de grosseur convenable à passer un grain de blé : le blé, passant seul à travers cette tôle, tombe sur le second fond qui est en bois. Ce second fond conduit le blé dans un galbotin, et celui-ci le rend dans le cylindre, tandis que les objets plus gros que le blé, et qui n'ont pu passer par la tôle percée, vont tomber hors du galbotin.

Cet auget à double fond doit être élevé au-dessus du galbotin d'environ huit pouces. Le blé, tombant de cette hauteur sur un plan incliné, est séparé de toutes les parties les plus légères que lui, comme le hoton, le cloque, la poussière, etc. par le ventilateur qui souffle continuellement. Le blé, sortant du galbotin, entre dans le cylindre par le moyen d'un conduit.

Ce cylindre est octogone; son intérieur consiste en un arbre qui, outre huit traverses principales, est encore accompagné d'une infinité de fuseaux, et ces fuseaux, les huit traverses et l'arbre, sont couverts de tôle piquée. On voit encore une multitude de parties demi-circulaires qui s'élèvent en festons, et qui sont autant de morceaux de tôle piquée et dentelée en manière de scies. Le cylindre, ainsi armé dans son intérieur, racle le blé, et par ce moyen le dépouille en entier même de la poussière qui auroit pu y être encroûtée par l'humidité.

Les huit traverses de ce cylindre servent à soutenir huit grilles de fil de fer, dont les ouvertures serrées ne laissent passer que les objets plus petits que le blé. En sorte que, totalement épuré, il va tomber par le bout du cylindre dans la trémie des meules.

Cet instrument, essentiel sur les aires des greniers et au-dessus de la trémie du moulin, exige peu de soins pour produire tous ses effets. S'il y a un étage supérieur et qu'il s'en trouve un autre au-dessous pour recevoir le blé criblé, un seul ouvrier conduira le travail ; mais s'il n'y a qu'un étage, il sera nécessaire d'en avoir deux pour engrainer et séparer à mesure le blé criblé.

Comme il importe peu à l'ouvrier chargé de cribler que le blé soit parfaitement nettoyé, parcequ'il n'en reçoit pas moins son salaire, il est essentiel que la partie du bout du crible, servant à mouvoir l'auget, fasse beaucoup de bruit, afin que d'une part le blé soit tamisé avec plus de facilité, et que de l'autre l'homme employé à ce service ne puisse jamais en imposer sur l'activité et la continuité de son travail.

Un sentiment d'humanité devroit arrêter tout économe qui, pour ne rien perdre, envoie au marché vendre ses criblures, c'est-à-dire un mélange de poussière, de débris, d'insectes, de grains rachitiques, difformes on étrangers aux blés ; le pauvre, séduit par le vil prix de ces criblures, les achète, n'en obtient que peu de farine, et toujours un mauvais pain, coûteux et malsain. Pourquoi ne pas les employer de préférence à la nourriture de la volaille et à l'engrais des porcs. (Par.)

CRIBLE. Machine qui sert à nettoyer le blé des matières étrangères qui sont mélangées avec lui. Il y en a de diverses formes et matières.

Le plus simple est un cercle de bois mince, de deux, trois et quatre pieds de diamètre, et haut de six à huit pouces, qui est garni d'un côté avec une feuille de parchemin de peau d'âne, percé régulièrement de trous ronds et allongés, plus ou moins grands, selon l'objet qu'on a en vue. Je dis selon l'objet qu'on a en vue, parcequ'il y a des cribles qui laissent passer le bon grain, et retiennent les pierres et autres objets plus gros ; d'autres qui retiennent le bon grain et laissent passer la terre, les menues graines, etc.

La fabrication des cribles demande des instrumens et une habitude que ne peuvent avoir les cultivateurs ; ainsi ils trouvent beaucoup plus d'avantages à les acheter qu'à les faire. La seule chose que je voudrois leur recommander c'est d'en avoir plus de soin qu'ils n'en ont ordinairement. Un établissement rural bien monté ne peut se dispenser d'en avoir au moins de trois grandeurs.

Ce crible est figuré pl. 3, *fig.* 2 du second volume, avec les bluteaux qui sont de véritables cribles plus compliqués, mais plus expéditifs que celui-ci.

Une autre espèce de crible est formé par un cadre oblong, à trois traverses, garni d'un côté d'un assemblage de fils de fer ou de laiton parallèles, et écartés de manière que le bon grain ne puisse pas passer dans leurs intervalles. Ces fils de fer ou de laiton sont liés, de pouce en pouce, plus ou moins, par d'autres fils de fer. La longueur et la largeur de ce cadre varient sans fin, et pourvu que la première soit trois ou quatre fois plus considérable que la seconde, il est bon.

Le cadre, au moyen de quatre montans inégaux deux par deux, et de deux traverses, est placé en plan incliné de quarante-cinq degrés, et est surmonté d'une trémie. On jette le blé dans cette trémie. Il tombe, en petite quantité à la fois, sur le fil de fer ou de laiton, coule en sautillant, à raison des fils de fer ou de laiton transversaux, jusqu'à terre, et se sépare des menues graines, de la terre, des pailles, etc., qui passent à travers les intervalles des fils de fer ou de laiton.

L'usage de ces cribles est fort commode, mais bien moins que le Bluteau-Crible. *Voyez* ce mot et l'article précédent.

Le crible, à fil de fer plus gros et plus écarté, ou en bois, prend le nom de passe terre et de claie, selon sa forme, lorsqu'il sert à passer des terres, des sables, des briques pilées, etc. On en fait un fréquent usage dans le jardinage.

Dans les cantons de la France où on ignore l'usage du Van (*voyez* ce mot) on emploie, pour le suppléer, deux des cribles de la première sorte. Le premier est percé de trous ronds de deux à trois lignes de diamètre. On l'appelle le passe-partout, parceque toute espèce de grain y passe. Il ne reste dans le crible que les pierres et les pailles. Le second est nommé l'émondeur. Il est percé alternativement de plusieurs rangs de trous ronds et de trous oblongs, les uns et les autres plus petits que ceux du premier. Les cribles de grandes dimensions sont soutenus, à une certaine hauteur, par des cordes qui leur laissent la facilité d'être mus en tout sens. Quant au premier, on le pousse en avant et on le tire à soi. Par ce mouvement droit le grain tombe plus facilement. Quant au second, il faut que le grain y éprouve un mouvement circulaire, afin de rassembler dans le milieu les ordures et les graines étrangères et trop grosses pour passer par les trous. Enfin on continue ce mouvement circulaire jusqu'à ce qu'on ait enlevé tout le grain étranger. Celui-ci est particulièrement destiné, après ce premier usage, à séparer la poussière et les petites graines. Cette manière d'opérer, qui demande un coup de main assez difficile pour jeter le grain hors du crible et pour rassembler dans le milieu les grains étrangers ; ne vaut pas l'opération du VAN, plus simple et plus expéditive.

Tout propriétaire de chevaux doit avoir un petit crible de cette sorte dans son grenier ou son coffre, pour cribler de nouveau l'orge, l'avoine ou autres grains, au moment même de les donner aux bestiaux, une telle pratique étant très favorable à la conservation de la santé de ces animaux. (B.)

CRIBLE A VENT. Machine destinée à débarrasser les grains battus des menues pailles, des mauvaises graines et des ordures qu'ils contiennent. Il a été décrit et figuré au mot BLUTEAU. (B.)

CRIBLER LA TERRE. C'est faire passer de la terre à travers un crible pour la débarrasser des pierres, des racines et autres corps étrangers, et rendre ses molécules les plus divisées qu'il est possible.

On n'emploie le crible que dans les jardins de peu d'étendue où dans des cas extraordinaires, attendu que celles passées à la claie sont aussi bonnes, et que ce dernier instrument expédie plus vite. *Voyez* CLAIE. (B.)

CRIBLURES. Ce sont les mauvais grains, les graines des mauvaises herbes, les menues pailles et ordures de toutes espèces, qui se séparent du blé et autres céréales lorsqu'on les CRIBLE. *Voyez* ce mot.

Les criblures servent de nourriture à la volaille, qui sait distinguer le bon du mauvais grain. Il est peu raisonnable de les donner aux cochons, aux vaches, aux chevaux, comme on le fait dans quelques lieux par principe d'économie, parceque les matières étrangères qui s'y trouvent, sont dans le cas de nuire à ces animaux. Il l'est encore moins de les jeter sur le fumier, parceque c'est porter dans les champs une augmentation de graines de mauvaises herbes qui ne peut que nuire beaucoup aux récoltes subséquentes.

Une ménagère entendue met en réserve la partie surabondante de ses criblures, pour que ses volailles en aient le plus long-temps possible et ne consomment pas son bon grain. Je fais cette remarque, parceque j'ai vu presque par-tout les batteurs jeter les criblures dans la cour chaque jour, au moment où ils enlevoient le grain nettoyé; de sorte qu'il y en avoit le plus souvent au-delà de ce qui étoit nécessaire à la consommation des poules et des pigeons, et que les jours où ils ne travailloient pas, ou après que la grange étoit vide, les volailles se trouvoient privées de nourriture. (B.)

CRINS. Poils longs et épais qui croissent à la queue et à la partie supérieure du cou du cheval, du mulet et de l'âne.

Les crins ont évidemment été donnés à ces animaux pour leur fournir les moyens de chasser les *taons*, les *cousins*, les *asiles*, les *stomoxes*, les *mouches*, et autres insectes ailés, qui les font cruellement souffrir par leurs piqûres, et qui vivent aux dépens de leur sang. Les en priver est donc agir contre le vœu de la nature et faire leur malheur. Les filets à cordelettes, les toiles, par lesquels on les remplace quelquefois, pour les chevaux de selle principalement, ne produisent pas les mêmes effets, comme il est facile de s'en assurer par l'observation. Sur quel fondement la mode ridicule de couper courts les crins des chevaux, soit à la queue, soit à la nuque, s'est-elle établie? Ce ne peut être que par la persuasion que cela les embellissoit. Mais combien plus sont élégans dans leur marche, et sur-tout dans leur course, les chevaux qui les ont conservés dans toute leur longueur! Un peintre, un sculpteur, se permettront-ils jamais de représenter un cheval sans crins à la queue et sans crinière apparente? Sans doute, quelquefois la longueur et l'abondance des crins nuisent à la propreté, même à la grace; mais autre chose est de les tenir dans une juste proportion sous ces deux rapports, et les couper ras.

Le crin des chevaux doit être journellement peigné, souvent lavé, quelquefois huilé. Le disposer en cordelettes, en tresses, le lier en paquets, me paroissent des enfantillages. La nature, toujours la nature, voilà ma devise.

Il est des cultivateurs qui spéculent sur la vente du crin de leurs chevaux. S'ils agissent avec prudence, je ne les blâmerai pas, parcequ'enlever une partie de ce crin, par mèches prises en différentes places, est sans inconvénient; mais c'est en le coupant raz de la peau, et non, en l'arrachant, qu'ils doivent le prendre.

Les crins servent à une infinité d'usages, et ne peuvent pas être suppléés dans plusieurs. On les tisse comme la toile pour faire des tamis, en revêtir des chaises, en couvrir les fruits qu'on veut défendre du bec des oiseaux; on en fait des archets pour les instrumens de musique, des vergettes, des brosses de différentes sortes, des perruques, des lignes pour la pêche, des collets pour prendre les oiseaux, des colliers, des bagues et autres bijoux ; on les met, après les avoir fait friser au feu, dans les matelas, les sommiers, les sièges des fauteuils ; on les fait entrer dans le tissu de certaines cordes de chanvre, de certaines étoffes, etc. On ne doit donc jamais laisser perdre celui des chevaux qui meurent ou à qui on le coupe pendant leur vie. Ce dernier est beaucoup meilleur. Le noir et le blanc sont les couleurs qu'on demande le plus généralement dans le commerce. (B.)

CRIOCÈRE, *Crioceris*. Genre d'insectes de l'ordre des coléoptères, qui renferme une trentaine d'espèces qui toutes vivent, soit sous l'état de larve, soit sous celui d'insecte parfait, aux dépens des plantes, et dont quelques unes se font remarquer par les dommages qu'elles causent aux cultivateurs. Ce sont elles que Fabricius appelle *lema* dans ses derniers ouvrages.

Le CRIOCÈRE DU LIS, *Crioceris merdigera*, Fab., qui est rouge en dessus et noir en dessous, avec l'anus et les pattes rouges. Il se trouve sur le lis blanc. Sa longueur est de trois lignes. Il fait, lorsqu'on le prend, un petit bruit causé par le frottement de son corselet contre sa tête et son corps. Il passe l'hiver caché dans des fentes de mur, sous les pierres, ou autres abris, et s'accouple au printemps. Ses œufs sont bruns et réunis en petits tas. Sa larve est ovale, fort lourde, et a la peau si fine, qu'elle périroit bientôt, desséchée par le soleil, si la nature ne lui avoit donné la faculté de se recouvrir de ses excrémens, en plaçant son anus sur son dos ; ainsi, elle en est continuellement recouverte, et en même temps à l'abri des recherches de ses ennemis et des effets des rayons du soleil. Elle ressemble à un petit tas d'ordure verdâtre, qui diminue et s'augmente alternativement, de sorte qu'il faut être prévenu pour voir l'animal qui est dessous. Il n'est pas rare que tous les lis d'un jardin soient entièrement rongés par elle, et deviennent aussi hideux qu'ils eussent été élégans sans cette circonstance. Les jardiniers prévoyans ne se trouvent jamais dans le cas de se plaindre de ses ravages, parcequ'ils ont soin de visiter de temps en temps leurs lis, lorsqu'ils commencent à pousser, et de tuer tous les insectes parfaits qu'ils trouvent dessus. (Ces insectes y vont toujours pour s'y accoupler ou y déposer leurs œufs.) Ceux qui n'en ont pas agi ainsi sont forcés de faire la chasse aux larves mêmes, ce qui n'est ni aussi facile ni aussi prompt. C'est en avril et en mai que ces larves exercent le plus leurs ravages. Lorsqu'elles ont pris toute leur croissance, elles s'enfoncent en terre, et se construisent une coque de bave, dans laquelle elles se transforment en nymphe, et d'où, au bout d'une quinzaine de jours, elles sortent sous la forme d'insecte parfait.

Le CRIOCÈRE A DOUZE POINTS, qui est rouge avec six points noirs sur chaque élytre, et le CRIOCÈRE PORTE-CROIX, qui a le corselet rouge avec deux points noirs, et les élytres jaunes avec une croix et quatre points noirs, se trouvent sur l'asperge. Ils sont un peu plus petits et plus aplatis que le précédent, mais du reste ont les mêmes mœurs. J'ai vu des plantations d'asperges dont toutes les feuilles avoient disparu sous leurs mâchoires ; malgré cela, on se plaint rarement d'eux dans les environs de Paris, parcequ'ils n'attaquent cette plante que lorsqu'elle est parvenue à toute sa croissance ; mais, dans les climats plus méridionaux, leurs ravages sont quelquefois très nuisibles. *Voyez* au mot ASPERGE. Le moyen de les détruire seroit de mettre des serviettes à côté des tiges de l'asperge, et de les faire tomber en frappant légèrement sur ces tiges, pour ensuite les écraser ou les noyer.

Le CRIOCÈRE CYANELLE et le CRIOCÈRE MÉLANOPE sont mâle et femelle. Le premier est tout bleu et plus petit. Le second a le corselet et les pattes rouges. Sa larve a les mêmes mœurs que la précédente. Elle vit aux dépens des feuilles de l'avoine et de l'orge ; mais elle n'est jamais assez abondante pour être remarquée des cultivateurs. (B.)

CRIQUET, *Acridium.* Les entomologues français donnent aujourd'hui ce nom au genre d'insecte qui avoit été appelé GRILLON, *grillus*, par Fabricius, genre qui renferme plus de soixante espèces connues, toutes vivant soit sous l'état de larves, soit sous celui d'insectes parfaits, aux dépens des feuilles des plantes, et dont quelques unes ne sont que trop célèbres dans les pays chauds, où, sous le nom impropre de *sauterelles*, elles dévorent souvent toute la verdure, et où elles sont en si grand nombre que la putréfaction de leurs corps suffit pour empester l'air.

Le corps des criquets est allongé et comprimé. Leur tête est presque parallèlipipédique, et porte des antennes filiformes plus courtes que le corps, ce qui les distingue principalement des sauterelles, qui les ont sétacées et plus longues que le corps ; le ventre comprimé et jamais terminé par un prolongement ensiforme comme dans les sauterelles ; les pattes postérieures longues, avec des cuisses très renflées, cannelées obliquement.

Ces insectes marchent lentement, mais sautent très bien, et volent encore mieux. Il n'est point d'habitant de nos campagnes qui n'ait vu mille fois se sauver devant lui les petites espèces qui se trouvent dans le nord de la France, et ceux des parties méridionales de l'Europe connoissent toutes les grandes espèces. Il est même des documens historiques qui constatent que quelquefois ces dernières ont apparu en France en aussi grand nombre qu'en Asie et en Afrique ; c'est-à-dire que leur vol obscurcissoit le soleil, et qu'il ne leur falloit qu'une nuit pour rendre tout un canton aussi privé de verdure qu'au cœur de l'hiver.

La plupart des criquets font entendre un bruit assez fort, comme les sauterelles et les véritables grillons ; mais il n'est pas produit par des organes semblables. Chez eux, c'est au moyen de leurs cuisses postérieures quifrottent sur un tambour ovale, placé de chaque côté au haut du ventre. Ce tambour n'est bien prononcé que dans les mâles ; ces insectes passent les deux tiers de leur vie sous l'état de larve, et leur vie est au plus de six mois. Au reste ces larves ne diffèrent de l'insecte parfait que par l'absence des ailes, du tambour, et des organes de la génération. Les mâles meurent immédiatement après qu'ils se sont accouplés et les femelles dès qu'elles ont pondu leurs œufs. Ces œufs sont déposés dans la terre en automne. Il en sort des petits au printemps, lorsque les plantes sont assez poussées pour fournir à leur nourriture ; mais ils ne commencent à se faire remarquer qu'au milieu de l'été.

En France, comme en Asie et en Afrique, c'est dans les lieux secs et arides, dans les sables les plus infertiles qu'on trouve le plus de criquets. Je les ai vus souvent, même aux environs de Paris, principalement dans les plaines des Sablons, de Genevillers et à Fontainebleau, en si immense quantité, qu'en fuyant devant moi, lorsque je traversois des luzernes, ils sembloient une grêle tombant du ciel. Je ne les ai pas vus plus nombreux dans les parties méridionales de la France, en Espagne et en Italie, quoiqu'ils le soient extrêmement. Ces insectes dévastateurs font par-tout de grands dégâts ; mais ces dégâts sont généralement peu remarqués en France, parcequ'ils ne s'exercent que sur les plantes des pâturages, et qu'ils n'ont ordinairement lieu qu'à la fin de l'été, c'est-à-dire à l'époque où les foins sont rentrés, et qu'en général les espèces propres à nos contrées ne sont pas très grosses. C'est donc aux cultivateurs des pays chauds, des pays qu'habitent les grandes espèces, qu'il appartient de désirer vivement connoître les moyens de s'en délivrer. Mais quels sont ces moyens, demandera-t-on ? Il n'en est point ; car est-ce délivrer un pays de la crainte des grosses espèces que d'en tuer quelques milliers, d'en brûler quelques millions en mettant le feu aux herbes ? Outre ceux-là on en a proposé d'autres, je le sais ; mais je sais aussi qu'ils ne valent pas mieux. L'histoire nous apprend que ces grandes espèces ont été long-temps un fléau, et nos connoissances actuelles annoncent qu'elles en seront toujours un tant qu'il y aura des déserts, des terres en friche ; car leur plus grand ennemi c'est la charrue qui enterre leurs œufs assez profondément pour que les petits qui naissent au printemps ne puissent pas sortir.

Ce n'est pas qu'ils n'aient des ennemis, ces insectes, et beaucoup ; mais leur reproduction est toujours plus considérable que leur destruction. Des quadrupèdes, des oiseaux, des poissons et d'autres insectes leur font continuellement la guerre pour s'en nourrir. Les dindons les recherchent beaucoup, et on ne peut mieux faire que de les conduire dans les champs qui en sont bien peuplés, quand on n'a l'intention que de les maintenir ; car pour les engraisser cette nourriture ne vaut absolument rien. Les poules les aiment aussi ; cependant il faut, autant que possible, s'opposer à ce qu'elles en mangent quand elles pondent, parceque leurs œufs en contractent une couleur noire et une saveur extrêmement désagréable, ainsi que je l'ai éprouvé plusieurs fois. L'homme même, dans les déserts de l'Arabie et de l'Afrique, mange, de toute antiquité, les grosses espèces, et les trouve bonnes. On les vend encore au marché, dans les villes du royaume d'Alger, ainsi que le professeur Desfontaines me l'a assuré. J'en ai mangé et ne les ai pas trouvés désagréables ; mais il m'a paru malgré cela que c'étoit une pauvre nourriture. Les petites espèces sont un excellent appât pour la pêche à la ligne des poissons d'eau douce, et peut-être aussi de mer.

Les espèces les plus communes en Europe sont,

Le CRIQUET ÉMIGRANT qui a une crête sur le corselet, avec les mandibules d'un noir bleuâtre, les élytres brunes avec des taches carrées plus foncées. Il a environ deux pouces de long. C'est celui qu'on est convenu d'appeler la *sauterelle des historiens* ; mais Olivier assure qu'il n'est pas le plus abondant dans les déserts de l'Asie, et il a rapporté l'espèce qui fait ces fameux ravages. Elle diffère peu par sa forme, mais elle est plus grosse et jaune. Celui dont il est ici question est commun dans les parties méridionales de la France ; cependant il arrive très rarement qu'il se multiplie assez pour y causer des dégâts. Je l'ai trouvé quelquefois aux environs de Paris, dans la forêt de Montmorency et à Fontainebleau.

Le CRIQUET STRIDULE a le corselet légèrement caréné, les élytres grises, avec deux ou trois bandes plus foncées ; les ailes rouges à leur base et noires un peu avant leur extrémité. Sa longueur est d'un pouce. Il est extrêmement commun dans les lieux sablonneux de presque toute la France, mais sur-tout des parties chaudes.

Le CRIQUET BLEUATRE a le corselet caréné, les élytres cendrés avec des bandes plus obscures ; les ailes bleuâtres avec une bande noire. Il est un peu plus petit que le précédent, et se trouve avec la même abondance dans la même nature de sol ; mais en général ils n'y sont pas en nombre égal, une espèce domine toujours sur l'autre.

Le CRIQUET GROS a les élytres verdâtres, avec une ligne longitudinale jaune, et les cuisses rouges. Il est de la même longueur, mais un peu plus mince que les précédens. Il vit dans les lieux marécageux, et, quoique quelquefois fort abondant, il ne l'est pas en comparaison d'eux.

Le CRIQUET BIMOUCHETÉ qui a le corselet caréné, les élytres obscures, avec deux taches blanches oblongues vers l'extrémité.

Le CRIQUET VERDATRE qui a une croix saillante sur le corselet, les élytres d'un vert-brun, avec le bord d'un vert clair.

Ces deux espèces sont excessivement communes dans les prés, les luzernes, dans les lieux frais et ombragés. Leur longeur est de six à huit lignes.

Le CRIQUET FAUVE est d'une couleur brune clair, a les antennes terminées en bouton. Il n'a que cinq à six lignes de long, et est très commun dans les lieux sablonneux et incultes. (B).

CRISOCOME, *Chrysocma*. Genre de plantes de la syngénésie égale et de la famille des corymbifères, qui renferme une quinzaine d'espèces, les unes frutescentes, les autres herbacées, mais toutes vivaces, dont quelques unes peuvent servir, et une sert fréquemment d'ornement dans les jardins, où elle forme de vastes touffes de plus d'un pied de haut, très-élégantes et par leur port et par leurs nombreuses fleurs jaunes.

L'espèce indiquée plus haut est la CRISOCOME LINIÈRE, *Chrysocoma linosiris*, Lin., qui croît dans les parties méridionales de la France, et dont les feuilles sont linéaires et glabres. Elle fleurit en automne, et ses fleurs subsistent jusqu'aux gelées. On la place, soit dans les plates-bandes des jardins d'ornement, soit le long des massifs, entre les arbustes des premiers rangs, soit dans des corbeilles isolées au milieu des gazons. Par-tout elle remplit bien sa destination. On la multiplie de graines qu'on sème au printemps dans une terre légère exposée au levant, ou par séparation des vieux pieds, ou par éclats de ces mêmes pieds. Rarement on fait usage du premier de ces moyens comme le plus long, et il n'y a que dans les pépinières marchandes qu'on emploie le dernier, qui retarde encore la jouissance d'un à deux ans, mais qui fournit considérablement de pieds. On se contente, dans les jardins des particuliers, de couper avec la bêche, en hiver, un vieux pied en quatre ou cinq autres, plus ou moins, selon sa force, et de planter chaque morceau séparément. Ces morceaux fleurissent la même année, comme s'ils n'avoient pas été relevés, et quelquefois, lorsque le terrain est favorable, c'est-à-dire gras et léger, ils sont l'hiver suivant aussi forts que le pied dont ils sont sortis. Dans ces natures de terrains c'est même un travail que de les empêcher de s'étendre plus qu'on ne veut, et de détruire tous les ans les pieds venus de graines emportées par les vents. (B.)

CRISTE-MARINE. *Voyez* Baccile.

CROCHET. Instrument de fer à deux dents recourbées qui sert à retirer le fumier des étables et pour labourer, ou mieux, biner. Ses dents doivent être écartées de cinq à six pouces et assez épaisses pour résister à un fort travail. Le manche doit être de quatre à cinq pieds. (B.)

CROCHET. Maladie de l'œillet. C'est un nodus qui se forme sur la tige des marcottes et lui fait faire le crochet. Il devient un chancre qui détermine sa mort. Il est probable que cette maladie est causée par l'obstruction de la sève gênée dans son cours. Elle n'a pas de remède. *Voyez* au mot Œillet. (B.)

CROCHET. Petit rameau en V dont on se sert pour assujettir les marcottes, en enfonçant profondément en terre ses deux branches, ou une seule. Le crochet doit être d'autant plus gros et plus long, que la branche à marcotter est plus forte et a plus de ressort. (B.)

CROCHET. Ce sont des épines, ou des aiguillons, ou même simplement de gros poils recourbés. (B.)

CROCHETAGE. On donne ce nom, dans quelques lieux, aux binages faits avec une houe à deux ou trois branches, ou aux labourages faits avec un trident. Ces binages sont plus expéditifs et presque aussi bons que ceux faits avec la houe pleine. Il est a désirer que leur usage s'introduise dans un plus grand nombre de lieux. *Voyez* Binage et Labourage. (B.)

CROCUS. Nom latin du safran. (B.)

CROISEAU. On appelle quelquefois ainsi le pigeon biset.

CROISER LES BRANCHES. Terme de jardinage qui n'est pas employé en bonne part dans la langue des cultivateurs de Montreuil. En effet, le croisement empêchant la branche inférieure de jouir du bénéfice de l'air et de la lumière, et gênant même dans quelques cas le mouvement de la sève, ne peut produire que des effets nuisibles.

Les inconvéniens du croisement sont moins sensibles dans les contre-espaliers et dans les arbres en vase. J'ai vu de ces derniers prendre beaucoup d'agrément, et augmenter considérablement en produit par le croisement en losange de leurs branches.

On croise aussi les branches des arbres ou arbustes qui composent les haies pour rendre ces dernières plus défensables. *Voyez* Haie. (B.)

CROISER LES RACES. Les facultés physiques et morales des animaux se rapprochent toujours plus ou moins de celles de leur père et de leur mère, ainsi que l'expérience le prouve.

Tous les animaux soumis depuis un grand nombre de siècles à la puissance de l'homme ont varié suivant les temps et les lieux, et varient encore de même. Les variations sont en raison directes de la plus grande domesticité de ces animaux; ainsi le chien varie plus que le cheval, le cheval plus que le taureau, le taureau plus que le cochon, la poule plus que le canard, etc.

On a appelé race une variation qui ne sort pas de certaines limites, et qui se propage, soit dans un local circonscrit, parcequ'il ne s'y trouve que des animaux de cette race, soit par-tout où on le juge à propos, lorsqu'on a des motifs de le désirer et que les circonstances physiques ne s'y opposent pas.

Ainsi le cheval normand est une race dont la qualité est d'avoir de la grosseur, de la force, peu de vivacité et des formes lourdes. Ainsi le cheval limousin est une race dont la qualité est d'avoir un médiocre degré de grosseur et de force, une grande vivacité, et des formes plus sveltes, quoique moins que la race arabe.

En donnant un étalon limousin à une jument normande, on peut espérer avoir des poulains plus forts que le père et plus légers que la mère. C'est cette union qu'on appelle croisement.

Le cheval anglais lui-même est le résultat du croisement du cheval arabe, qu'on regarde comme la variété la plus voisine de la nature, avec des chevaux d'une race existante depuis long-temps en Angleterre, et fort peu différente de celle de Normandie, si ce n'est la même.

Les anciens avoient connoissance des bons effets du croisement des races; mais il ne paroît pas qu'ils l'aient pratiqué habituellement. On ne voit pas qu'on s'en soit plus occupé dans le moyen âge. Ce n'est donc guère que depuis deux ou trois cents ans qu'on a établi en principe général l'utilité du croisement des races, et qu'on s'y est livré généralement avec ardeur, sur-tout en Angleterre.

En France, le goût pour les croisemens a été porté, vers le milieu du dernier siècle, au point que, si cela eût continué, nous eussions abandonné toutes nos belles races de chevaux, sur-tout la race limousine et la race normande, pour une race bâtarde qui auroit eu tous les défauts et peu des bonnes qualités des chevaux anglais.

Cette réflexion annonce que je n'approuve pas, avec Huzard et autres vétérinaires instruits, les croisemens irréfléchis des races. En effet, il faut des chevaux forts pour le tirage, et des chevaux légers pour la monture, et ces deux qualités ne peuvent être réunies sans que toutes deux soient affoiblies. Il faut de plus considérer et les besoins du pays et la nature du sol, avant d'établir telle ou telle race dans tel ou tel lieu. La race normande seroit moins utile, et s'abâtardiroit bientôt, si on la transportoit dans les pâturages maigres des montagnes du Limousin. La race limousine perdroit ses belles formes et sa vivacité, si on la mettoit dans les gras pâturages de la Normandie, et elle ne traîneroit pas des voitures aussi pesamment chargées que celle qui s'y trouve en ce moment.

Les moutons d'Espagne, avec leur laine si fine, ne peuvent pas remplacer les moutons flamands, dont la laine est grossière, mais fort longue, et très propre à la fabrication des bouracans et des camelots.

Les poules du pays de Caux, dont la grosseur est triple des poules ordinaires, ne doivent pas être transportées dans des lieux où elles ne pourroient pas être nourries avec la même abondance qu'elles le sont dans les fermes où on les voit.

Il faut donc croire que si le croisement des races dans toutes les espèces est propre à faire monter les animaux d'un pays à un degré quelconque de supériorité, sous tel ou tel rapport, à raison de l'utilité du pays ou des besoins du commerce, il n'est jamais utile d'abâtardir par des mélanges une race reconnue bonne au physique et au moral, et de plus, propre au sol. On doit dans ce cas la conserver aussi pure que possible, en ne choisissant pour la reproduction que les individus des deux sexes les plus parfaits dans leur genre. C'est un crime de chercher à détruire par exemple les deux races de chevaux citées plus haut, parceque, quoiqu'on puisse avoir des chevaux plus légers que les limousins et plus forts que les normands, cependant elles sont les plus appropriées aux besoins de la France.

J'aurois étendu beaucoup plus cet article; mais comme l'application des principes qu'il renferme se trouve développée aux mots CHEVAL, BŒUF, VACHE, ANE, MULET, COCHON, CHIEN, POULE, CANARD, OIE, DINDE, j'y renvoie le lecteur. Je lui conseille aussi de lire l'Instruction sur l'amélioration des chevaux en France, publiée par M. Huzard en l'an 10. Il y trouvera les notions les plus saines sur l'objet dont il est ici question, notions applicables, plus ou moins, à tous les animaux domestiques. (B.)

CROISETTE. C'est la VALANCE A FEUILLES VELUES.

CROISSANCE DES ARBRES. *Voyez* aux mots ACCROISSEMENT, PLANTE, PHYSIOLOGIE VÉGÉTALE.

CROISSANT. Instrument de fer fait en forme de croissant, dont les jardiniers se servent pour tondre les hautes palissades et les arbres des allées. Il est garni d'une douille propre à recevoir un grand manche de bois léger. (D.)

CROIX (FLEUR EN). *Voyez* Crucifères ou Cruciformes.

CROIX DE JÉRUSALEM ou DE MALTE. Deux des noms de la lychnide croix de chevalier.

CROIX DE MALTE. Espèce de Lychnide. *Voyez* ce mot.

CROIX DE SAINT-ANDRÉ. Une allée qui en croise une autre, à angles aigus, forme une croix de Saint-André.

CROIX DE SAINT-JACQUES. Les jardiniers appellent ainsi l'amaryllis a fleurs en croix.

CROSSETTES. Nom d'une sorte de bouture. C'est une branche composée de la pousse de l'année et d'une partie de celle de l'année précédente. Beaucoup d'arbres et d'arbustes, principalement la vigne, se multiplient plus aisément par le moyen des crossettes que par les boutures du bois de l'année, parceque la sève s'arrête plus facilement dans celui de deux ans, dont les vaisseaux sont moins larges, et forment plus sûrement des bourrelets, sans lesquels il n'y a pas production de racines. *Voyez* aux mots Bouture et Bourrelet. (B.)

CROTE. Cave dans le département du Var.

CROTTE, CROTTIN. Excrément des chevaux, des chèvres, des moutons, etc. Cet engrais est excellent; celui d'été est préférable à celui d'hiver. On l'emploie ou après qu'il a resté plusieurs mois réuni en masse, et qu'il a passé son feu, ou aussitôt après qu'on l'a ramassé : ceci demande quelques réflexions. Si on doit semer quelque temps après qu'on a répandu l'engrais, on aura très bien fait de l'avoir tenu en masse, parceque, de cette époque à celle des semailles, il n'aura pas eu le temps de combiner ses principes avec ceux de la terre; mais, par exemple, si on le répand tout frais pendant l'hiver de l'année de jachère, et qu'on le recouvre aussitôt par un fort coup de charrue, alors il aura le temps de travailler, et d'amender les terres qu'on appelle froides. *Voyez* Engrais, Fumier, Bouse, Colombine et Poudrette.

Si le crottin reste pendant l'été exposé à l'action du soleil, il se dessèche, ses principes s'évaporent; si la pluie survient, ils sont délavés et entraînés avec elle, de sorte que, de manière ou d'autre, il ne reste plus qu'un résidu sans aucune efficacité : de là résulte la nécessité indispensable de labourer avec la charrue à versoir le terrain sur lequel les moutons, les bœufs, les chevaux, etc., ont passé quelques nuits. (R.)

CROU ou CRAIN. Sorte de terre argileuse et pierreuse qui ne laisse pas passer les racines des plantes, et qui s'oppose plus ou moins à la culture, selon qu'elle est loin ou près de la surface de la terre. Des défoncemens profonds et des mélanges de terre sont les seuls moyens de détruire les effets du crou sur les arbres. Les trous qu'on y fait pour planter ces derniers peuvent être comparés à des pots, c'est-à-dire que lorsque les racines ont consommé la substance de la bonne terre qu'on a mise dans ces trous, ils périssent de faim. (B.)

CROULIÈRE. Sable mouvant, impropre à la plupart des cultures; mais qu'on peut fixer par des plantations de pins et autres moyens. *Voyez* SABLE. (B.)

CROUPE. MÉDECINE VÉTÉRINAIRE. La croupe est cette partie du cheval qui s'étend depuis la termination des reins jusqu'au haut de la queue.

Sa largeur dépend de la distance et de l'éloignement proportionné des os des îles, c'est-à-dire des os qui forment les hanches. Nous exigeons que la croupe soit arrondie et divisée par une espèce de canal régnant dans son milieu, qui est une continuation de celui dont nous parlerons à l'article REINS. *Voyez* ce mot. Toute croupe coupée, avalée ou tranchante est un défaut dans le cheval. Nous appelons *croupe croupée*, celle qui, regardée de profil, paroît étroite, et ne pas avoir sa rondeur et son étendue; *croupe avalée*, celle qui tombe trop tôt, ce qui fait que l'origine de la queue est plus basse, et par conséquent mal placée; *coupe tranchante*, celle dont les cuisses du cheval sont très aplaties : telle est celle des mulets et des chevaux espagnols. Cette imperfection, à la vérité, n'est désagréable qu'à la vue; nous voyons même que, dans les chevaux, elle se trouve réparée par la vigueur de leurs membres, la force de leurs reins, et la beauté de l'action et du jeu de l'arrière-main. (R.)

CRUCHADE. On donne ce nom dans quelques parties de la France à la BOUILLIE faite avec la farine de MAÏS.

CRUCIFÈRE ou CRUCIFORME. Famille de plantes qui a pour caractère, 1° un calice de quatre folioles; 2° une corolle de quatre pétales disposées en croix; 3° six étamines, dont deux plus courtes; 3° un ovaire supérieur; 4° une silique ou une silicule. Le CHOU, le CRANSON, la CAMELINE, le PASTEL en font partie. *Voyez* au mot PLANTE. (B.)

CRUTIN. Synonyme de taillis dans le département des Ardennes.

CRYPTOGAMIE. Dernière classe des plantes dans le système de Linnæus, et qui renferme celles dont la fructification n'est qu'imparfaitement connue. Elle comprend quatre grandes familles : les FOUGÈRES, les MOUSSES, les ALGUES et les CHAMPIGNONS. *Voyez* ces mots. (B.)

CRYSALIDE ou CHRYSALIDE. C'est l'état intermédiare des insectes qui changent de forme. Ainsi un insecte au sortir de l'œuf est larve ou chenille, puis il devient crysalide, et enfin insecte parfait, c'est-à-dire scarabé, cantharide, abeille, papillon, bombice, teigne, etc. La plupart des crysalides ne mangent point, et n'ont même pas la faculté de se mouvoir. *Voyez* INSECTE. (B.)

CUBAT. Cuvier à faire le vin ou la lessive dans le département de Lot-et-Garonne.

CUÇON. Nom du CHARENÇON DU BLÉ dans le Médoc.

CUCUBALE, *Cucubalus.* Genre de plantes de la décandrie trigynie, et de la famille des caryophillées, qui contient une dixaine d'espèces, dont deux sont assez communes et assez du goût des bestiaux pour que les cultivateurs mettent quelqu'intérêt à les connoître.

Ces deux espèces sont,

Le CUCUBALE BEHEN, appelé *carnillet* dans quelques endroits. C'est une plante vivace, à tiges nombreuses, dichotomes et couchées à leur base; à feuilles sessiles, ovales, entières, d'un vert glauque; à fleurs blanches, dont le calice est très renflé et réticulé, et les pétales bifides, qu'on trouve fréquemment dans les champs incultes, le long des haies, des bois, etc. Elle fleurit en juin, et n'est pas alors sans agrémens. Les bestiaux, et sur-tout les vaches, la recherchent beaucoup. Peut-être seroit-il bon, pour leur usage, d'en semer le long des haies, où elle ne nuiroit en rien, où elle se conserveroit pendant plusieurs années sans aucun soin. Les enfans, dans les campagnes, s'amusent souvent à faire crever son calice avec bruit en le frappant sur le dos de leur main.

Le CUCUBALE A PETITES FLEURS, *Cucubatus olites*, Lin., a les fleurs disposées en tête verticillée, souvent dioïques; les pétales linéaires; les tiges presque nues, hautes de trois à quatre pieds; les feuilles opposées, oblongues et légèrement velues. Il est bisannuel, croît dans les sables les plus arides, et fleurit au milieu de l'été. Les moutons en recherchent beaucoup les feuilles, et sous ce seul rapport il mériteroit d'être semé. On peut le faire durer trois à quatre ans en coupant ses tiges, que leur dureté ne permet d'employer qu'à chauffer le four, tous les ans avant leur floraison. (B.)

CUCURBITACÉES. (LES PLANTES) Si les plantes de cette famille tiennent dans la partie historique de l'agriculture un rang de quelque importance, par le nombre de leurs variétés, et sur-tout dans sa partie économique, par la grande estime que l'on fait de quelques unes, on peut dire que dans la partie physiologique elles ne sont pas moins intéressantes par les grandes analogies qu'elles présentent les unes avec les autres.

Leurs principales espèces furent en effet rapprochées dans les plus anciens traités de botanique et d'agriculture, sous le nom de *fruits de terre*; et cet ordre naturel a tiré dans la suite son nom *cucurbitacées* de la grosse *cucurbite* ou *gourde à écorce* mince, mais ferme et durable, qui se trouve encore rappelé dans les cucurbites de verre des pharmaciens et des chimistes.

Ce sera donc éviter d'inutiles répétitions que de réunir ici tout ce qui peut l'être, dans un article central de principes communs aux trois indications génériques MOMORDIQUE, COURGE et CONCOMBRE; aux articles spéciaux CALEBASSE, PÉPON, PASTÈQUE, MELON, COLOQUINTE, GICLET; enfin aux désignations particulières de la COUGOURDE, de la GOURDE et de la TROMPETTE, de la CITROUILLE, du GIRAUMONT, du TURBANET, du PASTISSON et de la MELONNÉE; enfin du CANTALOUP et du CHATÉ.

On ne s'attend pas à trouver dans un cours d'agriculture un examen de tout ce qui, dans la structure des fleurs et des fruits, a servi et doit être préféré pour établir les caractères des genres de cette famille, mais plusieurs points servant de base à des pratiques de culture; il convient d'en donner ici une exposition rapide et d'autant plus abrégée, que nous n'embrassons pas une moitié des genres connus des botanistes, et nous n'avons pas à considérer les anomalies que présentent quelques uns des autres genres.

Pour faciliter le renvoi des préceptes aux principes qui leur servent de fondement, ceux-ci vont être marqués par numéros qui seront rappelés au besoin.

1° Nos cucurbitacées sont traitées de plantes annuelles parcequ'en peu de mois elles portent fleurs et fruits; mais ce sont des *annuelles persistantes* qui, dans leur pays natal, durent plus que l'année : aussi voyons-nous les rameaux qui traînent à terre s'enraciner par la plupart de leurs nœuds, lesquels produisent sans cesse de nouvelles branches, même après la maturité des premiers fruits, et elles sont même susceptibles de prendre racines de bouture. Ces plantes sarmenteuses sont en quelque sorte des *demi-lianes* qui se soutiennent en s'attachant à tous les corps qu'elles rencontrent, en les embrassant par le moyen de leurs vrilles, mais sans les entourer par leurs rameaux qui ne prennent ni direction ni contraction spirale.

2° Les tiges ou branches, divisées par nœuds alternes, sont long-temps molles et traînantes sans paroître en souffrir; elles acquièrent peu à peu de la fermeté : celle des pédoncules des fruits a beaucoup plus d'intensité. Les pétioles des feuilles sont au contraire d'une substance très aqueuse et cassante, creux, gonflés par le bas et diminuant beaucoup vers le haut.

3° Les vrilles rameuses sont divisées en quatre ou cinq filets, lesquels d'abord allongés en aiguilles un peu courbes, se contractent fort rapidement en vis, ou plutôt en tire-bourre, dont les premières révolutions sont de gauche à droite, les suivantes, après la neuvième ou dixième, de droite à gauche, enfin les dernières de gauche à droite comme les premiers; disposition qui s'observe aussi dans le genre assez analogue de la grenadille.

4° Dans certaines races du pépon polymorphe (les pastissons), dont la végétation est singulièrement contractée, et comme rachitique, on voit ces vrilles réduites à un simple filet fort court, ou bien remplacées par de petites feuilles; et dans une espèce encore plus prononcée dans sa végétation serrée (le giclet), de simples écailles en occupent la place.

5° Les feuilles, plus ou moins anguleuses, sont aussi plus ou moins découpées, assez arrondies dans le melon, le potiron et quelques calebasses, cordiformes dans le concombre, sinueuses dans plusieurs pépons, très découpées dans la pastèque et la coloquinte; elles varient aussi dans leur direction, dans leur étoffe, dans leur couleur, comme on le verra lors de la comparaison des diverses espèces; mais en général, aucunes de ces feuilles ne sont lisses, et, dans la forme de leurs crénelures, la direction de leur nervure, la nature de leur parenchyme et la distribution de leurs glandes et des poils qui les accompagnent, elles montrent une analogie frappante. Il en est de même de l'écorce des rameaux communément toute semblable aux feuilles.

6° La botanique offre peu de fleurs et de fruits qui, sans montrer de grandes bizarreries extérieures, présentent plus de singularités intrinsèques que celles de ces franches cucurbitacées. Les sexes s'y trouvent séparés en deux fleurs fort semblables du reste; de sorte que si cette séparation n'étoit pas aussi générale, on se croiroit autorisé à ne pas regarder l'état monoïque comme primordial, soupçon improbable sans doute, mais qui sembleroit appuyé par l'existence de quelques races hermaphrodites, tandis que la seule espèce naturelle à notre contrée (la bryone) présente la séparation dioïque complètement prononcée sur deux individus.

Cinq anthères ou sommets d'étamines, partagés en trois corps seulement, sont soutenus par trois filets inégaux en grosseur, dont les deux plus forts portent chacun une double anthère, et le plus foible une simple.

Ces trois corps d'anthères sont entièrement et nécessairement distincts et sans adhérence dans les fleurs hermaphrodites, entièrement confondus au contraire en une seule colonne dans l'espèce la plus contractée (le giclet), à demi réunis dans la plupart des genres, et réunis par leurs anthères formant une sorte de colonne torse dans toutes les courges, une fossette se trouvant à la place centrale que devroit occuper l'ovaire.

7° Dans les fleurs femelles se trouvent des rudimens d'étamines plus ou moins sentis, et alternant avec les divisions de l'ovaire qui, constituées au nombre de trois, vont à quatre, cinq et même six dans les gros fruits, ou dans ceux qui sans être gros sont d'une structure comprimée; et ce nombre de divisions est indiqué au dedans par la disposition des graines et des placentas pulpeux auxquels elles sont suspendues, et annoncé au dehors par le nombre des stigmates qui y répondent.

8° L'ovaire, qui devient une coque plus ou moins solide, et intérieurement plus ou moins pulpeuse, mais dont l'écorce extérieure, prolongée au-delà de la contraction formée à son sommet, s'épanouit en une cloche plus ou moins évasée, découpée plus ou moins profondément en cinq lobes, quelquefois six, et dont l'organisation présente l'apparence d'un calice doublé par une corolle, avec laquelle il se confond même au dehors, ou si l'on veut un double calice dont l'intérieur est coloré en jaune ou en blanc, et l'extérieur réduit à quelques nervures vertes, dont la médiate de chaque division se détache en une pointe plus ou moins prolongée; lesquelles nervures décident, lorsque le fruit grossit, l'existence de côtes plus ou moins resseuties, et de rayures diversement prononcées, comme on le verra à la fin de cet article.

9° L'ovaire se sépare de la fleur dont il est surmonté, par une scission très nette, qui laisse cependant sur sa tête l'impression des diverses parties dont elle est composée; et par une seconde scission, lors de la parfaite maturité, ou au contraire dans l'avortement du fruit, il se sépare du pédoncule qui le portoit; le pédoncule appartenant ainsi au rameau avec lequel il se dessèche, et non pas au fruit, comme dans la poire et plusieurs autres fruits de la famille des rosacées.

Cette double scission, variant de rapports dans sa préparation, concourt à la diversité de la forme de ces fruits; et d'autre part la structure interne concourt dans quelques espèces avec la contraction des placentas, lançant les graines au dehors dans la maturité.

10° Les cloisons du fruit ou placentas, plutôt mous que membraneux, se distinguent à peine de la pulpe plus ou moins aqueuse qui les entoure, ainsi que les filets charnus qui y attachent les graines.

Cette pulpe est plus ou moins amère, et dans quelques espèces très purgative.

Les graines, de forme plate et plus ou moins allongée, sont du nombre des grosses; dans les pépons, blanches, larges, avec un bourrelet au pourtour ; dans le melon et le concombre, longues, jaunes et sans bourrelet ; dans les pastèques rouges ou noires, à bourrelet peu senti ; enfin dans les calebasses, grises, échancrées, à bourrelet bas, l'amande peu huileuse, mais contenant une substance particulière, laiteuse, agréablement amère, et connue par les émulsions médicinales. Elles conservent long-temps leur force germinative.

11° Les lobes de ces graines ou cotylédons se développent en feuilles seminales très amples dans quelques races.

12° Les fleurs mâles, plus abondantes que les femelles, et les seules qui soient quelquefois en bouquet, naissent communément dans les nœuds les plus près du centre ; elles se flétrissent avant de tomber. Les fleurs femelles n'avortent presque jamais dans les races à petits fruits secs ; mais dans les fruits gros ou aqueux l'avortement est fréquemment causé par le développement de nouveaux rameaux.

13° Toutes nos cucurbitacées sont originaires des pays chauds ; la plupart de nos races cultivées sont évidemment dans un état d'altération de nature ou de perfectionnement économique très considérable : elles ne peuvent exister comme elles sont, sur-tout dans les pays tempérés, que par le secours de la culture.

Ces deux dernières considérations, aussi-bien que la plupart de celles qui précèdent, vont nous indiquer des règles de culture communes à toutes les espèces et races, ou seulement nuancées de l'une à l'autre.

On a vu n°ˢ 6 et 7, que la famille des cucurbitacées répond en masse à la classe monœcie, ordre syngénésie ou monadelphie ; car la singulière structure des étamines et de leurs filets peuvent en quelque sorte se rapporter à l'une et à l'autre de ces bizarres constructions. On ne peut s'étonner beaucoup que l'espèce de bryone à fruits noirs, connue en France, soit dioïque, tandis que l'espèce d'Allemagne, qui est à fruits rouges, est monoïque ; la construction de la fleur n'a rien de changée en cela ; mais il existe un genre hermaphrodite (*melothria*) ; et j'ai vu en 1775 sur les couches du potager du roi, à Versailles, un melon dont toutes les fleurs étoient hermaphrodites. La syngénésie n'est ainsi à l'égard de ces fleurs qu'une véritable monstruosité d'adhérence accessoire.

Des cultivateurs anglais disent avoir observé que dans le défaut de mouvement de l'air renfermé sous châssis, la pollination ne s'exécutant que de très près, pour assurer la fécondation des melons et concombres de primeur, il est avantageux de cueillir le matin des fleurs mâles, et de les poser renversées sur les fleurs femelles. Ce soin ne pourroit être que superflu ; tout au contraire il seroit fort nuisible de supprimer trop tôt ces fleurs fécondantes, traitées de fausses fleurs, comme consommant en vain la sève de la plante. Ce motif a excité la moquerie de la part des physiologistes; mais les praticiens soutiennent que dans une vallée où l'humidité s'amasse inévitablement pendant la nuit, si on n'enlève pas ces fleurs devenues inutiles, leur contact sur l'écorce tendre des jeunes rameaux peut y occasionner cette désorganisation gangreneuse que les jardiniers nomment le chancre.

Une autre conséquence de l'éloignement qui a lieu entre les organes des sexes dans les cucurbitacées est la facilité d'une pollination étrangère par où les fécondations étrangères se multiplient d'autant que, par des observations multipliées sur les pépons, je me suis assuré qu'un même fruit reçoit plusieurs fécondations, et qu'on ne doit pas même supposer qu'un stigmate ou un côté de stigmate la reçoive pour le rang entier des graines qui lui correspondent; de sorte qu'il seroit absolument possible que chaque graine y eût son organe particulier.

Plusieurs cultivateurs prétendent que le danger des fécondations métisses a lieu entre des espèces très différentes, telles que le concombre et le melon. Je n'ai aucune observation positive, mais seulement de grandes présomptions que ces altérations n'ont pas lieu entre le potiron et les autres pépons. Ces sortes d'observations sont difficiles à suivre, et méritent d'être récidivées pour obtenir des résultats sur lesquels on puisse compter.

Les détails de structure des fleurs et des fruits exposés dans le n° 9 offrent en botanique une application intéressante pour l'explication de la structure des fruits de certains genres qu'on a dit operculés, ce qui ne dépend que du déplacement de la scission inférieure. Appuyons sur un précepte de culture, ou du moins de récolte, à l'égard des fruits de garde, tels que les cantaloups tardifs, melons sucrins, et sur-tout les trompettes, pépons et potirons, c'est d'éviter de heurter le pédoncule, qui y est encore très adhérent lorsqu'on le cueille, et où de petites fractures causent insensiblement, à cette extrémité du fruit, une putréfaction qui gagne ensuite fort promptement l'intérieur. On voit même des melons sur couche souffrir de cette même imprudence.

En général les blessures ne sont pas sans conséquence, même aux rameaux les plus vigoureux, particulièrement dans la culture artificielle. Le soin de les remuer très doucement sur les couches est un des plus importans, et celui de les fixer avec de petits crochets de bois est d'autant plus utile qu'il leur permet souvent de prendre racine aux nœuds voisins des fruits, ce qui leur procure augmentation de nourriture. En plein air le potiron est très fatigué des coups de vent qui roulent ses branches, si elles ne se trouvent pas ainsi fixées par quelques pelletées de terre de place en place. Rozier a conseillé de le faire sur couche pour les concombres, et on ne peut s'en trouver que très bien.

On a vu au n° 1 que les cucurbitacées sont susceptibles de reprendre de bouture ; c'est une ressource pour la culture sous châssis, où les boutures reprennent facilement ; elles remplacent les pieds perdus par accident.

Lorsqu'on procure à des cucurbitacées à gros fruits la facilité de grimper, les vrilles voisines des fruits ont la force de les soutenir ; alors le pédicule se trouve fort allongé et diminué d'épaisseur, et le fruit lui-même s'allonge sensiblement. On voit au contraire ceux qui sont très gros, et dont la pulpe très aqueuse a peu d'épaisseur, s'aplatir, comme s'affaisser, sous leur propre poids. Ce contact de la terre, et sur-tout du fumier, est connu de tous les amateurs de melons, qui rebutent ce qu'ils nomment le côté de la couche. On évite une partie de cet inconvénient en faisant poser le fruit sur quelque matière sèche et chaude, telle qu'un bon tuileau. On peut le diminuer encore en retournant quelque peu les fruits de temps à autre ; mais c'est, comme on l'a vu, courir risque d'un inconvénient plus grand, si on n'y est fort discret.

La seule réflexion à faire sur la différence du nombre des loges annoncé n° 7, est qu'en botanique son inconstance le montre bien moins propre à l'établissement des genres ou même de celui de leurs sections, que la forme et la couleur des fleurs et même du feuillage, notamment de la nature des poils dont sont chargés les feuilles et les rameaux. Il est à remarquer que la fermeté de la pulpe et le mince de la peau concourent dans les pastissons avec une contraction qui multiplie les exubérances et les étranglemens d'une manière très considérable, mais d'autant plus régulière, que le nombre des loges se trouve d'accord avec celui des angles du calice de la fleur.

Cette sorte de rachitisme semble annoncée dans la forme des graines de ces pépons, qui, très peu allongées, ne sont pas régulièrement plates comme les autres. Il a, comme on l'a vu, éminemment lieu dans la végétation de toute la plante. *Voyez* PASTISSON. Mais deux choses sont à considérer : d'une part, la constante reproduction de cette sorte démontrée depuis longues années ; et de l'autre, la prodigieuse facilité avec laquelle je l'ai vue se transformer en des productions métisses de toutes sortes ; ce qui exige dans ces races, encore plus que dans toutes autres, que, pour les perpétuer, on ne prenne de graines que de pieds élevés isolément.

En opposition avec cette végétation raccourcie de quelques

cucurbitacées, il en est au contraire qui prennent un excessif allongement : ce sont ordinairement les espèces les moins robustes, et pour lesquelles le climat n'a pas assez de chaleur. On voit souvent cette mauvaise disposition aux melonnées, quelquefois aux calebasses, même à des potirons. D'autres, comme on l'a dit au n° 12, s'allongent, en ne donnant que des fleurs mâles. L'abondance d'engrais chauds est le seul moyen d'éviter cet inconvénient ; mais lorsque les pousses allongées causent l'avortement des jeunes fruits, il se trouve un remède actuel et efficace, c'est d'arrêter cette direction de la sève, plutôt en tordant ou courbant l'extrémité qu'en la retranchant ; car une taille imprudente perpétue le mal, en déterminant très-promptement la naissance de nouveaux rameaux qui continuent la même direction, et cela entièrement aux dépens du fruit, puisque le jeune rameau, n'ayant point encore de feuilles, ne peut tirer sa sève que des feuilles ou des racines qui doivent nourrir le fruit. Cependant, si on arrête le principal rameau à deux ou trois feuilles au-dessus du fruit, et qu'on pince les rameaux qui peuvent s'annoncer, on sauve également le fruit. Au reste, il faut avouer que cet accident n'est le plus souvent lui-même qu'un effet d'une première suppression indiscrète causée tantôt par un défaut de place, tantôt par l'envie de jouir plus tôt ; et que si on laisse aller la plante, elle commence par s'établir des rameaux suffisans, et que sur les branches latérales les fleurs se développent par-tout presque en même temps, plusieurs nouent et prospèrent également, parcequ'elles se trouvent pourvues d'une quantité de feuilles suffisante. On a déjà fait sentir à l'article concombre que la taille parisienne ne pouvoit être réclamée que dans le désir d'obtenir de la primeur. Aussi cette pratique, annoncée comme très-savante à l'égard du melon, n'est plus en usage pour les cantaloups et melons sucrins qui sont tardifs. Enfin, même pour la primeur, on voit des cultivateurs qui ne s'étudient qu'à éviter la production, en profusion, de ce qu'on nomme le bois par comparaison avec les branches des arbres d'espalier, en gouvernant adroitement l'air et la chaleur de leurs châssis, et qui se trouvent bien de ne pas mutiler leurs plantations.

Plusieurs cultivateurs regardent comme la preuve la plus complète de la manie de rogner, la pratique de la plupart des jardiniers, de couper les cotylédons des melons et concombres élevés sur couche. Cette opération faite trop tôt seroit sans doute très-préjudiciable ; tard, elle est complètement inutile. Il est recommandé par les législateurs de la taille de la faire à temps pour éviter le développement de deux sous-yeux ou bourgeons collatéraux qui se développent après le rameau principal, et dont la suppression tardive, mais nécessaire, feroit une plaie d'autant plus dangereuse, qu'elle est près de la racine, d'où résulte, disent-ils, un chancre mortel. C'est ainsi qu'en quittant la route de la nature, souvent on se trouve forcé de s'en éloigner de plus en plus.

On ne peut véritablement porter le même blâme sur une autre pratique également recommandée, mais dont des théoristes en culture se sont amplement moqués. Il n'est certainement point contre nature de semer de vieilles graines, puisque la durée de leur force végétative est une prérogative qui assure la perpétuité d'un grand nombre d'espèces; et la théorie permet bien de regarder comme possible que des graines, que l'ancienneté de leur existence mettroit incessamment dans le cas de ne plus végéter, se trouvent déjà réduites à une végétation plus foible. Or l'analogie de la végétation étant que toute plante qui végète foiblement, quant à la vigueur de ses pousses, n'en est que plus prématurée dans sa fructification. Pourquoi refuseroit-on de croire que les plantes cucurbitacées élevées de graines aussi vieilles qu'elles peuvent l'être en sont d'autant plus fertiles, et qu'une abondante nourriture, sans leur rendre d'abondantes mais inutiles pousses, donne cependant aux fruits de la vieillesse toute cette maturité d'accroissement, d'empâtement, de parfum par lesquels ces fruits aqueux font, chacun dans leur espèce, les délices des gourmets ? Cette opinion, au reste, sera discutée dans un article de physiologie destiné à l'examen de la préférence donnée aux vieilles graines dans ces fruits terrestres, dans les verdures à têtes pommées, choux et laitues, et aussi dans les plantes à fleurs doubles, telles que les giroflées. *Voyez* GRAINES.

Il reste à présenter en divers tableaux les degrés de prééminence et d'infériorité des espèces et races de cucurbitacées.

En grosseur des fruits nous trouverons : les gros potirons, les gros pépons, tant giraumons que citrouilles ; les pastèques, les trompettes et gourdes, les melonnées, les gros melons et cantaloups, la turbanée, les concombres, les melons sucrins et autres petits melons. Les pastissons et autres petits pépons jusqu'à l'orangin et à la cougourdette, et si l'on veut la coloquinte et le petit giclet.

En bonté, si les excellens cantaloups ont la prééminence, les melons sucrins parfaits la leur disputeront, et de simples melons brodés, tels que le gros maraîcher, le langrois, le melon des carmes oseront entrer en concurrence quand ils sont vineux autant qu'ils peuvent l'être. La pastèque fondante se vante, sous le nom de melon d'eau, de fournir un délicieux sorbet. Le concombre se présente comme mangé cru en salade, puis le même entre les mains de bons cuisiniers, les melonnées, la trompette, le pastisson-giraumoné et les giraumons trouveront leurs défenseurs; mais le turbané l'emportera peut-être en fricassées, les pastissons en fritures, et le potiron dans le potage au lait.

En abondance d'eau, le concombre passeroit après la pastèque, si le melon n'avoit pas le mérite de se manger cru; le potiron, le turbané sont moins aqueux que les giraumons et les pastissons moins encore.

En finesse de peau ou d'écorce, les pastissons l'emportent sur le concombre; on sait combien les cantaloups ont la côte plus épaisse que les melons brodés: quelques pépons ont leur écorce solide, et le turbané a souvent ce défaut, sans en être moins bon.

En facilité de culture, le melon sucrin, les melonnées, la pastèque, les trompettes réussissent assez mal à Paris; les concombres et les melons tardifs y prospèrent en plein air dans des poquets de fumier, ainsi que le potiron; un bon terrain hâtif suffit aux pastissons et giraumons.

L'amertume de la coloquinte est accompagnée d'une qualité purgative qui se retrouve dans presque toutes les cucurbitacées, quoique très affoiblie par l'eau douce et même sucrée dont elles abondent. Le melon, le chaté et le dudain sont honorés d'un parfum exquis. La fadeur est le caractère des autres, si ce n'est un goût musqué qui distingue la trompette et la melonnée.

Si on veut comparer ces mêmes plantes à raison des parties extérieures de leur végétation, nous voyons les feuilles rondes et horizontales dans le potiron et la cougourde, cordiformes dans le melon, anguleuses dans le concombre, dans la gourde, la trompette; plus ou moins découpées et en même temps plus ou moins obliques dans les melonnées et les divers pépons et pastissons, enfin très découpées dans les pastèques et dans la coloquinte.

Dans leur étoffe, celle des calebasses étant cotonneuse et gluante, seulement molle dans le potiron et les melonnées, celle des pépons rude et cassante, plus sèche dans les melons et concombres; et dans les pastèques et le giclet, très fermes et très rudes.

Enfin dans leur couleur, les rameaux et feuilles du giclet étant d'un vert glauque pâle, plus foncé dans la pastèque, vert pâle dans le melon, très foncé dans un grand nombre de pépons.

Les fleurs de la plupart des pépons sont d'un assez beau jaune, celles des concombres et des melons sont plus pâles, et aussi celles du potiron et des pastèques; dans les melonnées, ce jaune est presque blanc; les calebasses ont les leurs parfaitement blanches.

La forme des fruits est le cylindre un peu courbe dans le concombre; plus dans la trompette, et le cylindre contourné dans le concombre serpent; dans les giraumons, forme cylindrique des angles ou côtes, ou bien en massue, rarement l'inverse; en bouteille dans quelques pépons et dans la cougourde; sphérique dans les pastèques, dans le gros melon commun, celui des carmes, dans le melon de poche et dans divers pépons tels que l'orangin; ovale dans d'autres, et dans quelques pépons en sphère ombiliquée du côté de la queue (ou pédoncule); dans les potirons quelquefois la même forme comprimée, ainsi que dans des melonnées, ces diverses formes avec des côtes; ovale pointu, par les deux bouts, dans le melon sucrin, d'une forme bizarre de pâtisserie ou de turban dans les pastissons et le turbané; enfin à peau velue dans le chaté et melon sucrin, et dans les calebasses et melonnées pendant leur jeunesse; lisse mat dans les pastissons et concombres, ces derniers parsemés de quelques points glanduleux; également lisses dans la plupart des pépons, souvent bosselés dans plusieurs, ainsi que dans les autres cantaloups; sillonés dans d'autres de gerçures et excroissances réticulaires dites broderies dans divers melons, quelquefois dans le potiron.

Quant à la couleur extérieure de ces fruits, celle de l'orange rouge a lieu parfaitement dans l'orangin : le jaune du concombre est d'une nuance un peu cuivreuse qui se retrouve dans quelques potirons, et plus encore dans le turbané. La nuance de plusieurs pépons est un jaune brillant plus ou moins foncé; le jaune des pastissons varie aussi; le concombre blanc est à peine teint de jaune; il y a aussi des citrouilles fort pâles. On voit quelques petits pépons à peau lisse brillante et couleur de bois; le vert ardoisé est la couleur de deux races de potiron; mais le vert plus ou moins foncé se conserve très longtemps en tout ou en partie dans un bon nombre de giraumons, dans les pastèques, les melonnées, les chatés ou melons sucrins, les calebasses et les cantaloups. Les nuances des calebasses sont pâles, celle du chaté un beau vert; il y a des giraumons vert bouteille. Indépendamment de panaches tranchées, les pépons ont fréquemment des bandes, soit pâle sur-foncé, soit foncé sur-pâle, le pâle devenant jaune aux premiers degrés de maturité. Ces bandes plus ou moins larges sont accompagnées de taches, qui, comme autant de fragmens de rayons, font toutes de petits parallélogrammes, se pénétrant très irrégulièrement les uns les autres, mais toujours anguleux; les taches des pastèques au contraire sont toutes établies sur une structure circulaire et rayonnante.

La cougourdette présente des bandes lactées qui persistent ainsi pendant que le fond vert pâlit et jaunit. Il est très curieux de voir un pastisson jaune, à raies vert-noir, montrer à demi-grosseur des taches lactées sur un fond vert pâle; de sorte qu'à mesure que le fruit grossit et mûrit, ce vert pâle passe au jaune, et les bandes qui s'étoient annoncées lactées passent en peu de jours au vert très foncé.

Enfin si nous songeons à la durée du fruit dans son état de maturité économique, nous trouverons le concombre qui se cueille vert, de très peu de garde, et le melon attendant quelquefois long-temps sa maturité au fruitier, mais ne la conservant pas long-temps; ce melon sucrin se conserve jusqu'au milieu de l'hiver. Tous les autres fruits bons à cuire, tout frais cueillis se conservent bons dans un bon fruitier à l'abri de la gelée, et le potiron mieux dans une pièce à feu; enfin le pastisson atteignant facilement les premiers jours du printemps.

L'emploi des cucurbitacées est purement alimentaire; les fruits parfumés ne sont jamais mangés que crus; le concombre, qui comme la trompette se mange avant sa maturité, est pris plus jeune encore pour être confit en cornichon; on y emploie aussi le concombre serpent, et quelquefois le melon. Tous les autres se mangent cuits et à leur maturité. La pastèque mal mûrie se garde en raisiné, et le potiron se prépare de même.

Les graines du melon, concombre, courge ou calebasse, et citrouille, c'est-à-dire pastèque souvent remplacée par le potiron, sont les quatre semences froides de la pharmacie.

Le feuillage de tous est donné aux vaches comme tant d'autres assez indifféremment. On assure qu'en Allemagne l'usage en est ordinaire, notamment à Erfurt, où la culture du concombre est très abondante. (Duch.)

CUEILLERON, CUEILLOIR, CUEILLOT, Panier à claire-voie grossièrement travaillé, que les habitans des campagnes emploient pour mettre les fruits qu'ils cueillent, et dans lequel ils les apportent au marché. La forme de ce panier varie beaucoup. L'essentiel est qu'il soit léger et à bon compte. (B.)

CUILLERON. On dit qu'une feuille, qu'une écaille, qu'un pétale est en cuilleron, lorsque son milieu est concave et disposé comme une cuiller. (B.)

CUILLERS (HERBES AUX). *Voyez* Cranson officinal.

CUEILLETTE DES FRUITS. C'est leur récolte. Elle demande des précautions, comme de choisir le moment convenable, c'est-à-dire un temps serein et l'époque de la journée où ils sont le plus secs ; comme d'éviter qu'ils ne se meurtrissent, qu'ils ne se détachent de leurs queues , etc.

Les fruits doivent être cueillis à l'instant de leur complète maturité lorsqu'ils sont destinés à être mangés sur-le-champ ; ceux que leur nature permet de garder, c'est-à-dire les fruits d'hiver , le sont dès qu'ils cessent de croître sur l'arbre. Leur maturité s'achève sur la paille. *Voyez* au mot FRUIT. (B.)

CUIR. Ce mot est pris dans plusieurs acceptions. Pour le plus grand nombre il veut dire une peau privée de son poil et préparée pour un usage quelconque. Pour quelques personnes c'est seulement une peau privée de son poil et tannée. Il est même quelquefois synonyme de peau.

Dabord il convient de dire qu'il y a deux principales manières de préparer les peaux des animaux, fondées sur la propriété qu'a la gélatine, qui en fait la base , ou de se dissoudre dans l'eau, ou de devenir insoluble et incorruptible, après qu'elle a été combinée avec le tanin.

Lorsqu'on met tremper une peau dans l'eau à diverses reprises, et qu'on la bat ou foule dans cette eau, la gélatine s'échappe et il ne reste plus que la partie fibreuse. Ces peaux deviennent ce qu'on appelle peau chamoisée , buffle , etc. C'est l'art du chamoiseur.

Lorsqu'on stratifie une peau pendant long-temps avec de l'écorce de chêne réduite en poudre, des feuilles de coriaire , de myrte , de sumac et autres plantes astringentes, on rend cette gélatine indissoluble : c'est ce qu'on appelle cuir fort, cuir proprement dit. C'est l'art du tanneur.

Les peaux des différens animaux forment chacune une sorte particulière de peau chamoisée, ou de cuir , plus propre à certains usages que toutes les autres.

Il est une sorte de préparation mitoyenne , c'est-à-dire par laquelle on ôte une partie de la gélatine et on fixe l'autre. C'est l'art du corroyeur.

Les peaux qui conservent leurs poils sont toutes passées en mégisserie , positivement comme celles avec lesquelles on fait des gants et des culottes. Ce sont les fourreurs qui les vendent.

Passés à la chaux et simplement desséchées , les peaux forment ce qu'on appelle le parchemin. Elles sont ensuite amincies par les parcheminiers.

Les cuirs de bœuf, pour semelle de souliers , sont complètement tannés. Les cuirs de vache, de veau , de chèvre, de mouton , pour empeigne de souliers, le sont seulement en partie.

Le cuir de bœuf passé en mégisserie s'appelle buffle. Lorsque dans ce buffle on introduit du suif en place de la gélatine, on l'appelle cuir hongroyé. C'est cette sorte de cuir avec laquelle on fait les soupentes des voitures, et que préparent les hongroyeurs.

Un cuir mégissé est d'autant meilleur qu'il est plus souple, c'est-à-dire qu'il a été plus privé de sa gélatine. Un cuir tanné doit être d'autant plus estimé, que toute sa gélatine est combinée avec le tanin. Voilà pourquoi les fosses où cette combinaison se fait lentement et où le cuir reste long-temps en fournissent de préférable à celui où l'opération n'a duré que quelques mois, encore plus à celui où elle n'a duré que quelques jours. Il n'est pas vrai qu'on puisse tanner le cuir en quelques heures, comme on l'avoit prétendu. On dit qu'en Angleterre il est des fosses qui ont vingt à trente ans d'âge.

Mais mon intention n'est pas de faire ici un traité de chamoiserie, de corroierie, de tannerie et d'hongroierie.

Les cuirs dont les cultivateurs font un plus fréquent usage, outre ceux qui servent à leur chaussure, sont les cuirs tannés de vache, de cheval, pour les gros harnois de leurs chevaux ; les cuirs mégissés de chèvre, de mouton, pour quelques uns des petits ; les cuirs corroyés de vache, de cheval, de mouton (basane), de veau, pour une autre partie des petits ; des parchemins pour les cribles ; des fourrures de mouton, de blaireau, etc., pour l'ornement de leurs chevaux.

Il seroit fort important pour les cultivateurs de donner ici des préceptes propres à faire reconnoître les bons cuirs des mauvais ; mais plus j'y réfléchis et plus j'en vois l'impossibilité. Ce n'est que par l'usage qu'on peut parvenir à acquérir des notions certaines sur cet objet, à raison de la grande variété qui règne parmi les cuirs de la même espèce d'animal, et préparés de la même manière : variété qui tient à l'âge de l'animal, aux maladies dont il pouvoit être affecté au temps où on y a procédé, etc., etc. (B.)

CUISSE. Art vétérinaire. Cette partie est exposée aux efforts et à l'abcès. Une chute, un écart, qui communément ont lieu en dehors, sont les causes de la première, c'est-à-dire de l'effort. *Voyez* Effort de cuisse.

La seconde où l'abcès se manifeste le plus souvent au plat de la cuisse, par une grosseur plus ou moins considérable, qui dégénère promptement en abcès, que l'on guérit aisément en le faisant suppurer pendant quelques jours avec le digestif simple, et en injectant du vin miellé dans le fond de l'ulcère. *Voyez* Abcès. (R.)

CUISSE-MADAME. Variété de poire.

CUL TOUT NUD. Ridicule nom donné au colchique.

CUL DE POULE. On a donné ce nom dans l'art vétérinaire aux ulcères dont les bords sont saillans et recourbés en dehors. Le farcin montre souvent cette disposition. (B.)

CUL-DE-SAC. Extrémité d'une allée qui n'a pas d'issue.

CULEN. *Voyez* PSORALIER GLANDULEUX.

CULOTTE SUISSE. Variété de POIRE, plus connue sous le nom de BERGAMOTTE SUISSE.

CULTELLATION (Methode de). C'est le nom que l'on a donné à la méthode par laquelle on arpente les terrains inclinés à l'horizon, en mesurant, non pas la surface propre de ces terrains, mais celle de l'espace auquel ils répondent sur un plan horizontal. La première de ces surfaces est toujours plus grande que la seconde, et leur différence augmente avec la pente du terrain. Pour concevoir bien clairement ce que c'est que la méthode de cultellation, il suffit d'observer que dans les opérations indiquées à l'article ARPENTAGE, les côtés et les angles de la figure tracée sur le terrain, étant mesurés horizontalement, le plan levé de cette manière est celui de la figure que formeroient les points remarquables du terrain, ou les piquets qu'on y a plantés, s'ils descendoient verticalement sur un plan horizontal placé au-dessous du terrain. On sent que cette opération, effectuée dans un champ situé sur une colline, revient à concevoir cette colline *coupée* horizontalement au-dessous du champ, et à prendre dans la section les points qui répondent à plomb sous les contours de ce champ ; de là est venu le mot *culteliation*.

Si l'on vouloit connoître immédiatement l'étendue de ce champ, il faudroit le diviser en triangles, dont les côtés et les angles fussent mesurés parallèlement à sa surface ; et en traçant sur le papier tous ces triangles, qui le plus souvent seroient situés dans des plans différens, on formeroit une figure qui représenteroit le *développement du terrain*, du moins d'une manière d'autant plus approchée, qu'on auroit eu soin de multiplier assez les triangles, pour n'embrasser dans chacun que les parties où l'inclinaison du terrain ne change pas.

Cette manière d'opérer s'appelle *méthode de développement* ; car on y conçoit la surface du terrain recouverte d'une enveloppe flexible, dont toutes les parties s'étendent sur le même plan.

D'après ce qui vient d'être dit, on sent que la méthode de cultellation, et celle de développement, résolvent deux questions géométriques très différentes. Dans l'une il s'agit d'obtenir l'aire de la *projection du terrain sur un plan horizontal*, ou de ce qu'on appelle son *plan géométral* ; dans l'autre c'est l'aire du terrain lui-même, considéré comme un assemblage de plans, ou un *polyèdre*. De là naît une question purement économique : à laquelle des deux méthodes convient-il de donner la préférence pour assigner aux propriétés leur véritable valeur ? Il faut d'abord observer que cette dernière question n'acquiert quelque importance que lorsque la pente est déjà assez forte ; car à l'égard des terrains peu inclinés, la différence des résultats de chaque procédé n'est d'aucune conséquence pour la pratique ; mais quand il s'agit de terrains fort inclinés, on donne encore la préférence à la méthode de cultellation, parceque l'on estime la valeur des champs sur la quantité de leurs productions ; et que les végétaux, les arbres sur-tout, poussant généralement dans une direction verticale, un espace incliné n'en contient pas plus que sa projection horizontale. Ce principe pourroit cependant être contesté par rapport aux graminées et aux plantes basses ; mais on ajoute alors que les terrains en pente, retenant moins l'humidité que les autres, sont, toutes choses d'ailleurs égales, moins productifs ; que leur culture est plus pénible, et par conséquent plus dispendieuse ; et que ces diverses circonstances, diminuant leur valeur intrinsèque, c'est avec raison que, lorsqu'on les compare aux terrains horizontaux, on les compte pour une étendue moindre.

Toutes ces considérations ne se balancent qu'à peu près, et seroient susceptibles de discussion ; mais l'usage étant bien établi, il n'y a aucune erreur préjudiciable aux particuliers toutes les fois que l'arpentage est fait d'après la même méthode, à chaque mutation, et pour tous les sols semblables. (L. C.)

CULTIVATEUR. Ce mot indique le propriétaire qui habite sur ses fonds et qui les fait valoir sous ses yeux par des domestiques et des hommes à la journée.

Quelques fermiers, riches et éclairés, prennent aussi le nom de cultivateurs, lorsqu'ils ne font que diriger et surveiller la culture des terres qu'ils tiennent à loyer.

Ils diffèrent des laboureurs, en ce que ceux-ci travaillent, c'est-à-dire tiennent eux-mêmes le manche de la charrue, et font toutes les opérations de la culture, soit seuls, soit aidés par quelques valets.

Un agriculteur ou un agronome est celui qui s'occupe plus de la théorie que de la pratique, qui donne des règles pour cultiver les champs. Il peut, en méditant sur l'art et y appliquant les connoissances qu'il a acquises dans les différentes parties de la minéralogie, de la chimie, de la physique, de l'histoire naturelle, etc., etc., lui rendre des services essentiels. Duhamel, Rozier, étoient des agriculteurs. Et qui plus qu'eux ont influé sur les progrès que l'agriculture a faits en France depuis un demi-siècle ? Hommages leur soient rendus !

Mais ce titre honorable est quelquefois avili par les charlatans déhontés qui se le donnent. Que de pères de familles, d'honnêtes propriétaires ils ont portés à se ruiner par leurs promesses mensongères et l'impudente ou astucieuse assurance avec laquelle ils les débitent ! Combien j'en pourrois nommer qui, par un seul écrit prôné outre mesure par leurs affidés, ont plus nui aux progrès de l'agriculture que la guerre la plus désastreuse ! En effet, l'homme trompé devient défiant, et ne croit plus même à l'évidence. Je ne doute pas que l'agriculture française ne fût en ce moment dans un état plus prospère si les véritables cultivateurs, et encore plus les laboureurs, avoient quelque confiance aux bons écrits qui se sont multipliés dans ces derniers temps sur l'agriculture; si l'exemple du passé ne leur faisoit pas encore croire que ce sont des *spéculations*, de *fausses théories*, enfantées par *un cerveau creux* ou par *un intrigant* qui veut obtenir des pensions, ou duper des simples.

Il est de l'intérêt des nations, comme de celui de la science, que les propriétaires deviennent tous cultivateurs. C'est parcequ'ils l'étoient dans l'origine que les peuples anciens furent si nombreux, si riches et si puissans. Rome commença à déchoir dès que les terres de l'Italie passèrent entre les mains d'un petit nombre de familles enrichies par le pillage du monde, et qu'elles ne furent plus cultivées que par des esclaves. Pouvonsnous croire d'être ramenés un jour à cet état primitif, qui est véritablement l'état de nature de l'homme réuni en société ? Je l'ai espéré pendant quelques instans dans les premiers jours de la révolution; mais aujourd'hui je crains que non. Dès que nos mœurs n'ont point changé à la suite de secousse produite par ce grand évènement, il est probable qu'elles ne subiront plus que les modifications lentes qui sont dans leur essence et sur lesquelles le hasard seul influe. Ne voyons-nous pas aujourd'hui tous les propriétaires venir solliciter *des places* à Paris. Si on les en croyoit, il y auroit bientôt plus d'administrateurs que d'administrés.

L'état de cultivateur est le plus approprié à la dignité de l'homme, celui qui le mène le plus facilement au bonheur. Quand je considère toutes les jouissances qu'il donne à celui qui joint à une ame indépendante un esprit cultivé, je ne conçois pas comment on peut le quitter volontairement.

Il seroit facile de laisser couler ma plume : le sujet que je traite est fécond en principes et en applications, mais ce n'est pas ici qu'il doit être développé. Le considérer trop en raccourci seroit le mutiler. L'étendre autant qu'il en seroit susceptible exigeroit un volume. (B.)

CULTIVATEUR. Sorte de petite charrue propre à suppléer la houe dans les binages, qui n'est employée en France que par très peu de personnes, mais dont l'usage paroît fort étendu en Angleterre. *Voyez* CHARRUE.

C'est à M. de Châteauvieux, agriculteur français du milieu

du siècle dernier, qu'on doit l'invention et la dénomination de cet instrument, que M. Duhamel a préconisé autant qu'il a dépendu de lui.

Une simple araire, attelée d'un seul cheval, est un bon cultivateur dans le plus grand nombre des cas; mais dans certaines terres fortes, et ce sont celles qui ont le plus besoin de binage, un avant-train muni d'une seule roue en favorise l'action.

L'avant-train du cultivateur de M. de Châteauvieux est composé d'une flèche qui a trois pieds et demi à quatre pieds de longueur sur trois pouces d'écarrissage au plus. Les angles en sont abattus. Le manche est double et placé au milieu de la largeur de la flèche, à un pied de son extrémité. L'angle qu'il forme est plus petit d'un cinquième que celui des charrues ordinaires. Son assemblage avec la flèche est fortifié par une jambette placée dans un trou au bout de la flèche.

Le soc est très aplati en dessus, à son extrémité; ses deux ailes sont aussi aplaties. Son manche est un peu recourbé, très angulaire en devant pour tenir lieu de coutre. Au bout de la courbure le manche est continué par un autre angle droit de la longueur de quatre pouces et demi, à l'extrémité duquel s'élève un petit pivot d'un pouce et demi. La hauteur du soc, en y comprenant son pivot, est de neuf à dix pouces environ. Sa longueur, depuis l'angle que forme le manche, avec l'aile jusqu'à sa pointe, est de quinze à seize pouces.

Ce soc est placé sous la flèche dans une entaille de la longueur du manche pratiquée à cet effet. A son extrémité, du côté de l'avant-train, est un trou où entre le pivot du manche; il est fixé et arrêté à la flèche par une seule virole ou cercle de fer, qu'on empêche de glisser par de petits coins de bois qu'on met entre la virole et la flèche. Si le soc pique trop dans le terrain, on le modère par l'éloignement de la roue, les côtés de l'avant-train étant percés en conséquence. On peut encore mettre un petit coin entre le manche du soc et la flèche, qui dispense de changer la roue de place, quand on veut faire piquer plus ou moins la charrue. Si le soc ne pique pas assez, on met le coin entre la flèche et le manche du soc du côté de l'avant-train; s'il pique trop, on le met du côté de l'arrière-train.

Cette charrue est très aisée à conduire. Le laboureur la tient droite ou penchée du côté qu'il veut et autant qu'il le juge nécessaire.

Quelque petit que soit ce soc, il laboure cependant la terre dans une surface d'un pied de largeur. La pointe, qu'il faut tenir inclinée vers la terre, quand on la forge, doit être de bon acier. Quoique cette charrue ne renverse pas la terre, puisqu'elle retombe à la même place, après avoir été soulevée par le soc, elle la divise cependant et l'ameublit assez bien en l'entretenant légère et friable. Les racines des plantes que l'on cultive peuvent donc aisément la pénétrer et s'étendre pour trouver les sucs qui sont propres à leur végétation.

Si, au lieu de mettre un simple soc à cette charrue, on en met deux, on a un double cultivateur avec lequel on fait beaucoup d'ouvrage en peu de temps. Chaque soc ayant environ quinze pouces de largeur, et leur distance étant de six pouces, chaque trait remue environ deux pieds de terre.

La flèche de ce double cultivateur a douze à quinze pouces de longueur de plus que celle du cultivateur simple. On lui attache deux petites flèches latérales dans lesquelles se fixent les socs.

La charrue représentée pl. 6, *fig.* 3 du volume précédent, peut être considérée comme un cultivateur à double soc, car elle ne diffère que fort peu de celui-ci.

Plus ces deux charrues sont légères et meilleures elles sont. Ainsi il faut que les bois employés ne soient pas trop pesans ni par leur nature, ni par leur épaisseur.

Je m'en tiendrai à ces deux cultivateurs, parceque mon collaborateur *Yvart* en a figuré un autre pour son article JACHÈRE, et que je reviendrai sur cet objet à l'article HOUE, à l'occasion des houes à cheval, *horse hoe*, des Anglais, qui ne diffèrent réellement que fort peu de la charrue dont il est question en ce moment.

Il fut un temps où le prix de la main-d'œuvre étoit si peu élevé, qu'il eût été coupable de substituer les binages par un cultivateur aux binages à bras d'homme; mais dans le moment actuel l'intérêt de la société exige qu'on n'en emploie plus d'autres, car les manouvriers manquent à tous les services. Ceux qui savent combien les récoltes binées sont plus avantageuses que celles qui ne le sont pas se réuniront sans doute à moi pour faire des vœux en faveur d'un emploi plus général du cultivateur dans l'agriculture française. *Voyez* BINAGE. Je dis plus général, car il est des lieux où on fait usage de l'araire pour biner les vignes, par exemple, dans le Médoc. (B.)

CULTURE. Ce mot exprime, dans son acception simple et ordinaire, toute opération aratoire appliquée à la terre, couverte ou non de végétaux.

Dans une acception générale plus étendue, il indique le plan d'opérations adopté pour obtenir de tous les sols cultivables le plus grand produit possible.

Ainsi l'on dit, dans le premier cas, ce champ ou cette plante a reçu une ou plusieurs cultures; et dans le second, la culture de cette contrée est bonne ou mauvaise; tel agriculteur adopte sur son exploitation rurale une culture raisonnée, c'est-à-dire basée sur des principes théoriques confirmés par la pratique, et tel autre suit une culture routinière et irréfléchie.

En restreignant ici le mot culture à sa dernière acception, qui comprend d'ailleurs la première, nous dirons que toute bonne culture suppose nécessairement la suppression efficace de l'improductive et coûteuse jachère, par le moyen simple et économique d'une judicieuse succession d'ensemencemens et d'opérations préparatoires et consécutives sagement combinées.

Ainsi tous les développemens que ce mot exige se trouveront nécessairement compris dans les détails dans lesquels nous entrerons aux mots JACHÈRE et SUCCESSION DE CULTURES, auxquels nous renvoyons, et où, après avoir soumis à une analyse rigoureuse tous les argumens allégués jusqu'à présent en faveur ou en défaveur de la jachère, et tiré nos conséquences et nos principes de raisonnemens étayés de faits positifs et authentiques, nous considérons d'une manière très étendue, sous le rapport de la culture, relativement aux assolemens, tous les végétaux soumis à nos cultures ordinaires en plein champ. Nous examinerons particulièrement les avantages et les inconvéniens que chacun d'eux présente sous cet important rapport, et l'ordre de succession le plus convenable à leur prospérité et au maintien constant de la terre dans un état de netteté, d'ameublissement et de fécondité indispensables pour assurer le succès des récoltes d'une manière indéfinie. *Voyez* d'ailleurs les mots ALTERNER et ASSOLEMENT. (YVART.)

CUMIN, *Cuminum*. Plante annuelle d'Afrique, à racine pivotante, à tige rameuse, de six à huit pouces de haut au plus, à feuilles alternes, finement découpées, à fleurs purpurines ou blanches, disposées en ombelles, qui forme un genre dans la pentandrie digynie, et qui se cultive à Malte et dans quelques autres endroits de l'Orient pour ses semences, dont l'odeur forte, mais agréable, et la saveur aromatique est très estimée.

A Malte on sème le cumin sur trois labours vers la fin de mars. La plante levée se sarcle et s'éclaircit. Sa floraison a lieu au commencement et sa récolte à la fin de mai. Cette récolte se fait un peu avant la maturité de la graine pour n'être pas exposé à en perdre une partie ; mais comme on coupe la plante rez terre, elle achève de se perfectionner. On ne la bat que lorsqu'elle est complètement desséchée.

Le bon cumin doit être verdâtre, bien nourri, d'une odeur très forte. On l'emploie en médecine comme stomachique et carminatif. Les Turcs en mettent dans tous leurs ragoûts, les Hollandais dans leurs fromages et les Allemands dans leur pain. Les pigeons en sont très friands, et dans l'Orient on en mêle avec de la terre salpêtrée et on en forme des masses qu'on place dans les colombiers pour les y fixer (B.)

CUMIN DES PRÉS. C'est le seseli. (B.)

CUPIDONE, *Catanance*. Genre de plantes de la syngénésie égale et de la famille des chicoracées, qui renferme trois espèces, dont une se cultive quelquefois en pleine terre, dans les jardins; c'est la cupidone bleue, qui a les racines vivaces, les tiges grêles et peu rameuses; les feuilles alternes, longues, étroites, bidentées et velues; les fleurs larges d'un pouce, solitaires et bleues.

Cette plante, originaire des parties méridionales de la France, fleurit pendant tout l'été et l'automne, et se fait remarquer par ses fleurs seulement, car elle a peu d'agrémens dans ses autres parties. On la multiplie de semences et par séparation des vieux pieds. Cette dernière manière est la plus fréquente, attendu qu'elle est la plus prompte et qu'elle suffit aux besoins du commerce. On la pratique au printemps. L'exposition la plus chaude et le terrain le plus sablonneux sont ce qui convient à la cupidone; mais cependant elle vient assez bien partout dans le climat de Paris. (B.)

CURAGE. On donne quelquefois ce nom à la persicaire.

CURAGE ou CURURES. On appelle ainsi les boues qu'on retire des rivières, ruisseaux, fossés, étangs, et généralement de tous les endroits couverts d'eau. Elles forment un excellent engrais, parcequ'elles contiennent beaucoup de parcelles des végétaux et d'animaux qui ont vécu dans cette eau ou qui y ont été entraînés par les pluies.

Dans quelques endroits on fait un grand usage de cet engrais, mais dans le plus grand nombre on le néglige. Dans ces derniers on s'excuse en disant que les frais de son extraction et de son transport sur les terres s'opposent à son emploi. Cela est sans doute vrai dans certains cas; mais lorsqu'on a des chevaux et des hommes à sa disposition pendant toute l'année, on peut toujours trouver des jours ou des heures où ils n'ont rien à faire et où on peut utilement les employer à cet objet.

C'est principalement sur les terres légères, dépourvues de principes générateurs si nécessaires à la végétation, et laissant trop facilement infiltrer ou évaporer l'eau des pluies, que les curures des pièces d'eau sont le plus utiles. Quelquefois cependant, quand elles se composent principalement de sable, il est plus avantageux de les mélanger avec les terres argileuses. Les connoissances et les circonstances locales déterminant presque toujours dans la pratique, il est difficile de donner ici des exemples d'application. Il seroit ridicule, par exemple, de conseiller de porter les curures sur une terre

qui en auroit besoin et qui seroit à une grande distance, plutôt
que dans une qui pourroit s'en passer et où on la répandroit
presque sans frais.

Il est plusieurs moyens de faire l'exploitation des curures et
d'en tirer parti pour l'amélioration de ses propriétés rurales,
moyens qu'on doit préférer les uns aux autres selon les localités.

Le plus commun et le moins dispendieux de ces moyens,
celui qui a donné son nom à la chose, c'est de tirer la boue
avec un râble de bois ou de fer percé de trous et de l'amener
sur le bord.

Le second c'est d'aller avec un bateau dans le milieu de
l'eau et avec des râbles, un peu différens des premiers, tirer
la boue du fond de l'eau et la mettre dans le bateau.

Le troisième c'est de mettre à sec la rivière ou le bassin et
de le faire creuser à la bêche ou à la pioche lorsque les vases
se sont assez raffermies.

Ces travaux ne peuvent guère avoir lieu qu'en été et se font
en effet presque exclusivement dans cette saison.

La boue arrivée sur le bord de l'eau, ou s'enlève sur-le-
champ (ce dont il faut se dispenser le plus qu'il est possible),
ou est laissée se sécher, se *mûrir*, commme on dit vulgairement, c'est-à-dire s'imprégner des principes de l'air. Dans
ce cas il est toujours bon de la remuer dans toute son épaisseur, après sa complète dessiccation. Une ou deux années ne
sont pas quelquefois de trop pour l'amener à cet état.

Quelques cultivateurs stratifient les curures avec leur fumier plusieurs mois avant de l'employer. Cette dernière opération augmente les frais, il est vrai, mais augmente aussi beaucoup plus les bénéfices qu'on peut en espérer. Ce sont principalement celles des mares, des cours des fermes, des puits, des
fossés, des canaux qu'on stratifie ainsi, car celles des rivières,
des étangs et autres eaux sont ordinairement trop éloignées
pour qu'on trouve de l'avantage à l'entreprendre.

Ces dernières peuvent être avantageusement stratifiées avec
les herbes qui croissent dans l'eau, avec celles qui couvrent
les terres marécageuses et dont les bestiaux ne veulent pas,
avec beaucoup d'autres plantes également inutiles et qui, se
pourrissant, augmentent la quantité d'humus et par conséquent de principes fertilisans qu'elles contiennent déjà. *Voyez*
COMPOST.

Les effets des boues des eaux sur les terres se font sentir dès
la première année et agissent plus ou moins long-temps selon
leur nature. Jamais elles n'ont d'inconvéniens. On remarque
principalement qu'elles ne donnent aucun goût aux carottes,
navets, pommes de terre et autres racines, comme le fait trop
souvent le fumier. En conséquence on préfère les mettre dans

les jardins de gros légumes, sur-tout dans ceux qui sont naturellement secs et chauds. Elles rétablissent souvent, comme
par miracle, les arbres à fruits épuisés, au pied desquels on
les accumule. Enfin par-tout, et en toutes circonstances, elles
portent la vie.

On appelle vulgairement les curures *boues*; mais ce mot
doit être réservé pour ce qu'on ramasse sur les chemins, dans
les rues des villages et des villes. *Voyez* au mot BOUE. (B.)

CURCUMA ou SAFRAN DES INDES, *Curcuma*, L. Genre
de plantes herbacées et vivaces à un seul cotylédon, qui croissent
dans l'Inde, et qui appartiennent à la monandrie monogynie,
et à la famille des BALISIERS. Leurs feuilles sont engaînées;
leurs fleurs forment un épi dense et garni d'écailles. On connoît deux espèces de *curcuma*, le C. LONG, *C. longa*, L., dont
les feuilles sont lancéolées avec des nervures très nombreuses,
et le C. ROND, *C. rotunda*, Lin., dont les feuilles sont ovales,
allongées, avec peu ou point de nervures latérales. La racine
de la première espèce est de la grosseur du doigt; elle a de l'a-
mertume, un peu d'âcreté, et une odeur qui approche de celle
du gingembre. Les Indiens en assaisonnent leurs mets, ou la
mêlent aux pommades dont ils se frottent le corps. En Europe
on s'en sert en teinture pour donner du brillant aux étoffes de
soie. La racine de la seconde espèce a à peu près les mêmes
propriétés.

Ces plantes, étant extrêmement tendres et délicates, ne
peuvent être conservées dans notre climat qu'en serre chaude.
Elles y fleurissent, mais n'y donnent point de graines. On les
multiplie en divisant leurs racines au printemps. (D.)

CURER, en termes de forêts, se dit des branches mortes,
des chicots, des souches mal venantes qui se trouvent dans les
bois, et qui, nuisant à la croissance des arbres, sont dans le cas
d'être coupées. (B.)

CURETTE ou CUROIR. Petit morceau de bois d'un pouce
de large, avec lequel les jardiniers et les laboureurs ôtent la
terre qui s'est accumulée sur leur bêche, ou au soc ou à l'oreille
de leur charrue, sur-tout quand ils labourent dans un sol gras
et humide. (B.)

CURURES. *Voyez* CURAGE. (B.)

CUSCUTE, *Cuscuta*. Plante annuelle dont les filamens très
grêles et très rameux n'ont point de feuilles, et s'entrelacent
autour d'un grand nombre d'espèces de plantes, aux dépens de la
sève desquelles elle vit. Ses fleurs sont rougeâtres, et disposées en
petits paquets sessiles le long de ces filamens. Les cultivateurs,
pour qui elle est souvent un fléau, la connoissent sous les noms
d'angure de lin, *de teigne*, *d'épithyme*, etc. On la trouve par
toute l'Europe dans les taillis, les pâturages, les prairies natu-

relles et artificielles, dans les champs de lin, de vesce, de houblon, etc. Elle germe en terre; mais dès que l'extrémité de sa tige atteint une plante, elle s'introduit dans sa substance, et sa racine se dessèche. De cette plante elle jette des rameaux sur celles du voisinage, de sorte que dans deux ou trois mois un seul pied couvre une demi-toise de diamètre de terrain et fait périr toutes les plantes qui s'y trouvent. Cet espace, par exemple dans une luzerne, plante qu'elle attaque de préférence, se trouve ainsi complètement desséché au milieu de l'été. Il semble, sans métaphore, que le feu y a passé. Non seulement les tiges sont mortes, mais encore les racines, de sorte qu'on n'en obtient rien l'année suivante. On risque même de voir les nouvelles plantes qui auront été mises à la même place également tuées pendant plusieurs années consécutives. Elle fleurit au milieu de l'été.

Il est donc de l'intérêt des cultivateurs de tenter tous les moyens de détruire la cuscute, et il n'y en a pas d'autres que d'arracher sans miséricorde, avant qu'elle fleurisse, tous les pieds dans l'espace qu'elle embrasse, lorsque c'est une plante annuelle, et de couper avec un couteau tous les pieds qu'elle a attaqués lorsque c'est une plante vivace. L'arracher elle-même à la main non seulement ne sert de rien, mais même active ses ravages, parceque chaque tubercule qui reste implanté dans les tiges de la plante sur laquelle elle se trouve devient un nouveau pied qui jette plus de rameaux qu'il ne l'eût fait si on n'y eût pas touché. Je dis qu'il faut couper les plantes vivaces avec un couteau, parceque je me suis souvent aperçu que la faux coupoit presque toujours trop haut, et qu'il restoit suffisamment de tubercules pour rendre l'opération inutile. Peutêtre l'emploi d'un feu de paille seroit-il préférable à tout autre moyen. Une fois radicalement détruite, elle est long-temps avant de reparoître dans un champ, attendu, comme je l'ai déjà indiqué, qu'elle est annuelle, et que ses semences sont trop lourdes pour être transportées par les vents à de grandes distances. Les cultivateurs trouveront donc des avantages durables qui les dédommageront du sacrifice momentané qu'ils seront obligés de faire une année pour s'en débarrasser. (B.)

CUTANÉES. (Médecine vétérinaire.) La peau ou les tégumens des animaux sont sujets à une infinité de maladies qui viennent de cause externe ou de cause interne auxquelles nous donnons le nom de *maladies cutanées*. Telles sont la Gale, les Boutons, la Clavelée, l'Erésipèle, le Charbon, les Verrues, les Cors, les Poireaux, les Echimoses, les Plaies, les Ulcères, les Brulures, etc. qui peuvent affecter tous les animaux. Consultez ces différens articles. (R.)

CUTICULE. C'est la même chose que l'Epiderme des plantes. *Voy*. ce mot.

CUVE A VIN. Grand vaisseau de bois, de forme ronde ou carrée, destiné à recevoir, soit la vendange qu'on y foule tout de suite, soit le moût qui sort du pressoir et qu'on veut y faire fermenter. Ce vaisseau n'a qu'un seul fond ; il est fait de douves maintenues ensemble par des bandes ou liens quand la cuve est carrée, par des cercles de fer ou de grands cerceaux de bois, quand la cuve est ronde. Les douves sont pour l'ordinaire en chêne ; dans quelques pays ce bois est suppléé par le châtaignier et le mûrier. Les cerceaux sont en bois de châtaignier ; quelquefois on emploie pour cerceaux le bouleau ou le frêne.

Le bois employé à la construction des cuves doit être d'un grain serré, parfaitement sec, sans aubier et sans odeur. Ainsi les bois blancs n'y sont point propres. Si le bois, même convenable, est encore vert, la sève dont il se trouve rempli lui donne de la mollesse ; dans cet état, il s'imbibe de la liqueur, et la pression des cercles le refoule, au lieu que le bois sec, gonflant beaucoup à l'humidité, rend le vaisseau plus étanché. L'aubier des meilleurs bois ayant les fibres peu serrées doit être rejeté, comme présentant les mêmes inconvéniens que les bois tendres ou verts. On ne doit point employer non plus ceux qui conserveroient de l'odeur, parcequ'ils pourroient la transmettre au vin, en changer le goût et le rendre désagréable.

Les bois de chêne blanc, et sur-tout de chêne vert et de châtaignier, contiennent un principe d'astriction et d'amertume qui se communique au vin lors des premières fermentations dans la cuve, ou lorsqu'on met du vin dans les tonneaux pour la première fois. Ce principe est dû aux parties extractives qui sont dans ces bois, et à leurs parties colorantes dont la liqueur s'imprègne. La prudence exige que le propriétaire achète les bois qui doivent servir à la construction de ses cuves et tonneaux une ou deux années d'avance, et qu'à cette époque ils soient déjà secs. Ces bois, débités en douves grossières, seront, pendant les mois du printemps et de l'été, plongés et maintenus dans une eau courante, ou dans des fosses dont l'eau puisse se renouveler au besoin. Dans ce second cas, on verra bientôt cette eau changer de couleur, devenir brune, contracter une odeur désagréable. Lorsqu'on renouvellera l'eau pour la seconde, la troisième fois, etc., sa couleur sera moins foncée : enfin, lorsque les douves ne coloreront pas l'eau, il sera temps de les tirer de la fosse, de les mettre sécher à l'ombre, dans un lieu exposé à un grand courant d'air. On les range lit par lit, en sens contraire ; et entre chaque lit on place des tasseaux, afin qu'elles ne se touchent point. Lorsqu'elles sont bien sèches, c'est le cas de les doler, de les passer

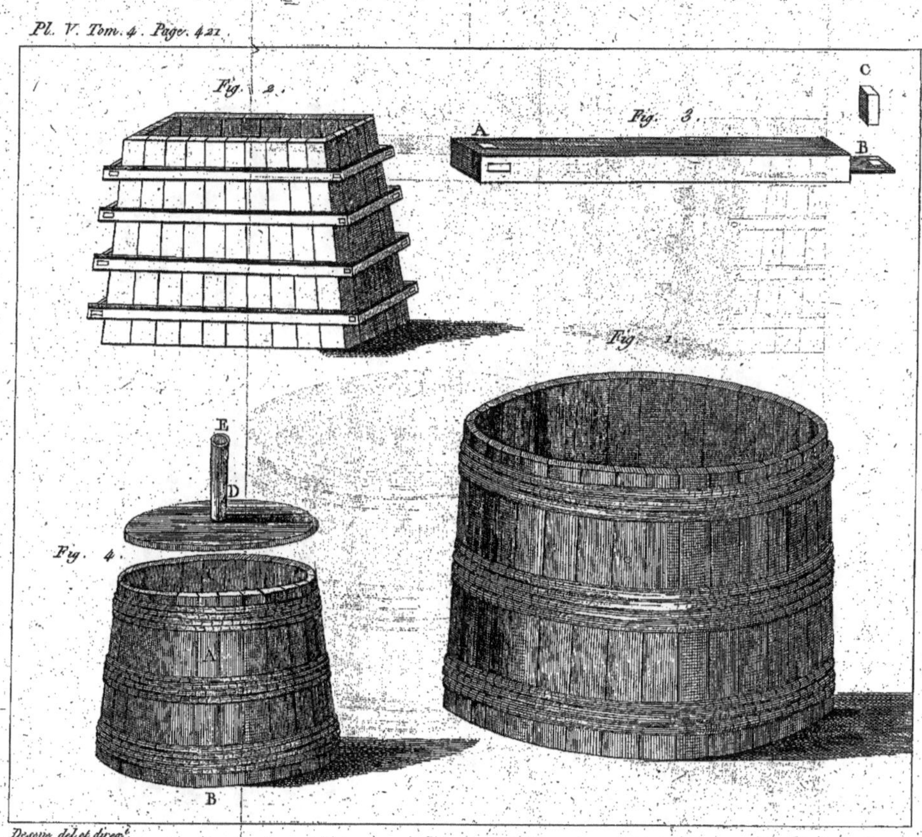

Pl. V. Tom. 4. Page. 421.
Fig. 2.
Fig. 3.
A
C
B
A
Fig. 1.
E
D
Fig. 4.
A
B
Deseve del et direx.
Cuves

sur la colombe, enfin de monter les vaisseaux. Les douves ne sauroient être trop sèches pendant cette opération, parce-qu'elles prendront moins de retraite par la suite, et les cerceaux ou les liens joindront beaucoup mieux. En préparant les douves, il faut examiner si elles sont parfaitement saines d'un bout à l'autre; si elles ne contiennent point dans leur tissu des cercles concentriques disposés à se séparer, ou des nœuds gercés et crevassés qui les traversent de part en part : on n'emploie point celles qui ont ces défauts. Avant leur assemblage, on doit s'assurer qu'elles sont toutes de la même épaisseur, et que chacune d'elles a été dressée sur la colombe de manière à ne laisser aucun vide lorsqu'on la présentera à la douve voisine.

Il y a des cuves de toute grandeur et de différentes proportions. En général, soit qu'elles soient rondes ou carrées, elles doivent être plus larges par le bas que par le haut. Les douves des cuves rondes joignent alors beaucoup mieux, et reçoivent plus immédiatement l'action des cerceaux. D'ailleurs, comme une cuve une fois mise en place ne se dérange plus, il faut que lorsque chaque année on rebat les cerceaux avant les vendanges ils ne puissent pas glisser de haut en bas; ce qui arriveroit si la colonne formée par la cuve étoit droite, à cause de la retraite prise par le bois pendant les chaleurs de l'été. Les cuves doivent être plus hautes ou au moins aussi hautes que larges. Quand leur largeur passe leur hauteur, alors ce sont moins des cuves que de vastes cuviers pareils à ceux destinés pour les lessives de ménage. La plupart des cuves n'ont point assez de hauteur sur leur largeur; ce défaut vient souvent du peu de hauteur du plancher du cellier, ou de ce que l'on recherche trop la facilité de jeter la vendange dans la cuve. Si le plancher du cellier est élevé, rien n'empêche de former avec de longues et fortes planches une montée doucement inclinée, qui prendroit de la porte du cellier et se continueroit vers la cuve. *Voyez* pl. 5, fig. 1, la cuve la plus commune.

Les proportions des cuves sont arbitraires et dépendent de la fantaisie de l'ouvrier. La bonne règle est de donner au moins dix à douze lignes de resserrement par pied sur la hauteur; alors les bandes ou les cercles joindront fortement, lorsqu'on enfoncera les clefs des premières, et lorsqu'on chassera les seconds de haut en bas avec le coin sur lequel doit frapper le maillet. Cette inclinaison sur la partie intérieure présente un autre avantage, auquel on n'a pas, ce me semble, fait jusqu'ici assez d'attention. Si les parois de la cuve étoient perpendiculaires, la masse fermentante se soulèveroit sans contrainte vers sa surface; le *chapeau* de la vendange, si utile à la fermentation, n'auroit presque point de consistance, et bomberoit peu; au lieu que ses bords, pressés par le plan incliné donné aux douves, sont repoussés vers le milieu, et peu à peu les grains de raisin, les pellicules, semblables à autant de coins qui pressent vers le centre, augmentent le volume du chapeau, et le font bomber en raison de l'inclinaison des douves.

Tout ce qui vient d'être dit s'applique également aux cuves de forme ronde ou carrée.

Les grands propriétaires de vignobles doivent préférer la cuve carrée à la cuve ronde, puisqu'en supposant à l'une et à l'autre la même hauteur et le même diamètre, il est clair que la cuve ronde contient moins de liqueur que la cuve carrée, laquelle gagne un petit espace de plus par ses angles. La carrée mérite encore la préférence sur l'autre, en ce qu'elle est moins dispendieuse pour l'entretien ; quatre bandes sur chaque face d'une cuve de six pieds de hauteur suffisent, et il faudra au moins deux douzaines de cerceaux pour une cuve ronde de la même hauteur. Il entre communément dans les cerceaux autant et quelquefois plus d'aubier que de vrai bois ; par cette raison, ils sont plus sujets à être vermoulus, et lorsqu'il est nécessaire d'en remplacer un qui a éclaté, il faut enlever tous les cerceaux supérieurs. Au lieu que les bandes sont toujours de bon bois, et on peut les enlever et en remettre d'autres sans le plus léger inconvénient.

Les cuves rondes sont connues de tout le monde et n'ont pas besoin d'être décrites. Les cuves carrées étant moins communes, je crois utile de faire connoître avec quelques détails celles qui ont cette forme. J'observerai d'abord qu'elles ne doivent pas être parfaitement carrées, car alors aucune bande, même la mieux serrée, ne feroit joindre entièrement les douves. Il faut donc que l'ouvrier, en les préparant, donne quelques lignes de plus à la surface extérieure qu'à la surface intérieure. Il en est de même pour les cuves rondes ; mais la diminution sur la partie intérieure de celles-ci doit être plus forte. Un renflement d'un pouce à un pouce et demi sur chaque face, et égal sur toutes, suffit pour une cuve carrée de cinq à six pieds de diamètre ; la bande doit décrire la même courbe qu'on peut lui donner en diminuant à chacun de ses bouts de l'épaisseur du bois ; mais il vaut mieux lui faire acquérir cette courbure par le moyen du feu.

Dans la préparation des douves, un point important est que le jable ou rainure, ménagé dans la partie inférieure, soit large, profond, proportion gardée avec l'épaisseur du bois, et que le clain de la douve le remplisse exactement. Toutes les pièces qui forment le fond doivent être goujonnées, c'est-à-dire garnies de chevilles qui les réunissent les unes aux autres par le plan de leur épaisseur. Ce que j'ai dit des douves de la circonférence s'applique encore plus essentiellement à celles du fond, parcequ'une fois en place on n'a plus la facilité de les examiner et d'y remédier comme à celles des côtés. Chaque douve des encoignures doit être taillée en équerre et d'une seule pièce, afin de recevoir les deux douves voisines. Si les coins étoient formés par la réunion de deux douves, il seroit bien difficile que la liqueur ne coulât pas ; les coins seroient toujours mal serrés par les bandes.

Toutes les douves d'une cuve carrée (*voyez* la fig. 2 de la pl. V) sont maintenues par quatre rangs de liens ou bandes. La bande la plus inférieure appuie contre les douves du fond, et, entre elle et l'extrémité de la cuve, il reste au moins un espace de quatre à cinq pouces. Cet espace est garni par des traverses de même épaisseur qui soutiennent le fond ; et ces traverses, ainsi que le bas des douves et le bas du lien, portent sur des pièces de bois sur lesquelles la cuve est montée : on peut suppléer ces pièces de bois par des piliers en maçonnerie ou par des murs. Le point essentiel est que sous la cuve il règne un grand courant d'air et point d'humidité, si on veut en garantir le fond de la moisissure qui entraîne bientôt la pourriture. La seconde bande est placée à peu près à un pied au-dessus de la première ; la troisième et la quatrième a la même distance.

On appelle *bande* ou *lien* une planche de chêne ou châtaignier de trois à quatre pouces d'épaisseur, sur une longueur proportionnée au diamètre de la cuve et de six pouces de hauteur, mais qui doit excéder ses bords au moins de huit pouces de chaque côté.

Ce lien (*voyez* la pl. V fig. 3) est percé en A d'une mortoise et garni à son extrémité B d'un tenon percé dans son milieu d'un trou pour recevoir la clef C. Maintenant, en supposant les quatre liens taillés ainsi, on voit qu'une partie est emboîtée, et que l'autre emboîte celle qui s'en rapproche. Ainsi, dans la mortoise A entre le tenon B du lien voisin, et ainsi successivement ; de manière que lorsque les clefs C sont placées, les quatre liens sont assujettis les uns contre les autres ; ils touchent alors par tous les points les douves des quatre faces. Comme les clefs sont faites en coin, plus on les enfonce, et plus les quatre liens serrent les douves. Le tenon B doit être garni d'un petit cerceau de fer à son extrémité, afin que la clef, chassée fortement par le marteau, ne le fasse pas éclater. Si la mortoise A occupe la droite dans le lien supérieur et sur la face de devant, elle occupera la gauche sur la même face dans le second lien ; la droite sert pour le troisième, et la gauche pour le quatrième. Il en est de même pour tous les liens de chaque face. Dans quelques endroits, le lien de devant et de derrière est garni d'une mortoise à chacune de ses extrémités, et les extrémités des deux autres sont garnies par des tenons. Par la première méthode les douves sont plus serrées.

On peut aussi avoir des cuves en maçonnerie; et peut-être sont-elles moins coûteuses que celles en bois, parcequ'une fois construites avec soin, elles n'exigent dans la suite aucune réparation. La forme carrée est la plus avantageuse, et en même temps la plus économique; car si on construit trois cuves à côté les unes des autres, on épargne et la matière et la main-d'œuvre de deux murs. Il y a deux manières de les construire, ou en Béton ou en Pouzzolane. *Voyez* ces mots. On ne peut, pour les cuves, employer le béton comme pour les caves et les fondations des édifices : il faut ici construire des encaissemens avec des planches bien jointes ensemble, et soutenues par derrière avec des piquets.

Supposons qu'on veuille construire trois cuves sur un même alignement et qui se touchent; supposons encore que chacune de ces cuves doive avoir huit pieds de diamètre sur neuf à dix de hauteur : voici alors les proportions qu'on doit suivre. Si on adosse ces cuves contre un des angles des murs du cellier, l'épaisseur de douze à quinze pouces suffit ; celle des murs de séparation aura quinze pouces, et celle des murs de face deux pieds quatre pouces par le bas, réduits à dix-huit pouces d'épaisseur dans la partie supérieure. L'expérience a justifié la solidité de ces proportions. Dans les cuves ainsi construites, toute la partie intérieure de la maçonnerie est montée perpendiculairement, et la réduction de vingt-huit pouces à dix-huit est prise sur la partie extérieure des murs de face. Avant d'élever ces murs on doit faire un massif de maçonnerie ordinaire, de trente pouces de hauteur au-dessus du sol, et par-dessus étendre un lit de béton d'un pied d'épaisseur. Cette élévation facilite le service de la cuve lorsqu'on tire le vin; on approche la barrique sous la cannelle ; elle se remplit, on ferme le robinet, on remplit une seconde barrique, et ainsi successivement. Ce lit sera incliné vers la partie antérieure de la cuve, afin que le vin puisse s'écouler entièrement par la cannelle implantée à la base du mur de face. C'est sur ce lit que doivent prendre naissance tous les murs du pourtour et de séparation.

Il est bien plus essentiel que la cristallisation des murs d'une cuve faite en béton soit égale par-tout, que pour ceux d'une Cave (*voyez* ce mot). Il est donc nécessaire, en les élevant, de prendre quelques précautions. A cet effet, on formera des couches de béton de trois pouces d'épaisseur. Des ouvriers, armés de battoirs semelés de fer, massiveront cette couche, en formeront une nouvelle et puis d'autres qu'ils massiveront successivement. Pendant les heures de leur repas, ces couches seront couvertes avec de la paille mouillée. Si la chaleur du jour est forte, on aura la même attention lorsque les ouvriers quitteront le travail à l'approche de la nuit. Le lendemain matin, ils enlèveront ce lit de paille, et passeront sur toute la superficie de l'ouvrage une légère couche d'un lait de chaux; cette couche facilitera l'union intime du travail du jour et de celui de la veille. C'est ainsi qu'on achèvera les trois cuves. Toute l'opération finie, il ne reste plus qu'à tenir les fenêtres du cellier fermées, afin d'y conserver la fraîcheur. La saison la plus convenable à cette espèce de construction est le commencement du printemps : dans les grandes chaleurs, le béton cristallise mal, l'évaporation de l'eau surabondante est trop rapide.

Les cuves montées en pouzzolane se construisent à l'instar des maçonneries ordinaires. La seule différence consiste à mettre moitié chaux, un quart de sable et un quart de pouzzolane; et lorsque les murs sont faits, à passer sur la partie intérieure une forte couche de ce mortier en plusieurs reprises différentes, afin que les gerçures formées dans la première épaisseur soient bouchées par le mortier du second lit, et enfin par le troisième. Un ouvrier sera, pendant un jour ou deux, occupé à passer et repasser sa truelle sur les parois de la couche, en l'appuyant fortement; ce qui est une espèce de massivage.

Avant l'époque de la vendange, les cuves ordinaires, c'est-à-dire en bois, exigent, quand elles sont neuves, quelques épreuves et opérations indispensables. Douze à quinze jours avant de s'en servir, on doit les remplir d'eau pour s'assurer qu'elles ne répandent par aucun endroit, et pour enlever la partie colorante et extractive qu'elles pourroient avoir retenue. Lorsqu'on a bien égoutté toute l'eau, il faut les sécher avec des linges, des éponges; y jeter aussitôt après plusieurs chaudronnées de moût bouillant, en imbiber avec soin toutes les parois, et placer des couvertures d'étoffe, et à plusieurs doubles, sur l'orifice de la cuve, afin d'y conserver, le plus long-temps possible, la chaleur que le moût a communiquée aux douves. On peut même répéter cette opération jusqu'à trois fois, en faisant écouler le moût qui a servi précédemment. Si on goûte le premier moût, on lui trouvera de l'astriction, moins au second, et point au troisième.

Quant aux cuves qui ont déjà servi aux vendanges précédentes, il est indispensable, huit à douze jours avant d'y mettre de nouveau des raisins, de faire resserrer les cerceaux ou serrer les clefs des liens; d'y jeter de l'eau afin de faire renfler le bois, et de la renouveler chaque jour, pour bien imbiber toutes les douves qu'on frottera avec des balais. Enfin, à la véille de la récolte, il faut faire écouler toute l'eau, sécher la cuve et y jeter une quantité convenable de moût bouillant qui en humectera toutes les parois. On peut, si l'on veut, laisser ce moût dans la cuve.

Plusieurs propriétaires, après que la vendange est tirée de la cuve, la font laver à grande eau : c'est une opération inutile ; il vaut mieux que les douves soient imprégnées de vin que d'eau. Le seul soin qu'elles exigent est de les balayer, et de n'y laisser ni grappes ni pellicules qui, attirant l'humidité, moisissent et communiquent l'odeur au bois. On doit aussi enlever le bouchon du fond de la cuve et de la cannelle placée dans sa partie antérieure : ces deux ouvertures établissent un courant d'air qui empêche toute moisissure.

Pendant tout le temps qu'on ne se sert point des cuves, on doit maintenir leur intérieur et leur entour dans la plus grande propreté. Ainsi, on évitera que les poules aillent se hucher sur leurs bords ; que les gens de la maison les prennent pour entrepôt quelconque ; et qu'au-dessous et entre les chantiers qui les supportent il y reste la moindre ordure. Quand elles ont besoin de réparations, il faut les faire faire en hiver ou au printemps, et ne point attendre l'époque de la vendange.

La vaste surface des cuves laisse échapper une grande quantité des principes du vin. C'est un inconvénient auquel on ne remédie qu'en partie, en plaçant sur la cuve, au moment de la fermentation, un couvercle formé, soit avec de la paille, soit avec des couvertures d'étoffe, soit avec des planches. Peut-être seroit-il nécessaire, pour l'amélioration du vin, de changer les proportions des cuves, et de ne laisser dans leur partie supérieure qu'une ouverture d'un petit diamètre.

Un chimiste allemand, M. Hermbstadt, en faisant des observations sur la fermentation du seigle destiné à faire de l'eaude-vie, a cru s'apercevoir que la forme des vaisseaux ordinairement employés, en favorisant la dispersion de l'acide carbonique, nuisoit à la formation de l'alcohol. Il propose de substituer à ces vaisseaux une cuve d'une forme différente. On peut la voir figurée *pl.* V *fig.* 4. C'est un cône tronqué A, haut de quatre pieds, dont le fond B a cinq pieds de diamètre, et l'ouverture C trois pieds seulement. Cette ouverture est entièrement fermée par un couvercle D, au milieu duquel passe un tuyau E de six pouces de large sur dix-huit de hauteur. Au moyen de cette disposition, le gaz acide carbonique s'échappe avec plus de difficulté, et s'oppose davantage à l'introduction de l'air atmosphérique, dont la présence favorise la déperdition de l'alcohol à mesure qu'il se forme. Du reste, cette cuve est construite de madriers de chêne, et cerclée comme les cuves communes, et ne coûte guère plus que celles-ci, à ca pacité égale. On pourroit peut-être construire avec avantage de semblables cuves pour la fabrication du vin. (D.)

CUVÉE. Quantité de vin qui est mise à la fois dans une ou plusieurs cuves. Quelquefois en Bourgogne on restreint ce mot aux différentes qualités de vins, parcequ'on les fait cuver à des époques différentes. Ainsi on dit la première, la seconde, la troisième cuvée du clos de Vougeot. *Voyez* au mot VIN. (B.)

CUVER. C'est laisser le moût dans la cuve pour qu'il fermente, c'est-à-dire pour que les combinaisons qui doivent former le vin s'exécutent. *Voyez* au mot VIN.

CUVETTE. Dans quelques cantons on donne ce nom à des vases de faïence ou de bois qui servent à contenir de l'eau ou à différens usages domestiques.

Ce nom a été transporté à des petits bassins en bois, en pierre ou en plomb, qu'on construit dans les jardins et pépinières pour la facilité des arrosemens. Leur largeur et leur profondeur varient au gré du constructeur, mais elles doivent être cependant assez grandes pour qu'on puisse y plonger entièrement un arrosoir.

Souvent on place les cuvettes dans quelque coin du jardin, à l'ombre des buissons ; mais si cela est avantageux pour le coup d'œil, cela est nuisible pour les plantes qui doivent être arrosées avec l'eau qu'elles contiennent, attendu que cette eau se met plus lentement à la température de l'atmosphère que celle qui est exposée au soleil. C'est donc au milieu même des carrés qu'il faut les construire, malgré la perte de terrain qu'elles occasionnent.

Les cuvettes qu'on construit dans les serres et les orangeries doivent au contraire être dans l'angle le plus éloigné, pour que l'humidité qu'elles portent dans l'enceinte se fasse moins sentir aux plantes. Ces cuvettes doivent être beaucoup plus profondes que larges, parceque l'évaporation est toujours à raison des surfaces. (B.)

CYCLAME, *Cyclamen.* Genre de plantes de la pentandrie monogynie et de la famille des orobanchoïdes, qui renferme quatre à cinq espèces très propres à orner les jardins, et utiles en économie rurale et en médecine. Tous les cyclames ont une racine vivace, tubéreuse, aplatie, plus ou moins arrondie, quelquefois fort grosse, ressemblant à une miche de pain, dont les cochons sont très friands, d'où le nom de *pain de pourceau* qu'ils portent généralement. Leurs feuilles et leurs fleurs sortent immédiatement de cette racine. Les premières, portées sur de longs pétioles, sont généralement cordiformes, assez larges, et parallèles au sol. Les secondes, solitaires sur de longs pédoncules et recourbées, sont le plus souvent rouges. Les pédoncules se contournent en spirale lorsque la fécondation est opérée, et le fruit s'accroît et mûrit sur et même dans la terre.

Le cyclame d'Europe a les feuilles orbiculaires et crénelées, longues d'un pouce et demi, luisantes, vertes en dessus et rougeâtres en dessous ; les fleurs purpurines et inodores. On le trouve dans les lieux ombragés des montagnes élevées. Il fleurit au milieu du printemps, et fait à cette époque un effet des plus agréables sous les arbres dans les jardins paysagers ; mais il faut qu'il y soit très multiplié. Il se sème de lui-même ; de sorte qu'une fois introduit, il n'y a plus rien à faire que de le débarrasser des grandes plantes qui pourroient l'empêcher de fleurir. Sa racine, qui est noire en dehors, est inodore et très âcre. Elle purge avec violence par haut et par bas ; même sa simple application sur l'estomac fait vomir, et sur le ventre fait aller à la selle. On l'emploie aussi pour résoudre les kystes et autres tumeurs ; mais elle demande à être dosée par des mains exercées, car son usage inconsidéré peut amener de graves inconvéniens. On la multiplie de graine. Une terre légère et fraîche est celle qui lui convient le mieux. On sème ses graines à l'exposition du levant aussitôt qu'elles sont récoltées, c'est-à-dire en juin. Elles lèvent dans le courant de l'automne. On les sarcle exactement. Il est bon de couvrir le jeune plant de feuilles sèches pendant l'hiver, crainte des gelées, parceque, quoiqu'originaire des montagnes froides, cette espèce y est sensible, attendu que dans l'état naturel elle est toujours couverte d'une grande épaisseur de neige dans cette saison. La seconde année on lève les petits tubercules. S'ils sont destinés à un jardin paysager, on les met sur-le-champ en place ; mais s'ils doivent figurer dans un parterre, il faut les mettre encore pendant deux ans en pépinière pour qu'ils se fortifient.

Cette espèce fournit quelques variétés à fleurs plus ou moins violettes et même toutes blanches, et à feuilles plus ou moins dentées.

Le cyclame a feuilles de lierre a les feuilles oblongues, dentées et même lobées, et panachées en dessus, longues d'un pouce et demi, et les fleurs odorantes. On le trouve en Italie et dans le Levant. C'est le *Cyclamen d'Alep* des jardiniers. Il fleurit de très bonne heure au printemps et même pendant l'hiver. On le cultive en pot et sous châssis dans le climat de Paris. Il ressemble quelquefois si fort au premier, que plusieurs auteurs les ont regardés comme variétés l'un de l'autre ; mais ses feuilles sont constamment plus aiguës, plus panachées, plus dentelées, et ses fleurs sont odorantes. Un pot bien garni de cette plante en fleur fait un charmant effet dans une orangerie ou sur une cheminée. On le voit bien plus fréquemment dans les jardins de Paris que celui d'Europe. Sa graine

se sème toujours dans des terrines et sur couche à châssis ;
mais du reste, le plant se cultive positivement de la même manière. Sa racine a aussi les propriétés indiquées plus haut.
Cette espèce fournit encore plus de variétés. Il est même rare
de voir les feuilles ou les fleurs de deux pieds se ressembler
en tout point pour les formes et couleurs. Celle à fleurs blanches bordées de pourpre est la plus belle.

Souvent les fleurs des cyclames paroissent avant les feuilles,
sans qu'on puisse deviner pourquoi ; mais il est deux variétés
du dernier, qu'on seroit fondé à considérer comme espèces,
à qui cela arrive toujours. Ce sont celles à *racines d'anémone*
et à *petites fleurs d'un rouge vif.*

Le CYCLAME A FEUILLES RONDES a les feuilles orbiculaires,
larges de deux pouces, très entières, et les fleurs odorantes.
Il croît sur les montagnes en Italie. J'en ai trouvé d'immenses
quantités sur les montagnes volcaniques du Vicentin et sur les
bords du lac de Côme, et ils y embaumoient l'air. Il fleurit au
commencement de l'automne. Cette espèce est rare dans les jardins, et quoique moins élégante que la dernière, elle mériteroit d'y être plus multipliée, car son odeur est plus forte et
plus suave. On la doit cultiver absolument comme les autres.

Les jardiniers divisent les cyclames selon les saisons où ils
fleurissent, quoique quelques uns donnent des fleurs pendant
toute l'année. Ceux du printemps sont le *cyclame oriental*,
celui d'*Antioche à fleurs blanches bordées de pourpre*, le *ro-
main*, l'*odorant*, celui de *Vérone*, celui de *Byzance*. Ceux
de l'automne sont ceux de *Syrie*, de *Corfou*, du *mont Liban*,
d'*Antioche à fleurs pourpres*. Ceux de l'hiver, celui de *Chio* et
de *Perse*. Il n'est pas facile de faire concorder cette nomenclature avec celle des botanistes. En général ce genre a besoin
d'être étudié, et j'ai déjà essayé de le débrouiller.

Il n'est pas vrai, comme quelques auteurs l'ont écrit, qu'on
puisse facilement multiplier les cyclames par la division de
leur tubercule. Tous ceux que j'ai mis en expérience ont pourri,
et tous les jardiniers à qui j'en ai parlé n'ont pas mieux réussi.
Je dis facilement, parcequ'il se peut que des tubercules coupés
en deux dans le sens de leur hauteur, et dans chaque partie
desquels il se trouvoit des bourgeons, aient reproduit des
pieds. (B.)

CYGNE, *Cygnus*. Oiseau du genre des canards, qu'on ne
nourrit ordinairement en France que comme objet de luxe,
mais qui cependant peut être amené à donner un profit
lorsqu'on sait en diriger l'éducation d'une manière économique.

Nos pères élevoient beaucoup de cygnes, et encore aujour-
d'hui on en voit souvent sur les rivières d'Allemagne. Si la

mode en est passée elle peut revenir. Il est donc bon de lui consacrer ici un court article.

Le cygne, par sa grosseur, sa robe d'un blanc éclatant, sa démarche noble, fait l'ornement des eaux ; et par sa chair, sinon excellente, au moins mangeable, et sur-tout par son duvet, qui ne reconnaît de supérieur que celui de l'édredon, peut être un objet de spéculation agricole.

Cet oiseau s'attache facilement aux lieux qui l'ont vu naître, ou à ceux où il est accoutumé à recevoir sa pâture ; aussi le voit-on rarement s'éloigner du bassin où on l'a placé. Sa force et son courage le mettent à l'abri de ses ennemis. Il ne cherche pas le combat, mais s'il est attaqué par un chien, un oiseau de proie, etc., il se défend presque toujours avec succès, et ne cède la victoire qu'avec la vie. On dit qu'il est jaloux de la couleur blanche, et qu'il se jette avec fureur sur les animaux qui en sont parés comme lui. C'est une erreur fondée sur un préjugé qui attribue à cet oiseau des passions propres à l'homme. J'ai vu souvent des chiens blancs se promener autour des bassins où il y avoit des cygnes sans que ces derniers fissent plus attention à eux qu'à ceux d'une autre couleur ; et d'ailleurs ne passe-t-il pas autour de ces bassins des milliers de femmes habillées en blanc, et a-t-on jamais observé que les cygnes s'en formalisassent ?

Les cygnes vivent en partie d'herbe et de graines comme les oies, et en partie de substances animales comme les canards. Ils ne laissent vivre aucun des reptiles et des insectes qui naissent ou qui se transportent dans leurs eaux. Leur long cou permet qu'ils aillent les chercher dans la vase, et qu'ils les atteignent à une distance où ils se croyoient en sûreté. Ils détruisent tous les petits poissons, et même tuent quelquefois les gros. Les grenouilles, dont ils sont très friands, ne peuvent leur échapper, soit sur terre soit dans l'eau. Dans l'état domestique on leur fournit des grains, surtout du maïs et de l'avoine, qu'ils aiment beaucoup. On leur donne aussi dés tripailles, des viandes coupées par morceaux, des salades, des choux et autres restes de la cuisine.

Des faits constatés donnent lieu de croire que les cygnes peuvent vivre plus d'un siècle. Leur extrême vieillesse est indiquée par la diminution de leur blancheur et l'irrégularité de la surface de leur bec.

L'amour fait ressentir ses feux aux cygnes dès les premiers jours du printemps. Alors il y a de vifs combats entre les mâles pour la possession des femelles ; une fois assortis, les couples ne se quittent plus, et se livrent à de véritables caresses, préludes de la jouissance. Les femelles pondent de deux jours l'un, sur le bord des eaux, dans des touffes d'herbes ou dans les petites cabanes qu'on construit exprès ; de cinq à huit œufs blancs, gros comme le poing, à coque dure et très bons à manger. Leur incubation dure cinquante jours.

Les couveuses ne demandent pas d'autres soins que ceux des oies. Il en est de même des petits dans les premiers mois de leur naissance. Ces petits sont d'abord couverts d'un duvet gris, ensuite de plumes de même couleur. Ce n'est qu'à deux ans, lorsqu'ils sont devenus adultes, c'est-à-dire en état de propager leur espèce, qu'ils prennent leur robe blanche.

On nourrit les jeunes cygnes avec une pâtée composée de graines de maïs, d'orge ou d'avoine moulue, de salades coupées très menu, et de quelques petits morceaux de viande. Il faut toujours les tenir à la portée de l'eau, afin qu'ils puissent s'y laver et y jouer continuellement. La propreté la plus sévère est l'apanage des cygnes, et ce n'est que par suite d'une impossibilité physique de l'entretenir qu'on le voit quelquefois sale et hérissé.

La chair des jeunes cygnes est assez bonne, et nos pères la servoient dans les repas de luxe comme celle du paon.

On plume les cygnes deux fois par an, c'est-à-dire au commencement du printemps, les couveuses exceptées, et à la fin de l'été. Leur duvet, comme je l'ai déjà dit est recherché presque à l'égal de celui de l'eider, pour remplir les lits et les coussins, pour faire des houppes à poudrer les cheveux. Pour ce dernier objet il faut qu'il soit encore attaché à la peau ; en conséquence, ce n'est qu'avec les cygnes morts naturellement, et qu'on peut écorcher, qu'on en fabrique. Les plumes de leurs ailes sont préférables à celles d'oie pour écrire, et se vendent cinq à six fois plus cher qu'elles.

Il résulte de ceci, que s'il est généralement moins avantageux d'élever des cygnes que des oies, on peut cependant espérer d'en tirer parti sous le point de vue du produit. Quelques propriétaires, au rapport des voyageurs, s'en font des revenus dans le nord de l'Allemagne.

Les cygnes sont toujours vus avec plaisir sur les pièces d'eau des jardins publics, parcequ'ils y portent le mouvement, et que le mouvement est agréable à l'homme ; on se plaint seulement qu'ils les salissent, soit en remuant continuellement la vase du fond, soit en semant la surface des plumes qu'ils s'arrachent et des feuilles qu'ils coupent. Dans les jardins paysagers, ils font, en général, plus de mal qu'ils ne procurent d'agrément, en empêchant de planter dans les eaux ou sur leurs bords des plantes propres à les orner. Si, dans ces sortes de jardins, on veut en avoir quelques couples, il faut les mettre dans les bassins découverts, c'est-à-dire creusés au milieu des gazons, et entourer ces bassins de treillages capables de les empêcher de sortir.

La chasse des cygnes sauvages n'a guère lieu qu'au fusil, et il est rare qu'on puisse s'y livrer en France, où ces oiseaux n'arrivent que de loin en loin, et pendant les hivers les plus rigoureux. On dit que dans le nord on les tue à coups de bâton lorsqu'ils sont en mue; mais cela paroît difficile à croire, puisqu'alors ils ne doivent pas s'éloigner des eaux. (B.)

CYMBALAIRE. Espèce du genre MUFLIER.

CYNOGLOSSE. *Cynoglossum.* Genre de plantes de la pentandrie monogynie, et de la famille des borraginées, qui renferme une trentaine d'espèces, dont trois sont dans le cas d'être citées ici; savoir, une à raison de ce qu'elle est fort commune et employée dans la médecine, et les deux autres parcequ'elles peuvent être employées à la décoration des jardins.

La CYNOGLOSSE OFFICINALE a la racine annuelle, pivotante; la tige cylindrique, rameuse, velue, les feuilles alternes, sessiles, lancéolées, velues, longues de sept à huit pouces sur deux ou trois de large; les fleurs d'un violet obscur disposées en petits paquets dans les aisselles des feuilles supérieures. On la trouve dans toute l'Europe aux lieux incultes et pierreux, le long des haies parmi les décombres, etc. elle s'élève à deux ou trois pieds et fleurit au milieu du printemps. Une odeur nauséabonde, analogue à celle de la souris, se fait sentir lorsqu'on la froisse. Sa racine a un goût amer et styptique; elle passe pour vulnéraire, pectorale et narcotique. On en fait un si fréquent usage en médecine, que malgré qu'elle soit fort commune, il est avantageux d'en cultiver aux environs des grandes villes pour le service des pharmacies. Dans ce cas, on se contente de jeter ses semences dans une terre légère et bien labourée, aussitôt qu'elles sont mûres, c'est-à-dire à la fin de juillet. Le plant levé est sarclé et biné une fois avant l'hiver. Il s'arrache au printemps suivant lorsque la tige commence à se montrer. Aucun animal domestique ne touche à ses feuilles; sa grandeur et sa forme pyramidale la rendent propre à figurer dans les jardins paysagers.

La CYNOGLOSSE A FRUITS GLABRES, *Cynoglossum lœvigatum,* a les feuilles ovales, lancéolées, glabres et glauques; les fleurs blanches disposées en panicules et fruits non hérissés. Elle est originaire de Sibérie et annuelle. On commence à la cultiver dans les jardins soit en bordures, soit en petites touffes dans les parterres. Des deux manières elle fait de l'effet pendant toute la durée de sa végétation, à raison de la couleur de ses feuilles qui contraste avec celles des autres plantes. Si les fleurs étoient d'une autre couleur, ce seroit une des plus agréables plantes d'ornement. Elle fleurit en été et s'élève à environ un pied. Il faut la semer en place au printemps, parcequ'elle reprend difficilement de repiquage.

La CYNOGLOSSE PRINTANIÈRE, *Cynoglossum omphalodes*, Lin., est vivace, a les tiges en partie couchées, hautes de cinq à six pouces, les feuilles radicales en cœur allongé, les caulinaires ovales et pétiolées, les fleurs bleues et disposées en panicule. Elle est originaire des parties méridionales de l'Europe et fleurit au premier printemps, avant la pousse de ses feuilles. La brillante couleur de ses fleurs et leur précocité la font toujours revoir avec plaisir. On la cultive dans beaucoup de jardins et à des expositions fraîches et ombragées. On la multiplie presque exclusivement par séparation des vieux pieds, attendu qu'elle trace beaucoup et que la voie des semis est fort longue. C'est auprès des rochers, sous les arbres isolés des jardins paysagers, qu'elle doit être placée de préférence, tout terrain, pourvu qu'il ne soit pas trop argileux et aquatique, lui convient. Elle fait aussi fort bien en bordure, mais elle n'y subsiste pas long-temps, parceque ses vieilles souches meurent en partie en même temps qu'il s'en forme de nouvelles. Il faudroit les replanter tous les deux ou trois ans (B.).

CYPRÈS, *Cupressus*. Genre de plantes de la monœcie monadelphie, et de la famille des conifères, qui renferme cinq ou six grands arbres d'une importance majeure sous plusieurs rapports, et qui ne peuvent être trop multipliés dans les lieux qui leur sont propres.

Le CYPRÈS COMMUN ou pyramidal, appelé improprement femelle, *Cupressus simpervirens*, Lin., est un arbre de première grandeur, dont les rameaux droits et serrés contre la tige forment naturellement la pyramide, dont les feuilles sont très petites, très serrées, opposées sur quatre rangs, vertes, glabres et persistantes; et dont les fruits, de près d'un pouce de diamètre, sont placés à l'extrémité des branches. Il est naturel à la Grèce et à la partie de l'Asie qui en est voisine. On le cultive beaucoup en Italie, dans les parties méridionales de la France, et en général dans toutes les contrées où la température le permet. Il se soutient en pleine terre dans le climat de Paris, lorsqu'avec des soins on est parvenu à lui faire passer ses premières années sans accidens; mais il périt dans les hivers extraordinaires, comme ceux de 1776, 1789 et 1794, qui ont fait disparoître tous ceux qui s'y voyoient, excepté trois ou quatre de la butte du jardin du Muséum. Il ne peut donc pas être un objet de culture sérieuse dans ce climat.

Si le nom de cet arbre rappelle des idées lugubres, ce n'est pas parceque son feuillage est triste, comme on le dit si souvent, mais parceque sa forme pyramidale le rendant naturellement très propre à la décoration, on l'a planté de tout temps autour des tombeaux, et qu'il est par-là devenu, dans le langage des poëtes, l'indicateur de cette dernière demeure des hommes. Cela est si vrai, qu'il ne produit aucun effet de ce genre sur les habitans des parties septentrionales de l'Europe qui le voient sans savoir son nom, ou sur les hommes qui n'ont aucune littérature.

Ainsi, aux yeux de ceux dont l'imagination n'est pas préoccupée, le cyprès pyramidal sera toujours un fort bel arbre, très propre à figurer en avenue, à orner le pourtour d'un bâtiment, à faire valoir le feuillage des autres arbres d'un jardin paysager, etc. Isolé, il est d'un grand style, sur-tout lorsqu'on le considère de loin, ainsi que j'ai été fréquemment à portée d'en juger pendant mon séjour en Italie. De l'âge de trois ou quatre ans, et en pot, il décore admirablement bien un vaste appartement un jour de fête; il embellit même la cheminée du boudoir d'une belle. Il n'y a qu'en massif qu'il ne produit pas d'effets, ou mieux, qu'il produit un effet désagréable, parceque la monotonie de sa forme et de sa couleur fatigue.

Cet arbre n'est pas délicat sur le choix des terrains. J'en ai vu en Italie dans des lieux aquatiques et sur des rochers où il n'y avoit pas six pouces de terre végétale; mais il paroît que c'est dans les terres sablonneuses qu'il se plaît le mieux. Sa croissance est assez lente. Quoiqu'il se prête mieux à la taille que les autres arbres résineux, l'if excepté, il convient cependant de ne lui jamais faire sentir le tranchant de la serpette, parceque la forme que lui donne la nature est toujours de beaucoup préférable à toutes celles de l'art. Son bois est très dur, d'un grain fin, d'une couleur rougeâtre et d'une odeur forte qui porte à la tête, et qui empêche de l'employer à beaucoup d'usages auxquels il conviendroit. On le regarde comme incorruptible; en conséquence on le préfère pour faire des pieux, des palissades, des treillages, etc.; il est très estimé dans l'Orient sous ce rapport. C'est là qu'il faut aller pour voir de beaux cyprès, les Turcs le plantant continuellement autour de leurs tombeaux, et n'abattant jamais ceux qui sont ainsi consacrés aux mânes de leurs pères. Il paroît qu'il vit un grand nombre d'années; mais on n'a pas de données positives sur l'âge le plus extrême où il puisse parvenir. M. Olivier, de l'institut, cite une forêt de ce genre de plus de deux lieues de long, qui est aux portes de Constantinople. Il laisse transsuder un peu de résine blanche. Les chatons mâles qui naissent au sommet des plus jeunes rameaux sont si abondans, que l'arbre paroît tout jaune quand ils sont épanouis, et que la poussière fécondante recouvre le sol comme une pluie de soufre. Les chatons femelles sont moins nombreux, et insérés sur le bois de deux ans. C'est au milieu du printemps que les unes et les autres se développent, et c'est peu avant cette époque que les fruits mûrissent. Ces fruits, qu'on appelle *noix de cyprès*, sont regardés en médecine comme astringens et fébrifuges.

On multiplie le cyprès pyramidal de semences et de boutures. Le premier de ces moyens est de beaucoup préférable.

Dans les parties méridionales de la France on devra mettre en terre ces semences aussitôt qu'elles seront tombées de l'arbre, dans une place bien labourée, et à une exposition chaude. Le plant ne tardera pas à lever. On le repiquera l'hiver suivant à cinq ou six pouces de distance, et deux ans après à un pied. A cinq à six ans il sera mis en place.

Dans le climat de Paris il faut nécessairement semer le cyprès dans des terrines qu'on place sur couche et sous châssis. Le plant passe l'hiver à l'orangerie ou sous les mêmes châssis, bien garni de feuilles ou de fougère, et il est repiqué le printemps suivant, ou quelquefois, mais mal à propos, la seconde année, dans des pots isolés, où il reste jusqu'à plantation définitive, ayant soin de lui donner de la nouvelle terre tous les deux ans au moins. Aujourd'hui, je le répète, on a presque renoncé à cultiver le cyprès pyramidal dans les jardins des environs de cette ville, à cause des pertes qui ont eu lieu par suite de plusieurs hivers rigoureux; mais on en conserve beaucoup dans des pots pour la décoration des parterres et des appartemens. Cependant ceux qui veulent en hasarder en placent à de bonnes expositions, et les couvrent aussi bien que possible pendant l'hiver.

Les boutures de cyprès se font au printemps, un peu avant l'instant où la sève commence à se mettre en mouvement. Dans les pays chauds il suffit de les enterrer dans un lieu frais et ombragé. Dans celui de Paris il faut les placer dans des pots à une exposition fort chaude, ou mieux, les mettre sur couches et sous châssis. En général elles reprennent assez facilement quand on a rempli toutes les conditions requises; mais font-elles jamais de beaux arbres? J'en doute.

Le CYPRÈS HORIZONTAL, ou *cyprès mâle*, passe pour une variété du précédent, dont il ne diffère en effet que par ses rameaux écartés du tronc, ou ne formant pas la pyramide. Puisque tous les cultivateurs s'accordent à dire que des graines prises sur le même arbre, n'importe le pyramidal ou l'horizontal, produisent indifféremment les deux, il faut bien se résoudre à le croire; mais leur port est si différent! Au reste, ce dernier a les mêmes qualités physiques et économiques, et demande la même culture; mais il ne remplit pas tout-à-fait les mêmes indications sous le rapport de l'agrément.

Il ne faut pas confondre cette variété avec une espèce que l'on dit propre à l'île de Candie, et dont il y a, m'a-t-on dit, quelques pieds dans une campagne peu éloignée de Montpellier, espèce qui étend aussi ses branches dans une position horizontale. Miller l'appelle *Cupressus foliis imbricatis acutis, ramis horizontalibus*, et vante l'excellente qualité de son bois, et sa propriété de croître en Angleterre dans les plus mauvais terrains sans craindre les plus fortes gelées. Cette espèce n'est point connue dans les jardins de Paris.

Le cyprès a feuilles de thuya a les feuilles opposées et imbriquées, avec une glande sur leur surface supérieure ; ses ramifications sont également opposées et de plus aplaties, mais non disposées sur un même plan. Ses fruits ne sont pas plus gros qu'un pois.

Cet arbre, qui en France atteint rarement plus de huit à dix pieds, est, dit-on, un des plus élevés de l'Amérique du nord. On l'appelle cèdre blanc ou arbre de vie dans le Canada, où il est très commun dans les marais et les flaques d'eau. Son bois est très estimé à raison de sa légèreté et de son incorruptibilité. On l'emploie principalement aux charpentes des maisons et à la construction des parties intérieures des vaisseaux. Il en découle une résine qui est extrêmement estimée en Amérique pour la guérison des blessures et dont l'odeur est très suave. On lui a donné le nom de *vrai encens* en Amérique. Je ne sache pas qu'il y en ait dans le commerce en Europe. Il conserve ses feuilles toute l'année. Il ne porte des branches qu'à son sommet, et encore en petite quantité. J'ai lieu de croire que si jusqu'à présent on n'est pas parvenu à en avoir de beaux en France, cela tient à ce qu'on ne le cultive pas d'une manière convenable. Il faut qu'il ait le pied complètement dans l'eau pour remplir les indications fournies par sa manière d'être dans son pays natal. Or, nulle part je ne l'ai vu ainsi placé ; aussi fleurit-il et donne-t-il des graines lorsqu'il a moins de six pieds de haut et moins d'un pouce de diamètre : ce qui ne doit pas arriver à un arbre qui a pu servir aux charpentes d'une ville comme Philadelphie, ville située dans l'emplacement d'un marais qui en étoit entièrement couvert. En Amérique, il passe pour purifier l'air des marais où il croît, et cela est probable, d'après les observations que j'ai faites sur d'autres arbres balsamiques.

On multiplie le cyprès à feuilles de thuya de graines ou de boutures. Les graines se sèment au printemps dans un terrain bien travaillé et exposé au nord. On repique le plant un an après, à une pareille exposition, à six pouces de distance, et on répète cette opération l'année suivante en l'espaçant d'un pied. Après quoi il faudroit, pour bien faire, le planter à demeure dans un sol tourbeux, ou au moins sur le bord des eaux, et de manière qu'une portion des racines pût s'y introduire. Je dois dire cependant en avoir placé ainsi l'année dernière (1804) et que presque tous sont morts, mais, en agriculture, il ne faut pas se rebuter par un seul manque de succès. La réussite d'une plantation tient à tant de causes, qu'il est presque impossible de dire positivement laquelle a eu le plus d'action dans telle ou telle circonstance.

On fait les boutures de ce cyprès en en enterrant des branches au printemps, lorsque la sève entre en mouvement, dans un terrain bien meuble et exposé au nord. Ces boutures ne tardent pas à prendre des racines, et on peut les lever dès l'hiver suivant pour les mettre en pépinière à un pied de distance.

Les plants de semis et de boutures ne demandent pas d'autres soins dans la pépinière que ceux ordinaires aux cultures du même genre, c'est-à-dire deux ou trois binages par an. Ils ne doivent pas ressentir les effets du tranchant de la serpette. En général, il est bon de ne pas les y laisser trop long-temps, par exemple pas plus de trois à quatre ans : au reste, on trouve très peu de pieds de cet arbre dans les pépinières marchandes, parce-qu'il n'est pas recherché par les amateurs de jardins paysagers.

Le CYPRÈS DISTIQUE, *Cupressus disticha*, Lin.; le *cyprès de la Louisiane, cyprès chauve*, le *cyprès de l'Amérique* de quelques auteurs, a les feuilles linéaires, distiques, et caduques. C'est un des plus beaux, des plus grands et des plus gros arbres de l'Amérique septentrionale, un des plus utiles à multiplier abondamment en France. Il ne croît que dans les marais les plus fangeux, sur le bord des rivières sujettes aux débordemens. J'en ai vu en Caroline qui avoient douze pieds d'eau sur leurs racines pendant six mois de l'année, et ils étoient de trois ou quatre pieds de diamètre et de plus de cent pieds de hauteur. On m'en a cité qui avoient plus du double de grosseur. Cette grosseur est toujours proportionnée à la quantité d'eau qui peut recouvrir son pied, et à la profondeur de la terre tourbeuse ou sablonneuse dans laquelle elles peuvent s'étendre. J'en ai acquis la preuve par mes observations, c'est-à-dire, qu'en Caroline, dans les flaques d'eau qu'on trouve çà et là dans les bois, et qui n'ont que deux ou trois pieds de profondeur sur un sol argileux, les cyprès distiques n'ont que six, huit ou dix pouces de diamètre, tandis que dans le *cypress swamp*, canton tourbeux qui a peut-être plus de douze pieds d'eau pendant l'hiver, et sur les bords de la rivière *Santee*, bords sablonneux, recouverts quelquefois du double de cette hauteur d'eau pendant les inondations, ils ont communément deux, trois et quatre pieds. Toujours la partie du tronc qui est habituellement sous l'eau, pousse des saillies arrondies, qu'on peut considérer comme des prolongations des racines,

saillies semblables à des arcs - boutans, saillies quelquefois
d'un à deux pieds dans les arbres que j'ai vus, et qui doivent
être proportionnellement plus grandes dans les plus gros. De
sorte qu'il est de ces arbres qui ont au collet de leurs racines
plus de douze pieds de diamètre, largeur immense, et qui ne
permet pas de les couper à ce point; aussi tous ceux d'une
grosseur un peu considérable que j'ai vus étoient-ils coupés à
quatre, cinq et six pieds de terre. On fait un échafaud pour procéder à cette opération. Au reste, ce phénomène des saillies à
la base du tronc qui ne tient qu'à l'attendrissement de l'écorce
n'est pas exclusivement propre au cyprès distique. On le remarque dans presque tous les arbres qui croissent dans l'eau. La
GORDONE LASIANTHE, le NYSSA UNIFLORE, etc., que j'ai également observés en Caroline, à côté de lui, y sont de même sujets.

La végétation du cyprès distique est rapide, aussi son bois
n'est-il pas dur; mais il a tant d'autres bonnes qualités, qu'on
ne lui désire pas celle-là. Il est excellent pour la charpente,
pour la construction des parties intérieures des vaisseaux. On en
fait des bateaux d'une seule pièce, qui peuvent porter trois à
quatre milliers; des planches, des bardeaux, des cuviers, des
tonneaux, etc. Il est incorruptible à l'air et dans l'eau. Un
tronc qu'on trouva enterré à vingt pieds de profondeur, sous
la Nouvelle-Orléans, étoit aussi frais que s'il avoit été récem-
ment abattu, et les calculs lui ont donné douze siècles d'antiquité. La couleur de ce bois tire sur le rouge. Il est léger,
uni et doux. Le fil en est droit et les pores fins. Il ne se fend
pas de lui-même, mais seulement et sans peine sous la main
de l'ouvrier. J'étois toujours surpris de la facilité avec laquelle
je voyois en faire des bardeaux et des douves presque sans
perte. Quoique employé vert, il ne travaille jamais. Sa retraite
est cependant considérable, si j'en juge par un baquet que j'ai
possédé. Malheureusement, les projets d'observations sur les
qualités physiques des bois d'Amérique que j'avois conçus,
pour faire suite à celles de Varennes de Fenilles, n'ont pu être
mis à exécution, et je n'ai pas acquis sur celles de celui-ci
toutes les données que ma position pouvoit me procurer lorsque j'étois en Caroline.

On trouve principalement le cyprès distique dans les parties chaudes de l'Amérique septentrionale; mais il ne laisse pas
que de s'élever au nord jusqu'en Pensylvanie, où il y en a un
grand marais entièrement couvert; aussi supporte-t-il les plus
rudes hivers du climat de Paris sans inconvénient. Malheureusement cet arbre si utile devient de plus en plus rare dans
son pays natal. Déjà du temps de Le Page Dupratz, auteur
d'un voyage à la Louisiane, où il rend justice à sa beauté et à
son utilité, on se plaignoit qu'il disparoissoit des environs de

la Nouvelle-Orléans. J'ai fait la même observation en Caroline. Par-tout où on abattoit les cyprès distiques il n'en repoussoit pas d'autres. J'ai lieu de croire que deux circonstances concourent à ce phénomène. D'abord la loi générale
de la nature, qui ne permet pas à une espèce de vivre perpétuellement sur le même sol (*voyez* le mot ASSOLEMENT),
et ensuite la diminution des eaux. En effet, le progrès des
défrichemens a déjà diminué les marais et les sources à un
point tel, que les rivières sont de moitié moins fortes qu'elles
l'étoient au moment de la conquête. La rivière Santée, par
exemple, que j'ai déjà citée, et qui est la plus considérable de
la Caroline, est dans ce cas, ainsi que je l'ai constaté, quoiqu'elle prenne sa source dans les montagnes. Les cyprès qui
existent encore sur ses bords, au lieu d'être dans l'eau pendans huit mois de l'année, ne le sont plus que pendant les
grands débordemens de l'hiver. Ils se soutiennent en belle
végétation, parceque leurs longues racines vont chercher l'eau
à une grande profondeur ; mais les graines qui germent sur
ce sol après la retraite des eaux ne peuvent venir à bien,
ou le plant se dessèche dans le courant du premier été. Nulle
part, à ma connoissance, on n'en sème ni n'en plante, quelque
facile et avantageux que cela fût. Je ne doute pas d'après cela
que, dans un ou deux siècles, ces arbres, de la grosseur de ceux
dont je viens de parler, ne soient un objet de curiosité en Caroline, et que les arrières-petits-enfans des habitans actuels, qui
les connoîtront par tradition, ne s'élèvent contre leurs pères,
pour ne leur en avoir pas conservé.

Quoique le cyprès distique repousse des branches de son
tronc, il ne paroît pas, qu'arrivé à un certain âge, il en repousse de ses racines. Du moins je ne me rappelle pas en avoir
vu dans ce cas. Le Page Dupratz cite un phénomène fort remarquable, qui auroit dû me frapper, s'il étoit vrai, lorsque
je parcourois des cyprières, mais sur lequel je regrette n'avoir
pas fait des observations positives. Il dit que quelque temps
après qu'on l'a coupé, il sort de ses racines un jet de la
forme d'un pain de sucre, qui a toujours en grosseur le quart
de sa hauteur. Il s'élève ainsi quelquefois jusqu'au-delà de dix
pieds sans pousser ni feuilles ni branches. On pourroit tirer des
conséquences physiologiques importantes de ce phénomène ;
mais il ne seroit pas prudent de le faire sur un exposé aussi
vague, et présenté par un homme aussi peu habitué à observer la nature que ce voyageur.

L'aspect du cyprès distique diffère beaucoup de celui des
autres, principalement parceque ses feuilles sont d'un vert
gai très ami de l'œil, et qu'elles tombent tous les hivers, après
avoir pris une teinte rougeâtre. Il fleurit au printemps, et ses

graines se récoltent à la fin de l'automne. Ces dernières sont d'un brun luisant, et d'une forme si irrégulière, qu'on est tenté de les méconnoître, et que j'ai vu semer à leur place des galles globuleuses produites à côté d'elles, par un *diplolèpe*, galles qui les font souvent avorter. Elles sont renfermées dans des cônes presque ronds d'environ un pouce de diamètre, et presque toujours accompagnées d'une résine fluide rougeâtre très odorante. Cette résine se montre aussi de temps en temps autour des plaies qu'on fait à l'arbre, et sur-tout sur les tronçons des arbres coupés à l'époque de leur végétation. Je n'ai pas entendu dire qu'on en fît quelque usage.

On a introduit le cyprès distique dans les jardins des environs de Londres dès l'année 1640 ; mais il n'y a guère plus de cinquante ans qu'on en a vu pour la première fois en France. Voici ce qu'en dit Malesherbes dans d'excellentes notes sur cet arbre, que Varennes de Fenille a insérées dans le recueil de ses mémoires. « On a ignoré long-temps en Europe le terrain qui convenoit à ce cyprès. Les six premiers que j'aie eus m'étoient venus d'Angleterre. J'en plantai deux dans un terrain sec, trois dans une bonne terre sablonneuse, et j'en hasardai un dans de la mauvaise tourbe, sans espérer qu'il réussît ; mais ma méthode est de toujours essayer. Ceux du terrain sec périrent promptement ; ceux du bon sable végétèrent médiocrement, celui de la tourbe m'étonna par ses progrès. Je déplantai bien vite les trois autres pour les mettre dans la même terre.

« La même chose étoit arrivée avant moi à M. Duhamel. Il recevoit souvent des graines de cyprès distique, les faisoit lever, et les plantoit avec grand soin dans le terrain qu'il savoit propre aux cyprès en général. C'est après bien des années que, désespéré de mal réussir, il imagina d'en planter quelques uns dans la mauvaise tourbe de la vallée de Monceau, où ils eurent un plein succès.

« M. de La Luzerne en a aussi cultivé dans sa terre de Chambon, voisine de celle de M. Duhamel. Son terrain n'est pas de la tourbe, mais un sable très humide. Les cyprès y ont réussi aussi bien, et peut-être mieux encore que chez M. Duhamel et chez moi. Ainsi il ne faut pas croire que la tourbe leur soit indispensablement nécessaire, pourvu que la terre soit en même temps meuble et perpétuellement humide.

« Peut-être les cyprès distiques n'acquerront-ils jamais en France la même grosseur et la même élévation qu'en Amérique ; mais quand ils ne parviendroient qu'à la même hauteur des cyprès les plus âgés qui sont dans mon jardin, ce seroient toujours des arbres superbes. Ils mériteroient d'être cultivés, quand on n'y emploieroit que de bonnes terres ; et ils ne croissent nulle part aussi bien que dans la tourbe, c'est-à-dire dans des endroits malsains qui ne produisent que des herbes de la plus mauvaise qualité. C'est en cela que je les regarde comme très précieux. Il est en France une quantité immense de terrains de ce genre, regardés comme inutiles, qu'on pourroit convertir en forêts d'un des meilleurs bois du monde. »

Puisse ce vœu d'un homme de bien et d'un homme éclairé se réaliser un jour!

Depuis que Malesherbes a écrit ces notes, ses pieds de cyprès distiques ont commencé à porter des graines fertiles, et il en a été envoyé à différentes reprises des tonneaux entiers de Caroline, par l'estimable et zélé botaniste Michaux. Il s'en est donc beaucoup élevé aux environs de Paris; mais combien peu il en existe en comparaison de ce qui devroit s'en trouver? C'est que, malgré les résultats de l'expérience de Malesherbes, on a toujours voulu planter les jeunes arbres provenus de ces semences dans des endroits qui ne leur convenoient pas, et que lors même qu'on les mettoit dans un marais, c'étoit toujours dans la partie la plus sèche. Par exemple, la plus grande plantation que j'en connoisse, aux environs de Paris, est à Rambouillet, et on ne pouvoit trouver une localité qui leur fût plus favorable. Eh bien, au lieu de les planter au milieu du marais, dans des flaques d'eau, on les a placés sur la berge d'un fossé creusé pour l'écoulement de ces eaux. Aussi quelle misérable végétation ils annoncent, tandis qu'un pied qui a été mis, sans doute par hasard, dans un fond, a près d'un pied de diamètre, et trente à quarante pieds d'élévation. Tous ces arbres doivent avoir aujourd'hui (1805) vingt ans environ.

On multiplie le cyprès distique principalement de semences, mais aussi de marcottes et de boutures.

Les semences, qu'on tire encore presque toutes de la Caroline, se placent au printemps dans une terre de bruyère, à l'exposition du nord, ou mieux, dans des terrines de même terre, qu'on met sur couche et sous châssis. On arrose fortement et fréquemment. Peu manquent de lever. Le plant acquiert ordinairement cinq à six pouces dans la première année. On couvre celui qui est en pleine terre pendant l'hiver avec des feuilles ou de la fougère, et on rentre dans l'orangerie celui qui a été semé en terrine. La plupart des jardiniers repiquent l'un et l'autre au printemps suivant en pleine terre, à six pouces de distance, ou seul à seul dans des pots; mais on peut sans inconvénient, sur-tout pour celui qui est en pleine terre, attendre à la seconde année pour faire cette opération. Le plus grand inconvénient sera le pivot extrêmement long dans cet arbre; mais j'ai déjà dit si souvent combien il étoit important de le ménager, que cet inconvénient doit paroître nul à tout amateur qui travaille pour son compte. Deux ou trois ans après on relève le plant pour le mettre à une plus grande distance, ou dans de plus grands pots toujours à l'ombre et dans une terre de bruyère. Pendant tout ce temps on l'arrose le plus fréquemment et le plus abondamment possible, et on lui donne les binages et les sarclages nécessaires. Ce n'est qu'à la sixième ou septième année, c'est-à-dire quand il a acquis assez de force pour pouvoir résister aux hivers du climat de Paris, qu'il convient de le placer à demeure dans les marais. Plusieurs personnes se plaignent que les pieds qu'ils ont ainsi transplantés dans l'eau ont péri ; d'autres qu'ils n'y ont presque pas poussé. J'ignore les circonstances qui ont pu influer sur ce défaut de succès ; mais je n'en persiste pas moins à croire qu'il faut planter cet arbre dans les marais, ou sur le bord des eaux, de manière que ses racines puissent pénétrer dans l'eau même, n'importe qu'elle soit stagnante ou courante, pourvu qu'elle ne soit pas putréfiée.

Pour faire des marcottes de cyprès distique, il faut avoir des mères qu'on coupe rez terre, et dont on couche les jeunes pousses, ou un échafaud qu'on place auprès d'un arbre de huit à dix ans, et sur lequel sont des pots dans lesquels on fait entrer ses branches de l'année précédente. On emploie rarement ces moyens en France ; mais beaucoup, dit-on, en Angleterre où le cyprès distique est en grande recommandation, et où on en voit et de très gros pieds et des plantations considérables ; les marcottes prennent généralement racine la première année, si on a eu soin de les arroser abondamment, ou mieux, de les couvrir de trois à quatre pouces d'épaisseur de mousse qu'on entretient constamment humide.

Quant aux boutures, il faut les faire à la fin de l'automne, à l'ombre, et dans une terre de bruyère qu'on entretiendra encore plus humide, s'il est possible. On fait usage de ce moyen à Orléans et en Angleterre, mais non dans les pépinières des environs de Paris. En général je n'aime point provoquer la multiplication des grands arbres par boutures, parce qu'il en résulte un affoiblissement réel et progressif dans leur nature, et qu'il faut au contraire toujours tendre à les fortifier.

Les autres espèces de cyprès connus sont le CYPRÈS GLAUQUE venant de l'Inde, aujourd'hui naturalisé dans le Portugal ; le CYPRÈS A FEUILLES DE GENEVRIER venant du cap de Bonne-Espérance, qui demandent l'orangerie dans le climat de Paris ; et le CYPRÈS DU JAPON qui n'est pas encore venu en Europe. (B.)

CYPRÈS (PETIT). Nom vulgaire de la SANTOLINE AURONE.

CYPRIN, *Cyprinus*. Genre de poissons de la division des abdominaux, c'est-à-dire dont les nageoires ventrales sont placées plus près de l'anus que les pectorales, et dont le principal caractère est d'avoir trois ou quatre rayons au plus à la mem-

brane des branchies, point de dents et une seule nageoire sur
le dos.

Ce genre intéresse le plus particulièrement les cultivateurs,
parcequ'il renferme plus de la moitié des poissons qui vivent
dans les rivières et les étangs, par conséquent ceux sur lesquels
ils peuvent exclusivement spéculer sans sortir du cercle de
leurs opérations. Il renferme plus de cinquante espèces, dont
les plus importantes à connoître sont le BARBEAU, la CARPE, le
GOUJON, la TANCHE, le CARASSIN, la GIBÈLE, la DORADE, le
VAIRON, la VANDOISE, le GARDON ou ROSSE, la CHEVANE ou MEU-
NIER, la BRÈME, la BORDELIÈRE.

Je détaillerai ce qu'il importe de connoître, pour favoriser
la multiplication de ces diverses sortes de poissons, à chacun
de leurs noms. (B.)

CYPRIPÈDE, *Cypripedium.* Plante des Basses-Alpes, remarquable par la singulière forme de la partie inférieure de sa
corolle, qui ressemble à un sabot. Cette plante, qui est de la
gynandrie et de la famille des orchidées, ne souffre pas la
culture. A peine peut-on la conserver un an ou deux dans les
jardins de botanique les mieux dirigés. Il est par conséquent
inutile de m'étendre plus au long à son égard. (B.)

CYTISE, *Cytisus.* Genre de plantes de la diadelphie décandrie et de la famille des légumineuses, qui renferme plus de
vingt espèces, toutes frutescentes, dont plusieurs se cultivent
en pleine terre dans les jardins du climat de Paris qu'elles
ornent, sur-tout quand elles sont en fleur, et qui peuvent être
employées à divers genres d'utilité agricole.

Le CYTISE DES ALPES, *Cytisus laburnum,* Lin., plus connu
sous le nom d'*ébénier des Alpes,* d'*aubours,* est un grand arbrisseau de quinze à vingt pieds de haut, dont l'écorce est verdâtre, les rameaux longs et pendans, les feuilles ternées, velues
et portées sur de longs pétioles ; les fleurs jaunes, grandes et
portées sur de longues grappes pendantes. Il croît naturellement dans les Alpes et autres montagnes de l'est de l'Europe,
et se cultive depuis long-temps dans les jardins, à l'agrément
desquels il contribue beaucoup, sur-tout pendant qu'il est en
fleur, c'est-à-dire au milieu du printemps. Il fournit deux
variétés, l'une dont les feuilles et les fruits sont glabres, et
l'autre dont les feuilles et les fleurs sont du double plus grandes,
et, ces dernières, odorantes. De Manneville a observé que
cette dernière variété, outre les avantages qui résultent de la
grandeur de ses parties, avoit encore celui de pousser beaucoup plus rapidement, et qu'elle atteignoit souvent le double
de grandeur dans le même espace de temps.

Les hivers extraordinaires sont souvent nuisibles au cytise
des Alpes. Il s'accommode de toute espèce de terrains. Dans

un sol maigre, il pousse moins vite et est plus petit dans toutes ses parties; mais ses fleurs sont plus nombreuses et plus vivement colorées; dans un sol fertile, il donne des jets surprenans, et acquiert une grande amplitude dans ses feuilles et dans ses fleurs; mais ces dernières sont moins abondantes. On le place ordinairement au troisième rang des massifs dans les jardins paysagers, ou lorsqu'on sait le diposer de manière à le faire contraster convenablement avec les autres arbres ou arbustes, il produit les plus beaux effets. On le place aussi en petits bouquets isolés, soit au-devant des massifs, soit au milieu des gazons; mais il ne faut pas trop le multiplier, parceque la vivacité de la couleur des fleurs, vivacité qui n'est pas tempérée par d'autres couleurs, fatigue la vue. Comme une des principales beautés du cytise des Alpes se tire de la disposition pendante de ses rameaux et de ses fleurs, il ne doit jamais être assujetti à aucune espèce de taille. Il vaut beaucoup mieux supprimer une grosse branche que de mutiler les rameaux, lorsque quelques considérations obligent d'y porter la serpette. Il est extrêmement rare qu'il n'ait pas pris la forme la plus agréable, lorsqu'il n'a été contrarié dans sa croissance à aucune époque de sa vie.

Cet arbuste, qui brille avec tant d'éclat dans les jardins paysagers ne peut trouver à se placer dans ceux dits français. A peine y est-il reçu pour cacher un mur ou former quelque berceau; aussi n'est-ce que depuis que les premiers ont pris faveur qu'on le cultive abondamment dans les pépinières des environs des grandes villes. Aujourd'hui il est l'objet d'un commerce de beaucoup d'importance.

Mais ce n'est pas seulement sous le point de vue de l'agrément que le cytise des Alpes mérite l'attention des cultivateurs. On en peut tirer un parti utile. Son bois est fort dur, souple et élastique. Celui du centre est noir dans les vieux pieds, d'où vient le nom d'*ébénier* que porte l'arbre. On croit que c'est principalement avec lui que nos pères fabriquoient leurs arcs. Il peut remplacer le châtaignier pour faire des cercles de tonneaux, des baguettes de treillage, des échalas. Les tourneurs et les ébenistes le recherchent; parcequ'il prend un beau poli et qu'il est bien veiné, pour faire des chaises, des flûtes, des tabatières et autres petits meubles. Sa pesanteur spécifique est de cinquante-deux livres onze onces six gros par pied cube. Il pourrit difficilement.

Un autre rapport sous lequel le cytise des Alpes peut devenir un objet de grande importance agricole, c'est la nourriture des bestiaux. Tous en aiment les feuilles, et les moutons surtout en sont friands.

La croissance du cytise des Alpes en hauteur est rapide, mais

il ne grossit pas très vite. Un pied que Varennes de Fenilles a
observé, et qui avoit soixante-treize couches annuelles, ne
portoit que sept pouces de diamètre ; mais Manneville en possède qui ont un pied. C'est sur-tout dans sa jeunesse que cette
croissance en hauteur est remarquable. J'ai souvent vu des jets
de six pieds sur du plant de deux ans coupé rez terre et les
vieux pieds même en fournissent fréquemment de peu inférieurs. Un charançon, le charançon hispidule, retarde quelquefois cette croissance en mangeant ses bourgeons au moment
qu'ils se développent.

Presque tous les terrains conviennent au cytise des Alpes.
Malesherbes, dont tout ami de la vertu et de la science agricole
doit se plaire à prononcer le nom, qui a publié un très intéressant mémoire sur cet arbre, dit qu'il n'y a que les terres
marécageuses et la pure craie où il ne vienne pas bien, encore
dans la craie forme-t-il des buissons qu'on pourroit utilement
faire paître par les bestiaux. Sept arpens de marne argileuse, qui
s'étoient refusés à toutes espèces de plantations, en sont aujourd'hui couverts à Malesherbes et fournissent un revenu.

A ces différens usages je pourrois sans doute ajouter que
ses nombreuses graines pourroient servir à la nourriture des
cochons et de la volaille ; mais je dois dire que j'ai été gravement incommodé, ainsi que toute la famille Villemorin, pour
en avoir mangé en guise de haricots verts.

On multiplie le cytise des Alpes de graines, de marcottes,
de rejetons et de boutures ; mais dans les pépinières bien montées on n'emploie que le premier de ces moyens, comme fournissant le plus beau et le meilleur plant. Sa graine se sème au
premier printemps dans une terre bien meuble et exposée,
autant que possible, au levant. Le plant ne tarde pas à lever et
ne demande d'autres soins que d'être débarrassé, par des sarclages, des mauvaises herbes qui pourroient l'étouffer. Au
printemps suivant il peut déjà être levé et repiqué en pépinière à huit à dix pouces de distance, et deux ans après être
mis en place. Si on vouloit l'avoir plus fort, il faudroit encore
le transplanter une fois dans la pépinière à dix-huit ou vingt
pouces de distance.

Les soins à donner au cytise des Alpes, lorsqu'il a été repiqué, consistent à biner le terrain deux ou trois fois par an,
et la seconde année, à la chute des feuilles, à couper toutes
ses pousses latérales en crochets, ce qu'on appelle ébourgeonner, de lui donner des tuteurs lorsque cela devient
nécessaire pour le redresser.

Quand on veut cultiver le cytise des Alpes en grand, il
faut le semer sur place ou au moins le repiquer en place l'année même du semis, parcequ'il vient incomparablement plus

beau lorsqu'il est pourvu de son pivot que lorsqu'il en est privé. Cette observation est de Malesherbes et concordante avec les vrais principes.

Il paroît que c'est à sept à huit ans qu'on doit couper les bois de cytise des Alpes pour faire des cercles et des échalas, parcequ'après cette époque sa croissance se ralentit. On peut le couper tous les ans, quand on destine ses feuilles à la nourriture du bétail ; mais il vaut mieux ne le faire que tous les deux ans.

Je dois observer qu'excepté les chèvres et les moutons, les autres bestiaux, qui ne sont pas accoutumés à manger des feuilles de cytise des Alpes, les repoussent ; cependant en les leur donnant avec d'autres fourrages, ils s'y accoutument petit à petit et finissent par les aimer beaucoup. Les vaches s'en accommodent plus promptement que les chevaux.

Actuellement qu'on se plaigne de la stérilité des landes de Bordeaux, des bruyères de la Sologne, de la Bretagne, etc. On peut être assuré que des parties de ces cantons, plantées en cytises, augmenteroient considérablement en valeur sans beaucoup de dépenses. C'est aux propriétaires que je laisse le soin de faire les calculs nécessaires pour établir cette vérité dans telle ou telle localité, parceque des généralités à cet égard ne sont presque jamais utiles. Ce ne sont pas des jouissances reculées, des jouissances dont ne profiteront que leurs petits enfans, mais un revenu dans dix ans au plus, et un revenu qui augmente à chaque coupe pendant les trente premières années, et qui ensuite deviendra fixe comme celui des meilleurs bois.

Le CYTISE DES JARDINS, *Cytisus sessifolius*, Lin., est un arbrisseau qui s'élève en touffe au plus à cinq à six pieds de haut. Ses rameaux sont anguleux ; ses feuilles ternées, presque sessiles sur les vieux rameaux, glabres, d'un vert luisant ; ses fleurs jaunes, nombreuses et portées sur des grappes courtes, droites et terminales. Il est originaire des parties méridionales de l'Europe et fleurit au milieu de l'été. C'est le *trifolium* des jardiniers. On le cultive très anciennement dans les jardins dits français, où il étoit très propre à figurer dans le milieu des plates-bandes, par la facilité avec laquelle il se prête à la tonte et par l'éclat dont il brille lorsqu'il est couvert de fleurs. Aujourd'hui il est moins recherché, parcequ'on trouve probablement qu'il ne groupe pas assez, ou peut-être uniquement parcequ'il étoit anciennement à la mode. Sa place dans les jardins paysagers est le second rang des massifs, ou mieux, en petits buissons isolés à quelque distance des massifs, au milieu des gazons, sur le bord d'un lac ou d'une rivière, au pied d'une ruine, etc. Il vient dans toute espèce de terrain, mais il se plaît mieux dans ceux qui sont légers, secs et chauds, que dans les autres. A l'ombre, et dans un sol humide, il donne très peu de fleurs. Les gelées extraordinaires l'attaquent quelquefois, mais il repousse toujours du pied, et le mal est réparé en un ou deux ans. On le multiplie de semences, de marcottes, de rejetons et de boutures. Il drageonne si fort que ce moyen est plus que suffisant pour alimenter les jardins. C'est même un de ses inconvéniens. Un seul vieux pied déchiré peut aussi fournir des centaines de plants qui, mis pendant deux ans en pépinière, seront propres à être plantés par-tout où on jugera à propos. Dans les pépinières marchandes on consacre quelques pieds pour faire des marcottes. C'est ce qu'on appelle des mères. Les marcottes prennent ordinairement racine la première année et peuvent être placées en pépinière comme les rejetons ; mais en général on les laisse en place pour ne les lever qu'à mesure de la vente, parcequ'alors elles sont souvent assez fortes pour être mises directement en place, et que cela évite du travail.

Si on vouloit faire un semis de cet arbuste, il faudroit l'effectuer sur un bon labour, en automne, à une exposition un peu chaude. Le plant lève la première année et peut se repiquer la seconde à quatre à cinq pouces de distance. Il ne demande que les soins communs à toutes les pépinières. Les limaces sont très friandes des feuilles de ces semis.

Les boutures ne présentent rien de particulier, sinon qu'il faut les faire en lieu frais, et les relever la même année pour les mettre en pépinière dans un terrain plus sec.

Les greffes de cette espèce sur la précédente, à cinq ou six pieds de hauteur, sont d'un superbe effet pendant cinq ou six ans, et périssent ensuite par la différence qui existe entre leurs grosseurs respectives.

Le CYTISE A ÉPIS, *Cytisus nigricans*, Linn., a les feuilles ternées, les folioles ovales, elliptiques, velues en dessous ; les fleurs jaunes, odorantes, disposées en épis terminaux longs de six à sept pouces. On le trouve sur les montagnes des parties méridionales de l'Europe. Il fleurit au milieu de l'été et s'élève à deux ou trois pieds. C'est un charmant arbrisseau dont les bestiaux aiment beaucoup les feuilles, et qu'il est surprenant qu'on en cultive pas plus abondamment dans les jardins. Il vient fort bien de graines, de marcottes et probablement de boutures. On le greffe quelquefois sur le cytise des Alpes, mais il y subsiste encore moins long-temps que le précédent.

Le CYTISE VELU, *Cytisus hirsutus*, Linn., a les feuiles ternées, à folioles ovales, mucronées et très velues ; les fleurs grandes, jaunes et disposées en tête terminale. C'est un arbuste de deux pieds de haut, formant des touffes arrondies d'un très bel effet. On le trouve dans les parties méridionales de la France. Il fleurit au milieu de l'été. C'est mal à propos qu'on a cru qu'il étoit le *cytise des anciens* dont les bestiaux sont si friands. Ce dernier est la LUZERNE ARBORESCENTE: *Voyez* ce mot. Celui-ci cependant, peut être employé au même usage. Il donne beaucoup de lait aux chèvres, aux brebis et aux vaches. On le cultive fréquemment dans les jardins des deux sortes, dans les plates-bandes, en bordure, au premier rang des massifs, en petites touffes isolées, etc. ; par-tout il remplit bien son objet. Il souffre la taille, mais on le gâte presque toujours quand on l'y soumet. On le multiplie presque exclusivement de graines, qu'il faut semer dans une terre légère aussitôt qu'elles sont recueillies, car si on attend au printemps une partie ne lève pas. Le plant reste un ou deux ans en place et ne demande, pendant ce temps, que quelques sarclages pour le débarrasser des mauvaises herbes. On le met ensuite en pépinière à six à huit pouces de distance jusqu'à ce qu'il aille à sa destination, c'est-à-dire pendant deux ou trois ans. Il est bon de couvrir le jeune plant de feuilles ou de fougère pour le garantir des fortes gelées auxquelles il est quelquefois sensible, sur-tout dans les terres fortes et humides.

Le CYTISE COUCHÉ, le CYTISE EN TÊTE et le CYTISE D'AUTRICHE diffèrent à peine du précédent, et se cultivent de même.

Il est encore quelques autres cytises qu'on voit quelquefois dans les jardins, mais qui ne sont pas assez communs pour mériter une mention particulière. Ils sont tous très délicats et susceptibles de craindre les gelées du climat de Paris.

Je dois encore cependant parler du CYTISE DES INDES, plus connu sous le nom de *pois d'angole*, *pois de pigeon*, *pois de sept ans*, *ambrevade*, etc. C'est un grand arbrisseau toujours vert, originaire d'Afrique, mais qu'on cultive aujourd'hui dans les Indes et en Amérique. Il ne vit que sept ans. Ses feuilles sont alternes et composées de trois folioles, lancéolées, velues et exhalant, lorsqu'on les froisse, une agréable odeur de rose. Ses fleurs sont jaunes et sortent des aisselles des feuilles, tantôt en grappes, tantôt solitaires. Il leur succède des gousses longues de deux ou trois pouces contenant plusieurs semences brunes.

Les plus mauvais sols sont ceux qui conviennent le mieux au cytise des Indes, et il suffit de gratter la terre et d'y jeter quelques graines pour qu'il y vienne du plant qui commence à produire dès la seconde année. Aussi en voit-on des plantations dans toutes nos colonies. On emploie ses graines pour la nourriture des noirs et de la volaille. Leur goût aromatique ne plaît pas d'abord, mais on s'y accoutume bientôt. Elles sont fort nourrissantes et fort saines. Sa racine est très odorante. Ses feuilles passent pour pectorales et astringentes.

En France on ne peut cultiver cet arbrisseau que dans les serres. (B.)

CYTISE DES ANCIENS. C'est la LUZERNE EN ARBRE.

D

DACTYLE PELOTONNÉ, *Dactylis glomerata*. Plante vivace de la triandrie digynie et de la famille des graminées, qui se trouve abondamment dans les prés, les pâturages, le long des chemins, etc.

Elle a les épillets globuleux, tournés d'un seul côté, et formant une panicule droite, plus ou moins longue, au sommet d'un chaume de deux à trois pieds de haut. Ses feuilles sont rudes au toucher, longues de trois ou quatre pouces. Elles sont peu du goût des bestiaux, quoique tous cependant les mangent quand elles sont jeunes. Cette circonstance est fâcheuse, car cette plante croît rapidement, dans des sols et aux expositions où les autres graminées réussissent mal. L'ombre semble ne lui nuire en aucune manière. On ne peut pas l'employer pour faire des gazons dans les jardins, parcequ'elle forme toujours des touffes isolées, et dont la vigoureuse végétation nuit aux autres plantes qui l'entourent. Je ne crois pas qu'il puisse jamais être avantageux de la semer pour fourrage, quoiqu'elle puisse être coupée jusqu'à trois fois dans le courant de l'été. On a prétendu cependant, dans un mémoire spécial, avoir formé des prairies uniquement de cette graminée. Je n'entrerai pas en discussion à cet égard, mais j'inviterai les cultivateurs à multiplier leurs expériences. (B.)

DAIL. Nom de la Faux dans le Médoc.

DAMAS. Nom de plusieurs variétés de prunes. *Voyez* au mot Prunier.

DAME-AUBERT. Autre variété de prune.

DAME DE ONZE HEURES. Les jardiniers appellent ainsi l'ornithogale en ombelle.

DAMIER. On donne ce nom à la fritillaire.

DANDRELIN. Espèce de hotte dont les osiers sont si serrés qu'ils ne laissent pas passer l'eau. On l'emploie dans quelques endroits pour transporter les vendanges. *Voyez* au mot Hotte. (B.)

DARBOU. On donne ce nom au rat des champs dans le département du Var. C'est probablement le Mulot.

DARD. Les fleurimanes donnent ce nom aux tiges des œillets, les pépiniéristes aux longues épines de quelques arbres, et les jardiniers au pistil des fleurs des arbres à fruits; d'où, dans ce dernier cas, le mot de dardiller synonyme de fleurir.

DARNELLE. C'est l'ivraie dans le département des Ardennes.

DARTRES. (Maladie des bestiaux.) On distingue deux sortes de dartres; la dartre *farineuse* et la dartre *vive*. La première se reconnoît lorsqu'en écartant le poil de la partie affectée on découvre une multitude de petites pustules presque imperceptibles; le poil tombe peu à peu, et la peau se couvre d'écailles qui se dissipent sous la forme d'une poudre blanchâtre. La dartre vive se reconnoît à la tumeur brûlante, formée de petites pustules réunies et enflammées; la matière qui découle des ulcères cause beaucoup de douleur à l'animal; il se gratte si fréquemment qu'il s'oppose à la guérison des plaies; ce n'est qu'à mesure que cette matière perd de sa causticité, qu'elle se durcit et forme une croûte raboteuse, qui, après un certain temps, se lève et tombe.

Cette maladie reçoit encore différens noms, suivant les parties de l'animal où elle se porte. La dartre qui affecte le museau se nomme *bouquet*, *noir-museau*; celle qui attaque le pli du genou porte le nom de *malandre*; celle qui occupe le pli du jarret s'appelle *solandre*; la dartre qui est située le long du tendon, depuis le paturon jusqu'au milieu de la jambe, est nommée *queue de rat ou arête*; celle qui attaque le boulet est appelée *mule traversine*; enfin celle qui a son siège à la couronne est connue sous le nom de *peigne*.

Les dartres se perpétuent de race en race, se communiquent d'un animal à un autre, et même à ce qu'on assure d'un animal à un homme. Il est bon de prendre des précautions quand on soigne un animal dartreux.

On attribue les dartres aux écuries humides et malpropres, à la boue des rues, aux travaux excessifs, particulièrement en été, et à de mauvais alimens. Mais il faut compter aussi pour quelque chose la disposition du sujet.

Traitement des dartres vives. Avant d'appliquer aucun remède extérieur à l'animal, et pour prévenir peut-être la répercussion, il convient d'abord de lui faire une petite saignée. Ensuite on le met à la paille et au son mouillé, en y ajoutant deux onces de soufre par jour (six décagrammes), si c'est un cheval ou un bœuf, et moitié si c'est une brebis ou une chèvre. On leur offre pour boisson de l'eau blanche, du petit-lait ou de l'infusion de réglisse. Les bains de marais, d'étang ou de rivière conviennent beaucoup au bœuf et au cheval, et point à la chèvre et à la brebis. On en fait prendre aux premiers le nombre de vingt dans huit jours, en les tenant chaque fois plusieurs heures dans l'eau.

La dartre doit être lavée trois fois par jour avec une forte infusion de réglisse, tenant en dissolution du sublimé corrosif, à la dose d'un gros (quatre grammes) pour une livre et demie d'infusion (six hectogrammes). On couvre la partie affectée pour la défendre des injures de l'air.

On a conseillé plusieurs autres remèdes extérieurs dont voici les principaux :

Un mélange d'un tiers de sel nitreux et de deux tiers de miel.

Une forte infusion de tabac, qui tient en dissolution du vitriol vert à la dose de deux onces (six décagrammes) dans deux liv. et demie de vinaigre (un kilogramme trois hectogrammes.)

On compose un onguent avec deux onces de céruse (six décagrammes), une once d'alun (trois décagrammes), et suffisante quantité de patience et de miel, ou bien avec parties égales de soufre, de vert-de-gris, d'alun et suffisante quantité de miel. En employant l'un ou l'autre de ces derniers remèdes, on lave une fois par jour la dartre avec une forte infusion de feuilles de tabac ou de mouches cantharides dans du vinaigre, ou avec une forte lessive de cendres, dans laquelle on a fait dissoudre du savon.

On vante encore la dissolution d'un gros de sublimé corrosif (quatre grammes) dans un litre et demi d'eau-de-vie.

L'usage de ces remèdes suppose que les dartres sont invétérées, et qu'on a employé en vain les remèdes simples et généraux ; il est bon d'appliquer et d'entretenir un séton ou fanon.

Les animaux dont les jambes sont attaquées de dartres ont besoin d'être dans une écurie sèche.

Si les dartres sont farineuses, il faut les traiter comme le FARCIN. *Voyez* ce mot. (TES.)

DATTE. Variété de prune. *Voyez* PRUNIER.

DATTIER, *Phœnix dactylifera*, Lin. Arbre de la seconde ou troisième grandeur, qui appartient à la belle famille des PALMIERS, et qui croît dans les pays chauds de l'ancien continent, où on le cultive principalement pour son fruit dont les habitans de ces pays se nourrissent pendant une grande partie de l'année.

Le port du dattier, comme de la plupart des palmiers, est noble et imposant, et son aspect n'a rien de commun avec celui de nos arbres d'Europe. Il représente une colonne surmontée d'un vaste chapiteau ; et il est vraisemblable que c'est ou cet arbre ou quelqu'autre de la même famille qui a donné aux anciens l'idée de la construction des colonnes : car tout ce qu'il y a de beau dans les arts a son type dans la nature. Son tronc nu, droit et cylindrique, s'élève ordinairement à la hauteur de vingt à trente pieds. Dans sa partie supérieure, il est garni d'écailles disposées circulairement, et formées par les bases des pétioles, qui subsistent plusieurs années après la chute des feuilles. Celles-ci, réunies en un ample faisceau, couronnent la cime de l'arbre. Elles sont ailées et longues d'environ dix pieds ; celles du milieu sont droites ou presque droites, les autres plus ouvertes, et les plus extérieures sont très écartées et comme courbées en arc. Au centre des feuilles et de l'extrémité supérieure de la tige est un bourgeon très grand, auquel on donne le nom de *chou*.

Les fleurs du dattier sont unisexuelles et dioïques, c'est-à-dire que les fleurs mâles et les fleurs femelles viennent sur des individus différens. Les unes et les autres sont pourvues d'un calice et d'une corolle; mais les premières ont six étamines sans ovaires, et les secondes ont trois ovaires sans étamines. Elles forment par leur disposition une panicule rameuse, qui sort d'une spathe oblongue et veloutée. Aux fleurs femelles succède un fruit charnu, ovale, cylindrique, renfermant un noyau membraneux et fibreux. L'amande contenue dans le noyau est oblongue, convexe d'un côté et sillonnée de l'autre.

La fécondation des dattiers femelles par le pollen des dattiers mâles, est un des phénomènes les plus intéressans que présente le règne végétal; il prouve jusqu'à l'évidence l'existence et la distinction des sexes dans les plantes. Non seulement les deux sexes sont séparés dans les dattiers, mais les mâles peuvent féconder les femelles à de grandes distances; un seul pied mâle suffit pour un nombre indéterminé de pieds femelles. Aussi les Arabes et les Persans plantent-ils beaucoup plus de ces derniers, et ils ont toujours soin de les entourer d'un cordon de dattiers mâles. Par cette disposition, quelle que soit la direction des vents au moment de la dispersion de la poussière des étamines, les dattiers femelles sont fécondés. Si parmi ceux-ci il s'en trouve dont on ait lieu de craindre l'avortement, alors on va couper des régimes aux pieds mâles un peu avant leur maturité, et on les attache sur les régimes des pieds femelles. On donne le nom de régime à cette partie de l'arbre dans laquelle les fleurs sont renfermées, et qui doit bientôt après porter les fruits.

Le pollen du dattier a une propriété remarquable dont je crois devoir parler, parcequ'elle peut engager des naturalistes agronomes à rechercher la même propriété dans d'autres plantes et à en tirer parti, s'ils l'y trouvoient, pour produire des fécondations artificielles utiles. Ce pollen est propre à féconder les germes long-temps après avoir été formé et recueilli. On peut même, dit-on, le garder plusieurs années sans qu'il ait cessé d'avoir cette propriété. Michaux, qui a voyagé en Perse dans le temps des dissensions de ce pays, rapporte que les différens partis, alternativement victorieux, pour réduire plus promptement les habitans des provinces dans lesquelles ils pénétroient, brûloient tous les individus mâles du dattier. Il ajoute que la famine la plus affreuse auroit désolé ces malheureuses contrées, si les Persans n'avoient eu la précaution de mettre en réserve le pollen des anthères, et de s'en servir pour féconder les individus femelles.

M. Delille, l'un des savans qui ont été de l'expédition d'Égypte, a rapporté de ce pays une quantité de pollen du dattier (environ dix onces) suffisante pour être soumise à l'analyse chimique. Il avoit recueilli cette précieuse poussière, en faisant secouer des régimes de dattiers mâles dans une chambre entourée de nappes sur lesquelles elle s'attachoit. Les expériences faites sur cette substance par MM. Fourcroy et Vauquelin ont donné des résultats que rien n'autorisoit ces illustres chimistes à prévoir ni à soupçonner. Ils ont trouvé que le pollen du dattier contient, 1° une assez grande quantité d'acide malique tout formé, et qui peut en être séparé par l'eau froide ; 2° des phosphates de chaux et de magnésie, dont la plus grande partie est enlevée par les lavages en même temps que l'acide malique qui les rend dissolubles ; 3° une matière animale qui se dissout dans l'eau à l'aide de l'acide, et qui, étant précipitée par l'infusion de noix de galle, s'annonce comme une sorte de gélatine ; 4° enfin une substance pulvérulente que les corps précédens semblent recouvrir, qui est indissoluble dans l'eau, susceptible de se convertir en un savon ammoniacal par la putréfaction, par les alkalis fixes, et qui, en raison de ses propriétés, paroît être analogue à une matière gélatineuse ou albumineuse sèche.

« Cette singulière composition, dit M. Fourcroy (*Annales du muséum*), qui présente entre le pollen du dattier et les substances animales une ressemblance bien remarquable, l'est encore plus par le rapport qu'elle offre avec la liqueur séminale. On sait déjà les traits frappans d'analogie qui existent, sur-tout dans l'odeur, entre le sperme humain et la poussière fécondante de plusieurs végétaux, tels que l'épine-vinette, le châtaignier, le peuplier, etc. »

On cultive le dattier dans l'Inde, en Perse, en Arabie, dans l'Afrique septentrionale, au midi de l'Espagne, et dans les îles méridionales de la Méditerranée. On en voit quelques pieds en France, sur les bords de cette mer ; mais leur fruit mûrit rarement. Près de Gênes, et autour de la petite ville de Bordighera, on en cultive une assez grande quantité en pleine terre, uniquement pour en vendre les feuilles ou palmes aux juifs et aux catholiques pour la fête des rameaux.

C'est principalement en Arabie, et dans les pays situés au-delà du mont Atlas, que les dattiers viennent le mieux et produisent les meilleurs fruits. C'est aussi dans ces contrées qu'ils sont le mieux cultivés. Dans un mémoire que M. Desfontaines a lu à l'Institut à son retour d'Afrique, et qui est imprimé, ce

savant naturaliste nous a fait connoître la culture du dattier.
Nous en parlerons d'après lui.

Les lieux les plus chauds et les terrains sablonneux, mais
humides, ou voisins des rivières, sont ceux qui conviennent le
mieux à ces arbres. Ils ne craignent point les eaux saumâtres,
et réussissent très bien, par-tout où ils peuvent être arrosés. On
les multiplie ou de semences ou de rejetons qui naissent sur le
tronc ou sur les racines. Mais leur reproduction par semences
est très longue, parceque les dattiers reproduits de cette manière ne sortent de l'enfance qu'à la troisième année, et ne
portent point de fruits avant douze ou quinze ans. Aussi les
Arabes pour les multiplier aiment-ils mieux se servir des rejetons, qui, détachés et mis en terre avec les précautions convenables, donnent des récoltes à la quatrième ou la cinquième
année. Les fruits qu'ils produisent sont, il est vrai, sans noyaux
et d'une saveur moins agréable, mais ils n'en nourrissent pas
moins.

Le dattier croît lentement, et les Arabes prétendent qu'il
vit jusqu'à deux ou trois cents ans; il fleurit au printemps, et
l'on cueille ses fruits en automne. Chaque individu donne de
dix à vingt régimes, sur lesquels on distingue trois sortes de
dattes, relativement à leur degré de maturité. Pour achever
de mûrir celles qui ne le sont pas encore complètement, on les
expose au soleil. Elles deviennent d'abord molles, et acquièrent ensuite une consistance analogue à celle de nos pruneaux
qui permet de les conserver et de les envoyer au loin. Parmi
celles qui sont les plus mûres et les plus juteuses, on en presse
une partie pour en tirer un suc mielleux très agréable, et l'autre
partie est mise avec ce suc dans de grands vases qu'on enterre
et qu'on garde dans les maisons. Ce sont les dattes arrangées
ainsi qui servent de nourriture commune aux riches; les autres
sont abandonnées à la classe pauvre, ou sont exportées. Elles se
mangent, soit sans apprêt, soit mêlées avec différentes viandes.
Leur sirop sert de sauce à beaucoup de mets. On en fait une
grande consommation, parcequ'elles sont nourrissantes et saines, et que dans les pays où croissent les dattiers les autres subsistances sont ordinairement rares. Quelquefois on les dessèche
entièrement pour les mettre en farine, et les faire servir sous
cette forme à la nourriture des caravanes qui traversent les
déserts. En les écrasant dans l'eau on en compose un vin qui
fournit une eau-de-vie très forte et agréable. En Barbarie
on compte au moins vingt espèces de dattes, mais ce ne sont
que des variétés comparables à celles de nos prunes. Celles
qui passent d'Afrique en Europe ne sont guère employées qu'en
médecine.

On en distingue dans le commerce, et l'on en vend à Paris

trois principales sortes; savoir, de Tunis, de Salé et de Provence. Sous ce dernier nom sont comprises toutes celles du Levant qui viennent par la voie de Marseille. Les dattes de Tunis sont les meilleures, parcequ'elles sont plus de garde; celles de Provence ont plus d'apparence et semblent plus de vente étant plus grosses et plus belles; mais les vers s'y mettent aisément, et elles se rident et se sèchent en peu de temps. En général on doit choisir les dattes nouvelles, fermes, charnues, demi-transparentes, d'un jaune doré en dehors, blanchâtres en dedans, et d'une saveur douce et sucrée.

Non seulement les Arbaes se nourrissent des fruits du dattier, mais ils emploient aussi à divers usages économiques les feuilles, le bois et les autres parties de cet arbre célèbre et intéressant. Les feuilles sont acerbes; mais préparées et assaisonnées en salade, elles se mangent avec plaisir. Avec les folioles ou feuilles latérales macérées dans l'eau, on fait des tapis, des corbeilles, et beaucoup de petits meubles. Quand on veut les avoir plus beaux on étiole les feuilles en les enveloppant de paille. La spathe et les fils qui entourent la base des pétioles servent à faire des cordes. Le bois des vieux pieds est dur et solide, et d'une très longue durée; il est employé à la construction des maisons; il brûle lentement et sans flamme, mais son charbon est très ardent. La moelle des jeunes pieds se mange. Enfin on retire de la base des feuilles, et par macération, une liqueur blanche appelée *lait de palme*, qui est douce et agréable; mais elle s'aigrit en vingt-quatre heures, et par cette raison demande à être bue tout de suite. On ne soumet jamais le pied femelle à cette opération, parcequ'elle épuise l'arbre et le fait mourir quand elle est répétée trop fréquemment. (D.)

DATURA. nom latin des STRAMOINES.

DAUCUS DE CANDIE. Nom par lequel l'ATHAMANTE DE CRÈTE est connu dans les pharmacies.

DAUPHINE. Variété de PRUNE et de POIRE.

DAUPHINELLE, *Delphinium*. Genre de plantes de la polyandrie trigynie, et de la famille des renonculacées, qui renferme une quinzaine de plantes généralement connues des cultivateurs sous le nom de *pied d'alouette*, et qui les intéressent sous plusieurs rapports.

Les seules espèces qu'il soit bon de citer ici sont,

La DAUPHINELLE DES BLÉS OU PIED D'ALOUETTE SAUVAGE, *Delphinium consolida*, Lin. Elle a la racine annuelle, pivotante; la tige cylindrique, à rameaux écartés, grêles, presque nus; les feuilles sessiles, à découpures longues et linéaires; les fleurs bleues, éparses sur les rameaux, à nectaire monophylle, et à une seule capsule. On la trouve très abondamment dans les blés, qu'elle embellit pendant les mois de mai et de juin, époque où elle est en fleur, et auxquels elle ne nuit qu'autant qu'elle est extrêmement abondante. C'est mal à propos que quelques auteurs l'ont confondue avec la dauphinelle des jardins, dont elle diffère beaucoup. Quelquefois elle varie en rouge et en blanc et devient sémi-double. Les bestiaux la mangent tous. On la regarde comme vulnéraire, astringente, mais on en fait peu d'usage en médecine. On se sert de ses fleurs pour colorer le sucre et les liqueurs de table dans les fabriques des confiseurs et des distillateurs.

La DAUPHINELLE DES JARDINS, OU PIED D'ALOUETTE CULTIVÉ, *Delphinium ajacis*, Lin. Sa racine est annuelle, pivotante; sa tige simple, ou peu branchue, garnie de feuilles alternes, sessiles, rapprochées, à découpures d'une ligne de large; ses fleurs sont bleues, formant un épi à la partie supérieure de la tige, à nectaire monophylle, montrant dans son intérieur le mot AIA. Elle n'a qu'une seule capsule. On la croit originaire de l'Orient, mais elle s'est naturalisée dans quelques cantons de l'Europe. Elle se cultive par-tout dans les jardins, dont elle fait l'ornement pendant deux mois de l'année, juin et juillet. Elle n'auroit point de rivales parmi les autres fleurs si elle avoit de l'odeur. Ses fleurs, quelquefois larges d'un pouce, et presque complètement doubles, varient dans toutes les nuances du bleu, du rouge et du blanc, et c'est principalement par le mélange bien entendu de ces nuances qu'elles produisent de si brillans effets dans les parterres. Qui n'a pas admiré ces effets! il est donc superflu de les peindre.

Cette plante demande un sol léger, bien ameubli et bien amendé; elle souffre difficilement la transplantation, aussi est-ce en place qu'il faut la semer et en automne; car si on attend au printemps, comme on ne le fait que trop souvent, la végétation est précipitée par les chaleurs, et les tiges sont moins hautes et les fleurs moins larges. C'est en lignes ou en bordures, ou en petites touffes qu'elle se développe le mieux. En conséquence, dès le commencement d'octobre on répand sa graine fort clair et presque sans l'enterrer dans des petites rigoles ou dans de petits creux qu'on remplit de terreau bien consommé. Au printemps on éclaircit les pieds qui en sont provenus, de manière qu'il y ait une distance de huit à dix pouces, et même plus, si le sol est riche et qu'on ait eu de la bonne graine. Deux ou trois binages, dans le courant du printemps, concourent singulièrement à la beauté des tiges; il ne faut donc pas les leur refuser.

Quelques jardiniers attendent, pour éclaircir, que les fleurs commencent à paroître, afin de pouvoir enlever les pieds dont les couleurs seroient semblables, ne trancheroient pas les unes sur les autres, et distribuer ces couleurs à peu près également dans toute l'étendue de la ligne ou du groupe. On ne peut blâmer cette marche, mais par-là on est exposé à n'avoir que des tiges grêles et des fleurs petites, parceque les racines se seront mutuellement gênées. Il me semble qu'il vaudroit mieux risquer un peu de l'effet des couleurs pour être plus certain de l'élégance et de la richesse du port. Mais, dira-t-on, pourquoi ne pas semer alternativement des graines de pied d'alouette rouge, blanc, bleu, rose, violet, etc.; ce ne seroit qu'un petit embarras de plus? C'est que les couleurs ne se reproduisent pas toujours par le semis, et que cette année où on aura semé beaucoup de celles provenant de fleurs blanches, par exemple, il n'y aura presque pas de pieds blancs. C'est cette difficulté de prévoir d'avance l'effet des couleurs qui fait le désespoir des jardiniers jaloux de se distinguer. Aussi quelques uns préfèrent-ils semer en pot leur plus belle graine, pour, après avoir supprimé, au moment de la floraison, les couleurs trop multipliées, former avec le reste des gradins, où tout est combiné dans le plus grand accord possible.

Lorsqu'on désire avoir de beaux pieds de dauphinelle, il faut se procurer de la graine bien nourrie, et pour cela, lorsque les quinze ou vingt premières fleurs sont passées, supprimer la pyramide que forment celles qui ne sont pas encore épanouies. Comme les capsules qui contiennent cette graine s'ouvrent avec élasticité, ce qui disperse une partie des semences qu'elles contiennent, il faut arracher les pieds lorsque les premières sont ouvertes, et les placer sur des draps; les autres graines achèvent de mûrir, et on ne perd plus rien.

Il y a une variété naine de cette plante qui se couvre de fleurs dans toute la longueur de sa tige, et ses fleurs sont plus larges que celle de l'espèce. J'en ai vu qui avoient presque un pouce de diamètre, et qui paroissoient presque entièrement doubles. Cette variété prend faveur à raison de ces avantages, et parcequ'elle n'a jamais besoin d'être soutenue par des tuteurs; obligation qui, dans les jardins non abrités, nuit beaucoup aux agrémens de l'autre.

La DAUPHINELLE ÉLEVÉE a les feuilles grandes, peltées, divisées en trois parties laciniées, le nectaire de deux folioles et trois capsules. Ses fleurs sont d'un bleu d'azur très vif et disposées en longs épis à l'extrémité de la tige et des rameaux. Elle est vivace, s'élève de trois à quatre pieds, et croît naturellement dans les Alpes et en Sibérie. Si la précédente fait l'ornement des parterres, celle-ci fait celui des jardins paysagers, où on la place souvent entre les arbustes des prémiers rangs, et où elle brille, même avant qu'elle soit en fleur, par la beauté de ses touffes de feuilles et la grandeur imposante de ses tiges. C'est pendant l'été qu'elle fleurit. On la multiplie de graines qu'on sème dans une terre bien préparée et bien fumée, aussitôt qu'elles sont cueillies. Le plant qui en provient se repique en pépinière à la fin de la première année, et est propre à être mis en place à la fin de la seconde, ou au plus de la troisième. On la multiplie aussi, et plus communément et plus rapidement, par le déchirement des vieux pieds. Cette dernière manière est même indispensable, car quand un pied devient trop vieux il pourrit par le centre, et finit par mourir, au lieu que quand on le déplante pour le diviser, il rajeunit. Toute terre lui convient, excepté celle qui est trop sèche ou aquatique.

Les DAUPHINELLES A GRANDES FLEURS et D'AMÉRIQUE se cultivent aussi dans quelques jardins, mais elles sont encore rares. Ce que je viens de dire sur la précédente leur convient parfaitement.

La DAUPHINELLE STAPHYSAIGRE a les feuilles grandes, palmées, à lobes obtus, souvent tachées de blanc; les fleurs bleues, disposées en longues grappes terminales; le nectaire à quatre folioles et trois capsules. Elle est bisannuelle et croît dans les parties méridionales de l'Europe. C'est une plante d'un beau port, qui s'élève à deux pieds, mais dont les fleurs sont moins brillantes que celles des précédentes. On la cultive très rarement dans les jardins autres que ceux de botanique et ceux des apothicaires. On l'appelle *herbe aux poux* ou *herbe à la pituite*, parceque ses semences pulvérisées et mises entre les cheveux font mourir les poux, et mâchées sont un salivaire très actif, capable même d'enflammer la bouche; leur usage intérieur, même à petite dose, est fort dangereux; en conséquence, il ne faut pas s'en servir pour se purger comme on le fait quelquefois. Cette plante demande un sol gras, chaud et cependant ombragé. (B.)

DAY. Nom de la faux dans le département du Var.

DÉBARDER. C'est enlever le bois d'une coupe et le porter dans les chemins. On emploie aussi quelquefois ce mot dans le jardinage dans une signification analogue. Son origine vient de BAR, sorte de civière sur laquelle on transporte le bois. *Voyez* ce mot. (B.)

DÉBILLARDER. On emploie quelquefois ce mot pour dire ôter le billot (la calle) qui tenoit une caisse élevée au-dessus de la surface de la terre. (B.)

DÉBLAIS. Ce mot est employé dans le jardinage pour indiquer les immondices qui résultent du ratissage des allées.

On les met ordinairement dans un massif ou dans un trou creusé exprès dans un coin du jardin.

Les déblais de maçonnerie sont tout ce qui résulte de la démolition d'un mur après qu'on a enlevé les pierres propres à être employées de nouveau. C'est toujours un excellent AMENDEMENT pour les terres fortes et humides. *Voyez* ce mot. (B.)

DÉBLAVER. Synonyme de moissonner dans quelques départemens.

DÉBOIRADOUR. Instrument composé de deux bâtons carrés, disposés en croix de Saint-André, et tournant sur un axe qui les traverse dans leur milieu. Deux des bras, du même côté, ont des entailles sur leurs quatre angles.

Cet instrument sert, dans le Limousin, pour enlever la seconde peau des châtaignes, après qu'elles ont été cuites. A cet effet on enfonce les bras entaillés dans le pot où elles sont, et au moyen des deux autres on tourne en les ouvrant ou fermant. Par cette action rapide elles se dépouillent de leur TAN. C'est le nom vulgaire de cette seconde écorce. J'ai vu faire cette opération, et j'en ai été émerveillé; mais il faut beaucoup d'habitude pour réussir. *Voyez* au mot CHATAIGNIER. (B.)

DÉBORDEMENT DES RIVIÈRES. Lorsque les montagnes étoient huit ou dix fois plus hautes qu'elles ne le sont en ce moment, les rivières qui en descendoient rouloient un volume d'eau bien plus considérable, et leur lit avoit par conséquent une plus grande largeur. Presque par-tout on reconnoît cet ancien lit des rivières, et presque par-tout il est dans le cas d'être de nouveau, en totalité ou en partie, rempli, lorsque des pluies long-temps prolongées ou la fonte des neiges amènent momentanément une grande masse d'eau. C'est cette augmentation qu'on appelle débordement ou INONDATION. *Voyez* ce dernier mot qui a une acception plus générale, c'est-à-dire s'appliquant à toutes les eaux qui couvrent circonstanciellement une localité.

Il est aussi des débordemens qui ont lieu par la suspension du cours d'une rivière, quelle que soit sa cause, par l'augmentation des eaux d'un lac. Les étangs en produisent fréquemment, mais ils rentrent dans les précédens.

Quelques rivières n'ont que des débordemens accidentels; mais toutes celles qui descendent des chaînes centrales, telles que les Alpes, les Cevennes, les Pyrénées, les Vosges, etc., en ont chaque printemps de plus ou moins considérables. Quelquefois ils sont avantageux sous les rapports agricoles, plus souvent ils sont nuisibles. En effet, tantôt ils apportent sur la surface du sol un limon régénérateur de la fertilité (témoin le Nil), et dans son intérieur une humidité dont les bienfaits se font sentir pendant tout l'été; tantôt ou ils apportent des sables qui s'opposent à toute culture pendant plus ou moins de temps, ou ils enlèvent toute la terre végétale, détruisent les récoltes sur pied, déracinent même les arbres.

L'homme n'a pas la puissance d'influer sur les causes des débordemens; mais il peut jusqu'à un certain point diminuer leurs inconvéniens, et même en utiliser les effets, soit pour le moment présent, soit pour l'avenir.

Ainsi, en redressant le cours d'une rivière, on accélère le passage de ses eaux et on évite l'inondation; ainsi, en faisant une jetée de quelques pieds de haut sur ses bords, on l'évite également. Un fossé creusé parallèlement au cours de la rivière, et dont la terre est amoncelée du côté du champ, est une sorte de jetée que les propriétaires peu fortunés peuvent toujours employer, et qui remplit souvent son objet. J'ai vu quelques pelletées de terre placées à propos, au moment même de l'inondation, l'arrêter entièrement. Il est des endroits où on est parvenu à former de ces jetées par l'effet même des débordemens, en plantant des haies de saules ou autres arbustes, haies qui, arrêtant les terres entraînées par les eaux, élèvent successivement le sol à leur pied.

Lors même que les jetées ne seroient pas assez élevées pour empêcher l'inondation de pénétrer dans les champs cultivés, elles produiroient toujours des effets utiles, en diminuant la violence du courant, et facilitant par suite la précipitation du limon dont l'eau est chargée. C'est même un moyen certain d'élever les terres au-dessus des eaux ordinaires. *Voyez* aux mots ALLUVION, CANAL et RIVIÈRE.

Les débordemens peuvent avoir lieu et ont en effet lieu à toutes les époques de l'année, et par conséquent détruire ou au moins altérer les produits des cultures depuis le moment des semis jusqu'à celui où les récoltes sont enlevées. Un agriculteur intelligent et actif, voisin d'une rivière, doit donc être continuellement sur ses gardes, soit pour en diminuer l'action, soit pour en réparer les suites. Il faut par conséquent qu'il ait toujours en réserve une certaine quantité de graines de diverses saisons, pour mettre en place des semis qui ont été enlevés. Si l'inondation a eu lieu pendant l'hiver, c'est-à-dire entre les semailles et mars, il pourra remplacer ses blés, en semant, sur un seul labour, des blés de printemps, des orges, des avoines, ou des grenailles, telles que pois, vesces, féverolles, etc. Si elle a lieu depuis avril jusqu'en juillet, il aura recours aux pommes de terre, aux haricots, au colsat, à la navette d'hiver, à la spargoule, au maïs, pour graine et pour fourrage, si le climat le comporte; enfin si c'est plus tard il sera encore possible de semer les raves, les navettes de printemps, etc. Le pire est de laisser le sol en friche, car tout terrain non cultivé est une perte pour le propriétaire et pour la société, et le plus souvent les terrains qui ont été inondés, lorsque l'été est sec et chaud, sont plus fertiles que les autres à raison de la quantité d'eau dont ils se sont abreuvés.

Les effets des inondations sur les prairies sont plus souvent utiles que nuisibles. On ne doit beaucoup les craindre que pendant l'été lorsque l'herbe est déjà haute, parceque, ou elles la font périr, ou elles la couvrent d'un limon qui en rend l'usage dangereux pour les bestiaux.

Une prairie, dont l'herbe est morte par suite d'une inondation, doit être labourée et semée le plus tôt possible après que les eaux se sont retirées, si c'est au printemps, et mise pendant quelques années en cultures autres que celles des graminées ; par ce moyen on n'éprouve qu'une perte momentanée, perte dont on est même souvent dédommagé par les meilleures récoltes des années suivantes.

Lorsque les débordemens des rivières ont lieu pendant l'été, ils portent dans l'air un excès d'humidité qui est toujours utile à la végétation, mais souvent nuisible à la santé des hommes et des animaux. Les eaux stagnantes, qui en sont quelquefois la suite, produisent encore plus ce dernier inconvénient.

La commission d'agriculture, qui a fait tant de bien à la France pendant la révolution, a publié une excellente instruction sur les moyens de remédier aux suites des inondations. On la trouve dans le premier volume des Annales d'agriculture. *Voyez* INONDATION et DESSÈCHEMENT. (B.)

DÉBOUSIGA. Synonyme de défricher dans le département de la Haute-Garonne.

DÉCAISSER. C'est ôter un arbre de sa caisse, pour lui donner de la nouvelle terre ou le mettre dans une plus grande. *Voyez* ENCAISSER et REMPOTER.

L'action de décaisser est fort simple, mais n'est pas toujours facile, lorsque les arbres sont d'une certaine grosseur ; aussi dans les orangeries bien montées les CAISSES (*voyez* ce mot) sont-elles formées par des panneaux mobiles qu'on commence par ôter lorsqu'on veut faire cette opération. *Voyez* ORANGER. (B.)

DÉCANDRIE. Une des classes des plantes du système de Linnæus, qui comprend celles qui ont dix étamines. *Voyez* PLANTE. (B.)

DÉCEMBRE. Ce mois, le dernier de l'année, a des jours extrêmement courts. Ordinairement les fortes gelées continuent pendant sa durée, et les laboureurs ne peuvent plus travailler la terre. C'est le moment d'accélérer le battage du grain, de marner les terres, conduire les matériaux pour la bâtisse, le bois pour le chauffage, de faire nettoyer les cours, de réparer les chemins vicinaux, couper les saules, tailler les haies, tuer et saler les cochons, envoyer vendre les dindes, les oies, les canards, etc.

Les productions du potager, pendant ce mois, sont toutes dues à l'art. Ce n'est qu'à l'aide des couches, des châssis et autres abris qu'on peut se procurer quelques légumes de primeur et des fournitures de salade. Les artichauts, le céleri, les scorsonères, le salsifi, les choux, les carottes et autres légumes qu'on a laissés en pleine terre doivent être couverts de feuilles sèches, de fougère, de paille ou autres objets, soit pour empêcher les gelées d'agir sur ceux d'entre eux qui les craignent, soit pour permettre d'arracher ou de cueillir les autres à volonté.

Cependant, si le temps est doux, on peut semer des pois hâtifs, labourer tout le terrain qui ne l'a pas encore été, achever d'émonder ou de tailler les arbres et arbustes, etc. Dans le cas contraire, on nettoie les graines, aiguise les tuteurs, fabrique les paillassons, etc.

Dans les pépinières, on continue les travaux du mois précédent. On arrache ou on plante lorsque le temps est doux. On couvre les jeunes semis de feuilles ou de fougère si les gelées sont à craindre. (B.)

DÉCHALASSER. C'est ôter les échalas qui soutiennent des jeunes arbres, des arbustes ou des plantes. *Voyez* Echalas.

DÉCHARGE. On appelle ainsi, dans les jardins, un trou dans lequel on met les déblais du ratissage des allées, les résultats de la tonte des charmilles et autres immondices.

On place ces décharges dans un lieu bas et le moins exposé possible à la vue.

La décharge d'un bassin est le tuyau par lequel s'écoule le superflu de ses eaux. (B.)

DÉCHARGER. C'est ôter une charge de dessus un homme, un animal ou une charrette.

On dit aussi décharger un arbre pour supprimer les branches ou les fruits trop abondans.

DÉCHARNELER. Synonyme de Déchalasser.

DÉCHARNER. Ce mot est appliqué aux arbres auxquels on ôte trop de bois, et que l'on taille trop court, de manière qu'ils s'épuisent à faire de nouveaux bourgeons et le plus souvent des bois gourmands. Ces pousses, inutiles en grande partie, et en pure perte, puisqu'on les retranche l'année d'après, fatiguent, tourmentent et épuisent l'arbre. Taillez peu, voilà la grande maxime; et vous aurez peu à tailler, si vous avez soin d'incliner les branches pour faire perdre à la sève son canal trop direct. (R.)

DÉCHAUMER. Synonyme de défricher ou même de labourer.

DÉCHAUSSER. C'est enlever la terre du pied d'un arbre. On fait cette opération pour renouveler cette terre, visiter les racines lorsqu'on les soupçonne causer le dépérissement de l'arbre, etc. On dit qu'une terre déchausse quand, après s'être gonflée par la gelée, elle laisse à nu dans le dégel le pied des plantes qui y sont semées. Cet inconvénient, auquel les terres légères sont sujettes lorsqu'elles sont surprises de la gelée pendant qu'elles sont imbibées d'eau, est très grave. On a vu des étendues considérables de terre ne pas donner des récoltes par cette cause. Le seul moyen d'en prévenir les suites, c'est de herser avec une herse de bois très légère aussitôt que cela devient possible. Quelques pieds sont arrachés, mais les autres en deviennent plus beaux, parcequ'ils sont plus profondément enterrés, qu'un plus grand nombre de leurs nœuds peuvent prendre racines; or la beauté des plantes, dans chaque espèce, est toujours proportionnée à la quantité de leurs racines. Je rappellerai à cette occasion la belle expérience de Varennes de Fenilles. Il fit herser à la fin de l'hiver la moitié d'un champ de blé. Cette moitié produisit un tiers plus de blé que l'autre, et le double de paille en poids.

C'est toujours un grand inconvénient quand un arbre est déchaussé, comme c'en est un très grand quand il est trop enterré. Il faut que les racines puissent ressentir les influences de l'atmosphère, mais qu'elles n'y soient pas directement exposées, sans quoi elles deviendroient branches. On a proposé le déchaussement des arbres fruitiers, au printemps, pour les rendre plus productifs et accélérer leur récolte; mais, malgré les expériences qui ont été citées comme preuve de l'utilité de ce moyen, il est encore dans la classe des douteux. (B.)

DÉCLIMATER. C'est l'opposé d'acclimater, et cependant en définitif la même chose; aussi emploie-t-on rarement cette expression. *Voyez* au mot ACCLIMATER.

DÉCOCTION. Breuvage médicinal fait de végétaux ou d'autres substances. La décoction suppose nécessairement l'ébullition soutenue, en quoi elle diffère de l'*infusion*. Le but de la décoction est de dissoudre les substances actives d'un corps, et de les étendre dans un véhicule convenable.

On doit seulement soumettre à la décoction les substances qui, au degré de chaleur de l'ébullition, ne laissent point évaporer leurs parties essentiellement médicamenteuses. Par conséquent les substances aromatiques, celles qui contiennent des principes volatils, exigent seulement l'infusion, et souvent l'infusion au bain marie, ainsi que nous avons le soin de l'indiquer. (R.)

DÉCOLLER. Se dit souvent des greffes ou des jeunes bourgeons qui se séparent de leur arbre par l'effet du poids de leurs feuilles, des grands vents, ou de l'attouchement d'une personne ou d'un animal.

Pour éviter cet inconvénient, on doit assujettir ces greffes ou ces bourgeons à leur arbre au moyen d'un tuteur. Il est des arbres qui sont plus sujets à la décollation que d'autres. (B.)

DÉCOMBRES. On appelle ainsi les résultats de la démolition des bâtimens. Presque toujours ils sont excellens pour servir d'amendement mécanique aux terres, mais de plus ils agissent de différentes autres manières selon leur nature. La plupart à leur action mécanique unissent une action chimique. Les décombres des maisons bâties en plâtre, qu'on appelle *plâtras* à Paris, par exemple, peuvent être répandus sur toute espèce de terre, mais en petite quantité à la fois. *Voyez* au mot PLATRE. Ceux des maisons bâties à chaux et à ciment ne conviennent que dans les terres argileuses et humides, dans les terres qu'on appelle vulgairement froides. Là ils produisent des effets étonnans et peuvent être d'autant plus prodigués que le sol est plus compacte et plus aquatique. Il est bien rare qu'on se trouve dans le cas d'avoir à se plaindre de l'excès. *Voyez* au mot CHAUX. Les décombres provenant des bâtisses faites en terre argileuse doivent servir aux terres sablonneuses. Ils sont généralement les plus communs dans les campagnes. Ceux qui résultent de la démolition des maisons en pisé peuvent être indifféremment employés par-tout, parceque c'est presque toujours la terre du sol où est la maison qui a été employée.

Les décombres, outre leurs principes particuliers, contiennent presque toujours plus ou moins de sels, c'est-à-dire les nitrates de potasse, de chaux et de magnésie, et les muriates des mêmes noms. Ces sels agissent comme puissans amendemens, et concourent à rendre ces décombres précieux pour l'agriculture. *Voyez* SEL. (B.)

DÉCORATION DES JARDINS. Tous les hommes s'extasient à la vue de la belle nature, mais fort peu d'hommes trouvent cependant la nature assez belle. Chacun croit augmenter ses jouissances, ou mériter les applaudissemens, en l'ornant selon ses caprices. Ainsi il en est qui trouvent qu'une allée droite et sablée est plus agréable qu'une allée sinueuse et gazonnée, qu'un bassin de marbre vaut mieux qu'une fontaine entourée de verdure, que des arbres taillés en boule font plus d'effet que ceux auxquels les ciseaux n'ont jamais touché, etc., etc.; qui veulent par-tout des statues, des portiques, des bancs, tandis que d'autres, accusant ceux-ci de mauvais goût, font bâtir de larges ponts sur des rivières sans eau, creuser des lacs de quelques toises de diamètre, élever des rochers qu'on peut renverser avec le pied, etc., etc. Ils veulent que les temples, les ermitages, les ruines se touchent. Tous ces objets sont cependant appelés décoration des jardins.

Il me seroit facile d'écrire un volume sur la décoration des jardins; mais je tiens pour impossible de le faire de manière à ne pas trouver des contradicteurs sans nombre, parceque ce qui tient à l'imagination ne peut reposer sur des bases fixes, et que la mode règle la manière de voir bien plus fréquemment que la raison.

Je n'entreprendrai donc point de traiter ici cette matière qui tient plus aux beaux arts qu'à l'agriculture, et je renverrai au mot *jardin* les dévelppemens qui font partie du plan que je me suis fait en commençant cet ouvrage. (B.)

DÉCORTICATION. Séparation naturelle ou artificielle de l'écorce des arbres d'avec le tronc.

Il est des arbres qui renouvellent tous les ans leur écorce, ou une portion de leur écorce, comme la vigne, le platane, l'if; il en est d'autres qui la renouvellent à des époques plus ou moins éloignées, comme le liège. Cette opération est un bien pour l'arbre, qui souffriroit ou même périroit si elle n'avoit pas lieu.

Il est des arbres dont l'écorce se sépare du tronc par suite d'un coup de soleil, d'une gelée, d'une blessure, d'une maladie interne, etc., etc. Dans ce cas, l'arbre périt si la décortication est complète dans sa circonférence, quelque peu large qu'elle soit, parcequ'il n'y a plus de correspondance de sève entre les racines et les feuilles. *Voyez* au mot SÈVE.

Enfin il est des arbres que l'homme écorce pour en augmenter la force et la dureté, et, parconséquent, en pouvoir tirer un parti plus avantageux pour ses besoins.

Buffon a fait sur cela un grand nombre d'expériences qui ne laissent aucun doute sur l'utilité des écorcemens; cependant il ne les a pas combinées de manière à pouvoir établir la théorie de cette opération. Varenne de Fenilles avoit le projet de reprendre ces expériences en sous-œuvre; mais sa mort anticipée a privé la science des résultats qu'il en auroit tirés. Il a seulement vu deux faits, c'est que l'écorcement diminue le diamètre et la pesanteur spécifique des arbres qu'on y soumet. *Voyez* AUBIER.

Quoi qu'il en soit, lorsqu'on écorce un chêne il pousse des feuilles et fleurit comme à l'ordinaire; mais ses feuilles sont plus petites et ses fruits n'arrivent pas à parfaite maturité. L'année suivante, s'il ne meurt pas pendant l'hiver, il pousse encore quelques feuilles au printemps; mais ces feuilles ne tardent pas à se dessécher et l'arbre périt. C'est l'hiver d'ensuite qu'il doit être coupé. Il est quelques arbres, sur-tout de ceux à bois mous, le marounier, par exemple, qui donne de bons fruits la première année, de mauvais la seconde et qui ne périssent qu'à la troisième. Il y a tout lieu de croire que, dans ce cas, la sève qui monte des racines, et qui devoit faire croître l'arbre en hauteur et en grosseur, se fixe en totalité, ou au moins en plus grande partie, et dans le cœur, qu'elle obstrue complètement et dans l'aubier dont elle diminue la largeur des canaux, et que ce dernier effet, joint à la dessiccation de la circonférence par l'action du soleil et de l'air, est la cause de l'augmentation de dureté de l'aubier.

Ces phénomènes prêtent beaucoup aux développemens physiologiques. *Voyez* au mot PHYSIQUE VÉGÉTALE. (B.).

DÉCOURS. On donne généralement ce nom, dans les campagnes, au temps qui s'écoule depuis l'époque où la lune est pleine jusqu'à celle où elle disparoît complètement, c'est-à-dire qu'elle est en décours lorsque son croissant a les cornes tournées du côté du couchant.

Il est constaté, par un grand nombre de faits, que les phases de la lune ont de l'action sur la mer, et par conséquent sur l'air, qui n'est qu'une mer moins dense. Il y a nécessairement des marées d'air comme des marées d'eaux, et elles influent sur le changement de temps. Aussi les plus anciens agriculteurs ont-ils observé que les nouvelles lunes amenoient fréquemmeut la pluie lorsqu'il faisoit beau, la gelée lorsqu'il faisoit doux, etc., etc. Jusque-là tout étoit bien ; mais ce grand phénomène physique a été ensuite appliqué, par suite de l'ignorance où sont tombés les hommes, à toutes les circonstances de la végétation, et il en est résulté les pratiques les plus absurdes, pratiques auxquelles les habitans des campagnes tiennent d'autant plus qu'ils n'en connoissent pas l'origine. Ainsi, dans beaucoup de pays, on ne veut semer que dans le décours, sans considérer que le plus souvent le temps est sec, et par conséquent moins favorable à cette opération. Les inconvéniens qui résultent de ce préjugé sont très graves pour l'agriculture, principalement parcequ'il oblige à ne tenir aucun compte des autres considérations, et à forcer quelquefois tellement les travaux, qu'ils sont nécessairement mal faits. On reviendra sur cet objet au mot LUNE.

On dit aussi qu'un arbre est sur son *décours*, pour dire sur son retour. (B.)

DÉCOUVRIR. En terme de jardinage c'est enlever les paillasous, la litière, les feuilles, etc., de dessus les plantes qu'elles ont garanties de la trop grande ardeur du soleil ou du trop grand froid. Dans l'un et l'autre cas, dans le dernier sur-tout, il faut agir avec prudence, si on ne veut pas perdre en un instant le fruit des peines de plusieurs mois et souvent de plusieurs années. En effet, les plantes privées de lumière sont étiolées, et alors le plus petit coup de soleil, la plus petite gelée, même seulement la simple action du grand air, les fait périr. Il faut donc les accoutumer petit à petit à la nouvelle situation dans laquelle on prétend les mettre. Lorsqu'on découvre après l'hiver, on doit donc toujours choisir un jour nébuleux, et même n'opérer qu'en plusieurs temps lorsque ce sont des plantes très délicates, et qu'on soupçonne avoir poussé sous leur COUVERTURE. *Voyez* ce mot. (B.)

DÉCROIT. C'est ainsi qu'on nomme, dans le style des baux à cheptel, la diminution du produit des bestiaux. (B.)

DÉCUMAIRE, *Decumaria.* Arbuste à rameaux radicans, à feuilles opposées, ovales, dentées à leur partie supérieure, coriaces, luisantes, longues de deux pouces, à fleurs blanches, disposées en panicules terminales très denses, qui forme un genre dans la dodécandrie monogynie, et qui mérite plus l'attention des cultivateurs qu'on ne le croit communément.

Cet arbuste, originaire de l'Amérique septentrionale, croît au milieu des marais, le pied dans l'eau, s'attache aux arbres comme le lierre, et se couvre pendant deux mois de l'été d'une grande quantité de fleurs odorantes. Nous n'avons aucun autre arbuste qui puisse, dans les jardins paysagers, remplir les destinations qu'on peut donner à celui-ci. Il est probable que ce qui jusqu'à présent a empêché qu'on ne l'ait apprécié à sa juste valeur, c'est qu'on ne l'a cultivé que dans des terres sèches, où il restoit petit et fournissoit à peine quelques maigres bouquets de fleurs. Il est indubitable pour moi qu'il deviendroit, dans les parties méridionales de la France, aussi beau que je l'ai vu dans son pays natal. Dans les jardins de Paris même il a passé plusieurs hivers en pleine terre, et il ne reste plus qu'à savoir s'il passera de même l'hiver en pleine eau. On pourroit s'en assurer facilement. D'ailleurs, il est possible de le laisser en pot, avec un saule par exemple, afin de le mettre dans l'eau pendant l'été et dans l'orangerie pendant l'hiver. Il se multiple très rapidement de boutures et de marcottes.

Ses fleurs sont très abondantes en miel. J'ai corrigé l'énoncé des caractères et donné la figure de cet arbuste dans les actes de la société d'histoire naturelle de Paris. (B.)

DÉDALE. C'est la même chose que LABYRINTHE. *Voyez* ce mot.

DÉFENDS. Se dit du bois qu'il est défendu de couper, ou dont l'entrée n'est pas permise aux bestiaux. Les taillis sont en défends de droit jusqu'à cinq à six ans, excepté pour les cochons dans le temps de la glandée.

Tous les taillis sont défensables pendant les mois de mai et de juin, tant à cause du tort que les bestiaux feroient à leurs bourgeons encore tendres, que parceque cette nourriture occasionne souvent aux bestiaux des pissemens de sang. (De Per.)

DÉFENDURES. Morceaux de bois garnis de paille, ou petites branches que l'on place dans les champs pour indiquer que les bestiaux ne doivent pas y aller paître, ou que le chaume qui s'y trouve est réservé.

DÉFENSABLE (Bois). Lorsqu'il est assez âgé pour être coupé et pour y laisser paître les bêtes aumailles.

DÉFLEURIR. C'est l'époque où la corolle et les étamines des fleurs tombent. Cette époque varie selon les espèces de plantes, et dans la même plante, selon les expositions, le terrain, l'état de l'atmosphère, etc. (B.)

DÉFONCER UN TERRAIN. C'est lui donner un labour plus profond qu'à l'ordinaire. On défonce à la charrue, à la bêche, à la pioche ; mais le labour à la charrue ne devroit pas porter ce nom. Il est malheureux pour l'agriculture que les dépenses de cette opération, lorsqu'elle est faite à la bêche ou à la pioche, soient si considérables ; car ses avantages sont très-grands, très prompts et très durables. En effet, on rend la terre plus perméable aux racines des plantes, aux principes de l'air, aux pluies et même à la chaleur du soleil, c'est-à-dire aux quatre conditions nécessaires de toute riche végétation. Il est cependant un cas où un défoncement peut être plus nuisible qu'utile, c'est lorsqu'un sol, qu'on ne veut cultiver qu'en blé ou autre céréale, n'a que cinq à six pouces, ou moins, de terre végétale, et que le dessous est un tuf ou une argile tenace, parcequ'alors on ramène la mauvaise terre à la surface, et que les racines des plantes en question s'approfondissent peu. Il est avantageux de défoncer un sol composé uniquement de terre végétale, c'est-à-dire les sols les plus fertiles, parcequ'on met à l'air des terres meubles et non épuisées du terreau soluble, ou plus disposé à être rendu soluble, seule partie propre à la nourriture des plantes.

On doit quelquefois défoncer des terres argileuses pures, ou presque pures parcequ'au moins pendant un ou deux ans elles seront plus perméables à l'eau, à l'air et aux racines.

Très-souvent il est avantageux de défoncer les sols qui renferment plusieurs natures de terre disposées par couches, surtout ceux qui, après la terre végétale, présentent une couche d'argile ou de tuf, c'est-à-dire de pierre tendre, et ensuite de la marne. Ces sols sont très fréquens, et peuvent facilement par-là doubler de valeur.

On voit des espèces de marais qu'un simple défoncement dessèche suffisamment pour les rendre propres aux productions des terres sèches. En effet, si la couche d'argile n'étoit qu'à six pouces de la surface, l'eau pouvoit facilement se montrer au jour ; mais si on la creuse jusqu'à deux pieds et qu'on la mélange avec la terre végétale qui la surmontoit, l'eau ne peut plus atteindre les racines des céréales et autres petites plantes annuelles qu'on sème sur cette surface.

Mais quelle profondeur faudra-t-il donner aux défoncemens ? La nature du sol et les calculs des bénéfices qui doivent en résulter peuvent seuls décider cette question. Il ne faut jamais, en agriculture, agir sans avoir acquis une connoissance approximative de l'utilité des résultats. La meilleure pratique ne vaut rien si elle ne procure une augmentation de revenu et le remboursement des avances de toute nature qu'a nécessitées la terre. Il n'y a que des personnes riches qui puissent agir autrement.

Il est souvent dangereux de planter sur un défoncement nouveau, parceque la terre trop meuble ne retient pas l'eau, et présente des interstices, de sorte que les racines s'y dessèchent. Cette observation s'applique particulièrement aux terrains sablonneux et crayeux. Une de ses conséquences, c'est qu'on doit défoncer toujours avant l'hiver, afin que les pluies de cette saison fassent tasser la terre, la plombent, comme on dit dans quelques lieux.

Généralement une profondeur de deux pieds suffit dans le plus grand nombre de cultures, même dans la plantation des bois, où il seroit le plus utile d'en avoir une plus étendue. Il est cependant des jardins légumiers, des vergers, où on va jusqu'à trois et quatre pieds ; mais cela est rare, et même on peut dire que cela n'a lieu que dans les environs des villes, dans les lieux où il y a une grande quantité de décombres ou de pierrailles accumulées, sous lesquelles il est nécessaire de retrouver le sol naturel.

Dans une terre légère le défoncement à la bêche remplit suffisamment son objet, parcequ'il suffit de jeter cette terre à quelque distance pour qu'elle se divise et même s'émiette ; mais dans un sol argileux, ou un sol où les pierres dominent, il faut le faire à la pioche, principalement à la pioche qu'on appelle *tournée*, pioche qui débite beaucoup d'ouvrage, et de bon ouvrage, et jeter le résultat avec la pelle.

Qu'on emploie l'une ou l'autre de ces deux manières, il faut toujours exiger que les ouvriers fassent une jauge au moins de trois pieds, c'est-à-dire qu'il y ait cette distance entre le point où ils travaillent et celui où ils jettent la terre, et veiller à ce qu'ils divisent et mélangent les terres, et à ce qu'ils ôtent toutes les grosses pierres, etc. Il est toujours plus coûteux, mais aussi toujours plus avantageux de les faire travailler à la journée, parcequ'à la tâche ils se dépêchent trop et recouvrent le terrain non défoncé, ce qu'ils appellent des *chevets*.

Il est des pays où les défoncemens sont très en faveur; il en est d'autres où on ne les connoît pas du tout. Ces derniers sont ordinairement en plaine. Dans la plupart des vignobles on défonce toutes les fois qu'on plante une nouvelle vigne; ce qu'on appelle *miner* dans quelques uns.

Je suis si convaincu des immenses avantages des défoncemens en agriculture, que dans mes rêveries patriotiques je fais des vœux pour que le sol de la France, les pentes des montagnes rapides seules exceptées, soit défoncé. (B.)

DÉFRÉTUNER. C'est, dans le Boulonnais, faire porter deux années de suite du blé à la même terre. (B.)

DÉFRICHEMENT. Ce mot indique la conversion en terre labourée d'un champ qui étoit en pâture, en prairie, en bois, etc. Il a donné et donne encore souvent lieu à une grave erreur agricole que je crois important de relever d'abord. Je veux parler de cette opinion qui règne parmi des hommes éclairés qui ne s'occupent pas spécialement de la pratique de l'agriculture, parmi les gouvernans sur-tout, de cette opinion qui fut si préconisée au milieu du siècle dernier par les économistes, et dont le fond peut être ainsi exprimé : *Il suffit de labourer un sol, de quelque nature qu'il soit, pour en tirer des produits en blé ou autres céréales qui dédommagent des frais, payent la rente, l'impôt, et donnent un bénéfice.*

Certainement toute terre cultivée offre des récoltes plus abondantes que celle qui ne l'est pas; mais il ne faut pas seulement du blé, de l'orge et de l'avoine, il faut encore des bestiaux, du bois, des légumes, des plantes pour le service des arts, etc., etc. Mais toute terre ne peut pas être labourée; par exemple, celle qui n'ayant que quelques pouces de fond est assise sur un banc de pierres. Parmi celles même qui peuvent l'être, il en est que les labours appauvrissent au point de les mettre en peu d'années hors d'état de rendre aucun service pendant des années, des siècles, éternellement peut-être. Aussi les lois en faveur des défrichemens qui ont été promulguées à différentes époques ont-elles généralement plus fait de mal que de bien, parcequ'elles ne distinguoient pas les circonstances où il étoit bon de défricher. C'étoit en supprimant la féodalité territoriale, en divisant les propriétés dans les pays de montagnes et dans les mauvais sols, en augmentant l'aisance des campagnes, en favorisant la population, en éclairant les cultivateurs, qu'on pouvoit espérer de rendre à la culture toutes les portions de terrains qui ne rendoient pas ce qu'elles étoient susceptibles de rendre par suite d'une bonne culture. La révolution a produit quelques uns de ces effets; aussi y a-t-il eu plus de défrichemens pendant les douze dernières années du siècle, qu'il n'y en avoit eu dans le siècle entier, malgré les lois précitées; mais, faute d'instruction, beaucoup de ces défrichemens ont encore été nuisibles, et au bien général de la société, et à celui de ceux qui les ont entrepris. *Voyez* mon mémoire dans la collection de ceux de la classe des sciences physiques et mathématiques de l'institut, an 6, sur les abus des défrichemens.

C'est moins une grande culture qu'une culture bien entendue que doivent désirer voir établir en France les amis de la patrie. Il doit y avoir un rapport nécessaire entre toutes les diverses branches de l'agriculture. Le blé surabonde évidemment chez nous, puisque, malgré l'augmentation du prix des produits de l'industrie et de la plupart des autres denrées, son prix baisse toujours. Nous manquons évidemment de bois, d'une quantité suffisante de bestiaux de toute espèce, principalement de chevaux; c'est donc vers la multiplication des bois et des bestiaux que l'agriculture doit se diriger dans le moment actuel. Le mot défrichement ne doit donc plus signifier ce qu'il signifioit il y a cinquante ans. On peut à mon avis le traduire ainsi : tirer, par le moyen de l'agriculture, tout le parti possible d'un terrain, et non seulement sans le détériorer pour l'avenir, mais même en l'améliorant graduellement.

D'après cette définition, on ne sera plus déterminé à labourer les pentes des montagnes, opération qui donne aux eaux pluviales la facilité d'en entraîner plus rapidement les terres, d'en mettre le roc à nu, et par conséquent de les rendre complètement impropres à toute culture; on ne se croira plus obligé de semer du blé dans les localités que les eaux inondent presque tous les hivers, ou dans celles qui, par leur excessive aridité, ne conviennent pas à sa végétation.

Les terres sont en friche ou parceque le propriétaire ne veut pas les cultiver, ou parcequ'il ne le peut pas faute d'avances, ou parcequ'il craint de ne pas trouver dans leur produit de quoi se dédommager de ses dépenses. Je pourrois développer utilement ici un grand nombre de considérations importantes relatives à l'influence de l'impôt sur la culture; mais cet objet sera traité ailleurs. Je dirai seulement que le meilleur moyen que le gouvernement ait pour encourager l'agriculture, c'est d'abord la modération des impôts sur le sol et sur les produits bruts de la terre, et ensuite une progression plus rigoureusement concordante avec la masse des mêmes produits que celle qui existe.

Il y a en général en France plus de bonne terre en culture

qu'il n'en faut pour fournir en blé, en seigle, en avoine, en orge, en maïs et en millet le triple de ce qui est nécessaire à la consommation annuelle de la France, si ces bonnes terres étoient bien cultivées, si on y suivoit rigoureusement la pratique des assolemens à longs retours.

On peut regarder comme certain qu'il y a plus d'avantages à améliorer une terre déjà cultivée, que de porter la charrue là où elle n'a pas encore passé, 1° parcequ'il y a moins de frais à faire; 2° parceque la plupart des terres incultes sont de peu de rapport. Toutes les terres médiocres et les mauvaises devroient donc, sauf la portion nécessaire à la consommation de leurs cultivateurs, être réservées à des cultures d'autres natures, et toutes les pentes rapides rigoureusement plantées en bois.

J'insiste, avec ceux qui ont écrit avant moi, principalement sur ce dernier objet, à raison de son importance. En effet, la culture des pentes et du sommet des montagnes les a privées de bois, a accéléré leur abaissement, et par suite a diminué les sources d'eau qui en découloient, et affoibli les effets des abris qu'elles fournissoient. Il n'est pas de voyageur agronome qui n'ait mille et mille fois acquis la preuve de ces faits. On en voit des exemples produits pendant la révolution même dans les environs de Paris. Je citerai la montagne de Sanois, dont l'extrémité a été dégarnie d'un bois qui favorisoit la culture du figuier dans le vignoble d'Argenteuil, et qui alimentoit plusieurs sources, aujourd'hui taries, à la queue de l'étang de Montmorency.

Mais, dira-t-on, faut-il par des considérations de ce genre, quelque majeures qu'elles soient, se refuser aux avantages qu'on peut espérer d'obtenir des terrains en pente par une culture de vigne ou toute autre appropriée à la nature du sol? Non, sans doute, répondrai-je; mais on doit affoiblir les effets des conséquences qui en résulteront par tous les moyens possibles. Ainsi une ceinture de bois de quelques toises de largeur suffit le plus souvent pour empêcher le sommet de la montagne de s'abaisser, pour lui conserver la faculté d'attirer et de condenser les vapeurs, comme celle de servir d'abri à la contrée qui est au-dessous; ainsi des haies transversales, de distance en distance, opposent un obstacle suffisant à l'éboulement des terres, pour que cet éboulement ne soit sensible qu'après plusieurs générations. Cependant dans toute localité où on ne cultive pas la vigne, et où la pente est extrêmement rapide, je préférerai toujours voir planter des bois, les véritables conservateurs ou réparateurs de ces sortes de terrains, ou conserver des pâturages, qui, s'ils sont moins productifs que les bois, peuvent au moins fournir la nourriture à de nombreux troupeaux de moutons ou de chèvres. Il est même un moyen avantageux de faire concourir ces deux principes à l'augmentation du revenu de ces terrains, c'est d'y planter en quinconce, à vingt-cinq ou trente toises de distance, des arbres qu'on tient en têtard à huit à dix pieds du sol, arbres qui favorisent la croissance de l'herbe par un ombrage salutaire, qui tous les huit à dix ans fournissent une coupe de fagots productive, et tous les quatre-vingts ou cent ans et plus, des troncs d'une valeur importante. L'inspection des montagnes de la Biscaye donne une haute idée de ce genre de culture.

Cependant il faut en revenir aux défrichemens, puisqu'ils sont l'objet dont j'ai entrepris d'occuper le lecteur.

Chaque nature de sol exige un mode particulier de défrichement.

Par exemple, les terrains secs et légers peuvent être rendus propres à la production des céréales par un simple labour fait au printemps, tandis que ceux qui sont argileux et humides en demandent deux et même trois à différentes époques, et le plus souvent croisés, c'est-à-dire dont les sillons se coupent perpendiculairement.

Dans quelques cas on doit Écobuer le terrain (*voyez* ce mot), dans d'autres il faut le priver de ses eaux surabondantes par des saignées et autres travaux. Presque toujours il est nécessaire d'employer une puissante charrue qui approfondisse beaucoup et mélange la terre du fond avec celle de la surface. C'est principalement à ce moyen que les Anglais doivent l'amélioration du comté de Norfolk, qui jadis étoit en grande partie en friche, ou ne produisoit que de chétifs seigles, et qui aujourd'hui donne de superbes récoltes de froment. Si la cherté de la main-d'œuvre permettoit de faire par-tout les défrichemens à la pioche, et de plus d'un pied de profondeur, défrichemens qu'on appelle alors Défonçages ou minages (*voyez* le premier de ces mots), ou doubleroit de suite les produits d'une grande partie de la France. Et qu'on ne craigne pas de mêler la mauvaise terre avec la bonne; car cette terre, qui paroît impropre à la végétation, parcequ'elle n'est pas encore imprégnée des principes nécessaires à la nourriture des plantes, ou parcequ'elle est quartzeuse, le deviendra bientôt par l'absorption du carbone de l'air, ou, en divisant la terre déjà pourvue d'une grande quantité de parties solubles, donnera aux racines les moyens de se les approprier plus facilement.

Cette même circonstance du défaut de carbone dans les couches inférieures de la terre a fait souvent regarder des champs nouvellement défrichés comme stériles, a encore plus souvent donné lieu de croire que la marne nuisoit plus qu'elle ne servoit à leur amélioration. L'indication théorique est donc qu'il ne faut pas semer sur un défrichement plus profond que l'épaisseur de la couche végétale, immédiatement après le labour, mais laisser la terre, pendant quelques mois, se mûrir, comme on le dit généralement, c'est-à-dire absorber le carbone. On peut au reste gagner du temps sous ce rapport par des fumiers très consommés, par des semis de raves, de sarrasin, de spergule, de vesces, de fèves, etc., qu'on enterre au moment de la floraison, afin que ces plantes pourrissent dans la terre.

Le préjugé qui, jusqu'à ces derniers temps, a fait regarder la culture du froment comme la seule importante, détermine la plupart des cultivateurs à en semer sur leur défrichement; mais l'expérience prouve qu'il y réussit moins bien que l'avoine, soit parceque certaines plantes demandent un sol plus divisé, soit par toute autre cause. Arthur Young a offert sur cela des exemples si nombreux qu'il n'est pas permis de les récuser.

En général on ne met point en France d'amendement sur les terres défrichées. Il n'en est pas de même en Angleterre, au rapport du même agronome, où presque toujours on répand sur elles de la marne, du plâtre et sur-tout de la chaux, et par cela seul on les rend bien plus productives. Pourquoi ne ferions-nous donc pas de même?

Au reste, comme chaque nature de sol exige un genre de défrichement particulier, je renverrai le complément de cet article aux mots Landes, Bruyère, Marais, Bois. (Tes.)

DEGALLIR. Dans le département des Deux-Sèvres c'est abattre les fruits avec une perche. *Voyez* Gauler.

DÉGARNIR. On dit qu'un arbre s'est dégarni lorsqu'il a perdu quelques grosses ou beaucoup de petites branches, soit naturellement, soit par la volonté du jardinier. Il est quelquefois utile de dégarnir un arbre, mais cette opération doit être faite avec prudence; car souvent elle ne sert qu'à accélérer son dépérissement, ou à lui faire pousser des gourmands, qui, lorsqu'il est au nombre des fruitiers, l'empêchent de donner du fruit. (B.)

DÉGATS. Ce mot s'applique généralement à tous les dommages causés aux plantes qui intéressent particulièrement les cultivateurs, soit par des causes physiques, soit par les hommes ou les animaux. Il est des moyens de diminuer l'influence des météores sur les plantes, moyens qui seront successivement indiqués dans le cours de cet ouvrage, et il est des lois contre les délits causés par les hommes ou les animaux domestiques, dont on trouvera la série à la fin du dernier volume, c'est-à-dire dans le nouveau Code rural. (B.)

DÉGEL. Adoucissement de l'air, assez considérable pour faire fondre la glace. Il y a deux sortes de dégel, celui qui est amené insensiblement par l'élévation du soleil sur notre

horizon, élévation qui met un terme à la durée de l'hiver.
Le froid seroit perpétuel si les rayons du soleil tomboient
toujours très obliquement sur la terre que nous habitons.
L'autre espèce de dégel a lieu pendant l'hiver, lorsque les vents
du sud repoussent les vents du nord, et apportent avec eux
un air plus chaud, et beaucoup d'humidité. Pendant le dégel
il arrive des phénomènes trop singuliers, relativement aux
arbres, pour les passer sous silence.

Pendant plusieurs jours avant le dégel la vivacité du froid
augmente; le vent du nord soufle avec plus de force, le ciel
est plus net, les étoiles plus scintillantes, et chaque soir, avant
et au moment que le soleil se couche, la partie du midi paroît tapissée d'une couche d'un rouge brun. C'est le vent du
sud qui gagne peu à peu la partie supérieure de l'atmosphère,
rabaisse le vent du nord, le rend plus actif sur les individus,
par l'évaporation qu'il occasionne, enfin, par les fortes
rosées qui, dans ce cas, forment le GIVRE. *Voyez* ce mot. Si
les deux vents se contrarient pendant plusieurs jours, les
arbres en seront couverts. J'ai souvent observé que les froids
rigoureux et de longue durée étoient dus au combat opi-
niâtre de ces deux vents. Si, dans cet intervalle, le vent du
sud cédoit complètement, la rigueur du froid diminuoit,
augmentoit quand il reprenoit un peu, enfin, étoit anéantie
lorsqu'il parvenoit à dominer et à expulser son antagoniste.

Au commencement du dégel, le froid diminue réellement;
cependant il semble augmenter d'intensité, par rapport à nous.
L'humidité de l'air en est la cause. Pendant le froid, les arbres,
leurs troncs, les plantes se contractent, se crispent sur eux-
mêmes, et occupent moins d'espace; par le dégel ils reviennent au même point.

Si le froid est rigoureux, les arbres se fendent depuis l'en-
fourchement de leurs branches jusqu'aux racines. Souvent la
fente a plusieurs lignes de diamètre dans les jeunes sujets, et
sur les troncs d'arbres elle est proportionnée à leur grosseur.
Au dégel tout reprend sa même forme, et à peine, dans les
jeunes arbres, aperçoit-on les vestiges de cette fente perpendiculaire. Dans la suite elle est recouverte par l'écorce, dont
les deux bords ou lèvres s'identifient ou se greffent l'un dans
l'autre; mais la division du bois reste toujours la même, et
la réunion des deux lèvres forme une arête sur le tronc.

J'ai observé dans nos derniers grands froids, pendant lesquels il y eut plusieurs dégels et plusieurs reprises alternatives
de froid, que la fente dont je parle se forme au premier
dégel, mais qu'au second elle reste entr'ouverte. N'est-ce pas
par rapport à cette circonstance que les noyers éclatés en 1709

ont conservé cette fente, et que les deux bords de l'écorce n'ont pu la recouvrir ?

On croiroit peut-être que la fente s'opère du côté du nord; c'est tout l'opposé. Je n'en ai vu aucune qui ne fût au soleil de midi ou de deux heures. Outre les raisons de ce phénomène, données au mot BRULURE DES ARBRES, je crois devoir en ajouter une autre. L'arbre se resserre par le froid et plus dans la partie du nord que dans toute autre. Dans celle du midi au contraire l'humidité est plus extérieure et en plus grande quantité, parceque pendant le jour les rayons du soleil ne font que couler l'eau glacée dans les parties supérieures; d'ailleurs il pénètre cette écorce, ce bois, en ouvre les pores; mais, comme la contraction a lieu du côté du nord, elle tire à elle des deux côtés, et avec égale force, les parties relâchées par la chaleur; elles cèdent à cette force sans cesse agissante, n'ont aucune résistance à lui opposer, et la fente s'exécute dans un clin d'œil.

Si pendant le froid le ciel est toujours couvert, le phénomène sera beaucoup plus rare; mais il aura également lieu, si le froid est très rigoureux, parceque la partie du midi du tronc de l'arbre est toujours plus relâchée qu'aucune autre, parceque le point premier de la crispation est au nord, et qu'il s'étend sur les deux côtés.

On ne connoît aucun remède à ce funeste accident; rarement un arbre ainsi fendu prospère; il végète d'une manière triste et languissante, et la plupart de ceux qui l'ont éprouvé périssent. J'ai vu des noyers dont le tronc étoit éclaté pendant l'hiver de 1709, et qui, suivant le rapport des anciens du pays, n'avoient plus augmenté en grosseur; ils sont toujours resté les mêmes. (R.)

DÉGÉNÉRATION. Pris dans une acception générale, ce mot indique une altération dans un animal ou dans une plante, altération qu'on peut regarder comme l'effet d'une maladie; mais on l'applique presque toujours, en agriculture, au retour d'un animal ou d'une plante, améliorés par l'homme, vers son type primitif, soit par l'effet du changement de climat, soit par celui d'une moindre quantité de nourriture. Ainsi les vaches suisses, si renommées par la quantité de lait qu'elles produisent, dégénèrent lorsqu'on les fait multiplier dans les environs de Paris. Ainsi les superbes asperges de Hollande dégénèrent lorsqu'on les plante dans des jardins dont le sol n'est pas en même temps gras, léger et humide. Il est encore quelques cas où on emploie ce mot presque à contre-sens, c'est lorsqu'on ne considère qu'une seule qualité dans un animal ou dans une plante, et que cette qualité est regardée comme devant être dominante. Par exemple on dit qu'un chien de chasse est dégénéré lorsqu'il n'a pas la même ardeur ou la même capacité pour la chasse que les autres individus de sa race ; on dit que les navets de Freneuse dégénèrent lorsqu'on en sème la graine dans un terrain plus fertile que l'argile très ferrugineuse qui forme le sol de cette commune.

La dégénération est donc souvent une véritable régénération. *Voyez* au mot RACE.

Je pourrois beaucoup étendre cet article si je voulois entrer dans des discussions physiologiques ; mais cet ouvrage n'est point destiné à des développemens de ce genre. Ce sont des principes immédiatement applicables à la pratique que demandent les cultivateurs. (B.)

DÉGOUT. MÉDECINE VÉTÉRINAIRE. C'est une aversion que tout animal a pour la nourriture. Le dégoût peut être produit par plusieurs causes ; il est des chevaux, des bœufs, des moutons, etc., qui se dégoûtent pour un brin d'herbe moisie, un peu d'ordure qu'ils auront trouvée dans le foin, dans la paille, dans le son, dans l'avoine, ou pour avoir bu l'eau malpropre.

Le dégoût reconnoît encore pour cause toutes les maladies qui ont leur siège dans la bouche, telles que la blessure des barres, le lampas dans le cheval, les aphtes, le chancre à la langue dans le bœuf, l'inflammation des glandes amygdales, de celles du palais et de l'arrière-bouche, et la saburre de l'estomac et des mauvaises digestions dans presque tous les animaux domestiques.

Le traitement doit varier suivant les causes qui y donnent lieu ou qui l'entretiennent. Le dégoût provient-il de la mauvaise qualité du foin, de la paille, de l'avoine, ou bien de ces alimens pourris, moisis ou gâtés, ou d'une boisson malpropre ; les bons alimens y remédient en rappelant l'appétit. Reconnoît-il pour cause des aphtes, des ulcères, des chancres dans la bouche ; on y remédiera facilement par les remèdes propres à tous ces maux. *Voyez* APHTES, CHANCRE, ULCÈRE. Mais vient-il de la saburre contenue dans l'estomac, des mauvaises digestions, de la crudité du chyle ; les purgatifs rempliront les indications. En un mot, dans toutes les circonstances où le dégoût ne sera que symptomatique, et non essentiel, on ne pourra rétablir l'appétit de l'animal qu'en combattant la maladie principale par les remèdes appropriés. (R.)

DÉGRADATION ou DIMINUTION DE VALEUR. La main du temps dégrade les bâtimens des métairies, la vieillesse détériore les forêts, diminue le prix du bétail ; mais la diligence de l'homme est plus active que la faux du temps ; je n'oublierai jamais la belle leçon qu'a donnée l'immortel Franklin, dans un ingénieux délassement de ce grand homme ;

Moyen de s'enrichir, enseigné dans la préface d'un vieil almanach de Pensylvanie, intitulé le pauvre Henri à son aise. «Une petite négligence peut porter un grand préjudice ; car faute d'un clou on a perdu un fer, faute d'un fer on a perdu un cheval, et faute d'un cheval on a perdu un cavalier, qui a été surpris et tué par les ennemis ; le tout faute d'une petite attention à un clou d'un fer à cheval. » Que de châteaux, de métairies, de fermes, de granges, etc., perdus, et qui n'offrent plus qu'un monceau de ruines, le tout pour n'avoir pas remis en place une tuile dérangée, ou qui manquoit. On doit en dire autant des terres situées aux bords des rivières, des ruisseaux, ou en pente : une pierre auroit fermé la première petite rigole, le premier petit ravin ouvert par les eaux ; on l'a négligé dans le principe, bientôt la dégradation est à son comble, et toutes les réparations inutiles. Il en est ainsi des domaines et des terres donnés à ferme. L'agriculteur vigilant répare sans peine les petites dégradations ; et à moins des cas extraordinaires, ses bâtimens, ses champs sont toujours dans le meilleur état possible. Il n'est pour voir que l'œil du maître ; et cet œil fait plus de besogne que ses deux mains, comme dit le pauvre Henri. (R.)

Le point intermédiaire, c'est-à-dire la stagnation, est extrêmement rare en agriculture ainsi qu'en économie rurale, et encore moins durable. Ainsi on peut assurer que tout bien-fonds qu'on n'améliore pas perpétuellement, tout produit qui est arrivé au maximum de sa croissance ou de sa conservation se dégrade. Tendre toujours à un meilleur état de choses, agir et user en temps utile, doit donc être la devise de tout cultivateur sage, et qui veut que sa famille profite de ses travaux. (B.)

DÉGRADER. Terme qui en agriculture signifie la même chose que dégât. On dit qu'un parterre est dégradé lorsqu'on a marché dans ses plates - bandes, ou qu'on a coupé une partie des plantes qui le décoroient. On dit qu'un bois est dégradé lorsqu'on y a laissé paître les bestiaux, qui, en rongeant les jeunes pousses des arbres, les ont empêchées de croître. *Voy.* au mot DÉGAT.

DÉGRAISSER. MÉDECINE VÉTÉRINAIRE. Ce mot se dit d'une opération imaginée par les anciens maréchaux, et pratiquée encore par ceux de la campagne, laquelle consiste, selon eux, à décharger la vue des chevaux.

Cette opération se fait de deux manières ; ou on dégraisse les yeux par le haut, en tirant et en arrachant avec une sorte d'érigne la graisse qui remplit une partie de la fosse zigomatique et le fond de la cavité orbitaire ; ou on les dégraisse par le bas, en extirpant la membrane clignotante et la caroncule lacrymale. *Voyez* CARONCULE LACRYMALE.

Les maréchaux instruits et éclairés ne pratiquent plus cette opération ; outre que les chevaux n'en retirent jamais aucun avantage, mais plutôt des désordres qui ne se réparent pas aisément dans la suite, c'est que les graisses sont absolument nécessaires pour assujettir le globe infiniment plus petit que la cavité qui le contient, qu'elles lui servent de coussin, qu'elles le lubrifient, le défendent contre la dureté de la paroi qui l'auroit blessé, entretiennent les muscles dans une mollesse qui seule peut assurer et faciliter la continuation et la possibilité de leurs mouvemens ; «d'où il est aisé de juger, dit M. Bourgelat, jusqu'où s'étendent les lumières des auteurs qui ont conseillé cette opération ;» nous pouvons encore ajouter le peu de discernement des maréchaux qui la pratiquent encore aujourd'hui à la ville et à la campagne. (R.)

DÉGRAISSER LE VIN. *Voyez* Vin.

DEGRAPPOIR. *Voyez* Égrainoir.

DÉGRÉBÉ. On donne quelquefois ce nom à la LAITUE CRÊPE RONDE.

DÉLAINER. C'est, dans le jardinage, ôter la laine qui a servi à fixer une greffe en écusson sur le sujet.

L'opération du délainage a deux objets. Le plus important c'est d'empêcher la greffe de s'étrangler par suite du grossissement du sujet et de l'obstacle que la laine y apporte. Le second, c'est de conserver la laine employée pour une autre opération.

Ordinairement, dans les pépinières situées en bons fonds et dans les anuées favorables à la végétation, on est obligé, pour empêcher l'étranglement, de desserrer une, quelquefois deux fois la laine avant de l'enlever définitivement.

Je ne puis trop recommander aux pépiniéristes de veiller sur le délainage de leurs greffes ; car j'ai l'expérience des pertes qu'on éprouve lorsqu'on le fait trop tard. *Voyez* aux mots Greffe et Bourrelet. (B.)

DÉLIVRE. Tissu cellulaire, membranes et vaisseaux qui servoient d'union entre la mère et le fœtus encore renfermé dans la matrice, ou qui enveloppoient ce dernier. Ces parties n'étant point nécessaires à la mère sont expulsées immédiatement après le Part. *Voyez* ce mot. (B.)

DÉMANGEAISON. Médecine vétérinaire. C'est une sensation incommode à la peau des animaux, qui les oblige à se gratter ou à se frotter contre un corps quelconque.

Le cheval, le bœuf et le chien sont plus sujets aux démangeaisons que les autres animaux. Les jambes, les cuisses, la tête, le cou, la queue, et quelquefois tout le corps entier en sont attaqués ; ces animaux se grattent continuellement, l'endroit gratté se dénue de poil, et on voit à la place une farine blanche qui couvre la partie. Plus la démangeaison est vive, plus l'animal se tourmente et s'échauffe, jusque même à y porter les dents, si la situation de la partie le permet.

Loin de conseiller les astringens les plus forts, à l'exemple de M. de Soleysel, nous sommes d'avis de prescrire les remèdes généraux, tels que la saignée, l'eau blanche, le son et la paille pour toute nourriture, les lavemens émolliens et le foie d'antimoine. Dans toutes ces précautions il seroit à craindre que les topiques que l'on applique ordinairement à la campagne ne répercutassent dans l'intérieur l'humeur qui occasionne la démangeaison, et qu'elle se fixât sur quelques parties essentielles à la vie.

La queue des chevaux est quelquefois attaquée de démangeaisons par des faux crins qui, croissant au petit bout du tronçon de la queue, se recoquillant et se retroussant, causent un prurit d'autant plus grand, que l'animal se frotte continuellement contre la muraille ou la mangeoire. Dans ce cas, sans avoir recours à l'huile de noix, aux onguens de graisse et de soufre, à l'huile de cade, il n'y a autre chose à faire qu'à chercher ces faux crins et à les arracher, si l'on veut faire cesser cet accident.

Quant aux démangeaisons qui arrivent dans plusieurs maladies de la peau, telles que la picotte ou petite vérole des moutons, lorsque les pustules se sèchent dans les dartres et la gale. (*Voyez* CLAVEAU, DARTRES, GALE); on trouvera dans tous ces articles le traitement qu'il convient de faire en pareil cas. (R.)

Les démangeaisons sont souvent également produites par les piqûres des POUX, des PUCES, des RICINS, des SARCOPTES, des MOUCHES, des HIPPOBOSQUES, des STOMOXES, des COUSINS, des ASILES et des TAONS. *Voyez* tous ces mots. (B.)

DEMEURE (SEMER A). Se dit en parlant des graines qu'on sème pour laisser les plantes qu'elles produisent jusqu'à ce qu'on les détruise. On sème à demeure des graines d'herbes comme des graines d'arbres. L'inverse de semer à demeure est semer en pépinière pour transplanter ensuite.

On dit aussi labourer à demeure lorsqu'on donne le dernier labour aux terres avant de les ensemenser, ou celui qui sert à recouvrir la semence. Il est ainsi appelé parcequ'on ne la retourne plus, et qu'elle reste ainsi jusqu'à la récolte. (TESSIER.)

DEMI-BOIS. Les jardiniers appellent quelquefois ainsi les arbres fruitiers qui tiennent le milieu entre les nains et les demi-tiges, et les plantes qui sont intermédiaires entre les herbacées et les ligneuses.

DEMI-FLEURON. Sorte de fleurs propres à une partie des plantes de la syngénésie de Linnæus. Elle consiste en une languette en cornet à sa base, pointue, tronquée ou dentée à son

sommet, qui renferme ou des étamines réunies par leurs anthères, et un ovaire surmonté de son style et de son stigmate,
ou seulement un ovaire. Tantôt ces demi-fleurons couvrent le
disque de la fleur en entier, ce sont les semi-flosculeuses de
Tournefort. Tantôt elles ne font que l'entourer, ce sont les
radiées du même auteur.

La considération de cette partie n'est que secondaire dans
les ouvrages modernes. (B.)

DEMI-TIGE ou DEMI-VENT. Ce sont des arbres fruitiers
dont on a arrêté la croissance à une hauteur moindre de moitié que celle qu'ils auroient eue naturellement. On parvient à
les former en greffant une espèce sur une autre plus foible,
ou une variété sur une variété de la même espèce, mais dégé-
nérée. Par exemple, on fait des demi-tiges de poiriers en greffant les diverses espèces de poires sur cognassier, et des demi-
tiges de pommiers en greffant les diverses variétés de pommiers
sur le doucin, variété plus foible que le franc, et encore plus
que le sauvageon. Quant aux autres arbres fruitiers, c'est la
taille qui décide de leur hauteur dans le plus grand nombre
des cas; cependant il est bon de la faciliter en plaçant la greffe
rez terre, car on a remarqué que plus elle étoit basse et
moins l'arbre avoit de dispositions à s'élever. (B.)

DEMI-VIN ou PETIT VIN. C'est de l'eau passée sur la
raffe ou marc du raisin après qu'on en a retiré tout ce qu'on
a pu par l'action du pressoir. Cette eau et ce marc restent
pendant quelques jours et fermentent, et on tire ensuite l'eau
dans des tonneaux. Au mot VIN nous entrerons dans de plus
grands détails. (R.)

DEMOISELLE. Variété de poires. *Voyez* POIRIER.

DENIER A DIEU, qu'on prononce souvent DERNIER ADIEU.
C'est une pièce de monnoie qu'on donne pour gage d'un marché,
d'une location, etc. Dans les cantons où règne encore la bonne
foi, la remise du *denier à Dieu* est un engagement sacré. *Voyez*
au mot ARRHES.

DENT. Petits os recouverts d'une enveloppe fort dure, qu'on
appelle émail, qui sont enchâssés dans les mâchoires de la plupart des quadrupèdes et de beaucoup de poissons et de reptiles, et qui leur servent à déchirer et broyer les objets dont
ils se nourrissent.

Beaucoup d'animaux n'ont point de dents en naissant. Elles
poussent plus ou moins promptement après cette époque,
selon les espèces; et dans la même espèce, selon les individus.
Lorsque les carnassiers n'en ont pas en naissant, ce qui arrive
ordinairement, elles paroissent peu de jours après.

Mais ces dents, ou du moins la plupart, ne sont pas celles
qui doivent subsister pendant tout le cours de la vie. On les

appelle dents de lait. Celles de ces dents qui sont sur le devant de la bouche tombent successivement dans le cours des trois ou quatre premières années, et sont remplacées par d'autres de même nature, mais plus larges et plus épaisses. C'est cette circonstance qui permet de juger, avec une exactitude suffisante, de l'âge des animaux dans les cinq premières années de leur vie. *Voyez* au mot DENTITION.

Les frottemens qu'éprouvent les dents des deux mâchoires les unes contre les autres, et contre les matières dures qu'elles sont dans le cas de broyer, les usent continuellement, et au bout de très peu d'années elles seroient au niveau des gencives, au moins dans les animaux granivores et herbivores, car les carnivores déchirent plus qu'ils ne mâchent, si la sage nature ne leur avoit donné la faculté de croître pendant un temps plus ou moins long ; après quoi elles se carient ou tombent.

Généralement on s'occupe peu des maladies dont les dents des animaux domestiques sont susceptibles. Excepté le cheval, le chien et le chat qui vieillissent quelquefois, il est rare que les autres arrivent à l'âge où les dents ne sont plus propres à remplir leurs fonctions. Je n'en parlerai donc pas.

Tout est combiné pour sa fin dans la nature. Les dents concourant à l'acte le plus essentiel de la vie, le manger, ont dû être constituées et disposées de la manière la plus propre à remplir cet objet. Or, les quadrupèdes vivent d'herbes, de graines ou de chair. Les dents de ceux qui vivent d'herbes ne doivent donc pas être les mêmes que celles de ceux qui vivent de graines, que celles de ceux qui vivent de chair. Les espèces qui mangent indifféremment de deux ou même de ces trois sortes de choses auront donc des dents qui tiendront de plusieurs des premières. L'homme en est un exemple.

On doit conclure de ce que je viens d'exposer, que l'inspection des dents indique la nourriture et par suite les mœurs de l'animal, qu'elles sont un des meilleurs moyens pour les réunir, en ce que les naturalistes appellent des genres.

Cette vérité, déjà entrevue il y a long-temps, a été saisie par le génie de Linnæus, et employée à la classification des quadrupèdes. Aujourd'hui toutes les méthodes de classification qui ont ces animaux pour objet ne peuvent plus être basées sur d'autres caractères. Je dois donc donner ici une idée sommaire de ces caractères dans les animaux domestiques.

Le cheval a six dents incisives et deux canines, séparées des autres. Plus, douze molaires ou mâchelières, le tout à chaque mâchoire.

L'âne, qui fait partie du même genre, en a pareil nombre. A plus forte raison le mulet, qui est l'hybride des deux précédens.

Tous les animaux ruminans, tels que le BŒUF, le MOUTON et la CHÈVRE, n'ont point de dents incisives à la mâchoire supérieure; et en offrent huit à l'inférieure. Aucun n'a de dents canines. Leurs molaires sont aussi au nombre de douze à chaque mâchoire.

Le cochon a quatre dents incisives convergentes à la mâchoire supérieure et six à l'inférieure. Ses canines sont au nombre de deux à chaque mâchoire, et celles de la mâchoire inférieure sont très longues et recourbées. Il a quatorze molaires à chaque mâchoire.

Le chien offre six dents incisives à chaque mâchoire. Les extérieures de la supérieure sont écartées et plus longues. Les intermédiaires sont lobées. Le dernier caractère se remarque au contraire à la mâchoire inférieure dans les dents latérales. Les canines sont solitaires, recourbées et très longues. Il a douze molaires à la mâchoire supérieure et quatorze à l'inférieure.

Le chat a six dents incisives aiguës à chaque mâchoire, dont les extérieures sont plus longues, et deux dents canines, qui, dans la supérieure, sont écartées des incisives, et dans l'inférieure, des molaires. Il a six molaires à chaque mâchoire.

Le lièvre et le lapin ont deux incisives à chaque mâchoire, qui sont doubles, c'est-à-dire en ont une plus petite en arrière. Il n'ont pas de canines, mais dix dents molaires en haut et douze en bas. (B.)

DENT DE LION. *Voyez* LION-DENT.

DENTEAU. Les cultivateurs du département de la Nièvre donnent ce nom à l'age ou flèche de la CHARRUE. *Voyez* ce mot.

DENTELAIRE, *Plumbago*. Genre de plantes de la pentandrie monogynie et de la famille des PLOMBAGINÉES, qui renferme sept espèces, dont une, originaire des parties méridionales de l'Europe, se cultive quelquefois dans les jardins d'agrément, et s'emploie en médecine.

La DENTELAIRE EUROPÉENNE, autrement appelée *malherbe, herbe au cancer*, a une racine vivace, pivotante; des tiges droites, cannelées, hautes d'environ deux pieds; des feuilles alternes, amplexicaules, oblongues, entières, parsemées en dessous, et sur leurs bords, de poils glanduleux; des fleurs purpurines ou bleuâtres, ramassées en bouquets au sommet des rameaux. On place cette plante sur le premier rang des massifs dans les jardins paysagers, où elle produit un agréable effet par son port et par ses fleurs, qui se font remarquer quoique petites, et qui paroissent dans une saison où la végétation commence à se ralentir, c'est-à-dire au milieu de l'automne. On la multiplie de graines, qu'on sème au printemps sur couche et sous châssis, et qu'on repique la seconde année en pleine terre. On la multiplie aussi en éclatant, en automne, ses racines, qu'on met sur-le-champ en place, si les morceaux en sont gros, ou en pépinière, s'ils sont petits. Comme les besoins qu'on en a dans le commerce sont peu étendus, on se borne ordinairement à ce dernier moyen, qui est le plus expéditif. Une terre sèche et une exposition chaude sont ce qui lui convient. Il y a une variété à fleurs blanches.

On emploie les racines et les feuilles de la dentelaire d'Europe en topique contre les cancers, et en décoction contre la gale. Elles sont excessivement âcres, et même caustiques; ainsi il ne faut en faire usage qu'avec beaucoup de prudence. (B.)

DENTITION. Sortie naturelle des dents dans les animaux domestiques, laquelle sert généralement à reconnoître leur âge.

Les dents du cheval sortent en partie avant sa naissance, et se renouvellent successivement; à cinq ans il n'a plus de ces premières dents qu'on appelle dents de lait. Il en est de même chez l'âne et le mulet. *Voyez* au mot CHEVAL.

Les dents de lait des bêtes à cornes commencent à tomber à dix mois, et sont remplacées par d'autres, qui sont moins blanches et plus larges. Celles du devant sont les premières à qui cela arrive. A seize ou dix-huit mois les dents voisines de celles du milieu font place à d'autres. Toutes sont renouvelées à trois ans. *Voyez* VACHE.

Toutes les dents de lait des moutons et des chèvres poussent dans le cours de la première année. Dans la seconde, les deux du milieu tombent dans la troisième; quatrième et cinquième années successivement les six autres. *Voyez* BREBIS.

Comme on tue ordinairement le cochon à la fin de la seconde année de sa vie, on s'occupe peu de connoître son âge par ses dents. Il seroit donc superflu d'en parler ici. *Voyez* COCHON.

Quinze jours après que le chien est né, il lui perce quatre dents, deux dessus et deux dessous. Peu après les incisives sortent, et ensuite successivement toutes les autres, jusqu'à ce qu'il y en ait vingt à chaque mâchoire. Les incisives ont de chaque côté une saillie qui forme le caractère propre de cet animal. Toutes tombent ensuite, et sont remplacées en trois ans.

La sortie des dents et sur-tout celle des crochets est extrêmement douloureuse; elle cause des flux de ventre, et quelquefois l'obscurcissement de la vue. Il n'y a pas de remède a opposer à ces accidents autres qu'un régime rafraîchissant.

Ceux qui ont conseillé d'aider la nature au moyen d'un fer tranchant ne connoissoient point sa marche.

Souvent les dents sont doubles, ce qui gêne quelquefois les animaux. On appelle cette irrégularité *dent de loup* dans le cheval.

Les dents sont sujettes à se carier. *Voyez* au mot CARIE. (B.)

DÉPAISSANCES. Nom des pâturages élevés dans les Pyrénées.

DÉPARC. On emploie ce mot dans quelque cantons pour dire qu'on cesse de parquer.

DÉPEUPLER. Une garenne, une terre se dépeuple lorsqu'on tue plus de gibier qu'il n'en naît; un bois se dépeuple lorsque les arbres de première essence disparoissent successivement. Plusieurs causes peuvent concourir à faire naître ce dernier cas; la plus commune d'entre elles est l'épuisement du sol, c'est-à-dire que les forêts, comme les blés, sont soumises à la grande loi de l'alternat. *Voyez* au mot ASSOLEMENT. Aussi ne faut-il jamais, lorsqu'on entreprend de repeupler un bois de chêne, y semer ou y planter cet arbre; mais tout autre approprié à la nature du sol, du frêne, si ce sol est humide, du hêtre, s'il est froid et élevé, du mahaleb, s'il est très mauvais, etc. (B.)

DÉPIQUAGE. On donne ce nom, dans les parties méridionales de la France, au battage des grains par les pieds des animaux. *Voyez* BATTAGE.

Ce battage, qui se pratiquoit dès l'enfance des sociétés agricoles, ainsi que le prouvent les écrits agronomiques des Grecs et des Romains, est très expéditif et évite un grand emploi de bras; mais il a deux graves inconvéniens, c'est-à-dire qu'il est toujours fort incomplet, sur-tout quand le blé n'est pas parfaitement mûr, ou que le temps est pluvieux, et qu'il hache la paille de manière à ce qu'elle devient impropre à un grand nombre d'objets, même à être long-temps conservée, et la salit au point de la rendre souvent inutile pour la nourriture des bestiaux.

Comme le dépiquage est encore en faveur dans beaucoup de lieux, je dois le décrire d'après Rozier.

« On commence par garnir le centre de l'aire par quatre gerbes, sans les délier; elles sont posées sur leur pied. A mesure qu'on garnit un des côtés des quatre gerbes, une femme coupe les liens des premières, et suit toujours ceux qui apportent des gerbes; mais elle observe de leur laisser garnir tout un côté avant de couper les liens. Les gerbes sont pressées les unes contre les autres, de manière que la paille ne tombe point en avant. Si cela arrive on a soin de la relever lorsqu'on place de nouvelles gerbes. Enfin, de rang en rang, on parvient à couvrir presque toute la surface de l'aire.

« Les mules, dont le nombre est toujours en proportion de la quantité de froment que l'on doit battre par cette opération, sont attachées deux à deux, c'est-à-dire que le bridon de celle qui décrit l'extérieur du cercle est lié au bridon de celle qui décrit l'intérieur ; enfin, une corde prend du bridon de celle-ci, et va répondre à la main du conducteur, qui occupe toujours le centre. Un seul homme conduit quelquefois jusqu'à six paires de mules ; avec la main droite, armée du fouet, il les fait toujours trotter, pendant que les valets poussent, sous les pieds de ces animaux, la paille qui n'est pas encore bien brisée, et dont l'épi n'est pas assez froissé.

« On prend pour cette opération des mules légères, afin que trottant et pressant moins la paille, elle reçoive des contre-coups qui fassent sortir le grain de sa balle.

« Chaque paire de mules marche de front et elles décrivent ainsi huit cercles concentriques, en partant de la circonférence au conducteur, ou excentriques en partant du conducteur à la circonférence. Ces pauvres animaux vont toujours en tournant en effet sur une circonférence d'un assez long diamètre, et cette marche les auroit bientôt étourdis si on n'avoit la précaution de leur boucher les yeux. C'est ainsi qu'ils trottent du matin au soir, excepté les heures des repas.

« La première paire de mules, en trottant, commence à coucher les premières gerbes de l'angle ; la seconde les gerbes suivantes, et ainsi de suite. Le conducteur, en lâchant la corde ou en la retenant, les conduit où il veut, mais toujours circulairement, de manière que lorsque toutes les gerbes sont aplaties, les animaux passent et repassent successivement sur toutes les parties.

« Pour battre le blé avec les animaux, il faut choisir un beau jour et bien chaud ; la balle laisse mieux échapper le grain.

« Le battage se fait toujours en plein air, ce qui a de grands inconvéniens relativement à la pluie, sur-tout à la pluie d'orage. Dans ce cas on perd beaucoup de blé et de paille, quelques précautions qu'on prenne.

« Outre les mules on emploie aussi des chevaux, des ânes et même des bœufs. Les chevaux de la Camargue, à demi sauvages, petits et vifs, sont préférés à tous les autres. »

Rozier s'est assuré, par des expériences comparatives, qu'il y avoit, même dans les circonstances les plus favorables, une économie notable à battre au fléau ; aussi cette manière prend - elle d'autant plus faveur dans les parties méridionales de la France, que les cultivateurs y deviennent plus éclairés.

Les anciens n'avoient pas que cette seule manière pour dépiquer leurs grains. Varron parle d'un rouleau qu'on y employoit aussi, qui sert encore au même usage dans quelques cantons de l'Italie, et qu'on vient d'introduire dans les environs d'Agen, de Toulouse, de Montpellier, etc.

Ce rouleau, qui sera décrit et figuré au mot ROULEAU A DÉPIQUER, a, d'après une notice de M. de Saint-Amant et un rapport de M. Cambessedes, des avantages réels sur le dépiquage par le moyen des animaux, et même sur le battage au fléau. *Voyez* BATTAGE.

Par son moyen, un seul homme et un seul cheval peuvent dépiquer en trois heures de travail vingt à trente quintaux de blé par un temps sec et chaud. On profite aussi beaucoup sur la moindre perte de grain et l'augmentation de valeur de la paille. Il y a, suivant M. Cambessedes, presque la moitié à gagner en le préférant (43 fr. 50 c. sur 96 fr.).

On varie sur la manière dont il faut disposer les gerbes sur l'aire; les uns veulent qu'elle fasse un hélice, les autres un cercle. Il paroît qu'il y a quelques avantages et quelques inconvéniens inhérens à chacune de ces méthodes.

Au reste, ce rouleau, ou mieux, ce cône tronqué, bon pour les pays chauds, ne paroît pas plus avantageux que le cylindre ordinaire dans les pays froids et humides. Il ne sera sans doute jamais adopté, même dans les environs de Paris, où le froment sur-tout tient si fortement dans sa balle. (B.)

DÉPIQUER. Faire sortir le grain de son épi. Ce mot est usité dans les pays méridionaux de la France, et remplace celui *de battre*, employé dans les pays septentrionaux. *Dépiquer* cependant s'applique plus particulièrement à la manière de séparer le grain de son épi, en faisant fouler les gerbes par les pieds des animaux; opération qui ne peut avoir lieu que dans les pays où le grain adhère peu aux balles et par conséquent dans les pays chauds. *Voyez* BATTAGE. (TES.)

DÉPLANTER. C'est ôter de terre un arbre, un arbrisseau, une plante, pour les planter ailleurs. Il se dit plus particulièrement des deux premiers. Que fait le jardinier ordinaire? Il commence avec la pelle ou la bêche par enlever la terre tout autour du tronc de l'arbre. A une certaine profondeur, il trouve des racines grosses et petites; il les coupe à un pied de distance du tronc; enfin, sentant que l'arbre n'est plus retenu dans la terre que par le pivot, il le coupe. Que d'absurdités dans cette opération! Il falloit s'y prendre d'une manière toute opposée, plus longue à la vérité, mais conforme aux simples lois du bon sens.

A six pieds de l'arbre dont le tronc a deux pouces de diamètre, commencez la fouille. Si vous rencontrez des racines grosses ou petites, ménagez-les, suivez-les dans toutes leur longueur ; ne les mutilez ni ne les coupez point, débarrassez-les de la terre qui les environne, creusez jusqu'à ce que vous trouviez l'extrémité du pivot ; conservez autant qu'il est possible la masse de terre nommée *motte* par les jardiniers, si l'arbre ne doit pas être replanté dans un endroit bien éloigné ; si, au contraire, il doit voyager, dégagez toutes les racines de leur terre sans les endommager ; liez-les doucement les unes près des autres, et enveloppez-les avec de la paille. Je sais bien que cette manière d'opérer ne sera pas du goût des marchands d'arbres, des jardiniers asservis à leur aveugle routine ; qu'ils la taxeront même de ridicule : leur approbation m'importe peu, j'ai l'expérience pour moi.

Lorsque je me suis retiré dans le domaine que j'occupe actuellement, j'ai trouvé un grand nombre d'arbres nains plantés à six pieds l'un de l'autre ; ils avoient huit ans de plantation et leur tronc étoit de trois à quatre pouces de diamètre. Je les ai fait déplanter avec les précautions indiquées ci-dessus, sans avoir la peine de ménager le pivot qu'on avoit eu la maladresse de couper dans la pépinière. Ils ont été plantés, taillés comme s'ils n'avoient pas changé de place, et la même année ils m'ont donné presqu'autant de fruits que leurs anciens voisins restés en place : sur soixante-dix poiriers ou pommiers, je n'en ai pas perdu un seul ; sur vingt-trois pêchers ou pruniers j'en ai perdu trois. Il faut être de bonne foi, les pêchers et les pruniers fleurirent très bien, mais ne retinrent point de fruits. Je demande et je prie quelqu'amateur de la culture des arbres, s'il lui reste le plus léger doute, de répéter l'expérience et de juger par comparaison, en conservant autant de terre qu'il pourra autour des racines lors de la déplantation. De quelle manière faut-il Planter ? *Voyez* ce mot. (R.)

On peut presque déplanter en tout temps, sur-tout lorsque la plante ou l'arbre est destiné à ne point voyager ; mais cependant il faut choisir de préférence les époques où la sève est en repos ; c'est-à-dire au fort de l'été et pendant tout l'hiver, les jours de gelée exceptés.

Lorsqu'on déplante pendant l'été, on risque que la sécheresse, qui règne ordinairement alors, s'oppose à la prompte reprise des plantes ou des arbres ; alors leurs feuilles tombent, il n'y a qu'une foible végétation en automne, et la mort s'ensuit pendant l'hiver. Il ne faut donc déplanter en été que dans la nécessité la plus absolue et lorsqu'on transplante dans un sol naturellement humide ou qu'on a la facilité d'arroser dans le besoin.

C'est en hiver qu'on préfère déplanter, et ce, par beaucoup de motifs de convenance et autres. Le moment de commencer est indiqué par la chute des feuilles. Il faut, autant qu'on le peut, choisir un temps couvert et doux, et ne laisser les racines exposées à l'air que le moins possible. Une heure de hâle ou de gelée est plus que suffisante pour occasionner la mort de l'arbre le plus vigoureux, et il est des racines qui en sont frappées en quelques minutes. On doit cesser de déplanter lorsque les feuilles commencent à se développer.

Il est cependant des arbres tels que les résineux, et en général tous ceux qui conservent leurs feuilles pendant tout l'hiver, qu'il ne faut déplanter qu'au printemps lorsque leur sève se met en mouvement; mais malgré cela ils ne sortent pas de la loi générale, car le printemps est l'époque où ils perdent aussi leurs feuilles. Si on ne saisit pas cette circonstance, qui n'a quelquefois que quelques jours de durée, on peut être certain de perdre une grande partie des arbres déplantés. Ces mêmes arbres ont des racines encore plus sensibles au hâle et à la gelée que les autres, et il faut les mettre en terre sur-le-champ, ou prendre des moyens conservateurs. *Voyez* au mot Pin. (B.)

DÉPLANTOIR. Sorte de bêche courbée en demi-cercle au moyen de laquelle on arrache, avec leur motte, les plantes qui exigent cette précaution. On en fait peu d'usage.

Il est une autre sorte de déplantoir semblable à un emporte-pièce, c'est-à-dire que c'est un cône tronqué de fer-blanc, divisé en deux parties, dont l'une glisse sur l'autre. On enfonce ce cône autour de la plante à enlever, et, lorsqu'on le retire, la terre arrêtée par le rétrécissement du cône, ne se sépare pas des racines, et on peut transporter au loin la plante sans inconvéniens. Lorsqu'on l'a mise dans le nouveau trou qui lui est destiné, on tire la moitié mobile du cône et le tout s'ôte facilement. Cet instrument, d'un usage très borné ne se trouve plus que chez les florimanes. (B.)

DÉPOTER. C'est enlever une plante d'un pot dans l'intention ou simplement de lui donner de la nouvelle terre, ou, outre cela, de la mettre dans un plus grand pot.

Quoique cette opération précède le rempotage et qu'elle doive par conséquent en avoir le nom indicatif, cependant celui de rempoter a prévalu; ainsi c'est à ce mot qu'elle sera décrite en détail.

Pour dépoter on renverse le pot sur la main gauche, en faisant passer la tige de l'arbre, si elle est unique, entre les doigts mitoyens, et on frappe quelques coups du bord du pot sur une table ou autre corps dur. Lorsque la plante ne cède pas à cette percussion, il faut cerner la terre contre les parois du pot avec un couteau, et recommencer.

Quelquefois la plante ne *vient pas*, c'est le mot, parce que les racines ont traversé le trou ou les trous qui sont à son fond,

Dans ce cas il faut couper ces racines rez du fond et ensuite agir comme il vient d'être dit.

Les travaux relatifs au dépotage ne doivent être confiés qu'à des ouvriers patiens et exercés ; car ils peuvent causer de grandes pertes lorsqu'ils sont faits sans ménagement et sans intelligence. (B.)

DÉPOUILLE. On dit qu'un arbre se dépouille lorsqu'il perd ses feuilles, et par suite on dit qu'on a fait la dépouille de son champ lorsqu'on en a récolté le blé, le chanvre, etc. On dit aussi la dépouille d'un homme, d'un mouton. (B.)

DÉPRIMER LES PRÉS. C'est, dans quelques cantons du milieu de la France, faire manger la première herbe des prés aux bestiaux. Cette pratique est généralement nuisible aux produits du foin, mais il est des cas cependant où on ne doit pas craindre de l'adopter. Il en sera question au mot PRAIRIE NATURELLE. (R.)

DÉRACINER. Ce mot répond à celui d'arracher, lorsqu'il s'agit de tirer de terre un arbre, une plante, etc., parcequ'on ne déracine pas sans casser, mutiler ou briser les racines. Ce mot a une autre signification ; par exemple, l'eau d'un torrent qui passe au pied d'un arbre en enlève la terre, met à nu les racines, couche le tronc en tout ou en partie, ou l'entraîne : ce torrent alors *déracine* l'arbre. (R.)

DÉRAYER. Dans le département des Ardennes c'est entamer, en labourant, le champ de son voisin. C'est aussi changer la sole d'un canton.

DÉRAYER. On donne ce nom, dans quelques pays, à l'action de creuser, après le dernier labour, quelquefois même après les semailles, un profond sillon entre les planches ou ados, dans les terrains suceptibles de conserver les eaux pluviales, pour donner écoulement à ces eaux.

Souvent on déraye avec la charrue ordinaire, mais alors la terre est versée d'un seul côté, et de ce côté les eaux peuvent plus difficilement pénétrer dans le sillon.

Pour prévenir cet inconvénient, M. Deshaies a fait exécuter une charrue à deux oreilles égales, charrue dont on voit la description et le dessin dans le huitième volume des Annales d'agriculture. *Voyez* au mot CHARRUE et LABOURAGE. (B.)

DÉRAYURE. On appelle ainsi, dans certains endroits, le dernier sillon d'un champ, celui qui le sépare du champ voisin avec lequel il est pour ainsi dire commun. (B.)

DERMESTE, *Dermestes*. Genre d'insectes de l'ordre des coléoptères, qui renferme une quarantaine d'espèces, dont deux intéressent assez les cultivateurs pour mériter d'être mentionnées ici.

Les dermestes déposent leurs œufs sur les substances animales en partie desséchées, substances aux dépens desquelles vivent leurs larves. Ces larves sont allongées, velues, composées de douze anneaux. Elles ont une tête écailleuse pourvue de mandibules robustes et d'antennulles. On leur compte six pattes. Leur corps est terminé par une touffe de poils. Elles changent plusieurs fois de peau. C'est vers la fin de l'été qu'elles font le plus de ravage. Parvenues à leur entier accroissement, c'est-à-dire peu après cette époque, elles quittent les matières animales et vont chercher un refuge sous les pierres, dans les fentes des murs, etc. Là elles se transforment en nymphes par le seul effet de leur raccourcissement, et se changent en insectes parfaits au bout de peu de jours.

Ces insectes parfaits ne se nourrissent plus de charogne, on les trouve au contraire sur les fleurs. Ils ne vivent pas long-temps, car ils cherchent à s'accoupler dès le second ou le troisième jour après leur naissance; et lorsqu'ils ont rempli le but de toute existence, ils meurent.

Le DERMESTE DU LARD est noir avec la moitié supérieure des élytres cendrée ou d'un gris jaunâtre. Sa longueur est de près de trois lignes. Son corps est presque cylindrique. Il contrefait le mort dès qu'on le touche. La femelle dépose ses œufs dans le lard, et en général dans toutes les viandes séchées ou salées qu'on conserve exposées à l'air, et les larves qui en naissent les dévorent d'autant plus rapidement, qu'elles ont été moins bien préparées et qu'elles sont renfermées dans un lieu plus obscur. La pratique de pendre le lard au plancher est donc bonne pour le préserver, mais il est encore utile de le descendre tous les quinze jours pendant l'été, pour visiter les plis ou les cavités qui s'y trouvent et tuer les larves qui y sont cachées. Il dévore aussi les harnois de cuir qui n'ont pas été suffisamment tannés ou corroyés, sur-tout lorsqu'ils ont été hongroyés.

Le DERMESTE PELLETIER est noir, avec un point blanc au milieu de chaque élytre. Sa longueur n'est que la moitié de celle du précédent, et il est plus arrondi et plus aplati. Il dépose ses œufs sur les pelleteries, les peaux mal préparées, les plumes, les ouvrages de corne, et en général toutes les matières animales desséchées. Sa larve est la peste des collections d'histoire naturelle; la plus riche réunion d'oiseaux, d'insectes, se trouve bientôt anéantie par elle, ainsi que je ne l'ai que trop éprouvé. Ce n'est que par une surveillance de tous les instans, une clôture rigoureuse ou des préparations particulières qu'on peut s'y opposer. Un agriculteur doit avoir soin sur-tout de faire visiter de temps en temps ses cribles, ses harnois, ses peaux préparées et non préparées, ses dépôts de plumes de toutes les espèces, et faire tuer toutes les larves et les insectes parfaits qui s'y trouvent. On ne parvient pas par ces moyens à dé-

truire l'espèce, je le sais, mais on diminue le tort qu'on seroit
dans le cas d'éprouver par son fait. (B.)

DÉROUQUA. C'est arracher les roches des champs dans
le département de Lot-et-Garonne.

DESCENTE. *Voyez* HERNIE.

DÉSINFECTION DES APPARTEMENS ET DES ÉTA-
BLES. De tout temps on s'est aperçu que les lieux fermés,
habités par des hommes et des animaux malades, ou qui ren-
fermoient des matières sujettes à la putréfaction, s'impré-
gnoient des miasmes qui s'en exhaloient, et les rendoient funestes aux personnes saines qui les fréquentoient, ou aux autres
matières qu'on y déposoit, ce qui avoit de grands inconvéniens
pour leur conservation.

Le moyen le plus simple de remédier à ces inconvéniens,
c'est de faire passer de perpétuels courans d'air dans ces
lieux ; mais cela n'est pas toujours facile, même possible.
Un autre moyen, c'est d'allumer des feux qui établissent arti-
ficiellement ces courans ; ce qui, comme on le pense bien,
peut avoir de graves inconvéniens dans certains cas.

Comme les gaz délétères sont souvent chargés de molécules
infectes, on a cru détruire leurs désastreux effets en répandant des odeurs aromatiques, en brûlant des baies de genièvre,
de la résine de gayac, en faisant évaporer du vinaigre, etc., etc.;
mais ce ne sont réellement que des palliatifs, dont l'effet est
nul pour l'objet qu'on se propose en les employant.

Les habitations des cultivateurs sont malheureusement bâties d'après de si mauvaises règles, la propreté si essentielle
à la salubrité y est si rarement observée, qu'il n'est pas étonnant qu'elles soient plus que les autres exposées à l'infection.
Leurs écuries, leurs vacheries, leurs bergeries, leurs toits à
porc, leurs poulaillers, leurs colombiers qui sont plus souvent
trop petits que trop grands, toujours peu percés de fenêtres,
dans lesquels ils laissent accumuler les fumiers des semaines,
des mois, des années entières ; leurs caves, leurs celliers, même
les greniers, où les produits des récoltes sont entassés et se corrompent, ont souvent besoin d'être désinfectés. Les lieux où ils
mettent les chevaux morveux ou farcineux, les moutons attaqués
du claveau, et en général tous les animaux affectés de contagion,
et qui peuvent la communiquer à d'autres, souvent après des
années d'intervalles, doivent sur-tout l'être avec soin. C'est
un des plus importans préceptes qu'un cultivateur éclairé doit
donner à ses enfans, à ses valets, à ses voisins. De son exécution dépend souvent la fortune de toute une contrée. En effet,
on a vu maintes et maintes fois des épidémies se propager par
le seul effet d'un manque de précaution à cet égard.

Les deux moyens reconnus dans ces derniers temps pour

les plus puissans sont, 1° le lavage, ou le blanchîment, avec
de l'eau de chaux, de tous les murs et les ustensiles existans
dans un appartement ; dans une écurie et autre lieu infecté
d'un miasme délétère et contagieux. Il est le plus à la portée
des cultivateurs dans les pays où la chaux est commune, et il
remplit passablement bien son objet ; mais il agit avec lenteur,
et souvent d'une manière incomplète, par la difficulté de faire
entrer l'eau de chaux dans les fentes des murs, des meubles, etc. ;
2° L'acide muriatique oxigéné en vapeur. Les effets de ce dernier sont certains, instantanés, complets, et prouvés par un
grand nombre d'expériences. C'est à Guyton-Morveau qu'on
doit cette découverte, qui lui a mérité la reconnoissance de
ses contemporains, et qui lui obtiendra celle de la postérité.

Pour désinfecter une chambre ou une écurie, il faut en
fermer toutes les portes et les fenêtres, et mettre dans un plat
de terre, placé sur un réchaud chargé de cendres chaudes,
deux parties de sel marin et une partie de manganèse, l'un
et l'autre réduits en poudre et bien mélangés, et ensuite on
verse dessus une partie d'acide sulfurique (huile de vitriol)
étendu d'eau, et on se sauve le plus rapidement possible.
L'acide sulfurique chasse l'acide muriatique du sel marin,
et le gaz oxigène de la manganèse ; et ces deux substances s'é-
lèvent dans l'air sous la forme d'une vapeur blanche très dangereuse à respirer, mais qui détruit les miasmes contagieux
fixés sur les murs et les meubles, et rétablit l'air dans son état
de plus grande pureté. On n'ouvre les portes et les fenêtres
de la chambre ou de l'écurie que vingt-quatre heures au moins
après l'opération, et on n'y entre que lorsque l'odeur propre
à l'acide muriatique est pour la plus grande partie dissipée.
Un quart de livre de sel marin suffit pour le plus vaste local
des maisons des cultivateurs. A la rigueur, on peut se passer
de manganèse ; mais ses effets sont trop bien constatés, pour
qu'on ne doive le faire que dans le cas où il n'y auroit pas moyen
de s'en procurer. Une telle fumigation revient à 10 ou 12 sous
aux environs de Paris, et ne peut guère excéder un franc
dans les lieux les plus éloignés des grandes villes, où on trouve
à bon compte l'acide sulfurique et la manganèse.

Je ne puis trop engager les cultivateurs jaloux de la santé
de leur famille de faire cette fumigation, tous les ans à la fin
du printemps, tant dans leur habitation que dans celle de leurs
bestiaux, et immédiatement après de faire blanchir les murs
à la chaux, et laver tous les ustensiles de bois qui en sont susceptibles à l'eau chaude. Les punaises, les poux et les puces qui
se trouveront dans le local soumis à cette opération seront
tués ; ce qui seul est un avantage inappréciable pour la tranquillité des hommes et des bêtes.

Je termine cet article en observant que l'acide muriatique oxigéné a beaucoup d'action sur les métaux et sur les étoffes de laine et de soie; qu'ainsi il n'en faut point laisser dans les appartemens. (B.)

DÉSOUQUA. C'est labourer les jachères dans le département de Lot-et-Garonne.

DESQUE. Nom des corbeilles d'osier dans le département de Lot-et-Garonne.

DESSAISONNER. On appelle quelquefois ainsi les altérations que l'art apporte à la végétation des plantes. Ainsi le jardinier dessaisonne lorsqu'il fait, par le moyen de la couche ou seulement d'un bon abri, produire des salades ou des petits pois avant l'époque où la nature seule les eût fait pousser et fructifier.

On dit aussi dessaisonner, dans la grande agriculture, lorsqu'on change l'ordre des cultures usitées dans un pays; c'est-à-dire, par exemple, lorsqu'on ne voit pas successivement du blé, de l'avoine, et rien dans le même champ, qu'on fait des prairies artificielles, qu'on varie les objets de sa culture selon la nature du sol et les avantages circonstanciels. *Voyez* ASSOLEMENT.

Anciennement on défendoit à un fermier, par une clause du bail, de dessaisonner. Aujourd'hui le progrès des lumières lui fait laisser la liberté de cultiver comme il le juge à propos. (B.)

DESSÈCHEMENT. Signifie dissiper l'humidité superflue et rendre sec. Tout terrain à dessécher est ou horizontal, ou a une pente quelconque. Dans le premier cas, l'opération est très difficile et très coûteuse; dans le second, rien n'est plus aisé, quoique dispendieux dans beaucoup de circonstances.

Le seul cultivateur négligent ou *trop pauvre* est celui dont les champs sont inondés ou marécageux. En pareil cas, il ne s'agit que de niveler le terrain, creuser un fossé principal et des fossés secondaires, afin d'égoutter les eaux.

Un des moyens les plus simples, les plus avantageux, pour dessécher un champ où l'eau séjourne, c'est de labourer par BILLON. *Voyez* ce mot.

Si les billons ne paroissent pas suffisans, je conseille les fossés grands et petits dans les pays dépourvus de pierres et de cailloux; dans ceux où l'on peut rassembler de telles pierres à un prix modéré, c'est le cas d'ouvrir un fossé principal qui traverse tout le champ dans la partie la plus basse; ce fossé sera, par exemple, de six pieds de profondeur sur huit de largeur. Il sera rempli de pierres et de cailloux jetés confusément ensemble jusqu'à la hauteur de quatre pieds, et les deux autres pieds remplis avec la terre retirée du fossé, et mise de niveau avec celle du terrain voisin. A ce fossé principal correspondront tous les fossés collatéraux, en nombre suffisant, et pratiqués de la même manière. Il est impossible, si l'opération est bien faite, que la terre, que le pré, etc., restent submergés ou marécageux, quand même l'eau des sources sourderoit de toute part dans le champ. De quelque nature que soit le grain de terre, même d'argile, le point principal est que le grand fossé ait un écoulement, ce que le niveau indique d'une manière invariable. Il résulte de cet empierrement, 1° que l'on a de reste les deux tiers de la terre tirée des fossés, et que, voiturée sur les endroits bas, elle les rehausse ; 2° que l'on purge le champ des cailloux et des pierres inutiles ; enfin, que soit pré, soit champ, il est égoutté dans tous ses points. La moisson, l'herbe n'en seront pas moins abondantes sur le fossé même, puisqu'il reste dix-huit à vingt-quatre pouces de bonne terre ; aucune racine de plante graminée ne s'enfonce plus de six à huit pouces, et la luzerne, qui de toutes les plantes des prairies artificielles pivote le plus profondément, y réussit à merveille, même dans les provinces méridionales du royaume, où souvent la sécheresse est extrême ; parceque si elle gagne l'empierrement, elle y trouve encore une humidité suffisante à sa végétation. Je parle d'après ce que j'ai vu, et plus d'une fois.

Ces empierremens sont singulièrement bien imaginés ; en effet, à quoi ressembleroit un champ, une prairie, etc., sans cesse coupés et recoupés par des fossés ? Pour peu qu'ils fussent en pente, les eaux pluviales agrandiroient les fossés, leurs bords s'abaisseroient, et petit à petit la partie du sol située entre deux fossés imiteroit la forme du dos d'âne, et la pièce seroit ruinée pour toujours. Les empierremens, au contraire, permettent de niveler le terrain, et sur chaque fossé de tracer les larges sillons qu'on nomme *sang-sues*, afin de faire égoutter les eaux. La terre qui recouvre ces empierremens a été remuée plusieurs fois, de sorte qu'elle ne forme jamais une masse aussi compacte que la voisine ; ainsi l'eau la pénètre plus facilement, et quand elle est pénétrée autant qu'elle peut l'être, elle fait alors l'office d'un crible ; toute la partie superflue s'égoutte dans l'empierrement.

Mais, dira-t-on, les vides qui existoient dans le temps que l'empierrement a été fait se rempliront peu à peu de terre, se combleront ; alors le remède deviendra pire que le mal. Que répondre à ce raisonnement ? L'expérience décide le problème ; je connois de semblables empierremens faits depuis trente ans, et dont le service est aussi avantageux aujourd'hui que dans les premières années. Supposons que tous les conduits fussent bouchés. Je demande à mon tour : Les récoltes de trente années ne dédommagent-elles pas amplement de la dépense, dans la supposition qu'il fallût ouvrir de nouveau ces mêmes fossés? La vérité est que l'eau qui filtre à travers un pied et demi ou deux pieds de terre entraîne très peu de terre, et que l'eau rassemblée entre ces pierres et ces cailloux coule avec assez de rapidité pour expulser le peu de terre qui s'y seroit rassemblée. En un mot, le raisonnement est bon dans le cabinet, mais nul contre l'expérience. Je conviens cependant que si le fossé principal n'a pas un dégorgement suffisant, il s'altèrera peu à peu, finira par devenir inutile, et mettra les autres dans le même cas. Ce ne sera plus la faute des fossés, mais celle de l'agriculteur qui aura mal conçu la direction de son ouvrage en le commençant, ou qui l'aura négligé après son exécution. Toutes les fois que vous verrez un champ couvert d'eau pendant des mois entiers, une prairie chargée de joncs, de mousses, etc., dites : Ce terrain appartient à un cultivateur négligent ou très pauvre.

Par des effets singuliers de la nature, il se trouve des fondrières, des terrains dont la pente est dirigée du côté opposé de l'écoulement naturel ; enfin il y a mille positions impossibles à décrire. Malgré cela il est très peu de cas où l'on ne puisse donner un écoulement aux eaux : trancher dans le vif à force de bras est le plus expéditif et le plus coûteux ; mais à moins que l'opération du dessèchement ne soit majeure et de la plus grande importance, je ne le conseille pas. Les obstacles naissent ordinairement ou de la masse des roches, ou des amas de terre ; la mine seule agit sur les premiers ; la brouette, le tombereau suffisent pour les seconds. Quelle dépense pour peu que l'excavation à faire soit profonde ! quel remuement de pierres et de terres ! Avant de l'entreprendre, réfléchissez à deux fois : avec le secours du niveau, on pourra, en parcourant une bien plus grande surface, procurer l'écoulement. C'est encore le cas de calculer combien il en coûtera par toise ; et d'examiner, 1° si le prix du déblaiement de ces toises mises bout à bout l'emporte sur la grande excavation dans l'endroit le plus rapproché ; l'estimation faite, ajoutez à la dépense un grand tiers en sus, afin de ne pas faire de faux calculs, et sur-tout pour ne pas se trouver court en finance. Le chapitre des accidens et des obstacles est immense. Si la valeur de la fondrière équivaut seulement aux frais, il vaut mieux, avec cet argent, acheter près de soi des terres de bon rapport.

Les saisons des entreprises de cette espèce sont l'automne et le printemps, et quelquefois l'hiver, si la terre est peu imbibée d'eau. Dans le cas contraire, on ne fait pas en trois jours ce qu'on auroit fait en un. Si vous considérez le malheureux journalier comme votre semblable, comme citoyen et sur-tout comme l'individu dont dépend toute la subsistance de sa famille, ne l'appliquez jamais à ce dessèchement en été. Il travaillera pendant quinze jours, même un mois; les deux autres mois, il sera rongé par la fièvre, et souvent il en périra. Je ne cherche point à répandre une terreur panique, je parle d'après des faits. Si un besoin urgent oblige de faire travailler ces malheureux pendant l'été, soyez humain, prodiguez-leur le vinaigre, et ne leur laissez jamais boire de l'eau sans la rendre légèrement acidule. De distance en distance, le long des travaux, établissez de grands feux malgré la chaleur, obligez-les de se chauffer le soir avant d'aller dormir; donnez-leur un peu d'eau-de-vie le matin lorsqu'ils iront au travail, mais étendez-la dans six fois son volume d'eau. Il seroit trop long d'expliquer ici sur quels principes est fondé ce régime; il suffit d'être assuré que l'expérience a prouvé son efficacité. Que la pente existe déjà, ou qu'elle soit l'effet de l'art, si on trouve, à une certaine profondeur, une couche de graviers, il est inutile alors d'ouvrir de si grands fossés dans toute la longueur et dans les différens sens de la pièce : cependant le même nombre de fossés doit exister; la largeur seule de l'empierrement doit être diminuée, parceque le gravier, toujours ou presque toujours disposé en couche horizontale, donnera passage aux eaux, et d'elles-mêmes elles iront former des sources, peut-être à deux, quatre ou six lieues de là. C'est donc la profondeur à laquelle on trouvera le gravier qui décidera de celle des fossés et de leur largeur, et de l'épaisseur de la couche de terre qui doit recouvrir l'empierrement. Jamais terrain n'est aqueux ou marécageux, lorsqu'il porte sur un banc de gravier, qu'il est élevé au-dessus du lit des rivières, à moins qu'entre le banc de gravier et la superficie du sol il ne se trouve des couches d'argile. Peu de cas particuliers font exception à cette loi; par exemple, l'abondance des sources. Si leur eau est superflue ou inutile, il convient, en partant de l'endroit le plus bas de la pièce, d'ouvrir les fossés dont on a parlé, et de les conduire directement vers ces sources, ou vers les endroits les plus aqueux.

Toutes ces opérations sont subordonnées au local, que chacun doit étudier, et que je ne puis décrire; mais il est constant que les généralités qui viennent d'être décrites s'appliquent à toutes sortes de terrains. (R.)

DESSÈCHEMENT DES MARAIS (1). Je diviserai ce travail en quatre parties.

(1) Les dessèchemens de quelques hectares s'opèrent par les mêmes procédés que ceux d'une grande étendue. Seulement ces moyens sont plus simples et plus à la portée des cultivateurs intelligens qui les saisiront facilement dans cet ouvrage.

1.º Travaux à faire pour effectuer de grands dessèchemens.

2.ⁿ Travaux nécessaires pour conserver les dessèchemens faits.

3.º Culture des dessèchemens.

4º Administration intérieure déterminée par l'acte d'association. (Il faut expliquer ce dernier article.)

Ces sortes d'entreprises excèdent les facultés d'un seul propriétaire. Elles se font presque toujours par des compagnies, des sociétés d'entrepreneurs ou de cultivateurs. Il faut que ces sociétés se prescrivent des règles pour leur administration intérieure. Sans cela il n'est point de succès à espérer ; les plus belles entreprises des dessèchemens n'ont été abandonnées que par la division d'opinions ou d'intérêts des propriétaires et les interminables procès qu'elles ont fait naître. Pendant ces contestations, les travaux nécessaires à l'entretien sont suspendus, les fonds sont dévorés par les procès, *l'ouvrage de longues années périt dans un moment*. Prévenir ces malheurs par des statuts, des réglemens (qui sont toujours homologués par l'administration publique), en tracer les plus importantes dispositions, ne sera pas la partie la moins utile de cet ouvrage. Les Hollandais seront mes guides et ceux des agriculteurs qui liront cet ouvrage.

PREMIÈRE PARTIE.

Travaux à faire pour opérer des dessèchemens. En considérant les beaux dessèchemens de la Hollande et de la Flandre, ceux effectués dans le commencement du dix-septième siècle par les Hollandais, dans l'ouest et le midi de la France, on est bien convaincu que ces grandes entreprises *sont la plus belle conquête que le génie de l'homme ait faite sur la nature* ; mais on verra par ce travail que cette conquête est plus belle qu'elle n'est facile. C'est pour cela qu'il reste encore tant à faire sur le sol français, et que de nombreuses entreprises de ce genre n'ont souvent opéré que la ruine de ceux qui les ont mal dirigées. Les bien conduire est le but que l'on se propose par ce travail, où je n'offrirai que les leçons d'une longue expérience.

Avant de rien entreprendre, il faut obtenir du gouvernement l'autorisation nécessaire par l'entremise de MM. les préfets ; car, s'il est des dessèchemens qui sont utiles, il en est qui seroient dangereux, en enlevant les eaux nécessaires à la navigation intérieure et aux points de partage qui doivent alimenter les canaux projetés. Cet intérêt est si grand que tous autres doivent lui céder. On verra d'ailleurs qu'il est dans ce cas même un parti très utile à tirer des marais inondés ; mais il ne faut pas plus *tout dessécher* que *tout défricher*. La fameuse loi du 14 frimaire an 2, qui ordonna le dessèchement de tous les étangs, pensa donner à des contrées fertiles l'aridité du désert, et c'est une leçon qui ne doit pas être perdue pour la postérité.

La loi veut que la requête soit communiquée aux propriétaires voisins, afin qu'ils aient à déclarer s'ils veulent, ou non, être compris dans le dessèchement. S'ils s'y opposent, il faut juger l'opposition, le gouvernement seul peut et doit prononcer sur d'aussi grands intérêts. Combien de procès interminables ont ruiné l'une et l'autre partie pour avoir négligé ces utiles formalités.

Si les propriétaires voisins consentent à faire partie du dessèchement, il n'y a plus de difficulté; s'ils s'y opposent, l'administration prononce et l'intérêt public fait raison des oppositions. Si, sans former d'oppositions, les voisins déclarent qu'ils ne croient pas de leur intérêt d'être desséchés, ils ne perdent pas le droit de se dessécher un jour, mais ils ne peuvent se servir des canaux du dessèchement inférieur qu'en traitant avec les propriétaires et en leur offrant de déterminer provisoirement un niveau d'eau qui ne devient définitif qu'après que le cours de dix années a démontré qu'il ne peut en résulter d'inconvénient pour le premier dessèchement. Il en résulte que le nouveau dessèchement n'est que provisoire, puisque la vanne de communication de l'un à l'autre est fermée dès que le niveau d'eau est couvert. Cependant, comme ces derniers dessécheurs ont toujours le droit de faire à leurs dépens tous les travaux nécessaires dans le canal général, afin que jamais le niveau déterminé ne soit couvert, il ne résulte pas d'inconvénient de cette transaction. Elle existe depuis plusieurs années entre de grands dessèchemens dans l'ouest. J'en ai tracé moi-même les dispositions; il n'y a jamais eu de plaintes ni de difficultés, parceque tout le monde a intérêt qu'il n'y en ait pas. Ainsi d'immenses terrains ont été rendus à l'agriculture.

Si le terrain inférieur *desséché* refusoit absolument le passage des eaux du terrain supérieur, non compris dans le dessèchement, celui-ci a toujours le droit de demander à acquérir les terres nécessaires pour creuser un nouveau canal à travers le marais inférieur. L'intérêt de l'état veut que cette faculté ne soit pas refusée, et c'est à raison de ce que l'accord ou la transaction dont je viens de tracer les principales dispositions n'est jamais repoussé.

On voit déjà, d'après cet exposé, ce que la suite de ce travail confirmera, c'est qu'il est impossible que les discussions de ce genre ne soient pas jugées administrativement. Les tribunaux ne pourroient juger que sur les rapports d'arbitres ou experts; l'administration voit par elle-même et par ses agens;

elle voit dans une cause où elle a toujours un grand intérêt d'état, celui de la conservation de l'espèce humaine et de l'amélioration des propriétés.

Les actes préparatoires ainsi réglés, il faut mettre la main à l'œuvre, et, après avoir composé avec les intérêts humains, il reste à vaincre les difficultés qu'oppose la nature.

Travaux à faire pour effectuer de grands dessèchemens. Je dois prévenir qu'il ne s'agit point ici des dessèchemens qu'on ne peut opérer qu'à l'aide de machines dispendieuses, telles que les pompes à feu, les polders hollandais, etc. Ces sortes d'entreprises sont des ouvrages d'arts qui sortent du domaine de l'agriculture et ne sont guère à la portée des cultivateurs. Les gouvernemens seuls peuvent les entreprendre, aidés par d'habiles ingénieurs ; car chaque localité peut exiger des travaux et des machines différentes.

Nous ne traiterons donc ici que des dessèchemens qu'on peut opérer par le secours de la nature, et ceux-ci offrent encore assez de difficultés pour demander le concours de grands talens et une longue expérience.

Il faut avant tout parfaitement étudier le terrain, le savoir, si j'ose ainsi parler, *par cœur*. Il faut consulter ses intérêts, et calculer la mise de fonds à faire, prévoir les produits présumés, et sur-tout bien connoître les besoins du commerce et des consommateurs. Là, des prairies sont plus avantageuses ; ici ce sont des bois ; ailleurs de vastes plaines de blé offrent une meilleure spéculation. Ces connoissances sont celles de tous les cultivateurs instruits. Ils savent très bien distinguer leurs véritables intérêts, parcequ'ils résultent de combinaisons simples et faciles qui leur échappent rarement.

Ces faits constatés, il faut se résoudre à soi-même les questions suivantes.

Est-il de mon intérêt de faire un *dessèchement complet*, afin de cultiver des plantes céréales, oléagineuses ou des racines nourricières ? Est-il plus avantageux de n'opérer qu'un demi-dessèchement qui, à bien moindres frais, m'offrira de bonnes prairies qui redouteront peu le séjour momentané des eaux ?

Cette première question résolue, il faut s'en proposer une seconde non moins importante, et se dire : Dois-je dessécher la totalité du terrain, ou me convient-il mieux de me réserver un réservoir d'eau ou étang dans la partie la plus élevée, afin d'avoir toujours à volonté des moyens d'irrigation ?

Si l'on n'a pas à sa disposition des eaux extérieures provenant de lacs, étangs, rivières ou sources abondantes, il n'y a aucun doute qu'il faut se réserver un étang supérieur en contenant les eaux par des digues. L'étang fournira du poisson pour le marché, et des eaux d'irrigation pour les terres. (On verra la nécessité de ce travail à l'article CULTURE DES DESSÈCHEMENS.)

On voit déjà que ce n'est pas une entreprise aussi simple que l'imaginent ceux qui n'ont pas une longue expérience que celle d'un dessèchement, et qu'il est toujours prudent de consulter des hommes éclairés, de bons praticiens, d'autant qu'il s'agit presque toujours de la fortune ou de la ruine des premiers dessécheurs.

Toute opération agricole, comme toute affaire de commerce, doit commencer par un bordereau présumé en recettes, dépenses et produits nets ; mais en faisant ce bordereau il ne faut pas oublier que rien n'est plus ruineux que les fausses économies en agriculture. C'est pour cela même qu'il ne faut rien entreprendre avant d'avoir bien calculé.

Supposons toutes les données précédentes résolues, supposons le dessèchement jugé utile, il faut s'assurer des moyens de l'exécuter. Ces moyens sont de l'argent, des bras, et sur-tout le talent de les employer.

Il faut, avant de mettre la main à l'œuvre, apprendre à connoître parfaitement les pentes par des opérations multipliées, mais simples, et que l'eau qui couvre le terrain rend toujours faciles, sur-tout s'assurer des parties les plus basses. Je connois plusieurs dessèchemens manqués, parcequ'ils renferment des terrains dont les eaux ne peuvent s'écouler par les canaux dont le niveau est trop élevé : c'est une grande faute, la plus irréparable de toutes ; parcequ'on ne peut y remédier qu'à l'aide de machines dispendieuses, telles que les pompes à feu, les moulins ou polders hollandais, les vis d'Archimède etc.

La surface du terrain bien étudiée, il faut se hâter de le sonder pour connoître la nature des couches de terre inférieure ; car on ne contient pas les eaux extérieures avec des sables, des pierres calcaires. Il faut nécessairement trouver des terres argileuses pour en former des digues. Tous les terrains inondés offrent de l'argile, sans cela ils ne seroient pas couverts d'eau ; mais il faut s'assurer de leur profondeur pour y appuyer les digues ou levées. Souvent les bords des marais inondés qui touchent aux terrains non mouillés n'offrent point d'argile. Il faut bien se garder d'y poser des digues ; il vaut mieux les descendre dans le marais, et laisser des terrains en dehors, dût-on les abandonner aux eaux.

Supposons maintenant le terrain, sa nature, ses pentes bien connues, il faut encore s'assurer si on peut conduire les eaux dans des bassins naturels, tels que la mer, une rivière, un lac, un étang ; enfin, si l'on possède ou si l'on peut acquérir le terrain nécessaire pour creuser les canaux qui doivent y conduire les eaux. Il existe presque par-tout de ces bassins inférieurs destinés à recevoir les eaux supérieures. La nature, qui fit la terre pour l'homme, la disposa de manière à ce qu'il pût toujours rendre son domaine utile et même l'embellir, et si elle a exigé qu'il y employât ses forces et son intelligence, c'est un nouveau bienfait. Elle a voulu par-là lui réserver de grandes jouissances, en faire son collaborateur, l'associer à une seconde création.

C'est un dédommagement que j'ose promettre à ceux qui ne seront pas effrayés de l'aridité de mes conseils; mais ici il ne faut rien négliger. L'eau est comme le feu un ennemi qui profite de la plus légère faute pour tout envahir.

L'ouvrage de cent ans périt dans un moment.

Enfin tous nos élémens sont rassemblés, nos connoissances préliminaires sont acquises. Il faut opérer, il faut,

Contenir les eaux extérieures,

Vider les eaux intérieures.

Je traiterai, dans deux chapitres séparés, ces deux objets très distincts. Je tâcherai de mettre dans cette discussion le même ordre qu'il faudra mettre dans les travaux.

CHAPITRRE PREMIER. Avant tout, il faut contenir les procès plus dangereux que les eaux. Il est donc des formalités à remplir. *Voyez* RÈGLEMENS, STATUTS.

On ne peut contenir les eaux extérieures que par des digues faites soit avec des terres, soit en maçonnerie. Il est rare qu'on soit obligé de recourir à ce dernier moyen, plus rare encore que le produit valût la dépense; mais comme ces sortes d'ouvrages ne sont pas à la portée de l'agriculteur pour qui seul j'écris, je le renvoie à son entrepreneur, en lui conseillant de bien calculer avec lui avant de rien entreprendre. Il ne s'agira ici que des ouvrages qu'on peut exécuter avec les moyens qu'offre le terrain à dessécher.

Pour contenir les eaux extérieures, nous éleverons des digues ou levées en terre; nous nous rappellerons qu'il faut que leur *base* ou *pied* porte ou sur l'argile ou sur un banc calcaire impénétrable à l'eau; car si elle filtroit par-dessous les levées, on les éleveroit inutilement à la plus grande hauteur.

On ne peut trop insister sur ce point d'asseoir ces levées sur un fond imperméable à l'eau, dût-on doubler la dépense. Il est un grand nombre de dessèchemens qui ont été manqués par cette seule faute, et dont les ouvrages extérieurs paroissent parfaitement exécutés. Je citerai celui de Boëre sur les rives de la Sèvre-Niortaise, trois fois entrepris, trois fois manqué, et aux levées duquel il a fallu faire des fondemens en sous-œuvre, si j'ose ainsi parler, travail dispendieux, et qu'on croyoit à peine possible dans l'exécution.

Les levées étant fondées et bien fondées, il faut examiner,

avec le plus grand soin, les matériaux qu'offre la nature pour les élever.

Nous avons déjà dit que si le sol n'offroit qu'un sable *cru*, un fond calcaire, il seroit impossible d'en former des levées qui continssent les eaux.

Heureusement ce cas est très rare dans les marais inondés, on ose même dire qu'il n'arrive jamais quand on veut descendre dans les marais et sacrifier quelques terres hors des levées.

Cependant, si l'on ne rencontre que des sables ou des terrains calcaires, pourvu qu'ils soient mêlés de quelques parties de terre végétale, il ne faut pas désespérer du succès; il faut que l'industrie vienne au secours de la nature; il faut élever les chaussées, y planter des arbres, des arbrisseaux, des tamarins, semer des gazons. Bientôt les racines entrelacées consolident le terrain; les feuilles pourries, les débris des plantes, des insectes qui les habitoient, les pluies fécondes, des influences de l'atmosphère couvrent ces digues de terre végétale et de gazon qui arrêtent les eaux; mais il faut tenter quelques essais avant de travailler en grand : car ici la seule expérience peut prononcer définitivement. Tout le reste n'est que présomption plus ou moins fondée. Si l'on parvient à défendre un demi-hectare des eaux, on réussira sur mille et dix mille hectares.

Ces sortes de digues, faites avec des terres végétales, sont peu solides les premières années; l'eau les attaque facilement jusqu'à ce qu'elles soient bien gazonnées. Il est une manière ingénieuse de les défendre. On les couvre de longs roseaux choins ou massettes et autres plantes aquatiques, que les marais mouillés produisent en abondance; on les contient par des perches saisies elles-mêmes par des crochets de bois enfoncés dans la terre. L'eau glisse sur ces roseaux, monte, descend sans endommager les levées. On laisse ces digues ainsi *sous enveloppe*, si j'ose ainsi parler, pendant tout l'hiver. Les roseaux, les plantes pourrissent, forment du terreau, et, au printemps, on voit avec étonnement succéder à ces lits de roseaux, secs et jaunâtres, de beaux gazons, une belle verdure.

Il est bon de répéter cette opération pendant plusieurs années. Elle n'est pas dispendieuse, les marais mouillés étant toujours pleins de ces roseaux ou plantes aquatiques.

Souvent les eaux extérieures qui menacent les digues tombent par torrens des montagnes. Alors plusieurs coupes transversales ou fossés parallèles arrêtent, brisent l'impétuosité du torrent.

Passons maintenant à l'art même de construire les digues ou chaussées qui, comme un mur de circonvallation, doivent contenir l'ennemi (les eaux extérieures). Il faut connoître la force de cet ennemi, calculer le volume des eaux, la rapidité de leur cours, la direction des vents qui peuvent ajouter à leur choc, afin de leur opposer des moyens suffisans de défense par la hauteur et la force des digues.

Avant d'aller plus loin, définissons les mots que nous employons, afin d'éviter toute confusion dans les idées.

Une digue, chaussée ou levée, a toujours la forme d'un trapèze. Sa base s'appelle *pied*, *empâtement*; son sommet est la *couronne*; ses côtés sont les *flancs*; le fossé extérieur d'où l'on a tiré la terre s'appelle la *ceinture*; s'il y a un second fossé en dedans, c'est la *contre-ceinture*; la lisière de terrain qui borde les canaux, les ceintures et contre-ceintures, est appelée *francs bords*. Ces noms sont consacrés à la chose qu'ils désignent, et je les préfère à ceux de *both*, *contre-both*; qui nous viennent des Hollandais, et que chacun entend à sa manière. On peut aujourd'hui en parlant français être bien entendu dans l'Europe entière et les deux mondes.

Quand on élève une digue, il faut calculer la force, le volume des eaux et la nature du terrain qu'on peut employer.

Si la terre est *forte*, *argileuse*, il faut moins donner d'*empâtement*, de *base* aux digues ou levées, moins de largeur à la *couronne*, moins de talus à ses *flancs*.

Si l'on manie des terres légères, calcaires, mélangées de *détritus* de végétaux, il faut alors tracer de larges *chaussées*, donner peu de pente aux talus des flancs, afin de prévenir les éboulemens. Ce seroit une erreur de vouloir appliquer ici les règles ordinaires. Il ne s'agit point d'un rempart, d'un mur de fortification, où l'on emploie la pierre, la brique à volonté. Vous n'avez ni le choix des moyens, ni celui des matériaux. Vous ne pouvez pas faire la loi. Il faut la recevoir, il faut capituler avec la *nature*; voici la seule règle qu'on peut *prescrire*.

La force des digues ou chaussées doit être en raison composée du volume des eaux, de leur rapidité, du plus ou moins de force et de ténacité des terres qui servent à les contenir.

J'ai donc dit, avec raison, qu'il falloit pour faire un grand dessèchement un coup d'œil exercé, une grande connoissance du terrain. Ici, le plus habile ingénieur seroit en défaut. Il faut consulter l'habitant du pays, celui qui, comme l'arbre des forêts, a pris racine sur le sol et le connoît comme par *instinct*. Cependant les fouilles profondes révèlent presque toujours la qualité des terres des couches inférieures qu'on a à employer.

Mais, en principe général, on ne peut donner trop de largeur aux *levées* ou *digues*.

Il vaut mieux que les *ceintures et contre-ceintures* soient *larges* que *profondes*.

Il faut se ménager *au moins* trente pieds de *francs bords* le long des *ceintures* et *contre-ceintures*, afin de trouver toujours la terre nécessaire pour *charger et rehausser les levées*.

La dépense est plus forte sans doute, mais les produits sont assurés. Si l'on plante en bois les digues, les francs bords, tous les bois blancs y viennent avec une inconcevable rapidité, et il n'y a pas de revenu plus certain et plus utile.

Cependant il faut bien se garder de laisser les arbres s'élever en hautes futaies. Agités par les vents, cet immense levier soulève, ébranle les levées. Il faut couper, étêter les arbres, à six ou huit pieds du sol, les planter par rangs, et on retire tous les quatre à cinq ans d'excellent fagotage. Jamais capital ne fut placé sur la terre à si fort intérêt.

Ce seroit donc une bien fausse économie que de ménager le terrain pour les digues ou chaussées, et de s'exposer à manquer le desséchement ou de le faire à deux fois, et de le reprendre, si j'ose ainsi parler, en *sous-œuvre*. J'ai souvent été forcé de recourir à de semblables travaux; je les ai vu exécuter par d'autres. La dépense est immense, et il faut ne rien négliger dans les premières constructions pour l'éviter. Les capitaux employés rentrent promptement par les plantations ci-dessus indiquées, dont le succès est prodigieux dans des masses de terre ainsi rapportées.

Je crois avoir réuni dans ce premier article tout ce qui concerne les travaux utiles pour contenir les eaux extérieures et repousser l'ennemi au dehors. Passons aux travaux nécessaires propres à vider les eaux intérieures et pouvoir cultiver le terrain cultivable.

CHAPITRE DEUXIÈME. C'est ici que l'art doit venir au secours de la nature; mais il faut toujours qu'une grande connoissance du sol éclaire le premier.

En traçant un canal intérieur de desséchement, vous avez trois choses à considérer : le niveau des parties les plus basses du terrain, la nature du sol, le volume des eaux à écouler.

Il est hors de doute qu'il faut que le canal destiné à écouler les eaux puisse les contenir, et qu'il puisse recevoir toutes celles que lui portent les canaux ou conduits subsidiaires qui dessèchent le terrain; si les veines du corps humain sont d'un trop petit diamètre pour contenir la surabondance du sang, on diminue le volume de ce dernier par une saignée; sans cela, il y auroit pléthore et apoplexie; on ne peut pas diminuer à volonté le volume des eaux. Il faut donc y proportionner les canaux destinés à les recevoir; mais comme il y a quelquefois impossibilité de connoître le volume d'eau dans un dessèchement, la prudence demande (et je ne puis trop insister sur cette mesure), qu'en creusant les canaux on se réserve toujours les moyens de les élargir ; et pour ce, il faut laisser un espace ou *franc bord* entre les bords mêmes du canal, et les *déblais* ou terre qu'on en tire pour les creuser. Quand cette opération se fait au moment même où l'on creuse le canal, elle est facile ; deux travailleurs placés sur bord reçoivent les terres, et avec la pelle les jettent à dix pas du canal où d'autres les terrassent ; ainsi toute la dépense consiste dans quelques journées de travailleurs : mais lorsqu'on a négligé cette mesure, lorsqu'une fausse économie de terrain l'a repoussée, et qu'il faut élargir un canal, alors les dépenses deviennent immenses, quelquefois les travaux impossibles, et l'on éprouve une vérité certaine en agriculture, c'est que rien n'est plus ruineux que les demi-moyens et les fausses économies ; ajoutez encore que lorsqu'on a négligé de laisser des francs bords, et qu'il faut curer les canaux, il faut alors porter les déblais à une grande hauteur pour atteindre la *tête des jets*, ce qui ne se fait que par des moyens très dispendieux.

Je ne pourrois que répéter ici ce que j'ai dit à cet égard pour les levées ou chaussées ; il faut, pour éviter les éboulemens, parfaitement connoître la nature du terrain que l'on travaille, et ménager les pentes ou talus en proportion du plus ou moins de solidité des terres (1). Venons au dessèchement des parties basses.

Voici de toutes les opérations d'un dessèchement la plus difficile et la plus compliquée ; avant de l'entreprendre, il faut bien connoître,

1° Le niveau comparatif des parties les plus basses et les plus élevées du sol ;

2° La pente qu'on peut donner au canal général pour rendre les eaux au bassin naturel destiné à les recevoir.

De l'examen de ces données dépend la solution de la question suivante :

Peut-on opérer le dessèchement complet sans employer des ouvrages d'art ?

Faut-il au contraire avoir recours à des machines ou à des écluses ?

En effet, si, dans un terrain à dessécher, il se trouve des parties fort au-dessous du niveau général, il est évident que pour en recueillir les eaux, il faudroit donner une telle pente aux canaux, qu'alors ils ne pourroient plus conduire les eaux dans le bassin naturel, étang, mer, fleuve ou rivière.

____

(1) La masse, le volume des eaux ordinaires peuvent être calculés, ainsi que la force de résistance à y opposer. Les inondations, les orages, les tempêtes doivent être prévus, mais ils échappent à tout calcul.

Il n'y a alors que deux parties à prendre, ou de resserrer par des chaussées les parties inondées et d'en faire des étangs, ou de les mettre en prairies.

Si vous en faites des étangs, l'art n'est plus nécessaire que pour en contenir les eaux par des digues.

Si vous les changez en prairies, il faut alors employer les polders hollandais, le simple chapelet ou belier hydraulique, pour élever les eaux dans un canal ou aqueduc qui les porte au canal général.

J'avoue que je connois peu de terrains en France qui méritent cette dépense; mais il importe toujours de contenir, de resserer les eaux, tant pour la salubrité de l'air, que pour avoir, au moins des étangs poissonneux. Quant au parti à préférer, il faut consulter l'intérêt personnel; c'est un guide à qui il ne faut cependant pas accorder une confiance sans réserve; souvent il nous égare en voulant nous servir, et nous porte ou à l'excès de la crainte qui empêche d'entreprendre, ou aux espérances chimériques qui font trop oser.

Ici, la pente même du terrain que parcourt le canal doit être la première donnée du problème.

Ces pentes sont ou trop rapides ou trop lentes, ou nulles ou inégales.

Les pentes sont-elles trop rapides, il suffit quelquefois de contourner le canal, de le faire circuler. Alors la pente se prolonge sur un plus grand développement et devient peu sensible.

Ce moyen supplée souvent aux écluses, aux déversoirs, aux chaussées mobiles, qu'on ne construit et qu'on n'entretient qu'à grands frais; il est encore très utile, pour aller chercher les eaux des parties les plus basses. Un simple chapelet suffit alors pour les déverser dans le canal général, et le chapelet lui-même est mis en action par le cours des eaux.

C'est un préjugé de croire qu'il faut que les canaux généraux d'un dessèchement soient toujours droits; par-là on manque le dessèchement, ou on ne l'opère qu'à l'aide de machines dispendieuses.

Je viens de présenter deux hypothèses où il est évident qu'on doit préférer les canaux sinueux. Il en est une troisième qu'il ne faut pas omettre.

Il arrive assez souvent qu'après un dessèchement fait le fond de terre se trouve ardent, sablonneux ou trop compacte; alors le sol, livré aux chaleurs de l'été, se fend en longues crevasses; tout se dessèche, tout jaunit, tout brûle à sa surface. Si, dans un tel terrain, vous eussiez adopté les canaux sinueux, ralenti le cours des eaux, multiplié leur surface, augmenté les bienfaisantes rosées que portent les brouillards du matin, alors, dis-je, vous eussiez porté par-tout la fraîcheur et la vie, vos prairies et vos blés seroient toujours verts, et vous ne verriez plus vos bestiaux, maigres et desséchés, n'oser appuyer le pied sur un sol brûlant qu'ils voudroient fuir pour jamais.

Les pentes sont-elles trop lentes, souvent il suffit de ralentir momentanément le cours même de l'eau par des batardeaux ou des écluses à poutrelles; les eaux s'élèvent alors, deviennent plus rapides, et font, sur les parties inférieures, l'effet d'une écluse de chasse.

Il est inutile de dire qu'alors les canaux les plus directs sont toujours à préférer.

Je dois observer que les pentes nulles ou irrégulières n'existent presque jamais dans les terrains à dessécher; ce sont presque toujours de grands bassins que les eaux mêmes ont nivelés, et la bienfaisante nature a placé auprès d'eux des bassins inférieurs et naturels. Il n'y a donc d'obstacles à vaincre que pour le canal qui doit communiquer d'un bassin à l'autre.

La majeure partie des terrains inondés en France le sont par des lacs ou des rivières (1) qui s'extravasent, si j'ose ainsi parler, et se répandent sur des terrains qui sont au-dessous de leurs eaux, enflées par les pluies ou par les torrens.... Alors il suffit d'élever le long des bords du fleuve une chaussée parallèle pour contenir ses eaux, et de creuser un canal intérieur également parallèle au fleuve, et qui va à un ou deux myriamètres lui porter ces mêmes eaux qu'il refusoit de contenir dans la partie supérieure de son cours. C'est ainsi que le génie de l'homme sait quelquefois modifier à son avantage les lois mêmes de la nature, qui ne devient rebelle que lorsqu'on veut lui en imposer et s'opposer à ses immuables décrets.

Je pourrois ici multiplier les exemples; mais je ne décrirai jamais tous les cas particuliers. Qui pourroit croire, si l'expérience ne l'eût prouvé, qu'il suffit quelquefois de creuser des puisards dans un terrain que l'on veut dessécher, de percer le lit de terre qui contenoit les eaux supérieures? Alors elles se perdent dans un banc de pierre ou de sable. Elles disparoissent, et vont enfler ces sources fécondes qui portent ailleurs la fertilité et la vie.

Je ne dois point terminer ce chapitre sans parler des canaux secondaires, qui, comme autant de ramifications, vont porter les eaux aux canaux généraux de dessèchement:

Comme on peut augmenter, réduire le nombre ou changer le cours de ces canaux secondaires, leur construcion est bien moins importante que celle des canaux principaux. On peut

---

(1) On ne parle pas ici des dunes, qui font refluer les eaux intérieures; c'est un objet qui demande un travail particulier.

pour ainsi dire les essayer avant de les *adopter* définitivement. Je me bornerai donc ici à quelques observations générales.

1° Il importe de construire à l'embouchure de chacun de
ces canaux des clapets très peu dispendieux, mais qui servent
à retenir les eaux dans telle ou telle partie, tandis qu'il faut
les faire écouler dans une autre. Sans cette précaution, il arrive souvent que telle partie d'un dessèchement est inondée,
tandis que telle autre est frappée de sécheresse. Il ne faut donc
pas négliger un moyen aussi simple de se rendre maître du
cours des eaux.

2° Il est un usage connu en Angleterre et recommandé par
Rozier, c'est celui de combler les fossés secondaires ou rigoles
avec de grosses pierres (quand la nature en offre); et de les recouvrir de quinze à seize pouces de terre franche. Alors il n'y
a pas eu perte de terrain, et les eaux s'écoulent par des conduits secrets.

Je suis loin de blâmer cet usage; mais n'est-ce pas le cas
de dire ici qu'il n'y a pas de règle sans exception, et que
celle-ci en souffre beaucoup.

1° En comblant les fossés scondaires, vous perdez l'avantage précieux de pouvoir contenir les bestiaux et les empêcher
de vaguer et de fouler avec leurs pieds plus d'herbes qu'ils
n'en mangent, vous éloignez d'eux les moyens de se désaltérer.

2° Dans les terrains brûlans, et il y en a beaucoup de ce genre
dans les dessèchemens, vous renoncez à l'avantage inestimable
de ces vapeurs qui s'élèvent de la surface des eaux, et qui se
répandent en fertiles rosées sur un sol trop aride. Cet effet naturel dans les pays des montagnes n'existe pas dans les plaines;
c'est donc encore ici à l'art d'aider la nature.

3° Vous renoncez enfin à ces plants d'arbres aquatiques
qui bordent les canaux, en contiennent les terres, attirent la
rosée et la fraîcheur, et décomposent l'air méphitique et pes-
tilentiel.

Ainsi donc, par-tout où il faut purger l'air et le rendre sa-
lubre, par-tout où il importe de conserver, de porter la fraîcheur sur un sol trop brûlant, par-tout où il faut préférer les
prairies aux terres emblavées, nous ne devons pas renoncer
aux antiques usages de laisser nos canaux secondaires découverts; et nous ne devons pas adopter la méthode anglaise, que
dans les terres assez arrosées ou destinées à être emblavées. Il
ne faut donc pas que la manie de l'imitation nous porte trop
loin. Nous devons en économie politique imiter les Romains,
qui n'adoptoient des autres peuples que les coutumes et les
armes qui pouvoient convenir à leurs mœurs ou à leur politique. Et tel usage qui convient parfaitement au climat humide

de la Hollande et de l'Angleterre, ne peut être que dangereux dans nos belles provinces du midi et de l'ouest de la
France. Défions-nous toujours de la manie de l'imitation,
ou du moins soumettons-la à la coupelle de l'expérience.

Des ouvrages d'art, écluses, vannes. Mon dessein n'a point
été de traiter des dessèchemens qu'on ne peut opérer qu'à
l'aide de machines dispendieuses, des pouldres ou moulins de
la Hollande, des vis d'Archimède, etc., etc.

Ces travaux sont hors du domaine de l'agriculteur, et je
connois peu de terrains en France qui puissent supporter de
pareilles avances.

Mais dans tous les dessèchemens qu'on opère en élevant des
digues, en creusant des canaux, il est rare qu'on ne soit pas
obligé de construire à l'embouchure de chaque écours général
une écluse, vanne ou porte battante ou à coulisse. Cette construction est indispensable pour tous les dessèchemens qui portent
leurs eaux à l'océan, pour arrêter l'action du flux, qui feroit
refouler les eaux. Elle sert encore dans tous les lacs, étangs,
rivières où l'on peut craindre des crues d'eau.

J'ai donc pensé qu'il étoit nécessaire de faire connoître les
vices que j'ai constamment remarqués dans ces sortes de constructions qu'il faut décrire en peu de mots. Elles consistent ordinairement dans deux culées ou bajoyers qui soutiennent des
portes battantes busquées du côté où elles doivent soutenir les
eaux. Quelquefois les culées soutiennent quatre portes ou venteaux, deux busquées, et deux autres contrebusquées.

Presque toujours, près des premières culées on en construit
des secondes dans l'épaisseur desquelles on pratique une coulisse ou rainure, dans laquelle une vanne monte et descend,
conduite par une vis qui marche par le moyen d'un écrou fixé.
C'est ce qu'on appelle ordinairement *porte-coulisse* ou vanne.
Telles sont les constructions les plus usitées ; voici leur usage.

Il faut se rappeler que, s'il importe de vider les eaux surabondantes, il n'importe pas moins de pouvoir les retenir à
volonté pour l'irrigation des terres et abreuver les bestiaux.

Or, les portes battantes que l'océan fait fermer d'elles-mêmes
au moment du flux, qui s'ouvrent à la mer descendante, parceque les eaux intérieures pèsent sur les venteaux ; ces portes,
dis-je, s'ouvrent ou se ferment entièrement.

A la vérité il est d'usage de construire des secondes portes-
coulisses ou vannes dont nous avons parlé.

Il paroîtroit d'abord facile à l'aide de cette machine de
modérer l'action des eaux ; mais cette opération est dangereuse,
parcequ'alors la vanne ou porte-coulisse soutient une masse
d'eau énorme, celle de la hauteur de tout le canal ; qu'elle
peut alors se rompre, ou au moins se voiler, c'est-à-dire pren-

dre la forme d'une tuile courbe, et alors la vanne ne peut plus jouer dans les coulisses des bajoyers.

Pour éviter ces inconvéniens, il est prudent, lorsqu'on construit les culées ou bajoyers, de leur donner assez de force et d'épaisseur pour y construire dans l'épaisseur des piles, des canons ou écours latéraux, que l'on ferme avec une simple vanne. Alors on peut ouvrir une seule de ces vannes, les deux en même temps, enfin les deux vannes et la porte principale, ce qui procure une plus grande chasse d'eau.

Tels sont les préceptes que j'ose donner aux propriétaires de marais inondés ou fatigués par les eaux pour les convertir en beaux dessèchemens; j'ose croire qu'en les suivant ils tireront un parti avantageux de propriétés qui ne leur offrent aujourd'hui que des dangers pour leur existence et celle de leurs voisins.

On a dû voir que si les travaux d'un dessèchement exigent quelques dépenses, ils offrent aussi un grand intérêt. C'est une véritable conquête faite par le génie de l'homme sur la terre et les eaux en même temps.

Rien n'est plus intéressant que l'aspect d'un dessèchement bien entrepris.

Dans un corps humain bien constitué, le volume des vaisseaux est toujours proportionné à la masse du sang; il circule avec facilité dans les veines, les artères; il va du cœur aux extrémités, des extrémités il revient aux poumons; nul pléthore, nul engorgement, toute la machine est animée; tout agit, tout se meut, tout respire la vie; voilà l'image d'un dessèchement bien entrepris.

Un corps cacochime et souffrant où les fluides circulent à peine, dont tous les mouvemens s'exécutent lentement et péniblement, où tout annonce la souffrance de l'individu et le délabrement de la machine, nous donne l'idée d'un dessèchement mal conçu, mal exécuté.

Mais s'il m'est permis de porter plus loin cette comparaison, j'oserai dire qu'il faut un régime et une conduite soutenus pour conserver au corps humain cet état de vigueur et de santé qu'il faut, quand on l'a perdu, recourir à l'art pour réparer les torts de la nature; il en est ainsi des dessèchemens, et, en général, des travaux des hommes. Il faut veiller à leur conservation; il faut sans cesse prévenir l'effet du temps qui semble s'occuper sans cesse à détruire les hommes et leurs ouvrages. Je vais, dans la seconde partie de celui-ci, indiquer les moyens les plus certains de conservation des travaux de dessèchement; et dans cet article, comme dans le précédent, j'offrirai avec quelque confiance aux cultivateurs français les fruits de dix années de pratique et d'expérience.

DEUXIÈME PARTIE.

Entretien des dessèchemens faits. Ce seroit la plus grande des erreurs de penser que tous travaux, toutes dépenses sont faites, quand les ouvrages dont on vient de parler sont entièrcment finis. Le moment de jouir n'est pas venu, et il reste encore beaucoup à faire avant d'obtenir une bonne culture, plus encore pour la conserver et ne pas perdre les fruits de tout ce qui a été fait ; mais ici on a un grand motif d'encouragement, c'est la certitude d'arriver au but : *la terre promise est enfin devant nous.*

Voulant mettre dans ce traité le même ordre qu'il faut suivre dans les opérations qui en sont l'objet, je diviserai cette seconde partie en deux chapitres. L'un présentera l'ensemble des *travaux préparatoires* pour mettre le sol *en état de culture.*

Le second chapitre, l'ensemble des travaux nécessaires pour conserver les dessèchemens *en bon état de culture.*

Je sais que ces divisions multipliées jettent de l'aridité dans mon travail ; mais quand l'agrément ne peut aller de pair avec l'utile, il faut préférer l'utile à l'agréable dans des questions de ce genre.

CHAPITRE PREMIER. *Travaux préparatoires pour mettre les terrains desséchés en état de culture.* Les marais inondés reposent presque toujours sur un fond glaiseux ou argileux, très rarement sur un fond calcaire entièrement lié. Ces différens lits sont recouverts de terre végétale ou propre à la devenir, presque toujours mêlés d'une tourbe imparfaite et du *détritus* des plantes et des animaux. Cette seconde couche est, dans l'état d'inondation, soulevée, gonflée par les eaux qu'elle retient. Après le dessèchement l'eau se retire, le terrain s'affaisse en entier de plusieurs centimètres. Le même effet a lieu sur la terre dont on a fait les digues ou levées. Il en résulte que ces levées s'abaissent, et qu'il faut les recharger, que les fossés perdent de leur profondeur, et qu'il faut les recreuser, opération plus ou moins dispendieuse qu'on doit calculer dans la mise de fonds, qui s'accroît souvent d'un cinquième en sus des dépenses premières.

2° Il faut ensuite parvenir à la destruction des plantes aquatiques qui couvrent le sol ; et qu'on ne croye pas qu'il suffise d'y mettre la charrue et de pratiquer de profonds labours. La charrue ne sauroit atteindre et détruire des racines qui ont souvent un mètre de pivot. Un labour superficiel ne fait pour ainsi dire que leur donner un bon guéret ; les choins, les massettes, les roseaux repoussent en abondance, et détruisent toute culture.

Des bestiaux nombreux (sur-tout des bêtes à cornes) mises

au pacage, mangent avec avidité ces plantes encore tendres, les foulent aux pieds, et finissent par les détruire. S'il se présente un été sec, on brûle à l'automne suivant ce qui a échappé à la dent du bétail; souvent la terre fume pendant des mois entiers, et alors on est sûr d'obtenir la terre végétale par excellence; on n'a plus à craindre que l'excès de la végétation. J'ai vu des blés d'un mètre et demi et deux mètres de hauteur; les avoines et les orges tardives doivent être l'objet des premières cultures en céréales. On leur fait succéder les fromens, les plantes oléagineuses ou légumineuses. Le moment des jouissances est venu, et les capitaux rentrent enfin avec les intérêts; mais il a fallu les attendre sans épuiser ses ressources; et il faut, comme disent les habitans des campagnes, avoir les *reins assez forts*; car toutes dépenses ne sont pas faites encore, et si l'on s'est délivré de l'excès des eaux extérieures et intérieures, il n'est pas moins nécessaire de s'assurer des moyens de conserver celles utiles aux irrigations; car ce même sol, naguère couvert d'eau, craint les ardeurs de l'été et la sécheresse. Alors il se fend en longues crevasses, tout brûle; tout languit à la surface; les bestiaux eux-mêmes redoutent d'appuyer le pied sur une terre brûlante, ou d'enfoncer dans les fentes qui sillonnent la terre. Tel est le défaut que j'ai observé en France dans la plupart des desséchemens, parceque, je dois le dire ici, l'art des irrigations est la partie foible de l'agriculture française. Elle ne le sera plus sans doute, après les conseils qui seront donnés dans cet ouvrage (au mot IRRIGATION). Je dois donc me horner à ce qui concerne les marais desséchés. Ma tâche est encore assez pénible et assez longue.

J'ai dit, et on doit se le rappeler, que lorsqu'on n'a pas à sa disposition des eaux extérieures, celles d'une rivière, d'un étang, d'une source abondante, il est toujours prudent de se réserver, dans la partie la plus haute du terrain à dessécher, un vaste réservoir qui contienne les eaux dans un lac, un ou plusieurs étangs, suivant l'étendue du marais. Ce sacrifice n'est qu'apparent, parcequ'il augmente infiniment la valeur des terrains auxquels on peut ainsi procurer une irrigation soutenue; mais comme il importe infiniment de ménager les eaux que l'on a en réserve, et d'arroser à volonté telle ou telle partie du marais, il faut en préparer les moyens en faisant les premiers travaux de desséchement.

Cela est tellement important, que je pourrois citer des desséchemens dont le fond est de même nature, et dont les uns sont affermés à prix double des seconds, parceque les premiers ont des moyens d'irrigation que les autres n'ont pas su se réserver. Traçons-en rapidement les moyens; mais, avant tout, je vais décrire une machine très connue dans les Pays-Bas, dans le midi, notamment au canal des deux mers, mais ignorée par-tout ailleurs en France par les cultivateurs. Rien n'est plus simple que l'écluse à poutrelle. (*Voyez* planche figurée.)

Sur les bords du canal, construisez deux culées, soit en pierre, soit en bois, qui portent une forte rainure ou coulisse, profonde au moins d'un décimètre. Au fond du canal, entre les deux culées, placez une forte pièce de bois à demeure, qui forme la sole ou le radier de l'écluse. Au-dessus des culées et dans le haut, on place une seconde pièce de bois, mais qui ne doit pas être d'à plomb sur la première, parcequ'il faut, comme on va le voir, que la rainure ou coulisse soit à découvert.

Quand le canal a plus de quatre à cinq mètres de largeur, il faut placer entre les deux culées, et à égale distance, une pièce de bois assemblée dans celle du haut et du bas, et qui porte des coulisses parallèles à celles de chaque culée. Cette pièce mobile peut s'enlever à volonté. Des poutrelles bien équarries et de longueur suffisante descendent dans la rainure ou coulisse ; chacune porte un ou deux anneaux de fer. On multiplie ces poutrelles à volonté.

Voici le mécanisme de cette machine très simple :

On descend une première poutrelle, en la plaçant dans les coulisses dont on a parlé ; elle va se ranger sur la pièce de fond ou sole ; on en descend une seconde, une troisième, etc. On peut poser ou enlever ces poutrelles, l'une après l'autre, par le moyen d'un crochet de fer qui prend dans les anneaux. Une simple corde les retient par un bout, et elles vont d'elles-mêmes se ranger le long des bords du canal.

Cette construction est nécessaire dans les grands canaux. Dans les plus petits, une simple planche entre deux rainures forme une petite vanne qu'il est inutile de décrire. Tous les écours doivent être terminés par ce *clapet*. Les grands canaux doivent avoir une ou plusieurs écluses à poutrelle dans leur longueur.

Par ces moyens faciles, quand on a eu la sagesse de les employer, on devient entièrement maître de la circulation des eaux, on les retient, on les fait circuler, on les porte à volonté dans telle ou telle partie, on facilite les irrigations, on précipite les eaux trop lentes par des *chasses* de quelques heures, on a la plus grande facilité à curer telle ou telle partie des canaux.

Enfin nous touchons au terme où les travaux préparatoires sont achevés ; il est temps de jouir du fruit de tant de peines, de voir nos prairies couvertes de bestiaux et nos champs de riches moissons ; mais pour conserver ces richesses il faut encore un entretien de chaque jour, dont nous allons nous occuper dans le chapitre deuxième.

CHAPITRE II. *Travaux nécessaires pour conserver les dessè-chemens en état de culture.* Les plus grands ennemis des dessè-chemens qu'il faut constamment combattre, ce sont les roseaux choins, massettes, qui croissent avec rapidité dans les canaux, obstruent le passage des eaux, comblent les fossés et rendent l'air méphytique. On cherche à s'en délivrer par des sarclages multipliés faits le plus souvent à bras d'hommes armés de longues faux. Ces faux ont des formes différentes selon les pays et la nature des herbes aquatiques. Ce travail est long, difficile et dispendieux, mais sur-tout peu utile quand on opère sur des canaux pleins d'eau. On ne peut atteindre alors que la tête des roseaux qui reparoît huit jours après.

J'ai la conviction la plus intime qu'en multipliant les écluses à poutrelle, qui forment dans un canal différens bassins qu'on peut assécher séparément, l'argent qu'on met aujourd'hui à de longs et inutiles sarclages, employé à curer à fond ces différens bassins, *l'un après l'autre*, les tiendrait constam-ment nets de toutes plantes aquatiques. Ce qui rend aujour-d'hui cette opération impossible, c'est la nécessité de mettre à sec, tout à la fois et pour long-temps, le lit des canaux qui ont souvent plusieurs myriamètres de longueur.

Pendant ce temps (et c'est nécessairement l'été ou l'au-tomne) il faut laisser la végétation *sans irrigation*, les bes-tiaux sans boisson, et comment remplir tout à coup cet im-mense réservoir? Nos bassins formés par les écluses à pou-trelles préviendroient ces inconvéniens, et la dépense pre-mière seroit compensée par les économies journalières, la bonté et la salubrité des eaux.

On emploie pour curer les canaux d'autres moyens tels que les *chaînes barbillonnées*, les *bacs à râteaux*, qui sont des bateaux en forme de bacs armés d'ailes pour barrer le canal. Ces bateaux portent de pesans râteaux armés de dents de fer qu'on jette à l'eau, et qui, traînant au fond des canaux, arrachent les herbes et entraînent les vases; mais cette machine n'est guère utile qu'à l'embouchure des canaux, parcequ'il faut un *fort courant* pour les faire marcher et pour empêcher que les herbes, les vases, etc., n'aillent former une barre au-dessous de l'endroit où l'on fait agir la machine. Je crois que par les chasses artificielles, qu'on pourroit donner à volonté avec les écluses à poutrelles, on pourroit tirer un meilleur parti des bacs à râteaux; mais je préférerois toujours le curage entier des canaux, opération peu difficile quand on peut les mettre à sec par bassins séparés. Je conviens cependant que dans les anciens dessèchemens, dont les canaux sont très envasés, la première opération seroit dispendieuse, à moins que les vases ne fussent de nature, comme les boues d'étangs, à fertiliser les terrains voisins ; mais j'avoue que j'ai cherché à connoître toutes les machines à sarcler employées en France et dans les pays étrangers. Quelques hommes instruits ont bien voulu seconder mes recherches, et il en est résulté la conviction qu'une bonne machine à sarcler est encore à trouver. C'est ce qui m'a fait chercher les moyens de s'en passer.

Il est d'autres précautions à prendre pour assurer les dessèchemens et les préserver des inondations qui peuvent provenir, soit des crues d'eau excessives, soit de la rupture des digues. Je vais les tracer en peu de mots ; car je voudrois abréger, mais sans rien omettre.

On sait que les eaux sont un ennemi contre lequel on ne sauroit trop être en garde. Si on lui permet la plus légère invasion, elle s'étend avec rapidité. Jamais donc le *principiis obsta* et la prévoyance ne fut plus nécessaire, et je ne puis trop recommander d'avoir toujours sur la tête des digues des dépôts de terre argileuse qu'on puisse employer à volonté dans les *crues* d'eau. Souvent quelques paniers de terre portés dans un endroit exposé peuvent arrêter une grande inondation, et le propriétaire imprévoyant qui voit, du haut de ses levées, les eaux le menacer de couvrir au loin le sol, voudroit acheter au poids de l'or un peu de terre ; mais ses regrets sont superflus, ses champs sont inondés, et son voisin plus prévoyant peut lui appliquer la leçon de la fourmi du bon La Fontaine : *que faisiez-vous au temps chaud ?*

Les terres amassées et transportées en *temps utile* servent encore à exhausser momentanément les parties les plus basses des digues, en formant un surhaussement de quelques centimètres, qu'on appelle *cordon*, parcequ'il présente l'aspect d'un long cordon étendu sur les levées. Souvent ce travail fait à propos suffit pour arrêter l'action des eaux.

Il en est un second qu'il faut toujours pratiquer pour prévenir leur ravage et la dégradation des digues, sur-tout lorsqu'elles sont nouvelles ou réparées ; c'est de les revêtir, au moment des crues, de longs roseaux ou autres plantes aquatiques dont on ne manque jamais. Ces plantes sont contenues par de longues perches fixées elles-mêmes par des crochets de bois enfoncés dans les terres. Les levées ainsi bardelées, ou *sous-enveloppe*, si j'ose ainsi parler, ne craignent plus l'action des eaux ; elles montent, elles descendent, passent même au-dessus des levées sans les dégrader ; mais il faut, pour les employer, avoir toujours sur les levées des magasins de roseaux, de perches, de crochets qu'on renouvelle ; c'est une légère dépense, parceque les bois et les roseaux peuvent également servir pour le four ou la cheminée.

Dans les premières années, il vaut mieux faire le sacrifice

des roseaux qui pourrissent sur les levées , forment un excellent terreau , de sorte qu'on voit avec étonnement succéder
de beaux gazons à cette enveloppe sèche et aride de roseaux
étendus sur les digues et levées ; tant est grande la puissance
de l'industrie de l'homme, lorsqu'il sait la bien diriger.

Il est encore quelques moyens utiles pour défendre les
digues, qu'il ne faut pas négliger lorsqu'elles sont exposées à
l'action des eaux extérieures qui s'étendent en longues plages
exposées à l'action des vents d'ouest ou du midi ; il faut faire
plusieurs chaussées parallèles en dehors des levées , les planter d'arbres aquatiques qui rompent la lame avant qu'elle arrive au pied des digues. On sait que c'est par un moyen analogue qu'on a réussi à vaincre l'instabilité de la Durance. Quelques arbrisseaux, des saules, des aunes , des osiers sont plantés sur ces rives inconstantes. A trois ans , un coup de hache
coupe à moitié épaisseur , et à un mètre de la terre, la tige
même de l'arbrisseau ; elle se renverse et la tête tombe au-
dessous du pied. Bientôt la cicatrice se ferme, mais l'arbrisseau ne se relève pas, ses branches opposent une molle résistance à l'action des eaux qui viennent y déposer le limon
qu'elles charroient ; bientôt les branches enfoncées deviennent
des racines et poussent de nouveaux jets. Les années suivantes
un nouveau rang d'arbres est planté, et le fleuve vaincu est
forcé d'enchaîner lui-même ses propres eaux. C'est ainsi que
le foible roseau résiste à la tempête , tandis que le chêne est
abattu , et la comparaison est tellement juste que jamais les
ouvrages d'art et les constructions les plus solides n'ont pu
arrêter l'action des eaux de la Durance et la contenir dans
son lit ordinaire. Cet exemple utile n'est donc point une di-
gression dans ce mémoire.

Mais comme la prudence humaine ne peut prévenir tous
les évènemens ; si la force de l'eau rompt une digue , il faut
à l'instant jeter des sacs remplis de terre, traverser la coupe
par de longues pièces de bois , souvent par des arbres entiers
qu'on tâche de placer en travers ; lorsqu'on y a réussi, on
multiplie les sacs de terre, les claies ; enfin, quand la vague
est rompue, on surcharge tout ce travail de terre, qu'il ne
faut pas épargner. Il réussit toujours quand il est pris à temps,
et que les gardes qui doivent surveiller jour et nuit dans les
momens de danger sont munis des instrumens nécessaires,
sur-tout quand ceux qui dirigent l'ouvrage ne sont pas effrayés et sont accoutumés à ces évènemens, qui ne m'ont
offert jamais aucuns dangers.

Cependant, si la rupture étoit trop prompte, si la coupe étoit
trop considérable pour pouvoir être prévenue, si le torrent
étoit trop rapide , il ne faut pas tenter d'inutiles efforts, il

faut retirer les meubles, les hommes, les bestiaux, tout ce
qui peut se transporter, laisser inonder le marais; et quand
les eaux sont de niveau au dedans et au dehors, qu'il n'y a
plus de courant, on ferme la coupe avec un pilotis facile
alors à placer, puis on ouvre les bondes, les vannes, les
écluses du dessèchement, et on vide les eaux intérieures;
souvent il n'en résulte aucun inconvénient. J'ai vu des blés
rester sous l'eau une semaine entière sans jaunir, pourvu qu'il
n'y ait pas des vents trop forts quand l'eau s'écoule, car les
blés seroient déracinés. Il vaut mieux alors ralentir l'écoulement des eaux, et laisser apaiser la violence des vents.

TROISIÈME PARTIE.

Culture des dessèchemens. Je n'ai jamais pensé qu'il fût
possible d'improviser de Paris, ou de quelque partie de la
France que ce fût, les cultures convenables à tous les climats,
au nord comme au sud, et dans des terrains qui varient plus
encore que ces climats; mais comme les terrains desséchés
offrent presque toujours des terres végétales de même nature,
il est possible de présenter ici des principes généraux de culture,
sauf aux exceptions que peuvent exiger quelques localités.

En indiquant les arbres ou plantes que peuvent produire les
dessèchemens, je ne décrirai point la manière de cultiver
chacune de ces plantes. On la trouvera à l'article qui les concerne, et qu'il faudra consulter.

Tous les terrains desséchés sont également propres à produire des prés, des pacages, des plantes oléagineuses, tinctoriales et presque toutes les espèces de bois; mais si la terre peut
donner indifféremment toutes ces choses, il n'est pas indifférent
pour le propriétaire que le sol donne telle ou telle production; son intérêt doit le guider, et, pour l'éclairer, il doit
voir quels sont les genres de productions les plus recherchées
par le commerce et les consommateurs des contrées voisines.

On peut choisir entre trois genres de cultures : les prés,
les bois, les plantes céréales, oléagineuses et tinctoriales,
ce qui divise naturellement mon travail en trois articles qui
seront traités séparément.

Prés, prairies. Si les dessèchemens produisent en abondance
des plantes et des herbes de toute nature, il s'en faut de
beaucoup que ces plantes soient également propres à former
de bonnes prairies; il en est au contraire qu'il faut détruire,
telles que les roseaux, les massettes, les menthes, les rues, etc.
et ce n'est pas un léger travail, parceque leurs racines ne sont
pas toujours atteintes par les labours les plus profonds. Cependant il faut nettoyer le sol de ces plantes avant de l'employer
à l'une des cultures proposées. Plusieurs procédés peuvent être

mis en usage. Je présenterai ceux qui ont le plus constamment réussi. L'Ecobuage (*voyez* ce mot) est un moyen certain ; mais on ne peut le prescrire pour des terrains d'une vaste étendue , parcequ'il faut convenir que la dépense seroit immense. Il faut préférer le moyen suivant :

1° J'ai présenté la suite des travaux nécessaires pour se rendre maître des eaux , et par conséquent assécher telle ou telle partie d'un marais , en la privant momentanément des eaux ; la plupart des plantes marécageuses périssent et se dessèchent ; alors on les brûle , et souvent le terrain fume pendant des mois entiers. Bientôt le sol se couvre de trèfle et autres plantes utiles , mêlées de quelques menthes , etc. Si ces dernières ne sont pas abondantes , on les détruit en les sarclant ; si elles sont trop multipliées , il faut employer la charrue , labourer profondément , repasser deux fois dans le sillon ; mais alors il faut profiter du guéret pour obtenir une ou deux récoltes de céréales , après lesquelles on peut rétablir le terrain en pacage ou prairies , en semant avec les derniers blés des graines de trèfles et autres plantes qui se multiplient avec une grande rapidité.

La luzerne (*uudicago sativa*) ne réussit pas si le sol est trop argileux , elle périt à la plus légère inondation , même momentanée ; si on ne la redoute pas , si le sol est mélangé d'argiles , de sables , de parties calcaires , la luzerne donne des produits au-delà de toute espérance ; mais avant de la cultiver en grand , il faut faire quelques essais.

Dans les articles précédens , j'ai dit qu'il falloit quelquefois préférer à un dessèchement complet dont la dépense seroit immense , un demi-dessèchement , c'est-à-dire celui où l'eau peut couvrir le sol pendant quelques mois et s'en délivrer après l'hiver. Ces terrains ne sont pas les moins précieux , parceque leurs produits sont infaillibles. Cependant la nature ne fait pas toujours les frais de leur culture , et il est bon de substituer aux plantes qu'il faut détruire des plantes utiles aux bestiaux , mais qui ne craignent pas le séjour momentané des eaux. Ces plantes sont :

∴ La salicaire commune (1) , G. T. *Lithrum salicaria.*

∴ La rue des prés , G. *Taltrictrum flavum.*

∴ Le fenouil de porc , T. *Pencedanum officinale.*

∴ La reine des prés , T. *Spiræa almaria.*

∴ L'épilobium ou osier fleury , T. *Epilobium spicatum* de Lam.

Ces plantes conviennent aux terrains qui assèchent rarement ; elles résistent , pourvu que leurs tiges ne soient pas surmontées par les eaux.

---

(1) Les ∴ indiquent les plantes de troisième qualité.

Je terminerai l'article suivant par la nomenclature des plantes qui peuvent être cultivées et semées avec avantage dans les marais entièrement desséchés.

Culture en blés ou plantes céréales, oléagineuses ou tincotriales.

Nulle culture ne peut réussir dans les dessèchemens avant que le sol n'ait été mis en état de produire, et il se présente souvent beaucoup de difficultés pour l'ameublir.

Les terrains qui ont été long-temps inondés par les eaux de la mer sont imprégnés de parties salines et bitumineuses qui les rendent impropres à toute végétation, et souvent les instrumens aratoires ne peuvent les pénétrer. Il faut avant tout les dessaler, si j'ose ainsi parler, en repoussant les eaux salines et introduisant au contraire les eaux douces et en conservant les eaux pluviales que l'on fait écouler quand elles sont saturées de parties salines qu'elles emportent avec elles. Pour contenir ces eaux, il faut distribuer le terrain en petits carrés qui représentent les cases d'un damier et faire passer les eaux de l'un à l'autre.

MM. les frères Herwyn ont donné l'exemple de ce beau travail dans le vaste dessèchement des *Moëres*. Leurs travaux ont été trois fois détruits et les terrains rendus à la mer par les événemens de la guerre ou par des traités qui leur furent plus funestes encore, puisqu'ils firent détruire les écluses de Dunkerque.

MM. Herwyn ont relevé leurs ouvrages et jouissent enfin du fruit de leur persévérance. La plus grande difficulté qu'ils ont eue à vaincre a été de dépouiller le sol de l'excès des sels et du bitume de la mer, qui le rendoient inhabile à toute culture.

Ces obstacles ne se présentent pas dans les marais inondés par les eaux douces; mais souvent le sol est trop argileux et l'on n'y voit aucune végétation. La charrue n'y peut même entrer qu'avec peine. Il faut cependant l'y faire pénétrer, et pour cela saisir le moment où la terre est légèrement humide. Elle se lève alors en grosses masses qui, de loin, ressemblent aux vagues de la mer; il faut le laisser ainsi exposé aux influences météoriques de l'atmosphère, saisir le moment favorable pour le labourer de nouveau; mais si l'on avoit à proximité des sables, des terres calcaires, ce seroit le meilleur des amendemens. Les pierres, les délivres des bâtimens, des carrières, tout ce qui nuit ailleurs, ici devient utile, et si, en creusant les fossés, les écours, on a trouvé sous la couche d'argile un lit de sable ou de cailloux, c'est une fortune pour le propriétaire. Il faut répandre dans le champ tout ce qui sort des fossés, qu'on peut multiplier: les sables, les cailloux de la mer, ne sont pas moins utiles, et l'on obtient par ce mélange une terre végétale excellente. Cependant si l'on n'avoit aucun de ces secours, la nature seule, aidée de labours répétés, amène bientôt quelques plantes qui se multiplient d'elles-mêmes. On les enfouit et l'on rend ainsi le sol *végétal*; mais il faut ici que le temps supplée aux moyens, et les produits du fonds sont plus ou moins ajournés; mais aussi, ces sortes de terrains mis en culture sont d'une fécondité inépuisable, quand toutefois ils sont maniés par une main exercée; car il faut toujours saisir pour les labourer le moment le plus favorable, et je ne peux que conseiller aux propriétaires d'avoir à leur disposition un grand nombre de charrues et d'instrumens aratoires; il faut, si j'ose ainsi parler, prendre le coup de temps.

L'opération inverse de celle ci-dessus se rencontre le plus souvent. Le sol est tourbeux, mouvant; il tremble et sonne sous les pieds des hommes et des animaux. Desséché il s'affaisse profondément; mais cette tourbe imparfaite, que l'eau enfloit comme une éponge, repose nécessairement sur un fond d'argile; sans cela l'eau n'y pourroit séjourner. Si le soc de la charrue peut atteindre cette argile, en repassant deux ou trois fois dans le même sillon, la tourbe et l'argile se mélangent, et c'est encore là une terre *par excellence*.

Je voudrois pouvoir indiquer ici ces charrues si vantées qui labourent à huit, dix, douze décimètres de profondeur. On parle de celles de M. de Fellemberg, à Hoflwil. Je n'ai point vu leurs effets, mais je sais que les opinions sont très divisées sur ces machines, et que la plupart ont été abandonnées.

En attendant des faits plus positifs, j'oserai conseiller l'usage de la charrue flamande ou hollandaise, que l'on retrouve dans l'ouest, où elle porte le nom de charrue des marais. Cette machine est simple, solide, et laboure bien; elle est sans avant-train; elle glisse très bien sur un sol glaiseux où des roues enfonceroient. Elle enlève souvent des cubes de terre d'un mètre et soutient l'effort de six, huit et dix bœufs; il faudroit seulement qu'on redressât la ligne de *tirage*, qui forme un angle trop ouvert avec le soc, ce qui produit nécessairement une décomposition et une perte de forces. Il faut espérer que les efforts constans de la société d'agriculture de Paris nous procureront enfin les meilleures charrues pour la culture des sols de différente nature. Des essais heureux font présager du succès.

Le problème à résoudre consiste à trouver le moyen que la résistance que trouve le soc à fendre la terre, et la puissance qui se trouve dans les cornes ou le poitrail des animaux qui sont attelés à la charrue, s'exercent sur des lignes parallèles. Ces moyens ont été indiqués à l'article CHARRUE. J'invite à les appliquer à celle dont j'ai parlé, et ce sera alors un bon instrument pour les dessèchemens. Les herses pesantes ne doivent pas être oubliées. On néglige trop l'usage du rouleau qu'il faudroit rendre très pesant et armer de pointes ou chevilles de fer, afin de briser les mottes qui résistent à la herse.

Quelle que soit la nature du sol, les fumiers sont utiles, soit comme *engrais*, soit comme *amendement*. Si la terre est trop argileuse, il faut employer les fumiers avant qu'ils soient convertis en terreau ; alors ils divisent la terre. Si le sol est tourbeux et trop meuble, les fumiers gras lui conviennent et lui donnent de la consistance. Si le sol est trop froid, on peut alors pétrir les fumiers avec l'argile, en faire des mottes à brûler, dont la cendre est le plus puissant agent de végétation que je connoisse. Cet usage est adopté dans l'ancien Poitou, et l'on vient souvent de quarante lieues de distance en charrettes acheter cet *amendement précieux*.

Par la réunion de ces moyens, on a la certitude de mettre les terrains desséchés en bon état de culture, et toutes les plantes céréales, oléagineuses, tinctoriales y réussissent également. Les chanvres et les lins y égalent en finesse et en nerf les meilleurs chanvres du nord ; la graine fournit de très bonne huile, la navette, le sinapi ou moutarde y viennent naturellement, et souvent malgré le cultivateur. Le colzat y réussit ; et j'ai entendu assurer que des essais de culture de la garence avoient donné de bons produits, ce qui doit être, puisque tous ces terrains sont de même nature que ceux de la Flandre, de la Hollande, de la Zélande, etc.

On trouvera à chacun des articles qui concernent ces plantes le genre de culture qui leur convient, et la manière d'en tirer un parti avantageux. J'ai dû me borner à indiquer la préparation à donner au sol du marais pour le mettre en bon état de culture.

Nomenclature des plantes qui peuvent être cultivées et semées avec avantage dans les marais desséchés que l'on veut convertir en prairies.

** Avoine fromentale (1), G. *Avena elatior*, L.
∴ Selinum des marais, ou Persil laiteux, G. *Selinum palustre*, L.

---

(1) Les ** indiquent les plantes d'une qualité supérieure.
L' * celles de deuxième qualité.
Les ∴ points celles de troisième qualité.
Le . celles de dernière qualité.
T. Terrains tourbeux.
G. Sols graveleux.

∵. Pigamon des marais, ou rue des prés, G. *Tathictrum flavum*, L.

. Oreille des prés, G. *Rumex acetosa*, L.

∵ Stachys des marais, G. *Stachys palustris*, L.

. Lotier corniculé, G. *Lotus corniculatus*, L.

∵ Astragale des marais, G. *Astragalus uliginosus*, L.

∵ Aunée britannique, G. *Inula britannica*, L.

** Fléau des prés, T. *Phleum pratense*, L. *Thymaty grass*.

** Poa aquatique, T. *Poa aquatica*, L.

** Melilot blanc de Sibérie, T. *Melilotus alba*. Musæum Par.

* Laiteron des marais, T. *Souchus palustris*, L.

* Quenouille des prés, T. *Cnicus oleraceus*, L.

∵ Seneçon des marais, T. *Senecio paludosus*, L.

∵ Peucedanum officinal, ou fenouil de porc, T. *Peucedanum officinale*, L.

∵ Epilobium à grappes, ou osier fleuri, T. *Epilobium spicatum*, LA MARCK, Dictionn., nommé faussement par CRETTÉ *Epilobium augusti folium*. L'espèce qui porte ce nom ne croît que dans les Alpes.

∵ Epilobium velouté, T. *Epilobium hirsictum*, WILDENOW.

∵ Epilobium des marais, T. *Epilobium palustre*, L.

∵ Spiræa ulmaire, ou reine des prés, T. *Spiræa ulmaria*, L.

. Véronique beccabunga, T. *Veronica beccabunga*, L.

∵ Gesse des prés, T. *Lathyrus pratensis*, L.

∵ Salicaire commune, G. T. *Lythrum salicaria*, L.

∵ Eupatoire à feuilles de chanvre, G. T. *Eupatorium cannabinum*, L.

. Cresson des marais, G. T. *Sisymbrium palustre*, L.

Plantes propres aux arts économiques qui peuvent croître dans le même terrain.

Prêle d'hiver, *Equisetum hyemale*, L. (Pour les arts de menuiserie, du tour et de l'ébénisterie.)

Acorus aromatique, *Acorus calamus*, L. (Médicinale.)

Menthe poivrée, *Mentha piperata*, L. (Médicinale, économique.)

Hibiscus des marais, *Hibiscus palustris*, L. (Pour la filature.)

Althée officinale, ou Guimauve, *Althea officinalis*, L. (De médécine et de filature.)

Ortie dioïque ou vivace, *Urtica dioica*, L. (Filature.)

Houblon, mâle et femelle (1), *Humulus lupus*, L. (Pour la bierre.)

Culture en bois. J'indiquerai à la fin de cet article les bois

____

(1) On trouve, dans le commerce de Paris ou de Hollande, un assortiment de toutes les graines mélangées qui, cultivées, donnent dès la première année des semences abondantes qu'on peut toujours multiplier.

qui viennent dans les dessèchemens. Nulle part on n'obtient une végétation plus rapide ; mais il est des essences de bois qui ne peuvent y réussir.

Il est deux manières de préparer le terrain qu'on destine à être planté en bois. Quelquefois il suffit de le défoncer le plus profondément possible à la charrue, et de planter dans des trous faits comme par-tout ailleurs ; c'est ce qu'on appelle *planter à plat*, parceque le terrain reste plat et uni. Cette méthode est sans doute la moins dispendieuse, mais elle ne réussit pas toujours, et il est bien des circonstances où on ne peut l'employer. Il importe de les faire connoître ici, afin de ne pas jeter le propriétaire dans des dépenses inutiles d'*argent*, et, ce qui est plus précieux encore, de *temps* ; car rien n'est plus cruel que de voir, après quelques années, des plantations, d'abord bien venantes, languir, jaunir et périr. C'est ce qui arrive toujours lorsque sous la couche de terre végétale peu profonde il se trouve un lit de terre purement argileuse. Les racines ne peuvent les percer, et lorsque le terrain devient aqueux (même sans être inondé), les arbres jaunissent et languissent ; à plus forte raison lorsque l'on craint des inondations passagères, et c'est cependant alors qu'il convient de couvrir le terrain de bois. Dans tous ces cas, il faut couper le marais en petites levées ou chaussées parallèles, qui se trouvent chacune entre deux fossés, dont la terre jetée sur la levée est aplanie. On conçoit alors que ces chaussées se trouvent formées de terres mélangées d'argile, de tourbe, etc., que le sol de ces levées se trouve exhaussé de toute la terre sortie des fossées qui reçoivent eux-mêmes les eaux superflues, qui maintiennent dans l'atmosphère une utile fraîcheur et abreuvent les racines du bois qu'on a planté.

Je conviens que cette méthode est plus dispendieuse ; mais je suis certain que les produits dédommagent, et que c'est un argent placé à un très haut intérêt. Puisse ce genre d'usure exigée de la terre succéder à tout autre, et seul subsister pour les cultivateurs. Je terminerai cet article par la nomenclature des arbres que l'on peut cultiver avec avantage dans les dessèchemens.

Arbres et arbustes qu'on peut cultiver dans les marais desséchés, qui sont propres aux usages domestiques, utiles dans les arts. Le feuillage de plusieurs peut servir à la nourriture des bestiaux.

Frêne ordinaire, *Fraxinus excelsior*, L.
Saule hélix ou à feuilles opposées, *Salix helix*, L.
Osier rouge, *Salix rubens*.
Osier jaune, *Salix vitellina*.
Saule blanc, *Salix alba*.

pour la vannerie.

Peuplier blanc, *Populus alba*, L.
Peuplier tremble, *Populus tremula*, L.
Peuplier noir, *Populus nigra*, L.
Aune commun, *Betula alnus*, L.

Grands arbres propres aux marais desséchés, et dont le bois est utile aux arts.

Peuplier du Canada, *Populus monilifera*, HORT., KEW.
Cirier de Pensylvanie, *Myrica Pensylvanica*, MUS., PAR. (arbuste.)
Cirier galé ou piment royal, *Myrica gale*, L. (arbuste.)
Platane d'occident, *Platanus occidentalis*, L.

QUATRIÈME PARTIE.

Règlemens ou statuts nécessaires aux sociétés de dessèchemens. J'ai déjà dit que des dessèchemens d'une certaine étendue étoient rarement entrepris et exécutés par un seul propriétaire ou entrepreneur, dont toute la fortune ne pourroit suffire aux dépenses nécessaires. Il se forme donc presque toujours des sociétés en commandite entre les propriétaires des marais desséchés.

La loi du 4 pluviôse an 6, et celle du 16 septembre 1807, ont fixé et déterminé les rapports et les obligations des dessécheurs vis-à-vis du gouvernement, et sans doute que le Code rural complètera ce qui manque encore à cette partie importante de l'administration.

Il ne s'agit donc ici que du régime intérieur que doivent se prescrire les sociétés de propriétaires des dessèchemens volontairement formées sous les auspices du gouvernement, pour déterminer les droits de la société vis-à-vis de chacun des sociétaires, les devoirs de ceux-ci vis-à-vis de la société, et les engagemens respectifs qu'ils contractent entre eux. (*Voyez* l'art. 26 de la loi du 16 septembre 1807.)

Quand toutes ces choses ne sont pas bien déterminées par l'acte d'association et par des règlemens invariables (1), l'anarchie intérieure détruit les sociétés, les fonds sont employés à des discussions judiciaires, les travaux sont abandonnés, et la ruine des propriétaires est inévitable. Le sol français est couvert de dessèchemens abandonnés par l'effet des procès, bien plus dangereux pour eux que les eaux qui les menaçoient.

---

(1) Ces règlemens doivent toujours, d'après la loi présentée, être vus et approuvés par le gouvernement; mais il importe qu'ils soient bien présentés par les propriétaires, car le gouvernement ne peut connoître les intérêts de chaque localité comme ceux qui les possèdent. J'ai donc cru devoir instruire ceux-ci de leurs véritables intérêts.

Heureusement que l'article 24 de la loi du 16 septembre y a pourvu ; mais la ruine des sociétaires n'en sera pas moins consommée, et empêchera ces associations si utiles de se former à l'avenir.

Les conseils que j'ai donnés dans les articles précédens deviendroient eux-mêmes dangereux, puisqu'ils ne tendroient qu'à compromettre d'immenses capitaux et la fortune des sociétaires.

J'ai donc pensé que je devois terminer mon travail sur les dessèchemens, en présentant les bases principales de l'acte d'association et les articles indispensables dans les règlemens à adopter. Je n'eusse osé entreprendre ce travail, si je n'avois eu pour guide les statuts des marais du Petit=Poitou, qui furent apportés dans ces contrées par les Hollandais et les Flamands, qui, vers la fin du seizième siècle, vinrent entreprendre les beaux dessèchemens de l'ouest et ceux du midi. Je n'ai ajouté aux conseils des *Bradley*, des *Siette*, des *Thomas Le Sec* et autres, que ce que m'a appris l'expérience de ceux qui sont venus après eux, la mienne personnelle, et celle des amis qui m'ont succédé dans la direction de plusieurs dessèchemens de l'ouest.

Je crois n'avoir rien avancé dans ce travail sur les dessèchemens qui ne soit constaté par des faits, et je pourrois indiquer les localités où l'on pourroit reconnoître ceux que j'ai cités. C'est le seul mérite que je réclame pour mon travail.

Acte d'association. *Droits de la société et des dessécheurs.* Les propriétaires d'un dessèchement forment un corps de société représenté par des syndics ou agens soumis aux lois et règlemens généraux sur les dessèchemens, et aux statuts et règlemens qu'ils se prescrivent, après qu'ils ont été dûment homologués.

Le premier acte de l'association doit être sans doute vis-à-vis du gouvernement, pour obtenir son autorisation et jouir des privilèges accordés aux dessécheurs.

Le second, de régler ses droits vis-à-vis de ses voisins, pour ne pas être inquiété par la suite. Il faut donc qu'ils déclarent devant le préfet, s'ils entendent être compris ou non dans l'entreprise générale.

S'ils s'y refusent, ils ne perdent pas le droit de se dessécher un jour ; mais ils ne le peuvent plus qu'en indemnisant, à dire d'experts, ou en achetant des terrains nécessaires pour creuser des canaux, élever des digues, etc.

S'ils usent des travaux faits d'un dessèchement voisin (de son consentement), il faut déterminer un niveau pour l'écours des eaux d'un marais à l'autre,

Ou convenir que les vannes fermant à clef ne seront ouvertes

que du consentement des directeurs ou syndics des deux sociétés.

Si une redevance est établie, elle doit toujours être stipulée
en blé froment de première qualité.

Sans ces précautions préliminaires naissent d'interminables procès qui ruinent l'entreprise.

Si l'on a besoin de passer sur le terrain d'autrui pour conduire les eaux au bassin qui doit les recevoir, il faut, avant
d'entreprendre, traiter de gré à gré ou recourir à la partie
publique qui nomme des experts, etc.

(*Voyez* le Code civil et le Code rural.)

Les intérêts réglés vis-à-vis des étrangers, il faut les déterminer encore vis-à-vis des sociétaires et propriétaires du terrain à dessécher.

Si tous sont d'accord, il faut faire un règlement général
qui, une fois adopté, ne peut être changé ou modifié que de
l'avis des trois quarts des membres intéressés.

S'il est des opposans, il faut leur offrir d'acheter leurs terrains, à dire d'experts, ou de le faire estimer dans l'*état d'i-
nondation*, pour en recevoir la valeur en *terrains desséchés*,
estimés par des experts. Le surplus du terrain reste à l'entreprise.

S'ils s'y refusent, il faut recourir à l'administration qui
certes alors agira d'office.

Passons à l'acte même d'association. Traçons-en rapidement
les clauses les plus importantes.

Clauses les plus nécessaires de l'acte de société. Tous les
associés doivent se soumettre,

1° Aux hypothèques résultantes des inscriptions qui pourront
être prises par ceux qui prêteront des fonds aux actionnaires;
les directeur et syndic doivent être autorisés à hypothéquer
spécialement, soit aux prêteurs des fonds, soit aux entrepré-
neurs d'ouvrages, d'après des devis arrêtés et signés avec les
sociétés, leurs syndics ou directeurs, autorisés par les délibérations en forme.

Le corps entier du dessèchement contenant tant d'hectares, confrontant du levant à. . . . . du couchant à. . . . .

Si le partage du terrain est effectué entre les sociétaires,
il faut désigner dans l'inscription le nom de chaque propriétaire, la quantité d'hectares qu'il possède, de manière que
l'hypothèque étant bien et clairement spécialisée, elle ne puisse
porter sur les autres biens du sociétaire; mais aussi de manière
que celui-ci ne puisse disposer, aliéner, vendre, transmettre
ce qu'il possède dans le dessèchement, qu'à la charge de l'hypothèque dont il est tenu pour sa part contributive (à tant par
hectare) dans les fonds empruntés, et qu'il ne soit soumis à

d'autre solidarité qu'à celle de ses coassociés, vis-à-vis desquels il trouve une garantie dans l'hypothèque spéciale à laquelle ils se sont soumis.

L'oubli de ces formalités a causé la ruine d'un grand nombre de familles de propriétaires et d'entreprises de desséchemens.

2° Chaque sociétaire doit se soumettre aux délibérations qui seront prises dans les assemblées générales, dont l'époque sera fixée, et auxquelles tous ceux qui y auront droit seront convoqués, quinze jours d'avance, au domicile que tous doivent fixer *dans l'étendue* du département où se tient l'assemblée.

3.° Chacun doit se soumettre à payer les contributions qui seront établies, comme les contributions publiques, et, à défaut de paiement, à être poursuivi par la même voie.

4° Il faut régler la quotité d'hectares de terrain qui donne droit à délibérer dans les assemblées : autrement, par l'effet des successions des ventes, etc, les subdivisions sont telles qu'on ne s'entend plus, et que ceux qui possèdent *un* ou *deux hectares* font la loi à celui qui en a mille.

C'est la propriété et non le propriétaire qu'il importe de représenter dans les associations de desséchemens. La propriété ne peut être bien représentée que par ceux qui ont un intérêt réel à la soutenir. Ce principe, admis heureusement aujourd'hui dans toutes les assemblées politiques pour la formation des corps électoraux et représentatifs, est d'autant plus nécessaire aux associations de desséchemens, qu'elles sont *exposées* à un double danger.

Si les assemblées qui les représentent sont trop nombreuses, on ne peut plus discuter, on ne s'entend plus ; ceux qui ne possèdent que quelques ares de terre ne veulent faire aucun sacrifice; étant plus nombreux, leur avis prédomine, les autres propriétaires se dégoûtent, renoncent à leurs entreprises, les travaux sont abandonnés.

C'est d'après ces principes que plusieurs sociétés de desséchemens ont adopté les règles suivantes, que l'on peut proposer à toutes les associations de ce genre, sauf les modifications qu'elles peuvent y faire, sans toutefois détruire le principe.

1° Dans les marais au-dessous de trois cents hectares, ne seront admis à délibérer et à voter que les dix plus forts propriétaires, possédant au moins dix hectares.

2° Dans les marais de trois cents à mille hectares, les quinze plus haut cotisés, possédant au moins vingt hectares.

3° Dans les marais de mille à trois mille hectares, les vingt plus forts propriétaires, possédant au moins trente hectares.

Au-delà de trois mille hectares, ces assemblées ne pourront

être de plus de trente votans, pris parmi les plus grands propriétaires, possédant au moins cinquante hectares.

4° Si dans les dessèchemens dont il vient d'être parlé il ne se trouve pas le nombre indiqué de propriétaires qui possèdent les quantités requises pour voter, plusieurs propriétaires peuvent se réunir pour former ce nombre, et nommer l'un d'eux pour les représenter. Ceux qui possèderaient plusieurs fois les quantités requises ne peuvent avoir plus d'une voix.

5° Dans les associations composées de propriétaires de marais partie desséchés, partie demi-desséchés ou dont une partie seroit plusieurs mois sous les eaux, chacun doit être appelé à voter suivant l'intérêt qu'il a à l'association et aux travaux communs. Cet intérêt est toujours déterminé par les contributions précédemment payées ; de sorte que si les marais demi-desséchés n'ont payé que moitié du terrain desséché, il faudra posséder ou représenter le double des terrains desséchés. Si les marais mouillés ne payent que le cinquième, le dixième par hectare des terrains desséchés, il faudra posséder cinq fois, dix fois plus d'hectares, ou les représenter.

6° Dans le cas des sociétés *mixtes*, dont il vient d'être parlé, il faut toujours y appeler un tiers de propriétaires possédant ou représentant les quantités prescrites de terrains demi-desséchés ou mouillés. Ce nombre peut être pris en dehors du nombre des votans accordé au dessèchement.

Les assemblées dont il vient d'être parlé ont toujours droit d'appeler dans leur sein ceux des propriétaires dont les talens et les connoissances leur seroient utiles ; mais il faut, pour les y admettre, une délibération en forme de ceux qui ont le droit de voter.

Je sais qu'il n'y a que les *parties intéressées* qui pourront supporter tous ces détails ; mais c'est pour ces mêmes propriétaires que j'écris.

Il faut arrêter que le terrain des canaux et de leurs jets, des levées, des ceintures et contre-ceintures, des francs bords de dix mètres en largeur, le long des jets des canaux généraux ; ceintures, contre-ceintures, sont du domaine général de la société, et ne pourront jamais être aliénés ; qu'en conséquence, juste et préalable indemnité sera accordée aux propriétaires, qui pourront cependant jouir du terrain, mais à charge de laisser prendre toute la terre nécessaire pour les travaux et l'entretien du dessèchement.

Chacun doit encore se soumettre à fournir par la suite la terre nécessaire pour les travaux généraux en cas de nécessité, mais toujours après une indemnité réglée par des arbitres respectivement nommés et payés un tiers en sus de l'estimation.

Voilà les objets les plus importans. En les observant, on préviendra les divisions, les procès, la ruine inévitable des entreprises. Il est impossible d'entrer ici dans des détails et de faire un code entier.

Passons aux règlemens d'administration intérieure, aux statuts de la société.

Statuts ou règlemens pour les sociétaires et le régime d'administration intérieure. Nous avons dans ce genre un modèle de règlemens auquel il n'y a rien à ajouter que ce que nécessitent les évènemens subséquens et les changemens survenus dans les hommes, dans les choses, dans l'administration publique.

Ce sont les statuts faits pour les dessèchemens du Petit-Poitou, du 19 octobre 1646, et les statuts pour les dessèchemens des marais du Poitou, homologués le 1er août 1654.

Ils furent l'ouvrage des Siette, des Bradley, des Noël Champenois, de ces Hollandais célèbres que Sully appela en France dans le seizième siècle, qui y apportèrent leur sagesse avec leur industrie, et auxquels nous devons à peu près tout ce qui existe aujourd'hui de grands travaux dans l'ouest et dans le midi.

Ces statuts du Petit-Poitou étant devenus extrêmement rares, je crois faire une chose utile d'en retracer ici les *principales dispositions.* Ceux qui voudront de plus grands détails les trouveront dans mon *Essai sur la législation et les règlemens nécessaires aux dessèchemens à faire ou à conserver en France.* (Paris, chez madame Huzard, an 10.)

S'il existe un acte d'*association* avant l'entreprise, et qu'il renferme les clauses de l'acte de société (insérées ci-dessus), il est inutile de les rappeler dans les statuts ou règlemens particuliers. Si l'acte d'association n'existe pas, les premières clauses des règlemens doivent être celles relatives à l'hypothèque, à la quotité d'hectares pour avoir voix délibérative dans les assemblées, aux contributions, à l'époque fixe de ces assemblées, à l'obligation de se soumettre à ces délibérations homologuées par les préfets, etc. (*Voyez* l'acte d'association ci-dessus.) Chaque associé doit élire domicile pour y recevoir les avertissemens, quinze jours d'avance, dans le département où se tient l'assemblée ; elle peut seule changer le lieu de ses séances précédentes.

On peut se faire représenter, mais non par des fermiers, les intérêts de l'usufruitier étant souvent contraires à ceux du propriétaire.

Chaque propriétaire doit s'obliger à insérer dans ses baux l'obligation à tout fermier de se rendre avec ses gens de travail, charrettes et chevaux, au son du tocsin, ou sur la réquisition *par écrit* des directeurs, syndics ou maîtres de digues, à peine de cinquante francs d'amende par hectare ; et ce, en cas de péril imminent et à charge d'indemnité par la société.

Chacun doit s'obliger à ne point bâtir, à ne point passer en charrette ou voiture sur les digues, sans une autorisation *par écrit* du directeur, et en saisons convenables ;

A tenir ses fossés ou écours particuliers en bon état ; à les récurer au moins tous les cinq ans ;

A n'établir aucuns filets dormans, gords, bouchands, qui retardent *les eaux ;*

A ne déposer dans les canaux aucuns chanvres, lins, cuirs ou autres objets qui peuvent infecter *les eaux ;*

A pratiquer des abreuvoirs pour les bestiaux, afin qu'ils ne fassent point ébouler *les levées ;*

A ne planter sur les digues aucuns arbres, dont la tige ne soit coupée à deux mètres de haut au plus (*voyez* culture des dessèchemens) ;

Enfin à ne rien faire contre l'intérêt général reconnu par la délibération des sociétés.

Les règlemens doivent encore porter le nombre des bois, claies, sacs, pièces de bois, qui seront toujours en magasin pour prévenir les évènemens.

Les règlemens doivent rappeler que la loi veut que les maires et préfets soient toujours prévenus du jour, de l'heure des assemblées, et de leur motif.

Que si l'état est intéressé, le préfet doit être prévenu, et peut envoyer un commissaire qui a voix délibérative.

Si les communes sont intéressées, les maires les représentent.

Tels sont les articles généraux qui doivent se trouver dans les règlemens.

Il en est de particuliers à chaque marais, suivant son étendue, son importance.

Ils doivent déterminer le mode d'administration, ordinairement composée d'un directeur général ou syndic, d'un sous-directeur, toujours résidant sur le marais (et il peut être fermier), d'un ou plusieurs commis ou maîtres des digues, pour conduire les travaux, d'après les ordres des directeurs ou syndics, donnés par écrit, d'un caissier, qui doit rendre ses comptes annuels.

Tous les associés et fermiers doivent se soumettre à payer les contributions des marais, comme les contributions publiques, et dans les mêmes formes.

Les maires doivent prendre les mêmes engagemens pour leurs communes.

Il faut encore déterminer la durée des fonctions de ces différens agens, leur salaire, afin de ne pas les renouveler tous en même temps.

Les sujets des délibérations doivent être présentés, chaque année, par les directeurs, ou sous-directeurs, ou caissiers, qui se suppléent l'un l'autre en cas de maladie ou absence.

Les voix doivent être prises à la majorité des membres convoqués, et comptées alternativement par la gauche et par la droite de celui qui tient l'assemblée; le nom de tous les membres présens doit être inscrit en tête de toute délibération. S'il n'y avoit pas au moins le tiers des intéressés, les agens de la société se retirent devant le préfet, qui convoque d'office une seconde assemblée.

Si, à cette seconde convocation, il n'y avoit pas encore le tiers des intéressés, les agens présentent au préfet l'état des demandes et contributions nécessaires pour les travaux. Le préfet, sur l'avis du sous-préfet et d'un ingénieur (s'il le croit nécessaire), prend un arrêté d'exécution.

A défaut de convocations annuelles des agens, trois sociétaires intéressés peuvent les requérir des préfets et sous-préfets, et ceux-ci les convoquer d'office; et, à défaut de réunion, statuer sur les propositions et demandes par un ou plusieurs intéressés, ordonner des contributions, nommer d'office des syndics, caissiers et autres agens.

Tous ces actes doivent être portés sur un registre, et enregistrés sans autres frais qu'un droit fixe. Copie en forme des délibérations doit toujours rester déposée à la préfecture.

Les délibérations ne sont exécutoires qu'après l'homologation du préfet.

Les directeurs, syndics ou caissiers, doivent être dépositaires de tous les titres, actes, statuts, règlemens, délibérations de la société, et en donner un *récépissé* par écrit, déposé ès-mains du caissier.

La société, indépendamment de ses agens ordinaires, peut nommer des commissaires ou surveillans qui examinent les comptes et les travaux faits et à faire, et en rendent compte aux assemblées générales; mais ils n'ont aucun droit de *direction* sur les travaux et sur les agens de la société, et ne sont jamais utiles, que comme conseils de la société. L'usage est de les nommer parmi les anciens agens les plus recommandables par leurs talens; ils doivent prêter serment devant les juges de paix, et leur témoignage faire foi en justice comme ceux des gardes champêtres.

De toutes les clauses à insérer dans les statuts des sociétés qui n'ont pas d'acte d'association, et dans lesquelles (par une fausse spéculation) chaque associé est resté propriétaire du terrain, des digues et canaux, de leurs jets et francs bords, c'est que nul ne pourra les aliéner qu'en faveur de la société, ou après un délai de trois mois après les offres faites ; si elles sont acceptées, le terrain sera estimé par des experts respectivement nommés, et payé comptant, un tiers en sus de l'estimation.

Telles sont les clauses les plus ordinaires que doivent porter les règlemens. Ils ne doivent jamais être changés ou modifiés que sur l'avis des trois quarts des votans convoqués extraordinairement dans une assemblée dont l'objet est indiqué ; sans quoi il n'y a plus aucune règle, aucun système dans la conduite des travaux de l'administration.

Qu'on ne pense pas que ces règlemens tiennent à la *seule administration publique*. Certes, elle y a un grand intérêt ; mais chacun doit bien connoître, en entrant dans une société, les droits qu'il s'assure, les engagemens qu'il contracte vis-à-vis de ses *coassociés*, et ceux-ci vis-à-vis de lui. Sans cela, il est impossible de faire marcher ces sortes d'administrations, plus compliquées qu'on ne pense ; tout finit par des contestations, par l'abandon des travaux, la perte des ouvrages et des capitaux.

Quant aux délibérations particulières à prendre dans chaque société pour les travaux et leur entretien, on sent qu'il est impossible d'en tracer ici des modèles ; elles dépendent des travaux mêmes dont on a parlé à l'article DESSÈCHEMENT. *Voy*. GRANDS DESSÈCHEMENS. (CHAS.)

CONSIDÉRATIONS SUR LES GRANDS DESSÈCHEMENS. La science des grands desséchemens me paroît ne devoir être l'apanage que de quelques hommes privilégiés, qui à de profondes connoissances en architecture hydraulique réuniroient une expérience consommée dans ce genre de travaux, ou au moins, comme l'a très bien dit notre estimable confrère M. de Chassiron, *cet excellent esprit d'observation qui peut souvent tenir lieu d'une grande expérience.* Car, si la théorie devient insuffisante dans un certain nombre de circonstances pour résoudre les difficultés que l'on rencontre souvent dans les travaux, à combien d'essais, de dépenses inutiles ou superflues, l'expérience seule ne seroit-elle pas exposée, si, dans sa marche, elle ne se laissoit pas guider et éclairer par le flambeau de la théorie ? M. de Chassiron, à qui nous devons le meilleur ouvrage qui ait encore paru sur les grands dessèchemens, semble cependant douter des secours qu'une saine théorie pourroit fournir à la pratique dans leur exécution, et il a sur moi le grand avantage de l'expérience. Cependant, pour l'intérêt de la science, je vais essayer de justifier mon opinion.

Suivant lui, on ne peut obtenir le dessèchement d'un marais qu'en remplissant deux conditions essentielles et principales : la première est de contenir les eaux extérieures qui se répandoient sur sa surface, et d'où elles ne pouvoient plus s'écouler ; et la seconde, de vider les eaux stagnantes.

Pour obtenir la première, on construit sur les bords du cours d'eau qui inonde le marais pendant ses crues des chaussées que l'on doit élever avec *le sol même* sur lequel on les établit ; et les digues doivent avoir des *dimensions suffisantes* pour résister à la pression des plus grandes eaux (dont l'élévation et les courans sont presque toujours connus localement.

Mais comment fixer d'avance ces *dimensions suffisantes*, dont la connoissance est cependant nécessaire *pour dresser l'état des dépenses présumées du dessèchement?*

En considérant d'un côté toutes les causes qui peuvent influer sur la force de pression des eaux contre les digues, et qu'il n'est pas toujours facile de découvrir ; et de l'autre la difficulté de constater la ténacité des différentes natures de terres avec lesquelles on devra les construire, M. de Chassiron pense qu'il est impossible d'employer la voie de l'analyse pour calculer les forces et les résistances, et conséquemment pour déterminer les dimensions de ces digues avec une précision suffisante ; et, pour obvier à cet inconvénient, il propose d'essayer, pour chaque cas particulier, la *construction d'une certaine longueur de chaussée*, *avec des dimensions telles qu'une grande expérience pourroit les proposer*, et de l'exposer à l'inondation.

« Si, ajoute-t-il, cette partie de digue résiste à la pression des grandes eaux, on peut être assuré qu'en achevant sa construction sur les mêmes dimensions la totalité contiendra également les grandes eaux. »

D'abord cette conséquence n'est pas rigoureuse dans la pratique, à raison de la variété des causes qui peuvent augmenter singulièrement la force de pression des eaux sur un point de la digue plutôt que sur un autre, lorsqu'elles seront contenues en totalité. Mais supposons que la conséquence soit juste.

Ces dimensions provisoires de la chaussée seront nécessairement ou trop foibles, ou trop fortes, ou strictement suffisantes.

Dans le premier cas, la chaussée sera culbutée par les grandes eaux, et la dépense de sa construction sera perdue.

Dans le second, la digue résistera ; mais les frais de sa construction seront plus forts qu'ils n'auroient dû l'être.

Et dans le troisième, le hasard seul aura produit le succès de l'opération.

La même incertitude règne aussi dans la détermination de la direction et des dimensions qu'il faut donner aux canaux principaux et secondaires de dessèchement ; et c'est encore par des tâtonnemens que l'on enseigne à assurer l'écoulement des eaux intérieures. Il est vrai que, dans ces derniers travaux, on n'est exposé qu'à des dépenses superflues peu considérables, parceque les essais se font dans les plus petites dimensions ; on rélargit ensuite les canaux, et on les multiplie autant qu'il est nécessaire pour le succès de l'opération.

Quoi qu'il en soit, il résulte de ces observations qu'avec la seule méthode des tâtonnemens il est impossible d'évaluer d'avance la dépense des grands travaux de dessèchement, et de suivre ainsi la première règle de prudence que M. de Chassiron recommande avec tant de raison avant que de se déterminer à les entreprendre. Dès-lors on doit être exposé le plus souvent dans leur exécution, ou à des dépenses inutiles, ou à des dépenses superflues : alternatives toujours fâcheuses et singulièrement décourageantes pour l'homme prudent, et qui, malgré la certitude des avantages qu'il pourroit retirer d'un grand dessèchement, seroient capables de l'en détourner. Mais est-il bien certain qu'il n'y ait aucun moyen d'obvier à ces grands inconvéniens, et que la science hydraulique soit encore trop imparfaite pour, à l'aide de l'expérience, embrasser dans ses formules tous les élémens qui doivent entrer dans le devis estimatif d'un semblable travail ? J'ai de la répugnance à adopter cette opinion ; j'aime à croire, au contraire, qu'il est possible d'y parvenir, du moins en ce qui regarde la construction des chaussées et des canaux principaux de dessèchement, et qu'à raison de la variété des circonstances locales, la théorie, l'expérience et l'observation pourroient toujours se prêter un secours réciproque, et qui deviendroit suffisant pour prévoir les difficultés à vaincre, et déterminer les moyens les plus simples et les plus économiques qu'il faudroit employer pour les surmonter.

En effet, on vient de voir que les deux opérations principales d'un dessèchement consistoient, 1° à contenir les eaux extérieures par des chaussées de dimensions suffisantes pour résister à la pression des plus grandes eaux; 2° à vider toutes les eaux intérieures par des canaux principaux et secondaires de dessèchement. Pour remplir le premier objet, il faut d'abord chercher la force de pression des plus grandes eaux à contenir, afin de pouvoir leur opposer dans la masse de la digue une résistance suffisante.

Or la science hydraulique apprend que cette pression est représentée par la masse des eaux qui agiront sur la chaussée, multipliée par leur vitesse moyenne, et elle enseigne la manière de calculer cette masse et de déterminer cette vitesse. Le résultat de ces calculs est l'expression alors connue de la force de pression des eaux contre la chaussée, abstraction faite des causes accidentelles ou locales qui peuvent l'augmenter ou la diminuer, et que la théorie n'a pu y faire entrer. Il ne s'agit plus alors que d'augmenter ou de diminuer ce résultat suivant les observations locales, pour donner à l'expression de cette force une valeur définitive, sinon rigoureuse, du moins aussi approximative de la vérité que la pratique peut l'exiger.

En se conduisant ainsi, l'on connoîtra donc les forces de l'ennemi qu'il faut combattre, même les points où ses attaques seront les plus vives, et conséquemment la masse de terre qu'il faudra leur opposer dans les différens points pour être assuré de la victoire. Cela posé, la hauteur des plus grandes eaux est localement connue, et celle qu'il faudra donner à la chaussée devra la surpasser d'une quantité *assez grande* pour que les eaux ne puissent jamais surmonter son sommet.

D'un autre côté, la longueur développée de la chaussée est également connue par le plan du terrain.

Enfin, des coups de tarière suffisamment multipliés feront connoître la nature, et conséquemment la pesanteur spécifique des terres avec lesquelles elle sera construite.

Et, avec ces différens élémens, on trouvera facilement l'épaisseur moyenne qu'il faudra donner à la chaussée pour la mettre en état de résister dans tous ses points aux plus grands efforts des eaux; car leur pression étant connue et représentée par un poids déterminé, et la hauteur et la longueur de la chaussée étant données, ainsi que la pesanteur spécifique des terres avec lesquelles elle sera construite, il ne s'agira plus que de procurer à cette chaussée une épaisseur qui lui assure un poids au moins équivalant à celui qui représente la force de pression des eaux.

D'ailleurs cette épaisseur que le calcul aura donnée ne doit être ici considérée que comme un *minimum*, car on sera toujours obligé de l'augmenter d'une certaine quantité que l'expérience seule peut indiquer, tant pour assurer l'effet de la chaussée, que pour prévenir les tassemens des terres et les dégradations des eaux sur ses talus extérieurs.

Il nous semble que cette marche est naturelle, qu'elle lève toute incertitude sur la dépense présumée des chaussées, en un mot, qu'elle est beaucoup plus satisfaisante que la méthode des tâtonnemens.

Il en est de même pour les canaux de desséchement, qui doivent vider les eaux intérieures des marais; c'est encore à la théorie modifiée et éclairée par l'expérience qu'il appartient d'en déterminer d'avance les directions, d'en prescrire les dimensions, et conséquemment de relever tous les élémens qui doivent entrer dans le calcul préliminaire et indispensable des dépenses de leur construction.

D'abord, la théorie apprend que, pour dessécher complètement un marais, il faut que le canal principal qui doit en vider les eaux soit dirigé de manière à aboutir à un point du bassin inférieur, ou à un point inférieur du lit de la rivière, où la surface des plus hautes eaux soit à un niveau inférieur à celui du point le plus bas du marais, afin qu'en tout temps, même pendant les crues de l'hiver, l'eau du marais s'écoule sans interruption, et que les eaux de la rivière ne puissent jamais refouler ni arrêter son écoulement.

2° Les dimensions de ce canal doivent être telles, que la dépense d'eau, en vingt-quatre heures, puisse égaler le produit, pendant le même temps, des eaux pluviales ou de sources ou de rivières qui y tombent ou qui s'y rendent ; autrement, c'est-à-dire si ces dimensions n'étoient pas suffisantes, il y auroit engorgement à la prise d'eau de ce canal, et le marais ne seroit pas complètement desséché.

Mais il y a plusieurs moyens de remplir cette condition, et il faut les connoître tous, afin de pouvoir choisir celui qui sera définitivement le plus avantageux. Par exemple, il est possible de calculer avec une précision suffisante la quantité moyenne des eaux du marais qui devront s'écouler journellement par le canal principal, et la théorie enseigne ensuite à déterminer les dimensions que doit avoir le canal ouvert ou *sa section*, pour pouvoir dépenser en vingt-quatre heures toute l'eau qu'il recevra, suivant la vitesse qu'elle y acquerra, et qui est relative à sa pente.

La pente plus ou moins grande du canal, et conséquemment la vitesse que les eaux y acquerront, dépend 1° du point de la rivière ou du bassin inférieur que l'on aura choisi pour son embouchure ; 2° du développement moindre ou plus grand que l'on donnera à sa direction ; et, comme pour lui procurer une dépense journalière d'eau égale au produit de celle du marais, on est le maître de lui donner une *grande section avec moins de pente*, ou *une moindre section avec plus de pente ;* il faudra donc être en état de pouvoir calculer les avantages particuliers de chacun de ces moyens, afin de se fixer ou à celui qui présentera une moindre dépense de construction, ou à celui qui procurera une vitesse de courant la plus approchante possible de celle de *régime* (1), la seule, comme on le sait, qui puisse éviter de grands entretiens ultérieurs.

---

(1) On appelle *vitesse de régime* d'un cours d'eau celle résultante de la pente de son lit, lorsqu'elle a été combinée avec le dégré de consistance

Le choix de la direction et de la pente du canal étant fixé, sa profondeur est connue, et il est facile de calculer les autres dimensions de sa section par le moyen des formules hydrauliques du chevalier Dubuat. Il existe encore d'autres difficultés à surmonter dans les opérations préliminaires qui sont relatives à la construction des canaux secondaires de dessèchement, et dont cet habile ingénieur donne des solutions satisfaisantes. Je n'en parlerai point ici, parcequ'il me suffit d'avoir démontré ce que j'ai annoncé au commencement de ces réflexions, 1° que, sans l'union intime de la théorie et de la pratique, il est impossible d'entreprendre avec succès de grands dessèchemens; 2° que cette union est également indispensable pour pratiquer le précepte de prudence si recommandé par M. de Chassiron, *qu'avant d'entreprendre des travaux aussi dispendieux il est nécessaire de se rendre un compte exact de la possibilité du succès, de l'avantage et de la dépense de l'exécution.*

Mais après avoir levé ces premières difficultés, c'est alors que l'on pratiquera avec le plus grand succès, et suivant les circonstances, les différens moyens d'exécution qu'il a si bien développés dans son mémoire. (DE PER.)

DESSÈCHEMENT. (MÉDECINE VÉTÉRINAIRE.) Les parties des animaux les plus exposées à cet accident sont le pied du cheval et du bœuf, et les mamelles des animaux femelles.

La corne qui environne le pied du cheval, et celle qui entoure les deux dernières phalanges du pied du bœuf, se dessèchent lorsqu'elles sont privées de l'humidité qu'elles reçoivent de la substance cannelée. Il arrive même que l'animal boite quelquefois, relativement à la compression qu'éprouve cette substance comprise entre la corne et l'os du pied. *Voyez* PIED.

Les suites de cet accident sont d'autant plus fâcheuses, que la sécheresse et la sensibilité sont plus considérables.

Lorsque l'on s'aperçoit que le volume du pied du bœuf et du cheval commence à diminuer, il faut envelopper cette partie d'un cataplasme émollient fait de feuilles de mauve, de pariétaire, de bouillon blanc, etc., qu'on arrosera de temps en temps avec la décoction de ces mêmes plantes, et qu'on aura soin de renouveler de quatre en quatre heures, jusqu'à ce que la corne paroisse reprendre son ancienne humidité. Les huiles, les onguens, les graisses, que le laboureur a coutume d'employer dans ce cas, ne remplissent jamais l'objet désiré, en ce que ces substances ne peuvent point pénétrer

---

du terrain dans lequel ce lit a été creusé. Dans cet état du courant, il ne dégrade point son lit dans ses crues et n'y laisse aucun envasement.

dans les dernières couches de la corne, et qu'elles ne tendent qu'à en lubrifier la surface. Pour être convaincu de ce fait, on n'a qu'à jeter les yeux sur les chevaux qui habitent les terrains bas, humides et marécageux, et on verra qu'ils ont la corne molle, et non desséchée, tandis que, dans ceux qui vivent dans les pays élevés et dans les pays chauds, les pieds sont sujets au desséchement, aux seimes, et à tant d'autres accidens, malgré l'usage fréquent des huiles, des graisses et des onguens que l'on emploie pour s'y opposer. Outre les cataplasmes émolliens que nous avons indiqués, l'eau blanche pour boisson, le son mouillé, les plantes fraîches pour nourriture, les lavemens émolliens, sont encore nécessaires pour concourir au ramollissement du pied.

Dessèchement des mamelles, ou *mal sec*. Cette maladie vient à la suite des grands froids, des chaleurs excessives, des contusions aux mamelles, des blessures, des mauvaises qualités de lait, du fréquent usage de certaines plantes, de l'inflammation des abcès, des ulcères, et de tous les principes, en un mot, qui, en diminuant le diamètre des vaisseaux lactifères, et les obstruant, s'opposent à la sécrétion du lait, et occasionnent le dessèchement des mamelles.

On s'aperçoit de cet accident par le lait, dont la quantité diminue un peu tous les jours, par le défaut de cette humeur, malgré tous les moyens que l'on emploie pour traire, et par le rétrécissement des mamelles.

Le mal sec, qui arrive à la suite d'un dépôt laiteux, d'un abcès ou d'un ulcère, est pour l'ordinaire incurable. Celui qui est dû à un grand froid, ou à la mauvaise qualité du lait, est souvent accompagné de l'obstruction des gros vaisseaux destinés à le charrier. Dans ce cas, il est indispensable, dans le commencement de la maladie, de sonder doucement le conduit de chaque mamelon avec une broche de bas, à l'extrémité de laquelle on aura pratiqué un petit bourrelet enduit d'huile d'olive; d'attirer le lait dans les mamelles par de fréquentes frictions sèches et légères avec la main, et de faire des fumigations avec les baies de genièvre, dans la vue de favoriser la dissipation de la matière qui engorge les vaisseaux lactifères, et d'opérer une sécrétion plus facile et plus abondante de lait dans les mamelles.

Le dessèchement qui est produit par les grandes chaleurs, les alimens aromatiques, échauffans et peu abondans en mucilage, exige l'usage des émolliens sur les mamelles, et des alimens mucilagineux et humides. Il faudra donc donner à la vache, à la brebis et à la chèvre, pour nourriture, du son humecté, de l'eau blanchie avec la farine d'orge, des plantes fraîches et tendres, les tenir chaudement dans l'étable, dont on aura soin de renouveler l'air deux ou trois fois par jour; exposer les mamelles à la vapeur d'une décoction émolliente plusieurs fois répétée.

Nous observerons, avant de finir cet article, que le dessèchement des mamelles, ou mal sec, est pour l'ordinaire contagieux dans les chèvres, et qu'il attaque particulièrement ces animaux pendant les grandes chaleurs de l'été, et lorsqu'ils ont resté long-temps sans boire. On s'en assure en ce que les sources du lait étant taries, les mamelles se dessèchent, l'animal maigrit à vue d'œil, et succombe enfin en peu de jours.

Lorsque le cultivateur s'aperçoit de la contagion, c'est-à-dire lorsque le mal commence à se répandre, il faut qu'il fasse conduire promptement les chèvres dans des pâturages gras et humides; les faire sortir bien matin, afin qu'elles puissent humer la rosée, et leur frotter, deux fois le jour, les mamelles avec du lait bien gras, et ne pas manquer sur-tout de les mener boire plusieurs fois dans le jour. (R.)

DESSICCATION. C'est le résultat de l'évaporation de l'eau surabondante des parties d'animaux ou des parties de végétaux, soit par l'effet des agens naturels, soit par des moyens artificiels.

Le but de toute dessiccation est de conserver plus long-temps sans altération les objets dont l'homme et les animaux domestiques se nourrissent, ou ceux dont il se sert dans certains arts.

Ainsi, dans quelques pays, on dessèche la viande et le poisson à l'air ou à la fumée. Par-tout on dessèche les foins, les pailles, les grains, plusieurs sortes de fruits, de légumes, de plantes médicinales, etc.

La théorie de la dessiccation consiste à exposer les objets soit à un air sec, soit à un air fortement agité, soit à la chaleur du soleil, soit à la chaleur d'un feu direct ou d'un feu indirect, comme dans un four, une étuve, etc.

En général, il est toujours convenable que la dessiccation s'opère par gradation, soit parcequ'elle est plus lente lorsque la surface des objets se durcit trop rapidement, soit crainte qu'elle ne s'altère, soit par d'autres causes trop longues à développer. Il faut également qu'elle ne soit pas trop lente, pour que les parties des sucs que contiennent ces objets n'aient pas le temps de réagir les unes sur les autres, et par là de causer d'autres sortes d'altérations, la fermentation, la pourriture, etc.

On a remarqué que les objets desséchés à l'ombre conservoient mieux leur saveur et leur couleur que ceux desséchés au soleil.

Il est des articles que même la chaleur du soleil d'été ne peut dessécher dans le climat de Paris, et pour lesquels il faut nécessairement la chaleur d'un four ou d'une étuve pour pouvoir être amenés à un état favorable à leur conservation.

Comme cet article comprend un grand nombre d'objets qui seront traités en détail à ceux qui les concernent, et que je dois éviter autant que possible les doubles emplois, je renvoie le lecteur aux mots FOINS, GRAINS, FROMENT, AVOINE, ORGE, MAÏS, MILLET, POIS, FÈVE, HARICOTS, CHATAIGNE, FIGUE, PRUNE, POIRE, ARTICHAUT, POMME DE TERRE, TABAC, etc., etc.

La dessiccation du sol par l'effet de la chaleur du soleil ou d'un air sec, ou des deux ensemble, est un phénomène journalier que tous les agriculteurs connoissent. C'est tantôt un bien, tantôt un mal, selon la nature des terres, l'espèce des cultures, les climats, les saisons, etc. On peut en diminuer les effets par des abris, par des plantations d'arbres, en faisant des mélanges de terre, en répandant de la mousse, du fumier, en mettant des planches, des pavés, etc.; mais il n'est pas possible de l'empêcher, ce grand phénomène, qui tient à l'harmonie de l'univers, étant au-dessus de la puissance de l'homme.

De tous ces moyens, le plus employé dans la grande agriculture est celui du mélange des terres; ainsi un sol sablonneux ou crayeux qui se dessèche peu après les pluies, soit parceque l'eau l'a traversé pour ne s'arrêter qu'aux couches les plus profondes, soit parcequ'elle s'est évaporée très rapidement, peut être amélioré en le chargeant de marne argileuse ou d'argile, terres qui ont la propriété d'absorber l'eau et de la retenir mieux que lui. *Voyez* aux mots MARNE, SABLE, CRAIE, etc. (B.)

DESSOLEMENT. DESSOLER. C'est changer l'ordre des cultures adoptées dans un champ. C'est le contraire d'ASSOLEMENT. *Voyez* ce mot.

On dit aussi quelquefois dessoler pour défricher un pré, même un pâturage, parceque réellement on le dessole. (B.)

DESSOLER. (MÉDECINE VÉTÉRINAIRE.) Enlever la sole de corne de dessus la sole charnue d'un animal. On dessole ordinairement l'âne, le cheval et le mulet, dans le clou-de-rue grave, la bleime, dans le fic à la fourchette, les javarts, et autres occasions où il y a de la matière amoncelée sous la sole de la corne. On croit devoir recommander aux maréchaux de ne jamais dessoler les mules et les chevaux encloués, à moins que l'os du pied n'ait été atteint. *Voyez* CLOU-DE-RUE. (TES.)

DESSOLURE. MÉDECINE VÉTÉRINIRE. Opération par laquelle le maréchal enlève la sole de corne de dessus la sole charnue.

On doit commencer, 1° par humecter la sole de corne; les cataplasmes émolliens des feuilles de mauve et de pariétaire, appliqués sur la sole, et renouvelés de quatre en quatre heures, rempliront l'objet désiré, en rendant la sole plus souple, et en évitant par conséquent les douleurs qui accompagnent l'opération.

2° La sole de corne étant humectée et ramollie par les cataplasmes, on doit abattre du pied autant qu'il paroît nécessaire.

3° On doit ensuite le parer dans l'épaisseur de la sole, afin de la diminuer, de la rendre souple et flexible, et par conséquent plus aisée à enlever.

4° Il faut sur-tout parer la sole le long des côtés de la fourchette, parceque c'est là le vrai moyen de favoriser sa séparation de la sole charnue.

5° Le pied étant ainsi abattu et la sole à demi parée, on prend un fer à dessolure pour voir s'il convient au pied, et on le met au feu pour lui donner l'ajusture et la tournure convenables. *Voyez* FERRURE.

6° Le fer étant porté sur le pied, il faut avoir l'appareil tout prêt. Cet appareil consiste en quelques plumasseaux d'étoupes cardées, en des éclisses, c'est-à-dire en des morceaux de bois très minces, en une ligature, et en quatre ou cinq clous bien courts.

7° Le pied étant paré, on doit séparer avec la cornière du boutoir la muraille d'avec la sole, et alléger légèrement jusqu'au vif, en commençant par la pince, en s'avançant toujours du même côté jusqu'à la pointe du talon, et en revenant de l'autre côté de la même manière.

8° Le pied étant ainsi préparé, on abat le cheval (*voyez* ABATTRE), ou bien on le met dans le travail, après quoi on lève le pied et on lui passe une corde dans le paturon. Le maréchal prend alors le boutoir, dont il enfonce la cornière entre la muraille de la sole. Au lieu du boutoir, l'artiste qui a de la sûreté et de la délicatesse dans la main peut se servir du bistouri, en le tenant du pouce et du doigt indicateur, en appuyant les autres doigts sur le bord de la muraille, en frappant à petits coups redoublés et suivis la lame de cet instrument, en observant sur-tout de ne point déranger les doigts qui servent de point d'appui, de crainte d'enfoncer trop le bistouri dans la chair cannelée, et en suivant la sole dans toute sa circonférence, pour la séparer de la muraille.

9° La sole entièrement séparée, il faut prendre le lève-sole; cet instrument n'est autre chose qu'un morceau de fer plat, allongé et aplati par le bout. On l'introduit entre la sole de corne et la sole charnue, en commençant par la pince, et en évitant sur-tout de déchirer la sole charnue.

10° La sole de corne dégagée de la sole charnue d'environ un pouce d'étendue, on doit tenir le lève-sole d'une main, saisir de l'autre des tricoises un peu usées, et les introduire entre les deux soles pour soulever la première, c'est-à-dire la sole de corne.

11° Cela fait, on remet le lève-sole, et on travaille à détacher la sole, en commençant par un côté, et en la renversant sur la fourchette. C'est pour opérer le renversement de la sole sur la fourchette que nous avons indiqué ci-dessus d'amincir cette partie en parant le pied, parceque, si on lui laissoit la même épaisseur dans cet endroit, il seroit difficile à l'artiste de renverser les tricoises sur la fourchette, et il se verroit dans la nécessité de suspendre l'opération, pour parer de nouveau la sole dans cet endroit.

12° La sole une fois détachée, on se met en arrière du pied du cheval, et on tire en droite ligne la sole.

15° La sole enlevée, on reprend le boutoir, pour ôter le reste de corne qui se trouve attachée à la muraille.

14° L'opération achevée, on ôte la ligature qu'on avoit mise au paturon, on attache le fer, et on met l'apareil, en observant de ne pas faire une trop grande compression sur la sole, ce qui occasionneroit la gangrène.

15° Le maréchal doit choisir, suivant le genre de mal qui a exigé la dessolure, les médicamens qui doivent être appliqués sur la sole. Dans le cas, par exemple, où le cheval auroit été dessolé relativement à la sécheresse du pied ou à la compression sur la sole, sans qu'il y eût plaie, il doit panser à sec, c'est-à-dire se contenter d'appliquer seulement des étoupes sèches, et laisser l'appareil cinq à six jours sans le renouveler. Dans les cas de plaie, il faut panser la sole toutes les vingt-quatre heures, avec un mélange d'eau-de-vie et de vinaigre, ou avec des plumasseaux imbibés d'essence de térébenthine ; mais si c'est par rapport à un clou de rue, il faut au contraire mettre l'appareil tout autour de la sole charnue, en finissant de le poser dans l'endroit du clou, afin de n'être pas obligé de découvrir entièrement la sole à chaque pansement, observant d'appliquer d'abord de petits plumasseaux, suivant la grandeur de la plaie, et d'en mettre successivement de plus grands en dessus.

Les plumasseaux ainsi appliqués, on met les éclisses, évitant toujours de comprimer la pince, ce qui seroit d'autant plus dangereux, que la sole, étant molle, ne pourroit résister à la compression en cet endroit.

Les éclisses posées, on couvre les talons de plusieurs gros plumasseaux qui seront contenus par une bande d'un large ruban de fil, après quoi on conduit l'animal dans l'écurie, on le saigne à la veine jugulaire s'il a beaucoup souffert, ou si le cas l'exige. (R.)

DESTRAON. Nom de la hache dans le département du Var.

DESTURRA. Écraser les mottes des champs dans le département de Lot-et-Garonne.

DÉTOUPILLONER. Vieux mot employé par les jardiniers pour désigner le retranchement des branches qui croissent par touffe sur les arbres mal taillés. On appelle ces arbres des *têtes de saule*. (R).

DEVESE. On appelle ainsi, dans le département de la Haute-Garonne, une portion de terre en jachère qu'on ne laboure qu'à la fin de mai, afin qu'elle serve de pâture aux bestiaux. Cette détestable pratique doit-être l'objet de l'animadversion des amis de l'agriculture. (B.)

DÉVOIEMENT ou DIARRHÉE. (MÉDECINE VÉTÉRINAIRE.) La diarrhée est une maladie dans laquelle les matières fécales sont évacuées plus fréquemment que dans l'état naturel, et sortent sous une forme liquide.

Tout ce qui peut troubler la digestion, affoiblir l'estomac, dépraver les sucs digestifs, accumuler dans les premières voies des crudités et de la saburre, provoque immédiatement la diarrhée.

Nous allons traiter en particulier de la diarrhée du cheval, du bœuf ou du mouton. La diarrhée du cheval a lieu ordinairement, 1° lorsque après avoir eu chaud il boit d'une eau extrêmement fraîche, telle que l'eau de puits ou de neige ; lorsqu'il a brouté de l'herbe couverte de rosée, ou lorsqu'il en a trop mangé.

Dans cette espèce de diarrhée, les matières n'ont point une couleur extraordinaire ; elles ne donnent pas une odeur fétide, et le cheval boit et mange comme de coutume ; nous observons pour l'ordinaire qu'elle ne passe pas les quarante-huit heures. Quand même elle outre-passeroit ce terme, si les forces musculaires ne paroissent pas diminuer, si l'appétit se soutient, elle n'est pas à craindre.

Il seroit dangereux d'arrêter le cours de cette diarrhée, qu'on doit regarder comme salutaire ; mais si l'animal a de la fièvre, s'il est triste, dégoûté, et si, dans les matières fécales, on y aperçoit comme des raclures de boyaux, s'il a des tranchées, il faut apaiser l'inflammation des intestins, et en modérer la chaleur, en donnant à l'animal des breuvages pris dans la classe des mucilagineux, composés d'une once de racine d'althéa et de deux onces de graine de lin pour chaque breuvage, qu'on fera bouillir dans environ quatre livres d'eau commune, jusqu'à ce que la graine de lin soit crevée. On ne donnera à l'animal pour toute nourriture que du son mouillé, du bon foin, observant de lui retrancher l'avoine pendant tout le temps du traitement.

Si l'on aperçoit que l'animal ait des coliques violentes lors des déjections, et que les matières soient sanguinolentes, on doit administrer les remèdes qui sont propres à la dyssenterie. *Voyez* Dyssenterie.

Le bœuf est également sujet à la diarrhée, et elle reconnoît les mêmes causes que celles que nous avons indiquées en parlant de la diarrhée du cheval; elle est quelquefois dangereuse, si on la néglige. Il importe donc beaucoup aux cultivateurs d'en distinguer l'origine, afin de la modérer, de l'arrêter, d'en prévenir les suites fâcheuses, en administrant les remèdes convenables.

Dans la diarrhée donc qui survient ordinairement au bœuf pour avoir mangé du foin, de la paille moisis ou gâtés, etc., et qui dure plusieurs jours avec amaigrissement sensible, outre les alimens de bonne qualité, et le son mouillé avec du vin qu'on doit lui donner, il est bon de lui faire prendre quelques breuvages d'une décoction d'orge grillée, moulue et arrosée avec du vin rouge; après quoi il convient de le purger seulement avec deux onces de feuilles de séné, sur lesquelles on jettera environ deux livres d'eau bouillante, et une once de sel végétal. Si, après l'usage de ces remèdes, la diarrhée ne s'arrête pas, si l'animal devient triste, s'il est dégoûté, il faut avoir recours aux astringens, tels qu'au diascordium, à la dose d'une once dans une pinte de bon vin, ou bien au cachou, à la dose de six gros, dont on continuera l'usage pendant cinq à six jours. Ces remèdes conviennent aussi au cheval dans les diarrhées de la même espèce. Quant aux autres diarrhées qui peuvent arriver au bœuf, consultez ce que nous en avons dit en parlant de celle du cheval.

La diarrhée attaque aussi les moutons, et en fait périr un grand nombre. Une indigestion, une nourriture trop humide, peu propre à rétablir les forces de l'animal, ou gâtée, ou moisie, qui altère les sucs digestifs et la débilité de l'estomac, en sont les causes ordinaires.

Lorsque la diarrhée n'est point accompagnée de fièvre, de dégoût, de tranchées ou d'autres accidens, on doit la regarder comme un bénéfice de la nature, et ne pas s'empresser de l'arrêter. On la laissera donc durer trois à quatre jours, après quoi il faudra donner de temps en temps à l'animal de l'eau de riz, ou bien, si on veut couper plus court, un gros de thériaque dans un demi-verre de bon vin. (R.)

DEXTRE. Ancienne mesure de capacité. *Voyez* Mesure.

DIADELPHIE. Dix-septième classe du système de botanique de Linnæus. Elle renferme les plantes qui ont leurs étamines réunies par leurs filets en deux corps séparés. La plupart des diadelphes font partie des *légumineuses* de Tournefort et de Jussieu. *Voyez* au mot PLANTE et BOTANIQUE. (B.)

DIAMÈTRE. Expression qu'on emploie souvent en agriculture pour indiquer l'épaisseur des tiges des arbres et des herbes.

DIANDRIE. C'est la seconde classe de Linnæus, c'est-à-dire celle dont les fleurs n'ont que deux étamines. *Voyez* PLANTE et BOTANIQUE.

DIAPRÉE. Variété de Poire. *Voyez* POIRIER.

DIARRHÉE. *Voyez* DÉVOIEMENT.

DICOTYLÉDONS. Nom d'une des premières et de la plus grande des divisions des végétaux.

Cette division est fondé sur ce que l'embryon de la semence offre, outre une radicule d'où sortent les racines, une plantule qui se transforme en tige, deux lobes ou cotylédons, uniquement destinés à nourrir les deux premières parties, depuis l'époque de la germination jusqu'à ce qu'elles aient acquis assez de force pour pouvoir tirer les sucs de la terre. Un haricot dont on ôte la peau en offre un exemple facile à se procurer. *Voyez* au mot PLANTE. (B.)

DICTAME. On donne ce nom à diverses plantes. Le *Dictame blanc* est la FRANINELLE ; le *Dictame faux* un MARRUBE ; le *Dictame de Virginie* un THYM. *Voyez* ces mots.

DICTAME DE CRÈTE, *Origanum dictamnus*, Lin. Plante vivace, à racine ligneuse, fibreuse ; à tiges presque ligneuses, quadrangulaires, velues, rameuses, hautes d'environ un pied ; à feuilles opposées, sessiles, presque rondes, velues ; à fleurs rouges disposées en épis quadrangulaires penchés et accompagnés de grandes bractées luisantes, qui fait partie du genre des ORIGANS (*voyez* ce mot), qui croît naturellement dans l'île de Candie, autrefois Crète, et dans les îles voisines, et qu'on cultive depuis long-temps dans les jardins à raison de ses propriétés médicinales.

C'est au milieu de l'été que fleurit le dictame de Crète, et c'est à cette époque qu'il convient d'en cueillir les sommités pour l'usage. Ces sommités (et en général toute la plante) ont une odeur aromatique, et une saveur âcre et amère. Elles passent pour cordiales et emménagogues. Elles fournissent une huile essentielle très odoriférante.

Rarement le dictame de Crète donne de bonnes graines dans le climat de Paris ; aussi le multiplie-t-on presque exclusivement par marcotte, éclat des racines et boutures. Ces dernières s'enracinent très facilement lorsqu'on les place dans un lieu chaud et humide ; et on peut les faire pendant presque tout l'été avec succès.

Cette plante passe difficilement l'hiver en pleine terre dans ce même climat; cependant elle y supporte assez bien les froids ordinaires. C'est principalement l'humidité qui la fait périr. Ordinairement on en conserve dans tous les grands jardins un pied ou deux en pots, qu'on rentre l'hiver dans l'orangerie, et qui servent à réparer la perte de ceux qui sont en pleine terre. (B.)

DIDYNAMIE. Quatorzième classe du système de botanique de Linnæus. Elle renferme les plantes qui ont quatre étamines, dont deux plus courtes. La plupart ont les fleurs à deux lèvres. Leurs fruits sont tantôt quatre semences unies situées au fond du calice, c'est la gymnospermie, tantôt une capsule, c'est l'angiospermie. *Voyez* aux mots PLANTE et BOTANIQUE. (B.)

DIERVILLE. Arbuste du genre des CHÈVREFEUILLES. *Voy.* ce mot.

On a fait un genre particulier de cet arbuste, qu'on cultive dans quelques jardins paysagers, mais qu'on recherche peu parcequ'il manque d'agrément. On le multiplie presque exclusivement de marcottes et de rejetons, fournissant rarement de bonnes graines dans le climat de Paris. Une terre légère et fraîche est celle où il fait le plus de progrès. On le place au premier ou au second rang des massifs. Ses feuilles sont opposées, cordiformes, d'un vert agréable. Ses fleurs sont jaunes, disposées en petits bouquets dans les aisselles des feuilles supérieures.

On appelle aussi la dierville CHÈVREFEUILLE DU CANADA, parcequ'elle est originaire de ce pays. (B.)

DIGITALE, *Digitalis.* Genre de plantes de la didynamie angiospermie, et de la famille des personnées, qui renferme une douzaine d'espèces, la plupart d'un aspect fort agréable, dont plusieurs se cultivent dans les jardins d'agrément, et s'emploient en médecine.

La DIGITALE POURPRÉE a une racine fusiforme bisannuelle; une tige anguleuse, velue, rougeâtre, creuse, ordinairement simple, haute d'environ deux pieds; des feuilles alternes, ovales, aiguës, ridées; les radicales pétiolées, et souvent longues de plus d'un demi-pied; des fleurs grandes, pendantes, et disposées en épi unilatéral à l'extrémité de la tige, d'un rouge pourpre, tacheté et velue en dedans. On la trouve dans les terrains secs et arides, sur les montagnes élevées. Elle fleurit au milieu de l'été. Peu de plantes ont un plus bel aspect. Elle embellit tous les lieux où elle se trouve par ses fleurs, qui s'épanouissent successivement et durent long-temps. Elle produit de brillans effets dans les jardins paysagers, où on la place isolément, ou deux ou trois pieds ensemble, à quelque distance des massifs, ou entre les arbustes des derniers rangs de ces massifs, ou encore mieux sur les rochers, les monticules.

On la met aussi quelquefois dans les plates-bandes des parterres; mais comme il lui faut de l'ombre pour prendre un grand accroissement, elle n'y réussit pas très bien. Elle fournit une variété à fleurs blanches.

Cette plante est un purgatif et un vomitif violent qu'on emploie quelquefois contre l'épilepsie, l'hydropisie, les tumeurs scrofuleuses et la goutte. C'est principalement la racine qu'on préfère dans ces cas; mais les feuilles peuvent suffire. Ces mêmes feuilles sont propres à déterger les ulcères et à accélérer la guérison des plaies simples.

La DIGITALE JAUNE a les folioles du calice lancéolées; la corolle jaune, allongée, petite, avec une lèvre supérieure bifide. Elle croît en Europe sur les montagnes élevées, et fleurit au milieu de l'été. Quoique peu brillante, elle se fait cependant remarquer dés plus indifférens par sa hauteur quelquefois de quatre pieds, et la longueur de ses épis. On la place également avec avantage dans les jardins paysagers. Ainsi que la précédente, elle meurt aussitôt qu'elle a fleuri; mais cependant elle est vivace, puisqu'il pousse presque toujours à côté des racines un ou plusieurs nouveaux bourgeons qui remplacent l'ancien.

La DIGITALE FERRUGINEUSE et la DIGITALE AMBIGUE, qui ont les fleurs jaunâtres et assez grandes, sont aussi de belles plantes originaires des parties méridionales de l'Europe, et qu'on cultive comme les précédentes dans quelques jardins et en pleine terre. Elles sont vivaces.

Toutes les digitales se multiplient de graines qu'il faut semer en place au moment même de leur sortie de la capsule, parceque, si on attend au printemps, une partie ne lève pas, et l'autre ne lève que la seconde année. La première reprend assez difficilement à la transplantation, et ne produit jamais, lorsqu'elle y a été soumise, un aussi bel épi de fleurs que lorsqu'elle est restée au lieu où elle a été semée; et comme elle ne fleurit que la seconde année, il est souvent nécessaire, dans les parterres, de la semer en pot, pour ne la mettre en place que l'année où elle doit donner ses épis. J'ai remarqué que lorsqu'on la coupoit rez terre, à l'instant où la dernière fleur s'épanouissoit, elle trouvoit encore assez de force végétative dans ses racines pour pousser plusieurs bourgeons latéraux qui, séparés en hiver, formoient de nouveaux pieds, ce qui l'assimiloit aux deux dernières espèces qui produisent cet effet naturellement, et qui se reproduisent communément par le même moyen, c'est-à-dire la division des racines. (B.)

DIGITEE. Sorte de feuille. C'est celle qui a des divisions profondes et un peu larges, semblables aux doigts d'une main ouverte. *Voyez* PLANTE. (B.)

DIGYNIE. Linnæus emploie ce mot pour indiquer la seconde subdivision de la plupart de ses classes, c'est-à-dire celle dont les fleurs ont deux pistils. *Voy.* PLANTE et BOTANIQUE.

DINADE. On désigne ainsi, dans le département de Lot-et-Garonne, la quantité de vignes qu'un homme peut labourer depuis le matin jusqu'à l'heure de son dîner. (B.)

DINDON, DINDE. *Meleagris gallo-pavo*, Lin. Oiseau de la famille des gallinacées et du genre de son nom, que sa grosseur et l'excellence de sa chair rendent précieux pour l'Europe, où il est naturalisé depuis trois cents ans, et où il est devenu l'objet d'un grand produit annuel pour les agriculteurs des cantons qui se livrent à son éducation.

Les caractères du dindon, pris dans son acception générale, car quelques cultivateurs réservent ce nom exclusivement aux mâles, sont, d'avoir la tête et la gorge couvertes de caroncules rouges et comme spongieuses. Le mâle a de plus un bouquet de crins noirs au milieu de la poitrine, et jouit de la faculté de relever en roue les plumes de sa queue. Sa longueur est de trois pieds, et son diamètre d'un pied. Dans l'état naturel, sa couleur est d'un brun noir, avec de petites lignes fauves recourbées et des reflets cuivrés. Dans l'état domestique, il est le plus communément tout noir, mais il y en a de plus ou moins bruns, de plus ou moins fauves, de plus ou moins blancs et de très blancs.

C'est de l'Amérique septentrionale que le dindon est originaire, d'où son nom de *coq d'inde*, de *poule d'inde* et, par ellipse, de *dindon*, de *dinde* et de *dindonneau*. Il est encore très commun dans les forêts de ce pays, même au voisinage des grandes villes, ainsi que j'ai pu m'en assurer pendant mon séjour en Caroline, quoiqu'on lui fasse une guerre perpétuelle. J'en ai vu naître, l'année que j'ai passée sur l'habitation de la république française, cinq compagnies sur cette habitation, qui n'étoit cependant qu'à trois lieues de Charleston, et où les chasseurs étoient très multipliés. Là, ils pèsent fréquemment quarante livres, et leur chair ne peut se comparer, pour la finesse du fumet, qu'à celle du faisan. Qui n'a pas mangé du dindon sauvage ne peut apprécier son excellence. Le meilleur de ceux qu'on fait annuellement paroître sur les tables de Paris n'offre, par comparaison, qu'un mets insipide. Aussi, malgré qu'il ne soit pas rare, il se vend, au marché de Charleston, aussi cher que le domestique sur celui de Paris, c'est-à-dire de cinq à dix francs.

Les dindons sauvages, comme les dindons domestiques, vivent de tout ce qui est susceptible d'être mangé dans le règne animal et dans le règne végétal ; mais les insectes et les fruits sont principalement de leur goût. Il paroît qu'ils ne se jettent sur les feuilles des graminées et autres plantes que lorsqu'ils ne peuvent pas se procurer autre chose. On pourroit même les ranger parmi les carnassiers; car, outre qu'ils recherchent la chair crue ou cuite, ils attaquent des animaux d'une certaine grosseur pour s'en nourrir. Je les ai vus fréquemment, dans ma jeunesse, tuer des rats, des serpens, des lézards, des grenouilles, etc., et les dépecer. La manœuvre qu'ils font pour empêcher les animaux de cette force, qu'ils rencontrent, de se sauver est remarquable, en ce qu'elle annonce beaucoup plus d'instinct qu'on ne leur en accorde. Dès qu'un dindon a fait la découverte d'un animal, il appelle tous les autres par un cri particulier. Un grand cercle se forme aussitôt autour de cet animal, il se rétrécit successivement jusqu'à ce que tous les becs puissent frapper en même temps sur lui. S'il cherche à se sauver, il trouve par-tout un bec armé contre lui, et rarement il échappe. Il m'est arrivé de ne pouvoir distraire, même à coups de baton, un troupeau de dindons ainsi disposé, tant chaque individu étoit actionné à son objet. Ce fait contraste avec la manière dont on les prend en Amérique, manière que je suis porté à décrire, à cause de sa singularité, quoiqu'elle ne puisse être d'aucune utilité aux agriculteurs français. On bâtit, dans les parties des forêts qu'on sait être les plus affectionnées par les dindons, des cages de dix pieds de long sur six de large (souvent plus grandes), avec des arbres de quatre à six pouces de diamètre qu'on encoche légèrement à leur extrémité, et qu'on place parallélogramiquement, et chaque deux côtés à la fois, parallèlement au-dessus les uns des autres. Cette cage a trois à quatre pieds de haut, et est couverte d'arbres semblables et semblablement écartés. On fait ensuite, sous un des côtés, le plus souvent sous un des petits, un trou en terre, en forme de bateau, d'un pied ou de quinze ponces de profondeur, sous la barre seulement, c'est-à-dire qu'il se termine en pente douce à ses deux extrémités en dedans et en dehors de la cage. Cela fait, on répand du maïs en assez grande quantité dans l'intérieur de la cage, et sur-tout dans le trou, et en dehors quelques grains en traînées convergentes à ce trou. Les bandes de dindons qui trouvent ces derniers grains les mangent, arrivent au trou la tête baissée, se pressent pour y entrer et sont dans la cage en totalité ou en partie. Il faut en sortir lorsque les grains de maïs sont consommés ou que l'inquiétude naît; mais alors tous les dindons tiennent la tête haute, cherchent à forcer les intervalles des arbres, et aucun ne pense à se sauver par le trou. Il est telle de ces cages qui, m'a-t-on dit, a rapporté plus de 300 francs par année à son propriétaire. J'en ai vu des centaines, mais jamais de dindons dedans, parcequ'on les visite souvent, et qu'on les enlève aussitôt qu'ils sont pris.

Après la poule, le dindon est l'oiseau qu'on peut le plus généralement élever dans toutes les parties de la France. Il s'accommode de toutes les températures, de tous les sols, de toutes les nourritures. Quelque multiplié qu'il soit en ce moment, il ne l'est pas encore assez pour l'intérêt de la société.

Ce sont principalement les pays pauvres, les sols maigres, les landes, les friches, les bois de mauvaise nature, qu'il faudroit en couvrir chaque année. Là, il ne vient pas aussi gros que celui qu'on nourrit dans les riches fermes de la ci-devant Normandie, de la ci-devant Picardie; mais il est plus savoureux, plus rapproché de l'état sauvage, parcequ'il vit plus en plein air, mange une plus grande variété de graines et davantage d'insectes. Là, pendant plus de la moitié de sa carrière, c'est-à-dire deux ou trois mois, il ne coûte rien ou presque rien à nourrir, parcequ'on peut l'envoyer paître dehors, et que les petits cultivateurs peuvent mieux le soigner dans sa jeunesse que les gros qui, généralement, en abandonnent l'éducation à leurs valets.

Quelques personnes ont prétendu qu'il ne pouvoit être avantageux pour aucun cultivateur d'élever des dindons, et que, si tous ceux qui le font calculoient leurs dépenses, ils y renonceroient. Sans doute les soins qu'ils exigent, les dangers auxquels ils sont exposés pendant les deux premiers mois de leur vie, la grande consommation d'alimens qu'ils peuvent faire, les rend quelquefois d'un produit précaire; mais il n'en reste pas moins vrai que, toutes les fois qu'on se dirige d'une manière convenable dans ce qui les concerne, ils paient avec usure l'intérêt des peines et des dépenses qu'ils ont occasionnées. Tout dans ce cas, comme dans bien d'autres, dépend du mode.

Une observation du savant et estimable Parmentier, que je dois rappeler ici, c'est qu'il faut toujours dans l'éducation des oiseaux domestiques seconder leur instinct autant qu'il est possible, et que c'est pour s'en être trop écarté que tant de belles races ont été abâtardies. C'est donc à laisser agir la nature que les cultivateurs doivent principalement s'appliquer lorsqu'ils élèvent des dindons. Or c'est ce qui généralement ne se fait pas. Toujours on croit en savoir plus qu'elle.

Le premier soin d'un cultivateur qui veut se monter en dindons est de se procurer de beaux mâles et de belles femelles. La couleur, quoi qu'on en dise, n'influe pas sur le goût de la chair; mais comme le préjugé fait croire dans quelques lieux que les fauves et blancs, ou les blancs purs, sont préférables, il les recherchera, quoique d'une nature plus foible, s'il est obligé de s'en défaire dans le pays.

Un mâle suffit à huit, dix, et même douze femelles, selon

sa force et son âge. En général, il n'est pas bon d'en conserver pour la reproduction au-delà de trois ans, parceque les mâles deviennent plus méchans. Cependant j'en ai connu de six ans qui remplissoient encore fort bien leurs fonctions. Ces vieux mâles ne sont plus de vente, tant ils ont la chair coriace ; ce qui est un motif de plus pour ne les pas laisser vivre si long-temps.

Les femelles des dindons passent pour être plus tendres et plus savoureuses que les mâles, mais elles sont moins grosses. On les reconnoît à la petitesse de leurs caroncules, de leur ergot, du pinceau de crin de la poitrine (pinceau qui n'existe même que dans les vieilles), à leur cri plus foible, à leur dé-marche plus humble, et à l'impossibilité de faire la roue avec leur queue. Dans la première jeunesse, elles ne se distinguent qu'à leur cri toujours plus doux ; car leur grosseur, alors plus considérable que celle du mâle, varie beaucoup.

Le premier soin d'un cultivateur qui veut spéculer sur l'é-ducation des dindons, c'est de leur donner un logement spa-cieux et aéré. Les faire coucher dans ces trous, si souvent in-fects, qu'on appelle poulaillers, pêle - mêle avec les poules, les canards, etc., est extrêmement vicieux. Des expériences positives et l'analogie concourent à prouver que cette mé-thode est la cause de la mort de beaucoup de jeunes, et du défaut de saveur ou du mauvais goût de la chair de tous les autres. Ils y gagnent de plus des poux qui les épuisent et les empêchent d'engraisser. C'est donc un poulailler particulier et très grand, ou plutôt un hangar, qu'il leur faut, et devant un ou plusieurs mâts traversés de pied en pied par des bâ-tons tournés alternativement tantôt dans un sens tantôt dans un autre. En effet, les dindons sauvages se perchent chaque soir sur les arbres les plus élevés, et les domestiques aiment à en faire autant quand ils le peuvent. Donc, d'après le prin-cipe énoncé plus haut, il ne faut pas les empêcher de suivre cet instinct dès qu'ils ont acquis assez de force pour supporter sans inconvéniens les froids de la nuit en plein air. On appelle cette action *juquer* dans quelques endroits. Il est même des fermes bien montées où les dindons ont une cour qui leur est spécialement affectée et où ils peuvent être tenus isolés des autres volailles, lorsque cela devient nécessaire.

Les dindons commencent à travailler à la reproduction de l'espèce dès que les gelées cessent de se faire sentir. Alors les caroncules de la tête du mâle prennent une couleur plus vive, et il fait presque continuellement la roue en relevant les plu-mes de sa queue, en abaissant celles de ses ailes, en portant sa tête en arrière, en marchant gravement, en rendant un gloussement ou cri qui lui est propre, etc. La femelle ne rougit que fort peu et piaule seulement de temps en temps dans la même circonstance.

Quelques cultivateurs pensent qu'il est nécessaire de donner alors aux dindons mâles et femelles une nourriture échauffante; mais c'est une erreur. Il suffit de lui fournir un peu abondamment à manger à cette époque.

L'embonpoint ou la maigreur des dindons femelles, ou la localité, ou la saison, plus ou moins chaudes, avancent ou retardent la ponte. Toujours il est avantageux qu'elle soit précoce; parceque les petits ont plus de temps pour grossir, et qu'il est souvent permis d'en espérer une seconde à la fin de l'été. Ces femelles de deux ou trois ans donnent plus d'œufs, et des œufs plus gros que celles de la première année. Plus vieilles elles diminuent ces pontes. Elles pondent le matin, de deux jours l'un, quelquefois tous les jours, depuis quinze jusqu'à vingt œufs. Elles annoncent le besoin de pondre par un cri particulier, et par le désir qu'elles témoignent de se soustraire aux regards des hommes et des chiens. Le plus souvent elles vont le faire loin de la maison, dans les haies, dans les buissons, les prés, etc. Il faut donc les surveiller et les suivre, ou tenir renfermées, jusqu'à ce qu'elles aient pondu, celles qu'on a reconnues au toucher devoir pondre dans la matinée. Comme le premier de ces moyens est embarrassant et le second sujet à inconvénient, on doit employer tous ceux de leur rendre agréable la ponte à la maison; et le principal est de placer leur poulailler dans un endroit écarté, de leur préparer des nids de paille et d'y mettre un œuf figuré; celles qui se trouvent bien dans la localité où on désire qu'elles pondent ne vont plus ailleurs. Il arrive quelquefois, et j'en ai eu des exemples sous les yeux, que les femelles qui sont allées pondre au loin ont amené une nombreuse troupe de poussins à la maison; mais il arrive plus fréquemment que leurs œufs sont volés ou mangés par les fouines, les belettes ou autres animaux, qu'elles-mêmes sont la victime des maraudeurs ou des renards. C'est principalement dans le moment de la ponte qu'il est avantageux d'avoir une cour spécialement consacrée aux dindons, parceque alors, en fermant la porte de cette cour jusqu'à midi, on remplit toutes les données désirables.

Les œufs de dinde, comme ceux de poule, doivent être ramassés chaque jour et portés à la maison, afin de les sauver des accidens. Il est inutile de les marquer, pour pouvoir rendre à chaque couveuse ceux qu'elle a pondus; car c'est par préjugé qu'on croit que ceux des autres ne réussiroient pas sous elle, puisque l'expérience prouve chaque jour le contraire. Ces œufs qui sont gros, allongés et tachés de fauve, se conservent fort bien un mois et plus sans perdre leur faculté reproductive;

mais ils sont sujets à être clairs, c'est-à-dire non fécondés, probablement parceque le mâle s'épuise par trop ardeur.

Pendant toute la durée de la ponte il faut avoir l'attention de séparer le mâle d'avec la femelle, au moins le matin; car s'il la rencontre sur le nid, il la chasse, la maltraite, casse les œufs, et l'oblige à aller chercher le lendemain le repos au loin.

La seconde ponte est plus foible que la première; rarement elle s'élève au-delà de douze œufs. Rarement ses produits réussissent dans le climat de Paris et plus au nord, à raison des froids précoces. Elle s'effectue, dans l'état sauvage, lorsque les œufs sont mangés ou cassés, mais jamais lorsqu'il y a eu des petits qui ont vécu. Si on veut la faire s'opérer, il faut ôter à une partie des mères leurs petits, peu de jours après leur naissance, pour les donner aux autres. Comme je ne crois pas qu'elle soit constamment avantageuse, même dans le midi de la France, je ne m'étendrai pas plus au long à son sujet.

Quoiqu'on ait régulièrement enlevé les œufs à une dinde, elle n'en couve pas moins à la place où elle les a pondus, lorsque le moment fixé par la nature est arrivé. On reconnoît sa disposition à cet acte important, à un gloussement peu différent de celui de la poule ordinaire, à son inquiétude perpétuelle, au dépouillement des plumes de son ventre, enfin à son accroupissement sur le lieu où elle a pondu, et à la vivacité avec laquelle elle y retourne lorsqu'on l'en a ôtée. Les premières qui développent le désir de couver sont pourvues des œufs les plus vieux qu'on a marqués à cette fin. Ce désir est si impérieux, que non seulement elles gardent le nid, quoiqu'on en ait enlevé les œufs, mais qu'elles s'y tiennent presque immobiles, et y périroient de faim, si on ne leur donnoit à manger. Il est cependant quelques unes de ces dindes qui ne se portent pas aussi ardemment à remplir cette fonction, et qu'il faut placer sur des œufs, dans un endroit fermé et tranquille, pour les y déterminer.

Comme, ainsi que je l'ai déjà observé, il y a beaucoup d'œufs inféconds parmi ceux des dindes, il faut s'assurer de ceux qui le sont, en regardant une lumière à travers. *Voyez* au mot Poule la manière de procéder à cette opération.

Le local où on fait couver les dindes doit être propre, sec, chaud, peu éclairé et tranquille. Il est bon que chaque couveuse ne puisse pas voir les autres, car elles se troublent mutuellement. Le nid sera établi à terre sur quelques brins de bois, et fabriqué avec de la paille et du foin disposés de manière que le milieu soit creux.

Les œufs placés, au nombre d'eviron vingt, sous la couveuse, il ne faut plus la déranger. Tous les jours la même personne

lui apporte à manger et à boire pour vingt-quatre heures. Si,
lorsqu'elle quitte le nid pour aller manger ou se vider, elle en
fait sortir des œufs, on les remettra sous elle, mais jamais on
ne touchera à ceux qui sont dans le nid même. La nature a
donné à tous les oiseaux l'instinct de retourner leurs œufs une
ou deux fois par jour, afin que toute leur circonférence soit
également échauffée. Faire la même opération, est évidemment
risquer de contrarier ce qui vient d'être exécuté ou ce qui va
l'être. Combien de couvées de dindes ont manqué parcequ'on a
voulu prendre indiscrètement ce soin !

Quelque bonnes couveuses que soient généralement les
dindes, il arrive cependant qu'il y en a qui mangent leurs œufs.
Il n'y a d'autre parti à prendre que de mettre ceux qui restent
sous une autre couveuse, et de manger cette marâtre, ou de la
marquer pour la manger la première l'été suivant.

Ordinairement les petits des dindons sortent de l'œuf le
trentième jour, quelquefois cependant le trente-unième ou
trente-deuxième, selon la chaleur de la saison ou l'assiduité de
la couveuse.

Tous les phénomèmes qui se passent pendant l'incubation
et la naissance des petits, ne différant pas de ceux qui se re-
marquent dans la poule, je renvoie à cet article.

Souvent les dindonneaux ne sortent pas tous le même jour
de leur coquille, et alors la mère abandonne les œufs qui en
contiennent encore ; c'est pourquoi, le jour qui doit précéder
et celui qui suit leur naissance présumée, il faut veiller de près
sur les couvées, forcer la mère de rester sur ses œufs, ou, si
on n'y peut pas parvenir, mettre sous une autre couveuse ceux
de ces œufs qui sont encore bons.

Dans beaucoup de lieux on réunit deux ou trois couvées en
une seule un jour ou deux avant la naissance des petits, et on
donne des œufs de poule, de canard ou d'oie, aux dindes qui
ont été privées de leurs œufs. Ces dernières recommencent
donc leur pénible tâche, et la recommencent avec la même
assiduité, la même patience qu'elles avoient montrées pendant
les vingt-huit ou vingt-neuf jours précédens. C'est la nuit, ou
en couvrant momentanément la tête des couveuses, qu'il faut
procéder à cet échange ; car il arrive quelquefois qu'elles refusent le surcroît de travail qu'on leur demande, lorsqu'elles
s'aperçoivent qu'il a lieu. Dans tous les cas, on ne doit confier à chacune que le nombre d'œufs qu'elle peut couvrir et
échauffer de son corps.

Dans d'autres endroits on n'effectue cette réunion que lorsque les petits sont éclos ; mais alors il faut attendre la seconde
ponte pour leur donner des œufs étrangers, ce qui retarde de
quinze à vingt jours au moins l'incubation.

« Dans les fermes où on veut élever beaucoup de volailles, il y a de grands avantages à donner à toutes les dindes ou une partie des dindes, des œufs de poule ou de canard plutôt que les leurs, attendu qu'elles en peuvent recevoir trois fois plus que ces derniers, et qu'elles couvent plus tôt. D'ailleurs elles conduisent ces enfans adoptifs, sur-tout dans leur première jeunesse, avec le même soin que les véritables mères.

M. Parmentier a essayé de faire couver des dindons mâles par le procédé employé pour le chapon, c'est-à-dire en leur plumant le ventre, et en le rendant douloureux par le moyen des orties, et il a réussi; mais dès que les petits furent nés, leurs cris et leurs mouvemens les firent abandonner ou tuer.

Dans la coquille, les petits dindons jouissoient d'une température de vingt-cinq à trente degrés; en en sortant, ils se trouvent dans une qui en a rarement plus de dix (pour le climat de Paris et les couvées hâtives), et souvent moins. C'est cette différence de température principalement qui en fait périr un si grand nombre les premiers jours de leur naissance. La mère en les couvrant de son corps les réchauffe bien, mais ce n'est qu'inégalement et momentanément, ceux du bord sentant moins son influence que les autres, et tous devant sortir pour manger. Cette considération doit engager tous les cultivateurs qui veulent spéculer sur la multiplication des dindons à avoir une étuve, c'est-à-dire une chambre bien close et susceptible d'être échauffée par dehors au moyen d'un poêle, pour y tenir leurs jeunes dindons à un degré de chaleur connu et rapproché de celle qu'ils trouvent sous leur mère, c'est-à-dire à quinze ou dix-huit degrés. Le dessus et le dessous du four, lorsqu'ils sont fermés et qu'ils sont chauffés souvent, remplissent fort bien cet objet chez ceux qui n'en veulent pas beaucoup élever.

Dans leur pays natal, les jeunes dindons, ainsi que j'ai été à portée de l'observer, vivent presque exclusivement de larves, d'insectes et de baies (principalement de baies d'airelle), c'est-à-dire qu'ils mangent autant de substances animales que de substances végétales. Il faudroit donc ici leur donner des alimens analogues; mais dans les lieux cultivés, les insectes et les baies sont rares; force a donc été d'y renoncer. On y supplée par l'ortie grièche ou petite ortie, le persil, ou les chardons hachés finement et mêlés avec de la farine d'orge, de maïs, de sarrasin, etc., et sur-tout des jaunes d'œufs durs. A-t-on bien fait? je l'ignore. Tout ce que je puis dire, c'est qu'il me paroît qu'il seroit avantageux de leur offrir pendant la première quinzaine, tous les jours ou tous les deux jours, une petite quantité de viande cuite hachée menue avec le mélange ci-dessus.

J'ai vu dans plusieurs lieux forcer les dindonneaux à manger dès le jour de leur naissance en les emboquant; mais cela n'est pas dans la nature. Leurs organes ont besoin de se fortifier par l'action de l'air avant qu'ils puissent en faire usage. Je ne crois pas non plus qu'il soit bon de leur donner d'abord du pain trempé dans du vin, car cet aliment est trop tonique pour un estomac aussi délicat que le leur. En général, tous les jeunes animaux demandent à manger souvent, mais peu à la fois. Ce n'est donc pas accumulée dans des vases que je voudrois voir donner la pâtée aux dindonneaux, mais dispersée en petites miettes.

On doit autant que possible séparer les couvées de dindons des autres volailles qui mangent leur nourriture, les battent, et souvent les tuent à coups de bec.

La dinde qui pendant l'incubation se refusoit la nourriture nécessaire au soutien de son existence reprend toute sa voracité dès qu'elle a des petits. Il convient donc, en la nourrissant bien, de donner à manger aux petits sous une cage où elle ne puisse pas atteindre, et où ils trouvent en même temps de l'eau dans des vases très peu profonds.

Toute grande variation dans la température est préjudiciable aux dindonneaux les six premières semaines de leur vie, c'est-à-dire tant qu'ils n'ont pas poussé le rouge; mais c'est sur-tout, comme je l'ai déjà dit, dans les deux premières. Il faut éviter de les laisser s'ébattre trop long-temps au grand soleil, quoiqu'ils l'aiment beaucoup. Il faut les faire rentrer de bonne heure le soir au poulailler. Il faut sur-tout veiller à ce qu'ils ne soient pas mouillés par la pluie. Cette dernière cause est celle qui en fait le plus périr. On le sait dans les campagnes, et quelque facile qu'il paroisse de la prévenir, on la prévient rarement. Un dévoiement de matières noires, dont la terminaison est toujours ou presque toujours la mort, en est la suite immanquable. On est dans l'usage de leur donner du vin dans ce cas pour les réchauffer et les fortifier, mais je ne me suis pas aperçu que cela produisît des guérisons bien nombreuses.

Les cantons élevés et abrités des vents du nord et de l'ouest sont ceux qui conviennent le mieux pour l'éducation des dindonneaux. Il est bon, dès qu'ils ont pris un peu de force, de les conduire avec leurs mères, dont on peut chaque mois diminuer le nombre, dans les friches, où ils trouvent des larves d'insectes et des insectes parfaits. Les sauterelles, les grillons, les mouches de toutes sortes sont fort de leur goût. Il faut les conduire doucement, et ne pas permettre qu'ils s'écartent. C'est avec une longue baguette à chaque main qu'on les rassemble, et qu'on les force à se diriger vers tel ou tel point. Deux petites promenades chaque jour valent mieux qu'une grande.

C'est environ deux mois après leur naissance, plus tôt ou plus tard, selon la température de l'année, que le rouge commence à pousser aux dindonneaux. C'est une nouvelle crise dans laquelle beaucoup succombent. Ils cessent momentanément de manger avec la même avidité. Des nourritures légères et faciles à digérer, des boissons toniques leur conviennent. On leur donnera donc de la mie de pain trempée dans du vin, de l'orge, des fèves, des haricots bouillis, etc. On mettra un peu de sel dans leur eau. Passé ce moment, ils deviennent robustes, ne craignent plus les intempéries de l'air, et peuvent se passer de leur mère. C'est alors qu'on les réunit en troupes d'une centaine de têtes pour les conduire au pâturage sous la direction d'un jeune garçon ou d'une jeune fille. On doit seulement éviter de les mener trop matin dans les lieux où il y a abondance de rosée, parceque le froid qu'elle leur cause aux pattes fait naître des nodus, et leur donnent des rhumatismes qui les empêchent de croître avec rapidité. Le grand soleil et la pluie leur sont également toujours contraires.

Après la moisson, les dindonneaux trouvent dans les champs une nourriture abondante et succulente qui commence à leur donner de l'embonpoint.

L'engrais des dindons est la dernière opération de leur éducation. Pour en indiquer la théorie et la pratique, je ne puis mieux faire que d'emprunter les expressions du célèbre Parmentier, déjà plusieurs fois cité dans cet article.

« Ce n'est que quand le froid arrive, et que les dindonneaux ont acquis environ six mois, qu'on doit songer à leur administrer une nourriture plus ample et plus recherchée, afin d'augmenter promptement leur volume et leur graisse. Leur appétit suffit le plus souvent; mais quand ils n'en ont pas un assez violent, il faut les gorger, les tenir dans un lieu sec et obscur, bien aéré, ou mieux les laisser rôder autour des bâtimens, mais sans sortir de la cour de la ferme. Pendant un mois, tous les matins, on leur donne des pommes de terre cuites et écrasées, et mêlées avec de la farine d'orge, de maïs, de sarrasin, de fèves, selon les localités, et on les en laisse manger à discrétion. Tous les soirs il faut avoir l'attention d'ôter ce qui reste de cette pâte, parcequ'elle pourroit s'aigrir, et laver exactement, par la même raison, les vases où elle a été mise. Après un mois d'usage de cette nourriture, on leur fait avaler de force, tous les soirs, et ce seulement pendant huit jours, une demie-douzaine de boulettes de farine d'orge. Par ce moyen, on a des dindes du poids de vingt à vingt-cinq livres, et extrêmement grasses. »

Dans beaucoup d'endroits, on ne prend pas le soin d'engraisser des dindons dans les fermes. On les vend maigres, et ce sont les consommateurs qui les engraissent chez eux en leur donnant les restes de la table et de la farine d'orge, ou d'autres graines.

Chaque canton a sa méthode particulière d'engraisser, méthode qui dépend le plus souvent de ses ressources particulières. Tantôt c'est le gland, la faîne, la châtaigne qu'on broie et qu'on mêle avec la farine du grain le plus commun. Tantôt, comme dans la ci-devant Provence, c'est avec des noix entières qu'on leur fait avaler de force, depuis une jusqu'à quarante par jour; mais cette dernière méthode donne à leur chair un goût huileux qui ne plaît pas à tout le monde.

La première chose, quand on veut procéder à l'engrais forcé des dindonneaux, c'est de les renfermer dans un lieu obscur et tranquille où ils ne puissent se remuer que difficilement. Le plus souvent c'est dans des cages semblables à celles employées pour engraisser les chapons et autres volailles. Il a été remarqué que les femelles prenoient plus promptement la graisse que les mâles, et que leur chair étoit plus tendre et plus délicate.

On a plusieurs fois proposé de châtrer les dindons pour les rendre plus délicats; mais l'opération est dangereuse, difficile et peu avantageuse. On ne la pratique nulle part habituellement; comme les dindonneaux sont toujours mangés avant la fin de l'année de leur naissance, c'est-à-dire avant qu'ils soient aptes à la reproduction, elle devient inutile et même nuit à la saveur de leur chair.

Les dindons ont les mêmes maladies que les poules, et de plus, quelques unes qui leur sont particulières. D'abord la foiblesse du premier âge, ensuite la pousse du rouge, puis souvent une espèce de petite-vérole qui n'est contagieuse.

« Cette dernière maladie, dit Parmentier, se manifeste par des pustules qui surviennent aux dindons soit aux environs et dans l'intérieur du bec, soit aux parties dénuées de plumes, telles que les faces internes des ailes et des cuisses, soit sur les mamelons. Elle est communément meurtrière; aussi les fermiers sont-ils dans l'usage de tuer leurs dindons quand ils reconnoissent qu'ils en sont atteints : cependant il existe des moyens pour les en guérir.

«La première précaution qu'on doive employer dans ce cas, c'est de les séparer de ceux qui sont sains. Ensuite on lave les pustules avec du vinaigre vitriolé. On peut aussi les brûler avec un fer rouge. Le malade doit boire du vin chaud. »

Le dindon ne donne guère que sa chair au commerce. Ses plumes sont trop grosses pour être employées aux usages de celles de la poule, de l'oie et du canard. Ses œufs ne sont pas assez nombreux pour être un objet habituel de nourriture; ils sont cependant préférés à ceux des poules pour la confection de la pâtisserie ; leur mélange avec ceux des poules rendent les omelettes plus délicates. Sa fiente ne diffère pas sensiblement de celle des poules et des pigeons pour l'engrais des terres.

La chair des dindons peut être salée ou conservée dans de la graisse de porc (sain-doux) ; mais on la mange le plus généralement fraîche. La consommation qui s'en fait annuellement dans les grandes villes, à Paris, par exemple, est immense. (B.)

DINDONADE. Nom d'une maladie éruptive propre aux dindons. *Voyez* le mot Dindon.

DINERADE. Ancienne mesure de superficie. *Voy*. Mesure.

DIŒCIE. Vingt-deuxième classe du système de botanique de Linnæus. Elle renferme les plantes dont les fleurs sont mâles sur certains pieds, et femelles sur d'autres. Plusieurs plantes cultivées sont de cette classe, comme le chanvre, le houblon, les saules, peupliers, etc. *Voyez* aux mots Plantes et Botanique. (B.)

DIOIQUE. *Voyez* l'article précédent.

FIN DU TOME QUATRIÈME.